Der Briefwechsel Richard Dedekind – Heinrich Weber

Abhandlungen der Akademie der Wissenschaften in Hamburg

Band 5

Katrin Scheel

Der Briefwechsel Richard Dedekind – Heinrich Weber

Herausgegeben von Thomas Sonar,
unter Mitarbeit von Karin Reich

DE GRUYTER
AKADEMIE FORSCHUNG

Mathematics Subject Classification 2010
Primary: 01A05, 01A55, 01A70; Secondary: 01A73, 01A80, 01A99

Autorin
Katrin Scheel
Technische Universität Braunschweig
Institut für theoretische Informatik
Pockelsstraße 14,
38106 Braunschweig
k.scheel@tu-bs.de

Herausgeber
Prof. Dr. Thomas Sonar
Technische Universität Braunschweig
Institut Computational Mathematics
Pockelsstraße 14
38106 Braunschweig
t.sonar@tu-bs.de

Mitarbeit von
Prof. Dr. Karin Reich
Universität Hamburg
reich@math.uni-hamburg.de

Die Akademie der Wissenschaften in Hamburg
ist Mitglied in der

UNION
DER DEUTSCHEN AKADEMIEN
DER WISSENSCHAFTEN

ISBN 978-3-11-037366-0
e-ISBN (PDF) 978-3-11-036804-8
e-ISBN (EPUB) 978-3-11-039865-6
Set-ISBN 978-3-11-036841-3
ISSN 2193-1933

Library of Congress Cataloging-in-Publication Data
A CIP catalog record for this book has been applied for at the Library of Congress.

Bibliografische Information der Deutschen Nationalbibliothek
Die Deutsche Nationalbibliothek verzeichnet diese Publikation in der Deutschen Nationalbibliografie; detaillierte bibliografische Daten sind im Internet über http://dnb.dnb.de abrufbar.

Einbandabbildung: Schulz, Emil/ETH-Bibliothek Zürich, Bildarchiv
Druck und Bindung: Hubert & Co. GmbH & Co. KG, Göttingen
♾ Gedruckt auf säurefreiem Papier
Printed in Germany

MIX
Papier aus verantwortungsvollen Quellen
FSC www.fsc.org FSC® C016439

www.degruyter.com

Grußwort

Als Präsident der Akademie freue ich mich sehr, dass nunmehr schon der fünfte Band in der Reihe der „Abhandlungen der Akademie der Wissenschaften in Hamburg" im Verlag De Gruyter vorliegt. Seit 2011 erscheinen in lockerer Folge die Publikationen dieser Reihe, deren Inhalte und Erscheinungsformen die fächerübergreifende und vielfältige Arbeit unserer Akademie spiegeln. Dem Verlag De Gruyter und seinen Mitarbeiterinnen und Mitarbeitern danke ich an dieser Stelle für die stets konstruktive, flexible und geduldige Zusammenarbeit.

Mein ganz besonderer Dank gilt Karin Reich und Thomas Sonar, beide Mitglieder der Akademie der Wissenschaften in Hamburg, für ihren engagierten Einsatz für das Werk und den Nachlass des bedeutenden Mathematikers Richard Dedekind (1831-1916). Ihnen ist es zu verdanken, dass die Edition des Briefwechsels zwischen Richard Dedekind und Heinrich Weber nun vorgelegt werden kann. Die Akademie der Wissenschaften in Hamburg hat die dazu notwendigen Vorarbeiten gern gefördert.

Nicht zuletzt sei Katrin Scheel gedankt, die das Projekt mit Spürsinn und unermüdlichem Fleiß unter der Leitung von Thomas Sonar umgesetzt hat. Wie Frau Reich auf den nächsten Seiten erläutern wird, gilt es weitere Schätze aus dem Nachlass Dedekinds zu heben. Die Akademie wird die Bemühungen zur Realisierung der Aufarbeitung gerne weiterhin unterstützend begleiten.

Hamburg, im September 2014

Prof. Dr.-Ing. habil. Prof. E. h. Edwin J. Kreuzer
Präsident der Akademie der Wissenschaften in Hamburg

Geleitwort

„Was beweisbar ist, soll in der Wissenschaft nicht ohne Beweis geglaubt werden."
(Richard Dedekind an Heinrich Weber am 29.11.1878).

Es gibt keinen Mathematiker, der den Namen Richard Dedekind nicht kennt. Es waren vor allem Dedekinds Publikationen „Stetigkeit und irrationale Zahlen" (Braunschweig 1872) und „Was sind und was sollen die Zahlen?" (Braunschweig 1888), die den Gelehrten weltberühmt werden ließen. Diese Werke erlebten zahlreiche Auflagen, sie wurden in viele Sprachen übersetzt, so ins Englische, Französische, Italienische, Japanische, Polnische, Russische, Serbische und Spanische. Als jüngste dieser Übersetzungen erschien im Jahre 2009 in Moskau die 5. Auflage der russischen Übersetzung.

Meilensteine in der Dedekind-Rezeption

Für den einhundertsten Geburtstag von Richard Dedekind schmiedete man große Pläne, nämlich die Herausgabe seiner „Gesammelten mathematischen Werke". Diese erschienen in drei Bänden in den Jahren 1930, 1931 und 1932 in Braunschweig, es waren die Mathematiker Robert Fricke, Emmy Noether und Øystein Ore, denen die Edition zu verdanken war.

Es bedeutete einen Meilenstein in der Dedekind-Forschung, als die Erben des Nachlasses des Gelehrten im Jahre 1931 den in ihren Händen befindlichen Teil dieses Nachlasses der Staats- und Universitätsbibliothek Göttingen übergaben. Dies hatte Auswirkungen auf die weitere Herausgabe der „Gesammelten mathematischen Werke". Dort wurden insgesamt 61 Schriften von Dedekind veröffentlicht. Bereits im Zusammenhang damit beschäftigte man sich auch mit dem Nachlass des Gelehrten. Emmy Noether ließ die Leser wissen:

> „Die folgenden aus dem Nachlass publizierten Stücke haben zum großen Teil neben dem historischen Interesse auch solches durch Auffassung und Methode, wenn auch die Resultate unterdes unabhängig wiedergefunden sind. Es handelt sich um fertige oder fast fertige Ausarbeitungen; auf die Publikation von Unausgearbeitetem konnte um so eher verzichtet werden, als Dedekind in den folgenden Briefen an Frobenius davon ein viel klareres Bild gegeben hat, als es der Nachlass bot.
> Der Nachlass bestand aus etwa 50 Mappen, Dedekind hatte alles und jedes aufgehoben; es ist also nicht ausgeschlossen, daß sich gelegentlich noch etwas zur Publikation Geeignetes findet. Als historisch interessant ist vielleicht noch zu erwähnen eine wohl unmittelbar an die ersten Vorlesungen anschließende Darstellung der Galoisschen Theorie; oder auch eine sehr ausführliche, aus früher Zeit stammende Darstellung der Riemannschen Geometrie, aus der in die Riemann-Ausgabe (Lateinische Preisarbeit) nur kurze Auszüge durch Weber übernommen wurden" (Dedekind, Werke 2, S. 353).

In den „Gesammelten mathematischen Werken" Dedekinds wurden in Bd. 2 zehn Stücke aus dem Nachlass sowie Auszüge aus den an Frobenius gerichteten Briefen publiziert, in Bd. 3 sodann fünf Stücke aus dem Nachlass sowie Auszüge aus Briefen an H. Minkowski, Lipschitz und H. Weber.[1]

Geplant war auch eine die „Gesammelten mathematischen Werke" begleitende wissenschaftliche Biographie Dedekinds, aber der dafür vorgesehene Autor Robert Fricke (1861-1930) starb leider allzu früh, so dass aus diesem Unternehmen nichts wurde.

In der Folgezeit erschienen immer wieder in Gesammelten Werken anderer Mathematiker vereinzelt von Dedekind stammende bzw. an ihn gerichtete Briefe, so etwa ein Brief von Leopold Kronecker vom 15.3.1880 an Richard Dedekind (Kronecker, Werke 5, S. 453-457).

Im Jahre 1937 wurde nochmals ein großer Schritt getan, indem in Paris erstmals der Briefwechsel, genauer gesagt: ein Teil des Briefwechsels zwischen Georg Cantor und Richard Dedekind veröffentlicht wurde. Wiederum war es Emmy Noether, die zusammen mit Jean Cavaillès diese Edition ermöglicht hatte.[2] Es war dies der erste Briefwechsel Dedekinds, der so weit und so gut, wie es damals eben möglich war, veröffentlicht wurde. Allerdings kann man dieses Werk kaum als kritische Edition bezeichnen bzw. würdigen.

Besonders erwähnenswert ist ferner der Beitrag des in Jugoslawien in Bosanska Dubica geborenen französischen Mathematikers und Mathematikhistorikers Pierre Dugac (12.7.1926 - 7.3.2000). Dieser sorgte mit seinem Beitrag „Richard Dedekind et les fondements des mathématiques" (Paris 1976) für einen großen Fortschritt in der Erschließung des Nachlasses von Richard Dedekind. So enthält dieser Band, dem 58 Appendices angefügt wurden, zahlreiche Texte von bzw. über Richard Dedekind und ist gleichzeitig ein beredtes Zeugnis dafür, welch große Wertschätzung Richard Dedekind in Frankreich genoss (und noch immer genießt). Der Band enthält auch zahlreiche Briefe von bzw. an Dedekind, die leider oftmals nur gekürzt wiedergegeben wurden. Diese Ausgabe enthält auch eine Ergänzung des Cantor-Dedekind-Briefwechsels. Spätestens dieses Werk von Dugac machte klar, dass es in zahlreichen anderen Archiven, also nicht nur in Göttingen, Dokumente zu/über/von Richard Dedekind gibt.

Es ist sicher kein Zufall, dass eben in diesem Jahre 1976 Dedekinds oben genannte Hauptwerke in serbischer Übersetzung in Belgrad[3] erschienen:

---

1 Diese Briefe Dedekinds an Heinrich Weber befanden sich damals nicht im Göttinger Nachlass, sondern in Händen von Paul Epstein, der diese Emmy Noether zur Verfügung gestellt hatte (Dedekind, Werke 3, S. 483).

2 Briefwechsel Cantor-Dedekind. Hrsg. von Emmy Noether und Jean Cavaillès, Paris: Hermann 1937, 60 S.

3 Das Werk erschien als Bd. 17 der neuen Serie der Reihe „Klasični naučni spisi" (Klassische wissenschaftliche Schriften) des „Matematički institut".

Neprekidnost i iracionalni brojevi: šta su i čemu služe brojevi? Der Übersetzer war Zlatko P. Mamuzić.

Im Jahre 1981 galt es, den 150. Geburtstag Richard Dedekinds in gebührender Weise zu feiern. Hierbei spielte Winfried Scharlau (* 12.8.1940, Universität Münster) eine großartige Rolle. In diesem Jahr erschien die 146 Seiten umfassende Schrift „Richard Dedekind 1831, 1981“, zu der Scharlau die Teile

1. „Aus den Briefen Richard Dedekinds an seine Familie“,
2. „Eine Vorlesung über Algebra“ sowie
3. „Erläuterungen zu Dedekinds Manuskript über Algebra“

beisteuerte (S. 27-108). Ca. 1982 erschien ein ebenfalls von Winfried Scharlau verfasstes Findbuch zum Nachlass von Richard Dedekind. In diesem Findbuch wurde der gesamte damals in Göttingen vorhandene Dedekind-Nachlass zugänglich gemacht, der 1966 dank einer Schenkung von Ludwig Bieberbach hatte erweitert werden können. Nun erst konnte man sich einen Überblick wenigstens über die in Göttingen beheimateten Bestände zu Dedekind verschaffen.

Im Jahre 2007 war Dedekind wiederum das Thema einer Gedenkschrift. Diesmal war es eine beeindruckende, in Dedekinds Geburtsstadt Braunschweig wirkende Gruppe von Mathematikern, die sich der Pflege des Andenkens des großen Gelehrten widmete. Dieser Gruppe gehörten Heiko Harborth, Harald Löwe, Rainer Löwen und Thomas Sonar an. Dedekinds Nachlass wurde allerdings für die Abfassung der Gedenkschrift nicht herangezogen.

Überblick über den gesamten Dedekind-Nachlass

Es war Thomas Sonar und seiner Mitarbeiterin Katrin Scheel zu verdanken, dass nunmehr intensive Nachforschungen angestellt wurden, um herauszufinden, an welchen Stellen sich weitere Dedekindiana befinden mögen. Und siehe da, es stellte sich heraus, dass umfangreiche Teilnachlässe in Braunschweig vorhanden sind, und zwar im Archiv der dortigen Universität sowie im Archiv des Braunschweiger Landesmuseums. Weitere Dokumente, insbesondere Briefe, konnten in diversen anderen Archiven sowie in zahlreichen Mathematikernachlässen aufgestöbert werden.

Nun erst wurde einigermaßen klar, welchen Schatz Dedekind der Nachwelt hinterlassen hat. Dabei ist die Suche nach weiteren Dedekindiana noch gar nicht als abgeschlossen zu betrachten.

Dedekind gehörte zu denjenigen Mathematikern, die, am ehesten vielleicht Bernhard Riemann vergleichbar, nicht allzu viel publizierten. Aber das, was sie veröffentlichten, waren mathematische Spitzenleistungen. Es ist daher zu vermuten, dass Dedekinds Nachlass noch weitere großartige Ideen birgt, die bislang noch nicht das Licht der Öffentlichkeit erblickt haben. Dedekind ist insofern ein Glücksfall, als sein Nachlass sehr umfangreich ist. Er ist so vollständig, wie Mathematikernachlässe nur selten sind, und außerdem äußerst vielfältig, enthält er doch nicht nur die Korrespondenz, sondern auch Manuskripte, Entwürfe, Vorlesungskonzepte, Notizen usw. Dedekinds Nachlass gehört zu den herausragenden wissenschaftlichen Nachlässen überhaupt: Der Autor ist einer der höchstkarätigen Mathematiker, und das Material ist äußerst umfangreich und vielversprechend. Will man erfahren, wie Dedekinds epochemachende Werke entstanden sind bzw. wie seine großartigen Ideen in der Welt Verbreitung fanden, so muss man dafür in seinem Nachlass recherchieren.

Vergleicht man Dedekinds veröffentlichtes Werk mit seinem Nachlass, so kann man nur zu dem Schluss kommen, dass der Unterschied nicht krasser ausfallen könnte: Nur Weniges, allzu Weniges ist veröffentlicht worden, das Meiste liegt noch im Nachlass verborgen. Und dieser ist bislang historisch noch kaum erforscht worden. So wurden bis vor kurzem keinerlei Anstrengungen unternommen, den Dedekind-Nachlass in seiner Gesamtheit systematisch zusammenzustellen, wobei das Ergebnis so vollständig wie möglich sein sollte. Erst dann könnte man die nächsten Schritte gehen, das heißt, könnte man sich an die Erschließung des gesamten Nachlasses sowie an die die Edition wichtiger Teile daraus machen.

Der Dedekind-Nachlass gehört zum kulturellen Erbe, er ist ein Schatz, der bislang noch kaum gehoben und ausgewertet wurde. Seine Erschließung und Auswertung wären nicht nur ein Beitrag zur Mathematikgeschichte bzw. zur Geschichte der Naturwissenschaften, sondern auch ein Beitrag zur Kulturgeschichte. Dedekinds Nachlass bedarf einer besonderen Fürsorge und steht in der Prioritätenliste, was Mathematikernachlässe anbelangt, ganz oben. Es ist mit Sicherheit eine äußerst lohnende Aufgabe für die gegenwärtige und für spätere Generationen von Mathematikern, Mathematik- und Kulturhistorikern, den Dedekind-Nachlass einem breiteren Publikum zugänglich zu machen.

Aspekte des Umgangs von Mathematikern mit der Geschichte ihres Faches

Mathematiker sind meistens keine Historiker und haben nur allzu oft auch nur wenig Beziehung zur Geschichte ihres Faches. Und umgekehrt sind Historiker im Allgemeinen keine Mathematiker und sind der Aufgabe, sich mit Mathematikernachlässen zu beschäftigen, zumeist nicht gewachsen.

So kann man eigentlich nur auf die wenigen Mathematiker hoffen, die auch historische Interessen teilen und die bereit sind, sich die nötigen historischen Kenntnisse anzueignen. Viele sind es nicht, aber es gibt sie, so etwa Thomas Sonar. Das Beispiel der Hausdorff-Edition, die an der Universität Bonn angesiedelt ist, zeigt, was möglich ist, wenn für eine finanzielle Grundlage Sorge getragen wird. Hier konnte dank der guten Zusammenarbeit zwischen Mathematikern und Mathematikhistorikern, Literaturwissenschaftlern und Philosophen ein beeindruckendes Œuvre vorgestellt, dessen bisher letzter Band (Bd. 9, Berlin 2012) der Korrespondenz von Felix Hausdorff gewidmet ist. Dieser letzte Band ist dem Mathematikhistoriker Walter Purkert zu verdanken.

Stets betrachteten es die Mathematiker als eine ihrer Aufgaben, Gesammelte Werke der Großen ihres Faches herauszugeben, so etwa in den Fällen Gauß, Riemann,

Kronecker, Weierstraß usw. Die Ergebnisse sind nicht immer die bestmöglichen, aber schließlich ist eine mit mehr oder minder großen Mängeln behaftete Edition noch allemal besser als gar keine Edition. Kritikpunkte sind häufig die Unvollständigkeit der Werke, die bibliographischen Nachweise, die oftmals mit Fehlern behaftet sind oder gänzlich fehlen, das Fehlen von Registern. Des Weiteren vermisst man nicht selten Aufschlüsse über die in den Werken erwähnten Personen, usw.

Für die meisten Mathematiker ist die Geschichte ihres Faches kein großes Thema. Ganz anders gehen die Geisteswissenschaftler, insbesondere die Musikwissenschaftler mit dem ihrer Fürsorge anvertrauten kulturellen Erbe um. Ein neu aufgefundener Brief von Goethe wäre auf jeden Fall einen Artikel in einer der namhaften Tageszeitungen wert. Gleiches würde gelten für eine neu aufgefundene Komposition etwa von Bach, usw. Ein neu aufgefundener Brief von Gauß oder von Dedekind hingegen bewegt die Gemüter der Mathematiker kaum bis gar nicht. Man kann solche Juwelen bei dem Auktionshaus J. A. Stargardt erwerben, wenn man über das nötige Geld verfügt. Und es ist nicht nur einmal geschehen, dass historisch wichtige, ja wertvollste Dokumente bzw. mathematische Werke an Privatpersonen veräußert wurden, teils aus Unkenntnis, teils aus Mangel an historischem Verständnis bzw. Interesse, teils, weil das Geld fehlte.

Mathematiker schmücken sich gerne mit der Geschichte ihres Faches, auch wenn sie, wie dies die wenigen Fachleute des öfteren bemängeln, nicht immer über eine hinreichende Kompetenz verfügen. Es ist abzuwarten, wie viele Mathematiker sich im Jubiläumsjahr 2016 mit dem Namen Gottfried Wilhelm Leibniz (1646-1716) schmücken werden, obwohl sie noch nie einen Band der in Hannover mühsam erarbeiteten Reihe 7 - Leibniz: Mathematische Schriften - konsultiert haben. Sie stützen sich dann eben auf Althergebrachtes, weil sie sich für die Aneignung neuer Erkenntnisse aus dem Bereich der Mathematikgeschichte keine Zeit nehmen.

Das Schlimmste aber ist, dass editorische Arbeiten bei den Mathematikern kaum Anerkennung ernten. Dabei sind es vor allem die gelungenen Editionsprojekte, die die Möglichkeit schaffen, neue Interpretationsmöglichkeiten zu eröffnen, neue Entwicklungslinien zu erkennen, usw. In Deutschland ist es leider so, dass Mathematiker, die sich in jungen Jahren neben ihrem mathematischen Fachgebiet auch ernsthaft mit der Geschichte des Faches beschäftigen, um ihr Renommee als Mathematiker fürchten müssen, da die Mathematikgeschichte doch etwas für Pensionäre und nicht für junge Wissenschaftler sei.

Das Dedekind-Projekt

Es wäre überaus wünschenswert, wenn der gesamte Dedekindsche Nachlass einer ausgedehnten Untersuchung und Erforschung unterzogen würde, damit man anschließend relevante Teile aus ihm edieren könnte. Doch ein derartiges Projekt nimmt viel Zeit in Anspruch und kann nicht in kurzer Zeit Früchte tragen. Nun gilt es erst einmal, auf die Schätze, die im Dedekind-Nachlass verborgen sind, hinzuweisen und eine Art erster „Kostprobe“ zu gewähren. Das bedeutet, man muss zunächst ein klei-

nes, aber höchst interessantes Teilgebiet auswählen. Thomas Sonar, der sich schon vor mehreren Jahren mit der Idee eines derartigen Editionsprojektes angefreundet hat, sah sich zunächst vor die Aufgabe gestellt, eine Auswahl zu treffen: Das Werk musste attraktiv und in vergleichsweise wenigen Jahren durchführbar sein. So gewann allmählich die Idee Gestalt, den Briefwechsel Richard Dedekinds mit Heinrich Weber an die erste Stelle zu setzen. Dabei soll nicht unerwähnt bleiben, dass Dedekind sehr viele Korrespondenzpartner hatte, es sind wohl mehrere hundert. Im Grunde genommen, unterhielt Dedekind mit allen zeitgenössischen Mathematikern Briefwechsel, die seinem eigenen Fachgebiet nahestanden. Warum nun fiel die erste Wahl auf Heinrich Weber? Weber und Dedekind waren nicht nur Kollegen, die wissenschaftliche Kontakte pflegten, sondern sie waren wirkliche Freunde. Weber ist der einzige, mit dem zusammen Dedekind auch eine gemeinsame Abhandlung veröffentlicht hat:
Weber, Heinrich; Dedekind, Richard: Theorie der algebraischen Functionen einer Veränderlichen. Journal für die reine und angewandte Mathematik 92, 1882, S. 181-290.
Für die überragende Bedeutung gerade des Briefwechsels zwischen Dedekind und Weber spricht, dass bereits ein ganz kleiner Ausschnitt daraus in den 1931 veröffentlichten Band 2 der „Gesammelten mathematischen Werke“ Dedekinds Eingang gefunden und auch Dugac 1976 Ausschnitte aus drei Briefen aus der Korrespondenz von Dedekind und Heinrich Weber publiziert hat.

Die Veröffentlichung des Briefwechsels zwischen Richard Dedekind und Heinrich Weber kann allerdings nur ein erster Schritt sein. Es sind noch viele weitere Schritte nötig, um dem kulturellen Erbe gerecht zu werden, das Dedekind hinterlassen hat.

Der Dedekind-Weber-Briefwechsel kann und darf nur ein Anfang sein.

Karin Reich
Sprecherin der Arbeitsgruppe „Wissenschaftsgeschichte“
Akademie der Wissenschaften in Hamburg
e-mail: reich@math.uni-hamburg.de

Vorwort des Herausgebers

Bei dem nun vorliegenden Briefwechsel der beiden Mathematiker Richard Dedekind und Heinrich Weber handelt es sich *nicht* um eine wissenschaftliche Edition. Als Frau Katrin Scheel vor einigen Jahren begann, den Briefwechsel der beiden Männer zu transkribieren, war bald klar, dass eine wissenschaftliche Kommentierung, die zum Kerngeschäft einer Edition gehört, nicht nur eine sehr lange Zeit benötigen würde, sondern auch Experten aus den unterschiedlichsten Teilen der Mathematik. Kaum hatten wir begonnen, erfuhren wir von dem großen Interesse einer französischen Forschergruppe in Paris an dem Briefwechsel und es wurde der Wunsch an uns herangetragen, die transkribierten Briefe so schnell wie möglich zu veröffentlichen. Diesen Bitten sind wir nun nachgekommen.

Wir liefern also sozusagen das Skelett einer noch ausstehenden wissenschaftlichen Edition. Allerdings wurden die in den Briefen genannten Personen identifiziert, wie auch die Arbeiten und Werke, über die sich Weber und Dedekind schriftlich ausgetauscht haben. Das chronologische Dokumenten- und das Personenverzeichnis sowie die Literaturverzeichnisse dienen dazu, die Zusammenhänge zwischen den Inhalten der Briefe zu beleuchten. Über die verwendeten Techniken geben die Editionskriterien Auskunft; auch haben wir neben kurzen Lebensläufen der beiden Mathematiker ihre Werke aufgelistet. Wir hoffen, mit dieser Arbeit den an diesem Briefwechsel interessierten Mathematikhistorikern eine brauchbare Struktur an die Hand gegeben zu haben, so dass weitere Arbeiten in Angriff genommen werden können.

Ich wünsche diesem Briefwechsel eine positive Aufnahme als Ausgangspunkt für weitere Forschungen zu Richard Dedekind und Heinrich Weber.

Braunschweig, im September 2014
Prof. Dr. Thomas Sonar

Danksagung

Ein so großes Projekt wie die Transkription dieses Briefwechsels ist ohne Hilfe kaum denkbar.

An erster Stelle zu nennen ist die Akademie der Wissenschaften in Hamburg, die durch ihre finanzielle Unterstützung und die Finanzierung des vorliegenden Werkes ein wichtiges Signal für die Bedeutung von und die zukünftige Beschäftigung mit Richard Dedekind gesetzt hat.

Für ihre sachkundige und freundliche Unterstützung und die Bereitstellung jedweder von mir gesuchter Archivakten bedanke ich mich ganz besonders bei Frau Bärbel Mund vom Universitätsarchiv der Staats- und Universitätsbibliothek Göttingen, Abteilung für Handschriften und seltene Drucke, und Herrn Michael Wrehde vom Universitätsarchiv der Technischen Universität Carolo-Wilhelmina Braunschweig.

Frau Prof. Dr. Karin Reich sei herzlich gedankt für zahllose Anregungen, konstruktive Kritik und stets kompetente Beratung. Ihre Hilfe war von unschätzbarem Wert.

Mein besonderer Dank gilt Herrn Prof. Dr. Jiri Adamek für die freundliche und vorbehaltlose Aufnahme in sein Institut und die Bereitstellung eines überaus komfortablen Arbeitsplatzes.

Für ihre wertvolle Hilfe und für so manch gute Idee, nicht nur Schiller betreffend, bedanke ich mich ganz herzlich bei Prof. Dr. Rainer Löwen und Prof. Dr. Karl-Joachim Wirths.

Prof. Dr. Klaus Volkert sei herzlich gedankt für den Zugang zu seinen Unterlagen über Heinrich Weber, die mir einen ersten Eindruck dieses großen Mathematikers vermittelten.

Zuletzt danke ich meinem Mann Hans-Helmut Scheel für seine Geduld und seine genialen Suchstrategien, meinen Töchtern für den mir gelassenen Freiraum und ihre Hilfe in jeder Lebenslage, sowie meinen beiden Korrekturleserinnen Birgit Komander und „Herzogin Mathilde“ für ihre unermüdliche Ausdauer.

Braunschweig, im Oktober 2014
Katrin Scheel

Editionskriterien

Transkribiert und in den Briefwechsel aufgenommen wurden alle aufgefundenen Briefe, Karten und Papiere, die dem Briefwechsel zwischen Richard Dedekind und der Familie Heinrich Weber zugeordnet werden konnten. Dabei wurde nicht unterschieden zwischen rein privatem Austausch und wissenschaftlichen Ausführungen. Briefwechsel dritter Personen mit Richard Dedekind oder Heinrich Weber wurden zusätzlich aufgenommen, um inhaltliche Zusammenhänge und zeitliche Abfolgen im Briefwechsel zwischen Richard Dedekind und Heinrich Weber darzustellen. Diese Briefwechsel wurden dabei, soweit auffindbar, vollständig aufgenommen, auch über die thematisch relevanten Briefe hinaus. Etwa vorhandene Briefumschläge wurden zum zeitlichen Einordnen undatierter Briefe genutzt, sonst aber weder verwendet noch aufgeführt.

Eine besondere Herausforderung bei der Transskription stellten die drei in einer der Gabelsberger Kurzschrift entlehnten Schrift verfassten Schriftstücke dar.[4] Richard Dedekind benutzte in diesen Schriftstücken neben der Kurzschriftschreibweise ausgeschriebene Worte, aber auch selbst geschaffene Abkürzungen, mitunter in ein und demselben Satz.

Der Transkription wurden zwei Literaturverzeichnisse hinzugefügt. Die Literaturverweise innerhalb des Briefwechsels beziehen sich auf das Verzeichnis „Literaturverzeichnis zum Briefwechsel“, in allen weiteren Kapiteln wird auf das Verzeichnis „Literatur“ verwiesen.

Allgemeine Darstellung

- Es wurde versucht die Briefe möglichst im Originallayout wiederzugeben, was vor allem bei den in den Briefen enthaltenen Zeichnungen und mathematischen Formeldarstellungen nicht immer eingehalten werden konnte.
- Zeichnungen sind zum großen Teil als Faksimiles wiedergegeben.
- Seitenwechsel in den Originalbriefen wurden bei der Wiedergabe nicht kenntlich gemacht.
- Worte und mathematische Formeln in den Briefe werden, soweit möglich, in der Schreibweise wiedergegeben, in der sie geschrieben wurden. Ließ sich die Schreibweise nicht zweifelsfrei klären, zum Beispiel bei den Briefen in Kurzschreibweise, so wurde die aus den übrigen Briefen bekannte Schreibweise zugrunde gelegt. Abweichungen im Vergleich zur zeitgenössischen Rechtschreibung und Formeldarstellung wurden nicht korrigiert.
- Einige wenige nicht entzifferbare Worte wurden mit <...> gekennzeichnet.

4 In Gabelsberger Kurzschrift verfasst wurden die Briefe [Ded 29] vom 31.12.1894, [Ded 32] vom 09.03.1900 und [Ded 33] vom 08.04.1900 von Richard Dedekind an Heinrich Weber.

- Mit einem Strich gekennzeichnete Doppelkonsonanten wurden stillschweigend als solche geschrieben.
- Korrekturen der Verfasser der Briefe wurden ohne Kennzeichnung übernommen. Streichungen einzelner Worte und ganzer Textpassagen seitens der Verfasser wurden nicht transkribiert oder kenntlich gemacht.
- Fußnoten und Ergänzungen an den Rändern der Briefe wurden aufgenommen und als solche gekennzeichnet.
- Abkürzungen werden im Abkürzungsverzeichnis erklärt.
- Bereits veröffentlichte Briefe wurden anhand der Originale, soweit auffindbar, neu transkribiert. Die Neutranskriptionen sind dabei nicht in allen Fällen identisch mit früheren Editionen.
- Undatierte Briefe und Brieffragmente wurden versucht mittels Auswertung des Briefinhaltes in den Briefwechsel einzugliedern. Dies gelang nicht bei den im Kapitel „Fragmente“ aufgeführten Schriftstücken.
- Briefe und Textstellen in französischer Sprache wurden nicht übersetzt. Vereinzelte griechische Wörter wurden im Text in Originalschreibweise und in deutscher Übersetzung als Fußnoten wiedergegeben.
- In den Briefen angegebene Namen wurden in der dort benutzten Schreibweise wiedergegeben und gegebenenfalls in Fußnoten korrigiert.
- Ortsnamen wurden aus den Briefen unverändert übernommen, gegebenenfalls in den Fußnoten erklärt und heutige Namen angegeben.
- Die Namen von in den Briefen angegebenen Institutionen und Vereinigungen wurden nicht geändert, jedoch in Fußnoten wiedergegeben und erläutert; gegebenenfalls wurden die heutigen Namen angegeben. In den Kurzbiographien wurden Institutionen und Vereinigungen mit ihren zeitgenössischen Namen bezeichnet.

Kurzbiographien und Personenindex

- Alle in den Briefen vorkommenden Personen, mit Ausnahme der engsten Familienangehörigen von Richard Dedekind und Heinrich Weber, werden im Personenindex aufgeführt. An mehreren Stellen konnte nicht geklärt werden, um welche Personen es sich gehandelt hat.
- Wo zum Verständnis oder um Verwechslungen vorzubeugen nötig, wurde in Fußnoten dargestellt, um welche Person es sich in dem jeweiligen Briefabschnitt gehandelt hat.
- Bis auf wenige Ausnahmen wurden für die in den Briefen genannten Personen Kurzbiographien erstellt. In diesen Kurzbiographien werden die wichtigsten Ausbildungsabschnitte und beruflichen Stationen der Personen kurz zusammengefasst. Dabei wird kein Anspruch auf Vollständigkeit erhoben.
- Für die im Personenindex mit * markierten Personen werden die Personendaten im Text und in den Fußnoten angegeben, da diese Personen nicht im Kapitel „Kurzbiographien“ aufgeführt sind.

Literaturverzeichnis zum Briefwechsel

- In diesem Verzeichnis sind, soweit identifizierbar, alle in den Briefen erwähnten oder diskutierten wissenschaftlichen Schriften zusammengestellt. Dabei wurden die in den Briefen angegebenen oder sich klar aus dem Zusammenhang ergebenden Auflagen der jeweiligen Schriften zugrunde gelegt. Weitere Auflagen der entsprechenden Schriften werden an dieser Stelle nicht aufgeführt, sie finden sich im Anhang im Verzeichnis „Literatur".
- Der Verweis auf die in diesem Verzeichnis zusammengestellten Schriften erfolgt über Fußnoten an den jeweiligen Stellen in den Briefen.
- Auf mehrfach in verschiedenen Briefen, oder an verschiedenenen, nicht direkt aufeinanderfolgenden Stellen desselben Briefes, diskutierte Schriften wird jeweils erneut verwiesen.

Literatur

- Im Verzeichnis „Literatur" sind unter anderem die Werke aufgeführt, die zum Erstellen der Kurzbiographien und Lebensläufe benutzt wurden. In der Mehrzahl handelt es sich hierbei um zeitgenössische Nachrufe oder Gedenkschriften zu den einzelnen Personen.
- Ebenfalls enthalten sind die schon im „Literaturverzeichnis zum Briefwechsel" aufgeführten Schriften und Werke unter Ergänzung weiterer Ausgaben und Auflagen dieser Schriften und Werke.
- Werke unbekannter Verfasser erhielten die Bezeichnung „Anonym".
- Weiterhin wurden solche Werke aufgenommen, in denen einzelne Briefe des Briefwechsels zwischen Richard Dedekind und Heinrich Weber enthalten und veröffentlicht worden sind. Dabei wurde kein Anspruch auf Vollständigkeit gelegt.
- Die im Literaturverzeichnis aufgeführten Werke, mit Ausnahme der unter „weiterführende Literatur" angegebenen, wurden zur Erstellung der verschiedenen Kapitel dieses Buches herangezogen.

Abkürzungsverzeichnis

a.	an
Abh.	Abhandlung
Abhadlg.	Abhandlung
Abhandl.	Abhandlung
Abth.	Abtheilung
Allg.	Allgemeine
allg.	allgemeiner
allgem.	allgemeine
Anz.	Anzeigen
arith.	arithmetisch
Art.	Artikel
Bd.	Band
Bemkg.	Bemerkung
betr.	betreffend
bezügl.	bezüglich
bezw.	beziehungsweise
b. z. w.	Beziehungsweise
Cl.	Classe
Coll.	College
C. R.	Comptes rendus
d.	der/den
dgl.	dergleichen
d. h.	das heißt
Diff.	Differentiation
Differentialgl.	Differentialgleichung
Diffgl.	Differentialgleichung
d. Js.	dieses Jahres
d. M.	diesen Monats
Dr.	Doktor
e.	eine/r
ellipt.	elliptisch
equat. mod.	equations modulaires
ergeb.	ergebenen
e. t. c.	et cetera
F.	Funktion
Fac.	Facultät
Fig.	Figur
Frl.	Fräulein
Frs.	Francs
G.	Groschen
geb.	geboren/e
gedr.	gedruckt
gee.	geehrten
gefl.	geflissentliche
Geh. Hofr.	Geheimer Hofrat
Gel.	Gelehrten
Gel. Anz.	Gelehrten Anzeigen
Geom.	Geometrie
geom.	geometrisch
Ges. d. W.	Gesellschaft der Wissenschaften
gest.	gestorben
Gl.	Gleichung
G. Hfrth.	Geheimer Hofrat
Gött.	Göttingen
Grd.	Grad
h	Stunde
Hr.	Herr
hyp.	hyper
Hyperg.	Hypergeometrisch
Hypoth.	Hypothesen
i.	in
Integr.	Integration
i. E.	im Elsaß
i. V.	im Vogtland
k.	königliche/en
kgl.	königlich
Kgsbg	Königsberg
Königl.	Königlich
L.	Lahn
M.	Mark
m	Minute
m. E.	meines Erachtens
Mem. d. l'Acad.	Memoires de l'Academie
Minimalfl.	Minimalfläche
Mk.	Mark
Mnskpt.	Manuskript

mod.	modulo
Monatsb.	Monatsbericht
Mptblättern	Manuskriptblättern
M. S.	Manuskript (-Seiten)
Mskr.	Manuskript
n.	nächsten
Nachr.	Nachrichten
naturwiss.	naturwissenschaftlich
No	Nummer
Nro	Nummero
O. Mdcrth.	Ober-Medicinalrat
p.	page
pag.	pagina
part. Diff. GL	partielle Differential-geleichung
philosoph.	philosophische
Pogg.	Poggendorff
Pr.	Preußen
Prof.	Professor
Prof. ordin.	Professor ordinarius
quadr.	quadratisch
q. e. d.	quod erat demonstrandum
R.	Riemann
RD	Richard Dedekind
R. g. m. W.	Riemann's gesammelte mathematische Werke
R. g. m. W. I	Riemann's gesammelte mathematische Werke I
R. R.	Riemann Roch
S.	Seite
Sr.	Seiner
sog.	sogenannt
Ste.	Seite
T.	Tome
techn.	technische
Theor.	Theorie
Trig.	Trigonometrisch
u.	und
u. s. f.	und so fort
u. s. w.	und so weiter
v.	von
Verf.	Verfasser
vergl.	vergleiche
Versamml.	Versammlung
v. J.	voriges Jahr
v. M.	vorigen Monat
v. o.	von oben
Vor.	vorherig
Voraussetz.	Voraussetzung
v. u.	von unten
v. u. h.	von unten her
w.	wenn
W.	Wissenschaften
w. z. b. w.	was zu beweisen war
Z.	Zeile
z.	zum/zu
z. B.	zum Beispiel
z. M. d. G. d. W.	zum Mitglied der Gesellschaft der Wissenschaften

Inhalt

1 Einleitung

Briefwechsel von und mit Richard Dedekind wurden schon veröffentlicht, aber keiner dieser Briefwechsel ist so besonders wie der hier vorliegende. Der Briefwechsel zwischen Richard Dedekind und Heinrich Weber legt, obwohl nur ein kleiner Teil des rund 40 Jahre andauernden Austausches erhalten ist, ein beredtes Zeugnis von einer Verbindung zwischen diesen beiden Männern, die besonders genannt werden kann, ab. Beide fanden zu einer tiefen Vertrautheit und einem freundschaftlichen Umgang miteinander, obwohl sie mehr trennte als verband: Dedekind, kinderlos und unverheiratet, scheu und fast penibel; Weber dagegen mit Frau und Kindern, immer ein bisschen ungestüm und energisch.

Aber nicht nur die Entwicklung dieser prägenden Freundschaft lässt sich in den Briefen dieses Briefwechsels nachvollziehen, es wird auch ein tiefer Einblick in die wissenschaftliche Entwicklung und Arbeitsweise der beiden großen Gelehrten gewährt. Im Literaturverzeichnis zu den Briefen (Anhang D) findet sich eine Übersicht der wissenschaftlichen Schriften, die in den Briefen von Richard Dedekind und Heinrich Weber angesprochen werden. Seien es Schriften von ihnen selbst, die sie einander zur Beurteilung vorlegten oder deren Entstehung sie begleiteten; seien es Schriften anderer, die sie zur Hilfe heranzogen oder die sie kritisch besprachen. Alle diese Schriften wurden soweit möglich identifiziert und diesem Verzeichnis hinzugefügt. Dieses eigene Literaturverzeichnis ermöglicht einen ersten durchaus tiefen Eindruck vom Umfang und den Themenbereichen der wissenschaftlichen Diskussionen und des Austauschs zwischen Richard Dedekind und Heinrich Weber. Obwohl nicht alle im Verzeichnis enthalten Schriften von Dedekind und Weber wirklich zur Gänze diskutiert wurden – manche fanden nur am Rande Erwähnung – sind doch die Anzahl der Schriften und die breite Palette der Themen erstaunlich. Über 150 Schriften zu vielen Bereichen der Mathematik finden sich in den nur rund 160 erhaltenen Briefen aus 18 Jahren.
Wie aber kam es zu dieser besonderen Freundschaft?

1.1 Historisches

Das 19. Jahrhundert war nicht nur politisch, sondern auch wissenschaftlich ein Jahrhundert der Erneuerung und des Wandels. Die Mathematik erlebte im 18. Jahrhundert einen enormen Aufschwung und setzte ihren Siegeszug im 19. Jahrhundert fort. Wie Dieudonné[1] schrieb:

---

1 Siehe [Dieudonné 1985], S. IX-X.

> „Im achtzehnten Jahrhundert war es die Analysis, welche die beherrschende Stellung einnahm; sie faßte die spektakulären Ergebnisse zusammen, die sie in ihren Anwendungen auf Geometrie, Mechanik, Astronomie und Wahrscheinlichkeitsrechnung erzielt hatte. Nach einer Pause, die etwa von 1780 bis 1810 dauerte, nahm sie auf allen Gebieten ihren Siegeszug wieder auf, mit der wunderbaren Entwicklung der Theorie der analytischen Funktionen einer komplexen Veränderlichen sowie mit der Entdeckung und der Untersuchung der elliptischen Funktionen, der Abelschen Funktionen, der Modulfunktionen und der automorphen Funktionen, sicherlich dem erstaunlichsten Kapitel ihrer Geschichte; man kann ohne Übertreibung sagen, diese Theorie bildete geradezu das Kernstück der Mathematik des neunzehnten Jahrhunderts. Durch ihre mannigfachen Verzweigungen hängt die Theorie der elliptischen Funktionen und der Modulfunktionen tatsächlich sowohl mit dem damaligen Wiederaufleben der Algebra, insbesondere der Entwicklung der Gruppentheorie nach allen Richtungen, als auch mit dem großartigen Aufblühen der Theorie der algebraischen Zahlen, das mit Gauß beginnt, zusammen, von der sie sich nicht mehr trennen läßt und der sie die tiefliegendsten Probleme lieferte. Demgegenüber sind es die Probleme der Abelschen Funktionen, die, mit Riemann, zur Entstehung der modernen algebraischen Geometrie und der zeitgenössischen Topologie führten."

Diese stürmischen Entwicklungen in der Mathematik hatten auch Auswirkungen auf den mathematischen Unterricht an den deutschen Universitäten. Die philosophischen Fakultäten, denen die Mathematik angegliedert war, sahen sich steigenden Ansprüchen bei der Ausbildung mathematischer Lehrkräfte gegenüber. Die mathematischen Studien dienten nicht mehr nur der Vorbereitung auf ein „höheres" Studium an den Fakultäten der Theologie, des Rechts oder der Medizin, sie wurden mehr und mehr zum Selbstzweck betrieben.

Als 1831 die erste preußische Prüfungsordnung in Kraft trat, waren die deutschen Universitäten noch nicht auf die Bedürfnisse für ein Studium der Mathematik oder des höheren mathematischen Lehramtes ausgelegt. Es fehlte an geeigneten Dozenten und Regularien. Das Angebot an und der Inhalt in den Vorlesungen waren vor allem geprägt von den Vorlieben und Vorstellungen des Dozenten. Ein festgelegter Lehrplan von den Elementen zur Höheren Mathematik oder gar eine didaktische Ausbildung waren meist nicht vorhanden. Die Studenten waren auf Privatissima, für die den meisten Studenten aber oft das Geld fehlte, oder auf autodidaktische Studien angewiesen. Dies änderte sich in der Mitte des 19. Jahrhunderts.

An vielen deutschen Universitäten, so zum Beispiel in Berlin, Heidelberg und Königsberg, fanden sich Professoren, die für eine Neuorganisation des Lehrbetriebes eintraten. So versuchte schon zu Beginn der 1830er Jahre Crelle, der zusammen mit Dirichlet einer Kommission zur Beratung eines mathematischen Lehrplans in Berlin angehörte, die Gründung eines mathematischen Seminars nach Vorbild der französischen École normale zu erreichen. Crelles Vorhaben scheiterte. Ein weiterer Versuch zur Gründung solch eines Seminars einige Jahre später, diesmal initiiert von Schellbach[2], ging in den Wirren des Jahres 1848 unter.

2 Karl Heinrich Schellbach (* 25. Dezember 1804 † 29. Mai 1892) Mathematiker.

Erfolgreicher waren diesbezügliche Anstrengungen an der Universität Königsberg. Nachdem Jacobi 1827 gegen einigen Widerstand seitens der dortigen Fakultät nach Königsberg berufen worden war, etablierte sich in Königsberg nach und nach ein neuer Vorlesungsstil.

Jacobi führte die Studenten in die neuesten mathematischen Forschungen ein und las über aktuelle Themen. Er gründete gemeinsam mit seinem Kollegen Franz Neumann das Königsberger Mathematisch-Physikalische Seminar. Mit der Hilfe und Unterstützung von Neumann, seinem ersten Schüler Richelot und seinem Mitarbeiter Otto Hesse schuf Jacobi in den folgenden Jahren einen modernen, neuhumanistisch geprägten Lehrbetrieb, die sogenannte Königsberger Schule.

Die Ideen dieser Schule fanden in den folgenden Jahren durch die Schüler Jacobis und Neumanns ihren Weg auch an andere deutsche Universitäten. So wirkten in Gestalt von Kirchhoff, Schwiegersohn Richelots und Schüler von Franz Neumann, und Hesse zwei glühende Anhänger der Ideen Jacobis in Heidelberg, als Heinrich Weber sich dort immatrikulierte. Ein systematisches Studium der Mathematik oder ein mathematisches Seminar im Sinne Jacobis gab es allerdings zu Webers Studienzeiten in Heidelberg noch nicht. Die Wahl der Vorlesungen und Studienschwerpunkte war eher geprägt durch persönliche Beziehungen zwischen Lehrenden und Lernenden. Unter diesem Gesichtspunkt ist es auch zu sehen, dass Heinrich Weber nach erfolgter Promotion für weitere Studien nach Königsberg wechselte, wo, wie er selbst sagte, außer Richelot und Neumann niemand für ihn von besonderem Interesse sei.[3] Dementsprechend besuchte er Vorlesungen bei Neumann und bei Richelot, der seinen Studenten die Ideen Riemanns nahe zu bringen versuchte.

Ganz anders war die Situation in Göttingen, wo Stern, Ulrich, Listing[4] und Wilhelm Weber wirkten. Schon 1850 war dort auf Antrag Sterns ein mathematisch-physikalisches Seminar gegründet worden, dessen Zielsetzung die Verbesserung der Ausbildung der Lehrer für höhere Schulen war. Als einer der ersten Schüler des neugegründeten Seminars fand sich der nach zweijährigem Studium am Braunschweigischen Collegium Carolinum soeben nach Göttingen gewechselte Richard Dedekind. Zwei Semester später trat auch Riemann dem Seminar bei.

Dedekind hörte in Göttingen Vorlesungen von Stern, Wilhelm Weber, Gauß und Dirichlet, der als Nachfolger von Gauß berufen worden war. Nach erfolgter Promotion nahm er an einzelnen Vorlesungen seines späteren engen Freundes und Nachfolgers von Dirichlet, Bernhard Riemann, teil. Er besuchte Riemanns Vorlesungen über abelsche, sowie über elliptische Funktionen und legte damit den Grundstein für sein späteres tiefes Verständnis für die mathematische Denkweise seines Freundes.

Als Riemann 1869 nach langer Krankheit starb, wurde Alfred Clebsch als sein Nachfolger nach Göttingen berufen. Clebsch, ebenfalls Absolvent und Anhänger der

---

3 Siehe [Lorey 1916], S. 96.

4 Johann Benedikt Listing (* 25. Juli 1808 † 24. Dezember 1882) Mathematiker.

Königsberger Schule, übernahm außerdem als Nachfolger Ulrichs dessen Posten als einer der Direktoren des Göttinger mathematisch-physikalischen Seminares. Seine Vorlesungen hielt Clebsch, wie er es schon zuvor in Gießen getan hatte, ganz im Sinne Jacobis und knüpfte inhaltlich an die Riemannschen Ideen an. Drei Jahre später, während der Vorbereitungen zur Herausgabe der gesammelten mathematischen Werke Riemanns, starb Clebsch völlig überraschend.

Der Riemannsche Nachlass, bedingt durch Riemanns jahrelange Krankheit teilweise in chaotischem Zustand, befand sich zu dieser Zeit in den Händen von Clebsch, Dedekind, Hattendorff, einem Schüler Riemanns, und Minnigerode. Hattendorff war noch von Riemann selbst mit der Ausarbeitung und Herausgabe, sowie anschließender Vernichtung verschiedener Papiere und Schriften betraut worden, Minnigerode wurde mit der Ausarbeitung eines Werkes von Riemann beauftragt[5]. Der plötzliche Tod Clebschs und der zuvor erfolgte Rückzug Minnigerodes stellten Dedekind vor ein großes Problem. Er sah sich nicht willens und in der Lage diese umfangreiche Aufgabe allein zu bewältigen. So ruhte das Projekt längere Zeit.

Wie Dedekind schließlich Heinrich Weber kennenlernte, der sich ja ebenfalls mit der Riemann'schen Gedankenwelt auskannte, auch wenn er nie eine Vorlesung Riemanns gehört hatte, läßt sich nicht zweifelsfrei nachvollziehen. Sicher ist, dass Weber und Dedekind sich um 1873 in Zürich trafen, wo Dedekind von 1858 bis 1862 ein Ordinariat an der Eidgenössischen Technischen Hochschule innegehabt hatte, und Weber von 1869 bis 1875 das zweite von Christoffel, dem Nachfolger Dedekinds, 1865 geschaffene Ordinariat besetzte. Dedekind erhielt jedenfalls von Weber das Angebot, die Herausgabe der Riemannschen Werke zu übernehmen. Ob Weber bei seinem Angebot der Versuchung, sich tief in die Riemannsche Mathematik einarbeiten zu können und dabei Anstöße auch für seine eigenen Forschungen zu finden, nicht widerstehen konnte oder ob der Wunsch, die Schöpfungen Riemanns der Öffentlichkeit zugänglich zu machen, wie er selbst im Vorwort der 1. Auflage der Gesammelten Werke Riemanns[6] sagt, sein Antrieb waren, wird wohl Webers Geheimnis bleiben. Fakt ist jedenfalls, Weber stand kurz vor einem Umzug nach Königsberg, wohin er als Nachfolger Richelots berufen worden war, und hatte zwei noch sehr kleine Kinder, so dass er sich die Entscheidung, Dedekind seine Hilfe bei diesem doch sehr umfangreichen Projekt anzubieten, sicherlich nicht leicht gemacht haben dürfte.

---

5 Vergl. [Rie 1], Brief von Elise Riemann an Richard Dedekind vom 27.11.1871; [Rie 3], Brief von Elise Riemann an Richard Dedekind vom 14.11.1874; [Rie 7], Brief von Elise Riemann an Heinrich Weber; [Hat 1], Brief von Karl Hattendorff an Richard Dedekind vom 15.01.1870; [Hat 2], Brief von Karl Hattendorff an Richard Dedekind vom 12.10.1871.

6 Siehe [Riemann Werke 1876], S. III-V.

1.2 Riemanns Werke

Im November 1874 begann Heinrich Weber mit den Vorarbeiten zur Herausgabe der gesammelten Werke Riemanns. Weber ließ sich nahezu alle Teile des sich mittlerweile in verschiedenen Händen befindenden Riemann'schen Nachlasses zusenden. Mit der ihm eigenen Tatkraft und Gründlichkeit begann er umgehend, die von Alfred Clebsch zur Veröffentlichung vorbereiteten, von Riemann selbst oder von Dedekind, Hattendorff, Henle und Schering posthum veröffentlichten Abhandlungen noch einmal zu sichten und in einzelnen Fällen zu bearbeiten oder bearbeiten zu lassen.

Weber beschränkte sich jedoch nicht nur darauf, diese einundzwanzig Schriften nach seinen Vorstellungen für den Druck vorzubereiten. Er sichtete und untersuchte, zum Teil mit Hilfe und Unterstützung Richard Dedekinds, auch diejenigen Teile des Riemann'schen Nachlasses, die von Dedekind und Clebsch als nicht zur Veröffentlichung geeignet eingeschätzt wurden und die, die aus Fragmenten teilweise unklaren Inhalts bestanden.

Diese Bemühungen Webers, auch noch dem letzten Stück Papier seine Geheimnisse zu entlocken, führten dazu, dass Weber den von Clebsch zur Veröffentlichung vorgesehenen insgesamt 24 Schriften viele weitere hinzufügen konnte. Zu diesen neu hinzugefügten Schriften gehört eine von Riemann zu einer 1858 von der Akademie der Wissenschaften in Paris gestellten Preisaufgabe verfasste Abhandlung.[7] Diese Abhandlung konnte nicht aus den im Nachlass dazu vorhandenen Fragmenten wiederhergestellt werden, sondern gelangte im Original durch Vermittlung des Sekretärs der Königlichen Gesellschaft der Wissenschaften zu Göttingen, Friedrich Wöhler, leihweise in Webers Hände. Nach der Veröffentlichung in den gesammelten Werken wurden die Ergebnisse dieser Arbeit, die an die Untersuchungen in der Habilitationsschrift Riemanns anknüpfen, in den folgenden Jahren viel diskutiert.[8] Noch im Jahre 1900 setzten sich Heinrich Weber und Richard Dedekind mit den Ergebnissen dieser beiden Arbeiten auseinander.[9]

Eine weitere von Weber in die gesammelten Werke von Riemann aufgenommene Schrift ist die von Hermann Amandus Schwarz aus Fragmenten hergestellte und in italienischer Sprache abgefasste Abhandlung Riemanns über hypergeometrische Reihen.[10]

Die interessanteste und für Heinrich Weber und Richard Dedekind bedeutendste aus Fragmenten hergestellte Schrift des Riemann'schen Nachlasses, ist die von

7 Siehe [Riemann Werke 1876], Abhandlung XXII.

8 Wie verschiedenen Briefen der Jahre 1879 und 1891 zu entnehmen ist, kam es zu einem schriftlichen Disput zwischen Richard Dedekind und Richard Beez über diese Arbeiten Riemanns und den von Weber in Riemanns Werken 1876 hinzugefügten Kommentar.

9 Vergl. [Ded 33], Brief von Richard Dedekind an Heinrich Weber vom 08.04.1900.

10 Vergl. Kapitel 8.2 und [Riemann Werke 1876], Abhandlung XXIII.

Richard Dedekind bearbeitete und ausführlich kommentierte Abhandlung über elliptische Modulfunktionen.[11] Die Beschäftigung mit diesen Fragmenten, deren Bearbeitung Dedekind aufgrund eigener früherer Untersuchungen zur Theorie der elliptischen Funktionen erst möglich, wenn auch nicht leicht wurde, kennzeichnet den Beginn des mathematischen Gedankenaustausches zwischen Richard Dedekind und Heinrich Weber. Zum ersten Mal finden sich in den Briefen konkrete mathematische Diskussionen, geprägt von gegenseitiger freundschaftlicher Motivation, auch für den Einzelnen unverständliche Sachverhalte gemeinsam zur Gänze durchdringen zu wollen. Die mathematischen Kenntnisse und Ergebnisse, die die beiden Männer durch die gemeinsame Bearbeitung dieser Fragmente erwarben und vertieften, fanden Eingang in so manches ihrer eigenen Werke.

Ohne die gemeinsame intensive Beschäftigung mit diesen Fragmenten und anderen Teilen des Riemann'schen Nachlasses wären die mathematischen Werke dieser beiden großen Mathematiker wohl nicht unbedeutender, aber doch thematisch anders geprägt und um so manches schöne Ergebnis ärmer.

1.3 Zusammenarbeit

Über die gemeinsame Arbeit am Riemann'schen Nachlass hinaus, begannen Richard Dedekind und Heinrich Weber 1876 eigene Überlegungen, Forschungsergebnisse, im Entstehen begriffene Schriften und Werke zu verschiedenen mathematischen Themen, aber auch sie interessierende offene Fragen zu diskutieren und sich darüber auszutauschen.

So begleitete Heinrich Weber als kompetenter Leser und Kommentator die Ausarbeitungen Dedekinds zur Theorie der elliptischen Modulfunktionen. In insgesamt elf erhalten gebliebenen Briefen, verfasst zwischen Februar und Mai 1876, tauschten sich die beiden Mathematiker über den Fortgang dieser auf früheren Arbeiten Dedekinds und der eingehenden Untersuchung der Riemann'schen Fragmente zu den elliptischen Modulfunktionen[12] fußenden Ausarbeitung aus.

Sich noch etwas reserviert und zurückhaltend auf diesem neuen Terrain des freundschaftlichen Austausches bewegend, finden sich Heinrich Webers Kommentare zu dieser Zeit als höflich distanzierte Konjunktivsätze formuliert. Beispielhaft sei hier der Brief [Web 32] vom 4.04.1876 von Heinrich Weber an Richard Dedekind genannt, in welchem Weber Dedekind auf eine mögliche Vereinfachung seiner Untersuchung zum Periodenverhältnis elliptischer Funktionen aufmerksam machen möchte. Weber schreibt:

11 Siehe [Riemann Werke 1876], Abhandlung XXVII.

12 Siehe [Riemann Werke 1876], Abhandlung XXVII.

> Für die Fortsetzung Ihrer „Modulfunktionen" sage ich Ihnen meinen besten Dank. Ich freue mich sehr darauf, den weiteren Fortgang dieser schönen Untersuchung kennen zulernen. Bei der Ableitung der Differentialgleichung für die Valenz würden Sie, glaube ich, etwas einfacher zum Ziele kommen, wenn Sie sich der Methode bedienten, die in unserer XXV ^{ten} Abhandlung (Gleichgewicht der Electricität auf Cylindern etc) enthalten ist. Man kommt da direct auf den Quotienten zweier hypergeometrischer Reihen und kann dann von da rückwärts gehen.

In ebenso höflich distanzierter Weise erfolgt die Antwort Richard Dedekinds in dem schon zwei Tage später verfassten Brief [Ded 16]. Er schreibt an Weber:

> Von der Valenz-Theorie erlaube ich mir wieder eine Fortsetzung beizulegen, in der Hoffnung, Sie damit nicht zu belästigen; ich staune fortwährend über die Leichtigkeit, mit welcher Sie jeden Gedankengang gleich beherrschen. Ihre Bemerkung über die Ableitung der Differentialgleichung $(v, w) = f(v)$ ist gewiss sehr begründet; kann man nicht auch gleich an $(\eta w)^2 = \text{const.}(1-v)^{-\frac{1}{4}} v^{-\frac{1}{3}} \left(\frac{dv}{dw}\right)^{\frac{1}{2}}$ die charakteristischen Eigenschaften einer $\mathcal{P}$-Function nachweisen und so noch kürzer auf bekannten Boden kommen?

Schon bei diesem ersten, nur noch indirekt mit den Riemann'schen Werken zusammenhängenden wissenschaftlichen Austausch ist von Konkurrenzdenken zwischen den beiden Männern nichts zu spüren. Im Gegenteil, in der aus der oben genannten Ausarbeitung zur Theorie der elliptischen Funktionen entstandenen und erst auf Drängen Webers und Borchardts im Sommer 1877 veröffentlichten Schrift Dedekinds, „Schreiben an Herrn Borchardt über die Theorie der elliptischen Modul-Functionen"[13], findet sich an der entsprechenden Stelle sogar ein Hinweis auf die von Weber vorgeschlagene, aber von Dedekind nicht benutzte, da nicht zu seiner beabsichtigten Darstellung passende, Vereinfachung.

Diesem ersten Gedankenaustausch zu mathematischen Ausarbeitungen und Ideen, abseits von Riemanns Werken, folgten in den nächsten Monaten und Jahren viele weitere. Zuerst zu den Werken Dedekinds, „Sur la Théorie des Nombres entiers algébriques"[14] und „Über die Anzahl der Idealclassen in verschiedenen Ordnungen eines endlichen Körpers"[15]. Aber auch Schriften von Heinrich Weber wurden auf Bitten Webers einem prüfendem Blick unterzogen. So diskutierten die beiden Männer im Frühjahr 1877 Anmerkungen Webers zu seiner schon 1876 veröffentlichten Arbeit „Theorie der Abelschen Functionen vom Geschlecht 3"[16]. Diese Anmerkungen veröffentlichte Weber 1879 in der Arbeit „Bemerkungen zu der Schrift ‚Über die Abelschen Functionen vom Geschlecht 3'"[17].

---

13 Siehe [Dedekind 1877b].

14 Siehe [Dedekind 1876-1877].

15 Siehe [Dedekind 1877a].

16 Siehe [Weber 1876].

17 Siehe [Weber 1879b] und vergl. [Web 63], Brief von Heinrich Weber an Richard Dedekind vom 12.07.1877.

Mit zunehmender Vertrautheit sendete Heinrich Weber in den nächsten Jahren auch ganze Schriften zum Korrekturlesen oder nur zur Information an Richard Dedekind, beispielsweise am 7.01.1878 die Schrift „Ueber die Transformationstheorie der Theta-Functionen, ins Besondere derer von drei Veränderlichen“[18] und am 9.03.1878 die Schrift „Anwendungen der Thetafunctionen zweier Veränderlicher auf die Theorie der Bewegung eines festen Körpers in einer Flüssigkeit“[19]. Viele weitere Schriften folgten.

Aus dieser engen Zusammenarbeit und der damit einhergehenden genauen Kenntnis der Arbeiten des jeweils Anderen entstand fast unmerklich ein von beiden Männern getragener Wissensschatz, der seinen Ausdruck in der 1882 veröffentlichten gemeinsamen Schrift „Theorie der algebraischen Functionen einer Veränderlichen“[20] fand.

Schon in den Briefen vom Februar des Jahres 1879 lassen sich Vorarbeiten zu dieser gemeinsamen Arbeit finden[21], gefolgt von einem ersten Beweis des Riemann-Roch'schen Satzes aus Webers Hand[22].

Dass diese wechselseitig von Heinrich Weber und Richard Dedekind angestellten Überlegungen zur arithmetischen Begründung der algebraischen Funktionen ursprünglich nicht als gemeinsame Veröffentlichung geplant waren, sondern die Arbeit quasi aus sich heraus entstand, läßt sich den beiden Briefen [Web 114][23] und [Web 115][24] entnehmen, in denen Heinrich Weber erstmalig die Idee einer gemeinsamen Veröffentlichung anspricht. Die treibende Kraft hinter dieser Veröffentlichung scheint jedenfalls, wie so oft, der tatkräftigere Heinrich Weber gewesen zu sein.

Noch während der Arbeit an der gemeinsamen Publikation fand der unermüdliche Heinrich Weber neue Betätigungsfelder. Er beschäftigte sich zunehmend mehr mit der Theorie der elliptischen Funktionen und deren Verbindung zur Klassenkörpertheorie. Die Diskussionen grundlegender Ideen zu diesen Themen finden sich in einigen wenigen erhalten gebliebenen Briefen aus der zweiten Hälfte des Jahres 1879 und einem Brief aus dem Jahre 1887. Insgesamt entstanden in dieser Schaffensphase mindestens sechs zwischen 1882 und 1889 von Heinrich Weber veröffentlichte Abhandlungen. Eine dieser Abhandlungen ist die 1882 veröffentlichte Schrift „Beweis des Satzes, dass jede eigentlich primitive quadratische Form unendlich viele Prim-

---

18 Siehe [Weber 1878/1879] und vergl. [Web72], Brief von Heinrich Weber an Richard Dedekind vom 07.01.1878.

19 Siehe [Weber 1878b] und vergl. [Web 76], Brief von Heinrich Weber an Richard Dedekind vom 09.03.1878.

20 Siehe [Dedekind/Weber 1882].

21 Vergl. [Web 102], Brief von Heinrich Weber an Richard Dedekind vom 02.02.1879.

22 Vergl. [Web 110], Brief von Heinrich Weber an Richard Dedekind vom 14.05.1879.

23 Brief von Heinrich Weber an Richard Dedekind vom 05.07.1879.

24 Brief von Heinrich Weber an Richard Dedekind vom 28.07.1879.

zahlen darzustellen fähig ist."[25], deren Entstehung vermutlich Richard Dedekind zu verdanken ist, wie sich dem Brief [Web 120] entnehmen lässt[26]:

> Sehr enttäuscht bin ich, daß wie aus Deinem Brief hervorgeht, bei dem Beweis des Satzes, daß jede primitive Form Primzahlen darstellen könne, noch wirkliche Schwierigkeiten bestehen. Ich glaubte, es handle sich dabei nur um die Durchführung eines in den Grundlagen klaren Gedankens.

Richard Dedekind spielte auch bei der Entstehung der übrigen fünf Abhandlungen eine wichtige Rolle. So griff Heinrich Weber für die Ausarbeitung seiner drei Schriften über die elliptischen Funktionen[27] nicht nur auf die schon 1877 veröffentlichte Abhandlung „Schreiben an Herrn Borchardt über die Theorie der elliptischen Modul-Functionen"[28] von Richard Dedekind zurück, sondern wie er selbst betont, auch auf brieflich übermittelte Erkenntnisse Dedekinds. Heinrich Weber[29] schrieb dazu:

> Das Symbol (α, β) ist von Dedekind in die Theorie eingeführt (Riemann's gesammelte Werke, Erläuterungen zu No. XXVII und Journal für Mathematik, Bd. 83, S. 265). Das vollständige Formelsystem (22) welches ich mit seiner Zustimmung hier aufnehme, verdanke ich einer brieflichen Mitteilung.

Leider konnte diese Mitteilung im Dedekind'schen Nachlass bisher nicht gefunden werden. Jedoch fanden sich zum selben Thema skizzenhafte Ausführungen auf einem dem Brieffragment [Ded 22][30] beigelegten Blatt[31].

Einen ebenso wichtigen Anteil hatte Dedekind an den beiden von Weber 1886 und 1887 veröffentlichten Arbeiten zur Theorie der algebraischen Zahlkörper[32]. Auch hier schreibt Weber[33]:

> Das Hilfsmittel, dessen ich mich bei diesem Beweise bediene ist die von Dedekind entwickelte Theorie der algebraischen Zahlen, deren Terminologie und Hauptsätze ich als bekannt voraussetze. Der Leser findet dieselben in einfacher und klarer Darstellung vorgetragen in XI. Supplement zu der dritten Auflage der Dirichlet'schen Vorlesungen über Zahlentheorie. Die in der vorliegenden Arbeit mit D. bezeichneten Citate beziehen sich auf dieses Werk. Auch in mündlichem und schriftlichem Verkehr habe ich mit meinem Freunde Dedekind vielfach über den Gegenstand dieser Untersuchung verhandelt, und verdanke ihm nützlichen Rath und Anregung, besonders in Beziehung auf die elegante Formulierung des Problems in der ersten Abhandlung.

---

25 Siehe [Weber 1882].
26 Brief von Heinrich Weber an Richard Dedekind vom 18.12.1879.
27 Siehe [Weber 1885], [Weber 1887/1888] und [Weber 1889].
28 Siehe [Dedekind 1877b].
29 Siehe [Weber 1885], S. 345.
30 Brieffragment von Richard Dedekind an Heinrich Weber, undatiert, ca. November 1879.
31 Vergl. Fragment [Ded B].
32 Siehe [Weber 1886], [Weber 1886/1887].
33 Siehe [Weber 1886], S. 194.

Auch zu diesem Gedankenaustausch zwischen Heinrich Weber und Richard Dedekind fanden sich im Nachlass von Richard Dedekind nur wenige erhaltene Briefe. Insbesondere aus den Jahren 1880-1886 konnte kein Brief gefunden werden. Einzig der Brief [Ded 25] zeigt die enge Zusammenarbeit zwischen Weber und Dedekind auf.

Die Zusammenarbeit der beiden Mathematiker beschränkte sich also nicht nur auf ihr gemeinsames Werk, vielmehr arbeiteten sie in weiten Bereichen ihrer Forschungstätigkeit zusammen.

1.4 Freundschaft

Neben der gemeinsamen wissenschaftlichen Arbeit auf kollegialer Basis und mit dieser untrennbar verbunden entwickelte sich eine tiefe Freundschaft zwischen Richard Dedekind und Heinrich Weber.

Nicht erst mit der Wahl von Richard Dedekind zum Taufpaten des dritten Kindes von Heinrich und Emilie Weber, Richard Weber, im Jahre 1877, sondern schon mit dem gemeinsamen Urlaub im August 1875 in Bönigen begann diese enge Verbindung, die die ganze Familie Weber mit einschloß. Oft trafen sich die beiden Männer, reisten gemeinsam nach Paris, gingen wandern; zu anderen Zeiten hielt Emilie Weber Richard Dedekind über die Erlebnisse und das Wohlbefinden der Familie auf dem Laufenden. Richard Dedekind seinerseits war den Kindern der Familie ein wohlbekannter und gern gesehener Onkel.

Seinem Freund Heinrich Weber gegenüber scheint sich der zurückhaltende Dedekind weit geöffnet zu haben. Wie verschiedenen Briefen zu entnehmen ist, kannte Weber die geheimen Schätze von Richard Dedekind. Werke, die, obwohl zum Teil fast fertig ausgearbeitet, von Dedekind nicht oder erst spät veröffentlicht wurden. Weber schreibt beispielsweise im Brief [Web 115] vom 28.07.1879 an Richard Dedekind:

> Es sind das Dinge die sicher Wenigen so klar sind wie Dir, und Du brauchst ja nur in die Fülle Deines Reichthums hineinzu greifen. Zum Correcturen lesen und jeder sonst gewünschten meine Kräfte nicht übersteigenden Beihülfe bin ich gern bereit.

Beispiele für diese geheimen Schätze sind die Werke „Was sind und was sollen die Zahlen“[34] und „Bunte Bemerkungen“[35]. Die Veröffentlichung der Schrift „Was sind und was sollen die Zahlen“ stellte Dedekind noch Ende 1878 in Frage. Er schrieb dazu am 19.11.1878 an Heinrich Weber:

> Du fragst auch nach meiner Untersuchung über den Uranfang der Arithmetik: „Was sind und was sollen die Zahlen?“ Sie ruht und ich zweifle, ob ich sie je publiciren werde; sie ist auch nur

34 Siehe [Dedekind 1888].

35 Siehe [Edwards/Neumann/Purkert 1982].

> in rohem Entwurfe aufgeschrieben, mit dem Motto: „Was beweisbar ist, soll in der Wissenschaft nicht ohne Beweis geglaubt werden.“ Die Hauptsache ist die Unterscheidung des Zählbaren vom Unzählbaren, und der Begriff der Anzahl, und die Begründung der sog. vollständigen Induction.

Diese Schrift veröffentlichte Dedekind im Jahre 1888 selbst. Im Gegensatz zu dem zweiten Werk „Bunte Bemerkungen“, welches erst 1982 von Edwards, Neumann und Purkert im Nachlass von Richard Dedekind wiederentdeckt und veröffentlicht wurde. Man darf davon ausgehen, dass im Nachlass noch weitere solche Schätze auf ihre Entdeckung warten.

1.5 Fragmente

Im Nachlass von Richard Dedekind befinden sich jedoch nicht nur wissenschaftliche Papiere, sondern auch viele Briefe und Brieffragmente. Obwohl diese Briefe und Briefragmente katalogisiert und somit zugänglich gemacht wurden, lässt sich der tatsächliche Umfang des Briefwechsels mit Heinrich Weber nur erahnen.

Die hier vorliegenden Briefe enthalten Bezüge auf weitere bisher nicht aufgefundene oder nicht erhaltene Briefe, auch im weiteren Nachlass von Richard Dedekind finden sich an verschiedenen Stellen fragmentarische Hinweise auf nicht auffindbare Teile des Briefwechsels. So beinhaltet das Schriftstück Cod. MS. R. Dedekind 4:8 Anlage nicht nur das Brieffragment [Ded 29][36], sondern auch eine von Richard Dedekind verfasste Auflistung von zehn zum Teil nicht aufgefundenen Briefen zu unterschiedlichen Themen. Die folgenden acht Briefe beziehen sich laut Richard Dedekind auf die vierte Auflage der „Vorlesungen über Zahlentheorie“[37] von Dirichlet:

31.12.1894	an Weber	(fragmentarisch aufgefunden)
13.02.1887	von Weber	(nicht aufgefunden)
20.02.1887	an Weber	(aufgefunden)
06.11.1888	an Weber	(Beilage zum Brief aufgefunden)
04.10.1888	von Weber	(nicht aufgefunden)
18.11.1888	von Weber	(nicht aufgefunden)
04.01.1895	von Weber	(nicht aufgefunden)
05.01.1895	an Weber	(nicht aufgefunden)

die letzten beiden auf Bemerkungen zur Abhandlung „Auseinandersetzung einiger Eigenschaften der Klassenzahl idealer complexer Zahlen“[38] von Kronecker:

---

36 Brieffragment von Richard Dedekind an Heinrich Weber vom 31.12.1894.

37 Siehe [Dirichlet 1863], 4. Auflage 1888.

38 Siehe [Kronecker 1871].

15.10.1894	an Weber	(nicht aufgefunden)
27.12.1894	von Weber	(nicht aufgefunden)

Ein Problem stellt die nicht immer korrekte Sortierung des Nachlasses dar.

Die folgenden Fragmente wurden dem Brieffragment [Ded 22][39] beigelegt, gehören aber nicht direkt zu diesem. Es unterscheiden sich sowohl die benutzten Papiere, als auch die Schreibgeräte bei den auf dem selben Blatt geschriebenen Fragmenten. Inhaltlich ergeben sich ebenfalls Unterschiede.

Das erste Fragment bezieht sich auf Diskussionen zur gemeinsamen Arbeit von Dedekind und Weber[40]. Dedekind behandelt grundlegende Überlegungen zum Kern der Arbeit, der algebraisch begründeten Defintion der Punkte einer Riemannschen Fläche.

[Ded A]
Richard Dedekind
Fragment
Archiv der SUB Göttingen Cod. MS. R. Dedekind 13:49 Nummer 2/zu 89

...Wieder mal ins Phantasiren gerathen. Ich denke mir, die ganze Theorie müßte von Anfang an noch mehr mit dem Streben nach invarianten Begriffen aufgebaut werden, und dabei komme ich immer mehr wieder auf Riemann zurück. Vor Allem müßte, wenn die algebraische Gleichung zwischen s und z gegeben ist (aus der sich der Körper Ω entwickelt), jeder Punct deutlich charakterisirt und der Inbegriff $\mathfrak{T}$ aller dieser Puncte genau beschrieben werden, in der Weise, daß wirklich alle Functionen in Ω als einwerthige Ortsfunctionen in $\mathfrak{T}$ erscheinen. Dann scheint es zweckmäßig, Systeme von m Puncten (m-ecke) wie Producte von m Puncten zu bezeichnen und wieder mit einander zu multipliciren; jedes Punctsystem ist Product von Punctpotenzen. Eine Function z, die in n Puncten a (dem Zähler von z) verschwindet und in n Puncten b (dem Nenner von z) unendlich wird, ist = $const \cdot \frac{a}{b}$ (n heiße die Punctzahl von η); zwei solche Punctsysteme a, b (ebenso ac, bc) können äquivalent heißen, $\eta = \frac{a'}{b'}$ ist eine ganze Function von $z = \frac{a}{b}$, wenn b' keine anderen Puncte enthält wie b. Ein Ideal ab' in z ist der Inbegriff aller Functionen η, deren Nenner b' keine anderen Puncte enthalten wie b, und deren Zähler a' durch das Product der Grundpunkte von $\mathfrak{a}$ theilbar sind; ein Ideal $\mathfrak{a}$ ist daher unabhängig von z völlig bestimmt, sobald die von einander verschiedenen Nennerpuncte (oder ihr durch kein Punctquadrat theilbares Product $\mathfrak{P}$) und das volle System seiner Grund- oder Nullpuncte gegeben ist; es kann daher Ideal in $\mathfrak{P}$ statt Ideal in z genannt werden.

39 Brieffragment von Richard Dedekind an Heinrich Weber, undatiert.
40 Siehe [Dedekind/Weber 1882].

Worauf sich das zweite, direkt an das erste anschließende und auf der selben Seite befindliche, Fragment bezieht ließ sich nicht klären. Es scheint sich um eine Nebenrechnung zu handeln.

[Ded B]
Richard Dedekind
Fragment
Archiv der SUB Göttingen Cod. MS. R. Dedekind 13:49 Nummer 2/zu 89

$$(13,32) = \frac{1+13^2+32^2-39.32+64.24}{26} = \frac{170+32.41}{26} = 57$$

$$(15,32) = \frac{1+16^2+32^2-45.32-64.35}{30} = \frac{226-32.83}{30} = -81$$

$$(m,n) = \frac{1+m^2+n^2-3mn-2n(n,m)}{24n} \mid n = hm + n'$$

$$= \frac{1+m^2+n^2-3mn-2hm(n',m)-2n'(n',m)}{2m}$$

$$= -h(n',m) + \frac{1+m^2+n^2-3mn+2m(m,n')-1-m^2-n'^2+3mn'}{2m}$$

Diesen Eindruck verstärken die zwei am rechten Rand des Blattes zu findenden Rechnungen:

$$\begin{array}{r} 32 \\ 128 \\ \underline{170} \\ 1482 \end{array} \qquad \begin{array}{r} 96 \\ \underline{256} \\ 2656 \\ \underline{226} \\ 2430 \end{array}$$

Die folgenden beiden, ebenfalls [Ded 22] zugeordneten, Fragmente beziehen sich inhaltlich auf Mitteilungen von Richard Dedekind an Heinrich Weber zum Thema elliptische Funktionen[41]. Es finden sich viele Streichungen und Verbesserungen, so dass es sich hier vermutlich um skizzierte Berechnungen und Ideen handelt.

[Ded C]
Richard Dedekind
Fragment
Archiv der SUB Göttingen Cod. MS. R. Dedekind 13:49 Nummer 2/zu 89

$$\eta\left(\frac{\gamma+\delta\omega}{\alpha+\beta\omega}\right) = \eta(\omega)\sqrt{\frac{\alpha+\beta\omega}{\beta i}} \cdot \sqrt[4]{\beta^2} \cdot \mathbf{1}^{\frac{\alpha+\delta-2(\alpha,\beta)}{24\beta}}$$

41 Siehe [Weber 1885].

oder, wenn $\beta > 0$

$$\eta\left(\frac{\gamma+\delta\omega}{\alpha+\beta\omega}\right) = \eta(\omega)\sqrt{\frac{\alpha+\beta\omega}{i}}\cdot\mathbf{1}^{\frac{\alpha+\delta-2(\alpha,\beta)}{24\beta}}$$

$$\eta\left(\frac{-\partial+c\omega}{\omega}\right) = \eta\left(\frac{c_1+\partial_1\omega}{a_1}\right)\sqrt{\frac{a_1\alpha+c_1\beta+\partial_1\beta\omega}{ia_1}}\cdot\mathbf{1}^{\frac{\alpha+\delta-2(\alpha,\beta)}{24\beta}}$$

$$a_1\alpha + c_1\beta + \partial_1\beta\omega = \partial_1\beta\omega = a\omega$$

$$\sqrt{\frac{a_1\alpha+c_1\beta+\partial_1\beta\omega}{ia_1}} = \sqrt{\frac{a\omega}{ia_1}} = \sqrt{\frac{\partial_1\omega}{i\partial}} = \frac{\sqrt{\partial_1}}{\sqrt{\partial}}\cdot\sqrt{\frac{\omega}{i}}$$

$$= e^{\frac{1}{2}\log\left(\frac{a\omega}{ia_1}\right)}\ ;\ \sqrt{\frac{\omega}{i}} = e^{\frac{1}{2}\log\left(\frac{\omega}{i}\right)}\ ;$$

wo der imag. Th. d. Logarithm. zwischen $\pm\frac{\pi i}{2}$ liegt.

$$\eta\left(\frac{-1}{\omega}\right) = \eta(\omega).\mathbf{1}^{\frac{-2(0,1)}{24}}$$

$$\frac{\eta\left(\frac{-\partial+e\omega}{\omega}\right)^3}{\eta\left(\frac{-1}{\omega}\right)^3} = \frac{\eta\left(\frac{e_1+\partial_1\omega}{a_1}\right)^3}{\eta(\omega)^3}\cdot\frac{\partial_1\sqrt{\partial_1}}{\partial\sqrt{\partial}}\cdot\mathbf{1}^{\frac{\alpha+\delta-2(\alpha,\beta)}{8\beta}+\frac{(0,1)}{4}}$$

(0,1)=0

$$f\left(\frac{-1}{\omega}\right) = i^{3\frac{a-1}{2}}\left(\frac{c}{e}\right)\cdot\partial_1\sqrt{\partial_1}\cdot\frac{\eta\left(\frac{c_1+\partial_1\omega}{a_1}\right)^3}{\eta(\omega)^3}\cdot\mathbf{1}^{\frac{\alpha+\delta-2(\alpha,\beta)}{8\beta}}$$

$$= i^{3\frac{a-1}{2}-3\frac{a_1-1}{2}}\left(\frac{c}{e}\right)\left(\frac{c_1}{e_1}\right)\cdot\mathbf{1}^{\frac{\alpha+\delta-2(\alpha,\beta)}{8\beta}}f_1(\omega)$$

$$\frac{f\left(\frac{-1}{\omega}\right)}{f_1(\omega)} = i^{3\left(\frac{a-1}{2}-\frac{a_1-1}{2}\right)}\left(\frac{\delta e_1}{e}\right)\left(\frac{\alpha e}{e_1}\right)\mathbf{1}^{\frac{\alpha+\delta-2(\alpha,\beta)}{8\beta}}$$

$$a \equiv e \text{ (mod. 8) ; } a_1 \equiv e_1 \text{ (mod. 8)}$$

$$\left(\frac{e_1}{e}\right)\left(\frac{+e}{e_1}\right) = (-1)^{\frac{e-1}{2}\frac{e_1-1}{2}}$$

$$(\alpha,\beta) \equiv \frac{\beta+1}{2} - \left(\frac{\alpha}{\beta}\right) \text{ (mod. 4)}$$

$$\alpha + \delta - 2(\alpha,\beta) = h\beta$$

$$\alpha + \delta - (\beta+1) + 2\left(\frac{\alpha}{\beta}\right) \equiv h\beta \text{ (mod. 8)}$$

$$\frac{f\left(\frac{-1}{\omega}\right)}{f_1(\omega)} = i^{-\frac{e-1}{2}+\frac{e_1-1}{2}+\frac{e-1}{2}\cdot(e_1-1)}\left(\frac{\delta}{e}\right)\left(\frac{-\alpha}{e_1}\right)\mathbf{1}^{\frac{h}{8}}$$

$$h \equiv \alpha\beta + \beta\delta - 1 - \beta + 2\beta\left(\frac{\alpha}{\beta}\right) \text{ (mod. 8)}$$

$$\beta \equiv ee_1 \text{ (mod. 8) ; } \alpha\delta \equiv 1 \text{ (mod. } \beta)$$

$$\alpha\delta \equiv 1 \text{ (mod. } ee_1) \text{ ; } \beta 0 ee_1 \left| \begin{matrix} \alpha \equiv 0 \\ \delta \equiv 0 \end{matrix} \right| \text{ mod. 8}$$

$$\left(\frac{\alpha}{\beta}\right) = \left(\frac{\alpha}{ee_1}\right)$$

$$h \equiv -1 - ee_1 + 2ee_1 \left(\frac{\alpha}{ee_1}\right) \text{ (mod. 8)}$$

$$\mathbf{1}^{\frac{h}{8}} = \mathbf{1}^{-\frac{1+ee_1}{8} + \frac{1}{4} ee_1 \left(\frac{\alpha}{ee_1}\right)} = i^{-\frac{1+ee_1}{2} + ee_1 \left(\frac{\alpha}{ee_1}\right)}$$

$$i^{+\frac{e-1}{2}(e_1-2) + \frac{e_1-1}{2} + e_1 - 1} \left(\frac{\alpha}{ee_1}\right) i^{-\frac{1+ee_1}{2} + ee_1 \left(\frac{\alpha}{ee_1}\right)}$$

$$\left(\frac{\alpha}{ee_1}\right) i^{\frac{ee_1 - e_1 + e_1 - 1}{2} - (e-1) + (e_1-1) - \frac{1+ee_1}{2} + ee_1 \left(\frac{\alpha}{ee_1}\right)}$$

$$= \left(\frac{\alpha}{ee_1}\right) i^{-1-e+e_1+ee_1 \left(\frac{\alpha}{ee_1}\right)}$$

$$1) \; i^{-1-e+e_1+ee_1} = i^{(e+1)(e_1-1)} = +1$$

$$2) \; - i^{-1-e+e_1-ee_1} = -i^{(e_1+1)(1-e)-2} = +1$$

Also in allen Fällen:

$$f\left(\frac{-1}{\omega}\right) = f_1(\omega)$$

[Ded D]

Richard Dedekind

Fragment

Archiv der SUB Göttingen Cod. MS. R. Dedekind 13:49 Nummer 2/zu 89

$$\begin{aligned} h\alpha\beta &= \alpha^2 + \alpha\delta - 2\alpha(\alpha, \beta) \\ &= \alpha^2 + \alpha\delta + 2\beta(\beta, \alpha) - 1 - \alpha^2 - \beta^2 + 3(\alpha)\beta \\ &= \beta y + 2\beta(\beta, \alpha) - \beta^2 + 3(\alpha)\beta \\ h\alpha &= y - \beta + 2(\beta, \alpha) + 3(\alpha) \end{aligned}$$

Dieses letzte Fragment findet sich auf der Rückseite der Todesanzeige von Heinrich Weber. Es ließ sich nicht eindeutig feststellen wer diese Zeilen verfasst hat. Es handelt sich wohl um eine skizzierte Rede oder eine Skizze zu einem Nachruf.

[Web A]
Verfasser unbekannt
Fragment
Archiv der SUB Göttingen 8 Cod. MS. Philos 205 Beilage

Mittheilung, dass W. †Nachricht uns mehr betroffen u. tief betrübt, als persönlich nahe standen u. sich auch als Mensch einer allg. Beliebtheit erfreute. Keine Kampfnatur stiller Gelehrte. Keine Partei, keine Schule, keine Richtung kann ich allein für mich in Anspruch nehmen.
Die genaueren Daten über sein Leben u. Wirken hab ich mir so rasch nicht verschaffen können.
81 immatrikuliert Königsb. Charlottenburg, Marburg, Göttingen Ehrenamter rasch und gem übertragen: Vorsitz – Math. Ver. und internat. Kongress.
Vielseitig. Richelot Meth. Hydr., Jacobi Zahlenth. Klassen Ansatz $\sqrt[2n]{1}$ ungerade, quadr. Form ∞ Primzahlen. Invariantenth. Besselsche Function Fourierreihen (Gibbs-Erscheinung[42]) Elektrolyse
Lehrbücher Ellip. Funktion algebr. Z. bedeutendste Leistg. Hineinarbeit in die moderne Funktionenth. - Riemann Vorles. Maxwell[43] Elektrody. - Algebra: erste Lehrbuch, wo Zahlenth. zu ihrem Rechte kam.
Alle Freunde, Kollegen u.d. gesammte math. Welt mit treuer, dauernder u. dankbarer Andenken.

Alle weiteren fragmentarisch aufgefundenen Briefe ließen sich dem Briefwechsel eingliedern.

Eine Frage aber konnte trotz aller Mühen noch immer nicht abschließend geklärt werden. Es ist nicht gelungen festzustellen, was mit dem Weber'schen Nachlass und somit einem Teil des Briefwechsels geschah.

1.6 Briefe

Da der Weber'sche Nachlass bisher nicht aufgefunden werden konnte, stammt von den hier vorgelegten Briefen nur ein kleiner Teil aus Dedekinds Hand. Bei den meisten dieser wenigen Briefe handelt es sich zudem nur um Entwürfe oder Abschriften. Insgesamt wurden von Richard Dedekind 41 und von Heinrich und Emilie Weber 138 Schriftstücke transkribiert.

Von diesen 179 Schriftstücken konnten 171 dem Briefwechsel zwischen den beiden Männern zugeordnet werden. Die überwiegende Mehrzahl dieser erhaltenen Brie-

42 Joshia Willard Gibbs (* 11. Februar 1839 † 28. April 1903) Physiker
43 James Clerk Maxwell (* 13. Juni 1831 † 5. November 1879) Physiker

fe stammt aus den Jahren 1874 bis 1879. Aus späteren Jahren konnten oft nur wenige bis gar keine Briefe pro Jahr aufgefunden werden. Vor allem aus den Jahren von 1880 bis 1887 sind so gut wie keine Briefe erhalten geblieben.

Wie dem beigefügten Verzeichnis der Fundstellen zu entnehmen ist, fanden sich die Briefe nicht nur im Dedekind'schen Nachlass, der im Archiv der Göttinger Staats- und Universitätsbibliothek verwahrt wird, sondern auch im Archiv der Braunschweiger Universitätsbibliothek und im ebenfalls in Göttingen verwahrten Nachlass von Bernhard Riemann. Zwei Brieffragmente, die aus den Gesammelten Werken[44] von Richard Dedekind zitiert wurden, konnten weder in Göttingen noch in Braunschweig aufgefunden werden.

Die übrigen nicht dem Briefwechsel zwischen Richard Dedekind und Heinrich Weber angehörenden acht sowie weitere 51 nicht von Richard Dedekind oder Heinrich Weber verfasste Briefe wurden ebenfalls in diese Transkription aufgenommen. Es handelt sich bei diesen Schriftstücken um Briefe von und an Elise Riemann, Karl Hattendorff, Hermann Amandus Schwarz, B. G. Teubner und Friedrich Wöhler, die inhaltlich in engem Zusammenhang zum Briefwechsel von Dedekind und Weber stehen.

Die zu Elise Riemann aufgenommenen 18 Schriftstücke, sechs Briefe an Richard Dedekind, zehn an Heinrich Weber und zwei von Heinrich Weber an Elise Riemann, entstammen den Jahren 1871, 1874-1876, 1882 und 1891-1892. In den frühen Briefen wird die Bearbeitung und Herausgabe der Riemann'schen gesammelten Werke[45] und der von Karl Hattendorff 1872 herausgegebenen Riemann'schen Schrift „Schwere, Magnetismus und Electrizität“[46] behandelt. Die späteren Briefe betreffen hauptsächlich die Vorbereitungen zur zweiten Auflage der Riemann'schen gesammelten Werke[47].

Ebenfalls die Riemann'schen gesammelten Werke, sowohl die erste Ausgabe von 1876, als auch die zweite Ausgabe von 1892 und die 1898 erschienene Übersetzung[48] von Léonce Laugel, behandeln die 24 zu B. G. Teubner hier aufgenommenen Schriftstücke aus den Jahren 1873-1876 und 1891-1894. Diese Schriftstücke sind nicht nur Briefe zwischen B. G. Teubner, Richard Dedekind, Léonce Laugel und Heinrich Weber, sondern auch, zum Teil als Abschriften, die von Alfred Clebsch, Richard Dedekind und Heinrich Weber mit B. G. Teubner geschlossenen Verlagsverträge. Interessant ist in diesem Zusammenhang, dass sowohl Alfred Clebsch als auch Richard Dedekind und Heinrich Weber zugunsten von Elise Riemann auf jegliche Bezahlung für ihre Arbeit bei der Herausgabe der Riemann'schen Werke verzichteten.

Die Briefe von Karl Hattendorff, je drei an Richard Dedekind und Heinrich Weber, betreffen die beiden von Hattendorff bearbeiteten und herausgegebenen Rie-

---

44 Siehe [Dedekind Werke 1930-1932].
45 Siehe [Riemann Werke 1876].
46 Siehe [Riemann 1872].
47 Siehe [Riemann Werke 1876], 2. Auflage 1892.
48 Siehe [Riemann 1898].

mann'schen Schriften „Schwere, Electrizität und Magnetismus" und „Ueber die Fläche vom kleinsten Inhalt bei gegebener Begrenzung"[49]. Heinrich Weber hatte Karl Hattendorff zur erneuten Bearbeitung der letzteren Schrift aufgefordert, da ihm die ursprüngliche schon 1868 veröffentlichte Bearbeitung von Hattendorff für eine Aufnahme in die gesammelten Werke als zu ungenügend erschien. Dass auch die daraufhin von Hattendorff vorgenommene Neubearbeitung der Schrift[50] nicht zu jedermanns Zufriedenheit ausfiel, lässt sich unter anderem dem ebenfalls hier abgedruckten Brief [Sch 5][51] von Hermann Amandus Schwarz entnehmen.

Zu Hermann Amandus Schwarz wurden insgesamt acht Briefe aufgenommen. In der Mehrzahl der Briefe diskutieren Hermann Amandus Schwarz und Heinrich Weber die Bearbeitung der in die gesammelten Werke aufgenommenen und nur fragmentarisch erhaltenen Riemann'schen Schrift „Sullo svolgimento del quoziente di due serie ipergeometriche in frazione continua infinita"[52].

Als letztes fand ein im Riemann'schen Nachlass aufbewahrter Dankesbrief Aufnahme. Dieser Brief, verfasst von Heinrich Weber, ist an Friedrich Wöhler gerichtet, der in seiner Funktion als Sekretär der Königlichen Gesellschaft der Wissenschaften zu Göttingen maßgeblich daran beteiligt war, dass die Riemann'sche Bearbeitung der Preisaufgabe der Académie des Sciences in Paris[53] in die gesammelten Werke aufgenommen werden konnte.

So lückenhaft und unvollständig die hier vorgelegte Zusammenstellung des Briefwechsels zwischen Richard Dedekind und Heinrich Weber auch ist, so ist doch die Breite der wissenschaftlichen Zusammenarbeit und die Tiefe der Freundschaft zwischen diesen beiden Männern erkennbar; und es lässt sich erahnen, wie wichtig nicht nur die beiden Mathematiker selbst sondern auch ihre Freundschaft für die Entwicklung der Mathematik im späten 19. Jahrhundert war.

Um so erfreulicher wäre das Auffinden auch noch so kleiner weiterer Bestandteile ihres Briefwechsels, oder auch nur Hinweise auf solche Teile, damit das Bild, das hier erst skizziert werden konnte, weiter vervollständigt und abgerundet werden kann.

---

49 Siehe [Riemann 1868a].
50 Siehe [Riemann Werke 1876], Abhandlung XXVI.
51 Brief von Hermann Amandus Schwarz an Heinrich Weber vom 18.01.1876.
52 Siehe [Riemann Werke 1876], Abhandlung XXIII.
53 Siehe [Riemann Werke 1876], Abhandlung XXII.

2 Richard Dedekind

2.1 Lebenslauf

Richard Dedekind wurde am 6.Oktober 1831 in die Familie des wohlhabenden Juristen und Professors am Collegium Carolinum in Braunschweig, Julius Levin Ulrich Dedekind (1795-1872) und seiner Frau Caroline Marie Henriette Dedekind, geborene Emperius, geboren.[1] Sein Großvater mütterlicherseits, Johann Ferdinand Friedrich Emperius (1759-1822), war Hofrat, Professor am Collegium Carolinum und später Direktor des herzoglichen Museums. Als die Franzosen nach dem Sieg in der Schlacht bei Jena und Auerstedt 1806, in der der Braunschweiger Herzog Carl Wilhelm Ferdinand (1735-1806) tödlich verwundet wurde, Braunschweig besetzten und wertvolle Gemälde aus seinem Museum requirierten, war er mutig genug, um 1815 persönlich nach Paris zu fahren, von wo er die meisten Bilder eigenhändig zurückbringen konnte.[2]

Das Collegium Carolinum, benannt nach seinem Gründer Herzog Carl I. (1713-1780), befand sich im Zentrum Braunschweigs an der Adresse Bohlweg 41 und war eine Art von „Vor-Universität", die männliche Landeskinder auf den Besuch der Universität Helmstedt vorbereiten sollte, da der Schulunterricht dazu nicht befähigte.[3] Die Braunschweigische Landesuniversität Helmstedt wurde 1810 durch Jérôme, den Bruder Napoleons, geschlossen, der die junge Universität Göttingen protegierte. Familie Dedekind lebte in einer Dienstwohnung im Collegium Carolinum und so wuchs Richard Dedekind in einer akademischen Atmosphäre auf, zu der auch Bildhauer, Maler und Musiker gehörten. Er selbst wurde ein brillanter Musiker (Piano und Cello) und verfügte über das absolute Gehör.

Richard Dedekind war das jüngste von vier Kindern der Familie. Seine älteste Schwester *Julie*[4] Marie Sophie (1825-1914) wurde eine bekannte Dichterin und Autorin, die zweitälteste Johanne Louise *Mathilde* Navarine (1827-1860) starb früh mit 32 Jahren. Das drittälteste Kind war der Bruder Karl Julius *Adolf* (1829-1909), der ein anerkannter Jurist war und schließlich zum Präsidenten des Braunschweigischen Landgerichts ernannt wurde.[5]

Am 2. Mai 1848 schrieb sich Richard Dedekind als Student am Collegium Carolinum ein und gab ab 1849 in Braunschweig Privatunterricht in Mathematik.[6] Der Musiker und Mathematiker Hans Zincke[7], genannt „Sommer", wurde dabei sein lebens-

---

1 Siehe [Biermann 1971].
2 Siehe [Sonar 2012].
3 Siehe [Sonar 2012].
4 Die Rufnahmen sind kursiv gedruckt.
5 Siehe [Buensow 1933].
6 Siehe [Biermann 1971].
7 Hans Friedrich August Zincke (* 20. Juli 1837 † 26. April 1922) Physiker, Mathematiker, Komponist.

langer Freund.[8] Im Jahr 1850 wird Dedekind Student an der Universität Göttingen und hört Vorlesungen bei Wilhelm Weber, Johann Benedict Listing, Moritz Abraham Stern und Carl Friedrich Gauß[9], besucht das physikalische Labor von Weber und Listing aber eher selten.[10] Im Wintersemester 1851/52 nimmt er an der Gauß'schen Vorlesung zur Methode der kleinsten Quadrate teil[11] und reicht 1852 seine Dissertation zur Theorie der Euler'schen Integrale ein. Er ist damit der letzte Gauß'sche Doktorand. Die Habilitation erfolgt 1854 und im Winter 1854/55 hält er in Göttingen eine Vorlesung zur Galois-Theorie[12], die vermutlich die erste ihrer Art in ganz Deutschland war. Die Vorlesung hatte nur zwei Hörer und Dedekind konnte vom Hörergeld nicht leben, so dass der Braunschweigische Herzog einen Freitisch[13] bewilligte.[14]

Inzwischen hatte sich Dedekind sehr eng mit Bernhard Riemann (1826-1866) befreundet, der ebenfalls in Göttingen studiert hatte. Im Jahr 1855 starb Gauß in Göttingen und Gustav Lejeune Dirichlet wurde als Nachfolger berufen. Der im Vergleich zu Gauß sehr viel offenere Dirichlet wurde zum eigentlichen Lehrer Dedekinds, der dessen Vorlesungen besuchte und sich schließlich mit Dirichlet befreundete.[15] Dirichlets Ehefrau war Rebecka Mendelssohn Bartholdy[16] und Dedekind wurde zu Hausmusikabenden eingeladen. Im Winter 1855/56 hörte Dedekind Riemanns Vorlesungen über Abel'sche und Elliptische Funktionen. Er blieb damit auch als Privatdozent noch ein interessierter Student.

Im Jahr 1858 erhielt Dedekind einen Ruf an das Polytechnikum (jetzt die ETH) Zürich, dem er folgte. Die Umstände des Rufes sind an sich interessant, eine ausführliche Diskussion würde aber hier zu weit führen.[17] Im September 1859 reiste Dedekind mit Riemann nach Berlin, als dieser zum korrespondierenden Mitglied der dortigen Akademie gewählt worden war. Dort traf Dedekind mit Weierstraß, Kummer, Borchardt und Kronecker zusammen.[18] In Zürich hatte Dedekind den Mathematikunterricht für die Ingenieure zu leisten. Dabei fiel ihm auf, dass er den Studenten keine gut Begründung für den Aufbau der reellen Zahlen geben konnte und entwickelte die Dedekind'schen Schnitte, die einen vollständig arithmetischen Zugang zu den irrationalen

8 Siehe [Sonar 2012].

9 Siehe [Gerke/Harborth 1981].

10 Siehe [Biermann 1971].

11 Siehe [Dunnington 1955], S. 259.

12 Siehe [Scharlau 1981], S. 59-100.

13 Studenten an der Göttinger Universität konnte ein Stipendium in Form kostenloser Mahlzeiten und Übernachtungen bei einem Göttinger Wirt, der sogenannte Freitisch, gewährt werden.

14 Siehe [Scharlau 1981], [Sonar 2007.a].

15 Siehe [Biermann 1971].

16 Rebecka Henriette Lejeune Dirichlet, geb. Mendelsohn (* 11. April 1811 † 1. Dezember 1858)

17 Siehe [Sonar 2007.a].

18 Siehe [Biermann 1971].

Zahlen darstellen.[19] Diese Arbeiten führten schließlich im Jahr 1872 zu dem heute berühmten Buch *Stetigkeit und irrationale Zahlen*. Als 1861 der Professor für Mathematik am Collegium Carolinum, August Wilhelm Julius Uhde[20], starb, kam Dedekind nach Braunschweig zurück und wurde sein Nachfolger. Einen Ruf nach Hannover 1863 und andere, die noch folgen sollten, lehnte er ab.[21]

In den 1860er Jahren kam es zu einer Neuorientierung im Bereich der Polytechnika in Deutschland. In Aachen schaffte man den Übergang zu einer wissenschaftlichen Hochschule; in Karlsruhe wurde eine hochschulähnliche Struktur etabliert. Am Collegium Carolinum stagnierte die Hörerzahl – ein Studium dort war nicht mehr attraktiv – , wobei gelegentlich die notwendige Zahl von 100-130 Studierende nicht erreicht wurde. Der Bürgerverein und der „Verein Braunschweiger Zuckerfabrikanten" machten sich zugunsten eines neuen Polytechnikums stark. Da ein Neubau die Kosten eines Umbaus des Collegium Carolinums nicht wesentlich überschreiten würde, aber eine Erhöhung der Hörerzahl auf 400 bis 450 möglich machte, entschied man sich für einen Neubau. Dedekind, seit 1872 erster Direktor der aus dem Carolinum hervorgegangenen Herzoglichen Technischen Hochschule Carolo Wilhelmina, überwachte die Errichtung dieses Neubaus bis zur feierlichen Eröffnung am 16.10.1877.[22]

Bei einem Urlaubsaufenthalt 1872 in der Schweiz traf Dedekind auf Georg Cantor (1845-1918). Die beiden Männer freundeten sich an und korrespondierten später miteinander. Einige Resultate der Cantor'sche Mengenlehre sind aus diesem Briefwechsel hervorgegangen.[23] Cantor publizierte seine Konstruktion der reellen Zahlen durch Cauchy-Folgen rationaler Zahlen etwa zeitgleich mit Dedekinds Konstruktion durch Schnitte in *Stetigkeit und irrationale Zahlen*.

Bereits 1862 wurde Dedekind korrespondierendes Mitglied der Göttinger Akademie und 1880 korrespondierendes Mitglied der Berliner Akademie auf Initiative Kroneckers.[24] Weiterhin wurde er 1900 korrespondierendes Mitglied der Académie des Sciences in Paris, im Jahr 1910 wurde er zum *associé étranger* gewählt. Er war Mitglied der Leopoldina und der Accademia dei Lincei, erhielt die Ehrendoktorwürde in Christina (Oslo), Zürich und in Braunschweig.[25]

Im Jahr 1888 erschien Dedekinds Buch *Was sind und was sollen die Zahlen?* in Braunschweig. Es enthält eine logische Theorie der Zahlen und der Arithmetik, sowie das Konzept der unendlichen Mengen. In einem Brief an Heinrich Weber (von 24. Januar 1888)[26] erklärt Dedekind die Ordinalzahlen als das eigentliche Konzept der Zahl,

19 Siehe [Biermann 1971].
20 August Wilhelm Julius Uhde (* 26. April 1807 † 25. Juli 1861) Astronom, Mathematiker.
21 Siehe [Sonar 2012].
22 Siehe [Sonar 2012].
23 Siehe [Sonar 2007.b].
24 Siehe [Biermann 1971].
25 Siehe [Biermann 1971].
26 Vergl. [Ded 26], Brief von Richard Dedekind aus Braunschweig an Heinrich Weber vom 24.01.1888.

und nicht die Kardinalität. Das Buch wurde von Kronecker, Weierstraß , Hilbert, Frege[27] und Russell[28] kritisiert und Dedekinds Beweis für die Existenz eines unendlichen „System" wird heute nicht mehr als korrekt angesehen.[29]

Nach dem Tod der Mutter 1894 bezog Dedekind eine Etage eines Hauses in der Kaiser-Wilhelm-Straße, der heutigen Jasperallee. Dort führte ihm seine Schwester Julie den Haushalt. Am 1. April 1894 wurde Richard Dedekind emeritiert. Er nahm an der Edition der Gauß'schen Werke teil, edierte Dirichlets *Vorlesungen über Zahlentheorie*, in deren „Supplementen" er seine eigene Idealtheorie veröffentlichte. Auch bei der Edition der Riemann'schen Werke, die er mit seinem Freund Heinrich Weber vornahm, spielte er eine herausragende Rolle.[30]

Richard Dedekind starb am 12. Februar 1916, mitten in den Wirren des ersten Weltkriegs. Sein Ansehen war so groß, dass die Pariser Akademie unter Camille Jordan[31] mitten in diesem Krieg den ersten Nachruf veröffentlichte.[32] Dedekind wurde im Familiengrab auf dem Braunschweiger Hauptfriedhof beerdigt. Das Grab gehört heute zu den Ehrengräbern der Stadt Braunschweig.

27 Friedrich Ludwig Gottlob Frege (* 8. November 1848 † 26. Juli 1925) Philosoph, Logiker, Mathematiker.

28 Bertrand Arthur William Russell (* 18. Mai 1882 † 2. Februar 1970) Philosoph, Logiker, Mathematiker.

29 Siehe [Biermann 1971].

30 Siehe [Biermann 1971].

31 Marie Ennemond Camille Jordan (* 5. Januar 1838 † 22. Januar 1922) Mathematiker

32 Siehe [Scharlau 1981], S. 13-20.

Richard Dedekind, ca. 70 jährig
aus [Dedekind Werke 1930-1932], Band 1

2.2 Todesanzeige

Braunschweigische Landeszeitung vom 13.02.1916:

Statt besonderer Anzeige

Heute nacht 2 Uhr entschlief sanft nach
längerem Leiden im 85. Lebensjahr unser lieber Onkel,

der Geheime Hofrat, Professor der Mathematik Dr., Dr. ing. E. h.

Richard Dedekind

Braunschweig, den 12. Februar 1916.

Hermann Dedekind, Rechtsanwalt und Notar[33]
Dolly Dedekind[34]
Alfred Dedekind, Regierungsrat[35]
Frau **Margarethe Dedekind**[36]
geb. Begemann
Frau **Charlotte Dedekind**[37]
geb. Maurach
Frau **Hedwig Dedekind**[38]
geb. von Veltheim

Beerdigung: Dienstag mittag 11/4 Uhr von
der Hauptkapelle des Zentralfriedhofes aus.

---

33 Theodor Karl Hermann Dedekind (* 26. Dezember 1870 † 18. Januar 1953), Neffe von Richard Dedekind

34 Hanna Caroline Hermine Sofie Julie Dedekind (* 6. März 1874 † 12. April 1921), Nichte von Richard Dedekind

35 Alfred Richard Julius Dedekind (* 22. April 1875 † 20. März 1947), Neffe von Richard Dedekind

36 Margarethe Dedekind, geb. Begemann (* 22. August 1881 † 2. November 1960), Witwe von Adolf Dedekind, einem Neffen Richard Dedekinds

37 Charlotte Dedekind, geb. Maurach (* 22. März 1883 † 24. Dezember 1942), Ehefrau von Hermann Dedekind

38 Hedwig Wilhelmine Adelgunde Dorothea Dedekind, geb. Freiin von Veltheim (* 23. Juli 1886 † 4. Januar 1977), Ehefrau von Alfred Dedekind

2.3 Schriftenverzeichnis

Beiträge in Zeitschriften, Journalen und Sammelwerken:

1. Über die Elemente der Theorie der Euler'schen Integrale. Inauguraldissertation. Göttingen: E. A. Huth 1852. In: [Dedekind Werke 1930-1932] Bd. 1, S. 1-26.
2. Über ein Eulersches Integral. Journal für die reine und angewandte Mathematik 45 (1852), S. 370-374. In: [Dedekind Werke 1930-1932] Bd. 1, S. 27-31.
3. Über die Zeitverhältnisse beim Pflügen von Ackerstücken (Beeten) verschiedener Gestalt. Mit Wilhelm Henneberg. Zeitschrift des Hannov. Landwirthsch. Verein (1853), S. 198-217.
4. Bemerkungen zu einer Aufgabe der Wahrscheinlichkeitsrechnung. Journal für die reine und angewandte Mathematik 50 (1854), S. 268-271. In: [Dedekind Werke 1930-1932] Bd. 1, S. 36-39.
5. Ein Satz aus der Theorie der dreiaxigen Coordinatensysteme. Journal für die reine und angewandte Mathematik 50 (1854), S. 272-275. In: [Dedekind Werke 1930-1932] Bd. 1, S. 32-35.
6. Abriss einer Theorie der höheren Congruenzen in Bezug auf einen reellen Primzahl-Modulus. Journal für die reine und angewandte Mathematik 54 (1856), S. 1-26. In: [Dedekind Werke 1930-1932] Bd. 1, S. 40-66.
7. Beweis für die Irreductibilität der Kreistheilungs-Gleichungen. Journal für die reine und angewandte Mathematik 54 (1856), S. 27-30. In: [Dedekind Werke 1930-1932] Bd. 1, S. 68-71.
8. Ableitung der allgemeinen Form der Kugelfunctionen. Vierteljahresschrift der naturforschenden Gesellschaft in Zürich 4 (1859), S. 346-362. In: [Dedekind Werke 1930-1932] Bd. 1, S. 72-84.
9. Ueber Kreisevolventen. Vierteljahresschrift der naturforschenden Gesellschaft in Zürich 4 (1859), S. 363-365. In: [Dedekind Werke 1930-1932] Bd. 1, S. 85-87.
10. Zusatz zu der vorstehenden Abhandlung. Journal für die reine und angewandte Mathematik 58 (1861), S. 217-228. Zu: Dirichlet, Gustav Peter Lejeune: Untersuchungen über ein Problem der Hydrodynamik. Göttingen: Dieterich 1860. In: [Dedekind Werke 1930-1932] Bd. 3, S. 491-504.
11. Ueber die Elemente der Wahrscheinlichkeitsrechnung. Vierteljahresschrift der naturforschenden Gesellschaft in Zürich 5 (1860), S. 66-75. In: [Dedekind Werke 1930-1932] Bd. 1, S. 88-94.
12. Ueber die Bestimmung der Praecision einer Beobachtungsmethode nach der Methode der kleinsten Quadrate. Vierteljahresschrift der naturforschenden Gesellschaft in Zürich 5 (1860), S. 76-83. In: [Dedekind Werke 1930-1932] Bd. 1, S. 95-100.

13. Zur Theorie der Minima und Maxima. Vierteljahresschrift der naturforschenden Gesellschaft in Zürich 5 (1860), S. 84-88. In: [Dedekind Werke 1930-1932] Bd. 1, S. 101-104.
14. Vorwort zur 1.Auflage von [Dirichlets 1863]. In: [Dedekind Werke 1930-1932] Bd. 3, S. 392-393.
15. Anzeige der 1.Auflage von [Dirichlet 1863]. Göttingische gelehrte Anzeigen 1864. S. 121-124. In: [Dedekind Werke 1930-1932] Bd. 3, S. 394-395.
16. Über die Komposition der binären quadratischen Formen. Supplement X von [Dirichlet 1863], 2. Auflage, 1871, S. 423-462. In: [Dedekind Werke 1930-1932] Bd. 3, S. 223-261.
17. Vorwort zur 2. Auflage von [Dirichlet 1863], 1871. In: [Dedekind Werke 1930-1932] Bd. 3, S. 396-398.
18. Anzeige der 2. Auflage von [Dirichlet 1863]. Göttingische gelehrte Anzeigen 1867, S. 1481-1494. In: [Dedekind Werke 1930-1932] Bd. 3, S. 399-407.
19. Anzeige des Werkes von Bachmann, Paul: Die Lehre von der Kreistheilung und ihre Beziehungen zur Zahlentheorie. Leipzig: Teubner 1872. Literaturzeitung der Zeitschrift für Mathematik und Physik 18 (1873), S. 14-24. In: [Dedekind Werke 1930-1932] Bd. 3, S. 408-419.
20. Bernhard Riemann's Lebenslauf. In: [Riemann Werke 1876], S. 507-526.
21. Anzeige der 1. Auflage von [Riemann Werke 1876]. Göttingische gelehrte Anzeigen 1876, S. 961-965. In: [Dedekind Werke 1930-1932] Bd. 3, S. 421-423.
22. Über die Anzahl der Ideal-Classen in den verschiedenen Ordnungen eines endlichen Körpers. In: Festschrift der Technischen Hochschule in Braunschweig zur Saecularfeier des Geburtstages von C. F. Gauß, dargebracht vom Herzoglichen Collegium Carolinum zu Braunschweig, Braunschweig: Vieweg 1877, S. 1-55; [Dedekind Werke 1930-1932] Bd. 1, S. 105-157.
23. Sur la théorie des nombres entiers algébriques. Bulletin des sciences mathématique et astronomique 11 (1876), S. 278-288; (2) 1 (1877), S. 14-24, 66-92, 144-164, 207-248. Sonderdruck: Paris: Gauthier-Villars 1877. In: [Dedekind Werke 1930-1932] Bd. 3, S. 262-296.
24. Schreiben an Herrn Borchardt über die Theorie der elliptischen Modul-Functionen. Journal für die reine und angewandte Mathematik 83 (1877), S. 265-292. In: [Dedekind Werke 1930-1932] Bd. 1, S. 174-201.
25. Ueber den Zusammenhang zwischen der Theorie der Ideale und der Theorie der höheren Congruenzen. Abhandlungen der Königlichen Gesellschaft der Wissenschaften zu Göttingen 23 (1878), S. 1-23. In: [Dedekind Werke 1930-1932] Bd. 1, S. 202-230.
26. Über die Theorie der ganzen algebraischen Zahlen. Supplement XI von [Dirichlet 1863], 3. Auflage, 1879, S. 515-530. In: [Dedekind Werke 1930-1932] Bd. 3, S. 297-313.

27. Vorwort zur 3. Auflage von [Dirichlet 1863], 1979. In: [Dedekind Werke 1930-1932] Bd. 3, S. 424-425.

28. Sur la théorie des nombres complexes idéaux. (Extrait d'une lettre adressée à M. Hermite.). Comptes rendus hebdomadaires des séances de l'Académie des Sciences 90 (1880), S. 1205-1207.
In: [Dedekind Werke 1930-1932] Bd. 1, S. 233-235.

29. Réponse à une remarque de M. Sylvester concernant les Leçons sur la théorie des nombres de Dirichlet. Comptes rendus hebdomadaires des séances de l'Académie des Sciences 91 (1880), S. 154-156.
In: [Dedekind Werke 1930-1932] Bd. 1, S. 236-237.

30. Theorie der algebraischen Functionen einer Veränderlichen. Mit Heinrich Weber. Journal für die reine und angewandte Mathematik 92 (1882), S. 181-299. In: [Dedekind Werke 1930-1932] Bd. 1, S. 238-349.

31. Zur Theorie der aus *n* Haupteinheiten gebildeten complexen Größen. Nachrichten von der Königlichen Gesellschaft der Wissenschaften zu Göttingen 1885, S. 141-159. In: [Dedekind Werke 1930-1932] Bd. 2, S. 1-19.

32. Erläuterungen zur Theorie der sogenannten allgemeinen complexen Größen. Nachrichten von der Königlichen Gesellschaft der Wissenschaften zu Göttingen 1887, S. 1-7. In: [Dedekind Werke 1930-1932] Bd. 2, S. 21-27.

33. Über die Diskrimanten endlicher Körper. Abhandlungen der Königlichen Gesellschaft der Wissenschaften zu Göttingen 29 (1882), S. 1-56. In: [Dedekind Werke 1930-1932] Bd. 1, S. 351-396.

34. Über einen arithmetischen Satz von Gauß. Mittheilungen der Deutschen mathematischen Gesellschaft zu Prag 1892, S. 1-11. In: [Dedekind Werke 1930-1932] Bd. 2, S. 28-38.

35. Ueber Gleichungen mit rationalen Coefficienten. Jahresbericht der Deutschen Mathematiker-Vereinigung 1 (1892), S. 33-35. In: [Dedekind Werke 1930-1932] Bd. 2, S. 40-42.

36. Erläuterungen zu den vorstehenden Fragmenten. In: [Riemann Werke 1876], 2. Auflage, 1892, S. 466-478; [Dedekind Werke 1930-1932] Bd. 1, S. 159-172.

37. Zur Theorie der Ideale. Nachrichten der Königlichen Gesellschaft der Wissenschaften zu Göttingen 1894, S. 272-277. In: [Dedekind Werke 1930-1932] Bd. 2, S. 43-48.

38. Über die Theorie der ganzen algebraischen Zahlen. Supplement XI von [Dirichlet 1863], 4. Auflage, 1894, S. 434-657. In: [Dedekind Werke 1930-1932] Bd. 3, S. 1-222.

39. Vorwort zur 4. Auflage von [Dirichlet 1863], 1894. In: [Dedekind Werke 1930-1932] Bd. 3, S. 426-427.

40. Ueber die Begründung der Idealtheorie. Nachrichten der Königlichen Gesellschaft der Wissenschaften zu Göttingen 1895, S. 106-113. In: [Dedekind Werke 1930-1932] Bd. 2, S. 50-58.

41. Ueber eine Erweiterung des Symbols (a, b) in der Theorie der Moduln. Nachrichten der Königlichen Gesellschaft der Wissenschaften zu Göttingen 1895, S. 183-188. In: [Dedekind Werke 1930-1932] Bd. 2, S. 59-85.

42. Ueber Gruppen, deren sämtliche Theiler Normaltheiler sind. Mathematische Annalen 48 (1897), S. 548-561. In: [Dedekind Werke 1930-1932] Bd. 2, S. 87-101.

43. Über Zerlegungen von Zahlen durch ihre grössten gemeinsamen Theiler. In: Festschrift der Technischen Hochschule zu Braunschweig bei Gelegenheit der 69. Versammlung Deutscher Naturforscher und Ärzte 1897. Braunschweig: Meyer 1897, S. 1-40; [Dedekind Werke 1930-1932] Bd. 2, S. 103-147.

44. Ueber die Anzahl der Idealklassen in reinen kubischen Zahlkörpern. Journal für die reine und angewandte Mathematik 121 (1900), S. 40-123. In: [Dedekind Werke 1930-1932] Bd. 2, S. 148-233.

45. Ueber die von drei Moduln erzeugte Dualgruppe. Mathematische Annalen 53 (1900), S. 371-403. In: [Dedekind Werke 1930-1932] Bd. 2, S. 236-271.

46. Ueber die Permutationen des Körpers aller algebraischen Zahlen. In: Festschrift zur Feier des hundertfünzigjährigen Bestehens der Königlichen Gesellschaft der Wissenschaften zu Göttingen. Abhandlungen der mathematisch-physikalischen Klasse. 1901, S. 1-17; [Dedekind Werke 1930-1932] Bd. 2, S. 272-291.

47. Gauß in seiner Vorlesung über die Methode der kleinsten Quadrate. In: Festschrift zur Feier des hundertfünzigjährigen Bestehens der Königlichen Gesellschaft der Wissenschaften zu Göttingen: Beiträge zur Gelehrtengeschichte Göttingens; mit einem Titelbilde und 13 Tafeln. Gesellschaft der Wissenschaften. Berlin: Weidemann 1901. S. 45-59; [Dedekind Werke 1930-1932] Bd. 2, S. 293-306.

48. Über binäre trilineare Formen und die Komposition der binären quadratischen Formen. Journal für die reine und angewandte Mathematik 129 (1905), S. 1-34. In: [Dedekind Werke 1930-1932] Bd. 2, S. 307-339.

49. Über den Zellerschen Beweis des quadratischen Reziprozitätssatzes. In: [Festschrift Weber 1912], S. 23-36; [Dedekind Werke 1930-1932] Bd. 2, S. 340-352.

Monographien:

1. Lehrplan der polytechnischen Schule in Braunschweig. Im Auftrag des Herzoglichen Staatsministeriums. Mit Johann Heinrich Blasius und Carl Friedrich Heinrich Ahlburg. Braunschweig: Vieweg 1862.

2. Stetigkeit und irrationale Zahlen. Braunschweig: Vieweg 1872. 2. Auflage 1892. 3. Auflage 1905. 4. Auflage 1912. 5. Auflage 1927. 6. Auflage 1960. Die 7. Auflage ist

in der 10. Auflage von [Dedekind 1888] enthalten. In: [Dedekind Werke 1930-1932] Bd. 3, S. 315-334.

3. Was sind und was sollen die Zahlen? Braunschweig: Vieweg 1888; 2. Auflage, 1893; 3. Auflage, 1911. 4. Auflage 1918. 5. fast unveränderte Auflage 1923. 6. Auflage 1930. 7. Auflage 1939. 8. Auflage 1960. 9. Auflage 1961. 10. Auflage 1965. In: [Dedekind Werke 1930-1932] Bd. 3, S. 335-390.

Herausgeber von:

1. Dirichlet, Gustav Peter Lejeune: Untersuchungen über ein Problem der Hydrodynamik. Aus dessen Nachlass hergestellt. Abhandlungen der Königlichen Gesellschaft der Wissenschaften zu Göttingen 8 (1859) 1860, S. 3-42; Göttingen: Dieterich 1860; Wiederabdruck im Journal für die reine und angwandte Mathematik 58 (1861), S. 181-216.
2. Dirichlet, Gustav Peter Lejeune: Vorlesungen über Zahlentheorie. Aus dem Nachlass hergestellt, 1. Auflage, Braunschweig: Vieweg 1863; 2. umgearbeitete und vermehrte Ausgabe, 1871; 3. umgearbeitete und vermehrte Ausgabe, 1879; 4. umgearbeitete und vermehrte Ausgabe, 1894.
3. Riemann, Bernhard: Ein Beitrag zur Elektrodynamik. Aus dem Nachlass des Verfassers mitgetheilt durch R. Dedekind. Annalen der Physik und Chemie 207 (1867), S. 237-242.
4. Riemann, Bernhard: Ueber die Darstellbarkeit einer Function durch eine trigonometrische Reihe. Aus dem Nachlass des Verfassers mitgetheilt. Abhandlungen der Königlichen Gesellschaft der Wissenschaften zu Göttingen 13 (1868), S. 87-131.
5. Riemann, Bernhard: Ueber die Hypothesen, welche der Geometrie zu Grunde liegen. Aus dem Nachlass des Verfassers mitgetheilt. Abhandlungen der Königlichen Gesellschaft zu Göttingen 13 (1868), S. 133-152.
6. Bernhard Riemann: Gesammelte mathematische Werke und wissenschaftlicher Nachlass. Mit Heinrich Weber, Leipzig: Teubner 1876. 2. Auflage, bearbeitet von Heinrich Weber. Leipzig: Teubner 1892.

Mitarbeit bei der Herausgabe von:

1. Gauß, Carl Friedrich: Werke. Hrsg. von Ernst Schering. Bd. 2, Göttingen 1863.
2. Fuchs, Lazarus: Gesammelte mathematische Werke. Hrsg. von Richard Fuchs und Ludwig Schlesinger. Bd. 1, Berlin: Mayer & Mueller 1904

Posthume Veröffentlichungen aus dem Nachlass:

1. Allgemeine Sätze über Räume. Aus dem Nachlass. In: [Dedekind Werke 1930-1932] Bd. 2, S. 353-355.
2. Beweis und Anwendungen eines allgemeinen Satzes über mehrfach ausgedehnte stetige Gebiete. Aus dem Nachlass. In: [Dedekind Werke 1930-1932] Bd. 2, S. 356-371.
3. Stetiges System aller Abbildungen der natürlichen Zahlenreihe N in sich selbst. Aus dem Nachlass. In: [Dedekind Werke 1930-1932] Bd. 2, S. 371-372.
4. Charakteristische Eigenschaft einklassiger Körper Ω. Aus dem Nachlass. In: [Dedekind Werke 1930-1932] Bd. 2, S. 373-375.
5. Konstruktion von Quaternionkörpern. Aus dem Nachlass. In: [Dedekind Werke 1930-1932] Bd. 2, S. 376-383.
6. Zur Theorie der Ideale. Aus dem Nachlass. In: [Dedekind Werke 1930-1932] Bd. 2, S. 385-387.
7. Gruppencharaktere von Zahlklassen in endlichen Körpern. Aus dem Nachlass. In: [Dedekind Werke 1930-1932] Bd. 2, S. 389-400.
8. Grundideale von Kreiskörpern. Aus dem Nachlass. In: [Dedekind Werke 1930-1932] Bd. 2, S. 401-408.
9. Ideale in Normalkörpern. Aus dem Nachlass. In: [Dedekind Werke 1930-1932] Bd. 2, S. 412-413.
10. Über die Einführung neuer Funktionen in der Mathematik. Habilitationsvortrag gehalten am 30. Juni 1854 im Hause des Prof. Hoeck[39], in Gegenwart von Hoeck, Gauß, Weber[40], Waitz[41]. Aus dem Nachlass. In: [Dedekind Werke 1930-1932] Bd. 3, S. 428-438.
11. Ähnliche (deutliche) Abbildung und ähnliche Systeme. 1887.7.11. Aus dem Nachlass. In: [Dedekind Werke 1930-1932] Bd. 3, S. 447-448.
12. Zweite Definition (1889.3.9) des Endlichen und Unendlichen. Aus dem Nachlass. In: [Dedekind Werke 1930-1932] Bd. 3, S. 450-458.
13. Eine Vorlesung über Algebra. Aus dem Nachlass. In: [Scharlau 1981], S. 59-100.
14. „Bunte Bemerkungen“ zu Kroneckers „Grundzüge“. Aus dem Nachlass. In: [Edwards/Neumann/Purkert 1982], S. 49-85.
15. Reciprocität zwischen zwei Primfunctionen. 2.12.1855. Aus dem Nachlass. Fragment. In: [Scharlau 1982b], S. 352-360.

---

39 Karl Friedrich Christian Hoeck (* 13. Mai 1794 † 13. Januar 1877) Historiker, Philologe.

40 Wilhelm Weber

41 Georg Waitz (* 9. Oktober 1813 † 24. Mai 1886) Historiker.

3 Heinrich Weber

3.1 Lebenslauf

Martin Georg *Heinrich* Weber wurde am 20. Dezember 1842 als zweites von fünf Kindern geboren. Sein Vater, der aus einfachen Verhältnissen stammende Historiker Georg Weber, erhielt aufgrund seiner hervorragenden schulischen Leistungen ein Staatsstipendium, welches ihm ein Universitätsstudium ermöglichte. Georg Weber zog nach seinem Studium den Staatsdienst als Lehrer und Direktor einer höheren Schule in Heidelberg dem finanziell unsicheren Dasein als Privatdozent vor, arbeitete aber ununterbrochen an fachwissenschaftlichen Veröffentlichungen. Allein sein *Lehrbuch zur Weltgeschichte*[1], dessen erste Auflage 1847 erschienen war, erreichte im Jahre 1883 die 19. Auflage. Die *Allgemeine Weltgeschichte*[2], ein 15 bändiges Werk nebst einem Registerband, erlebte gar zu seinen Lebzeiten eine fast vollständige zweite Auflage.

Heinrich Weber hatte eine ältere Schwester und drei jüngere Brüder. Zwei der Brüder, Carl Emil Heinrich (1843-1898) und Friedrich Percy (1844-1895) studierten ebenfalls, der dritte Bruder erhielt in Leipzig eine Kaufmannsausbildung. Die Schwester Heinrich Webers, Karolin (1840-1897), heiratete den Theologen *Heinrich* Julius Holtzmann, dem Heinrich Weber Zeit seines Lebens freundschaftlich verbunden war.

Die wissenschaftlich geprägte und offene Athmosphäre in seinem Elternhaus, sowie das schon früh vorhandene Interesse an der Mathematik, führten Heinrich Weber im Wintersemester 1860/61 an die Universität seiner Heimatstadt Heidelberg. Hier wirkten zu dieser Zeit so gelehrte Geister wie Robert Bunsen[3], Gustav Kirchhoff, Hermann Helmholtz[4], Otto Hesse und Georg Cantor. Zum Sommersemester 1861 wechselte Heinrich Weber nach Leipzig, nicht aus wirtschaftlichen, sondern, wie er betonte, aus privaten Gründen.[5] Er besuchte dort Vorlesungen von Möbius[6] und Scheibner. Wobei ihn letzterer wieder mit der Denkweise Jacobis in Kontakt brachte, wie schon zuvor Kirchhoff, ein Schüler der Königsberger Schule von Bessel, Neumann und Jacobi, in Heidelberg. Kirchhoff war es unter anderem auch, der Weber animierte, im Anschluß an seine Rückkehr nach Heidelberg im Wintersemester 1862/63 und der dort am 19. Februar 1863 erfolgten Promotionsprüfung für weitere Studien nach Königsberg zu gehen. In Königsberg wurde Weber von Richelot und Franz Neumann, deren Vorlesungen er besuchte, entscheidend geprägt und kam mit vielen jungen Wissen-

1 Siehe [Weber Georg 1847-1880].

2 Siehe [Weber Georg 1857-1881].

3 Robert Wilhelm Bunsen (* 30. März 1811 † 16. August 1899) Chemiker.

4 Hermann Ludwig Ferdinand von Helmholtz (* 31. August 1821 † 8. September 1894) Physiologe, Physiker.

5 Siehe [Lorey 1916].

6 August Ferdinand Möbius (* 17. November 1790 † 26. September 1868) Mathematiker, Astronom.

schaftlern in Kontakt, unter denen sich durchaus später bekannte Persönlichkeiten, wie der Physiker Heinrich Weber, Albert Wangerin[7] und Ernst Schröder fanden.

1865 kehrte Heinrich Weber nach Heidelberg zurück, wo er 1866 habilitiert wurde und fortan als Privatdozent lehrte. Kurz nach seiner Ernennung zum außerordentlichen Professor in Heidelberg, nahm er einen Ruf an das Eidgenössische Polytechnikum in Zürich an. Es folgten viele weitere Stationen, von denen die wichtigsten wohl die Nachfolge Richelots in Königsberg (1875-1883) und die Professur in Straßburg (1895-1913) waren.

Im Jahr 1870 heiratete Heinrich Weber *Emilie* Julia Elisabeth Dittenberger, Tochter des Oberhofpredigers Wilhelm Dittenberger aus Weimar. Dieser Ehe entstammen mindestens fünf Kinder, denen Heinrich Weber trotz seiner nicht geringen Arbeitsbelastung ein durchaus präsenter und liebevoller Vater war. Heinrich Weber ließ dabei nicht nur seinen Söhnen, sondern auch seinen Töchtern eine umfassende Bildung angedeihen und unterstützte sie bei wissenschaftlichen Arbeiten.

Über die älteste Tochter Ida ist nur wenig bekannt. Sie wurde zu Beginn der 1870er Jahre geboren und erkrankte in jungen Jahren an einer Hirnhautenzündung. Ihr fiel, vielleicht in Folge dieser Erkrankung, das Lernen eher schwer und sie lebte noch bis zu dessen Tod bei ihrem Vater in Straßburg.

Der erste Sohn Heinrich Webers, *Rudolf* Heinrich, wurde 1874 in Zürich geboren und studierte wie sein Vater Mathematik und Physik. Vater und Sohn arbeiteten gemeinsam an wissenschaftlichen Werken wie der Übersetzung und Herausgabe der Gauß'schen Arbeit *Principia generalia theorae figurae fluidorum in statu aequilibri*[8] und der *Encyklopädie der Elementar-Mathematik* von Heinrich Weber und Joseph Wellstein[9], zu deren dritten Band Rudolf drei Kapitel beisteuerte.[10]

Während des fast achtjährigen Aufenthaltes der Familie Weber in der von Heinrich Webers Frau so wenig geliebten Stadt Königsberg gebar Emilie Weber 1877 den zweiten Sohn, *Richard* Georg Wilhelm, und 1879 die zweite Tochter, Anna. Richard, bei dessen Taufe Richard Dedekind die Patenschaft übernahm, studierte Humanmedizin und arbeitete als Arzt unter anderem in seiner Praxis in Weißenburg im Elsaß.

Als wahrscheinlich fünftes Kind erblickte im Sommer 1882 die dritte Tochter Emilie Julia, genannt Mila, vermutlich ebenfalls in Königsberg das Licht der Welt. Mila, die Deutsch und Französisch fließend beherrschte, übersetzte *La valeur de la science*[11] von Poincaré, wozu Heinrich Weber Anmerkungen und Zusätze schrieb[12], und *Science et*

---

7 Friedrich Heinrich Albert Wangerin (* 18. November 1844 † 25. Oktober 1933) Mathematiker.
8 Siehe [Gauß 1903].
9 Joseph Wellstein (* 17. Oktober 1896 † 24. Juni 1919) Mathematiker.
10 Siehe [Weber 1903-1907], Bd. 3.
11 Siehe [Poincaré 1904].
12 Siehe [Poincaré 1906].

religion dans la philosophie contemporaine[13] von Émile Boutroux ins Deutsche[14]. Kurz nach Vollendung der zweiten Übersetzung starb Mila.

Während seiner Zeit in Zürich traf Weber vermutlich im Jahr 1873 auf den sich zu Besuch in Zürich aufhaltenden Richard Dedekind. Diese wohl eher zufällige Begegnung sollte sich als prägend für Werk und Leben beider Mathematiker erweisen. Während der in den folgenden Jahren gemeinsam geleisteten Arbeit bei der Herausgabe der Riemann'schen gesammelten mathematischen Werke entwickelte sich zwischen diesen so ungleichen Männern eine Freundschaft, die ein Leben lang hielt und die in wissenschaftlicher Hinsicht in der Herausgabe des gemeinsamen Werkes *Die algebraischen Functionen einer Veränderlichen*[15] ihren Ausdruck fand. Ein weiterer Freund und Weggenosse Heinrich Webers war Felix Klein.

Unter den Schülern Webers finden sich zwei besondere Namen, Hermann Minkowski und David Hilbert. Minkowskis Begabung offenbarte sich Heinrich Weber schon als der junge Mann, damals noch Schüler an einem Königsberger Gymnasium, auf Anraten seines Lehrers bei Weber vorstellig wurde und um Förderung ersuchte.[16] Beide jungen Männer studierten hernach zeitgleich an der Königsberger Universität und stellten damit den selbst noch recht jungen Weber vor ganz besondere Herausforderungen. Mit David Hilbert blieb Weber sein Leben lang freundschaftlich verbunden.

Neben der in der Königsberger Zeit abgeschlossenen Herausgabe der Werke Riemanns veröffentlichte Weber im Laufe seines Lebens mehr als 70 wissenschaftliche Schriften sowie diverse Bücher. Allein von seiner Überarbeitung des zuerst von Hattendorff herausgegebenen Werkes *Partielle Differentialgleichungen der mathematischen Physik nach Riemanns Vorlesungen* erstellte Weber noch im Jahr 1910 eine aktualisierte und erweiterte fünfte Auflage.[17] Zwischen 1895 und 1896 veröffentlichte Weber sein *Lehrbuch zur Algebra*, ein später dreibändiges Werk[18], welches neben einer vollständigen Darstellung der zeitgenössischen Algebra auch Ergebnisse zur Zahlentheorie und zu den elliptischen Funktionen enthält.

Ein wichtiges Bindeglied zwischen den Anforderungen der Universitäten und denen der höheren Schulen bildete Webers großes Werk *Enzyklopädie der Elementarmathematik*[19] in drei Bänden. Dieses Buch schlug eine Brücke zwischen der mathematischen Sprache und Anschauung an den Universitäten und der an den Schulen vorherrschenden. Weber hatte früh erkannt, dass auch die Grundlagen der Mathematik, seien es nun die elementare Geometrie oder die Grundlagen der Arithmetik, von

---

13 Siehe [Boutroux 1908].

14 Siehe [Boutroux 1910].

15 Siehe [Dedekind/Weber 1882].

16 Vergl. [Web 119], Brief von Heinrich und Emilie Weber an Richard Dedekind vom 31.10.1879.

17 Siehe [Riemann 1869].

18 Die erste Auflage erschien als zweibändiges Werk. Erst die 2. Auflage erschien dreibändig. Siehe [Weber 1895-1896].

19 Siehe [Weber 1903-1907].

Studenten beherrscht werden sollten. So bot Weber schon ab 1888 in Marburg, wo er von 1884 bis 1892 lehrte, aber auch später in Göttingen und Straßburg Vorlesungen zur Elementarmathematik an und verfasste gemeinsam mit seinem Sohn Rudolf und seinem Kollegen Joseph Wellstein dieses umfassende Lehrbuch.

Heinrich Weber war Mitglied vieler wissenschaftlicher Akademien im In- und Ausland und hatte 1904 den Vorsitz des 3. Internationalen Mathematiker-Kongresses in Heidelberg inne. Er war eines der Gründungsmitglieder und 1895 sowie 1904 Präsident der Deutschen Mathematiker-Vereinigung. Ab 1893 gehörte Heinrich Weber außerdem zu den verantwortlichen Redakteuren der Mathematischen Annalen. Er starb am 17. Mai 1913 nach kurzer Krankheit an den Folgen eines Schlaganfalls.

Heinrich Weber, ca. 70 jährig
aus [Festschrift Weber 1912]

3.2 Todesanzeige

[Web 137]
Verfasser unbekannt
Schriftstück undatiert
Archiv der SUB Göttingen 8 Cod. MS. Philos 205 Beilage

Heute morgen um 6 Uhr verschied an den Folgen eines Schlaganfalles nach kurzer Krankheit unser lieber Vater, Schwiegervater und Großvater

Professor Dr. Heinrich Weber

im 72. Lebensjahr.

Strassburg i. E. den 17. Mai 1913.

Prof. Dr. Rudolf H. Weber, Rostock.
Dr. med. Richard Weber, Weißenburg i. E.
Ida Weber.[20]
Anna Weber.[21]
Helene Weber geb. Bauer, Rostock.
Anna Weber geb. Nöldecke[22], Weißenburg i. E.
und **vier Enkelkinder.**[23]

Die Beerdigung findet Montag den 19. Mai um 3 Uhr vom Hause Taulering 33 aus statt.

20 Ida Weber (* vor 1875 † ?), Tochter von Heinrich Weber

21 Anna Weber (* 2. Juni 1876 † ?), Tochter von Heinrich Weber

22 Anna Bertha Emilie Weber, geb. Nöldecke (* 22. Februar 1881 † 3. Februar 1945), Ehefrau von Richard Weber

23 Drei der Enkelkinder sind Kinder von Richard und Anna Weber, Elisabeth Sofie Ida Weber (* 10. Juni 1906 † 9. März 1988), Hans Heinrich Theodor Weber (* 28. Juni 1908 † 23. September 1977), Emilie Weber (* 30. Dezember 1911 † 10. September 1981), das vierte Enkelkind ist eine 1908 geborene Tochter von Rudolf und Helene Weber.

3.3 Schriftenverzeichnis

Beiträge in Zeitschriften, Journalen und Sammelwerken:

1. Ueber singuläre Auflösungen partieller Differentialgleichungen erster Ordnung. Journal für die reine und angewandte Mathematik 66 (1866), S. 193-236.
2. Ueber ein Prinzip der Abbildung der Theile einer krummen Oberfläche auf eine Ebene. Journal für die reine und angewandte Mathematik 67 (1867), S. 229-247.
3. Ueber eine Transformation der hydrodynamischen Gleichungen. Journal für die reine und angewandte Mathematik 68 (1868), S. 286-292.
4. Ueber einige bestimmte Integrale. Journal für die reine und angewandte Mathematik 69 (1868), S. 222-237.
5. Ueber das Additionstheorem der Abelschen Functionen. Journal für die reine und angewandte Mathematik 70 (1869), S. 193-211.
6. Note zu Riemanns Beweis des Dirichletschen Princips. Journal für die reine und angewandte Mathematik 71 (1870), S. 29-39.
7. Probleme der Wärmetheorie. Vierteljahrsschrift der naturforschenden Gesellschaft in Zürich 16 (1871), S. 116-124.
8. Ueber die mehrfachen Gaussischen Summen. Journal für die reine und angewandte Mathematik 74 (1872), S. 14-56.
9. Ueber die unendlich vielen Formen der ϑ-Functionen. Journal für die reine und angewandte Mathematik 74 (1872), S. 57-86.
10. Ueber die Besselschen Functionen und ihre Anwendung auf die Theorie der elektrischen Ströme. Journal für die reine und angewandte Mathematik 75 (1873), S. 75-105.
11. Ueber die stationären Strömungen der Electricität in Cylindern. Journal für die reine und angewandte Mathematik 76 (1873), S. 1-20.
12. Zur Theorie der Transformation algebraischer Functionen. Journal für die reine und angewandte Mathematik 76 (1873), S. 345-348.
13. Ueber eine Darstellung willkürlicher Functionen durch Bessel'sche Functionen. Mathematische Annalen 6 (1873), S. 146-161.
14. Neuer Beweis des Abel'schen Theorems. Mathematische Annalen 8 (1875), S. 49-52.
15. Anzeige von Bernhard Riemann's gesammelte mathematische Werke und wissenschaftlicher Nachlass. Repertorium der literarischen Arbeiten aus dem Gebiete der reinen und angewandten Mathematik 1 (1877), S. 145-154.

16. Ueber die Transcendenten zweiter und dritter Gattung bei den hyperelliptischen Functionen erster Ordnung. Journal für die reine und angewandte Mathematik 82 (1877), S. 131-144.
17. Zur Geschichte des Problems der Fortpflanzung ebener Luftwellen von endlicher Schwingungsweite. Zeitschrift für Mathematik und Physik 22 (1877), S. 71.
18. Ueber die Kummersche Fläche vierter Ordnung mit sechzehn Knotenpunkten und ihre Beziehung zu den Thetafunctionen mit zwei Veränderlichen. Journal für die reine und angewandte Mathematik 84 (1878), S. 332-354.
19. Ueber gewisse in der Theorie der Abel'schen Functionen auftretende Ausnahmefälle. Mathematische Annalen 13 (1878), S. 35-47.
20. Ueber die Transformationen der Theta-Functionen, ins Besondere derer von drei Veränderlichen. Annali di Matematica Pura ed Applicata (2) 9 (1878/1879), S. 126-166.
21. Bemerkungen zu der Schrift „Ueber die Abelschen Functionen vom Geschlecht 3". Auszug aus einem Schreiben an Herrn Borchardt. Journal für die reine und angewandte Mathematik 88 (1879), S. 82-84.
22. Anwendung der Thetafunctionen zweier Veränderlicher auf die Theorie der Bewegung eines festen Körpers in einer Flüssigkeit. Mathematische Annalen 14 (1879), S. 173-206.
23. Vorlesungen über die Theorie der hyperelliptischen Integrale, von Dr. Leo Königsberger. Zeitschrift für Mathematik und Physik 24 (1879), S. 92-100.
24. Theorie der algebraischen Functionen einer Veränderlichen. Mit Richard Dedekind. Journal für die reine und angewandte Mathematik 92 (1882), S. 181-299.
25. Beweis des Satzes, dass jede eigentlich primitive quadratische Form unendlich viele Primzahlen darzustellen fähig ist. Mathematische Annalen 20 (1882), S. 301-329.
26. Ueber die Galois'sche Gruppe der Gleichung 28ten Grades, von welcher die Doppeltangenten einer Curve vierter Ordnung abhängen. Mathematische Annalen 23 (1884), S. 489-502.
27. Zur Theorie der elliptischen Functionen. Acta mathematica 6 (1885), S. 329-416.
28. Theorie der Abel'schen Zahlkörper I-III. Acta mathematica 8 (1886), S. 193-263.
29. Ein Beitrag zu Poincaré's Theorie der Fuchs'schen Functionen. Nachrichten von der Königlichen Gesellschaft der Wissenschaften und der Georg-Augusts-Universität zu Göttingen (1886), S. 359-370.
30. Theorie der Abel'schen Zahlkörper IV. Acta mathematica 9 (1886/87), S. 105-130.
31. Zur Theorie der elliptischen Functionen. Zweite Abhandlung. Acta mathematica 11 (1887/1888), S. 330-390.

32. Ueber stationäre Strömung der Electricität in Platten. Nachrichten von der Königlichen Gesellschaft der Wissenschaften und der Georg-Augusts-Universität zu Göttingen (1889), S. 93-101.
33. Zur complexen Multiplication elliptischer Functionen. Mathematische Annalen 33 (1889), S. 390-409.
34. Paul du Bois-Reymond. Mathematische Annalen 35 (1890), S. 457-460.
35. Zur Theorie der Bessel'schen Functionen. Mathematische Annalen 37 (1890), S. 404-416.
36. Leopold Kronecker. Jahresbericht der Deutschen Mathematiker-Vereinigung 2 (1892), S. 5-31.
37. Leopold Kronecker. Mathematische Annalen 43 (1893), S. 1-18.
38. Ein Beitrag zur Transformationstheorie der elliptischen Functionen mit einer Anwendung auf die Zahlentheorie. Mathematische Annalen 43 (1893), S. 185-196.
39. Zahlentheoretische Untersuchungen aus dem Gebiete der elliptischen Functionen. Nachrichten von der Königlichen Gesellschaft der Wissenschaften und der Georg-Augusts-Universität zu Göttingen (1893), S. 46-62, 138-152, 245-264.
40. Zur Invariantentheorie. Nachrichten von der Königlichen Gesellschaft der Wissenschaften und der Georg-Augusts-Universität zu Göttingen (1893), S. 109-112.
41. Ueber den Temperatur-Ausgleich zwischen zwei sich berührenden heterogenen Körpern. Nachrichten von der Königlichen Gesellschaft der Wissenschaften und der Georg-Augusts-Universität zu Göttingen (1893), S. 722-730.
42. Die allgemeinen Grundlagen der Galois'schen Gleichungstheorie. Mathematische Annalen 43 (1893), S. 521-549.
43. Formule de Jordan modifiée par Cayley. Nouvelle Annales de Mathématique 14 (1895).
44. Ueber einen in der Zahlentheorie angewandten Satz der Integralrechnung. Nachrichten von der Königlichen Gesellschaft der Wissenschaften und der Georg-Augusts-Universität zu Göttingen (1896),S. 275-281.
45. Zur Theorie der ganzzahligen algebraischen Zahlen. In: Paper of the Chicago Congress (Chicago, 1896), S. 401-407.
46. Darstellung der Fresnel'schen Wellenfläche durch elliptische Functionen. Vierteljahreszeitschrift der naturforschenden Gesellschaft in Zürich 41, zweiter Teil (1896), S. 82-91.
47. Vier Briefe an Arthur Cayley über elliptische Modulfunktionen. Mathematische Annalen 47 (1896), S. 1-5.
48. Bemerkungen zu den vorstehenden Briefen. Mathematische Annalen 47 (1896), S. 6-18.

49. Ueber Zahlengruppen in algebraischen Körpern. Mathematische Annalen 48 (1897), S. 433-473.
50. Ueber Zahlengruppen in algebraischen Körpern. Zweite Abhandlung. Mathematische Annalen 49 (1897), S. 83-100.
51. Über die Differentialgleichungen der elektrolytischen Verschiebung. Sitzungsberichte der Königlich Preußischen Akademie der Wissenschaften zu Berlin (1897), S. 936-946.
52. Üeber die Genera in algebraischen Zahlkörpern. In: Verhandlungen des ersten Internationalen Mathematiker-Kongresses in Zürich vom 9. bis 11. August 1897, herausgegeben von Ferdinand Rudio, Leipzig: Teubner 1898, S. 113-122.
53. Üeber Zahlengruppen in algebraischen Körpern. Dritte Abhandlung. Mathematische Annalen 50 (1898), S. 1-26.
54. Wirkung der neuen preußischen Prüfungsordnung für Lehramtskandidaten auf den Universitätsunterricht. Jahresbericht der Deutschen Mathematiker - Vereinigung 8 (1899), S. 95-104.
55. Über die Entwicklung unserer mechanischen Naturanschauung im neunzehnten Jahrhundert. Antrittsrede zum Rectorat der Kaiser-Wilhelms-Universität Strassburg. In: Das Stiftungsfest der Kaiser-Wilhelms-Universität Strassburg am 1. Mai 1900, Strassburg: Heitz 1900, S. 17-39.
56. Komplexe Multiplikation. In: Encyklopädie der mathematischen Wissenschaften mit Einschluß ihrer Anwendungen. Erster Band in zwei Teilen. Arithmetik und Algebra, redigiert von Wilhelm Franz Meyer. Zweiter Teil, Leipzig: Teubner 1900-1904, S. 716-732.
57. Über Abel's Summation endlicher Differenzen. Acta Mathematica 27 (1903), S. 225-234.
58. Theorie der reellen quadratischen Irrationalzahlen. Archiv der Mathematik und Physik (3) 4 (1903), S. 193-212.
59. Über die Stellung der Elementarmathematik in der mathematischen Wissenschaft, Jahresbericht der Deutschen Mathematiker-Vereinigung 12 (1903), S. 398-401.
60. Über komplexe Primzahlen in Linearform. Journal für die reine und angewandte Mathematik 129 (1904), S. 35-62.
61. Eröffnungsansprache. In: Verhandlungen des dritten Internationalen Mathematiker-Kongresses in Heidelberg vom 8. bis 13. August 1904. Herausgegeben von Adolf Kratzer. Leipzig: Teubner 1905, S. 24-30.
62. Bemerkungen aus der Theorie der partiellen Differentiagleichungen. In: Verhandlungen des dritten Internationalen Mathematiker-Kongresses in Heidelberg vom 8. bis 13. August 1904. Herausgegeben von Adolf Kratzer, Leipzig: Teubner 1905, S. 446-450.

63. Elementare Mengenlehre. Jahresbericht der Deutschen Mathematiker-Vereinigung 15 (1906), S. 173-184.
64. Über zyklische Zahlkörper. Journal für die reine und angewandte Mathematik 132 (1907), S. 167-188.
65. Über die Komposition der quadratischen Formen. Nachrichten von der Königlichen Gesellschaft der Wissenschaften zu Göttingen (1907), S. 86-100.
66. Über die Definition des Doppelintegrals. Archiv der Mathematik und Physik 15 (1909), S. 289-294.
67. Zur Theorie der zyklischen Zahlkörper. Mathematische Annalen 67 (1909), S. 32-60.
68. Über den Satz vom Modus für krummlinige Lichtstrahlen. Rendiconti del Circolo Matematico di Palermo 29 (1910), S. 396-406.
69. Über die Gaußsche Methode zur angenäherten Berechnung von Integralen. Archiv der Mathematik und Physik 17 (1911), S. 113-117.
70. Zur Theorie der zyklichen Zahlkörper. Zweite Abhandlung. Mathematische Annalen 70 (1911), S. 459-470.
71. Der Minkowskische Satz über die Körperdiscriminante. Mit Joseph Wellstein. Mathematische Annalen 73 (1913), S. 275-285.
72. Über die Gibbssche Erscheinung bei bestimmten Integralen. Mathematische Annalen 73 (1913), S. 286-288.

Monographien:

1. Theorie der Abelschen Functionen vom Geschlecht 3. Berlin: Reimer 1876.
2. Über Causalität in den Naturwissenschaften. Rede zur Übergabe des Prorectorats der Albertus-Universität zu Königsberg. Leipzig: Engelmann 1881.
3. Elliptische Functionen und algebraische Zahlen. Akademische Vorlesungen. Braunschweig: 1891.
4. Die Universität Marburg unter preussischer Herrschaft. Festrede zur Einweihung der neuen Aula am 26. Juni 1891. Marburg: Elwert 1891.
5. Lehrbuch der Algebra. 1. Auflage, Bd. 1, Braunschweig: 1895; Bd. 2, Braunschweig: 1896; 2. Auflage, Bd. 1, Braunschweig: 1898; Bd. 2, Braunschweig: 1899; Bd. 3 (2. Auflage, Elliptische Functionen und algebraische Zahlen), Braunschweig: 1908. Reprint New York: Chelsea 1962; Transcendental Numbers. Übersetzung des Abschnittes XXV von Wooster Woodruff Beman. Aus Lehrbuch der Algebra (Band I, S. 745-767), Bulletin of the American Mathematical Society (2) 3 (1897), S. 174-195.

6. Encyklopädie der Elementarmathematik. Ein Handbuch für Lehrer und Studierende. 1. Auflage, Bd. 1, bearbeitet von Heinrich Weber, Leipzig: 1903; Bd. 2, bearbeitet von Heinrich Weber, Joseph Wellstein, Walther Jacobsthal, Leipzig: 1905; Bd. 3, bearbeitet von Heinrich Weber, Joseph Wellstein, Rudolf Heinrich Weber, Leipzig: 1907. 2. Auflage, Bd. 1, ; Bd. 2 ; Bd. 3, Teil 1, bearbeitet von Rudolf Heinrich Weber, Leipzig: 1910; Bd. 3, Teil 2, bearbeitet von Joseph Wellstein, Heinrich Weber, H. Bleicher, J. Bauschinger, Leipzig: 1912. 3. Auflage, Bd. 1, 1909; Bd. 2, 1915; Bd. 3, 1923-1924. 4. Auflage, Bd. 1, 1922.
7. Lehrbuch der Algebra. Kleine Ausgabe in einem Bande. Braunschweig: Vieweg 1912. 2. unveränderter Abdruck, 1921. 3. unveränderter Abdruck, 1928.

Herausgeber von:

1. Bernhard Riemann's gesammelte mathematische Werke und wissenschaftlicher Nachlass. Mit Richard Dedekind. Leipzig: Teubner 1876, 2. Auflage 1892.
2. Jacobi, Carl Gustav Jacob: Ueber die vierfach periodischen Functionen zweier Variabeln. Aus dem Lateinischen übersetzt von Alexander Wittig. Ostwald's Klassiker der exakten Wissenschaften 64, Leipzig: Engelmann 1895.
3. Rosenhain, Johann: Abhandlung über die Functionen zweier Variablen mit vier Perioden, welche die Inversen sind der ultra-elliptischen Integrale erster Klasse. Aus dem Französischen übersetzt von Alexander Wittig. Ostwald's Klassiker der exakten Wissenschaften 65, Leipzig: Engelmann 1895.
4. Göpel, Adolph: Entwurf einer Theorie der Abel'schen Transcendenten erster Ordnung. Aus dem Lateinischen übersetzt von A. Wittig. Leipzig: Engelmann 1895.
5. Lagrange, Joseph-Luis: Zusätze zu Eulers Elementen der Algebra. Unbestimmte Analysis. Aus dem Französischen übersetzt von Arthur Oettingen. Leipzig: Engelmann 1898.
6. Die partiellen Differentialgleichungen der mathematischen Physik. Nach Riemann's Vorlesungen. 4. Auflage, 2 Bde., Vieweg: Braunschweig 1900; 5. Auflage, 1 Bd., Vieweg: Braunschweig 1910.[24]
7. Gauß, Carl Friedrich: Allgemeine Grundlagen einer Theorie der Gestalt von Flüssigkeiten im Zustand des Gleichgewichtes. Aus dem Lateinischen übersetzt von Rudolf Weber. Ostwald's Klassiker der exakten Wissenschaften 135, Leipzig: Engelmann 1903.
8. Euler, Leonard: Vollständige Anleitung zur Algebra. Mit Zusätzen von Joseph-Louis Lagrange. Lipsiae [u.a.]: Teubner 1911.

24 Die Auflagen 1 bis 3 wurden von Karl Hattendorff unter dem Titel: Die partiellen Differentialgleichungen und deren Anwendung auf physikalische Fragen. herausgegeben. Siehe [Riemann 1869].

4 Briefwechsel Dedekind - Weber

4.1 Briefe des Jahres 1874

[Ded 1]

Richard Dedekind aus Braunschweig an Heinrich Weber

Brief vom 01.11.1874

Archiv der SUB Göttingen Cod. MS. B. Riemann 1,2 Blätter 7/1, 7/2

Hochgeehrter Herr College!

Als ich vor einem Jahre in Zürich[1] das Vergnügen hatte Ihre Bekanntschaft zu machen, kam auch die Rede auf die Herausgabe der gesammelten mathematischen Werke Riemann's[2], welche durch den Tod von Clebsch in ungewisse Ferne gerückt war, und wenn ich nicht sehr irre, so erboten Sie sich damals wenn auch nur ganz beiläufig, bei dieser Herausgabe Hülfe zu leisten, nachdem ich über den Mangel an der erforderlichen Zeit und Arbeitskraft Klage geführt hatte. Jetzt ermuthigt mich Ihr damaliges Anerbieten, Ihnen die dringende Bitte vorzutragen, daß Sie die Leitung der Herausgabe ganz allein in Ihre Hände nehmen mögen. Natürlich geschieht dies im vollkommenen Einverständniß mit Frau Professorin Riemann und in deren ausdrücklichem Auftrage[3]; ich beeile mich aber, Ihnen den bisherigen Verlauf der ganzen Angelegenheit zu erzählen, weil ich hoffe, daß ein genauer Einblick in die Sachlage dazu beitragen wird, Sie zur Erfüllung unserer Bitte zu bewegen.

Bald nach dem Tode Riemann's überlieferte mir Frau Professorin Riemann alle Papiere mathematischen Inhalts, welche sich im Nachlaße vorfanden, mit dem Auftrage, das zur Publication Geeignete herauszugeben (nur die auf das Problem der Minimalflächen bezüglichen Papiere – wenn solche überhaupt vorhanden gewesen – werden dem Herrn Hattendorff ausgeliefert sein; ebenso ist ein kleiner Aufsatz über die Mechanik des Ohres durch die Herrn Henle und Schering herausgegeben[4]). Nur drei Aufsätze (über trigonometrische Reihen[5], über die Hypothesen der Geometrie[6] und einen elektrodynamischen[7]) fand ich in so fertiger Form vor, daß ich sie bald darauf abdrucken lassen konnte. Alles Übrige befand sich in einem chaotischen

1 1832 wurden in Zürich die Universität und 1855 die Eidgenössische Technische Hochschule, das Polytechnikum, gegründet.

2 Siehe [Riemann Werke 1876].

3 Vergl. [Rie 2], Brief von Elise Riemann an Richard Dedekind vom 08.08.1874.

4 Siehe [Riemann 1867b: XVIII].

5 Siehe [Riemann 1868b: XII].

6 Siehe [Riemann 1868c: XIII].

7 Siehe [Riemann 1867a: XIV].

Zustande und ich habe nur mit großem Zeitaufwande einige wenige Bruchstücke zusammenstellen können, welche meiner Meinung nach einer Veröffentlichung würdig sind. Bevor ich aber, durch mancherlei Zwischenfälle gehindert, zu der Veröffentlichung schreiten konnte, war der Gedanke entstanden, Riemann's sämmtliche Werke gesammelt herauszugeben. Clebsch hatte, wahrscheinlich durch W. Weber in Göttingen[8] angeregt, diesen Gedanken mit seiner ganzen Lebhaftigkeit und Thatkraft im Frühjahr 1872 erfaßt, und gern ging ich, als er mich zu Pfingsten besuchte, auf seinen Wunsch ein, auch den Nachlaß dieser Herausgabe einzuverleiben. Dagegen ließ ich mich nur nach langem Sträuben von ihm und W. Weber überreden, als Mitherausgeber noch weiteren Antheil zu nehmen. Kurz darauf, nachdem Clebsch alle Papiere zu nochmaliger Durchsicht, die ich für dringend erforderlich hielt, mit sich nach Göttingen genommen hatte; wurde ich auf drei Jahre zum Director unseres Polytechnicums erwählt[9], und obwohl ich von der Größe der hiermit übernommenen Geschäftslast noch keine Ahnung hatte, so erklärte ich doch sofort, daß meine Betheiligung an der Herausgabe sich höchstens noch auf gelegentliche Revision von Correcturbogen erstrecken könnte. Clebsch nahm auch die geschäftliche Leitung gänzlich in seine Hand, ordnete Alles und schloß mit Herrn B. G. Teubner in Leipzig[10] einen auch von mir unterzeichneten Verlags-Contract ab, den ich mir hier abschriftlich beizulegen erlaube[11]; gleichzeitig theilte er mir mit, daß er den Theil der Herausgabe, welcher das schon Gedruckte enthält[12], vollständig vorbereitet habe, so daß er nöthigenfalls in die Druckerei abgehen könnte. Das von ihm aufgestellte Inhaltsverzeichniß dieses Theils lege ich ebenfalls bei.[13]Nachdem kurz darauf erfolgten Hinscheiden von Clebsch habe ich lange gar keine Nachrichten über den Stand der Angelegenheit erhalten, war auch mit meinen Geschäften und Sorgen so beladen, daß ich keinen Schritt unternahm. Erst als ich im Herbst vorigen Jahres von Zürich zurückkam, fand ich einen Brief von dem Verleger vor, in welchem er mir

---

8 1737 eröffnete in Göttingen die wenige Jahre zuvor gegründete Georg-Augusts-Universität, die sich in den Folgejahren zu einem wissenschaftlichen Zentrum entwickelte.

9 Richard Dedekind war von 1872 bis 1875 Direktor des 1745 gegründeten Collegium Carolinum zu Braunschweig, welches 1878 in Herzögliche Technische Hochschule Carolo-Wilhelmina umbenannt wurde und 1968 den aktuellen Namen Technische Universität Carolo-Wilhelmina zu Braunschweig erhielt.

10 1409 wurde in Leipzig eine der ältesten und zeitweise größten deutschen Universitäten gegründet.

11 Vergl. [Ded 36], Abschrift des Verlagsvertrages zwischen Alfred Clebsch, Richard Dedekind und B. G. Teubner von Richard Dedekind.

12 Siehe [Riemann Werke 1876], 1. Abt. und 2. Abt.

13 Dieses Inhaltsverzeichnis lag dem Brief im Archiv der Staats- und Universitätsbibliothek Göttingen nicht bei. Allerdings findet sich ein von Clebsch augestelltes und von Richard Dedekind geschriebenes Inhaltsverzeichnis in [Ded 37], Verlagsvertrag zwischen Clebsch, Teubner und Dedekind, abschriftlich von Richard Dedekind.

mittheilte, daß die durch den langen Setzerstrike[14] veranlaßten Rückstände in seiner Officin so ziemlich beseitigt seien, und daß er sich in der Lage befinde, den Druck der Riemann'schen Schriften vorzunehmen; Clebsch habe ihm das Manuscript (23 Abhandlungen ohne Lücke fortlaufend paginirt) noch eingehändigt, zu welchem einer beigefügten schriftlichen Notiz zufolge noch drei kürzere Abhandlungen kommen sollten; ein Verzeichniß aller in seinem Besitze befindlichen Abhandlungen habe er dem Professor C. Neumann auf dessen Wunsch mitgetheilt. Zugleich richtete er die Anfrage an mich, ob Letzterer an Clebsch's Stelle sich bei der Herausgabe betheiligen werde. Auf diese Nachricht hin wandte ich mich durch Vermittlung von W. Weber an Frau Riemann mit dem Vorschlage, daß Prof. Neumann ersucht werden möge, an Stelle von Clebsch zu treten, und zwar ohne meine Mitbetheiligung als Herausgeber, da ich unmöglich die Zeit zu solchen Geschäften finden könne. Ich erhielt sofort die zustimmende Antwort von W. Weber nebst der Mittheilung, daß er schon gleich nach Clebsch's Tode mit Neumann vorläufig über diese Angelegenheit gesprochen habe, und daß an seiner Bereitwilligkeit nicht zu zweifeln sei. Als ich mich nun aber direct an Neumann wendete und ihn in Frau Riemann's und in meinem eigenen Namen bat, die Herausgabe zu übernehmen, schrieb er mir, daß er durch häusliche schwere Sorgen so in Anspruch genommen sei, daß er unsere Bitte unbedingt ablehnen müsse. So steht nun die Sache auch heute noch; Anfangs hoffte ich wohl noch, selbst Hand anlegen zu können, allein meine Kräfte werden durch meine Geschäfte so vollständig absorbirt und meine Gesundheit litt darunter so, daß ich im Lauf des Sommersemesters mich für einige Zeit von einem Theile der Geschäfte entbinden lassen musste. Immer wieder ist mir aber Ihr Anerbieten im Kopfe herumgegangen; und da unter den Mathematikern Sie vor allen durch Ihre Arbeiten so ganz und gar dazu geeignet sind, Riemann's Werke herauszugeben, so wage ich es, nachdem Frau Riemann ihre freudige Zustimmung dazu ertheilt hat, Sie inständig zu bitten, sich diesem Unternehmen zu widmen, wofür die mathematische Welt Ihnen zum größten Dank verpflichtet sein wird.

Ich erlaube mir, um diese Bitte noch zu unterstützen, noch wenige Worte hinzuzufügen. Bei der genauen Kenntniß der Riemann'schen Werke, welche Sie besitzen, wird der größte Theil der Herausgabe Ihnen ohne Zweifel nur geringe Arbeit verursachen, geringere als jedem Anderen. Die bisher noch gar nicht publicirten Fragmente aus dem Nachlasse sind wenigstens in sauberer Handschrift von mir zusammengestellt; allein ich halte eine kritische Durchsicht sowohl dieser Bruchstücke, als auch des übrigen Materials aus dem Nachlasse für durchaus erforderlich; denn wenn ich (und ebenso Clebsch) auch aus diesem Chaos von Papieren, die zum größten Theile nur

14 Schon im Jahre 1865 streikten in Leipzig die Buchdrucker und ihre Gehilfen, um mehr Lohn zu erhalten. 1872 flammten diese Konflikte erneut auf und gipfelten im Frühjahr 1873 in einem groß angelegten Streik der Leipziger Buchdruckergehilfen. Dieser Streik konnte erst im Mai 1873 durch Abschluss eines umstrittenen Tarifvertrages beendet werden.

Vorbereitungen für die Vorlesungen und Entwürfe zu den publicirten Abhandlungen enthalten, nichts weiter habe herausfinden können, so ist es doch sehr wohl möglich, daß Sie besseren Erfolg haben werden.
Ich wünsche endlich, daß Sie als alleiniger Herausgeber auftreten, weil Einer herrschen muß und ich doch auf keinen Fall mich an dem Unternehmen in solchem Grade betheiligen könnte, um als Mitherausgeber angesehen werden zu können. Hiermit ist aber nicht ausgeschlossen, daß ich gelegentlich die Revision von Correcturbogen, die Sie mir zutheilen, besorge, worin ich nicht ganz ungeschickt bin; überhaupt werde ich gern Alles thun, was in meinen Kräften steht, um Ihnen, falls Sie es wünschen, eine kleine Hülfe zu gewähren.
In der Hoffnung, daß Sie den Wunsch der Frau Riemann und den meinigen erfüllen mögen, verbleibe ich mit ausgezeichneter Hochachtung und mit der Bitte, die Herrn Schwarz und Culmann bestens von mir zu grüßen,

Braunschweig,
1 November 1874.

Ihr ergebenster
R. Dedekind,
Professor
(Petrithorpromenade 24.)

[Web 1.a]
Heinrich Weber aus Zürich an Richard Dedekind
Briefentwurf vom 05.11.1874
Archiv der SUB Göttingen Cod. MS. B. Riemann 1,2 Blatt 8

Zürich d. 5ten Nov. 1874.

Hochgeehrter Herr College,

Indem ich Ihnen für das mir durch Ihr Schreiben bewiesene Vertrauen meinen besten Dank sage, will ich nicht säumen, Ihnen mitzutheilen, daß ich bereit bin, was in meinen Kräften steht, zu thun, um die Herausgabe von Riemanns Werken zu Stande zu bringen. Ich täusche mich nicht darüber, daß ich damit eine nicht unbedeutende Arbeitslast und namentlich eine große Verantwortung auf mich nehme, und ich kann noch nicht beurtheilen, in wie weit meine Kräfte beiden gewachsen sein werden. Da aber das ganze so schöne Unternehmen zu scheitern droht, so will ich thun, was ich kann, um die Sache zu fördern, und will auf einen wenigstens erträglichen Erfolg meiner Arbeit hoffen.
Bei meiner gänzlichen Unkenntniß in derartigen Geschäften werde ich allerdings oft in die Lage kommen, Ihren Rath und Ihre Hülfe zu beanspruchen, die Sie mir gütigst anbieten. Auch würde mir Ihre genaue Bekanntschaft mit den Riemannschen

Arbeiten von großem Nutzen sein. In sofern würde ich es entschieden vorziehen, wenn Sie als Mitherausgeber genannt würden, worauf Sie nach meiner Meinung bereits durch Ihre ausgedehnten Vorarbeiten Anspruch haben. Um jedoch eine weitere Correspondenz über diesen Punkt zu vermeiden, will ich gleich bemerken, daß, falls Sie auf Ihrer Weigerung beharren, dies für mich kein Grund wäre, um von meinem Versprechen zurück zu treten.
Die nächste Arbeit würde nun wohl in einer Durchsicht des vorhandenen handschriftlichen Materials bestehen, und ich ersuche Sie also, was davon in Ihren Händen ist, mir gefälligst zusenden zu wollen. Allerdings würde ich es für sehr wünschenswerth halten, daß mir auch etwaiges Handschriftliches über die Minimalflächen vorläge, da gerade diese Arbeit, wie ich glaube, einer gründlichen Revision bedarf, und es in dieser Hinsicht nothwendig wäre, zu wissen, was von Riemann selbst herrührt. Darüber würde wohl meinerseits noch eine Verhandlung mit Hattendorff nothwendig sein? Das von Clebsch bereits ausgearbeitete Manuscript befindet sich, wenn ich Sie richtig verstanden habe, in den Händen von Teubner, von dem ich mir also dasselbe zu erbitten haben würde.
Ueberhaupt ersuche ich Sie noch um Auskunft, ob es wohl nöthig ist, daß ich zunächst selbst mit Teubner in Unterhandlung trete, oder ob dieser Punkt auf Grund des von Clebsch abgeschlossenen Vertrags, dem ich in allen Punkten meine Zustimmung gebe, bereits als erledigt zu betrachten ist, oder von Ihnen erledigt werden kann.
Wenn ich alle Papiere in Händen habe, werde ich mir über die Anordnung und die Art und Weise der Publikation zunächst einen Plan entwerfen, von dem ich Ihnen seiner Zeit Nachricht zu geben mir erlauben werde. Da mir die ganze Sache noch zu neu ist, habe ich einstweilen darüber nichts weiter beizufügen.
Indem ich einer baldigen Anwort von Ihnen entgegen sehe bin ich mit freundlichem Gruß

Ihr hochachtungsvoll ergebenster
H. Weber

[Web 1.b][15]

Heinrich Weber aus Fluntern bei Zürich an Richard Dedekind

Brief vom 05.11.1874

Archiv der SUB Göttingen Cod. MS. R. Dedekind 14:81 Nummer 229

---

15 Wieso dieser Brief in zwei nahezu identischen Versionen, siehe [Web 1.a], vorliegt, ließ sich nicht nachvollziehen. In [Web 1.a] finden sich im Text Streichungen einzelner Worte, so dass es sinnvoll erscheint diesen Brief als Entwurf des Briefes [Web 1.b] anzusehen.

Fluntern bei Zürich. den 5ten Nov. 1874.

Hochgeehrter Herr College,

Indem ich Ihnen für das mir durch Ihr Schreiben bewiesene Vertrauen meinen besten Dank sage, will ich nicht säumen, Ihnen mitzutheilen, daß ich bereit bin, was in meinen Kräften steht, zu thun, um die Herausgabe von Riemanns Werken[16] zu Stande zu bringen. Ich täusche mich nicht darüber, daß ich damit eine nicht unbedeutende Arbeitslast und namentlich eine große Verantwortung auf mich nehme, und ich kann noch nicht beurtheilen, in wieweit meine Kräfte beiden gewachsen sein werden. Da aber das ganze so schöne Unternehmen zu scheitern droht, so will ich thun, was ich kann, um die Sache zu fördern, und will auf einen wenigstens erträglichen Erfolg meiner Arbeit hoffen.
Bei meiner gänzlichen Unkenntniß in derartigen Geschäften werde ich allerdings oft in die Lage kommen, Ihren Rath und Ihre Hülfe in Anspruch zu nehmen, die Sie mir gütigst anbieten. Auch würde mir Ihre genaue Bekanntschaft mit den Riemannschen Arbeiten von großem Nutzen sein.
In sofern würde ich es entschieden vorziehen, wenn Sie als Mitherausgeber genannt würden, worauf Sie nach meiner Meinung bereits durch Ihre ausgedehnten Vorarbeiten Anspruch haben. Um jedoch eine weitere Correspondenz über diesen Punkt zu vermeiden, will ich gleich bemerken, daß, falls Sie auf Ihrer Weigerung beharren, dies für mich kein Grund wäre, um von meinem Versprechen zurück zu treten.
Die nächste Arbeit würde nun wohl in einer genauen Durchsicht des vorhandenen handschriftlichen Materials bestehen, und ich ersuche Sie also, was davon in Ihren Händen ist, mir gefälligst zugehen zu lassen. Allerdings würde ich es für sehr wünschenswerth halten, daß mir auch etwaiges Handschriftliches über die Minimalflächen vorläge, da gerade diese Arbeit[17], wie ich glaube, einer gründlichen Revision bedarf, und es in dieser Hinsicht nothwendig wäre, zu wissen, was von Riemann selbst herrührt. Darüber würde wohl meinerseits noch eine Verhandlung mit Hattendorff nothwendig sein? Das von Clebsch bereits ausgearbeitete Manuscript befindet sich, wenn ich Sie richtig verstanden habe, in den Händen von Teubner, von dem ich mir also dasselbe zu erbitten haben würde.
Ueberhaupt ersuche ich Sie noch um Auskunft, ob es wohl nöthig ist, daß ich zunächst selbst mit Teubner in Unterhandlung trete, oder ob dieser Punkt auf Grund des von Clebsch abgeschlossenen Vertrags, dem ich in allen Punkten meine Zustimmung gebe, bereits als erledigt zu betrachten ist, oder von Ihnen erledigt werden kann.
Wenn ich alle Papiere in Händen habe, werde ich mir zunächst über die Anordnung und über die maßgebenden Gesichtspunkte der Publikation einen Plan entwerfen,

16 Siehe [Riemann Werke 1876].
17 Siehe [Riemann 1868a].

von dem ich Ihnen seiner Zeit Nachricht zu geben mir erlauben werde. Da mir die ganze Sache noch zu neu ist, habe ich einstweilen darüber nichts weiter beizufügen. Indem ich einer baldigen Anwort von Ihnen entgegen sehe bin ich mit freundlichem Gruß

Ihr hochachtungsvoll ergebenster
H. Weber

[Ded 2]

Richard Dedekind aus Braunschweig an Heinrich Weber

Brief vom 11.11.1874

Archiv der SUB Göttingen Cod. MS. B. Riemann 1,2 Blatt 9

Hochgeehrter Herr College!

Vor Allem drängt es mich, Ihnen meinen Dank für die Bereitwilligkeit auszusprechen, mit welcher Sie, lediglich im Interesse einer guten Sache, auf unsere Bitte eingegangen sind, die Herausgabe der Riemann'schen Werke in die Hand zu nehmen; Ihr Brief, den ich nur mit geringer Hoffnung erbrach, hat mir daher die größte Freude bereitet, und ich fühle mich Ihnen für immer durch Ihren großmüthigen Entschluß verpflichtet. Nicht minder freudig wird die schwer geprüfte Frau Riemann denselben begrüßen, da sie von Jahr zu Jahr vergeblich auf das Gelingen dieses Unternehmens gehofft hat. Ich bin im Begriff ihr die willkommene Nachricht zu melden und sie zugleich zu ersuchen, die sämmtlichen Papiere Ihnen zu schicken[18]. Ebenso werde ich gleich an den Verleger, Herrn Teubner, schreiben und ihn bitten, Ihnen zunächst wenigstens ein Inhaltsverzeichniß des ihm von Clebsch übergebenen „Manuscriptes" mitzutheilen, welches, wie ich glaube, lediglich aus den in chronologischer Folge geordneten, gedruckten Abhandlungen Riemann's besteht.[19] Clebsch hielt diese Anordnung für die zweckmäßigste und wünschte, den neuen Abdruck sogleich (Herbst 1872) beginnen zu lassen, in der Überzeugung, daß während desselben der noch ungedruckte Nachlaß ebenfalls vollständig druckfertig hergestellt werden könnte. Halten Sie es aber für nothwendig, dieses „Manuscript" selbst vor dem Abdruck noch einmal zu revidiren, oder wünschen Sie eine gänzliche Änderung in dem Plane der Herausgabe, so wird, nachdem der Verleger in unmittelbare Verbindung mit Ihnen getreten ist, die Zusendung des Manuscriptes leicht geschehen können. Es wird wohl auch ein neuer Contract zwischen Ihnen und dem Verleger abgeschlossen werden müssen, in welchem Sie als der einzige Herausgeber an Stelle von Clebsch und mir

18 Vergl. [Rie 3], Brief von Elise Riemann an Richard Dedekind vom 14.11.1874.
19 Vergl. [Teu 2], Brief von B. G. Teubner an Richard Dedekind vom 17.11.1874.

treten, und Frau Riemann müßte formell ihre Zustimmung zu demselben erklären.[20] Sie sehen, daß ich auf meinem gänzlichen Rücktritt von der Herausgabe beharre; es bewegt mich dazu einerseits der Grund, daß ich keinen Anspruch auf die Mitherausgeberschaft habe, und andererseits halte ich bei einem solchen Unternehmen die Alleinherrschaft eines Einzigen für praktischer; ich wiederhole aber gern mein Anerbieten, bestimmte Geschäfte oder Arbeiten, die Sie mir etwa zuweisen, nach besten Kräften ausführen zu wollen. Diese Kräfte sind aber nicht sehr glänzend, und namentlich bin ich nicht der gründliche Kenner der Riemann'schen Werke, für den Sie mich halten. Ich kenne zwar diese Werke und glaube an sie, aber ich beherrsche sie nicht, und ich werde sie nicht eher beherrschen als bis ich eine ganze Reihe von Dunkelheiten mir auf meine Weise und mit der in der Zahlentheorie üblichen Strenge überwunden haben werde. Übrigens glaube ich auch an einigen Stellen kleine Nachläßigkeiten in der Darstellung, zum Theil vielleicht nur Druckfehler bemerkt zu haben, und ich werde mir erlauben, Sie auf dieselben aufmerksam zu machen, auf die Gefahr hin, selbst geirrt zu haben oder längst Bekanntes von Neuem vorzutragen.
Eine wirkliche Schwierigkeit besteht in der mit Prof. Hattendorff zu eröffnenden Verhandlung. Er ist durch Riemann selbst mit der Vollendung und Herausgabe der Abhandlung über die Minimalfläche[21] beauftragt, und hat sich dieser Aufgabe, wie ich gewiß weiß, mit größter Hingebung gewidmet. Es ist daher auch billig, die größte Rücksicht gegen ihn zu beobachten. Ob er Papiere aus dem Nachlaß zu dieser Arbeit erhalten hat, geht aus seiner Vorrede nicht hervor, ich weiß Nichts darüber[22]. Es würde gewiß gelingen, ihn von der Nothwendigkeit zu überzeugen, die Puncte anzuändern, welche Sie und Hr. Prof. Schwarz im vorigen Herbst mir als unrichtig bezeichnet haben, und es könnten dann diese Abänderungen mit seiner Zustimmung vorgenommen werden. Am besten wäre es wohl, den Umfang der Abänderungen erst festzustellen, und dann, wozu ich gern meine Vermittelung anbiete, mit ihm darüber zu verhandeln.
Mein College Heinrich Weber läßt Sie bestens grüßen. Mit nochmaligem, herzlichstem Danke und mit dem innigen Wunsche, daß auch Sie Ihre Befriedigung in der Vorstellung des Unternehmens finden mögen, verbleibe ich

Braunschweig,
11 November 1874.

Ihr ganz ergebenster
R. Dedekind.

20 Vergl. [Teu 19], Verlagsvertrag zwischen Heinrich Weber und B. G. Teubner.
21 Siehe [Riemann 1868a].
22 Vergl. [Rie 7], Brief von Elise Riemann an Heinrich Weber vom 15.11.1874.

[Web 2]

Heinrich Weber aus Fluntern bei Zürich an Richard Dedekind

Brief vom 24.11.1874

Archiv der SUB Göttingen Cod. MS. R. Dedekind 14:81 Nummer 230

Fluntern bei Zürich 24/11 74.

Verehrter Herr College,

Nachdem ich mich vorläufig einigermaßen über das Material im Riemannschen Nachlaß orientirt habe, muß ich gleich von Ihrem freundlichen Erbieten, mich bei der Arbeit zu unterstützen, Gebrauch machen, indem ich Sie über einige Punkte um Auskunft bitte, über die Sie vielleicht unterrichtet sind.

1. Unter den Papieren habe ich ein kleines Blättchen physiologischen Inhalts gefunden, welches eine ziemlich sorgfältig gezeignete Figur eines sogen. Vaterschen Körperchens[23] nebst Erläuterungen dazu enthält. Die Figur ist mit Fig 7 bezeichnet, woraus zu schließen ist, daß es nur ein Bruchstück einer größeren Arbeit sei. Ich habe aber trotz allen Suchens nichts weiter dazu Gehöriges finden können. Ich möchte Sie nun fragen ob Ihnen vielleicht über die Entstehung dieses Zettelchens und über den Verbleib des Uebrigen etwas bekannt ist. Unser Physiologe Prof. Hermann, dem ich das Blatt vorlegte, meinte, es sei darin eine neue und interessante Hypothese über die immer noch räthselhafte Bedeutung dieser Körperchen enthalten, und selbst wenn nichts weiter vorhanden wäre, sei das schon der Veröffentlichung werth. Es wäre daher sehr wünschenswerth, noch Weiteres darüber zu finden.

2.) Was die Pariser Preisaufgabe[24] betrifft, so bemerken Sie, dieselbe möchte wohl von der Akademie[25] zu erlangen sein. Ich möchte Sie fragen, ob vielleicht in dieser Richtung schon Schritte gethan sind. Sollte dies nicht der Fall sein, so würde ich versuchen, was ich erreichen kann; Es wäre aber dann wünschenswerth, zu wissen, in welchem Jahr Riemann die Arbeit eingereicht hat.

3. Fand ich auf mehreren Blättern mehr oder weniger ausgeführte Entwürfe von drei Arbeiten, von denen sich die erste auf das Bifilarmagnetometer, die zweite auf Gradmessung die dritte auf Witwencasse beziehen. Diese Arbeiten scheinen äußeren Anlässen ihre Entstehung zu verdanken und dürften wohl nichts zur Veröffentlichung geeignetes enthalten?

4. Ist Ihnen etwas bekannt, ob durch den Wiederabdruck der schon gedruckten Abhandlungen[26] keine Verlagsrechte verletzt werden, ob darüber schon die nöthigen Un-

---

23 Vatersche Körperchen, Endorgane der sensiblen Nerven der Haut, benannt nach Abraham Vater (* 1684 † 1751), Anatom.

24 Siehe [Riemann 1876: XXII].

25 Académie des sciences de l'Institut de France, Paris, Frankreich.

26 Siehe [Riemann Werke 1876], 1. Abt. und 2. Abt.

terhandlungen gepflogen sind, oder ob darüber noch mit den verschiedenen Verlagen zu verhandeln ist?
Nun will ich Ihnen noch ein wenig über den Fortgang der Arbeit, die mir große Freude macht, berichten. Die Doctordissertation[27] habe ich jetzt durchgearbeitet und mit dem Nachlaß verglichen. Ich denke zu derselben das Inhaltsverzeichnis beizufügen, welches fast vollständig von Riemanns Hand vorliegt, ferner einen nicht unwesentlichen Zusatz zu dem berühmten und viel discutirten Art. 16. der sich auf den Fall bezieht, wo die Function in einem Punkt unendlich wird. Unter den Papieren habe ich ein Blatt gefunden, worin die Wärmebewegung im Ellipsoid behandelt ist, das ich jetzt der Hauptsache nach entziffert habe, und was, wie ich glaube, auch noch zur Publikation geeignet ist.[28] Ferner hoffe ich eine Untersuchung wiederherstellen zu können über die Doppeltangenten der Curven vierter Ordnung, worüber viele Blätter mit Rechnungen, leider ganz ohne Text vorhanden sind[29]. Es wäre mir allerdings nicht gelungen mich darin zurechtzufinden, oder nur die betreffenden Blätter zu erkennen, wenn mir nicht aus einem Vorlesungsheft von Roch das Wesentliche dieser sehr schönen und für die Abelschen Functionen wichtigen Untersuchung schon bekannt gewesen wäre, und ich nicht gerade jetzt in diesen Dingen ziemlich zu Hause wäre. Ich denke, es wird keinen Anstoß haben, das erwähnte Roch'sche Heft bei der Ausarbeitung zu benutzen.
Dagegen scheint mir der Aufsatz „Versuch einer allgemeinen Auffassung der Differentiation"[30] nachdem, was ich bis jetzt davon verstehe, zur Veröffentlichung nicht recht geeignet, ich würde ihn aber jedenfalls, ehe ich ihn definitiv ausscheide, noch einer genaueren Prüfung unterwerfen.
Sehr interessirt haben mich die philosophischen Fragmente[31], wenn ich auch keineswegs dadurch von der Richtigkeit oder Zuläßigkeit dieser höchst fremdartigen Anschauungen überzeugt worden bin. Ich glaube doch daß man dieselben wenigstens theilweise mit veröffentlichen sollte, einerseits weil sie doch wie es scheint einen wesentlichen Theil von Riemanns letzter Gedankenarbeit ausmachen, andererseits weil sie wohl geeignet sind, wenn auch nur durch den Widerspruch interessante Discussionen hervorzurufen. Vor wenigen Jahren noch wären derartige Betrachtungen ganz verloren gewesen, jetzt aber glaube ich, daß sie auf einen fruchtbaren Boden fallen.
Am meisten Schwierigkeiten werden mir, wie ich fürchte die Minimalflächen[32] verursachen, in welchen, wie es scheint vieles zu ändern wäre. Es liegt mir natürlich fern, Hattendorff irgend wie kränken oder verletzen zu wollen. Ich glaube es wird am besten

27 Siehe [Riemann 1851: I].
28 Siehe [Riemann 1892: XXV].
29 Siehe [Riemann 1876: XXX].
30 Siehe [Riemann 1876: XIX].
31 Siehe [Riemann Werke 1876], Anhang.
32 Siehe [Riemann 1868a].

sein, wenn ich ihn, vielleicht unter Hinweis auf die zu verändernden Stellen, ersuche, selbst eine Neuredaction der Arbeit zu besorgen.
Endlich möchte ich noch einen Punkt erwähnen: Ich würde es für eine hübsche Bereicherung des Werkes halten, wenn demselben eine kurze Biographie Riemanns[33] vorangedruckt werden könnte.
Da könnte man nun entweder die Gedächtnisrede von Schering[34] einfach abdrucken, oder es müßte sich jemand finden, der etwas Neues ad hoc macht. Ich habe schon daran gedacht, ob vielleicht Frau Prof. Riemann selbst geneigt dazu wäre, wenigstens was den biographischen Theil betrifft, die Sache zu übernehmen, und würde mich freuen auch hierüber Ihre Ansicht zu erfahren.
Mit freundlichem Gruß

Ihr ergebenster

H. Weber

Ich bitte Sie, auch meinen Namensvetter[35] herzlich von mir zu grüßen.

4.2 Briefe des Jahres 1875

[Web 3]
Heinrich Weber aus Zürich an Richard Dedekind
Brief vom 28.02.1875
Archiv der SUB Göttingen Cod. MS. R. Dedekind 14:81 Nummer 231

Zürich den 28ten Febr. 1875

Hochgeehrter Herr College,

Schon vor längerer Zeit habe ich mich mit einigen Fragen, Riemanns Werke betreffend an Sie gewandt; da ich aber keine Antwort bekommen habe, so fürchte ich, daß ein Brief verloren gegangen ist, oder Sie sind sonst verhindert gewesen, mir zu schreiben. Ich muß Sie nun heute abermals mit einigen Fragen belästigen. Was mir jetzt noch zu schaffen macht, ist die Pariser Aufgabe, mit der ich schon seit längerer Zeit ausschließlich beschäftigt bin, und die noch einige harte Nüsse zu knacken giebt. Ich hatte gehofft, daß der Druck zu Anfang des Sommers beginnen könnte, da ich mit dem Uebrigen so ziemlich fertig bin. Nun aber weiß ich nicht, wie lange ich damit noch auf-

33 Siehe [Dedekind 1876a].
34 Siehe [Schering 1867].
35 Heinrich Weber, Physiker.

gehalten werde. Einen Theil der Resultate habe ich zwar in Ordnung gebracht. Es fehlt mir nur noch der Fall $m = 2$ und von $m = 3$ der wo u aus Gliedern von der Form $f(I)e^{\lambda t}$ zusammengesetzt ist. Leider ist über diese Fälle so gut wie gar nichts unter den Papieren vorhanden. Vielleicht haben Sie sich schon damit beschäftigt, und könnten mir einen Wink darüber geben.

Vor allen Dingen wäre es aber zu wünschen, die Arbeit[36], welche Riemann bei der Akademie eingereicht hat, herauszubekommen, denn ich habe Grund zu vermuthen daß dieselbe doch etwas ausführlicher ist, als das vorhandene Manuscript. Auf den Rath von mehreren meiner hießigen Freunde schien es mir am zweckmäßigsten, wenn die Göttinger Universität officiell die Herausgabe der Arbeit von der Pariser Akademie verlangt. Ich habe mich zu diesem Zweck schon vor geraumer Zeit an Herrn Hofrath Weber[37] in Göttingen gewandt, habe aber keine Antwort bekommen, so daß ich nicht weiß ob etwas in der Sache gethan ist oder nicht. Ich möchte Sie nun bitten, wenn es Ihnen möglich wäre, einen solchen Schritt bei der Göttinger Universität zu veranlassen, eventuell mir mitzutheilen was Ihnen über das Schicksal der Arbeit bekannt ist. Ich würde dann versuchen was ich auf Privatwegen erreichen kann, verspreche mir davon aber keinen großen Erfolg.

Dann ist noch ein anderer Punkt, worüber ich Sie fragen wollte ob Sie einverstanden sind. Den „Beitrag zur Electrodynamik"[38] möchte ich weglassen. Bei einer eingehenden Beschäftigung mit der Arbeit halte ich mich von der Unrichtigkeit überzeugt und zwar ist im Wesentlichen der Einwandt, den Clausius[39] dagegen erhoben hat, gegründet. Ich würde die Arbeit trotzdem aufnehmen, wenn sie irgendetwas von mathematischem Interesse enthielte. Das scheint mir aber nicht der Fall zu sein, und so glaube ich wirklich daß ihr nochmaliger Abdruck keinen Nutzen mehr haben würde. Ihren Nutzen, die Frage wieder angeregt zu haben, hat sie durch die einmalige Publikation gehabt. Auch scheint mir Riemann selbst die Sache fallen gelassen zu haben, da er, so viel ich weiß weder in Vorlesungen noch in Schriften, später auf diese Anschauung zurückgekommen ist.

Mit der Arbeit über Minimalflächen[40] werde ich in Ordnung kommen. Ich habe sie durchgearbeitet und meine Bedenken und Aenderungsvorschläge Hattendorff mitgetheilt, der selbst eine Neuredaction übernommen hat. Die Unrichtigkeiten liegen nur in der Darstellung und werden sich hoffentlich alle beseitigen lassen.

Mit freundlichem Gruß

Ihr ergebenster

H. Weber

---

36 Siehe [Riemann 1876: XXII].

37 Wilhelm Weber.

38 Siehe [Riemann 1867a: XIV].

39 Siehe [Clausius 1868].

40 Siehe [Riemann 1868a].

[Web 4]
Heinrich Weber aus Zürich an Richard Dedekind
Brief vom 01.03.1875
Archiv der SUB Göttingen Cod. MS. R. Dedekind 14:81 Nummer 232

Zürich d. 1ten März 1875.

Hochgeehrter Herr College

Kaum habe ich gestern meinen Brief an Sie abgehen lassen, so erhalte ich heute eine Brief von Herrn Hofrath Weber aus Neapel[41], dessen Abwesenheit von Göttingen mir natürlich gänzlich unbekannt war. Weber schreibt mir, daß ihm mein Brief verspätet nach geschickt wurde. Hat aber doch die Freundlichkeit gehabt, meinen Wunsch durch Vermittlung von Wöhler[42] an die K. Societät[43] gelangen zu lassen, die, wie er nicht zweifelt, dem Antrag Folge geben wird.
Er schreibt mir ferner, daß wenn ich noch einen Umstand erfahren sollte, der den Erfolg des Gesuchs bei der Pariser Akademie sichern könnte, ich eine Notiz davon direct an Wöhler gelangen lassen solle. Mir ist nun nichts weiter über das äußere Schicksal der Arbeit[44] bekannt, und ich bitte Sie daher, was Ihnen etwa von näheren Umständen bekannt ist, entweder mir, oder direct Herrn Professor Wöhler mitzutheilen. Eine Mittheilung ist noch in dem Briefe von[45] enthalten, die mich sehr in Erstaunen setzt, und die mir den Besitz der Antwort doppelt wünschenswerth macht, nämlich, daß nach mündlichen Mittheilungen von Riemann zwei Arbeiten von ihm bei der Pariser Akademie eingereicht worden sind, die eine für die Concurrenz von 1861, die andere für eine spätere. Ich habe unter den vorhandenen Papieren nichts gefunden, was auf eine solche zweite Arbeit schließen läßt. Auch finde ich in den Berichten der Comptes rendus[46] nichts, was einigermaßen auf eine zweite Riemannsche Abhandlung passen würde. Eine solche zweite Abhandlung, die vermuthlich die Ausführungen enthalten würde wäre mir von der größten Wichtigkeit, und ich muß vor allen Dingen darüber ins Klare kommen. Ich werde mich zunächst an Frau Professor Riemann wenden, welche vielleicht darüber wird Auskunft geben können.

41 Die Universität Neapels, gegründet im 13. Jahrhundert, war im 19. Jahrhundert sehr bedeutend und eine der größten Universitäten Italiens.
42 Friedrich Wöhler war von 1860 bis 1880 Sekretär der Königlichen Gesellschaft der Wissenschaften zu Göttingen.
43 Königliche Gesellschaft der Wissenschaften zu Göttingen, 1751 gegründete und älteste durchgehend bestehende wissenschaftliche Gesellschaft Deutschlands.
44 Siehe [Riemann 1876: XXII].
45 Name fehlt, gemeint ist wahrscheinlich ein Brief von Wilhelm Weber, vergl. [Ded 3], Brief von Richard Dedekind an Heinrich Weber.
46 Comptes rendus hebdomadaires des scéances de l'Académie des sciences, 1666 gegründetes Journal der Académie des sciences de l'Institut de France, Paris, Frankreich.

Mit der Bitte, mich gütigst entschuldigen zu wollen, daß ich Ihnen schon wieder lästig falle bin ich mit freundlichem Gruß

Ihr

Hochachtungsvollst ergebener
H. Weber.

[Ded 3]

Richard Dedekind aus Braunschweig an Heinrich Weber

Brief vom 14.03.1875

Archiv der SUB Göttingen Cod. MS. B. Riemann 1,2 Blätter 14/1, 14/2

Hochgeehrter Herr College!

Wie sehr ich mich Ihnen gegenüber zu entschuldigen habe, fühle ich in der demüthigsten Weise. Auch Ihr Brief vom 24 November v. J. ist richtig bei mir angelangt. Wüßten Sie aber genauer, als es mir zu beschreiben möglich ist, in welcher nicht blos zeitraubenden sondern auch aufregenden Weise ich unablässig durch meine Amtsgeschäfte in Anspruch genommen bin, so würden Sie wahrscheinlich einige Nachsicht mit mir haben. Ich bitte Sie herzlich um Verzeihung, und ich kann Sie versichern, daß ich mir selbst immerfort die größten Vorwürfe mache, Ihnen für die großmüthige Bereitwilligkeit, mit der Sie mir eine drückende Last abgenommen haben, so schlecht gelohnt zu haben. Ich verspreche Ihnen jetzt, Alles zu thun, um Ihnen zu nützen und mir das freundliche Wohlwollen, das sich noch in Ihren letzten Briefen ausspricht, mit Recht zu verdienen. Ich eile zur Beantwortung Ihrer Fragen, so unvollständig dieselbe auch ausfallen mag.

1) Die auf die Vater'schen Körperchen bezügliche Figur 7.[47] ist mir, der ich in physiologischen Dingen ganz unbewandert bin, nicht erinnerlich. Rührt sie wohl wirklich von Riemann her? Es ist zwar gewiß, daß er sich viel mit Physiologie beschäftigt hat, aber es kann auch Manches zwischen die nachgelassenen Papiere gekommen sein, was von Anderen stammt und vielleicht nur bei Unterhaltungen in Riemann's Wohnung entstanden und dort liegen geblieben ist.

2) Die Pariser Aufgabe.[48] Was ich in den Papieren über den Lauf der Preisbewerbung habe ausfindig machen können, habe ich an die Reinschrift des Fragments angehängt. Dort habe ich auch, soviel ich mich erinnere, aus den Comptes Rendus Alles zusammengestellt, was ich habe sammeln können, und der Inhalt dieser Kritiken schien mir zu bestätigen, was Herr Geh. Hofr. W. Weber in Göttingen glaubte, daß zwei

47 Vergl. [Web 2], Brief von Heinrich Weber an Richard Dedekind vom 24.11.1874.

48 Siehe [Riemann 1876: XXII].

Arbeiten von Riemann eingereicht sind, natürlich in zwei verschiedenen Terminen. In den Papieren selbst habe ich nur das eine, lateinisch geschriebene Fragment gefunden, aber das eine Blättchen „Former l' expression etc." schien mir auf die Existenz einer französischen Bearbeitung hinzudeuten, und es ist wohl möglich, daß ein Theil der textlosen Papiere, welche nur Formeln enthalten, zu dieser Bearbeitung gehört. Clebsch hatte die Absicht, an Liouville zu schreiben; doch wird er dieselbe in der kurzen Zeit bis zu seinem Tode schwerlich ausgeführt haben. Ich selbst bin den Franzosen ganz unbekannt und habe nie einen solchen Schritt zu unternehmen gewagt. Ihr Gedanke, die Göttinger Societät der Wissenschaften zu einem Vorgehen zu veranlassen, ist gewiß das beste; hierzu werden allerdings die Mittheilungen, die Frau Riemann über die Angelegenheit etwa machen kann (sowie auch W. Weber) eine wichtige Grundlage geben; wünschen Sie, daß ich an sie schreibe, so soll es sofort geschehen; es ist gewiß nothwendig, daß die Societät, also Hr. Wöhler, sich auf solche Mittheilungen stützt; auch müßte er genau wissen, welche von den der Pariser Akademie eingereichten Arbeiten als Riemann'sche anzusehen sind, und ich sollte, wie ich schon oben bemerkt habe, glauben, daß diese Bezeichnung der Arbeiten mit Hülfe der in den Comptes Rendus enthaltenen Kritiken sich mit Sicherheit herstellen ließe.

Der Zusammenhang zwischen dieser Arbeit (Pars II)[49] und der Abhandlung über die Hypothesen der Geometrie[50] veranlaßt mich, hier Folgendes hinzuzufügen. Bei der Herausgabe dieser letzteren Abhandlung habe ich die Absicht geäußert, die analytischen Untersuchungen nachzuliefern, und ich habe mich in den nächsten Jahren (hauptsächlich 1867, wie ich glaube) lange mit diesem Gegenstande beschäftigt, später aber die Publication ganz aufgegeben, theils weil Andere (Christoffel, Lipschitz, Beltrami) diesen Stoff ergriffen hatten, theils weil ich im Jahre 1869 durch die unerläßlichen Vorarbeiten zur zweiten Ausgabe der Dirichlet'schen Zahlentheorie[51] gezwungen wurde, mich einem ganz anderen Felde, nämlich der Herstellung einer allgemeinen, ausnahmslosen Theorie der idealen Zahlen zu widmen. Ich habe nun gestern meine damaligen, sehr umfangreichen Papiere durchsucht, und zwischen denselben drei, zum Theil sehr genau ausgeführte Entwürfe zu einer solchen Nachtrags-Abhandlung vorgefunden, und ich werde Ihnen dieselben (mit noch anderen gleich zu erwähnenden Papieren) in diesen Tagen zuschicken, obwohl ich vermuthe, daß dieselben Ihnen wenig Neues bringen werden. Einige Wiederholungen bitte ich bestens zu entschuldigen; in einem Puncte geht der Entwurf II, wie es scheint, ein wenig weiter, als der Entwurf III; eine Menge von Untersuchungen von speciellen, z.B. constant gekrümmten und anderen interessanteren Räumen liegen bergehoch bei mir, sind aber in diese Entwürfe, die vorher abbrechen, nicht mehr

49 Siehe [Riemann 1876: XXII].
50 Siehe [Riemann 1868c: XIII].
51 Siehe [Dirichlet 1871].

eingegangen.
3) Die auf Bifilarmagnetometer bezüglichen Papiere enthalten wohl nur Vorbereitungen auf einen Unterricht, den Riemann (vermuthlich 1852 oder 1853 als Assistent von W. Weber) im mathematisch-physikalischen Seminar ertheilt hat.
Die auf Gradmessung bezüglichen Papiere bilden wahrscheinlich Vorarbeiten zu einem gutachtlichen Bericht Riemann's über die Betheiligung Hannover's[52] an der Europäischen Gradmessung[53]. Ich glaube von W. Weber gehört zu haben – es ist schon lange her – daß dieser Bericht interessant ist; er wird vollständige Auskunft darüber geben können.
Ähnlich verhält es sich wohl mit den auf Witwencassen bezüglichen Papieren; diese werde sich auf eine Revision der Statuten der Göttinger Professoren-Witwen-Pensions-Casse beziehen. Auch hierüber wird W. Weber die beste Auskunft ertheilen können, obgleich er unverheirathet ist.
4) Über das Verlagsrecht wird ohne Zweifel Hr. Teubner vollständig im Klaren sein. Alles dies hatte Clebsch ganz allein in seiner Hand; da er den baldigen Beginn des Abdrucks der schon publicirten Abhandlungen schon für den Winter 1872-1873 eifrig betrieb, so muß ich annehmen, daß jede Schwierigkeit dieser Art beseitigt war; Clebsch hat mir gelegentlich (im August 72) geschrieben, daß die Dieterich'sche Buchhandlung (Verlegerin für die Göttinger Societät)[54] durch die Vermittlung des Hofr. Sauppe[55] nachgiebig gestimmt wäre. Wenn Hr. Teubner Nichts hierüber wissen sollte, müßte man sich freilich sofort an Frau Riemann oder W. Weber wenden; ich bin eventuell bereit, an sie zu schreiben.
5) Der „Versuch einer allgemeinen Auffassung der Differentiation“[56] ist jedenfalls eine Jugendarbeit, welche vielleicht noch aus der Schulzeit, oder wenigstens aus dem Anfang der Universitätszeit stammt. Riemann hat mir einmal lächelnd erzählt, daß er noch im mathematischen Seminar in Göttingen die divergenten Reihen vertheidigt hat. Dieses Stück des Nachlasses hat, wie ich glaube, nur historischen Werth für die Beurtheilung der Entwicklung Riemann's.
6) Bei der Publication der philosophischen Fragmente[57] ist die größte Vorsicht nöthig (in meiner Reinschrift, deren Umfang ich allerdings nicht mehr genau im Kopfe habe, wird vermuthlich auch Einiges enthalten sein, was gar nicht von Riemann selbst

---

52 Hannover, heute Landeshauptstadt des Bundeslandes Niedersachsen, Deutschland, war zwischen 1814 und 1866 Hauptstadt des Königreichs Hannover.

53 Mitteleuropäische Gradmessung, im Juni 1861 auf Befehl von König Wilhelm von Preußen begonnene geodätische Vermessung Mitteleuropas, an der sich auch das Königreich Hannover beteiligte.

54 Dieterich'sche Verlagsbuchhandlung, gegründet 1765 in Göttingen durch Johann Christian Dieterich (* 1722 † 1800), Kaufmann.

55 Hermann Sauppe (* 9. Dezember 1809 † 15. September 1893) Philologe, Pädagoge, Epigraphiker, Hofrat.

56 Siehe [Riemann 1876: XIX].

57 Siehe [Riemann Werke 1876], Anhang.

herrührt, sondern aus Collegienheften oder gelesenen Büchern excerpirt ist). Clebsch schrieb mir am 22 Juni 72 über diese Papiere: „Meine Ansicht geht jetzt dafür, daß diese Fragmente wohl in einer mit den Abhandlungen gleichberechtigten Form kaum abzudrucken sein dürften; ich würde vorziehen ihnen den Character eines Anhangs auch durch kleinere Typen zu geben, wodurch die Form bescheidener würde, und die Enttäuschung vermindert, wenn man nach lebhaften Anfängen doch schließlich alles im Allgemeinen stecken bleiben sieht. Andererseits würde ich aber auch einer vollständigen Unterdrückung dieser merkwürdigen Fragmente durchaus entgegen sein. Nur einzelnes, was geradezu durch andere Fragmente in vollständigerer Weise wieder gegeben wird, oder was ganz ohne Resultat bleibt, dürfte wegzulassen sein." Und am 12 August 72: „Die naturphilosophische Abtheilung[58] des Riemann'schen Nachlasses habe ich einem meiner jüngeren Freunde, Dr. Stumpf, einem sehr ausgezeichneten Philosophen, vorgelegt. Derselbe hat die Gefälligkeit gehabt, die von Ihnen zusammengestellten Fragmente genauer durchzustudiren, und ist zu einer Ansicht über die Auswahl und Reihenfolge, in der dieselben etwa zu drucken wären, gelangt. Ich behalte mir vor, Ihnen den von Dr. Stumpf entworfenen Plan gelegentlich mitzutheilen." Dies Letzte ist nie geschehen; den Namen des Dr. Stumpf finde ich zum letzten Male in der Ankündung der Vorlesungen für das Wintersemester 1873-74 (Metaphysik); später (in der öffentlichen Sitzung der Societät am 5 Dezember 1874) wird zum Correspondenten ernannt Hr. Friedrich Stumpf, Prof. der Geschichte in Innsbruck[59]; kann dies derselbe Mann sein? Wenn der entworfene Plan sich nicht bei den Papieren befindet, so wäre es gewiß räthlich, den Philosophen Stumpf ausfindig zu machen und ihn um seinen Plan zu bitten. – Was mich betrifft, so bin ich für die stetige materielle Erfüllung des Raumes und die Erklärung der Gravitations- und Lichterscheinungen im höchsten Grade eingenommen, und ich weiß aus den Jahren 1856, 1857, wo ich eifrigen Verkehr mit Riemann hatte, daß er auf diese Gedanken großen Werth legte; er zeigte mir bei einem gemeinschaftlichen Aufenthalte in Harzburg[60] den Brief von Newton (dessen Biographie)[61], in welchem er sich, ungeblendet durch die großartigen Erfolge seiner Hypothese, über die philosophische

58 Siehe [Riemann 1876: Anhang III].

59 Nachrichten von der Königlichen Gesellschaft der Wissenschaften und der Georg-Augusts-Universität zu Göttingen 25 (1874).

60 Harzburg, heute Stadt im Bundesland Niedersachsen, Deutschland. Die Familie Dedekind besaß in Harzburg, Alte Chaussee, heute Herzog-Julius-Straße 30, ein 1718 erbautes und vom Vater Richard Dedekind 1853 gekauftes Ferienhaus, indem die ganze Familie Dedekind oft und gern ihren Sommerurlaub verbrachte. Vergl. auch [Ded 5], Brief von Richard Dedekind an Heinrich Weber vom 02.09.1875; [Ded 6], Brief von Richard Dedekind an Heinrich Weber vom 10.11.1875; [Ded 25], Abschrift eines Briefes von Richard Dedekind an Heinrich Weber vom 20.02.1887; [Ded 28], Brief von Richard Dedekind aus Harzburg an Heinrich Weber vom 22.08.1891; [Ded 31], Brief von Richard Dedekind an Heinrich Weber vom 30.09.1898.

61 Siehe [Brewster 1831].

Unmöglichkeit der unmittelbaren Fernwirkung ausspricht. Diese Gedanken hat Riemann sehr früh, nicht erst in seiner letzten Zeit, ergriffen, und wenn ich nicht irre, so findet sich auf einem übel aussehenden Folioblatte die Bemerkung „Gefunden am 1 März 1853." Sein Streben ging ohne Zweifel dahin, den allgemeinsten Principien der Mechanik, die er keineswegs umstoßen wollte, bei der Naturerklärung eine neue, natürlichere Auffassung unterzulegen; das Bestreben der Selbsterhaltung und die in den partiellen Differentialgleichungen ausgesprochene Abhängigkeit der Zustandsveränderungen von den nach Zeit und Raum unmittelbar benachbarten Zuständen sollte als das Ursprüngliche, nicht Abgeleitete angesehen werden. So denke ich mir wenigstens seinen Plan. Unter den Fragmenten findet sich doch auch eins, wo die allgemeinen Bewegungsgleichungen im Fall der Existenz einer Kräftefunction besprochen werden? Leider ist Alles so lückenhaft! Ich glaube, daß er gelegentlich auch in Vorlesungen, namentlich über Potential und Elektricität, über diese Dinge gesprochen hat. Dies veranlaßt mich, Ihnen mitzutheilen, daß die genannte Vorlesung Anfangs von Hr. Minnigerode[62] (jetzt in Greifswalde[63]) herausgegeben werden sollte; nachdem dieser aber den Plan aufgegeben hat, ist Hattendorff für ihn eingetreten[64]; vielleicht könnte der Letztere darüber Auskunft geben, ob Riemann auch über seine naturphilosophischen Ideen Mittheilung gemacht hat. Mein hiesiger College Heinrich Weber hat einige Hefte von Riemann'schen Vorlesungen; aus dem Elektricitätsheft habe ich mir einige sehr unordentliche Auszüge gemacht, die ich Ihnen mit den anderen Papieren sofort senden werde. Hierzu lege ich die wenigen Papiere, die Minnigerode Anfangs erhalten hat, die aber, wie mir scheint, jetzt Ihnen besser zukommen, als Hattendorff, der ohnehin auf sie verzichtet hat; nur ein Fragment „Über das Potential eines Ringes"[65] habe ich im Original an Hattendorff gesendet; eine genaue Abschrift, die ich vorher genommen, lege ich dem Pakete ebenfalls bei. Sollten Sie glauben, daß die anderen Papiere für Hattendorff's Herausgabe der Vorlesung[66] wichtig sind, was ich bezweifle (nach allerdings flüchtiger Durchsicht), so könnte er sie wohl gelegentlich von Ihnen bekommen.
7) Den „Beitrag zur Elektrodynamik"[67] habe ich, obwohl Riemann ihn zurückgegeben hatte, doch wegen seines großen Interesses publicirt, und ich würde ihn auch bei der Gesammtausgabe nicht gern vermissen; wird nicht jede üble Nachrede durch die

---

62 Minnigerode hatte ab 1874 eine außerordentliche mathematische Professur an der Königlichen Universität zu Greifswald inne.

63 Die Königliche Universität zu Greifswald, heute Ernst-Moritz-Arndt-Universität, wurde schon 1456 gegründet und erlebte im 19. Jahrhundert eine Blütezeit.

64 Siehe [Riemann 1872] und [Hat 1], Brief von Karl Hattendorff an Richard Dedekind vom 15.01.1870; [Hat 2], Brief von Karl Hattendorff an Richard Dedekind vom 12.10.1871; [Rie 1], Brief von Elise Riemann an Richard Dedekind vom 27.11.1871.

65 Siehe [Riemann 1876: XXIV].

66 Siehe [Riemann 1872].

67 Siehe [Riemann 1867a: XIV].

Bemerkung vermieden, daß Riemann ihn zurückgezogen hat? Aber ich will Ihrem besseren Urtheile nicht entgegentreten.
8) Eine Biographie Riemann's wäre eine herrliche Zugabe; aber es wird schwer fallen, eine solche zu Stande zu bringen. Die Schering'sche[68] würde ich gänzlich verwerfen. Einen kurzen Abriß seiner äußerlichen Geschicke würde ich am liebsten haben, da die wissenschaftliche Seite durch das Werk selbst vertreten ist. Frau Riemann würde gewiß gern das erforderliche Material liefern, aber Sie müßten sich vorbehalten, das Passende auszuwählen und devinitiv zu gestalten. Vielleicht kann ich dabei behülflich sein. –
Ich glaube hiermit Alles mitgetheilt zu haben, was ich über die von Ihnen angeregten Fragen zu sagen vermag; leider fühle ich, daß ich Ihnen meistens nur Unbefriedigendes bieten kann. Ich füge nun noch Einiges hinzu. Das Packet, welches ich Ihnen sogleich schicken werde, wird außer den schon genannten Dingen noch eine von Clebsch gefertigte Abschrift eines italienischen Fragmentes über die Entwicklung der Quotienten von hypergeometrischen Reihen in Kettenbrüche enthalten; gewiß werden Sie das Original[69] schon in den Papieren bemerkt haben. Dann habe ich Nichts. mehr in der Hand, was sich auf den Riemann'schen Nachlaß bezieht. Demnächst werde ich mir ferner erlauben, Ihnen eine nach meiner Meinung nothwendige, rein äußerliche Berichtigung des Art. III der Beiträge zur Theorie der Gauß'schen Reihe[70] zu senden, da in denselben vielfache, wenn auch für das Resultat unwesentliche, Verwechselungen vorkommen; sollte ich mich hierin irren, so will ich mich gern belehren lassen.
In dem Verzeichnisse der Manuscripte, welches mir Hr. Teubner auf meinen Wunsch geschickt hat, vermisse ich die Erwähnung des wichtigen Aufsatzes über die linearen Differentialgleichungen.[71] Soviel ich mich erinnere, ist eine Redaction auf Folioblättern da, und eine Quart in blauem Umschlage; bei der letzteren findet sich gegen den Schluß eine Randbemerkung etwa des Inhaltes: „von hier ab nicht richtig." Es ist doch hoffentlich Beides bei Ihnen angelangt?
Höchst erfreut bin ich darüber, daß Sie noch Dinge entziffern und für die Herausgabe verwerthen, die meiner Beachtung und Würdigung ohne Zweifel entgangen sein würden (die Wärmebewegung im Ellipsoid[72], die Doppeltangenten der Curven vierter Ordnung[73]). Riemann hat mir vor vielen Jahren mitgetheilt, daß er das Problem der Elektricitätsvertheilung auf drei Kugeln (nachdem ihre Mittelpuncte durch reciproke Radiavectoren in eine Gerade gelegt sind) mit hypergeometrischen Reihen gelöst

68 Siehe [Schering 1867].
69 Siehe [Riemann 1876: XXIII]
70 Siehe [Riemann 1857a: IV].
71 Siehe [Riemann 1876: XXI].
72 Siehe [Riemann 1892: XXV].
73 Siehe [Riemann 1876: XXX].

habe; ich habe auch ganz vereinzelte hierauf bezügliche Stellen gefunden, aber nichts Zusammenhängendes. Ihnen wird es vielleicht gelingen!
Nun bitte ich Sie nochmals um Verzeihung! Glauben Sie mir, daß ich Ihren rühmlichen Eifer für die Sache des Verstorbenen im höchsten Grade anerkenne, weil ich die große Schwierigkeit des Unternehmens so genau kennen gelernt habe und die dazu erforderliche Aufopferung und Selbstverläugnung zu schätzen weiß. Wenn Sie nur Ihren Muth behalten!

Mit größter Hochachtung verbleibe ich

Braunschweig, Ihr
14 März 1875. ergebenster
R. Dedekind.

[Web 5]
Heinrich Weber aus Zürich an Richard Dedekind
Brief vom 22.03.1875
Archiv der SUB Göttingen Cod. MS. R. Dedekind 14:81 Nummer 233

Zürich d. 22ten März 1875

Hochgeehrter Herr College,

Ihren freundlichen Brief sowie Ihre Zusendung habe ich erhalten und sage Ihnen für Beides meinen besten Dank. Ich habe bis jetzt noch nicht genauer das neue Material durchgesehen, hoffe aber, daß ich noch daraus werde Nutzen ziehen können, namentlich auch aus Ihren sehr schönen Ausarbeitungen über die ideale Geometrie, von denen ich nur bedaure daß sie bisher nicht veröffentlicht sind.
Unter den Papieren habe ich nicht gefunden die Berichtigung des Art III der Beiträge zur Theorie der Gauß'schen Reihe[74]; ich wäre Ihnen für die baldige Zusendung derselben sehr dankbar. Auch mir sind einige kleine nothwendige Berichtigungen in demselben Artikel bereits aufgefallen; es scheint mir aber, daß Sie noch mehr dergleichen bemerkt haben.
Sehr interessiren würde es mich, wenn ich die Electricitätsvertheilung auf drei Kugeln[75] entziffern könnte. Ich habe einige Hoffnung, da auf einem der Blätter die Resultate im Wesentlichen zu stehen scheinen.
Was das Potential des Ringes[76] betrifft, so glaube ich daß das am besten seine Stelle

74 Siehe [Riemann 1857a: IV].
75 Siehe [Riemann 1876: XXV].
76 Siehe [Riemann 1876: XXIV].

in den von Hattendorff herauszugebenden Vorlesungen[77] finden wird. Das Problem ist ja auch von C. Neumann gelöst, und über die Hauptschwierigkeit, nämlich die Constantenbestimmung für den Fall daß an der Oberfläche nicht die Function selbst, sondern die nach der Normalen genommene Ableitung gegeben ist, die z. B. bei der Aufgabe der Bewegung des Ringes in einer Flüssigkeit auftritt, enthält das vorliegende Fragment auch keine nähere Auskunft.
Das Fragment über die Darstellung des Quotienten hypergeometrischer Reihen durch Kettenbrüche[78] habe ich allerdings bereits bemerkt, und glaube daß es sehr interessante Resultate enthält. Mein College Schwarz, dem die hypergeom. Reihen näher liegen als mir hatte die Güte die Blätter genauer durchzusehen, und ich hoffe, daß es uns gelingen wird, den ganzen Zusammenhang herzustellen.[79]
Was die Pariser Arbeit[80] betrifft, so glaube ich, daß darin jetzt das Mögliche geschehen ist. Herr Prof. Wöhler hat im Namen der Göttinger Societät nach Paris[81] geschrieben und um die leihweiße Überlassung der Arbeit gebeten. Da aber nun seitdem auch wieder mehrere Wochen verflossen sind, so fange ich an, an dem Erfolg zu zweifeln. Frau Riemann theilt mir übrigens mit, daß Riemann die Absicht, eine zweite Abhandlung einzureichen zwar gehabt, aber nicht ausgeführt hat[82], so daß ich fast fürchte, daß man in der eingereichten Arbeit nicht sehr viel mehr finden wird, als in dem vorhandenen Fragment, und danach dürfte die vollständige Durchführung der Aufgabe, ohne weitere Anhaltspunkte als die vorliegenden, doch noch erhebliche Schwierigkeiten haben.
Was die Vaterschen Körperchen betrifft, so scheint mir die Handschrift unzweifelhaft die von Riemann zu sein, wofür namentlich das charakteristische 𝔄 spricht. Allein es ist mir jetzt wahrscheinlich, daß es ein Auszug aus irgend einem Werke, vielleicht aus einem anatomischen Atlas ist. Dem wäre vielleicht noch auf die Spur zu kommen.
Den „Versuch einer allgemeinen Auffassung der Differentiation“[83] werde ich doch wohl mit aufnehmen. Er enthält trotz des bedenklichen Ausgangspunktes doch interessante Gesichtspunkte. Ueber die philosophischen Fragmente[84] bin ich vollständig Ihrer Meinung, daß dieselben nicht unterdrückt werden dürfen.

---

77 Siehe [Riemann 1872].

78 Siehe [Riemann 1876: XXIII].

79 Vergl. [Sch 2], Brief von Hermann Amandus Schwarz an Heinrich Weber vom 11.11.1875; [Sch 3], Brief von Hermann Amandus Schwarz an Heinrich Weber vom 20.11.1875; [Sch 4], Brief von Hermann Amandus Schwarz an Heinrich Weber vom 29.11.1875.

80 Siehe [Riemann 1876: XXII].

81 Paris ist der Sitz des Institut de France, der 1795 gegründeten Vereinigung fünf wissenschaftlicher Organisationen. Eine dieser Organisationen ist die 1666 gegründete Académie des Sciences, welche regelmäßig Preisaufgaben öffentlich ausschrieb.

82 Vergl. [Rie 8], Brief von Elise Riemann an Heinrich Weber vom 04.03.1875.

83 Siehe [Riemann 1876: XIX].

84 Siehe [Riemann Werke 1876], Anhang.

Der Anordnungsvorschlag des Herrn Stumpf befindet sich, von Clebschs Hand geschrieben, bei den Papieren (Stumpf ist soviel ich gehört habe, jetzt Professor in Würzburg[85])[86]. Ich habe die Papiere auch meinem Collegen und Freund Wundt vorgelegt, der mir gleichfalls eine Anordnung der Papiere vorgeschlagen hat, die im Wesentlichen mit der von Stumpf übereinstimmt. Mit Ausnahme solcher Stellen die vollständig in anderen enthalten sind glaube ich sollte man nichts von dem Vorhandenen weglassen. Auch scheint mir Alles was von Ihnen abgeschrieben ist, wirklich von Riemann herzurühren (nach Form und Inhalt zu schließen) mit alleiniger Ausnahme von einer Stelle, die vielleicht aus Fechners „Zend Avesta"[87] ausgezogen ist, worüber ich mir noch Gewißheit verschaffen werde.
Was die äußere Form der Einreihung dieser Partien in das Ganze betrifft, so glaube ich es wird das Beste sein, dem Ganzen einen vierten Abschnitt unter dem Titel „Fragmente" beizufügen, worunter Manches Platz finden würde, was nicht den Anspruch einer durchgeführten Untersuchung machen kann und doch des Aufbewahrens werth ist. Unter Anderem würden darunter auch die vereinzelten Sätze und Bemerkungen über die Analysis Situs[88] zu begreifen sein.
Was den „Beitrag zur Electrodynamik"[89] betrifft, so schließe ich mich Ihrer Ansicht an, und will ihn also mit aufnehmen wie er ist. Mir ist allerdings Eines unbegreiflich, nämlich daß Riemann den Irrthum der im Grunde so nahe liegt, nicht sofort sollte bemerkt haben, nämlich daß der Ausdruck

$$\mathcal{P} = -\int_0^t \Sigma\Sigma\varepsilon\varepsilon'\mathcal{F}(t - \frac{r}{a}, \tau)d\tau$$

nach den Voraussetzungen unendlich klein ist, während er nachher in einen nicht unendlich kleinen umgeformt wird. Vielleicht liegt doch noch irgendein Mißverständniß meinerseits vor, und in sofern ist auch für mich die Verantwortlichkeit kleiner wenn der Aufsatz mit abgedruckt wird.
Der Aufsatz über lineare Differentialgleichungen[90] ist richtig bei mir angelangt und zwar in beiden Redactionen, die übrigens beide in Quart sind und überhaupt einander sehr ähnlich sehen. Die Bemerkung „von hier an nicht richtig" habe ich leider auch

---

85 Die Würzburger Julius-Maximilians-Universität, erstmalig gegründet 1402, gehört zu den ältesten Universitäten Deutschlands. Anfangs nur für katholische Studenten zugänglich, öffnete sich die Universität im 18. Jahrhundert für alle Studenten und erlebte vor allem in der Mitte des 19. Jahrhunderts ein starkes Wachstum.

86 Karl Stumpf hatte von 1873 bis 1878 eine Professur für Philosophie an der Universität Würzburg inne.

87 Siehe [Fechner 1851].

88 Siehe [Riemann 1876: XXVIII].

89 Siehe [Riemann 1867a: XIV].

90 Siehe [Riemann 1876: XXI].

gesehen, denn sie scheint sich auf einige sehr interessante Bemerkungen über die Beziehung algebraischer Differentialgleichungen zu den allgemeinen ϑ-Functionen zu beziehen. Die vollständige Controllirung der Tragweite dieser Bemerkung würde eine ausgedehnte Untersuchung nöthig machen, die, wenn ich sie versuchen wollte, die Vollendung der Herausgabe allzusehr hinaus schieben würde. Ich denke daher alles was nach dieser Bemerkung noch folgt, etwa in eine Note oder sonst kenntlich beizufügen.

Unter den Concepten finden sich noch wichtige Zusätze und Weiterführungen dieser Arbeit, welche ich dann auch folgen zu lassen gedenke.

Was den Lebensabriß von Riemann betrifft, so würden Sie mir eine große Gefälligkeit erweisen, wenn Sie die Redaction eines solchen übernehmen wollten. Ich würde gerne Frau Riemann um die Zusammenstellung des Materials bitten[91]. Jedoch getraue ich mich nicht selbst irgend Hand daran zu legen bei meiner gänzlichen Unbekanntschaft nicht nur mit Riemann, sondern auch mit den Göttinger Verhältnissen überhaupt.

Was die Untersuchungen über die Doppeltangenten[92] betrifft, so bin ich wieder zweifelhaft geworden, ob es passend ist, sie aufzunehmen. Unter den Papieren finden sich nur Formeln und ich müßte, um etwas Verständliches zu liefern sehr viel aus dem erwähnten Heft nehmen, wobei man dann wieder etwas weit ausholen müßte. Es scheint mir das doch nicht so recht in den Charakter des Werkes zu passen, auch würde dadurch vielleicht einer zu erwartenden Publikation der Vorlesung über Abelsche Functionen vorgegriffen. Ich werde mir die Sache noch überlegen.

Mit freundlichem Gruß und der Versicherung der ausgezeichnetsten Hochachtung bin ich

Ihr

ergebenster
H. Weber

[Ded 4]

Richard Dedekind aus Braunschweig an Heinrich Weber

Brief vom 26.03.1875

Archiv der SUB Göttingen Cod. MS. B. Riemann 1,2 Blatt 15

Hochgeehrter Herr College!

Für Ihren letzten Brief, durch den Sie mich sehr erfreut haben, sage ich Ihnen meinen herzlichen Dank. Ich hatte ernstlich befürchtet, daß Sie über meine Saumseligkeit

---

91 Vergl. [Web 133], Brief von Heinrich Weber an Elise Riemann vom 10.04.1875; [Rie 9], Brief von Elise Riemann an Heinrich Weber vom 17.04.1875.

92 Siehe [Riemann 1876: XXX].

mit Recht ungehalten sein würden, und wenn Sie mir auch jeden Vorwurf ersparen, so fühle ich mich doch nur um so mehr Ihnen verpflichtet. Um Ihnen einen Beweis davon zu geben, daß dies mein Ernst ist, habe ich mich sogleich daran gesetzt, die erwähnten, von Ihnen gewünschten Berichtigungen zu der Abhandlung über die Gauß'sche Reihe[93] aufzuschreiben, und ich erlaube mir, dieselben Ihnen mit der Bitte um eine genaue Prüfung zuzuschicken, da ich auf diesem Felde sehr mißtrauisch gegen mich selbst bin. Zugleich bitte ich Sie, mir diese Bemerkungen nach Vollendung der Herausgabe von Riemann's Werken gelegentlich wieder zuzustellen. Außer den namhaft gemachten Stellen ist mir bei wiederholtem Studium der Abhandlung keine Unrichtigkeit aufgefallen.
Die drei Entwürfe zu einer Nachtrags-Abhandlung über die Hypothesen der Geometrie[94] habe ich ihnen nur aus dem Grunde zugeschickt, weil ich es für möglich hielt, daß die in dem dritten Entwurfe enthaltene Bezugnahme auf die lückenhafte Stelle des Pariser Fragments (Pars II) und auf das französisch geschriebene Blättchen (Former l'expression etc.) Ihnen vielleicht eine kleine Erleichterung gewähren könnte; und es sollte mich freuen, wenn diese längst aufgegebenen Arbeiten, an deren Publication ich nicht denke, wenigstens auf diese Weise noch einen Nutzen brächten; sie stehen gänzlich zu Ihrer Disposition.
Es freut mich zu hören, daß Schritte geschehen sind wegen der Auslieferung der Pariser Preisschrift[95] oder vielmehr Preisschriften; denn ich glaube doch, daß Riemann zwei Bearbeitungen eingereicht hat. Auf die entgegenstehende Meinung der Frau Prof. Riemann lege ich kein entscheidendes Gewicht, weil ich es für wahrscheinlich halte (mit W. Weber), daß Riemann absichtlich seiner Frau Nichts von seinem Vorhaben mitgetheilt hat[96]. Ich kann mir auch nicht denken, daß diese Schritte erfolglos sein werden, und ich hoffe das Beste.
Hinsichtlich der naturphilosophischen Fragmente[97] halte ich es für zweckmäßig, den Brief von Newton zu erwähnen, vielleicht auch abzudrucken; ich kann zwar nicht behaupten, daß Riemann erst durch diesen Brief auf seine Ideen gekommen ist, aber er legte großen Werth auf denselben. Wenn ich nicht irre, so habe ich ihn deshalb auch in meine Reinschrift aufgenommen. Ihre Vermuthung, daß in diese Reinschrift auch ein Auszug aus Fechner's Zend Avesta[98] eingegangen ist, wird wahrscheinlich ganz richtig sein; dies ist natürlich wegzulassen.
Daß der „Beitrag zur Elektrodynamik“[99] an der bezeichneten Stelle fehlerhaft ist, wird

---

93 Siehe [Riemann 1857a: IV].
94 Siehe [Riemann 1868c: XIII].
95 Siehe [Riemann 1876: XXII].
96 Vergl. [Rie 8], Brief von Elise Riemann an Heinrich Weber vom 04.03.1875.
97 Siehe [Riemann 1876: Anhang III].
98 Siehe [Fechner 1851].
99 Siehe [Riemann 1867a: XIV].

wohl seine Richtigkeit haben, aber es fehlt mir an Zeit, dies genauer zu untersuchen. Riemann wird ihn wohl aus diesem Grunde von der Publication zurückgezogen haben. Trotzdem würde ich ihm, weil er für Riemann's Ideen charakteristisch ist, einen Platz in der Ausgabe gönnen, unter Hinzufügung einer Bemerkung.
Die Redaction eines Lebensabrisses von Riemann zu übernehmen, kann ich noch nicht mit Bestimmtheit zusagen; lassen Sie uns versuchen, Material zu sammeln und zwar sogleich, überall aber mit der Verwahrung, daß die wirkliche Benutzung von der Gesammtbeschaffenheit des von mehreren Seiten zusammenfließenden Materials abhängig sein wird. Ich will z.B. an den Professor Ritter in Aachen schreiben, der jahrelang, ich glaube schon auf der Schule, mit Riemann befreundet gewesen ist. Die Hauptsache wird von Frau Riemann zu erwarten sein; wenn Sie selbst sie auffordern wollten, das Material zusammenzustellen und mir zuzuschicken, so würde mir das am liebsten sein; sonst kann ich es auch übernehmen[100]. Aber erst dann, wenn alles Material vor mir liegt, kann ich mich darüber entscheiden, ob ich im Stande sein werde, daraus etwas Gutes zu machen. Könnte man nicht auch ein Portrait Riemann's hinzufügen? Es giebt recht gute Photographien von ihm.
Ihren Aufsatz mit dem kurzen Beweise des Abel'schen Satzes habe ich schon vor längerer Zeit erhalten, und ich sage Ihnen meinen besten Dank, obgleich ich noch nicht im Stande gewesen bin, denselben <u>ordentlich</u> zu studiren; denn alles mir nicht ganz Geläufige wird mir sehr schwer, ich rücke überhaupt nur sehr langsam und mit großer Anstrengung vor. In der Zeitung habe ich vor einigen Tagen mit großem Interesse gelesen, daß Sie den Benecke'schen Preis[101] gewonnen haben, von Herzen wünsche ich Ihnen Glück zu diesem neuen Erfolge.[102]
Mit der Bitte, meine alten Freunde Kenngott und Culmann, Osenbrüggen, Wolf, sowie auch Herrn Schwarz bestens von mir zu grüßen, wenn Sie sie sehen sollten, verbleibe ich hochachtungsvoll

Braunschweig, Ihr
26 März 1875. ergebenster
R. Dedekind.

100 Vergl. [Web 133], Brief von Heinrich Weber an Elise Riemann vom 10.04.1875; [Rie 9], Brief von Elise Riemann an Heinrich Weber vom 17.04.1875.

101 *Preisaufgabe der Beneke'schen Stiftung für das Jahr 1874*, Mathematische Annalen 5 (1872), S. 397-398.

102 Heinrich Weber erhielt für seine zur Preisaufgabe der Beneke'schen Stiftung für das Jahr 1874 verfassten und 1876 bei Reimer veröffentlichten Arbeit *Theorie der Abelschen Functionen vom Geschlecht 3* den mit 200 Goldtalern dotierten zweiten Preis. Siehe [Weber 1876].

[Web 6]

Heinrich Weber aus Fluntern bei Zürich an Richard Dedekind

Brief vom 20.04.1875

Archiv der SUB Göttingen Cod. MS. R. Dedekind 14:81 Nummer 235

Fluntern, Zürich d. 20. Apr. 1875

Hochgeehrter Herr College,

Indem ich Ihnen für Ihren letzten Brief meinen besten Dank sage, sende ich Ihnen beifolgend sogleich Ihre Notizen betreffend die „Beiträge etc“[103] zurück, nach dem ich mir dieselben in meinem Exemplar notirt habe. Ihre Verbesserungen sind unzweifelhaft alle richtig. Im Einzelnen habe ich Folgendes zu bemerken.
Ihre unter 2 gemachte Bemerkung ist ganz zutreffend; es scheint mir aber doch nicht, daß es nöthig ist, hier eine Bemerkung hinzuzufügen, da ich nicht glaube, daß hier ein ernstliches Mißverständniß zu besorgen ist.
Die Formeln auf p. 10 können, wie es mir scheint mit etwas weniger Änderungen verbessert werden, wenn man folgendermaßen verfährt.
Die drei letzten Zeilen p. 9:
„Wenn x erst um 0 und dann um ∞ negativ herum geht, so bildet der durchlaufene Weg zu gleich einen positiven Umlauf um 1“ Dann hat man Z. 1 p. 10 dem Exponenten nur die entgegengesetzten Zeichen zu geben. Schreibt man dann Z. 2 $e^{-\delta\pi i}$ Z. 4 $e^{\delta\pi i}$ so hat man in den nachfolgenden Formeln überall nur den Exponenten von e das entgegengesetzte Zeichen zu geben. Im Uebrigen habe ich Ihren Veränderungen nur beizustimmen. Eine kleine Aenderung ist noch nöthig auf p. 15 Z. 6.7, wo in der dritten und vierten Formel das entgegengesetzte Vorzeichen stehen muß.
Die Pariser Arbeit[104] ist durch die Vermittlung des Herrn Wöhler und durch die Gefälligkeit des Secrétaire perpétuel Herrn Dumas[105] in meine Hände gelangt[106]. Ich habe eine Abschrift davon gemacht und werde das Original baldigst zurückschicken. Leider verhält es sich aber wie ich befürchtet habe, daß in der Arbeit nichts wesentlich mehr steht als in den von Ihnen schon abgeschriebenen Entwürfen. Sollte sich über eine zweite Riemannsche Arbeit über diesen Gegenstand noch etwas ermitteln lassen, so wäre mir das von der höchsten Wichtigkeit, ich muß aber gestehen, daß ich an der Existenz derselben zweifle. Meine Gründe dafür sind folgende,
1) schreibt mir Frau Riemann daß ihr Mann im Winter 1862 in Messina mit der Ausarbeitung einer zweiten Arbeit beschäftigt gewesen sei, durch die Kälte im Dezember

---

103 Siehe [Riemann 1857a: IV].

104 Siehe [Riemann 1876: XXII].

105 André Jean-Baptiste Dumas (* 15. Juli 1800 † 11. April 1884) Chemiker.

106 Vergl. [Web 136], Brief von Heinrich Weber an Friedrich Wöhler vom 31.03.1875.

aber an der Vollendung gehindert worden sei, und daß er, da am 1ten Jan 1863 die Frist abgelaufen war, nicht wieder auf den Gegenstand zurückgekommen sei.
2. Noch wichtiger ist aber der Umstand, daß in den Comptes rendus eine zweite Riemannsche Arbeit offenbar nicht erwähnt ist. Es sind nämlich nach den von Ihnen zusammengestellten Stellen, die ich verglichen habe, im Ganzen vier Arbeiten über diesen Gegenstand erwähnt.
Die beiden ersten C. R. 1861. p. 1165[107]. Es heißt da:
L'un des concurrents c'est borné, à esquisser une méthode dont le temps ne lui a pas permis de développer les conséquences, et l'autre, traitant avec beaucoup d'élégance un cas déjà étudié, laisse complètement de côté le cas tout aussi intéressant que l'Académie avait surtout en vue, celui où les lignes isothermes sont permanentes à cause de la loi de leurs températures initiales, et non pas seulement en raison de leur forme et de leur position.
Die erste dieser beiden Arbeiten ist die Riemannsche, die ich jetzt habe, die zweite kann aber offenbar nicht auch von ihm sein. Dann heißt es C. R. 1865. I p. 286[108].
Cette question proposée pour le Concours de 1861, avait été traité par deux concurrents qui tout deux avaient fait preuve de beaucoup de science et de talent; mais leurs mémoires, dont l'un renfermait une grave in exactitude, et dont l'autre protait les traces d'une trop grande précipitation, n'avaient pas paru meriter le prix.
La question, remise au Concour pour cette année, n'a donné lieu à aucun travail nouveau, et nous proposons etc...
Ferner C. R. 1866 I p. 474[109] wird die dritte Arbeit besprochen von der es unter anderem heißt:
L'anteur, en effet, croit pouvoir admettre sans démonstration que la température V, ne dépendant que du temps t et de deux variables α et β, il est possible de transformer l'équation différentielle du mouvement de la chaleur de manière à n'y laisser, avec l'inconnue V, que les trois variables t, α, β; cela n'est ni évident ni exact. Das hat aber Riemann schon in der ersten Arbeit ausdrücklich nicht gethan und diese Arbeit würde also gegen die erste einen großen Rückschritt enthalten.
Die zweite Arbeit endlich, die in C. R. 1868 II p. 921 ganz kurz abgemacht wird ist zur Concurrenz von 1867 eingereicht, kann also wohl nicht mehr in Betracht kommen[110].
Nach diesem wüßte ich wenigstens nicht was ich noch thun sollte um einer zweiten Riemannschen Arbeit auf die Spur zu kommen. Wegen des Materials zu einer Bio-

107 *Grand Prix Des Sciences Mathématiques*, Comptes rendus hebdomadaires des scéances de l'Académie des sciences Paris 53 (1861), S. 1165-1166.

108 *Grand Prix Des Sciences Mathématiques*, Comptes rendus hebdomadaires des scéances de l'Académie des sciences Paris 60 (1865), S. 286-287.

109 *Grand Prix Des Sciences Mathématiques*, Comptes rendus hebdomadaires des scéances de l'Académie des sciences Paris 62 (1866), S. 474-475.

110 *Grand Prix Des Sciences Mathématiques*, Comptes rendus hebdomadaires des scéances de l'Académie des sciences Paris 66 (1868), S. 921-923.

graphie Riemanns werde ich an Frau Prof Riemann schreiben, und hoffe, daß Sie sich entschließen werden, die Zusammenstellung zu übernehmen[111]. Ein Portrait von Riemann würde auch ich für eine sehr schöne Zugabe halten. Darüber würde man wohl seiner Zeit mit Teubner zu verhandeln haben.
Mit freundlichem Gruß bin ich

Ihr

hochachtungsvoll ergebenster
H. Weber

[Web 7]
Heinrich Weber aus Fluntern bei Zürich an Richard Dedekind
Brief vom 08.07.1875
Archiv der SUB Göttingen Cod. MS. R. Dedekind 14:81 Nummer 236

Fluntern Zürich d. 8ten Juli 1875

Hochgeehrter Herr Kollege,

Beifolgend erlaube ich mir, Ihnen folgende Papiere zuzuschicken.
1. Ihre Entwürfe zu den Hypothesen der Geometrie[112], die ich mit dem größten Interesse gelesen und benutzt habe
2. die philosophischen Fragmente[113], wie ich sie theils mit Benutzung der Vorschläge von Stumpf, theils nach dem Rath meines Collegen Wundt geordnet habe. Ich habe mehrere Stellen angemerkt, die nach meiner Meinung vielleicht wegbleiben könnten, und bitte Sie darüber um Ihre Ansicht. Zur Vergleichung schicke ich Ihnen das von Ihnen Zusammengestellte mit. Die Stelle, die ich Ihnen früher bezeichnete „Zendavesta, in der That...“ ist, wie ich mich jetzt überzeugt habe, nicht wörtlich aus Fechner genommen, sondern knüpft nur an eine Stelle der „Zend avesta“[114] an. Sie sollte also doch wohl mit aufgenommen werden. Ein Blatt „Antinomien“[115], welches in Ihrem Manuscript nicht enthalten ist, scheint mir und Wundt gleichfalls der Aufnahme wert. Auf p. 17 habe ich eine in [ ] eingeschlossene kleine Interpolation gemacht, nur um einen angefangenen Satz zu vollenden, bin aber doch nicht sicher ob ich den richtigen Sinn getroffen habe. Ich würde Ihnen sehr dankbar sein, wenn

111 Vergl. [Rie 4], Brief von Elise Riemann an Richard Dedekind vom 01.05.1875.
112 Siehe [Riemann 1868c: XIII].
113 Siehe [Riemann Werke 1876], Anhang.
114 Siehe [Fechner 1851].
115 Siehe [Riemann 1876: Anhang I].

Sie mir auch darüber, sowie über die Anordnung des Ganzen Ihre Meinung mittheilen wollten.

3. Die Pariser Aufgabe[116] mit den von mir zugefügten Noten[117]. Ich habe darin, wie Sie sehen Einiges aus Ihren Entwürfen entnommen, was mir zum Verständniß des Textes dienlich zu sein schien. Wenn Sie mit diesem Auszug nach Inhalt und Form einverstanden sind, so bitte ich Sie, mir die Aufnahme desselben zu gestatten. Auch sprachliche Berichtigungen oder Verbesserungen nehme ich dankbar an.

Ich bin nun mit der Arbeit ziemlich fertig und denke daran, nächstens einen Theil des Manuscriptes, zunächst die von Riemann selbst publicirten Arbeiten[118], an Teubner abgehen zu lassen. Vorher möchte ich aber noch über einige Punkte Auskunft von Ihnen haben, und bitte Sie daher, mir auf die nachfolgenden Fragen zu antworten vielleicht ehe Sie die Papiere die ich Ihnen zusende, durchgesehen haben.

1. Haben Sie von Frau Prof. Riemann Notizen zur Biographie Riemanns erhalten, und darf ich hoffen, daß von Ihrer Hand eine solche mit aufgenommen werden kann[119]?

2. Haben Sie nicht zu der Arbeit über die Primzahlen[120] Bemerkungen zu machen? Ich bin bei der Rechnung zu einer Abweichung von der Riemannschen Formel gekommen, und zwar zu derselben, welche schon Scheibner in seiner Analyse[121] dieser Arbeit in Schlömilchs Zeitschrift[122] bemerkt hat. Trotz dem bin ich aber weit entfernt Riemanns Resultat für unrichtig zu halten, dessen eigentlicher Beweis wie aus einem Brieffragment zu ersehen ist, in der Arbeit gar nicht enthalten ist. Eine Aenderung oder einen Zusatz wage ich nicht zu machen.

3. Was halten Sie davon daß ich aus einem Vorlesungsheft, welches ich habe, zwei Untersuchungen aufzunehmen gedenke? Das eine ist ein Beweis der Convergenz der ϑ-Reihe[123], die andere betrifft die Abel'schen Functionen für $p = 3$[124] und bezieht sich auf die Doppeltangenten der Curven k ter Ordnung. Ich glaube Ihnen davon schon einmal geschrieben zu haben.[125] Das Heft ist von Roch und mir durch Schwarz mitgetheilt, welcher nichts gegen die Benutzung desselben einzuwenden hat. Das einzige Bedenken dabei wäre, wenn vielleicht noch von irgend einer Seite eine Veröffentlichung dieser Vorlesung beabsichtigt würde, wovon mir aber nichts bekannt ist.

---

116 Siehe [Riemann 1876: XXII].

117 Siehe Weber, Heinrich: Anmerkungen. In: [Riemann Werke 1876], S. 384-399

118 Siehe [Riemann Werke 1876], 1. Abt.

119 Vergl. [Rie 4], Brief von Elise Riemann an Richard Dedekind vom 01.05.1875.

120 Siehe [Riemann 1859a: VII].

121 Siehe [Scheibner 1860].

122 Zeitschrift für Mathematik und Physik, 1856 gegründet und von 1856 bis 1896 herausgegeben von Oskar Schlömilch

123 Siehe [Riemann 1876: XXIX].

124 Siehe [Riemann 1876: XXX].

125 Vergl. [Web 2], Brief von Heinrich Weber an Richard Dedekind vom 24.11.1874; [Web 5], Brief von Heinrich Weber an Richard Dedekind vom 22.03.1875.

Meine bevorstehende Uebersiedlung nach Königsberg[126] kommt mir bei der Arbeit etwas in die Quere, da mir der größte Theil der Herbstferien dadurch verloren geht. Trotzdem möchte ich gerne noch einen Theil des Manuscripts von hier aus an Teubner abgehen lassen, um Etwas von der Sorge los zu sein.
Es wäre mir sehr erwünscht, über verschiedene Punkte noch persönlich mit Ihnen zu sprechen. Wenn ich es möglich machen kann, hoffe ich Sie bei Gelegenheit meiner Reise aufzusuchen, falls ich Sie um diese Zeit, etwa um die Mitte September in Braunschweig[127] treffen kann.
Mit freundlichem Gruß

Ihr

ganz ergebenster
H. Weber

[Web 8]
Heinrich Weber aus Fluntern bei Zürich an Richard Dedekind
Brief vom 02.08.1875
Archiv der SUB Göttingen Cod. MS. R. Dedekind 14:81 Nummer 237

Fluntern, Zürich d. 2. Aug. 1875

Hochverehrter Herr College,

Nur noch bis zum 14ten August ist meine Adresse die bisherige. Sie würden mich sehr verbinden, wenn Sie mir noch ganz in der Kürze den Empfang meiner Sendung hierher anzeigen wollten, sowie auf meine Fragen, soweit es Ihnen jetzt schon möglich ist, antworten wollten, damit ich etwas Manuscript von Teubner abgehen lassen könnte. Sollte es Ihnen bis dahin nicht möglich sein, zu schreiben, so bitte ich Sie für die Woche vom 14ten zum 20ten Aug. noch an Pension Nagel in Bönigen bei Interlaken zu schreiben[128]. Von da an bis gegen die Mitte September ist meine Adresse: Heidelberg[129] bei Prof. Dr G. Weber über der Brücke, wohin ich Sie auch bitte, wenn Sie bis dahin

126 Königsberg, 1946 umbenannt in Kaliningrad, heute Stadt in Russland, war von 1724 bis 1871 Königliche Haupt- und Residenzstadt Preußens. Im 16. Jahrhundert wurde in Königsberg die protestantische und im 19. Jahrhundert eher kleine Albertus-Universität gegründet.
127 Braunschweig ist eine frühere Hansestadt und war bis 1918 Hauptstadt des Herzogtums und späteren Bundesstaates Braunschweig.
128 Bönigen am Brienzersee, Dorf im Kanton Bern, Schweiz.
129 Die Ende des 14. Jahrhunderts gegründete Ruprecht-Karls-Universität Heidelberg gehört zu den ältesten deutschen Universitäten. Sie zog im 19. Jahrhundert Gelehrte aus ganz Europa an, obwohl die Naturwissenschaften erst spät als eigene Fakultät aufgenommen wurden.

soweit sein sollten, mir die Manuscripte zurückzuschicken.
Mit freundlichem Gruß

Ihr ergebenster
Prof. H. Weber

[Ded 5]
Richard Dedekind aus Bönigen an Heinrich Weber
Brief vom 02.09.1875
Archiv der SUB Göttingen Cod. MS. B. Riemann 1,2 Blatt 22

Lieber Herr College!

Seit Ihrer Abreise, die mich Ihrer und der Ihrigen anregenden und erfrischenden Gesellschaft zu meinem großen Leidwesen beraubt hat, bin ich so ziemlich auf mein armes Selbst angewiesen; die Cronach's sind auch heute Morgen nach Montreux[130], der Geheimrath mit Tochter nach dem Rigi[131] abgereist; beide Familien, sowie das Ehepaar Emmert lassen Sie bestens grüßen; wir haben Sie mit unseren Wünschen auf Ihrer Reise begleitet und werden uns sehr freuen zu hören, daß Sie, Ihre Frau Gemahlin, die Kinder und Anna glücklich und gesund in Heidelberg bei Ihren Eltern angelangt sind. An dem Tage Ihrer Abreise habe ich, da ich auch noch einen Brief an die Meinigen zu schreiben hatte, noch nichts gearbeitet; am Abend kam ein an Sie gerichteter Brief hier an, den ich erst große Lust hatte aufzubrechen, weil er den Poststempel Harzburg trug, wo augenblicklich meine Mutter[132] und Schwester[133] sich aufhalten; da aber die Handschrift mir ganz fremd war, so habe ich ihn gleich nach Heidelberg geschickt, wo Sie ihn hoffentlich schon erhalten haben.
Am Dienstag Morgen nach einem sehr frühen Spaziergang am See gen Iseltwald[134] habe ich mich kühn in die Arbeit gestürzt, und seitdem bin ich, einige Abendspaziergänge nach unserem Bratenberge abgerechnet, treulich dabei geblieben, da auch das Wetter zwar nicht übel, aber doch auch nicht so schön gewesen ist, um mich zu größeren Ausflügen zu verlocken, zu denen Sie mir ja Erlaubniß ertheilt haben. Diese Arbeit wird mir sehr schwer und rückt nur langsam vorwärts; erst seitdem ich mitten darin bin, bemerke ich, wie lückenhaft das Material ist; indessen werde ich ver-

130 Montreux, Stadt im Kanton Waadt, Schweiz.
131 Rigi, Bergmassiv in der Zentralschweiz.
132 Caroline Marie Henriette Dedekind geb. Emperius (* 11. Oktober 1799 † 10. Oktober 1882), Mutter von Richard Dedekind.
133 Julie Sofie Marie Dedekind (* 25. Juli 1825 † 6. Juni 1914), Schwester von Richard Dedekind.
134 Iseltwald am Brienzersee, Gemeinde im Kanton Bern, Schweiz.

suchen, durchzukommen. Ich bedaure, daß ich Eisenstein's gesammelte Abhandlungen[135] nicht hier habe, und wegen der „Hauptaufgabe am Schlusse" mit der sich Riemann in den Ferien damals soviel beschäftigt hat; wenn Sie mir hierüber noch rasch eine Notiz zukommen lassen könnten, würde ich Ihnen sehr dankbar sein; einige Tage werde ich jedenfalls noch zu arbeiten haben, vielleicht noch eine ganze Woche. Ob ich dann über Luzern, oder direct nach Deutschland zurückreisen werde, weiß ich noch nicht gewiß, doch hoffe ich jedenfalls einen Tag in Heidelberg bleiben zu können, um Ihnen mein Opus zu überreichen und mich von dem Wohlergehen Ihrer Familie zu überzeugen.
Mit herzlichen Grüßen an Ihre Frau Gemahlin, Ida und Rudeli verbleibe ich Ihr
Bönigen, Ergebenster
2 September 1875. R. Dedekind

[Web 9]
Heinrich und Emilie Weber aus Heidelberg an Richard Dedekind
Brief vom 03.09.1875
Archiv der SUB Göttingen Cod. MS. R. Dedekind 14:81 Nummer 238

Heidelberg d. 3ten Sept. 1875.

Lieber Herr College,

Zunächst sage ich Ihnen meinen besten Dank für Ihren freundlichen Brief der mich und meine Frau sehr erfreut hat. Auf Ihren Besuch hier freuen wir uns sehr und hoffen nur, daß der eine Tag nicht so ganz wörtlich zu verstehen ist, und daß es uns gelingen wird, Sie noch etwas länger hier zu halten. Unsere Reise ist ganz nach Wunsch von Statten gegangen; in Basel waren wir sehr gut im Hotel Michel, und trafen auch noch Geiser dort, der uns bei unserem Abschied aus der Schweiz noch Lebe wohl sagen wollte. Auch hier fanden wir meinen Vater verhältniß mäßig wohl und haben uns wieder einmal für einige Zeit häuslich niedergelassen. Das Nähere über unser Ergehen will Ihnen meine Frau schreiben und ich will ihr daher nicht weiter vorgreifen.
Was nun das Geschäftliche betrifft, so bin ich heute auf der Bibliothek gewesen, wo ich aber leider die gesammelten Aufsätze von Eisenstein[136] nicht fand. Ich habe mich nun so gut als möglich im Crelleschen Journal[137] zu orientiren gesucht, bin aber auch da nur sehr unvollkommen zum Ziel gelangt. Im Bd. 35 (1847) finden sich einige Auf-

135 Siehe [Eisenstein 1847a].
136 Siehe [Eisenstein 1847a].
137 Journal für die reine und angewandte Mathematik, gegründet 1826 von August Crelle, der bis zu seinem Tod im Jahr 1855 auch Herausgeber war.

gaben von Eisenstein von denen die eine die Invariantentheorie betrifft, die zweite die Lemniscatentheilung und die dritte folgendermaßen lautet.[138]
„Wenn ein und dieselbe Function zwei verschiedenen Diffgl. genügt, die einfachste Diffgl. für diese Function zu finden“ Außerdem steht im gleichen Band ein langer Aufsatz von E. über elliptische Functionen in dem er hauptsächlich die unendl. Doppelproducte behandelt.[139] Es scheint demnach daß sich E. in dieser Zeit hauptsächlich mit elliptischen Functionen beschäftigt hat. Dann kommt Eisenstein erst wieder im Bd. 39 (1850) und zwar nun mit Zahlentheoretischen Gegenständen, abgesehen von einigen Kleinigkeiten[140].
Leben Sie wohl und grüßen Sie Bönigen. Wir denken noch oft an die dort verlebten Tage mit Sehnsucht zurück, zu deren Verschönerung Ihre Anwesenheit wesentlich beigetragen hat.

Ihr ergebenster

H. Weber

Lieber Herr Professor!

Gern komme ich meines Mannes Aufforderung nach seinem Brief einige Worte beizufügen, wenn er auch ganz gegen seine Gewohnheit, das Meiste schon geschrieben, was ich Ihnen sagen wollte. Daß uns die Reise recht kurz geworden ist, danken wir zum Theil Ihrer herrlichen Schokolade, die von Groß und Klein in dankbarer Erinnerung an den gütigen Spender, verzehrt wurde! Kommen Sie doch ja bald hier her, wir denken Sie auf den Kaiserstuhl[141] zu führen, worauf wir uns sehr freuen. Idachen sendet Ihnen ihr Bildchen mit der Bitte um freundliche Aufnahme, sie spricht sehr oft von „Onkel Richard“, und sagt er käme „morgen“.
Einen recht freundlichen Gruß an das Doctor-Ehepaar, und an Alles Schöne was Sie sehen, und was uns so unvergeßlich in der Erinnerung steht!
Einen herzlichen Gruß Ihnen selbst in aufrichtiger Freundschaft und Dankbarkeit!

Ihre ergebene E. W.

Den Brief aus Harzburg hätten Sie ruhig öffnen sollen, es war die Verlobungskarte von Frl. Mayer

138 Siehe [Eisenstein 1847c].
139 Siehe [Eisenstein 1847b].
140 Siehe [Eisenstein 1850].
141 Kaiserstuhl, Mittelgebirge im Bundesland Baden-Württemberg, Deutschland.

[Web 10]
Heinrich Weber aus Königsberg an Richard Dedekind in Braunschweig
Telegramm vom 06.10.1875
Archiv der UB Braunschweig G 98:11

Telegraphie des deutschen Reiches
Aufgegeben Königsberg den 6. October 1875
Professor Dedekind Braunschweig

Heinrich Emilie Ida Rudi Weber
gratulieren zum Geburtstag am ersten Tag nach glücklicher Ankunft
Weber

[Web 11]
Heinrich Weber aus Königsberg an Richard Dedekind
Brief vom 06.11.1875
Archiv der SUB Göttingen Cod. MS. R. Dedekind 14:81 Nummer 239

Königsberg d. 6ten Nov. 1875

Lieber Freund,

Es war gestern für mich ein rechter Festtag, als ich die erste Correctur von Riemann erhielt. Nun ist die Sache im Gang und wird hoffentlich in nicht allzulanger Zeit zu einem erfreulichen Ende führen. Ich sage Ihnen meinen ganz besonderen Dank für die außerordentlich schnelle Erledigung Ihrer Correctur, die ich schon heute morgen erhalten habe. Ich sehe auch wie gut es ist, daß Sie die Correctur gleichzeitig lesen, da Sie mehrere Fehler bemerkt haben, die mir entgangen waren, während das Umgekehrte nicht stattfand.
Im Einzelnen habe ich noch Folgendes zu bemerken. In dem Wort „willkürlich" habe ich das h absichtlich überall gestrichen, da es jetzt fast allgemein ohne h geschrieben wird, was ich auch für richtiger halte, ebenso das zweite e in „Querschnitt".
In No. 5 p. 5 der Originalabhandlung[142] meinen Sie, es müsse heißen von der Rechten zur Linken, statt von der Linken zur Rechten. Ich glaube aber es kann das so stehen bleiben, wiewohl das andere auch gerechtfertig werden kann.

142 Siehe [Riemann 1857c: VI].

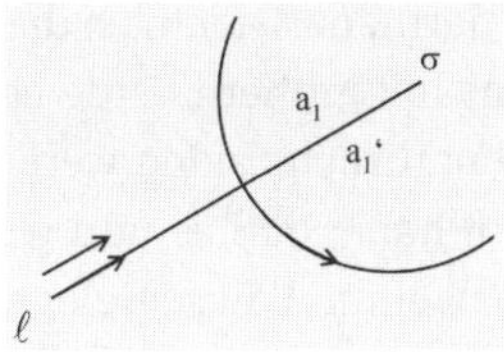

von der Linken zur Rechten

von der Rechten
zur Linken

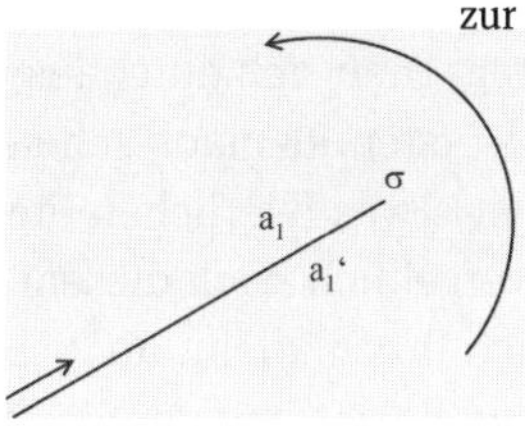

Mit Hattendorff habe ich über die historische Einleitung[143] noch einmal correspondirt[144]. Er schreibt mir daß er sie erst nach Riemanns Tode geschrieben habe, und daß sie überhaupt ganz ihm angehört, so daß ich entschieden der Meinung bin, sie ganz wegzulassen. Hattendorff hat sich bereit erklärt, dieselbe durch eine etwas ausführlichere Note über die Entstehungsgeschichte der Riemannschen Untersuchung zu ersetzen, was mir passender scheint.[145]

Von uns kann ich Ihnen nicht viel Erfreuliches berichten. Bis jetzt gefällt es uns nicht sonderlich in Königsberg. Der Winter ist ungewöhnlich früh hereingebrochen, Rudeli ist schon längere Zeit nicht recht wohl und meine Frau hat auch viel mit Erkältungen zu thun. Dabei sind die Verhältniße an der Universität, wie sie jetzt leider fast überall sind, sehr unangenehm; Streitigkeiten und Parteiungen die jeden unbefangenen Verkehr stören und die keinen triftigen Grund haben. Diese Zwistigkeiten, die jetzt an fast allen deutschen Universitäten grassiren sind eine sehr bedenkliche Culturerscheinung die zu ernsten Betrachtungen Veranlassung gibt.

Das einzig Erfreuliche hier ist der sehr gute Stand des mathematischen Studiums, und das muß Einen für Vieles entschädigen. Meine Frau, Ida und Rudi grüßen herzlich, womit ich meine Grüße verbinde

Ihr

H. Weber

kl. Schloßteichgasse 1. (nicht 2.)

[Ded 6]

Richard Dedekind aus Braunschweig an Heinrich Weber

Brief vom 10.11.1875

Archiv der SUB Göttingen Cod. MS. B. Riemann 1,2 Blätter 25/1, 25/2, 25/3

143 Siehe [Riemann 1868a].

144 Vergl. [Hat 4], Karl Hattendorff an Heinrich Weber vom 09.09.1875; [Hat 5], Brief von Karl Hattendorff an Heinrich Weber vom 27.10.1875.

145 Siehe [Riemann 1876: XVII].

Lieber Freund!

Unsere Gedanken begegnen sich durchaus; wenigstens darin, daß auch ich die unerwartete Ankunft des ersten Riemann'schen Druckbogens mit großer Freude begrüßt habe, sogar mit einer etwas feierlichen Freude, die Sie natürlich finden werden, da ich so lange Jahre vergeblich nach diesem Ziele gestrebt habe; daß es nun wirklich erreicht ist, danke ich Ihnen allein, und ich benutze noch einmal diese Gelegenheit, Ihnen für die Bereitwilligkeit, mit der Sie die große Arbeit übernommen haben, meinen Dank auszusprechen. Mit diesen Gefühlen habe ich mich dann an die Correctur gesetzt, und sie werden jetzt gewiß schon den zweiten Bogen von mir erhalten haben. Unsere letzte Verabredung ging zwar, wenn ich nicht irre, eigentlich dahin, daß ich meine Correctur zurück nach Teubner schicken sollte; allein es kommt mir doch so zweckmäßiger vor, weil dem Setzer nicht Alles verständlich sein würde, und außerdem doch auch Nichts ohne Ihre Genehmigung geändert werden dürfte; ich corrigire daher Alles, was mir auffällt und worauf ich Sie aufmerksam zu machen wünsche. Ob es mir nun gelingen wird, wie diese beiden ersten Male, die Correctur von Mittag bis Nachmittag fertig zu machen, kann ich nicht für immer gewiß zusagen, doch verspreche ich mir alle Mühe zu geben; schlimmsten Falles brauchen Sie ja nicht darauf zu warten, weil meine Bemerkungen für Ihre zweite Correctur gewiß immer früh genug eintreffen werden. Was das Materielle meiner Correctur betrifft, so habe ich „willkührlich" mit dem h wiederhergestellt, weil dies in den „Abel'schen Functionen" (z. B. Art. 5: $m = p + 1$ willkührliche Constanten) noch ebenso gedruckt ist[146], obgleich ich selbst ohne h schreibe; die Querschnitte dagegen habe ich mit einfachem e passiren lassen, weil sie so auch in den „Abel'schen Functionen" sich finden; natürlich lege ich auf keins von Beidem Gewicht, nur muß die einmal getroffene Wahl durchgeführt werden, ich werde daher das „willkürlich" ohne h durchgehen lassen. Was den Umlauf „von der Linken zur Rechten" betrifft, so glaube ich allerdings, daß Riemann sich hier wirklich versehen hat und eigentlich „von der Rechten zur Linken' hat sagen wollen. Sie schicken mir denselben Umlauf in Ihren zwei Figuren.

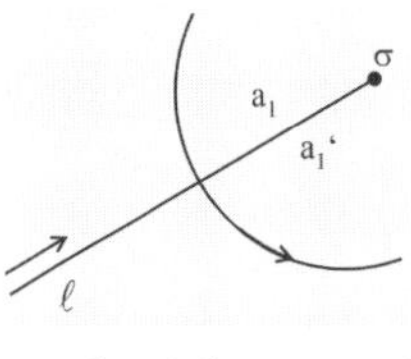

von der Linken zur Rechten

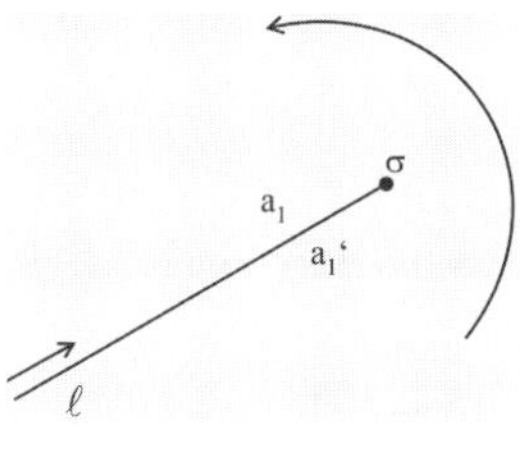

von der Rechten zur Linken

146 Siehe [Riemann 1857c: VI].

und bemerken, beide Ausdrucksweisen lassen sich rechtfertigen.[147] Ich kann dies nur so verstehen, daß Sie die Bezeichnung der Umkreisung des Punctes σ auf eine zufällig durch σ gelegte und in einer zufälligen Richtung durchlaufene Linie l, nicht aber auf den Standpunct eines Beobachters in umlaufenen Puncte σ selbst beziehen der den kreisenden Punct stets mit den Augen verfolgt, gerade weil bei der Beziehung auf eine Linie l dasselbe Umkreisen des Punctes σ ebenso gut ein Umkreisen von Links nach Rechts wie von Rechts nach Links genannt werden darf, während bei der Beziehung auf den Punct σ allein nur eine einzige Ausdrucksweise möglich ist (– die Stellung der menschlichen Figur zu der Ebene natürlich auf eine unveränderliche Weise angenommen –), daß gerade die erstere Beziehung und die ihr entsprechende zweideutige Ausdrucksweise überhaupt zu verwerfen, die letztere allein beizubehalten ist. Aber es kommt sehr wenig darauf an.

Von geschäftlichen Dingen habe ich noch Folgendes zu bemerken. Gleich nach meiner Ankunft in Göttingen am 15 Sept. habe ich der Frau Riemann und deren Schwägerin (zugleich Stiefmutter) Frau Pastorin Koch[148], der einzigen noch lebenden Schwester (Ida) Riemann's, die biographische Skizze[149] zum Durchlesen gebracht. Beide haben sich sehr zufrieden über dieselbe ausgesprochen und stellen für den Fall, daß dieselbe in die Herausgabe aufgenommen würde, die Anfrage, ob nicht eine Anzahl von Separatabdrücken dieser Biographie gemacht werden kann? Wilhelm Weber ist ebenfalls mit ihr zufrieden und hat mir noch zwei Notizen mitgetheilt über die hohe Meinung, die Gauß von Riemann hegte; diese Notizen habe ich noch mit eingefügt. Ich habe sie endlich auch meinem langjährigen Freunde, dem Obermedicinalrath Henle zum Durchlesen gegeben, der einen sehr feinen Geschmack für Darstellung besitzt und mir offenherzig erklärt hat, daß diese Skizze zwar gar nicht ganz ohne Wärme, aber doch wohl gar zu einfach und schlicht, zu schmucklos sei. Ich gab ihm zu, daß der größere Theil der Leser höchst wahrscheinlich dasselbe Urtheil fällen werde, erklärte aber daß ich meiner Natur nach diese Einfachheit gerade beabsichtigt habe und mich nicht dazu entschließen könne, an dem Tone und der ganzen Haltung zu ändern. Ich werde nun, sobald ich die Zeit dazu finde, den Aufsatz ins Reine schreiben und Ihnen zuschicken, wobei ich nochmals versichere, daß ich ganz und gar damit zufrieden bin, wenn er nicht mitabgedruckt wird; Sie würden sich täuschen, wenn Sie glaubten, durch die Aufnahme derselben mir einen Gefallen zu thun.

Frau Riemann hat ferner, als ich von der Möglichkeit sprach, ein Bild von Riemann dem Werke beizugeben, diesen Gedanken mit Freude begrüßt und erklärt, gern zu diesem Zwecke vier verschiedene Photographien Riemann's zur Disposition stellen zu wollen. Doch habe ich ihr die Ausführung nicht gerade als wahrscheinlich dargestellt.

---

147 Vergl. [Web 11], Brief von Heinrich Weber aus Königsberg an Richard Dedekind vom 06.11.1875.
148 Ida Koch, geb. Riemann (* 1. März 1825 † 9. September 1899), Schwester von Bernhard Riemann.
149 Siehe [Dedekind 1876a].

Sie hat mich ferner gefragt, ob durch den Contract dem Verleger das Übersetzungsrecht vorbehalten sei, und mir mitgetheilt, daß ein von Betti ihr empfohlener junger Italiener Tonelli sich in Göttingen aufhalte und damit beschäftigt sei, eine italienische Übersetzung der Theorie der Abel'schen Functionen[150] zu machen, die für den Druck bestimmt sei; dies würde doch hoffentlich kein Eingriff in die dem Verleger eingeräumten Rechte sein? Ich habe geantwortet, daß in dem Contracte, so viel mir bekannt, dem Verleger gar kein solches Recht zugestanden ist, und daß meiner Meinung nach die Vorbehaltung des Übersetzungsrechtes vielmehr zum Schutz des Autors als des Verlegers zu geschehen pflege; so hat sich wenigstens Vieweg einmal gegen mich ausgesprochen, als es sich um die Möglichkeit einer französischen Übersetzung der Dirichlet'schen Zahlentheorie handelte.
Bei der Frau Riemann liegt noch ein kleines Convolut von Quartpapieren Riemann's, die ich früher ebenfalls mit dem übrigen Nachlaß in Händen gehabt, in denen ich aber (ebenso später Clebsch) nichts Interessantes gefunden habe (wohl nur Vorbereitungen auf Vorlesungen); aus diesem Grunde wird Clebsch sie schon früher der Frau Riemann zurückgegeben haben, und deshalb hat Frau Riemann sie Ihnen nicht mitgeschickt. Ich halte es nun doch für gut, daß Sie auch diese Papiere in die Hände bekommen, und will daher an Frau Riemann schreiben, sie möge sie Ihnen zuschicken. Endlich hat Frau Riemann davon gesprochen, das Honorar zwischen ihr, Ihnen und mir (!) dritteln zu wollen; natürlich habe ich ihr für meine Person gänzlich abgelehnt, und es auch als unwahrscheinlich hingestellt, daß sie darauf eingehen würden.
Zugleich mit der Biographie[151] habe ich W. Weber auch das von Ihnen mir mitgegebene Manuscript (Zend Avesta)[152] zur Durchsicht vorgelegt; es hat ihn sehr interessirt, und er ist (in Erinnerung an Gespräche mit Riemann) der festen Überzeugung, daß der Inhalt durchaus Riemann's Eigenthum, nicht etwa ein Excerpt aus Fechner[153] oder dergl. ist; es müßte daher gewiß mit abgedruckt werden. Ich werde es Ihnen mit dem Übrigen demnächst zurückschicken.
Hier in Braunschweig habe ich sogleich alle Abhandlungen von Genocchi, die ich besitze, durchgemustert, darunter aber die[154] nicht gefunden, die sich auf die in Riemann's Abhandlungen über die Fourier'schen Reihen[155] befindlichen Beispiele bezieht; ich habe mich daher in dem Glauben, sie zu besitzen, getäuscht, und werde sie wahrscheinlich nur in den Annali di Matematica[156] gesehen haben. Dagegen wer-

150 Siehe [Riemann 1857c: VI].
151 Siehe [Dedekind 1876a].
152 Siehe [Riemann 1876: Anhang I].
153 Siehe [Fechner 1851].
154 Siehe [Genocchi 1865].
155 Siehe [Riemann 1868b: XII].
156 Annali di Matematica Pura ed Applicata, gegründet von Tortolini als Fortsetzung der Annali di Scienze Matematiche e Fisiche, zwischen 1858 und 1866 herausgegeben von Tortolini in Zusammenarbeit mit Betti, Brioschi und Genocchi, von 1867 bis 1897 herausgegeben von Brioschi.

de ich Ihnen (mit der Bitte um spätere Rückgabe) eine ältere Abhandlung (eigentlich mehr eine Übersetzung) von Genocchi[157] senden, die sich auf Riemann's Berliner Aufsatz über die Häufigkeit der Primzahlen[158] bezieht.
Die auf die elliptischen Modulfunctionen (Mod. $q = 1$) bezüglichen Blätter habe ich bis jetzt erst anfangen können ins Reine zu schreiben, und ich bin mir noch nicht klar über die Tragweite der Riemann'schen Absicht; doch hoffe ich hier zum Ziele zu kommen, da ich mich eine Zeit lang mit diesen Functionen, deren Theorie ich mir unabhängig von der Theorie der elliptischen Functionen zu construiren gesucht habe, gründlich beschäftigt habe, wobei gerade ihr Verhalten bei Annäherung des Perioden-Verhältnisses an rationale Werthe besonders wichtig ist. Mir schwebt nun in der Erinnerung dunkel vor (wie ich glaube Ihnen schon gesagt zu haben), als ob in dem Nachlaß einige Bogen (Quart oder nahezu Folio) sehr steifen und rauhen Papiers, mit sehr mattem hartem Bleistift beschrieben, gewesen wären, mit Formeln (viele q), die sich vielleicht auf denselben Gegenstand beziehen. Sollten Sie dieselben nach dieser Beschreibung finden, und sollte sich meine Vermuthung über deren Inhalt bestätigen, so würde ich Sie bitten, sie mir auf einige Zeit zuzuschicken.
Nach Absolvirung alles im Augenblicke vorliegenden Geschäftlichen komme ich nun endlich dazu, auch Mensch zu sein, und da beginne ich vor Allem damit, Ihnen für das Geburtstags-Telegramm zu danken, das mir die Nachricht ihrer glücklichen Ankunft in Ihrer neuen Heimat brachte und mich herzlich erfreute. Ich beabsichtigte auch, Ihnen sogleich zu schreiben; allein eine heftige Erkältung, die ich jetzt noch nicht vollständig überwunden habe, und namentlich der Anfang unseres Wintersemesters mit allen Leiden der Aufnahme-Prüfungen u.s.w., ferner die Nothwendigkeit, meine Vorlesungen ganz anders einzurichten, und die Teilnahme an sehr zahlreichen Conferenzen zur Reorganisation unserer Lehrpläne, dies Alles hat bisher meine Zeit ganz in Anspruch genommen, fast ebenso wie zur Zeit meines Directorats. Doch fängt es jetzt an besser zu werden. In Göttingen bin ich nur 24 Stunden gewesen; Frau Riemann hatte ich seit neun Jahren nicht gesehen, und ich habe mich recht gefreut, ihr erzählen zu können, wie nahe die Erfüllung ihrer Wünsche bevorsteht; sie war auch sehr beglückt und von Dankbarkeit gegen Sie erfüllt. Dann habe ich mich nach Harzburg gewendet, wo ich mit meiner Mutter und Schwester noch einige sehr schöne Wochen verlebt habe, bis zu unserer Rückkehr hierher nach Braunschweig, wo ich von der genannten Erkältung sehr unsanft empfangen wurde. Das Wetter gestaltete sich auch bei uns äußerst schlecht, und es war mir fast wie ein Traum, wenn ich an die schöne Zeit in Bönigen und die herrlichen Tage in Heidelberg zurückdachte. Wie schön war der Nachmittag auf der Molkenkur[159] und auf dem Schloße, und der Aufenthalt in Ihrem elterlichen Hause, wo ich so freundlich aufgenommen wurde! Bitte, sagen Sie doch

157 Siehe [Genocchi 1860].
158 Siehe [Riemann 1859a: VII].
159 Molkenkur, ehemalige Kuranlage auf dem Kleinen Gaisberg bei Heidelberg, Deutschland.

auch Ihren verehrten Eltern, wenn Sie an sie schreiben, meinen herzlichen Dank für alle ihre Güte und Freundlichkeit gegen mich fremden Eindringling, und schreiben Sie mir auch, ob Sie, was ich herzlich wünsche, immer gute Nachrichten von ihnen erhalten haben. Mit großem Bedauern sehe ich aus Ihrem Briefe, daß Sie mit Ihrem bisherigen Aufenthalte in Königsberg gar nicht zufrieden sein können, und das Ihre verehrte Frau Gemahlin und Rudeli, der sich in Heidelberg so erholt hatte, nicht recht wohl sind; Erkältungen sind indessen in dieser Jahreszeit überall zu finden, und man braucht deshalb die Schuld noch nicht auf das Königsberger Klima zu schieben, das ja zwar rauher als bei uns, aber doch nicht ungesund sein soll; sorgen Sie nur recht für Pelze und überhaupt für warme Kleidung. Ist denn Ihre Wohnung einigermaßen behaglich und nach Ihrem Geschmack? Hierüber, und wie es Ihnen und den Ihrigen seit unserer Trennung am Abend des 14. September ergangen ist, wie sie Ihre Reisepläne (Weimar[160], Berlin[161]) ausgeführt haben, hoffe ich demnächst Nachrichten, und zwar recht ausführliche von Ihnen zu bekommen; und wenn Sie selbst keine Zeit zu solchen Erzählungen zu haben glauben, so entschließt sich doch hoffentlich Ihre Frau Gemahlin – sie hat sich zwar über diese Reise-Form moquirt –, mir den gewünschten Bericht, aber recht genau zu erstatten. Mir fehlt auch noch eine Photographie von Ihnen selbst, mit der eigenhändigen Aufzeichnung auf der Rückseite (Geburtstag und Geburtsjahr, Vorname und Zuname), während ich mich freue, Ihre Frau Gemahlin, Idali und Rudi im Bilde vor mir zu sehen. Ich hoffe, daß meine Wünsche, Brief und Bild, Sie und die Ihrigen in besserem Wohlsein und in besserer Stimmung über die neue Heimath antreffen; daß Sie nicht gleich von Anfang an recht zufrieden sein würden, war kaum anders zu erwarten; bei der Rückkehr aus der Schweiz in die deutschen Verhältnisse empfindet man Manches, was man verlassen hat, als werthvoll, was man früher kaum beachtet hat, gewinnt hörere Bedeutung, wenn man es entbehren soll. Man gewöhnt sich aber daran, und Sie werden bei Ihrem ruhigen, gerechten Sinn auch gewiß glücklich über die persönlichen Zwistigkeiten hinwegkommen, die Ihnen bei dem ersten Eintritt in den neuen Kreis natürlich einen unangenehmen Eindruck machen. Dafür haben Sie jetzt doch den großen Gewinn, sich Ihrem eingentlichen Berufe mehr und in höherem Sinne widmen zu können, als in Zürich, und es freut mich sehr zu hören,

---

160 In Weimar befand sich das Elternhaus der Ehefrau von Heinrich Weber, Emilie Weber, geb. Dittenberger, Tochter des Wilhelm Dittenberger, Oberhofprediger zu Weimar.

161 Berlin war von 1701 bis 1871 Hauptstadt des Königreichs Preußen und danach bis 1945 Hauptstadt des Deutschen Reiches. Die 1809 gegründete, und damit älteste Universität Berlins ist die Friedrich-Wilhelms-Universität, heute Humboldt-Universität. Im Jahr 1879 enstand außerdem als Zusammenschluß der 1799 gegründeten Berliner Bauakademie und des 1821 gegründeten Königlich Technischen Instituts die Königlich Technische Hochschule Charlottenburg, heute Technische Universität Berlin. Neben diesen beiden Bildungseinrichtungen existierten im 19. Jahrhundert unter anderem noch die 1770 gegründete Bergakademie, die später ebenfalls der Technischen Universität angegliedert wurde, sowie die Landwirtschaftliche Hochschule Berlin, die später in der Friedrich-Wilhelms-Universität aufging.

daß Sie sich in diesem Puncte, über den ich auch gern noch Näheres erfahren möchte, ganz befriedigt fühlen. Sehen Sie auch Rosenhain zuweilen? Er hat mir in Innsbruck den Eindruck nicht blos eines bedeutenden, sondern auch eines gutmüthigen Mannes gemacht, mit dem sich gut leben läßt. Sollte sich die Gelegenheit darbieten, so bitte ich Sie, ihn von mir zu grüßen. Wie schön wäre es, wenn er sich entschlösse die großen Vorlesungen von Jacobi über elliptische Functionen herauszugeben, die gewiß noch manche feine und nur Wenigen bekannte Untersuchung enthalten![162]
Doch nun muß der Brief ein Ende haben! mit den besten Wünschen für Ihr und der Ihrigen Wohlergehen, und mit herzlichen Grüßen an Ihre Frau Gemahlin, Ida (die mich gewiß leider schon vergessen hat) und Rudi verbleibe ich Ihr

Braunschweig, R. Dedekind.
10 November 1875.

[Ded 7]
Richard Dedekind aus Braunschweig an Heinrich Weber
Brief vom 13.11.1875
Archiv der SUB Göttingen Cod. MS. B. Riemann 1,2 Blatt 23

Lieber Freund!

Den dritten Bogen habe ich gestern Mittag erhalten und am Nachmittage an Sie abgeschickt; soeben erhalte ich den vierten Bogen, und um die Nobili'schen Farbenringe[163] genau durchzulesen, hole ich meinen Separatabdruck hervor, den ich einst (im Herbst 1866) von Frau Riemann geschenkt bekommen habe, jetzt aber seit einer Reihe von Jahren nicht wieder angesehen habe. Zu meiner großen Überraschung finde ich darin nicht blos einige Correcturen, sondern auch das beifolgende Blatt von Riemann's Hand. Da ich außer Stande bin, in der Kürze der Zeit, die auf demselben befindlichen Abweichungen zu verwerthen, so sende ich Ihnen hiermit dieses Blatt; außerdem schicke ich Ihnen gleichzeitig meinen Separatabdruck (mit der Bitte um spätere Rückgabe). Es thut mir außerordentlich leid, daß Ihnen hieraus nun noch eine größere Mühe erwächst, aber ich hatte wirklich nicht die geringste Erinnerung an die Existenz dieses Blattes, und außerdem habe ich den Inhalt dieser Riemann'schen Abhandlung, durch die furchtbaren Formeln abgeschreckt, niemals genau studirt. Bei der heutigen Durchsicht scheint es mir (obgleich ich nun auf jede Correctur dieses Aufsatzes

---

162 Rosenhain veröffentlichte noch während seiner Studienzeit einige seiner Mitschriften der Vorlesungen Jacobis, allerdings nicht die der großen Vorlesungen über elliptische Funktionen. Weitere Vorlesungen Jacobis veröffentlichten Clebsch, Borchard und Weierstraß in [Jacobi 1866] und [Jacobi 1881-1891].
163 Siehe [Riemann 1855: III].

verzichte) auffallend, daß bei den Bedingungen der Aufgabe *r* auch negativ gedacht wird; bei den Summen ist bei der Bezeichnung der Ausdehnung derselben (z.B. $-\infty$, $+\infty$) statt eines Komma (zwischen $-\infty$ und $+\infty$) häufig oder immer eine 1 gesetzt. – Nachträglich habe ich doch noch Alles angedeutet, was mir bei der freilich sehr flüchtigen Durchsicht aufgefallen ist. Mit besten Grüßen

Braunschweig, Ihr
13 November 1875. R. Dedekind.

[Web 12]

Emilie Weber aus Königsberg an Richard Dedekind

Brief vom 14.11.1875

Archiv der UB Braunschweig G 98:11

Lieber Herr Professor!

Ihr lieber Brief hat uns große Freude bereitet und ich sage Ihnen auch meinen herzlichsten Dank dafür! Wenn Sie wüßten wie sehnsüchtig wir oft an unseren Aufenthalt in Böningen, an unser Zusammensein mit Ihnen zurückdenken, Sie würden förmlich Mitleid mit uns haben. Ich glaube so denkt man im Alter an die Jugendzeit zurück, wie von Königsberg nach dem Prienzer See. Es ist uns eigentlich noch recht gut ergangen auf unserer Reise, besonders in Eisenach verlebten wir 3 einzig schöne Tage. In Weimar waren Wetter und Eindrücke gleich melancholisch, mein armer blinder Bruder durch sein fortschreitendes Gehirnleiden sehr verändert, mein Elternhaus von Fremden bewohnt – da habe ich 8 sehr traurige Tage verlebt. Schölls[164] allein waren unverändert wir haben ihnen viel von Ihnen erzählen müssen, und sie freuten sich aufrichtig wieder einmal von Ihnen zu hören. Von Weimar fuhr ich mit den Kindern nach Roßbach[165] und Halle[166], mein Mann nach Leipzig. Wir trafen in Halle wieder zusammen und blieben 8 Tage in Berlin. Obgleich ich nur in den zoologischen Garten wollte, wurde ich doch überall herumgeführt und habe großen Genuß von diesem Aufenthalt gehabt. Die Kinder waren glücklich im zoologischen Garten, und alle Abende bauen sie mit ihren Bauhölzern Käfige und Zäune für die wilden Thiere.
Unsere Nachtfahrt hierher war sehr angenehm, wir hatten 3 Betten in einem herrlichen Schlafwagen und die Kinder schliefen durch von 7 Uhr Abends, bis 6 Uhr Mor-

164 Gustav Adolf Schöll, ab 1843 Direktor der Kunstsammlung des Großherzogs zu Weimar und späterer Leiter der Bibliothek des Großherzogs, lebte mit seiner Familie in Weimar.
165 Roßbach, heute ein Ortsteil von Naumburg, einer Stadt im Bundesland Sachen-Anhalt, Deutschland.
166 Die Universität Halle-Wittenberg entstand 1817 als Zusammenschluß der im 1685 gegründeten Friedrichs-Universität Halle und der 1502 gegründeten Universität Wittenberg.

gens, während der Abfahrt vom Hotel und der stundenlangen Droschkenfahrt durch Berlin. Man hat in diesem Schlafwagen sogar eine Küche, und somit war für Rudi herrlich gesorgt. Unser Eintreffen hier war freilich ungemüthlich, ein sehr überfüllter Gasthof und ein noch ganz unfertiges Lager. Da fehlten noch die Fenster und die Tapeten! Wir mußten 1 Woche im Hotel bleiben, dann konnten wir 2 Zimmer beziehen, und seitdem ist nun alles vollendet und nur noch ein verspätetes Tüncherlein stört zuweilen unser Behagen. Wir haben sehr schöne Zimmer groß, hoch und elegant mit prächtigen Oefen und jedenfalls der schönsten Aussicht die in Königsberg überhaupt zu finden ist, auf den sehr lieblichen Schloßteich und seine belebte Brücke. Wir haben aber nur 5 Zimmer und die 2 im neugebauten Flügel sind noch sehr naß, so daß wir sie kaum benutzen können, haben sonst gar keine Bequemlichkeiten als Boden, Kammern etc und es kostete viel guten Willen und Überlegung uns recht practisch einzurichten. Daß wir unsre Möbelwagen nur Abends nach 7 Uhr zum Einziehen bekommen konnten, ist Schuld daß ich heut noch Patientin bin, Hausarrest habe, und ein recht betrübliches Leben führe. Ich habe eine Kehlkopfentzündung die sehr hartnäckig ist und mich sehr quält und wenn das auch anderswo kommen kann, so ist doch nicht überall so entsetzlich rauher Ostwind der das Leiden immer verstärkt wieder bringt, wenn man es wagt einmal Luft zu schöpfen. Es ist entschieden ein ganz abscheuliches Klima hier, die Kinder dürfen schon lange nicht mehr aus dem Zimmer, wir hatten es uns bei Weitem nicht so schlecht gedacht. Königsberg selbst ist auch noch viel häßlicher, als man es sich je vorstellen kann, es läßt sich auch garnichts beschreiben. Aber meines Mannes Stellung läßt nichts zu wünschen übrig, er ist sehr freundlich aufgenommen worden und es rührt mich ordentlich, wie ihn die alten Freunde Richelots gewissermaßen, wie ein liebes Vermächtnis desselben, an seiner Stelle aufnehmen und wie sie ihm überall den Platz einräumen, den Richelot im Freundeskreis eingenommen. Auch gegen mich ist man voll Freundlichkeit und Güte, und ich bin vollkommen überzeugt, daß man sehr glücklich hier leben kann – nur kann und will man nicht vergessen wie anders es war noch vor so kurzer Zeit. Darin, daß Idachen Sie sollte vergessen haben, irren Sie sich aber sehr, lieber Herr Professor. Sie spricht nicht nur mit uns, sondern ganz von selbst mit ihren Puppen sehr oft vom „Onkel Richard" oder dem „Herr Professor Dedekind" „Ich bin nicht Schuld" und da sagt der Herr Professor: „doch" – dann aber soll der Herr Dedekind partout stets auf der Jungfrau[167] sein – das hält sie entschieden für Ihre Heimat und will auch jedenfalls im Sommer wieder nach Böningen ins Hotel Royal. Dazu werden nun wohl ihre Herrn Eltern kein Geld haben, denn hier verwohnt und verheizt man was man in Zürich weniger hatte, doch hoffen auch sie wenigstens bis Heidelberg zu kommen, und bitten den Onkel Richard herzlich ein Ronde-vous bei seinen Sommerplänen in Überlegung zu ziehen. Wenn wir aufhören vom vergangenen Sommer zu schwärmen, fangen wir an für den künftigen Plane zu machen und sollten sie sich nicht erfüllen lassen, so hat man doch die endlos langen Herbstabende

167 Jungfrau, Berg in den Berner Alpen, Schweiz.

freundlich verbracht. Übrigens hatten wir schon 10 Grad kälter, die wären zu ertragen, aber der schneidende Wind ist ganz entsetzlich.
Daß Sie noch so schöne Wochen in Harzburg verlebt haben, freute uns sehr zu hören, wir hatten von Eisenach bis Berlin so sehr schlechtes Wetter und hier empfing uns schon am 6. October Schnee, seitdem ist es kalt und rauh. Es war aber sehr freundlich von Ihnen uns einen so einfaltsreichen Brief zu schreiben, dergleichen ist jetzt eine ganz besondere Wohlthat für uns, denn der geistige Zusammenhang mit unsern Freunden muß uns hier für Vieles entschädigen. Wir hatten auch schon Besuch von meinem Petersburger Schwager, der von Heidelberg heimkehrend uns 3 Tage schenkte. Er hatte die Eltern in H.[168] sehr wohl gefunden, den Vater ganz hergestellt und glücklich über den Besuch seines Sohnes. Der Vater dachte mit besonderer Freude Ihres kurzen Seins in Heidelberg, es war für sein damals so einförmiges Leben eine liebe Unterbrechung, nur hätte er gewünscht Ihnen mehr bieten zu können, wie es sonst Styl in seinem gastfreien Haus ist.
Nun leben Sie wohl, lieber Herr Professor, und wenn Ihnen mein langer Epistel zu ausführlich ist, so verzeihen Sie es gütigst.
Hoffentlich sind Sie Ihre Erkältung nun los, und erfreuen sich auch an etwas größerer Ruhe in Ihren amtlichen Funktionen. Empfehlen Sie uns bitte Ihrer verehrten Frau Mutter und Fräulein Schwester, und nehmen Sie unsre herzlichen Grüße. Auch Idachen schließt sich diesen an, und meine Schweizer Anna, die noch gar kein Heimweh hat, wagt es auch eine unterthänige Empfehlung an den Herrn Professor zu senden. Ida und Anna sprechen bereits den schönsten Königsberger Dialekt, und ich höre die „Frau Gemahlin" „gnädige Frau" etc so viel, daß ich bald so daran gewöhnt sein werde wie Sie es sind.

Ihre ergebene Emilie Weber

Königsberg den 14. November 1875

[Web 13]

Heinrich Weber aus Königsberg an Richard Dedekind

Brief vom 14.11.1875

Archiv der SUB Göttingen Cod. MS. R. Dedekind 14:81 Nummer 240

Königsberg d. 14ten Nov. 1875

Lieber Freund,

Zunächst sage ich Ihnen meinen besten Dank für Ihren ausführlichen Brief, in welchem übrigens das darin erwähnte Bild nicht zu finden war, und welches hoffentlich

168 Heidelberg.

nachkommen wird. Mein Bild werden Sie mit der Zeit auch einmal bekommen, wenn ich wieder einmal welche habe.
Die Einrichtung mit der Riemannschen Correctur halte ich so für sehr zweckmäßig und ich bin Ihnen sehr dankbar, daß Sie in der Expedition der Bogen so außerordentlich gründlich sind. Ich kann mich auch nicht erinnern, daß wir es anders besprochen hätten. Jedenfalls würde die andere Einrichtung sehr unpraktisch sein, z. B. in dem Falle von widersprechenden Correcturen. Wenn Teubner in dem Tempo fortfährt, werden wir bald am Ziele sein. Eine dumme Geschichte hat er übrigens gemacht, daß er die Noten[169], die ich am Ende der Dissertation[170] einzufügen beabsichtigte nicht an der rechten Stelle gedruckt hat. Ich halte es unter diesen Umständen für das Zweckmäßigste nun alle Noten am Ende des zweiten Abschnitts zu vereinigen.
Mit dem Umlauf von der Linken zur Rechten haben Sie sicher Recht, bei der war aber die zweite Correctur schon abgegangen als ich Ihren Brief erhielt und so bleibt es eben stehen, wie es steht.[171] Man könnte allenfalls dadurch noch den Ausdruck, wie er da steht, rechtfertigen, daß man sich selbst in den rotirenden Punkt versetzt. Ein großes Unglück ist es jedenfalls nicht.
Ueber die Biographie[172] freue ich mich sehr und ich wüßte wirklich nicht, weshalb ich sie nicht mit aufnehmen sollte. Ich thue es nicht, um Ihnen einen Gefallen zu thun, sondern Sie haben mir einen großen erwiesen, daß Sie die Arbeit übernommen haben. Wegen der Separatabzüge werde ich später an Teubner schreiben. Wegen des Bildes habe ich in Leipzig schon gesprochen, erhielt aber keine rechte Auskunft, da der eigentliche Chef nicht da war. Ich habe jetzt noch einmal deshalb geschrieben. Ich selbst muß sagen, daß ich keinen sehr großen Werth darauf lege, und lieber darauf verzichten würde, als das Buch dadurch sehr zu vertheuern. Daß man sich das Uebersetzungsrecht vorbehält, scheint mir allerdings ganz praktisch zu sein, und ich werde darüber auch später an Teubner schreiben. Vielleicht ist dadurch noch ein kleiner Gewinn für Frau Riemann zu erzielen. Natürlich kann sich das aber nur auf das Werk als Ganzes beziehen. An die einzelnen schon gedruckten Abhandlungen[173] hat jeder dasselbe Recht wie Teubner, namentlich wenn Frau Riemann ihre Zustimmung giebt. Wenigstens ist das meine Auffassung.
Daß ich von Frau Riemann keinen Theil des Honorars annehme, versteht sich von selbst, und ich bitte Sie, ihr das, wenn Sie einmal Gelegenheit haben, mitzutheilen. Von mir aus möchte ich die Frage womöglich gar nicht berühren.

169 Siehe Heinrich Weber: Anmerkungen zur vorstehenden Abhandlung. In: [Riemann Werke 1876], S. 46-47.

170 Siehe [Riemann 1851: I].

171 Vergl. [Web 11], Brief von Heinrich Weber an Richard Dedekind vom 06.11.1875; [Ded 6], Brief von Richard Dedekind an Heinrich Weber vom 10.11.1875.

172 Siehe [Dedekind 1876a].

173 Siehe [Riemann Werke 1876], 1. Abt. und 2. Abt.

Daß Sie sich wegen der Abhandlung von Genocchi[174] Mühe gegeben haben, thut mir leid. Ich habe sie inzwischen von Schwarz erhalten, habe aber nicht viel Neues darin gefunden.
Beifolgend schicke ich Ihnen ohne nähere Prüfung Alles was ich auf die q Bezügliches in der Eile habe finden können. Der eine mit blassem Bleistift geschriebene Bogen scheint mir die Sie interessirende Frage zu betreffen, obwohl er nicht ganz auf Ihre Beschreibung paßt. Ich werde bei mehr Muße später noch einmal nachsuchen. Es sind auch einige Blätter von Ihrer Hand dabei.
Sonst habe ich Ihnen für heute weiter nichts mitzutheilen, da Alles allgemein kenntliche Ihnen meine Frau besser geschrieben hat, als ich es gekonnt hätte. So begnüge ich mich mit dem Geschäftlichen und füge nur noch meine herzlichsten Grüße bei

Ihr

H. Weber
kleine Schloßteichgasse 1

Ich öffne mein Paket noch einmal um Ihnen den Empfang Ihres letzten Briefes vom 13ten noch anzuzeigen. Die Correcturen zu den Nobilischen Ringen[175] habe ich noch nachgetragen. Die Bezeichnung $\sum_{m<4q+1}$ enthält eine Bestimmung über die Grenzen der Convergenz der halbconvergenten Reihen, die ich allerdings im Augenblick auch nicht Zeit habe, genauer zu prüfen. Es würde sich dieselbe wohl aus den Untersuchungen von Lommel[176] u. H. Hankel[177] über die Bessel'schen Functionen ergeben. Ich habe diese Grenzbestimmung nur in den Formeln für $f(q)$ $\varphi(q)$ eingetragen, während ich in den langen Formeln, die Ihnen einen so großen Schreck eingeflößt haben die Grenzbestimmung ganz gestrichen, und nur $\sum$ gesetzt habe. In diesen Formeln kommt q gar nicht vor und man hätte also dafür keinen Werth setzen müssen, was zu complicirt gewesen wäre. Ueberhaupt wäre es gar nicht nöthig gewesen, diese Formeln so ausführlich hinzusetzen. Ich vermuthe, Riemann hat es für die Physiker gethan. Die Aenderung auf der vorletzten Seite wäre auch nicht unbedingt nöthig gewesen; ich habe sie aber doch eingetragen auf die Gefahr daß Teubner einen großen Schreck bekommt. Die Grenzen $-\infty$ $+\infty$ für r können meiner Meinung nach stehen bleiben.

174 Siehe [Genocchi 1865].
175 Siehe [Riemann 1855: III].
176 Siehe [Lommel 1868].
177 Siehe [Hankel 1869].

[Web 14]
Heinrich Weber aus Königsberg an Richard Dedekind in Braunschweig
Postkarte vom 28.11.1875
Archiv der SUB Göttingen Cod. MS. R. Dedekind 14:81 Nummer 241

Lieber Freund,

Teubner hat wie es scheint die Noten[178] zur Dissertation[179] noch nachgetragen. Bogen 5 werden Sie inzwischen bekommen haben. Es muß aber Bogen 4 noch einmal kommen.
Zusammenhängend habe ich mit ä stehen lassen da es in der Dissertation so steht, und wenn es auch nicht so richtig ist wie e, so ist es doch sehr gebräuchlich.
Herzliche Grüße von

Ihrem

H. Weber

[Web 15]
Heinrich Weber aus Königsberg an Richard Dedekind in Braunschweig
Postkarte vom 01.12.1875
Archiv der SUB Göttingen Cod. MS. R. Dedekind 14:81 Nummer 242

Lieber Freund,

In der Selbstanzeige der hyp. geom. Reihen[180] steht, nachdem von der Function $\mathcal{F}(\alpha, \beta, y, x)$ die Rede war:
„Diese Reihe ist eine Reihe, in welcher der Quotient des $(n+1)$ ten Gliedes in das folgende $= \frac{(n+\alpha)(n+\beta)}{(n+1)(n+y)} x$ und das erste Glied = 1 ist."
Sollte es nicht heißen:
„Diese Reihe ist eine Reihe, in welcher der Quotient des $\underline{n+2}$ ten Gliedes in das vorhergehende $= \frac{(n+\alpha)(n+\beta)}{(n+1)(n+y)} x$ etc..."?
Bitte darauf mir mit einem Wort zu antworten bis zur zweiten Revision
Herzliche Grüße

Ihr H. Weber

178 Siehe Heinrich Weber: Anmerkungen zur vorstehenden Abhandlung. In: [Riemann Werke 1876], S. 46-47.
179 Siehe [Riemann 1851: I].
180 Siehe [Riemann 1857b: V].

[Web 16]
Heinrich Weber aus Königsberg an Richard Dedekind in Braunschweig
Postkarte vom 04.12.1875
Archiv der SUB Göttingen Cod. MS. R. Dedekind 14:81 Nummer 243

Lieber Freund

Haben Sie die Correctur von Bogen 8, 9 nicht erhalten?
Die erste Correctur von Bogen 8 schicke ich heute ab und erwarte Ihre Correctur zur zweiten Revision.
Herzlichen Gruß

Ihr H. Weber

Königsberg d. 4ten Dez. 1875

[Web 17]
Heinrich Weber aus Königsberg an Richard Dedekind in Braunschweig
Postkarte vom 05.12.1875
Archiv der SUB Göttingen Cod. MS. R. Dedekind 14:81 Nummer 244

Lieber Freund!
Besten Dank für Ihre Karte. Mit dem Quotienten haben Sie gewiß recht. Wie verhält es sich aber mit dem Folgenden? Versteht Euler nach Wallis unter hyp. geom. Reihe eine divergente Reihe? Gauß nennt allerdings auch einmal eine divergente Reihe eine hypergeometrische. (Werke Bd 3 Ste 192.[181]). Im Art. 5 der Abelschen Functionen[182] ist mir der Comparativ „höher" auch immer auffallend und nicht recht verständlich gewesen. Ich kann mir nur darunter denken, daß R. sich vorstellt, es fallen nach u. nach mehrere solche Punkte ε zusammen und jeder erhöht die Ordnung eines Factors des betr. Products um 1. Man würde dann etwa zu suppliren haben: höher als vorher oder vor dem Hineinfallen des letzten Punktes ε.
Es thut mir sehr leid, daß ich Ihnen soviel Mühe machen muß. Ihre Hülfe bei der Correctur ist aber für mich von unschätzbarem Werthe.
Herzliche Grüße Ihr H. Weber

181 Siehe [Gauss 1866a].
182 Siehe [Riemann 1857c: VI].

[Web 18]
Heinrich Weber aus Königsberg an Richard Dedekind in Braunschweig
Postkarte vom 10.12.1875
Archiv der SUB Göttingen Cod. MS. R. Dedekind 14:81 Nummer 245

Lieber Freund!
Den Aufsatz von Genocchi[183] werde ich nachsehen, glaube aber, daß ich darin nichts wesentlich Neues finden werden. $-\log 2$ statt $\log \xi(0)$ hat auch Scheibner[184], und ich selbst bin zu demselben Resultat gelangt, wage aber trotzdem Nichts zu ändern, selbst nicht einmal eine Anmerkung möchte ich beifügen, da ich mich zu wenig sicher fühle, es sogar für wahrscheinlich halte daß Riemann recht hat. Ueberhaupt fehlt eigentlich in der ganzen Abhandlung[185] die Hauptsache, nämlich der auf der vorletzten Seite angekündigte Beweis der richtigen Convergenz der Reihe. Ich erinnere mich einer Bemerkung darüber in einem Brief an Weierstraß, daß er denselben noch nicht genug vereinfacht habe, um ihn mittheilen zu können.
Bei den Abelschen Functionen[186] habe ich das m stehen lassen, obwohl Ihr Bedenken ganz gegründet ist. Ich habe Ihre Correcturen erst in der zweiten Revision eingetragen und wollte darin nicht mehr soviel corrigiren. Im Grunde ist auch eine Verwechslung kaum zu befürchten, da von der betreffenden Stelle an als m in der früheren Bedeutung nicht mehr vorkommt; die Bedeutung ist ja auch eine ganz ähnliche.
Die Correcturbogen kommen mir jetzt auch etwas dick und ich muß alle meine Zeit zusammennehmen. Stünden nicht die Weihnachtsferien bevor, so käme ich wegen der Vorbereitungen weiterer M. S. in Verlegenheit.
Herzliche Grüße H. Weber

[Web 19]
Heinrich Weber aus Königsberg an Richard Dedekind in Braunschweig
Postkarte vom 12.12.1875
Archiv der SUB Göttingen Cod. MS. R. Dedekind 14:81 Nummer 247

Lieber Freund,
Die Abhandlung von Genocchi[187] über die Primzahlen kann ich hier nicht bekommen. Ich finde aber auch immer wieder $-\log 2$ statt $\log \xi(0)$ Trotzdem habe ich nichts geändert. Der Unterschied könnte möglicher Weise mit der Definition von $\mathrm{Li}(x)$

183 Siehe [Genocchi 1860].
184 Siehe [Scheibner 1860].
185 Siehe [Riemann 1859a: VII].
186 Siehe [Riemann 1857c: VI].
187 Siehe [Genocchi 1860].

zusammenhängen. Das schräge Π für die Eulerschen Integrale habe ich beibehalten, weil es ebenso in der Abhandlung über hyp. geom. Reihen[188] steht und zwar im Original und in unserm Ausdruck. Außerdem sieht es ja auch ganz gut aus. Im flüssigen Ellipsoid Art. 7[189]. habe ich die Bedingung $c^2 < \frac{a^2(b^2-4a^2)}{b^2-a^2}$ stehen lassen, nicht $\leqq$ gesetzt, weil für $= \mathcal{T} = \infty$ werden würde. Artikel 8 am Anfang habe ich so abgeändert: „die Untersuchung, ob außer diesen vier Fällen noch andere vorhanden sind etc ...da das Resultat nur ein negatives ist“ so wird, glaube ich, der logische Schnitzer, den Sie rügen beseitigt ohne allzu großen Eingriff in den Originaltext.

Herzliche Grüße

Königsberg 12/12 75 Ihr H. Weber

[Web 20]

Heinrich Weber aus Königsberg an Richard Dedekind in Braunschweig

Paketabschnitt vom 13.12.1875

Archiv der SUB Göttingen Cod. MS. R. Dedekind 14:81 Nummer 246

Lieber Freund.

Zur Stärkung bei der sauren Correctur schicke ich Ihnen beifolgend eine kleine Probe des einzig empfehlenswerthen Königsberger Nationalproduct.
Herzliche Grüße von

Ihrem

H. Weber

[Web 21]

Heinrich Weber aus Königsberg an Richard Dedekind in Braunschweig

Postkarte vom 21.12.1875

Archiv der SUB Göttingen Cod. MS. R. Dedekind 14:81 Nummer 248

Lieber Freund,

Wundern Sie sich nicht, wenn Sie vielleicht dieselbe Anfrage zweimal bekommen. Ich habe den Verdacht, daß ich gestern eine Karte an Sie ohne Adresse auf die Post gegeben habe, und es liegt mir daran, über einen Punkt Ihre Meinung zu kennen. Bei flüssigem Ellipsoid p. 35[190] der Originalarbeit finde ich bei wiederholtem

188 Siehe [Riemann 1857a: IV].
189 Siehe [Riemann 1861: X].
190 Siehe [Riemann 1861: X].

Nachrechnen immer wieder den Ausdruck:

$$-\frac{(b^2+c^2-2a^2)(b^2+4bc+c^2+\underline{2a^2})+(4a^2-(b+c)^2)(4a^2-(b-c)^2)}{4(b+c)^2E}\delta g^2$$

Sie machen in Ihrer Correctur ein Fragezeichen. Sollte ich mich nach Ihrer Meinung im Irrthum befinden, so bitte ich Sie um eine kurze baldige Mittheilung, um sie bei der zweiten Revision verwerthen zu können.
Herzlichen Gruß Ihr H. Weber

[Web 22]

Heinrich Weber aus Königsberg an Richard Dedekind in Braunschweig

Postkarte vom 22.12.1875

Archiv der SUB Göttingen Cod. MS. R. Dedekind 14:81 Nummer 249

Lieber Freund,

Beim flüssigen Ellipsoid p. 35[191] der Originalabhandl. bekomme ich bei wiederholten Rechnungen immer den Ausdruck

$$-\frac{(b^2+c^2-2a^2)(b^2+4bc+c^2+\underline{2a^2})+(4a^2-(b+c)^2)(4a^2-(b-c)^2)}{4(b+c)^2E}\delta g^2$$

Sie machen dabei in der letzten Correctur ein ? Sollte ich mich irren, so bitte ich Sie, mich vor der zweiten Revision zu benachrichtigen. Die weiter an den Ausdruck geknüpften Schlüsse werden von dieser Aenderung nicht berührt.
Teubner hat mir geschrieben, daß die Anfertigung eines Portraits mindestens 300 Mark kosten würde, u. daß er deshalb riethe, davon abzusehen[192]. Ich habe ihm geantwortet, daß ich meinerseits damit einverstanden wäre.
Ich studire jetzt Ihre Theorie der Ideale, die mir aber ziemlich Schwierigkeiten macht. Ich werde mir vielleicht nächstens einmal erlauben, wenn Sie Zeit haben, Sie mit einigen Fragen zu beschäftigen.
Herzliche Grüße und vergnügte Feiertage! Ihr H. Weber

Richtig ist diese Karte zu mir ohne Adresse zurückgekommen und Sie sollen sie nun doch noch erhalten.
Herzlichen Dank für die wundervollen Pfefferkuchen.

191 Siehe [Riemann 1861: X].

192 Vergl. [Teu 9], Brief von B. G. Teubner an Heinrich Weber vom 11.12.1875.

[Web 23]
Emilie und Heinrich Weber aus Königsberg an Richard Dedekind
Brief vom 28.12.1875
Archiv der SUB Göttingen Cod. MS. R. Dedekind 14:81 Nummer 250

Lieber Herr Professor!

Ihre herzliche Sendung hat uns so sehr erfreut und schmeckt so ganz vortrefflich, daß ich nur danken, nicht schelten will, wegen der so großartigen Vergeltung des kleinen Fäßleins, das mein Mann Ihnen gesendet hat! – Wir haben jetzt zum ersten Mal die so berühmten Braunschweiger Lebkuchen kennen gelernt, und hatten noch nie etwas so feines in diesem Fabricat gegessen. Der große Vorrath wird uns lange Zeit einen rechten Genuß gewähren, und dankbarst fliegen unsre Gedanken dem gütigen Geber zu. Hoffentlich treten Sie das neue Jahr so gesund an, wie wir es anzutreten vorhaben. Glücklicherweise bin ich wieder ganz wohl, wir haben gar keine Kälte, und fühlen uns behaglich in unserm netten Daheim, ohne Königsberg, noch seine Bewohner gerade besonders lieben gelernt zu haben. – Die Kinder haben ein glückliches Christfest gehabt, wir Eltern freuten uns an ihrer Freude, und an dem Geschenk der Eltern in Heidelberg, das eine Reise zu ihnen im Sommer sein soll. Wir haben uns Pelze bescheert, ob wir sie noch brauchen werden in diesem Winter ist mir zweifelhaft, da es schon seit 14 Tagen ganz regnerisches Wetter ist, und überhaupt gar nicht sehr kalt, nur sehr windig hier war.
Meines Mannes Sehnsucht nach Zürich ist oft riesengroß, und die seltsamsten Plane wie er es anfangen könne wieder ein simpler Professor am dortigen Polytechnicum zu werden durchschwimmen seinen Kopf, er hat gar keinen Geschmack am Universitätsleben gewonnen, und meiner Ansicht nach paßt er auch gar nicht hinein.
Bitte empfehlen Sie uns den verehrten Ihrigen und innigen Dank

von Ihren getreuen
Webers

Königsberg, den 28. Dezember, 1875

Lieber Freund,
Indem ich mich hinsichtlich meines Dankes für Ihre schöne Sendung auf Obiges beziehe, füge ich nur noch einiges Geschäftliches hinzu. Ich bin jetzt mit der Anredung des dritten Theil beschäftigt, und gedenke, wenn Sie nichts dagegen haben, in der Note auszuführen daß nach einer Äußerung Riemanns gegen Sie, er später den Standpunkt der Abhandlung über die allgemeine Auffassung der Diff.[193] nicht mehr vertreten hat. Die Resultate dieser Arbeit sind übrigens sehr merkwürdig u.

193 Siehe [Riemann 1876: XIX].

wer weiß ob es nicht einmal gelingt, sie zu rechtfertigen. In der Bezeichnung werde ich mir eine kleine Änderung erlauben und statt ${}^{x}\partial^{\nu}z$ wie Riemann das sagt auf gebräuchliche Zeichen $\mathcal{D}_x^{\nu}z$ setzen, was jedenfalls für den Druck viel bequemer ist; das erstere würde wie ich glaube zu endlosen Correcturen führen.
Wie steht es denn mit dem lateinischen Fragment[194], was Sie noch haben über die Reihen aus den elliptischen Functionen. Glauben Sie, daß etwas daraus zu machen ist?
Herzliche Grüße von

Ihrem H. Weber

4.3 Briefe des Jahres 1876

[Web 24]
Heinrich Weber aus Königsberg an Richard Dedekind
Brief vom 18.01.1876
Archiv der SUB Göttingen Cod. MS. R. Dedekind 14:81 Nummer 251

Königsberg d. 18ten Jan.1876.

Lieber Freund,

Zunächst meinen schönsten Dank für Ihren freundlichen Brief und Ihre Neujahrswünsche, die ich längst hätte erwiedern sollen. Heute mahnt mich nur eine geschäftliche Angelegenheit, an Sie zu schreiben. Vor einigen Tagen habe ich einen Theil der Abhandlungen der dritten Abtheilung[195] an Teubner abgeschickt, da die zweite wohl mit dem nächsten Bogen fertig sein wird. Diese Abhandlungen sind folgende[196]:

XIX	Versuch einer allgemeinen Auffassung der Integr. u. Diff.
XX	Neue Theorie des Rückstandes in electrischen Bindungsapparaten.
XXI	Zwei allgemeine Lehrsätze über lineare Differentialgleichungen.
XXII	Pariser Aufgabe.
XXIII	Sullo svolgimento etc. (von Schwarz bearbeitet)
XXIV	Ueber das Potential eines Ringes.
XXV	Gleichgewicht der El. auf Cylindern mit kreisförmigem Querschnitt.
XXVI	Beispiel einer Fläche vom kleinsten Inhalt

194 Siehe [Riemann 1876: XXVII].
195 Siehe [Riemann Werke 1876], 3. Abt.
196 Aufgezählt werden hier die ersten acht Werke der dritten Abteilung von [Riemann Werke 1876].

Es würden in dieser Abtheilung noch vier weitere Sachen kommen. nämlich „Additamentum ad § 41“[197], wovon Sie das Manuscript noch haben, ein kleines Fragment aus der Analysis situs[198] und die zwei Stücke aus einer Vorlesung. Convergenz der ϑ-Reihe[199]. Abel'sche Functionen für $p = 3$[200]. Der Anhang enthält dann die Philosophie[201]. Die Wärmebewegung im Ellipsoid[202] denke ich fallen zu lassen, da die Sache zusehr im Anfang stecken bleibt, auch keine besonderen, Riemann eigenthümliche Methoden darin angewandt sind, und das einzige Resultat, daß sich in der partiellen Differentialgleichung die Variablen trennen lassen, doch wahrscheinlich schon von Manchen gefunden wurden.
Was die philosophischen Fragmente[203] betrifft, so bin ich doch wieder zweifelhaft, ob es nöthig ist, wie Clebsch meinte, dieselben mit kleinem Satz zu drucken. Ich meine, durch die Verweisung in den Anhang und die Bezeichnung als Fragmente sind dieselben hinlänglich von dem Uebrigen ausgezeichnet. Gegen den kleinen Satz spricht, daß es nicht so gut aussehen wird, und daß vielleicht Mancher dadurch vom Lesen abgehalten wird. Es wäre mir lieb, darüber noch einmal Ihre Meinung zu hören. Ferner möchte ich Sie bitten, mir so bald es Ihnen möglich ist, Ihre Mittheilungen über das schon erwähnte Fragment „Additamenta ad § 41.“ zugehen zu lassen, da ich doch bald in die Lage kommen werde, den Rest zum Druck bereit zu machen.
Sehr erfreut werde ich sein über die Zusendung Ihrer Arbeit über die Ideale, die Sie mir in Aussicht stellen. Ich habe wirklich den ernstlichen Wunsch mich in die Sache hinein zu arbeiten und werde wieder daran gehen, sobald ich wieder etwas freie Zeit habe. Das Verständniß wird mir durch Ihre ausführlichere Bearbeitung wesentlich erleichtert werden. Ein Opfer ist mir das Studium derselben gewiß nicht, sondern eine große Freude, für die ich Ihnen sehr dankbar bin; daß ich Ihnen irgend einen nützlichen Rath werde geben können, glaube ich zwar nicht, höchstens vielleicht, wo im Interesse eines schwachen Verständnisses eine größere Ausführlichkeit wünschenswerth ist.
Von unserem Leben ist nicht viel Besonderes zu berichten. Äußerlich geht es uns gut; aber so recht gefallen will es uns hier doch noch nicht. Ich werde mein liebes Zürich schwerlich verschmerzen. Ueber meine Berufsthätigkeit kann ich zwar nicht klagen. Die Studenten sind fleißig und man kann ihnen etwas zumuthen. Ich hatte aber doch auch in Zürich mit unter recht tüchtige Schüler, mit denen etwas anzufangen war, und so groß, wie ich mir es vorstellte, ist der Unterschied auch hierin nicht. Diese

197 Siehe [Riemann 1876: XXVII].
198 Siehe [Riemann 1876: XXVIII].
199 Siehe [Riemann 1876: XXIX].
200 Siehe [Riemann 1876: XXX].
201 Siehe [Riemann Werke 1876], Anhang.
202 Siehe [Riemann 1892: XXV], diese Abhandlung wurde erst in die 2. Auflage der Riemannschen Werke aufgenommen.
203 Siehe [Riemann Werke 1876], Anhang.

Gefühle müssen aber überwunden sein, und hoffentlich wird es mit der Zeit auch gelingen.
Herzliche Grüße von meiner Frau, Ida und Rudi und von

Ihrem

H. Weber

[Web 25]
Heinrich Weber aus Königsberg an Richard Dedekind in Braunschweig
Postkarte vom 03.02.1876
Archiv der SUB Göttingen Cod. MS. R. Dedekind 14:81 Nummer 252

Lieber Freund!
Ich bitte Sie, mir doch, sobald als möglich über das noch in Ihren Händen befindliche Riemannsche Fragment[204] wenigstens Ihre bis jetzt gewonnene Meinung zu schreiben. Teubner hat höchstens noch für drei Bogen Manuscript und in nächster Woche muß ich für neues Futter sorgen. Auch wäre es mir lieb, wenn Sie mir bald die Biographie schicken wollten.
Heute haben Sie einen etwas wüschten Bogen bekommen, den sie wohl kaum ohne das Manuscript werden corrigieren können. Ich bin aber auch ganz zufrieden wenn sie sich auf die Correctur des Textes beschränken.
Ich habe in den letzten Tagen noch ein sehr interessantes Beispiel für Minimalflächen in den Manuscripten gefunden, allerdings nur eine ganz kurze Bemerkung, daß die Sache geht, konnte aber doch das Ganze herstellen.[205]
Bei uns geht Alles gut. Meine Frau und ich grüßen aufs Beste.
Königsberg 3/2 76 H. Weber

[Web 26]
Heinrich Weber aus Königsberg an Richard Dedekind in Braunschweig
Postkarte vom 08.02.1876
Archiv der SUB Göttingen Cod. MS. R. Dedekind 14:81 Nummer 253

Lieber Freund! Ich bin sehr gespannt auf Ihre Mittheilungen über die „Additamenta etc...“[206] und hoffe sie gegen Ende der Woche zu bekommen, damit ich Teubner

204 Siehe [Riemann 1876: XXVII].
205 Siehe [Riemann 1876: XXVI].
206 Siehe [Riemann 1876: XXVII].

nicht warten lassen muß. Werden Sie über die Anwendung auf die Transformation der ϑ-Functionen eine Andeutung hinzufügen? Ich würde das sehr wünschen. Ich war bisher der Meinung daß Riemann bei der Untersuchung, die vielleicht bei dem Studium der Fundamente entstanden ist (?) hauptsächlich bezweckte, Beispiele zu bilden für Functionen mit unendlich vielen Unstetigkeiten. Das eine Beispiel gegen Ende der Abhandlung über die trigon. Reihen[207] scheint damit zusammen zuhängen. Er scheint durch Einsetzen von $q = e^{ix}$ zu den trigonometrischen Reihen übergehen zu wollen. Woher aber erhält man den Convergenzbeweis für diese trigonometrischen Reihen?
Ich habe noch ein schönes Beispiel für Minimalflächen gefunden, nämlich durch zwei in parallelen Ebenen gelegene beliebige Polynome, wo die Sache ohne Integration von Differentialgleichungen geht[208].

Mit herzlichen Grüßen

Königsberg 8/2 76 Ihr H. Weber

[Ded 8][209]

Richard Dedekind an Heinrich Weber

Brieffragment undatiert

Archiv der SUB Göttingen Cod. MS. R. Dedekind 13:49 Nummer 87b

Auszugsweise veröffentlicht in: Dedekind Werke 1930-1932, Bd. 3, S. 483-484

Nicht abgeschickt, weil
neue Gedanken kamen.

Lieber Freund!

Wieder einmal muß ich Sie sehr um Verzeihung bitten, daß ich Sie ungebührlich lange auf Antwort habe warten lassen; der Grund meines Zögerns liegt leider darin, daß alle meine Versuche, die eigentliche Absicht des Riemann'schen Manuscriptes „Additamentum ad § 40."[210] und der damit in Zusammenhang stehenden, von Ihnen mir nachträglich zugesandten Blätter zu entdecken, trotz meiner seit Weihnachten ununterbrochenen Beschäftigung damit, so gut wie vergeblich gewesen sind. Ich habe mich seit einer Reise vor Jahren, der complexen Multiplication wegen, gelegentlich sehr mit der Theorie der elliptischen Functionen beschäftigt, und bin namentlich darauf einge-

207 Siehe [Riemann 1868b: XII].

208 Siehe [Riemann 1876: XXVI].

209 Der folgende Briefentwurf ist undatiert, lässt sich aber thematisch der Zeit zwischen dem 08.02.1876 und dem 19.02.1876 zuordnen.

210 Siehe [Riemann 1876: XXVII].

gangen, die in ihr auftretenden Functionen einer Variablen, des Moduls, unabhängig von der Theorie der elliptischen Functionen zu studiren, angeregt durch die in Hermite's „Übersicht der ellipt. F.“[211] (übersetzt von Natani[212], S. 40 Anmerkung)[213] enthaltene Bemerkung über die Theorie der Modulargleichungen. Dies ist mir auch, wie ich glaube, im Wesentlichen geglückt, die Grundlage dieser Theorie lege ich auf den beifolgenden Briefbogen bei; da in derselben gerade das Verhalten dieser Functionen bei Annäherung des Periodenverhältnisses $\omega = \frac{\log q}{\pi i}$ an rationale Werthe (die Begrenzung des Gebietes ω) eine wirkliche Rolle spielt, so glaubte ich aus meiner Kenntniß dieser Eigenthümlichkeiten hinreichend dazu befähigt zu sein, die Riemann'schen Papiere zu verstehen. In Nro 7 ist für die Function

$$\eta(\omega) = q^{\frac{1}{12}} \Pi(1 - q^{2\nu})$$

wenn y in $\omega = \frac{m}{n} + yi$ unendlich klein wird, und m, n relative Primzahlen bedeuten, wenn also $q = e^{\omega \pi i}$ sich dem Werth $e^{\frac{m}{n}\pi i}$ nähert, das Annäherungsgesetz

$$\eta(\omega) \cdot e^{\frac{\pi i}{12n^2(\omega - \frac{m}{n})}} \cdots \sqrt{i\left(\frac{m}{n} - \omega\right)} = \frac{c e^{\frac{-\mu\pi i}{12n}}}{\sqrt{n}}$$

enthalten, wo $m\mu \equiv 1 \pmod{n}$ und c eine (von der Wahl von μ, wie von der Wahl der Vorzeichen der beiden Quadratwurzeln abhängige) 24te Wurzel der Einheit bedeutet. Die vollständige Bestimmung dieser Einheitswurzel c ist für die Function $\eta(\omega)$ dieselbe Aufgabe, wie die sehr bekannte in der Transformation erster Ordnung der ϑ-Functionen, die, nachdem Jacobi den Zusammenhang mit der Theorie der quadr. Reste erkannt, meines Wissens zuerst von Hermite (in Liouville's Journal[214] 1858) vollständig gelöst ist[215], und offenbar würde sich die letztere Aufgabe aus der Lösung der ersteren ableiten lassen, weil alle elliptischen Moduln und $\vartheta(0)$ sich auf $\eta(\omega)$ zurückführen lassen. Obgleich Ihnen dies Alles überflüssig bekannt ist, mußte ich es doch des Zusammenhangs wegen erwähnen. Auf einem von den mir nachträglich zugeschickten Folioblättern ist nun in fast unleserlicher Bleistiftschrift, die ich nur mit einem Vergrößerungsglas habe entziffern können (eine möglichst genaue Abschrift lege ich bei) eine Behandlung von $\log \kappa'$, $\log \frac{2\kappa}{\pi}$ für die verschiedenen Fälle der genannten Annäherung gegeben; alle diese Formeln müssten sich aber aus der einzigen

$$\log \eta(\omega) + \frac{\pi i}{12n^2\left(\omega - \frac{m}{n}\right)} + \frac{1}{2}\log\left(i\left(\frac{m}{n} - \omega\right)\right) = -\frac{1}{2}\log n - \frac{\mu\pi i}{12n}$$

211 Siehe [Lacroix 1861].

212 Der Mathematiker Leopold Natani (* 1. April 1819 † 19. Juni 1905) lehrte an der Artillerie- und Ingenieurschule in Berlin.

213 Siehe [Hermite 1863].

214 Journal de Mathématiques Pures et Appliquées, 1836 gegründet und von 1836 bis 1874 herausgegeben von Joseph Liouville.

215 Siehe [Hermite 1858].

ergeben, wo $\log c$ mit in der ganzen Zahl μ steckt, von welcher nur das gewiß ist, daß $m\mu \equiv 1 \pmod{n}$ ist; hierin ist $\log \eta(\omega)$ eine durchaus einwerthige Function, und die beiden anderen Logarithmen sind (da n positiv genommen werden darf) reell. Die genaue Bestimmung dieser ganzen Zahl μ wäre nun äußerst zu wünschen, weil dann auch die Constanten Einheitswurzeln in den Transformationen jeder beliebigen (gebrochenen oder irrationalen) Potenz von $\eta(\omega)$ in $\eta\left(\frac{\gamma+\delta\omega}{\alpha+\beta\omega}\right)$ sich stets daraus ergeben würden. Das oben genannte Riemann'sche Blatt enthält nun einen Weg, der möglicherweise zu diesem Ziele (wenigstens zu einem geschlossenen Ausdrucke, wie durch Gauß'sche Summen) führen kann, und vielleicht ist diese Bestimmung der Transformations-Constanten (im Jahre 1852 ?) wirklich Riemann's Absicht und Ziel gewesen. Dieser Weg, auf $\eta(\omega)$ angewendet, würde etwa folgender sein. Setzt man

$$\alpha = 1^{\frac{1}{n}} = e^{\frac{m\pi i}{n}}\ ,\ q_0 = e^{\frac{m\pi i}{n}}\ ,\ q_0^2 = e^{\frac{2m\pi i}{n}} = \alpha^m\ ,\ q^2 = e^{2\omega\pi i} = yq_0^2 = y\alpha^m\ ,$$

wo $0 \leqq y < 1$, so wird $\omega - \frac{m}{n} = \frac{i}{2\pi}\log\left(\frac{1}{y}\right)$, und die obige Annäherung lautet

$$\log \Pi_1^\infty(1-y^\nu\alpha^{m\nu}) + \frac{\pi^2}{6n^2\log\left(\frac{1}{y}\right)} + \frac{1}{2}\log\log\left(\frac{1}{y}\right) = \log(2\pi) - \frac{1}{2}\log n - \frac{(m+\mu)\pi i}{12n}$$

für $y = 1$

Nun ist das erste Glied der linken Seite (nach der Jacobi-Riemann'schen Behandlung (Fundam. § 30))

$$\sum^{\nu}\log(1-y^\nu\alpha^{m\nu}) = -\sum^{\nu,\nu'}\frac{y^{\nu\nu'}\alpha^{m\nu\nu'}}{\nu'} = -\sum^{\nu}\frac{1}{\nu}\cdot\frac{y^\nu\alpha^{m\nu}}{1-y^\nu\alpha^{m\nu}}\ ;$$

bei der Annäherung des positiven echten Bruches y an 1 werden alle Glieder der letzten Summe, in denen y durch n theilbar ist, unendlich, und auch die Summe der übrigbleibenden Glieder, in denen y nicht durch n theilbar ist, wird unendlich groß, der erstere Bestandtheil ist

$$-\sum\frac{1}{n\nu}\cdot\frac{y^{n\nu}}{1-y^{n\nu}} = \frac{1}{n}\log\Pi(1-y^{n\nu})$$

Für $n = 1$ lautet aber der obige Satz:

$$\log\Pi(1-y^\nu) + \frac{\pi^2}{6\log\left(\frac{1}{y}\right)} + \frac{1}{2}\log\log\left(\frac{1}{y}\right) = \log 2\pi \quad \text{für } y = 1$$

also, wenn y durch y^n ersetzt wird,

$$\log\Pi(1-y^{n\nu}) + \frac{\pi^2}{6n\log\left(\frac{1}{y}\right)} + \frac{1}{2}\log\log\left(\frac{1}{y}\right) = \log 2\pi - \frac{1}{2}\log n \quad \text{für } y = 1$$

also

$$\frac{1}{2}\log\Pi(1-y^{n\nu}) + \frac{\pi^2}{6n^2\log\left(\frac{1}{y}\right)} + \frac{1}{2n}\log\log\left(\frac{1}{y}\right) = \frac{1}{n}\log 2\pi - \frac{1}{2n}\log n$$

für $y = 1$

Zieht man dies von der ursprünglichen Gleichung ab, so bleibt

$$-\sum \frac{1}{\nu} \cdots \frac{y^\nu \alpha^{m\nu}}{1-y^\nu \alpha^{m\nu}} + \frac{n-1}{2n} \log\log\left(\frac{1}{y}\right) = \frac{n-1}{n} \log 2\pi - \frac{n-1}{2n} \log n - \frac{(m+\mu)\pi i}{12n}$$
$$(y = 1)$$

wo in der Summe links ν alle durch n nicht theilbaren positiven ganzen Zahlen durchläuft.

[Ded 9][216]

Richard Dedekind an Heinrich Weber

Brieffragment undatiert

Archiv der SUB Göttingen Cod. MS. B. Riemann 14 Blätter 40, 41

Lieber Freund!

Sie haben wieder einmal lange auf mich warten müssen, und ich fürchte leider, daß auch die nun endlich anlangende Sendung Sie sehr wenig befriedigen wird. Ich schicke Ihnen zurück:

1) das Manuscript Additamentum ad § 40[217], von welchem eine Abschrift beiliegt;

2) die Foliobogen, die ich nachträglich von Ihnen erhalten habe; denselben liegt bei eine Abschrift (auf vier Seiten) der einen höchst blassen Seite (die anderen Folioblätter enthalten zum Theil nur die bekanntesten Formeln aus der Theorie der elliptischen Functionen, zum Theil Dinge, die ich nicht verstehe, vielleicht Versuche zur Theorie von Reihen, in welchen der Logarithme des allgemeinen Gliedes eine Function 3ten Grades des Stellenzeigers ist?); diese blasse Seite habe ich nur mit Vergrößerungsglas entziffern können, aber sie ist es, die mein Interesse erregt hat, weil die auf ihr enthaltende Methode eine Anwendung auf die Transformation erster Ordnung der ϑ-Functionen gestattet, wie ich Ihnen heute vor acht Tagen mittels Karte geschrieben habe.[218] Den damals noch fehlenden Stetigkeitsbeweis (bei $\sum \frac{a_\nu}{\nu} = \sum \frac{a_\nu^0}{\nu}$) habe ich nach vielen vergeblichen Versuchen der vorhergehenden Tage noch glücklich an demselben Nachmittage gefunden. Das Ganze habe ich sodann für Sie aufgeschrieben, etwa 8 - 9 Folioseiten, und ich habe dazu gelegt (auf Briefbogen) einen kleinen Abriß der Grundlagen für eine neue Theorie der Modulargleichungen, die ich mir hauptsächlich der complexen Multiplication wegen vor einigen Jahren ersonnen habe.

Was soll nun geschehen? Die eigentliche Absicht Riemanns mag, wie Sie vermuthen,

216 Das folgende Brieffragment ist undatiert, lässt sich aber thematisch zwischen [Ded 8] und [Web 28] einordnen.

217 Siehe [Riemann 1876: XXVII].

218 Diese Karte konnte bisher nicht gefunden werden.

gewesen sein, Beispiele für trigonometrische Reihen aufzufinden; von diesem Gesichtspuncte aus habe ich aber die Papiere gar nicht geprüft, und darüber kann ich also auch Ihnen nichts Neues mittheilen. Ich wollte nun wenigstens die andere, von mir bemerkte Seite ins Licht stellen, und auch die Formeln Riemann's in ihrer chaotischen Gestalt auf ihre genaue Richtigkeit prüfen; aber hierzu hat mir in dieser letzten Woche, in welcher ich allerhand unvermeindliche Störungen erlitten habe, die Zeit gefehlt; nur die erste Formel für $\log\kappa$ im ersten Fall ist vollständig von mir verificirt; für die zweite habe ich wenigstens bei Berechnung eines Beispiels Übereinstimmung gefunden zwischen Riemann's Endformel und meinen Formeln, die sich aus den Eigenschaften der merkwürdigen Zahlen (m, n) ergeben, die sich immer sehr recht aus den beiden Sätzen

$$(m', n) = (m, n)\ \text{, wenn } m' \equiv m \ (\text{mod. } n)$$

$$m(m, n) + n(n, m) = 1 + m^2 + n^2 \mp 3mn$$

berechnen lassen. Ich will Ihnen doch mein ganzes Formel-System für die Annäherung von ω an $\frac{m}{n}$ hierhersetzen; zur Abkürzung ist gesetzt

$$\mathcal{A} = \frac{\pi i}{24n(n\omega - m)}\ ;\ \mathcal{B} = \frac{1}{2}\log\frac{n\omega - m}{ni} + \frac{1}{4}\log(n^2)$$

Aus dem Hauptsatze

$$0 = \log\eta(\omega) + 2\mathcal{A} + \mathcal{B} + \frac{\pi i}{12n}\{(m, n) - m\}$$

folgt alles Andere, und hoffentlich sind keine Rechenfehler gemacht:

$$0 = \log\eta(2\omega) + \mathcal{A} + \mathcal{B} + \tfrac{1}{2}\log 2 + \tfrac{\pi i}{12n}\{(2m, n) - 2m\},$$

wenn $n \equiv 1 (\text{mod. } 2)$

$$0 = \log\eta(2\omega) + 4\mathcal{A} + \mathcal{B} + \tfrac{\pi i}{6n}\{(m, \tfrac{n}{2}) - m\}$$

wenn $n \equiv 0$

$$0 = \log\eta(\tfrac{\omega}{2}) + \mathcal{A} + \mathcal{B} + \tfrac{\pi i}{24n}\{(m, 2n) - m\}$$

wenn $m \equiv 1$

$$0 = \log\eta(\tfrac{\omega}{2}) + 4\mathcal{A} + \mathcal{B} - \tfrac{1}{2}\log 2 + \tfrac{\pi i}{12n}\{(\tfrac{m}{2}, n) - \tfrac{m}{2}\}$$

wenn $m \equiv 0$

$$0 = \log\eta\left(\tfrac{1+\omega}{2}\right) + \mathcal{A} + \mathcal{B} + \tfrac{\pi i}{24n}\{(m+n,2n) - (m+n)\}$$

wenn $m + n \equiv 1$

$$0 = \log\eta\left(\tfrac{1+\omega}{2}\right) + 4\mathcal{A} + \mathcal{B} - \tfrac{1}{2}\log 2 + \tfrac{\pi i}{12n}\{(\tfrac{m+n}{2}, n) - \tfrac{m+n}{2}\}$$

wenn $m + n \equiv 0$

und hieraus:

I. wenn $m \equiv n \equiv 1$ (mod. 2)

$$2(2m,n) + (m,2n) + 2(\tfrac{m+n}{2}, n) = 6(m,n)$$

$$\log\kappa = 12\mathcal{A} - 2\log 2 + \tfrac{m\pi i}{2n} + \tfrac{\pi i}{3n}\{(\tfrac{m+n}{2}, n) - (2m,n)\}$$

$$\log\kappa' = 12\mathcal{A} - 2\log 2 + \tfrac{\pi i}{6n}\{2(\tfrac{m+n}{2}, n) - (m,2n)\}$$

$$\log\tfrac{2\kappa}{\pi} = -12\mathcal{A} - 2\mathcal{B} + 2\log 2 + \tfrac{\pi i}{6n}\{(m,n) - 2(\tfrac{m+n}{2}, n)\}$$

II. wenn $m \equiv 0$, $n \equiv 1$ (mod. 2)

$$2(2m,n) + 2(\tfrac{m}{2}, n) + (m+n,2n) = 6(m,n)$$

$$\log\kappa = \tfrac{m\pi i}{2n} + \tfrac{\pi i}{6n}\{(m+n,2n) - 2(2m,n)\}$$

$$\log\kappa' = -12\mathcal{A} + 2\log 2 + \tfrac{\pi i}{6n}\{(m+n,2n) - 2(\tfrac{m}{2}, n)\}$$

$$\log\tfrac{2\kappa}{\pi} = - 2\mathcal{B} + \tfrac{\pi i}{6n}\{(m,n) - (m+n,2n)\}$$

III. wenn $m \equiv 1$, $n \equiv 0$ (mod. 2)

$$4(m, \tfrac{n}{2}) + (m,2n) + (m+n,2n) = 6(m,n)$$

$$\log\kappa = -12\mathcal{A} + 2\log 2 + \tfrac{m\pi i}{2n} + \tfrac{\pi i}{6n}\{(m+n,2n) - 4(m, \tfrac{n}{2})\}$$

$$\log\kappa' = \tfrac{\pi i}{6n}\{(m+n,2n) - (m,2n)\}$$

$$\log\tfrac{2\kappa}{\pi} = - 2\mathcal{B} + \tfrac{\pi i}{6n}\{(m,n) - (m+n,2n)\}$$

wie in II

Anfangs schrieb ich meinen Commentar[219] mit der Absicht auf, denselben Ihnen zum Abdruck zum empfehlen; da er aber viel zu lang geworden ist, und namentlich, da ich die Prüfung der Riemann'schen Formeln wegen Zeitmangel nicht habe durchführen können, so halte ich es für zweckmäßig, zwar die Formeln von Riemann (das blasse Manuscript) abzudrucken und in einer Note etwa das zu sagen, was in dem ersten Absatze meines Commentars (mit Weglassung der letzten Worte) steht, also hauptsächlich die Reserve wegen etwaiger Ungenauigkeit der Formeln. Wäre die Rechnung nicht so sehr penibel und nicht so leicht Rechenfehlern ausgesetzt, so würde ich Sie gebeten haben, mir noch etwas Zeit zu lassen; aber ich verzweifle daran, dies in einigen Tagen zu leisten, und aufrichtig gesagt, mir ist diese Rechnung nachgerade unerträglich geworden.
Über das erste Manuscript (Additamentum[220]) weiß ich Nichts zu sagen; ich überliefere es Ihnen in Abschrift mit allen Varianten, aber ohne Kritik, und setze Sie, wahrscheinlich zu Ihrem großen Mißvergnügen, in die Lage, überall erst die besten Ausdrücke wählen zu müssen (das in dem letzten Absatz durchgestrichene ~~modo~~ würde ich am liebsten so durchgestrichen drucken lassen, wenn das angeht!).
Nun zürnen Sie mir nicht, daß ich so Unvollkommenes Ihnen bringe, und daß ich meine Hände so bequem in Unschuld wasche; aber ich habe fürchterlich gearbeitet an dem blassen Zeug, und es soll mich nicht wundern, wenn die blasse Seite mir oft im Traume erscheinen wird. Treffen Sie...

[Web 27]
Emilie Weber aus Königsberg an Richard Dedekind in Braunschweig
Brief vom 12.02.1876
Archiv der UB Braunschweig G 98:11

Königsberg den 12. Februar 1876

Lieber Herr Professor!

Wenn Sie diese Zeilen erhalten, werden Sie denken: „der Mann läßt mir keine Ruh, nun kommt auch noch die Frau und plagt mich" – und Sie haben ganz recht, hilft Ihnen aber nicht und geplagt werden Sie doch! Dazu erscheine ich auch mit ganzer Familie und bestürme Sie, sich nun endlich zu revanchieren und uns Ihr Bild zu schicken.
Wenn ich meinen Mann nicht so gequält hätte sich photographieren zu lassen, Sie hät-

219 Siehe Richard Dedekind: Erläuterungen zu den vorstehenden Fragmenten. In: [Riemann Werke 1876], S. 438-447.
220 Siehe [Riemann 1876: XXVII].

ten in Jahr und Tag kein Bild von ihm bekommen, zum Dank dafür verdiene ich nun auch das Ihrige. Mich und die Kinder haben Sie schon, doch gehören die drei Bilder zusammen und sind besser als unser erstes, deshalb schicke ich sie Ihnen nochmals, wenn es auch, wie mein Herr Gemahl sich ausdrückt „Unsinn" ist. – Meinen Dank für das Kalenderchen habe ich Ihnen noch gar nicht ausgesprochen, es hat mich aber sehr gefreut, und ich hatte nicht gedacht, daß Sie bei Ihrer so sehr in Anspruch genommenen Zeit meines, so kühn ausgesprochenen Wunsches gedenken würden. Desto mehr danke ich Ihnen für die Aufmerksamkeit! – Hoffentlich ist Ihre Frau Mutter wieder wohl, und Sie selbst sind auch wieder ganz hergestellt, es ist ein böser, strenger Winter dieses Jahr und man kann froh sein wenn man nicht ernstlich krank wird. Ihr lieber ausführlicher Brief hat uns sehr erfreut und gerührt, denn wir wissen vollständig wie kostbar Ihre Zeit ist, und wie viel Sie davon zu meines Mannes Hülfe opfern. Ich glaube auch nicht, daß er Ihnen je ausdrücken kann wie herzlich er Ihnen dafür dankt, und ich kann es auch nicht, aber ich kann Ihnen wenigstens sagen, daß er schon unendlich oft ausgesprochen hat, er hätte das Werk ohne Ihre Hülfe nicht fertig gebracht, und könne gar nicht sagen wie viel er an Kenntnissen durch die Herausgabe derselben gewonnen, wofür wir auch Ihnen und nur Ihnen allein zu danken haben.
Endlich fangen wir an hier etwas heimisch zu werden, obwohl wir die ganze Abscheulichkeit Königsbergs diesen Winter kennen gelernt haben, und fast überzeugt sind, daß es keine häßlichere, unreinlichere und unordentlichere Stadt im deutschen Reich geben kann. Die Menschen sind nett, das Klima schließlich besser, als man dachte, und der Mensch gewöhnt sich eben an Alles. Wären die Zwistigkeiten zwischen den Professoren nicht so groß, so hätte sich mein Mann sicher schon recht eingelebt, denn mit seinen Zuhörern ist er ausnehmend zufrieden und seine Stellung ist eine sehr schöne in jeder Beziehung. Aber es kommt häufig vor, daß 3 Besucher an unserer Tür umkehren, wenn sie hören Der oder Jener von der anderen Partei sei bei uns, die Herren grüßen auf der Straße selbst meinen Mann nicht, wenn er, der doch neutral sein will, mit einem ihrer Gegner geht, und er muß sich stets gefallen lassen, das ihm Vorwürfe über seinen Verkehr gemacht werden, bald von diesen bald von jenen Parteimännern. Es sind alte Streitgründe und gehen meinen Mann gar nichts an, er hat einen förmlichen Ekel vor dem wenigen Erzählen der Dinge, und deshalb keine Freude im Verkehr mit seinen Kollegen. Wir haben aber auch sehr nette Bekannte in Kaufmannskreisen und verleben recht vergnügte Abende mit ihnen. Daß die Kinder gesund sind ist uns die größte Beruhigung für unser Hiersein. Wir leben schon ganz in Gedanken an unsre Reise im Sommer und Idachen fragt ob der Professor Dedekind denn auch zu uns kommt „von der Jungfrau" Sie glaubt nicht, daß Braunschweig Ihre Heimat ist, aber sie ist ganz sicher, daß wir uns in Bönigen wiedersehen werden. Einstweilen schneit es noch, und wird wohl noch viel Schnee fallen, ehe wir zusammentreffen! Gedenken Sie unser so gern wie Ihrer gedenken Ihre getreuen

Webers

Bitte empfehlen Sie uns Ihrer verehrten Frau Mutter und Ihrer Fräulein Schwester herzlich.

[Ded 10][221]

Richard Dedekind an Heinrich Weber

Briefragment undatiert

Archiv der SUB Göttingen Cod. MS. R. Dedekind 13:49, Nummer 87c

Lieber Freund!

Beiliegend sende ich Ihnen die Biographie[222], an der ich einige ganz unbedeutende Änderungen vorgenommen habe. Wenn sie einmal gedruckt werden soll, so habe ich folgende Wünsche:

1) ich möchte sie lieber hinten, am Schluß des Buches haben, als vorn; doch lege ich kein sehr großes Gewicht darauf;

2) es müßte wohl in der Vorrede gesagt werden, daß diese Darstellung sich hauptsächlich auf Briefe und sonstige Mittheilungen der Familie gründet;

3) ich möchte durchweg gleichmäßigen Druck, nirgends ein gesperrtes Wort, auch bei den Eigennamen nicht.

4) Frau Riemann hat mir im Herbst den Wunsch ausgedrückt, es möchten besondere Abzüge von dieser Biographie genommen werden; wenn Sie dies bei Teubner vermitteln können, so würde ich bitten, daß auf meine Kosten 100 solche Abzüge für mich gemacht würden, wovon ich dann die Absicht habe einen großen Theil an Frau Riemann zu schenken. Auch an andere Personen, deren Zahl ich kaum im Augenblick zu schätzen vermag, möchte ich wohl solche Abzüge schicken.

5) Ich bitte Sie, das Ganze noch einmal durchzulesen, und Ihnen Mißfälliges zu streichen; auf S. 13, unten, habe ich wieder, wie schon mehrere Male, den Namen dessen vergessen, an den der Brief gerichtet ist! Der Titel des Werkes von Brewster im Original ist doch richtig Life of Newton?[223]

[Web 28]

Heinrich Weber aus Königsberg an Richard Dedekind

Brief vom 19.02.1876

Archiv der SUB Göttingen Cod. MS. R. Dedekind 14:81 Nummer 254

---

221 Das folgende Brieffragment ist undatiert, lässt sich aber thematisch zwischen [Ded 9] und [Web 28] einordnen.

222 Siehe [Dedekind 1876a].

223 Siehe [Brewster 1831].

Königsberg d. 19$^{\underline{\text{ten}}}$ Febr. 1876

Lieber Freund,

Zunächst meinen besten Dank für Ihre Sendung und für die viele Mühe die Sie sich mit der ganzen Sache gegeben haben. Meine Absicht ist nun die, Ihren Commentar vollständig (mit kleinerem Satz) mit abdrucken zu lassen, da ohne denselben das zweite Fragment gar zu unverständlich sein würde, und außerdem Ihre Behandlung des Gegenstandes so interessant und schön ist, daß sie da ganz an ihrem Platze ist. Ich habe aber auch die Formeln, die Sie mir in Ihrem Brief mittheilen, die ich nachgerechnet und vollständig richtig befunden habe, mit aufgenommen und demgemäß den Schluß ein wenig anders gefaßt. Diese Formeln enthalten ja vorzugsweiße die Erläuterung zu dem Riemannschen Fragment.
Wenn ich nun aber auch Ihre Entwicklungen ganz gut verstanden habe, so ist es mir doch noch nicht gelungen eine einzige der Riemannschen Formeln daraus herzuleiten. Ich wäre Ihnen daher sehr dankbar, wenn Sie mir noch eine Andeutung darüber geben könnten, wie Sie das gemacht haben. Ich würde dann vielleicht versuchen, noch bis zum Druck oder während desselben eine oder die andere der Riemannschen Formeln zu verificiren. Soll das Fragezeichen, welches Sie im R'schen Fragment an einer Stelle gemacht haben mit gedruckt werden? Die leere Paranthese, die sich dort findet, habe ich durch einige Punkte ausgefüllt.
In dem ersten Fragment habe ich in einigen Formeln, in denen der imaginäre Theil offenbar weggelassen ist denselben in eckigen Klammern beigefügt. Auch muß es meiner Meinung nach in der einen Formel (62, 1°) $\frac{\pi^2}{6n^2}\log 4$ statt $\frac{\pi^2}{6^2n^2}\log 4$ heißen. Vielleicht achten Sie auf diese Punkte bei der Correctur.
Noch eine Frage habe ich über diesen Gegenstand, die gerade nicht die Publikation betrifft. Müßte nicht in allen diesen Grenzfällen κ^2 und κ'^2 sich der Grenze 0 oder der Grenze 1 nähern und nicht bloß einer Einheitswurzel, da für eine solche doch die elliptischen Integrale ganz vernünftige Werthe behalten? Dann müßte z. B. in der Formel für $\log\kappa$ in Ihrem zweiten Fall der Ausdruck rechts ein ganzes Vielfaches von πi werden, was ihm ohne Weiteres nicht anzusehen ist. Entschuldigen Sie, wenn meine Frage vielleicht dumm ist.
Ihre Theorie der Modulargleichungen[224] habe ich bis jetzt noch nicht genauer durchsehen können, werde aber daran gehen, sobald das Manuscript an Teubner abgegangen ist.
Jetzt habe ich noch ein Anliegen, welches wir zwar schon einmal besprochen haben, auf das ich aber doch noch einmal zurückkommen muß. Sie haben bei der Herausgabe so viel mitgewirkt, theils durch Vorarbeiten, theils in der letzten Zeit, und überall in den Werken sind so sehr die Spuren Ihrer hülfreichen Hand zu finden, daß es mir

224 Siehe [Dedekind 1877d].

wirklich peinlich wäre, allein als Herausgeber zu figuriren, Ich bitte sie also noch einmal dringend, zu gestatten, daß Ihr Name mit auf den Titel gesetzt wird. Es wäre mir das wirklich eine Gewissensberuhigung. Dann wollen wir auch gleichzeitig den bewußten Festchampagner trinken.
Bei uns geht Alles gut. Frau und Kinder sind wohl und lassen bestens grüßen. Wir haben in diesen Tagen einer schweren Versuchung widerstanden. Kappeler hat einen sehr freundlichen und schmeichelhaften Brief an mich geschrieben, worin er mich auffordert, wieder nach Zürich in meine frühere Stellung zurückzukehren. Es zog mich und namentlich meine Frau mit tausend Fäden. Wir haben aber nach schwerem Kampf doch widerstanden, und meine Frau hat sich dann auch sehr gut in das Unvermeidliche gefunden. Nun leben Sie wohl für heute. Herzliche Grüße von

Ihrem

H. Weber

Heute habe ich noch Ihre zweite Sendung nebst Brief erhalten und öffne meinen (wie gewöhnlich liegen gebliebenen) Brief noch einmal um Ihnen dafür zu danken. Die Biographie[225] hat meinen vollsten Beifall und ich werde suchen; Ihren Wünschen darüber nach besten Kräften Rechnung zu tragen. Sie würde dann also ans Ende kommen. Es würde dann auf einem besonderen Blatt der Titel stehen
„Bernhard Riemanns Lebenslauf, geschildert von R. Dedekind" oder „Bernhard Riemann, eine biographische Skizze von R. Dedekind" oder ähnlich, worüber ich Sie um Ihre Meinung bitte. Ich werde noch veranlassen daß bei der Correctur das Manuscript an Sie geschickt wird.

Nochmals herzliche Grüße

Der Obige.

Bezüglich meiner obigen Frage finde ich allerdings an Beispielen daß der Coefficient von πi eine ganze Zahl ist. Ließe sich nicht vielleicht ein Zusammenhang zwischen Ihrem Symbol (m, n) und der Theorie der quadratischen Reste finden, der vielleicht zu einem Ausdruck für dasselbe führt? Ich finde folgende specielle Fälle:

$$(m, n) = \frac{(n-1)(n-m^2-1)}{m} \qquad n \equiv 1 \bmod m$$

$$(m, n) = \frac{(n-2)(n-\frac{m^2+1}{2})}{m} \qquad n \equiv 2 \bmod m$$

Könnte man nicht auf diese Weise weiter gehen? Ganz so einfach bleibt es freilich nicht für $n \equiv 3 \bmod m$.

225 Siehe [Dedekind 1876a].

[Web 29]
Heinrich Weber aus Königsberg an Richard Dedekind in Braunschweig
Postkarte vom 20.02.1876
Archiv der SUB Göttingen Cod. MS. R. Dedekind 14:81 Nummer 255

Lieber Freund!
Um meinen Brief nicht zum dritten Mal zu öffnen schicke ich demselben eine Karte nach weil ich wieder etwas vergessen habe. Das Wort mod ϑ durch gestrichen drucken zu lassen will mir nicht recht einleuchten. Es scheint mir nach dem Manuscript, als ob es nur aus stilistischen Gründen erst durchstrichen u. dann wieder hergestellt sei. Ich glaube wenigstens ohne einen besonderen Grund würde sich eine so auffallende Form des Druckes kaum rechtfertigen lassen.
Bei den Riemannschen Formeln sehe ich allerdings jetzt, daß der Factor von πi wenigstens in der einen Formel die ich zunächst im Auge habe, sich sofort als ganze Zahl herausstellt. Sie sehen, ich mache krampfhafte Versuche, in der Geschwindigkeit noch etwas von dem Manuscript zu verstehen, sitze aber dabei auf Kohlen, da Teubner wahrscheinlich wegen Manuscriptmangel so lange keine Correctur geschickt hat. Ich erwarte nächstens einen Mahnbrief, obwohl er jedenfalls noch für über einen Bogen M. S. hat. H. Weber

[Ded 11][226]
Richard Dedekind aus Braunschweig an Heinrich Weber
Brieffragment undatiert
Archiv der SUB Göttingen Cod. MS. R. Dedekind 13:49 Nummer 87a

Lieber Freund!

Die letzte Woche seit Abgang des Packetes bin ich wieder sehr heftig erkältet und zum Arbeiten nicht recht fähig gewesen, sonst würde ich besser im Stande sein, auf einige Ihrer Fragen zu antworten, doch da ich sehe, wie eifrig Sie an dem bösen Manuscripte sind, so will ich nicht länger zögern. Zuvor aber lassen Sie mich Ihnen erklären, daß ich mit herzlichem Dank Ihre freundschaftliche Einladung annehme, trotz des früher abgeschlossenen Vertrages nun doch neben Ihnen mit meinem Namen auf dem Titel des Werkes zu erscheinen. Sie hätten zwar wirklich nicht nöthig gehabt, sich Gewissensbisse zu machen, als alleiniger Herausgeber aufzutreten, denn Sie haben nicht blos die Hauptarbeit daran gethan, sondern auch das Ganze durch Ihre vollständige Beherrschung der Riemann'schen Schöpfungen zu geleitet, daß die Welt sagen wird:

226 Das folgende Brieffragment ist undatiert, stellt aber offensichtlich den Entwurf zu [Ded 12] dar.

es ist gut geworden. Mir wäre das ganz unmöglich gewesen; unzählige Male habe ich mir das in diesem Winter gesagt, und bei dem wirklichen Fortgange Ihrer Arbeit habe ich erst so recht eingesehen, was Alles dazu gehört, und wie wenig mein Wissen dazu ausgereicht haben würde. Mit diesem größten Interesse bin ich Ihrer Arbeit gefolgt, bei der ich sehr viel gelernt habe, und die Freude darüber, mit Ihnen in einen so nahen Verkehr gekommen sein, würde allein mir reichliche Belohnung für meinen Arbeitsantheil gewesen sein. Nun habe ich mir aber Ihren erneuten Antrag überlegt, und ich finde es gar so verlockend und ehrenvoll, gerade in Ihrer Gesellschaft zu erscheinen daß ich nicht wiederstehen kann; nur muß es in einer Form geschehen, die dem Publicum keinen Zweifel darüber läßt, daß Sie der eigentliche Herausgeber sind; ich habe darüber nachgedacht und bin z.B. auf folgende Titel-Form gekommen: „Riemann's gesammelte mathematische Werke. In Verbindung mit R. Dedekind herausgegeben von H. Weber" oder „R. g. m. W. Herausgegeben von H. Weber unter Mitwirkung von R. Dedekind". Vielleicht wird es Ihnen gelingen eine Form zu finden, die das wirkliche Verhältniß noch besser trifft. Es wird ferner in der Ordnung sein, daß Sie die Vorrede allein unterzeichnen. Finden Sie aber bei näherer Überlegung, daß mein Miterscheinen doch einige formelle Schwierigkeiten mit sich bringt (was wird z. B. Teubner dazu sagen?), so lassen Sie uns zu unserer alten Verabredung zurückkehren, und seien Sie überzeugt, daß die freundschaftliche Gesinnung, aus welcher Ihr Antrag hervorgegangen ist, mich herzlich erfreut und meine Ansprüche vollauf befriedigt hat.
Da ich die Vorrede erwähnt habe, so möchte ich Sie fragen, ob Sie beabsichtigen, mit einigen Worten auch die Geschichte dieser Herausgabe mitzutheilen? Es würde dann namentlich Clebsch zu nennen sein, der die Sache wirklich mit großem Eifer angriff, wiewohl ich glaube, daß er den Nachlaß nicht mit solcher großen Sorgfalt durchforscht haben würde, wie Sie es gethan haben.
Ich komme nun zu Ihren letzten Fragen. Was den Titel der Biographie[227] betrifft, so bin ich der Meinung, daß er so lauten möge: „Bernhard Riemann's Lebenslauf" ohne irgend einen Zusatz, und daß Sie in Ihrer Vorrede ganz kurz ungefähr Folgendes bemerken: „die biographische Skizze ist auf meinen Wunsch von R. Dedekind verfaßt, hauptsächlich nach Mittheilungen der Riemann'schen Familie." Hierzu habe ich folgenden Grund. Ich habe mich einiger Male in der dritten Person eingeführt, weil ich ein unbestimmtes Gefühl hatte, daß das „ich" oder „mir" oder „in meiner Gesellschaft" etwas den sonst ruhigen Ton Störendes für den Leser haben würde, was ich vermeiden wollte. Als Henle mein Manuscript gelesen hatte, fragte er sogleich: „Wollen Sie sich in der Überschrift nennen? Das geht nicht, wenn Sie von sich in der dritten Person sprechen." Das war auch ganz meine Meinung, und ich fragte ihn nun noch, wofür er sich lieber entscheiden würde: dritte Person mit Nennung des Verfassers an einer entfernten Stelle, in der Vorrede - oder erste Person mit Nennung des Verfassers in der Überschrift selbst - worauf er sich sofort für das Erstere erklärte; und mir scheint

227 Siehe [Dedekind 1876a].

es ebenfalls so besser zu sein. Für die Correctur bedarf ich übrigens des Manuscriptes nicht, da ich mein altes von Bönigen noch habe, das ich zum Andenken an Nro 43 im Hotel Royal aufbewahren werde.

[Ded 12][228]

Richard Dedekind aus Braunschweig an Heinrich Weber

Brieffragment undatiert

Archiv der SUB Göttingen 8 Cod. MS. Philos 205 Nummer 7

Lieber Freund!

Die letzte Woche seit Abgang des Packetes bin ich wieder sehr heftig erkältet und zum Arbeiten nicht recht fähig gewesen, sonst würde ich besser im Stande sein, auf einige Ihrer Fragen zu antworten; doch da ich sehe, wie eifrig Sie an dem bösen Manuscripte sind, so will ich nicht länger zögern. Zuvor aber lassen Sie mich Ihnen erklären, daß ich mit herzlichstem Danke Ihre freundschaftliche Einladung annehme, trotz des früher abgeschlossenen Vertrages nun doch neben Ihnen mit meinem Namen auf dem Titel des Werkes zu erscheinen. Sie hätten zwar wirklich nicht nöthig gehabt, sich Gewissensbisse zu machen, als alleiniger Herausgeber aufzutreten, denn Sie haben nicht bloß die Hauptarbeit daran gethan, sondern auch das Ganze durch Ihre vollständige Beherrschung der Riemann'schen Schöpfungen so geleitet, daß die Welt sagen wird; es ist gut geworden. Mir wäre das ganz unmöglich gewesen; unzählige Male habe ich mir das in diesem Winter gesagt, und bei dem wirklichen Fortgange Ihrer Arbeit habe ich erst so recht eingesehn, was Alles dazu gehört, und wie wenig mein Wissen dazu ausgereicht haben würde. Mit dem größten Interesse bin ich Ihrer Arbeit gefolgt, bei der ich sehr viel gelernt habe, und die Freude darüber, mit Ihnen in einen so nahen Verkehr gekommen zu sein, würde allein mir reichliche Belohnung für meinen Arbeitsantheil. Nun habe ich mir aber Ihren erneuten Antrag überlegt, und ich finde es so verlockend und ehrenvoll, gerade in Ihrer Gesellschaft zu erscheinen, daß ich nicht widerstehen kann; nur muß es in einer Form geschehen, die dem Publicum keinen Zweifel darüber läßt, daß Sie der eigentliche Herausgeber sind; ich habe darüber nachgedacht und bin z. B. auf folgende Titel-Form gekommen: „Riemann's gesammelte mathematische Werke. In Verbindung mit R. Dedekind herausgegeben von H. Weber" oder: „R. g. m. W. Herausgegeben von H. Weber unter Mitwirkung von R. Dedekind". Vielleicht wird es Ihnen gelingen, eine Form zu finden, die das wirkliche Verhältniß noch besser trifft. Es wird ferner in der Ordnung sein, daß Sie die Vorrede allein unterzeichnen. Finden Sie aber bei näherer Überlegung, daß mein Miterscheinen doch einige formelle Schwierigkeiten mit sich bringt (was wird z. B. Teubner dazu

228 Das folgende Brieffragment ist undatiert, lässt sich aber durch [Ded 13] vervollständigen.

sagen?), so lassen Sie uns zu unserer alten Verabredung zurückkehren, und seien Sie überzeugt, daß die freundschaftliche Gesinnung, aus welcher Ihr Antrag hervorgegangen ist, mich herzlich erfreut und meine Ansprüche vollauf befriedigt hat.
Da ich die Vorrede erwähnt habe, so möchte ich Sie fragen, ob Sie beabsichtigen, mit einigen Worten auch die Geschichte dieser Herausgabe mitzutheilen? Es würde dann namentlich Clebsch zu nennen sein, der die Sache wirklich mit großem Eifer ergriff, wiewohl ich glaube, daß er den Nachlaß nicht mit solcher großen Sorgfalt durchforscht haben würde, wie Sie es gethan haben.
Das bringt mich zunächst auf Ihre Frage über den Titel der Biographie[229]; ich bin der Meinung, daß er einfach so lauten möge: „Bernhard Riemann's Lebenslauf" ohne irgend einen Zusatz, und ich würde wünschen, daß Sie in Ihrer Vorrede ganz kurz ungefähr Folgendes bemerkten: „Die biographische Skizze ist auf meinen Wunsch von R. Dedekind verfaßt, hauptsächlich nach Mittheilungen der Riemann'schen Familie".
Hierzu bewegt mich Folgendes: ich habe mich einige Male in der dritten Person eingeführt, weil ich ein unbestimmtes Gefühl hatte und auch noch habe, daß das „ich" oder „mir" oder „in meiner Gesellschaft" etwas den sonst ruhigen Ton Störendes für den Leser haben würde, was ich vermeiden wollte. Als Henle mein Manuscript in Göttingen gelesen hatte, fragte er sogleich: „Wollen Sie sich in der Überschrift als Verfasser nennen? Das geht nicht, wenn Sie von sich in der dritten Person sprechen." Das war auch ganz meine Meinung, und ich fragte ihn nur noch, wofür er sich lieber entscheiden würde: dritte Person mit Nennung des Verfassers an einer ganz entfernten Stelle, nämlich in der Vorrede – oder erste Person mit Nennung des Verfassers in der Überschrift selbst – worauf er sich sofort für die erstere Art erklärte; und mir scheint es ebenfalls so besser zu sein. Mich ganz wegzulassen aus der Erzählung, wäre geradezu unnatürlich; sollte ich mich aber in erster Person einführen, so würde dem Leser wieder auffallen, daß ich z. B. gar nicht erzähle, wie ich Riemann kennen gelernt habe, und Anderes; und ich möchte gern alles Störende vermeiden.
Für die Correctur bedarf ich übrigens des Manuscriptes nicht, da ich mein altes von Bönigen noch habe, das ich zum Andenken an Nro. 43 mit dem Balcon im Hotel Royal aufbewahren werde.
Nun kommen elliptische Functionen[230] an die Reihe. Aus einer von Ihren Fragen ersehe ich, daß Sie eine Stelle in meinem Packet Briefe so aufgefaßt haben, als ob ich die erste Riemann'sche Formel für log κ aus meinen abgeleitet und auf diese Reihe verificirt hätte. Diese Auffassung läßt mich befürchten, daß Sie viel besser von mir denken, als ich es verdiene: ich habe Ihnen geschrieben (oder sollte ich das nicht gethan haben?), daß es mir leider an Zeit gefehlt hat, die Riemann'schen Formeln (mit Ausnahme der ersten) auf ihre Genauigkeit zu prüfen; damit meinte ich nur das wirkliche Nachrechnen auf dem von Riemann selbst eingeschagenen Wege, von einem Gleich-

229 Siehe [Dedekind 1876a].
230 Siehe [Riemann 1876: XXVII].

heitszeichen redlich zum nächstfolgenden, bis zu den Endformeln hin, um auf diese Weise für die Correctheit…

[Ded 13][231]

Richard Dedekind aus Braunschweig an Heinrich Weber

Brieffragment vom 25.02.1876

Archiv der SUB Göttingen Cod. MS. B. Riemann 14 Blätter 42, 43

…der Riemannschen Rechnung, die außerdem so entsetzlich schlecht zu lesen war, mit Gewissheit bürgen zu können. Nur die erste Rechnung, den ersten Fall von $\log \kappa$, habe ich auf diese Weise wirklich Punct für Punct nachgerechnet und richtig befunden; schon mit dem zweiten Fall bin ich nicht mehr fertig geworden, und ich habe nur noch in aller Eile ein Zahlenbeispiel nach Riemann's Endformel und nach meinen Formeln gerechnet, und Übereinstimmung gefunden; alle folgenden Fälle habe ich gar nicht mehr angerührt, oder vielmehr, ich habe (wahrscheinlich bei dem dritten Fall, ich weiß es nicht mehr genau) noch ein Zahlenbeispiel gerechnet, und keine Übereinstimmung gefunden, was aber sehr wohl von einem Rechenfehler herrühren kann. Dazu, die sämmtlichen Riemann'schen Formeln, oder auch nur eine von ihnen, aus meinen Formeln abzuleiten, bin ich noch gar nicht gekommen; aber ich hatte allerdings nicht geglaubt, daß dies, wie Sie mir schrieben, Schwierigkeiten darbieten könnte. Ich will mich damit beschäftigen, weil Sie sich entschlossen haben, meinem Commentare[232] eine solche große Ehre anzuthun, ihn abdrucken zu lassen; sollte es mir nicht gelingen, dies heraus zu bringen, so müßte freilich wohl die eine Stelle, wo ich diese Ableitbarkeit behaupte, etwas gemildert werden. Zum Übrigen glaube ich, obgleich man meistens über seine eigene Arbeit kein rechtes Urtheil hat, über die Richtigkeit der elliptischen Zahlen (m, n) den Mund nicht zu voll genommen zu haben. Ich erlaube mir, im Anschluss an Ihre Fragen und treffenden Vermuthungen mitzutheilen, was ich bis jetzt über dieselben zu sagen vermag.
Aus der in dem Commentar enthaltenen Formel für (m, n) erhält man durch Einführung der Charakteristik ε leicht die folgenden Ausdrücke, wo n immer positiv voraus gesetzt ist:

1) wenn n ungerade ist

$$(m, n) = 6\left(\tfrac{n-1}{2}\right)^2 - 4m\tfrac{n^2-1}{8} + 12n\sum_{t=1}^{t=\frac{n-1}{2}} \mathcal{E}\left(\tfrac{mt}{n}\right) - 24\sum_{t=1}^{t=\frac{n-1}{2}} t\mathcal{E}\left(\tfrac{mt}{n}\right)$$

231 Das folgende Brieffragment stellt offensichtlich die Fortsetzung zu [Ded 12] dar.

232 Siehe Richard Dedekind: Erläuterungen zu den vorstehenden Fragmenten. In: [Riemann Werke 1876], S. 438-447.

2) wenn n gerade ist

$$(m,n) = 12\frac{n(n-2)}{8} - 2m\frac{n^2-4}{4} + 12n\sum_{t=1}^{t=\frac{n}{2}-1} \mathcal{E}\left(\frac{mt}{n}\right) - 24\sum_{t=1}^{t=\frac{n}{2}-1} t\mathcal{E}\left(\frac{mt}{n}\right)$$

Meine Bemühungen, die zweite Summe in beiden Formeln noch zu vereinfachen, sind bis jetzt vergeblich gewesen, und insofern habe ich wohl in dem Commentar etwas zu viel behauptet.

Aus diesen Ausdrücken geht hervor, daß (m,n) immer eine gerade Zahl ist, was auch leicht durch den Schluß von n auf $n+1$ aus den Sätzen $(m+n,n) = (m,n)$ und $m(m,n) + n(n,m) = 1 + m^2 + n^2 - 3mn$ abgeleitet wird, in denen ja Alles enthalten sein muss. Es wäre daher besser $\frac{(m,n)}{2}$ mit (m,n) zu bezeichnen, was nun aber zu spät ist.

Ihre Bemerkung, dass in allen diesen Fällen der Degeneration die Modul-Quadrate κ^2, κ'^2 sich nothwendig einem der drei Werte $0, 1, \infty$ nähern müssen, ist durchaus zutreffend, und die Schlüsse, die Sie daraus ziehen, würden, wenn ich Ihre Meinung richtig verstanden habe, in folgenden Congruenzen bestehen:

I. $m \equiv n \equiv 1 \pmod{2}$

$$2(2m,n) - (m,2n) \equiv 3(m-n) \pmod{6n}$$

II. $m \equiv 0, n \equiv 1 \pmod{2}$

$$(m+n,2n) - 2(2m,n) \equiv -3m \pmod{6n}$$

III. $m \equiv 1, n \equiv 0 \pmod{2}$

$$(m+n,2n) - (m,2n) \equiv 0 \pmod{6n}$$

Aus den beiden obigen Sätzen $(m+n,n) = (m,n)$ und $m(m,n) + n(n,m) = 1 + m^2 + n^2 - 3mn$ habe ich die Congruenzen nicht vollständig, sondern nur für den Modul $2n$, wie ich glaube, ableiten können. Aber vermöge einer schmachvollen Eselsbrücke, die Sie wahrscheinlich errathen werden (nicht etwa aus den beiden Ausdrücken 1) und 2) für (m,n), die ich noch nicht versucht habe), finde ich, dass in den drei Fällen folgende noch schärfere Congruenzen Statt finden müssen (ohne sie derart beweisen zu können)

I. $2(2m, n) - (m, 2n) \equiv 3m(1 - n^2) \pmod{48n}$

und

$2(2m, n) - 2(\frac{m+n}{2}, n) = 3h$, wo

$mh \equiv m^2 - 1 \pmod{n}$, $h \equiv 0 \pmod{16}$

II. $(m + n, 2n) - 2(2m, n) \equiv 3(m + n)(n^2 - 1) \pmod{48n}$

und

$2(\frac{m}{2}, n) - (m + n, 2n) = 3h$, wo

$mh \equiv 1 \pmod{n}$; $h \equiv n^2 - 1 \pmod{16}$

III. $(m + n, 2n) - (m, 2n) \equiv 3n(m^2 - 1 - mn) \pmod{48n}$

und

$(m + n, 2n) - 4(m, \frac{n}{2}) = 3h$, wo

$m^2h \equiv n - m^2n - m - m^3 \pmod{16n}$

Auch Ihre Vermuthung wegen der Beziehung zu den quadratischen Resten ist höchst gegründet, und zwar ist das Gesetz, das ich mit Hülfe einer ganz ähnlichen Eselsbrücke (nämlich aus der bekannten Formel für die Constante der ϑ-Transformation, in Gauß'schen Summen) finde, so einfach, wie es kaum zu erwarten war: für jedes ungerade, beliebig zusammengesetzte n ist

$$\left(\frac{2m}{n}\right) \equiv \frac{1}{2}\left(1 + \left(\frac{-1}{n}\right)\right) - \frac{(m, n)}{2} \pmod{4},$$

wo $(\frac{2m}{n})$ und $(\frac{-1}{n})$ das Legendre-Jacobi'sche Symbol ist; ich glaube, dass ich bei der etwas umständlichen Ableitung keinen Rechenfehler gemacht habe, denn in allen Zahlenbeispielen bewährt sich dieser Satz, durch welchen die Bestimmung von $(\frac{m}{n})$ vollständig auf die elliptischen Zahlen (m, n) zurückgeführt ist, und aus welchem mit Benutzung von $m(m, n) + n(n, m) = 1 + m^2 + n^2 - 3mn$ für ein ebenfalls ungerades m sich der verallgemeinerte Reciprocitätssatz ergiebt.
Ich glaube aber nicht, daß umgekehrt die Zahlen (m, n) sich leicht mit Hülfe der quadr. Reste explicite darstellen lassen werden; die in n quadratischen Ausdrücke für (m, n), die man für ein bestimmt gegebenes m erhält: $\frac{n^2-(3m+(n,m))n+m^2+1}{m}$, haben sogar manche

merkwürdige Eigenschaften, aber ich bezweifle, ob sie sich allgemein angeben lassen; ich glaube überhaupt, dass diese Zahlen (m, n) auch auf höhere zahlentheoretische Fragen anwendbar sind, als nur auf die quadratischen Reste. Übrigens bemerke ich, dass das obige Gesetz zwischen $(\frac{m}{n})$ und (m, n) sich auch aus dem obigen Ausdruck 1) für (m, n) nach bekannten Untersuchungen ergiebt (Dirichlet Zahlenth. § 44[233] und Gauss' Werke Bd II p. 3-8[234], 59-64[235]).–
Das Fragezeichen an der einen Stelle der Riemann'schen Formeln habe ich wahrscheinlich deshalb gemacht, weil ich, ohne hinreichende Prüfung, Klammern () weggelassen habe, die meiner Meinung nach nicht die Bedeutung haben, die Riemann dem Zeichen (x) giebt und die ich um Verwirrung zu vermeiden lieber durch $((x))$ bezeichne, während unmittelbar daneben als Factor wirklich eine Größe $((x))$ steht. Ich will suchen bis zur Ankunft der Correctur noch einmal mich in diese Rechnung zu stürzen, um womöglich ihre Richtigkeit verbürgen zu können.
Die Theorie der Modulargleichungen beginnt erst da, wo meine Briefbogen abbrechen; aber ich dachte, die mitgetheilten Grundlagen (z. B. auf das nothwendige Hervortreten von $\eta(\omega)$, dessen Quadrat einer hyperg. Differentialgleichung genügt) würde Sie vielleicht interessiren.–
Ihre Mittheilung über Kappeler's Antrag hat mich sehr interessirt; aber Sie haben gewiß recht gehandelt[236]. Ich möchte die Schweizer beriefen uns Beide mal an eine eidgen. Hochschule in Zürich! Mit herzlichen Grüßen an Sie und die Ihrigen.
Braunschweig, 25 Februar 1876 Ihr R. Dedekind

[Ded 14]
Richard Dedekind aus Braunschweig an Heinrich Weber
Brief vom 16.03.1876
Archiv der SUB Göttingen Cod. MS. B. Riemann 14 Blätter 44, 45

Lieber Freund!

Es beunruhigt mich, dass ich seit so langer Zeit gar keine Nachrichten von Ihnen erhalten habe; hoffentlich wird es nicht Krankheit sein, die Sie verhindert hat, mir ein Lebenszeichen von Ihnen zukommen zu lassen, und ich suche mich mit dem Gedanken zu beruhigen, dass Sie ganz und gar in der Arbeit stecken, um das Werk abzuschließen, das Ihnen und mir so am Herzen liegt. Bisweilen denke ich mir, dass Sie doch auf Schwierigkeiten stoßen bei der Ausführung Ihres freundschaftlichen Aner-

233 Siehe [Dirichlet 1871].
234 Siehe [Gauss 1863a].
235 Siehe [Gauss 1863b].
236 Vergl. [Web 28], Brief von Heinrich Weber an Richard Dedekind vom 19.02.1876.

bietens, mich auf dem Titel mit auftreten zu lassen; so sehr mich Ihr Antrag erfreut hat, so bitte ich Sie doch nochmals dringend, wie in meinem letzten Briefe, dass Sie die Vorschläge, die ich Ihnen in dieser Beziehung gemacht habe, lediglich als Einfälle von mir ansehen, die der Augenblick eingegeben hat, und dass Sie sich gar nicht daran kehren; sollte nur die mindeste Unbequemlichkeit für Sie aus meiner Annahme Ihres Antrages erwachsen, so versteht es sich ganz von selbst, daß wir auf unsere erste, von mir sehr wohl erwogene Abmachung zurückkommen, nach welcher Sie allein als Herausgeber des Werkes, auftreten. Kein Anderer würde diesem Unternehmen gleiches Wissen und gleiche uneigennützige Hingabe entgegengebracht haben, wie Sie, und diese Überzeugung hat sich von Ihrem ersten Briefe, in welchem Sie auf meine Bitte das Werk in Ihre Hand nahmen, bis zum letzten Augenblicke so verstärkt, dass ich mich glücklich preise, mich an Sie gewendet zu haben, als mein Muth auf das Tiefste gesunken war. Um keinen Preis möchte ich Ihnen daher die geringste Ungelegenheit verursachen; alle meine Vorschläge wegen Titel, Vorrede, Biographie u.s.w., die ich Ihnen in meinem letzten Briefe gemacht habe, müßten Sie genau so ansehen und nicht wichtiger nehmen, als etwa eine Correctur in einem Druckbogen, deren ich gewiß manche unnöthige und ungeschickte gemacht habe: εἱς κύριος ἑστω[237]. Das habe ich von Anfang an gesagt und Sie müssen der unbeschränkte κύριος[238] sein. Ich bemerke übrigens, dass ich das Griechische ziemlich verlernt habe, das Schreiben geht noch schlechter als das Sprechen.

Die Zahlen (m, n) möchte ich, falls mein Commentar[239] wirklich gedruckt werden soll, doch gern überall halbiren; ich glaube auch kaum, daß dies viele Umstände bei der Correctur machen wird; es ist so unangenehm, die Bezeichnung, falls ich sie an einem anderen Orte benutzen sollte, gleich wieder abzuändern, und ich gehe halb und halb mit dem Gedanken um, vielleicht in den Göttinger Nachrichten[240] etwas Weiteres über diese Zahlen mitzutheilen. Der Gebrauch des Zeichens wird geschmeidiger, wenn man es ausdehnt auf Zahlen m, n, die einen gemeinschaftlichen Theiler e haben, durch die sehr naheliegende Definition $(m, n) = e(\frac{m}{e}, \frac{n}{e})$. Die aus der Transformation zweiter Ordnung $\log\eta(2\omega) + \log\eta(\frac{\omega}{2}) + \log\eta(\frac{1+\omega}{2}) = 3\log\eta(\omega) + \frac{\pi i}{24}$ folgenden Gleichungen lassen sich dann in die einzige $2(2m, n) + (m, 2n) + (m + n, 2n) = 6(m, n)$ zusammenziehen. Ähnlich folgt, wenn p eine Primzahl, aus der Transformation $p$ter Ordnung

$$\log\eta(p\omega) + \sum_{h=0}^{h=p-1} \log\eta\left(\frac{h+\omega}{p}\right) = (p+1)\log\eta(\omega) + \frac{p-1}{24}\pi i$$

237 Griechisch, „Es sei ein Herr“.

238 Griechisch, „Herr“.

239 Siehe Richard Dedekind: Erläuterungen zu den vorstehenden Fragmenten. In: [Riemann Werke 1876], S. 438-447

240 Nachrichten von der Königlichen Gesellschaft der Wissenschaften und der Georg-Augusts-Universität zu Göttingen.

und entsprechend

$$p(mp, n) + \sum(m + hn, np) = p(p + 1)(m, n),$$

wo h ein beliebiges vollst. Restsystem (mod. p) durchläuft, und hieraus allgemein, wenn p eine beliebige ganze positive Zahl bedeutet, und h ein Restsystem (mod. p) durchläuft,

$$\sum^{h}(m + hn, np) = p\{\sum^{p_1} \psi(p_1)\left(\frac{mp}{p_1}, n\right) - \sum^{p_2} \psi(p_2)\left(\frac{mp}{p_2}, n\right)\}$$

wo allgemein ψ die Summe der Divisoren, und p_1, p_2 diejenigen Divisoren von p bedeuten, die in der Entwicklung

$$\varphi(p) = \sum p_1 - \sum p_2$$

der Anzahl der relativen Primzahlen zu p auftreten (Dirichlet § 138[241]). Beziehungen zu cubischen und höheren Resten zu finden, ist mir bis jetzt noch nicht geglückt, und doch zweifle ich kaum an der Existenz solcher Beziehungen, auch zu den quadr. Formen. Die Berechnung der (halbirten) Zahlen (m, n) gelingt am kürzesten wohl durch Recursion nach der Formel

$$(m, n) = (m, n') - h(n', m) + \frac{1}{2}h(n + n' - 3m),$$

wo $n = hm + n'$ ist, aus der zugleich hervorgeht, dass (m, n) wirklich immer eine ganze Zahl wird, falls dies für alle kleineren Werthe von n schon nachgewiesen ist; die directe Berechnung nach den Ausdrücken mit $\mathcal{E}$ ist recht umständlich.–

Ich habe nun nochmals eine Postzeit abgewartet, in der Hoffnung, eine Nachricht von Ihnen zu erhalten; leider wieder ohne den gewünschten Erfolg. Ich sende nun meinen Brief ab und wünsche, dass er Sie und die lieben Ihrigen im besten Wohlsein antreffen möge, und dass Sie aus meiner Unruhe eine Veranlassung entnehmen mögen, mir wenn auch nur durch eine Karte ein Lebenszeichen zu schicken. Mit herzlichen Grüßen Ihr

Braunschweig, 16 März 1876. R. Dedekind.

[Web 30]

Heinrich Weber an Richard Dedekind

Brief vom 18.03.1876

Archiv der SUB Göttingen Cod. MS. R. Dedekind 14:81 Nummer 256

241 Siehe [Dirichlet 1871].

Königsberg d 18ten März 1876

Lieber Freund,

Zunächst muß ich vielmals um Verzeihung bitten, daß ich auf Ihrem letzten freundlichen Brief der mir so viel Veranlassung zu einer schnellen Antwort gegeben hätte, so lange nichts habe von mir hören lassen. Der Grund war kein anderer als meine Bummelei, einigermaßen entschuldigt durch die Arbeiten, die der Schluß des Semesters mit sich brachte, und das Jubiläum von Neumann[242], welches wir vorgestern sehr glänzend und sehr befriedigend gefeiert haben, wozu ich in mehreren Commités ziemlich viel zu thun hatte, und das auch zwei Gäste aus Berlin Kirchhoff und Borchardt gebracht hat, denen ich mich auch etwas widmen mußte.
Zunächst sage ich Ihnen also meinen besten Dank daß Sie auf meinen Vorschlag, mit auf dem Titel zu erscheinen so bereitwillig eingegangen sind. Sie haben mir dadurch eine große Freude gemacht, daß Teubner damit nicht einverstanden sein sollte, ist ganz undenkbar, obwohl ich ihm noch nicht darüber geschrieben habe. Ich werde es in den nächsten Tagen thun. Warum er jetzt so langsam druckt, begreife ich nicht, da ich ihm den Rest des Manuscriptes schon lange geschickt habe. Ich denke also nach Ihrem Vorschlag auf den Titel zu setzen: B. R.s ges. math. Werke unter Mitwirkung von R. Dedekind herausgegeben von H. Weber. Diese Form scheint mir deshalb geeignet, weil ich in den Anmerkungen mehrfach von mir als dem Herausgeber gesprochen habe. Sonst würde ich eine Form vorziehen, in der wir mehr gleichberechtigt neben einander figuriren.
Mit der Verification der Riemannschen Formeln habe ich mich noch einige Male, jedoch nicht sehr eingehend und ohne sonderlichen Erfolg beschäftigt; es wäre mir sehr lieb, wenn Sie darüber noch etwas heraus gebracht hätten und mir mittheilen wollten, sei es hinsichtlich der Ableitung aus Ihren Formeln, oder auf dem Riemannschen Wege.
Ihre Untersuchung über die Modulfunktionen[243] habe ich nun auch einigermaßen studirt, und sage Ihnen für diese Zusendung meinen besten Dank.[244] Die Sache hat mich in hohem Grade interessirt, und ich muß Ihnen sagen, daß Sie unrecht thun würden, wenn Sie diese schöne Untersuchung der Öffentlichkeit noch lange vorenthalten würden. Ich würde es aber nicht gern in den Göttinger Nachrichten[245] sehen; da ist Papier und Druck so schlecht. Am besten würde es sich in Borchardts

242 50. Doktorjubiläum von Franz Neumann, siehe auch [Web 34], Schriftstück von Heinrich Weber an Richard Dedekind vom 11.04.1876.

243 Siehe [Dedekind 1877d].

244 Vergl. [Web 61], Brief von Heinrich Weber an Richard Dedekind vom 16.06.1877.

245 Nachrichten von der Königlichen Gesellschaft der Wissenschaften und der Georg-Augusts-Universität zu Göttingen.

Journal[246] ausnehmen. Ich bin sehr gespannt, die Anwendung auf die complexe Multiplication noch genauer kennen zu lernen. Indessen bitte ich Sie, mir die Blätter noch einige Tage zu lassen, da ich mir einige Punkte noch genauer einprägen möchte. Ich werde sie Ihnen dann zuückschicken mit einem Entwurf zur Vorrede, die ich Sie durchzusehen bitte, und zu ändern, was Ihnen nicht gefällt. Sie können sie dann direct an Teubner schicken.
Königsberger[247] in Dresden[248] hat mir vor einiger Zeit einen über die Maßen höflichen Brief geschrieben, in dem er mich auffordert mich an seiner neu zu begründenden Zeitschrift[249] durch Beiträge zu betheiligen. Sie haben wohl die Anzeige davon auch schon erhalten. Ich muß gestehen, daß ich von der ganzen Idee nicht sehr eingenommen bin. Ich sehe nicht die unbedingte Nothwendigkeit, und zweifle namentlich sehr, ob die Sache auf die Dauer Erfolg haben wird. Eine Anzeige von Riemanns Werken[250] denke ich ihm zu schicken. Schaden kann das ja auf keinen Fall.
Nochmals bitte ich Sie, meine Säumigkeit zu entschuldigen, meine Frau läßt vielmals grüßen. Es geht uns Allen ganz gut. Herzliche Grüße von

Ihrem

H. Weber

[Web 31]

Heinrich Weber aus Königsberg an Richard Dedekind in Braunschweig

Postkarte vom 23.03.1876

Archiv der SUB Göttingen Cod. MS. R. Dedekind 14:81 Nummer 257

Lieber Freund!

T.[251] hat ganz gegen meine Absicht eine vierte Abtheilung angefangen an einer ganz unpassenden Stelle. Ich habe ihm darüber geschrieben und hoffe, er wird es noch ändern können. In diesem Fall habe ich ihn beauftragt, Ihnen eine zweite Correctur

---

246 Journal für die reine und angewandte Mathematik, zwischen 1856 und 1880 herausgegeben von Karl Borchardt.

247 Leo Königsberger war von 1875 bis 1877 Professor für Mathematik am Königlich-Sächsischen Polytechnikum in Dresden.

248 Im Jahre 1828 wurde in Dresden die Technische Bildungsanstalt zu Dresden, das spätere Königlich-Sächsische Polytechnikum, heute Technische Universität Dresden, gegründet.

249 Repertorium der literarischen Arbeiten aus dem Gebiete der reinen und angewandten Mathematik, gegründet 1877 von Leo Königsberger und Gustav Zeuner (* 30. November 1828 † 17. Oktober 1907), Ingenieur.

250 Siehe [Weber 1877a].

251 B. G. Teubner.

zu schicken, weil das dann hinzukommende Blatt Sie besonders interessiren muß. Wie steht es mit der Verification der Riemannschen Formeln? Ich komme darin nicht weiter. Es wäre mir sehr lieb, darüber noch etwas von Ihnen zu hören. Titel, Vorrede und Inhaltsverzeichnis werde ich Ihnen demnächst zuschicken.
Bei uns geht alles gut. Herzliche Grüße. Ihr

H. Weber

[Ded 15]
Richard Dedekind aus Braunschweig an Heinrich Weber
Brief vom 02.04.1876
Archiv der SUB Göttingen Cod. MS. B. Riemann 14 Blätter 46, 47

Lieber Freund!

Für Ihren Brief, der glücklicherweise meine allmählich enstandenen Sorgen verscheucht hat, und Ihre letzte Karte[252] sage ich Ihnen meinen besten Dank. Auch ich bin über die „vierte" Abtheilung erstaunt gewesen; daß in dieser Beziehung irgend ein Missverständniss obwaltete; vermuthete ich schon länger, da ich bemerkte, dass in dem Reindruck, den ich von Teubner von Bogen 1 bis 26 nach und nach erhalten habe, auf der ersten Seite jedes Bogens immer R. g. m. W. I stehen geblieben war, während ich in der Abtheilung II und III immer auch ein II, III eincorrigirt hatte. Von dem letzten Bogen 27 habe ich aber noch immer keine zweite Correctur erhalten, was nun doch sehr erwünscht wäre, falls wirklich die „vierte" Abtheilung dahinfällt und also noch zwei Seiten der elliptischen Fragmente[253] in den Bogen 27 aufgenommen werden. Dem Wunsche gemäß, den Sie in Ihrem Briefe äußern, habe ich mich dazu entschlossen, die Riemann'schen Formeln des zweiten Fragments genau auf dem Riemann'schen Wege nachzurechnen; ich hatte eigentlich einen Abscheu vor dieser Rechnung , weil ich früher schon bei der ersten der acht Formeln, um Weihnachten) die Mühseligkeit derselben kennen gelernt und gemerkt hatte, wie unendlich vorsichtig man dabei sein muss. Jetzt, nachdem ich die Rechnung beendet habe, bereue ich nicht mehr, beinahe eine ganze Woche darauf verwendet zu haben; dieses blasse Manuscript ist wirklich sonderbar; nach dem vielen Durchgestrichenen, und nach den dortigen Nebenrechnungen zu urtheilen, sollte man glauben, daß Riemann diese Rechnung zum ersten Male auf diesem Blatt Papier gemacht hat, andererseits finden sich aber bei dem Fortschritt von einem Gleichheitszeichen zum folgenden manche Lücken, die im Kopfe schwerlich auszufüllen sind, und deshalb vermuthe ich, daß er die eigentliche Rech-

252 Vergl. [Web 31], Postkarte von Heinrich Weber an Richard Dedekind vom 23.03.1876.
253 Siehe [Riemann 1876: XXVII].

nung auf einer Schiefertafel gemacht (was er bisweilen that) und nur die wichtigsten Wendepuncte der Rechnung auf das Papier geschrieben hat. Bisweilen hat mir die Ausfüllung dieser Lücken Schwierigkeit gemacht, z.B. ist es mir erst nach manchen vergeblichen Versuchen gelungen, in der zweiten der acht Formeln den Übergang von dem vorletzten Ausdruck zum letzten zu machen, also den Satz zu beweisen:

$$\frac{m+\mu}{2} + \frac{\mu}{2n} + 2\sum\nolimits_{1,n-1}(-1)^s \left\{\mathcal{E}\left(\frac{\mu s}{2n}\right) - \mathcal{E}\left(\frac{ms}{2n}\right)\right\}$$

$$= \frac{m}{2n} + \frac{4}{n}\sum(-1)^s s \left\{\frac{ms-n}{2n} - \mathcal{E}\left(\frac{ms}{2n}\right)\right\}$$

oder, was dasselbe ist

$$2\sum\nolimits_{1,n-1}(-1)^s \left(\left(\frac{ms}{2n} + \frac{1}{2}\right)\right) - 2\sum\nolimits_{1,n-1}(-1)^s \left(\left(\frac{\mu s}{2n} + \frac{1}{2}\right)\right)$$

$$= \frac{4}{n}\sum\nolimits_{1,n-1}(-1)^s s \left(\left(\frac{ms}{2n} + \frac{1}{2}\right)\right)$$

Aber der endliche Sieg ist dann auch erfreulich. Manche der Schlussausdrücke würden sich noch etwas vereinfachen lassen; einige sind nicht vollkommen genau, wenn nicht etwa meine Abschrift des blassen Manuscriptes selbst fehlerhaft ist. In der Schlußformel des dritten Falles muß

$$\left(\left(\frac{sm}{4n}\right)\right) \text{ durch } \left(\left(\frac{sm}{4n} + \frac{1}{2}\right)\right)$$

ersetzt werden; im vierten Stück muß in der vorletzten Formel hinter $\frac{1}{2n}$ eine Reihe von Puncten... gesetzt werden:

$\frac{1}{2n}$ zu ersetzen durch $\frac{1}{2n} \ldots$ (ist, wie ich sehe, schon geschehen)

und die letzte Formel muß gerade entgegengesetzt lauten:

$$-\pi i\left((m-2)n - 4\sum\nolimits_{0,n-1}^{s} \mathcal{E}\left(\frac{m(2s+1)}{4n}\right)\right)$$

Im fünften Stück muss in der Parenthese hinter πi:

$$\frac{n^2-1}{n}\mu \text{ durch } \frac{n^2-1}{2n}\mu$$

ersetzt werden.

Alle reellen Theile (im Stück 2, 3, 5, 6, 7, 8) sind falsch, d.h. sie stimmen nicht mit den aus $\log \eta(\omega)$ von mir gefundenen Formeln, die ich Ihnen geschickt habe, und das müssen sie doch! Ich glaube, hier hat Riemann die reellen Bestandtheile der Reihen (sowohl der unendlichen als die von Null verschiedenen endlichen) nicht genau genug geschätzt, und außerdem noch Fehler gemacht. Zur Vergleichung mit meinen aus $\log \eta(\omega)$ abgeleiteten Formeln will ich so bezeichnen:

$$q = e^{\omega\pi i},\ q_0 = e^{xi} = e^{\omega_0\pi i};\ \omega_0 = \frac{\mathcal{M}}{\mathcal{N}} \text{ (in kleinster Benennung, } \mathcal{N} \text{ positiv)}$$

denn was in meinen Formeln

$$\mathcal{A} = \frac{\pi i}{24\mathcal{N}^2(\omega - \omega_0)} \;;\; \mathcal{B} = \frac{1}{2}\log\frac{\omega - \omega_0}{i} + \frac{1}{2}\log\mathcal{N}.$$

Dann ist (für $\omega = \omega_0$)

$$\frac{q+q_0}{q-q_0} = \frac{e^{(\omega-\omega_0)\pi i}+1}{e^{(\omega-\omega_0)\pi i}-1} = \frac{2}{(\omega-\omega_0)\pi i} + \sigma = -\frac{48\mathcal{N}^2}{\pi^2}\mathcal{A} + \sigma$$

$$\log\left(\frac{q_0+q}{q_0-q}\right) = \log\left(\tfrac{2}{\pi}\right) - \log\frac{\omega-\omega_0}{i} + \sigma = -2\mathcal{B} + \log\left(\tfrac{2\mathcal{N}}{\pi}\right) + \sigma$$

und allgemeiner, wenn r eine ganze Zahl,

$$\log\left(\frac{q_0^r + q^r}{q_0^r - q^r}\right) = -2\mathcal{B} + \log\left(\frac{2\mathcal{N}}{\pi r}\right) + \sigma.$$

die reellen Theile der Riemannschen Formeln würden folglich

2) in $\log\kappa$: $\quad -\frac{\pi^2}{4n^2}\cdot\frac{q+q_0}{q-q_0} - \frac{1}{n}\log\frac{1+q^n}{1-q^n} = -\frac{\pi^2}{4\mathcal{N}^2}\cdot\frac{q+q_0}{q-q_0} + \frac{1}{\mathcal{N}}\log\frac{q_0^{\mathcal{N}}+q^{\mathcal{N}}}{q_0^{\mathcal{N}}-q^{\mathcal{N}}}$

$$= 12\mathcal{A} + \tfrac{1}{\mathcal{N}}\left(-2\mathcal{B} + \log\left(\tfrac{2\mathcal{N}}{\pi}\right)^n\right)$$

während es nach meinem Fall I heißen müßte

$$12\mathcal{A} - 2\log 2.$$

3) in $\log\kappa$: $\quad \frac{\pi^2}{16n^2}\cdot\frac{q+q_0}{q-q_0} + \frac{1}{2n}\log\frac{1+q^{2n}}{1-q^{2n}} = \frac{\pi^2}{4\mathcal{N}^2}\cdot\frac{q+q_0}{q-q_0} - \frac{1}{\mathcal{N}}\log\frac{q_0^{\mathcal{N}}+q^{\mathcal{N}}}{q_0^{\mathcal{N}}-q^{\mathcal{N}}}$

$$= -12\mathcal{A} - \tfrac{1}{\mathcal{N}}(-2\mathcal{B} + \log\tfrac{2}{\pi});$$

sollte heißen (Fall III) $-\,12\mathcal{A} + 2\log 2)$

5) in $-\log\kappa'$: $\quad (-1)^{m+1}\frac{\pi^2}{4n^2}\frac{q+q_0}{q-q_0} = (-1)^m\cdot 12\mathcal{A};$

sollte heißen (nach meinem Fall I und II) :

$$(-1)^m(12\mathcal{A} - 2\log 2)$$

6) in $\log\frac{2\kappa}{\pi}$: $\quad \log\frac{q+q_0}{q-q_0} = -2\mathcal{B}\log\left(\tfrac{2\mathcal{N}}{\pi}\right)$

sollte heißen (nach Fall II) : $-2\mathcal{B}$

7) in $\log\frac{2\kappa}{\pi}$: $\frac{\pi^2}{4n^2}\frac{q+q_0}{q-q_0}+\log\left(\frac{q_0+q}{q_0-q}\right)=-12\mathcal{A}-2\mathcal{B}+\log\left(\frac{2\mathcal{N}}{\pi}\right)$

sollte heißen (nach meinem Fall I) :

$-12\mathcal{A}-2\mathcal{B}+2\log 2$

8) in $\log\frac{2\kappa}{\pi}$: $\log\frac{q_0+q}{q_0-q}=-2\mathcal{B}+\log\left(\frac{2\mathcal{N}}{\pi}\right)$

sollte heißen (nach meinem Fall III) : $-2\mathcal{B}$.

Ich schlage vor, die höchst geringfügigen Correctionen in den imaginären Theilen wirklich vorzunehmen, dagegen die reellen Theile so zu lassen, wie sie sind, und an irgend einer Stelle des Commentars auf die Unrichtigkeit aufmerksam zu machen. Wie ist Rieman auf $\frac{1}{n}\log\frac{1+q^n}{1-q^n}$ gekommen? Hat er nicht, weil $\frac{1-q}{1-q^n}=\frac{1}{n}$ ist, in der Eile $\frac{1}{n}\log$ mit $\log\left(\frac{1}{n}\right)$ verwechselt? Die einzige Stelle, die über die Behandlung des reellen Theils Aufschluss giebt, ist die Zerlegung (im 6ten Stück) (ungerade Zahlen t)

$$\log\frac{2K}{\pi}=4\sum\frac{1}{t}\frac{q^t}{1+q^t}=\log\frac{q_0+q}{q_0-q}+4\sum\frac{1}{t}\left(\frac{q^t}{1+q^t}-\frac{1}{2}\frac{q^t}{q_0^t}\right)$$

der reelle Bestandtheile der zweiten Summe ist, wenn $q=rq_0$ gesetzt wird,

$$2\sum\frac{r^t}{t}\left(\frac{q_0^t}{1+r^tq_0^t}+\frac{q_0^{-t}}{1+r^tq_0^{-t}}-1\right).$$

Das Verschwinden der Parenthese (der Coeff. von $\frac{r^t}{t}$) für $r=1$ hat vermuthlich Riemann verleitet, den Werth der Reihe für unendlich klein zu halten (für $r=1$), während ich (nach meinen Formeln) die Überzeugung habe, daß sie für $r=1$ unstetig ist, dass sie sich dem Werth $\log\left(\frac{\pi}{2n}\right)$ nähert; zu der directen Untersuchung dieser Reihe habe ich noch keine Zeit gehabt. Auf $\frac{1}{n}\log\frac{1+q^n}{1-q^n}$ kommt man wohl durch Absonderung der Glieder, deren Index durch n theilbar ist, aber hiermit erschöpft man offenbar noch nicht Alles, was unendlich groß, oder gar endlich, von Null verschieden wird. Da es aber mir nicht gelingt, eine angemessene Form für die Correction zu finden, so halte ich das Stehenbleiben der unrichtigen (– dafür halte ich sie –) reellen Bestandtheile für am besten (mit einer Warnung); dies wird durch den fragmentarischen Charakter des Ganzen, den es umgekehrt recht veranschaulicht, hinlänglich entschuldigt.–
Wenn meine „Valenz-Theorie" Sie interessirt, so bitte ich Sie, einstweilen noch die Briefbogen zu behalten; ich lege jetzt eine Fortsetzung bei, die sich (wie ich glaube) an das Frühere anschließt; der nächste Bogen, den ich noch nicht fertig habe, bringt den Anfang der complexen Multiplication.[254]
Ich habe noch einige Tage gewartet, gestern ist ein Bogen 28 eingetroffen, in welchen

254 Siehe [Dedekind 1877d].

ich statt (m,n) überall $2(m,n)$ eincorrigirt habe; hinsichtlich der oben erwähnten Unrichtigkeiten werden wohl die von mir eingeschobenen Worte „in den reellen Theilen" genügen. Heute ist auch die zweite Revision von Bogen 27 eingetroffen, den ich aber nur von dem Addit.[255] an corrigirt habe: die Formel oben auf der letzten Seite scheint mir in der einen oder anderen unten (NB!?) angegebenen Weise geändert werden zu müssen.
Mit herzlichen Grüßen an Sie, Ihre Frau Gemahlin, Ida, Rudi
Braunschweig, Ihr R. Dedekind
2 April 1876.

[Web 32]
Heinrich Weber aus Königsberg an Richard Dedekind
Brief vom 04.04.1876
Archiv der SUB Göttingen Cod. MS. R. Dedekind 14:81 Nummer 258

Königsberg d. 4ten April 1876

Lieber Freund,

Brief und Correctur habe ich heute erhalten und sage Ihnen für beides meinen besten Dank. Ich habe mich in den letzten Tagen auch noch bemüht die Riemann'schen Resultate zum Theil zu verificiren, und bin in den Fällen 1, 4 und, wie ich glaubte auch in 6 zum Ziele gelangt. In den anderen blieb ich immer an den reellen Theilen stecken, und nun beruhigt mich Ihre Mittheilung, daß dieselben nicht richtig seien, wesentlich. Im 6ten Fall bin ich in denselben Irrthum verfallen wie Riemann. Ich bin auch der Meinung, daß wir diese wenn auch unrichtigen reellen Theile stehen lassen. Ich würde diesmal Ihr Exemplar nach Leipzig schicken[256], da es deutlicher ist als meines, und schicke Ihnen das meinige zu, indem ich alle Correcturen eingetragen habe, damit Sie die Formeln für etwaige weitere Versuche besitzen, und damit Sie dieselben für die Bemerkungen die ich Ihnen zu machen habe, vorliegen haben. Sie brauchen den Bogen nicht zurückzuschicken, da ich das andere Exemplar wieder bekomme.
Wenn Sie noch weitere Aenderungen wünschen, oder mit meinen Aenderungen nicht einverstanden sind, so bitte ich Sie, mir dies möglichst bald mitzutheilen, damit ich bei der zweiten Revision darauf Rücksicht nehmen kann.
Was zunächst das Ende des vorigen Bogens betrifft, wo Sie eine Aenderung in einer

255 Siehe [Riemann 1876: XXVII].
256 An das Verlagshaus B. G. Teubner in Leipzig.

Formel machen, so erklärt sich dieser Fehler dadurch, daß im Druck zwei Teile ausgefallen sind die im Manuscript standen, und die wieder hinein müssen. Es muß nämlich heißen

ausgefallen {

1° si n est numerus par

$$= \sum_{0,\infty}^{s} -4\pi i \sum_{1,n-1}^{p} (-1)^{\frac{p-1}{2}} \frac{1}{p+ns} \left(\frac{pm}{n} + \frac{1}{2}\right)(-1)^{\frac{ns}{2}}$$

(übereinstimmend mit Ihrer Correctur)

2° si n est numerus impar

$$= \sum_{0,\infty}^{s} -4\pi i \sum_{1,2n-1}^{p} (-1)^{\frac{p-1}{2}} \frac{1}{p+2ns} \left(\frac{pm}{n} + \frac{1}{2}\right)(-1)^{s}$$

Dann wird es wohl in Ordnung sein.

Im zweiten Fragment muß im Falle 3), in der dritten Zeile vor dem Summenzeichen noch der Factor i stehen. In der Endformel desselben Falles scheint mir die Klammer um $\frac{s}{4n}$ nicht nöthig (da $s < 2n$) dagegen habe ich, Ihrem Brief gemäß $\left(\frac{sm}{4n} + \frac{1}{2}\right)$ statt $\left(\frac{sm}{4n}\right)$ gesetzt.

Im vierten Fall ($-\log \kappa'$ 1.)) habe ich mir etwas weiter gehende Aenderungen erlaubt, die ich Sie bitte etwas genauer zu prüfen. Mit dem Riemannschen Manuscript sind sie allenfalls verträglich. Da in diesem Fall s nur ungerade Werthe annimmt, so ist $\frac{1}{1-\alpha^{2ms}}$ auch $= \frac{1}{2} \sum_{0,k-1}^{\sigma} \alpha^{2m\sigma}$ was ich beigefügt habe. Die Congruenz $t \equiv m(2r+1) \bmod 4n$ habe ich gestrichen, da auch $t \equiv m(2r+1) + 2n \bmod 4n$ einen Beitrag giebt. Die unvollständige Formel mit den Punkten habe ich ganz gestrichen und durch eine andere ersetzt, die wenigstens ganz ähnlich auch im Riemannschen Manuscript steht. Auf das Minuszeichen in der Endformel war ich auch bereits gekommen und corrigire dies um so unbedenklicher, als auf der Rückseite des Riemann'schen Blattes dieselbe Formel noch einmal mit dem negativen Zeichen steht.

Im sechsten Falle (ersten von $log \frac{2\kappa}{\pi}$) muß in der drittletzten Zeile vor α^{-ts} noch ein $\sum^{s}$ stehen.

Ihre Erläuterungen wollte ich eigentlich kleiner gedruckt haben, habe aber vergessen, es auf dem Manuscript zu bemerken. Nun müssen sie so stehen bleiben.

An einigen Stellen haben Sie die gesperrt gedruckten Worte cursiv gewünscht. Ich habe es aber so stehen lassen, wie ich es auch sonst immer gethan habe, da ich es nicht hübsch finde, wenn mitten im Text Cursivdruck auftritt.

In dieser Angelegenheit habe ich jetzt nur noch einen Wunsch, nämlich die Riemann'schen Resultate, soweit sie richtig sind, aus Ihren Formeln herleiten zu können. Bis jetzt ist mir dies noch in keinem Falle geglückt.

Für die Fortsetzung Ihrer „Modulfunktionen"[257] sage ich Ihnen meinen besten Dank. Ich freue mich sehr darauf, den weiteren Fortgang dieser schönen Untersuchung kennen zulernen. Bei der Ableitung der Differentialgleichung für die Valenz würden Sie,

257 Siehe [Dedekind 1877d].

glaube ich, etwas einfacher zum Ziele kommen, wenn Sie sich der Methode bedienten, die in unserer XXV ^{ten} Abhandlung (Gleichgewicht der Electricität auf Cylindern etc)[258] enthalten ist. Man kommt da direct auf den Quotienten zweier hypergeometrischer Reihen und kann dann von da rückwärts gehen.
Doch nun genug von Geschäften. Bei uns ist in den letzten Tagen nicht Alles nach Wunsch gegangen. Die Kinder sind beide nicht ganz wohl und wegen Rudi waren wir einige Tage recht in Sorge, da er stark fieberte; es scheint sich aber doch nur ein einfacher Katarrh daraus zu entwickeln, und für den Augenblick wenigstens sind wir wieder ruhig. Bitte grüßen Sie Ihren Collegen H. Weber und sagen Sie ihm, er würde nächstens einen gedruckten Bericht über das Neumann-Jubiläum erhalten. Er möchte mir nicht übel nehmen, daß ich ihm noch nicht geschrieben hätte.
Herzliche Grüße von uns Allen

Ihr

H. Weber

[Ded 16]
Richard Dedekind aus Braunschweig an Heinrich Weber
Brief vom 06.04.1876
Archiv der SUB Göttingen Cod. MS. B. Riemann 14 Blätter 48, 49

Lieber Freund!

Sie verwenden auf das blasse Manuscript[259] einen so gewissenhaften Fleiß, daß ich mich moralisch immer wieder verpflichtet fühle, nochmals zu diesen Formeln zurückzukehren, wenn ich schon gehofft hatte, damit fertig zu sein. Ihren Brief nebst Correcturbogen habe ich gestern Abend erhalten, und ich beeile mich Ihnen über die einzelnen Puncte zu antworten.
1) Die Formeln des ersten Fragments (am Schluss), die Sie mir brieflich mittheilen, scheinen auch mir vollständig richtig zu sein.
2) Im Falle 3 – des zweiten Fragmentes habe ich (in Übereinstimmung mit dem Original?) um $\frac{s}{4n}$ eine Klammer gesetzt, aus folgendem Grunde. Von allen acht Fällen ist dieser der einzige, in welchem es Riemann nicht geglückt ist, das Endresultat (wenn ich so sagen darf) in linearer Form anzugeben, da unter dem Summenzeichen schließlich ein Product aus s und $\left(\frac{sm}{4n}+\frac{1}{2}\right)$ (und $(-1)^s$) stehen bleibt. Eine solche Form (gewissermaßen zweiten Grades) erscheint z.B. anfangs auch am Schluße

258 Siehe [Riemann 1876: XXV].
259 Siehe [Riemann 1876: XXVII].

des zweiten, fünften, siebenten, achten Falls, aber Riemann formt sie um in eine lineare. Diese Umformung zu verificiren hat mir einige Mühe gemacht, und sie ist mir nur dadurch geglückt dass ich den eigentlich frei auftretenden Factor s in die Klammer (( )) gebracht und dadurch erreicht habe, daß s ein beliebiges vollständiges Restsystem in Bezug auf den im Symbol auftretenden Nenner durchlaufen darf. Als Beispiel wähle ich den zweiten Fall, über welchen ich ihnen schon geschrieben zu haben glaube; es heißt bei Riemann

$$\frac{m\pi i}{2n} + 4\pi i \sum_{1,n-1}^{s} \frac{s}{n}(-1)^s \left(\frac{ms-n}{2n} - \mathcal{E}\left(\frac{ms}{2n}\right)\right) = \qquad \begin{matrix} n \text{ ungerade} \\ m\mu \equiv 1 \ (\text{mod. } 2n) \end{matrix}$$

$$\pi i \left(\frac{m-\mu}{2} + \frac{\mu}{2n} + 2\sum_{1,n-1} \mathcal{E}\left(\frac{\mu s}{2n}\right)(-1)^s - 2\sum_{1,n-1} \mathcal{E}\left(\frac{ms}{2n}\right)(-1)^s\right)$$

oder, wenn man von den $\mathcal{E}$ wieder zu den (( )) übergeht:

$$\frac{4}{n}\sum_{1,n-1}^{s}(-1)^s s \left(\left(\frac{ms}{2n} + \frac{1}{2}\right)\right) =$$

$$2\sum_{1,n-1}^{s}(-1)^s \left(\left(\frac{ms}{2n} + \frac{1}{2}\right)\right) - 2\sum_{1,n-1}^{s}(-1)^s \left(\left(\frac{\mu s}{2n} + \frac{1}{2}\right)\right)$$

da das allgemeine Glied der linken Seite sich nicht ändert, wenn s durch $-s$ ersetzt wird, und da es für $s = 0$ und $s = n$ verschwindet, so ist die linke Summe

$$\mathcal{S} = \frac{2}{n}\sum_{-(n-1),+n}^{s}(-1)^s s \left(\left(\frac{ms}{2n} + \frac{1}{2}\right)\right) = 4\sum_{-(n-1),+n}^{s}(-1)^s \left(\left(\frac{s}{2n}\right)\right)\left(\left(\frac{ms}{2n} + \frac{1}{2}\right)\right)$$

oder, da jetzt das allgemeine Glied sich nicht ändert, wenn s durch $s + 2n$ ersetzt wird,

$$\mathcal{S} = 4\sum^{\sigma}(-1)^{\sigma}\left(\left(\frac{\sigma}{2n}\right)\right)\left(\left(\frac{m\sigma}{2n} + \frac{1}{2}\right)\right), \qquad (\text{tritt auf in } \mathcal{S} + \mathcal{S}')$$

wo σ ein beliebiges vollst. Restsystem (mod. $2n$) durchläuft; man darf daher σ durch $\sigma + n$, durch $\mu\sigma$, durch $\mu\sigma + n$ ersetzen und erhält dadurch für dieselbe Summe noch die drei folgenden Ausdrücke

$$\left.\begin{aligned} \mathcal{S} &= -4\sum^{\sigma}(-1)^{\sigma}\left(\left(\frac{\sigma}{2n} + \frac{1}{2}\right)\right)\left(\left(\frac{m\sigma}{2n}\right)\right) \\ \mathcal{S} &= 4\sum^{\sigma}(-1)^{\sigma}\left(\left(\frac{\mu\sigma}{2n}\right)\right)\left(\left(\frac{\sigma}{2n} + \frac{1}{2}\right)\right) \end{aligned}\right\} \text{ wird nicht benutzt}$$

$$\mathcal{S} = -4\sum(-1)^{\sigma}\left(\left(\frac{\mu\sigma}{2n} + \frac{1}{2}\right)\right)\left(\left(\frac{\sigma}{2n}\right)\right) \qquad (\text{tritt auf in } \mathcal{S} - \mathcal{S}')$$

Ebenso ist, über ein beliebiges Restsystem $\sigma (\text{mod. } 2n)$ erstreckt,

$$\begin{aligned}
\mathcal{S}' &= 4\sum(-1)^\sigma \left(\left(\tfrac{\sigma}{2n}\right)\right)\left(\left(\tfrac{m\sigma}{2n}\right)\right) && \text{wird nicht benutzt}\\
&= -4\sum(-1)^\sigma \left(\left(\tfrac{\sigma}{2n}+\tfrac{1}{2}\right)\right)\left(\left(\tfrac{m\sigma}{2n}+\tfrac{1}{2}\right)\right) && \text{(tritt auf in } \mathcal{S}+\mathcal{S}'\text{)}\\
&= 4\sum(-1)^\sigma \left(\left(\tfrac{\mu\sigma}{2n}\right)\right)\left(\left(\tfrac{\sigma}{2n}\right)\right) && \text{wird nicht benutzt}\\
&= -4\sum(-1)^\sigma \left(\left(\tfrac{\mu\sigma}{2n}+\tfrac{1}{2}\right)\right)\left(\left(\tfrac{\sigma}{2n}+\tfrac{1}{2}\right)\right) && \text{(tritt auf in } \mathcal{S}-\mathcal{S}'\text{)}
\end{aligned}$$

Also

$$\begin{aligned}
\mathcal{S}+\mathcal{S}' &= 4\sum^\sigma(-1)^\sigma \left\{\left(\left(\tfrac{\sigma}{2n}\right)\right)-\left(\left(\tfrac{\sigma}{2n}+\tfrac{1}{2}\right)\right)\right\}\left(\left(\tfrac{m\sigma}{2n}+\tfrac{1}{2}\right)\right)\\
&= 8\sum_{1,n-1}^s(-1)^s \left\{\left(\left(\tfrac{s}{2n}\right)\right)-\left(\left(\tfrac{s}{2n}+\tfrac{1}{2}\right)\right)\right\}\left(\left(\tfrac{ms}{2n}+\tfrac{1}{2}\right)\right)\\
&= 8\sum_{1,n-1}^s(-1)^s \left\{\tfrac{s}{2n}-\left(\tfrac{s}{2n}-\tfrac{1}{2}\right)\right\}\left(\left(\tfrac{ms}{2n}+\tfrac{1}{2}\right)\right)\\
&= 4\sum_{1,n-1}^s(-1)^s \left(\left(\tfrac{ms}{2n}+\tfrac{1}{2}\right)\right)
\end{aligned}$$

} weil das allg. Glied für $\sigma = \pm s$ gleich groß wird

und ebenso

$$\begin{aligned}
\mathcal{S}-\mathcal{S}' &= -4\sum^\sigma(-1)^\sigma \left\{\left(\left(\tfrac{\sigma}{2n}\right)\right)-\left(\left(\tfrac{\sigma}{2n}+\tfrac{1}{2}\right)\right)\right\}\left(\left(\tfrac{\mu s}{2n}+\tfrac{1}{2}\right)\right)\\
&= -4\sum_{1,n-1}^s(-1)^s \left(\left(\tfrac{\mu s}{2n}+\tfrac{1}{2}\right)\right)
\end{aligned}$$

durch Addition beider Gleichungen folgt die obige lineare Form für $\mathcal{S}$.
Nun glaube ich, daß Riemann auch im dritten Falle eine solche Reduction bewirken wollte und deshalb damit begann, das $\frac{s}{4n}$ in die Klammer zu setzen $\left(\left(\frac{s}{4n}\right)\right)$, wobei er aber stehen geblieben ist; auch mir ist keine weitere Reduction in diesem Falle geglückt. Ich wollte übrigens nur den Grund anführen, weshalb ich die Klammer wiederherstellen wollte; es ist ganz gleichgültig, ob es geschieht oder nicht.
Daß es in dem Fall 3 wirklich $\left(\left(\frac{sm}{4n}+\frac{1}{2}\right)\right)$ statt $\left(\left(\frac{sm}{4n}\right)\right)$ heißen muss, glaube ich bestimmt versichern zu können.
3) Ihre Änderungen im Fall 4., die gänzlich mit meiner Rechnung übereinstimmen, haben meinen vollsten Beifall, ebenso wie die übrigen von Ihnen eingefügten Verbesserungen.
4) Im Fall 5. unten auf S. 435 ersehe ich aus Ihrer Correctur nicht ganz deutlich, ob das zweite $\frac{1}{2n}$ von Ihnen gestrichen ist, was nach meiner Rechnung geschehen muss; die Formel muss heißen

$$\mathcal{A}+8\int_0^1 \sum_{1,2n}^{t}\frac{\alpha^t\,dx}{1-\alpha^t x}\cdot\frac{1}{2n}\cdot(-1)\sum_{1,2n-1}^{s}\sum_{0,n-1}^{\sigma}\left(\frac{\sigma-\frac{n-1}{2}}{n}\right)\alpha^{ms(2\sigma+1)}\alpha^{-ts}$$

5) Es fragt sich, ob nicht zweckmäßig noch einzufügen ist, dass

$$\alpha = \quad e^{\frac{2\pi i}{4n}} \quad , \quad e^{\frac{2\pi i}{8n}} \quad , \quad e^{\frac{2\pi i}{4n}} \quad , \quad e^{\frac{2\pi i}{2n}} \quad , \quad e^{\frac{2\pi i}{4n}}$$

$$\text{im Fall} \quad 2 \quad , \quad 3 \quad , \quad 4 \quad , \quad 5 \quad , \quad 8$$

ist. Übrigens wundere ich mich darüber, daß Riemann in den Fällen 2, 3, 7, nicht α^2 statt α eingeführt, und die Glieder nicht in halb so großer Entfernung vereinigt hat.
6) Nicht ganz geheuer scheinen mir im Fall 7. die beiden Congruenzen 1) $t \equiv mr$, 2) $t \equiv 2mr + 2n$ (mod. $4n$), welche sich doch vollständig decken, da r allein das Gebiet $1, 2 \ldots (2n-1)$ (nicht bis $n-1$) durchläuft. Aber das Endresulthat ist richtig.
Die Übereinstimmung der Riemann'schen Formeln mit den durch (m, n) ausgedrückten Formeln zu beweisen, habe ich noch gar nicht versucht. Vielleicht wird hierzu die Beibehaltung des Symbols (( )) statt $\mathcal{E}$ zweckmäßig sein, und die Ausdrücke durch Summen, welche sich auf beliebige vollständige Maßsysteme erstrecken. Es muss doch gehen!
Von der Valenz-Theorie[260] erlaube ich mir wieder eine Fortsetzung beizulegen, in der Hoffnung, Sie damit nicht zu belästigen; ich staune fortwährend über die Leichtigkeit, mit welcher Sie jeden Gedankengang gleich beherrschen. Ihre Bemerkung über die Ableitung der Differentialgleichung $(v, w) = f(v)$ ist gewiss sehr begründet; kann man nicht auch gleich an $(\eta w)^2 = \text{const.}(1-v)^{-\frac{1}{4}} v^{-\frac{1}{3}} \left(\frac{dv}{dw}\right)^{\frac{1}{2}}$ die charakteristischen Eigenschaften einer $\mathcal{P}$-Function nachweisen und so noch kürzer auf bekannten Boden kommen? Wenn v in sich zurückläuft, also w in $\frac{\gamma+\delta w}{\alpha+\beta w}$ übergeht, so geht $\left(\frac{dv}{dw}\right)^{\frac{1}{2}}$ in $(\alpha + \beta w)\left(\frac{dv}{dw}\right)^{\frac{1}{2}}$, also $\eta(w)^2$ in const. $\eta(w)^2$ + const $w\eta(w)^2$ über. Oder ist dies Ihre Meinung gewesen? Übrigens bitte sich Sie, mein Verdienst nicht so zu überschätzen, mein Ziel ist durch die von Kronecker publicirten Resultate über die complexe Multiplication ein von vornherein gegebenes; nur scheint es mir zweckmäßiger, statt des Quadrates $\mathcal{K}(w)$ des elliptischen Moduls, welches nur für die Gruppe von Substitutionen $\alpha, \beta, \gamma, \delta$ ungeändert bleibt, in denen $\beta \equiv \gamma \equiv 0$ (mod. 2), die Valenz val $w = \frac{4}{27} \frac{(\mathcal{K}+\varrho)^3(\mathcal{K}+\varrho^2)^3}{\mathcal{K}^2(1-\mathcal{K})^2}$ einzuführen, welche für alle äquivalenten Zahlen gleich, und deshalb charakteristisch für jede Classe quadr. Formen ist. Auf diesen Gedanken (ob ich mit demselben auch zu allen Resultaten gelangen werde, weiß ich noch nicht) bin ich zwar selbstständig gekommen; aber es giebt nichts Neues unter der Sonne, und so habe ich denn auch bemerkt, dass Gauß (Werke III S. 386, Schluß des Art. 17 des arith. geom. Mittels)[261] denselben Weg angedeutet hat; auch bei Hermite (équat. mod.)[262] findet sich dieselbe Function überall, nur wird sie nicht zur Grundlage der ganzen Theorie gemacht; ich wollte aber gerade eine von den ellipt. F. gänzlich unabhängige Theorie herstellen. – Der nächste Bogen Fortsetzung ist auch bald fertig. –

---

260 Siehe [Dedekind 1877d].
261 Siehe [Gauss 1866b].
262 Siehe [Hermite 1859].

Sehr bedauere ich, dass Sie und Ihre Frau Gemahlin wieder Sorgen um Rudi gehabt haben, und ich will herzlich wünschen, dass dieser Krankheitsanfall gücklich überwunden sein möge; hoffentlich kommt nun endlich der Frühling und bringt Ihnen eine gesunde Erholung von der Härte Ihres nordischen Winters; bei uns, auf unserer Promenade, fangen die Büsche an grüne Blätter zu treiben; übermorgen beginnen auch meine Osterferien, die nur vierzehn Tage dauern. Hoffentlich kommt nun auch bald Ihre Vorrede, die Sie mir schon in Aussicht gestellt haben, und es folgt dann bald der Abschluss des großen Werkes, das wir in besprochener Weise mit Familie feiern wollen. Meine Mutter ist leider von Neuem sehr heftig erkältet, doch hoffe ich auch für sie von dem Frühling einen günstigen Einfluss; sie, wie meine Schwester, lässt sich Ihnen und Ihrer Frau Gemahlin bestens empfehlen und gute Gesundheit wünschen. Mit herzlichen Grüßen an Ihre Frau Gemahlin und die Kinder bleibe ich

Braunschweig, Ihr getreuer R. Dedekind

6 April 1876,

Meinem Coll. H. Weber[263] werde ich wohl noch heute Ihre Grüße bringen.

[Web 33]

Heinrich Weber aus Königsberg an Richard Dedekind

Brief vom 10.04.1876

Archiv der SUB Göttingen Cod. MS. R. Dedekind 14:81 Nummer 259

Königsberg 10/4 76.

Lieber Freund,

Beifolgend erhalten Sie meine Vorrede mit der Bitte, sie durchzusehen und zu ändern was Ihnen nicht gefällt. Sie können sie mir zurückschicken, da ich doch noch an Teubner das Inhaltsverzeichniß schicken muß. Auf dem Titel möchte ich irgendwie noch anbringen, daß der Nachlaß benutzt ist, kann aber keine rechte Form dafür finden, die mir zusagt. Ihnen fällt vielleicht etwas ein. Was meinen Sie, setzt man im Inhaltsverzeichniß einfach „Erste Abtheilung“ „Zweite Abtheilung“ etc ein im Text oder „Erste Abtheilung, Abhandlungen die von Riemann selbst veröffentlicht sind“ „Zweite Abtheilung Abhandlungen die nach Riemanns Tode heraus gegeben sind “ etc ...? Die Biographie[264] habe ich auf eine mir nicht recht begreifliche Mahnung von Teubner heute abgeschickt, und ihm zugleich Ihren Auftrag wegen der 100

263 Heinrich Weber, Physiker, war von 1867 bis zu seiner Emeritierung 1906 Professor für Physik an der Herzoglichen Technischen Hochschule Carolo-Wilhelmina zu Braunschweig.

264 Siehe [Dedekind 1876a].

Separatabzüge mitgetheilt.
Für Ihren Brief und die Fortsetzung Ihrer mir immer interessanter werdenden Untersuchung sage ich Ihnen meinen besten Dank. Ihre Mittheilung über den Fall 2. ist mir äußerst lehrreich gewesen, und es ist mir nun auch in einigen Fällen gelungen, die Riemannschen Resultate aus Ihren Formeln herzuleiten, nämlich in den Formeln für log κ welche offenbar die leichtesten sind. Ich glaube aber jetzt auch daß es nicht allzu schwer sein dürfte, das Gleiche in den übrigen Fällen zu erreichen, namentlich wenn man in derartigen Rechnungen etwas geübter ist, als ich es bis jetzt noch bin.
Ich glaube auch daß es zweckmäßig ist, in allen Fällen den Ausdruck für α hinzuzufügen, und werde das bei der zweiten Revision noch nachholen. Auch werde ich Ihre Klammern im dritten Falle wieder herstellen.
Bei uns geht es wieder fast ganz gut und wir sind für diesmal mit der Angst davon gekommen. Hoffentlich befindet sich Ihre Frau Mutter auch wieder besser.
Meine Frau läßt vielmals grüßen, dem ich mich anschließe

Ihr H. Weber

[Web 34]
Heinrich Weber aus Königsberg an Richard Dedekind in Braunschweig
Schriftstück vom 11.04.1876
Archiv der UB Braunschweig G 98:11

Das unterzeichnete Local-Comité der Schüler des Herrn Geh. Rath Neumann[265] beehrt sich, Ihnen mitzutheilen, dass in Folge der Aufforderung vom 24. Dezember a. p. für die beabsichtigte Neumann-Stiftung[266] zum Andenken an das 50jährige Doctor-Jubiläum des gefeierten Lehrers und Freundes eine Summe von 5143 Mark zusammengeflossen ist, so dass nach Abzug der Kosten für das überreichte Album etc. für die beabsichtigte Stiftung mindestens die Summe von 4800 Mark übrig bleibt. In einer vorläufigen Besprechung hat Herr Geh. Rath Neumann seine Absicht dahin ausgesprochen, dass er die Zinsen der betreffenden Summe zu einem Stipendium für solche Physik-Studirende verwandt wissen wolle, die nach Ablauf der eigentlichen Universitätsjahre sich noch einige Zeit ausschliesslich wissenschaftlicher Thätigkeit widmen wollen.

265 Franz Neumann.
266 Franz-Neumann-Stipendium-Stiftung für Studierende und angehende Wissenschaftler der Mathematischen Physik, zum Andenken an sein 50. Doktorjubiläum im Jahr 1876 von Franz Neumann selbst gegründete Stiftung zur Förderung des wissenschaftlichen Nachwuchses.

Sobald die Statuten der Neumann-Stiftung entworfen und die Stiftung selbst perfect geworden ist, wird das unterzeichnete Comité noch einmal über die definitive Einrichtung desselben berichten und gleichzeitig die Liste der Herren, welche Beiträge geleistet haben, mittheilen.
Die Festfeier selbst hatte einen für alle Betheiligten befriedigenden Verlauf. Nachdem am frühen Morgen schon ein engerer Freundeskreis, der dem Jubilar seit vielen Jahren nahe gestanden (vielen seiner Schüler unter dem Namen des Montag - Kränzchens bekannt), seine Glückwünsche dargebracht, erschien Se. Excellenz der Herr Universitäts-Curator und Ober-Präsident v. Horn[267], um als allerhöchste Auszeichnung den Stern zum Kronenorden II. Klasse zu überbringen und ein Glückwunsch-Schreiben des Herrn Ministers Falk[268] zu überreichen.
Es folgte darauf die Deputation der Schüler Neumann's, denen sich die Deputirten der Berliner philosophischen Facultät und der Akademie, die Herren Kirchhoff[269] und Borchardt[270], angeschlossen hatten. Im Namen der Schüler sprach Prof. v. Behr[271] zunächst den Dank aus, den alle dem Jubilar nicht nur für die wissenschaftliche Anleitung und Anregung, sondern auch für die wahrhaft väterliche Theilnahme an dem Streben jedes einzelnen schuldeten, und bat denselben alsdann, als äusseres Zeichen der Liebe und Verehrung das Album mit den Photographien der Schüler und die Stiftung des obengenannten Capitals annehmen zu wollen.
In überaus herzlichen Worten sprach der Jubilar seinen Dank aus: sein Wirken sei stets ein Zusammenarbeiten mit seinen Schülern gewesen, der Erfolg, den er an ihnen wahrgenommen, habe ihn zu neuer Thätigkeit ermuntert und gestärkt. Was er in der Wissenschaft erreicht, verdanke er der akademischen Lehrfreiheit, die es ihm gestattet habe, auf einem andern Felde, als auf dem ihm zunächst überwiesenen, seine eigentliche Thätigkeit zu suchen. Die mathematische Physik habe sich erst durch ihn und seine Schüler das Bürgerrecht auf deutschen Universitäten erworben.
Aus der Reihe der Schüler traten darauf die Herren Kirchhoff und Borchardt hervor, von denen der erstere das Ehren-Diplom der Berliner philosophischen Facultät[272]

---

267 Karl Wilhelm Georg Heinrich Horn, ab 1865 von Horn (* 26. Oktober 1807 † 18. Mai 1889) Jurist, 1869-1882 Kurator der Albertus-Universität Königsberg.

268 Adalbert Falk (* 10. August 1827 † 7. Juli 1900) Jurist, preußischer Kultusminister.

269 Gustav Kirchhoff war von 1875 bis 1886 Professor für Theoretische Physik an der Friedrich-Wilhelms-Universität Berlin.

270 Karl Borchardt, seit 1855 Mitglied der Königlich-Preußischen Akademie der Wissenschaften Berlin, hatte seine Lehrtätigkeit an der Friedrich-Wilhelms-Universität schon 1861 krankheitsbedingt aufgeben müssen. Er war dort von 1851 bis 1861 Professor für Mathematik.

271 Professor Hermann von Behr (* 1816 † 1896), Oberlehrer am Gymnasium auf der Burg in Königsberg, Preußen.

272 Philosophische Fakultät der Friedrich-Wilhelms-Universität und heutigen Humboldt-Universität zu Berlin, Deutschland.

und das Gratulations-Schreiben der dortigen Akademie[273] unter Hinweisung auf die wissenschaftliche Bedeutung des Jubilars überreichte und seine persönlichen Glückwünsche denen der vertretenen Corporationen hinzufügte.
In der Antwort gab der Jubilar eine lebendige Schilderung der damaligen Zustände der Berliner Universität. Er habe viel Anregung für sein ursprüngliches Studium der Theologie und Philosophie gefunden bei Hegel, Schleiermacher, Neander, nicht minder bei Ritter und Weiss; die mathematischen, physikalischen und chemischen Vorlesungen jedoch seien zu tiefer gehender wissenschaftlicher Ausbildung ganz unzureichend gewesen. Er verglich damit die heutige Blüthe der Physik auf derselben Universität.
Es folgten darauf die Glückwünsche der hiesigen philosophischen Facultät, überbracht durch Prof. Maurenbrecher, und der Universität, vertreten durch den zeitigen Prorector, Professor Jordan[274], welcher mit der Gratulation ein von den Dozenten der Universität gestifftetes Capital von 2250 Mark ebenfalls zur Begründung eines Stipendiums überreichte.
Von den übrigen Gratulanten, die theils persönlich, theils im Namen von hiesigen Corporationen Glückwünsche darbrachten, seien noch erwähnt Se. Excellenz der Herr comandirende General von Barnekow[275], der im Jubilar den Veteranen von Ligny begrüsste[276], Herr Oberbürgermeister Selke[277] und Herr Commerzienrath Weller[278] als Vertreter der städtischen Behörden, eine Deputation der hiesigen Studenten, welche keiner Verbindung angehören, und der Vorstand der hiesigen physikalisch-ökonomischen Gesellschaft[279], welcher ein Ehrendiplom derselben überreichte.
Auf alle diese Ansprachen und Gratulationen antwortete der Jubilar in höchst anziehender Weise, indem er, in den reichen Schatz seiner Erinnerungen greifend, auf die einzelnen Ansprachen sachlich einging. Namentlich aber wurden seine Schüler und Freunde durch die grosse Frische des Geistes erfreut, die sich in jedem einzelnen Satze seiner Antworten klar widerspiegelte.
Von den zahlreich eingelaufenen Gratulations-Schreiben und Diplomen erwähnen wir hier das höchst ehrende Schreiben Sr. Königl. Hoheit des Kronprinzen[280], des

---

273 Königlich-Preußische Akademie der Wissenschaften zu Berlin.

274 Heinrich Jordan (* 30. September 1833 † 10. November 1886) Philologe, 1875/76 Rektor der Albertus-Universität Königsberg.

275 Albert Christoph Gottlieb von Barnekow (* 2. August 1809 † 24. Mai 1895) preußischer General.

276 Schlacht von Ligny/Wallonien, Juni 1815, Belgien.

277 Johann Karl Adolf Selke (* 1836 † 1893) von 1874 bis 1893 Oberbürgermeister von Königsberg.

278 Heinrich Ludwig Weller (* 1819 † 1893) Commerzienrath.

279 Königliche Ostpreußische Mohrungen'sche Physikalisch-Ökonomische Gesellschaft, gegründet 1792 in Mohrungen, Ostpreußen, heute Polen.

280 Friedrich Wilhelm von Preußen (* 18. Oktober 1831 † 15. Juni 1888), ab 1861 Preußischer Kronprinz, ab 1871 Deutscher Kronprinz und Kronprinz von Peußen, als Friedrich III vom 12. März 1888 bis zum 15. Juni 1888 Deutscher Kaiser und König von Preußen.

durchlauchtigsten Rectors der Albertina[281], die Zuschriften der philosophischen Facultäten in Bonn[282], Breslau[283], Heidelberg[284], Leipzig[285] und Tübingen[286], letztere mit der Ernennung des Jubilars zum Doctor scientiae naturalis honoris causa, der Petersburger Akademie[287] und der Göttinger Gesellschaft der Wissenschaften[288].
Nachmittags vereinigte ein Festmahl eine ansehnliche Zahl von Schülern und Verehrern des Jubilars, und auch hier erwiderte derselbe die Toaste der Herren Weber und Borchardt, welche der hohen wissenschaftlichen Bedeutung des Gefeierten in näherer Ausführung gedachten, mit herzerquickender Frische des Geistes. Er gedachte in seiner Rede der grossen Bedeutung der Königsberger Universität, als deren Repräsentanten er die Namen Kant, Bessel und Jacobi nannte, und schloss mit einem Hoch auf den zeitigen Curator derselben.
Am Abend brachten die hiesigen Verbindungs-Studenten dem Jubilar einen glänzenden Fackelzug, dem sich ein solenner Commers anschloss.
Allen Theilnehmern des schönen Festes, denen es vergönnt war, sich wieder auf kurze Zeit dem Jubilar zu nähern, wird dasselbe in fortwährender Erinnerung bleiben. Möge die Geistesfrische, die wir an diesem Tage an dem verehrten Manne bewunderten, ihm und der Wissenschaft noch recht lange erhalten bleiben!

Königsberg i. Pr., den 11. April 1876.

Das Local-Comité.

v. Behr. Luther. Momber. Raths.[289] Weber.

281 Als Landesherr war Friedrich Wilhelm von Preußen Rektor magnificentissimus der Albertus-Universität Königsberg. Amtierender Rektor war 1876 allerdings Hugo Alfred Otto Hildebrandt (* 6. Oktober 1833 † 3. Juli 1882), Gynäkologe und Hochschullehrer.

282 Philosophische Fakultät der Rheinischen Friedrich-Wilhelms-Universität Bonn, Deutschland.

283 Philosophische Fakultät der Schlesischen Friedrich-Wilhelms-Universität Breslau, seit 1946 Uniwersytet Wrocławski, Polen.

284 Philosophische Fakultät der Ruprecht-Karls-Universität Heidelberg, Deutschland.

285 Philosophische Fakultät der Universität Leipzig, Deutschland.

286 Philosophische Fakultät der Eberhard Karls Universität Tübingen, Deutschland.

287 Kaiserliche Akademie der Wissenschaften, ursprünglich in Sankt Petersburg beheimatet, ab 1934 in Moskau, Sowjetunion, heute Russland.

288 Königliche Gesellschaft der Wissenschaften zu Göttingen.

289 Johannes Raths (* 1854) Astronom.

[Ded 17]
Richard Dedekind aus Braunschweig an Heinrich Weber
Brief vom 12.04.1876
Archiv der SUB Göttingen Cod. MS. B. Riemann 1,2 Blatt 27

Lieber Freund!

Gestern Abend kam Ihr Brief mit der Vorrede an, die ich sogleich wiederholt durchgelesen habe; ich bin außerordentlich von derselben befriedigt; die ganze Haltung ist ernst und würdig, der Sache gemäß, und zugleich (was ich so sehr liebe) einfach. Daß Sie nochmals meine Thätigkeit und gerade so erwähnen, freut mich, und ich danke Ihnen dafür; daß ich Ihnen doch habe nützlich sein können, was ich früher stark bezweifelte, ist nur jetzt ein ungemein angenehmes Gefühl. Später erwähnen Sie auch Schwarz (mit vollem Recht), aber gar nicht Hattendorff; wahrscheinlich ist es schwer eine Form zu finden, in welcher seiner Thätigkeit bei der Umarbeitung der betr. Abhandlung dankend gedacht werden kann? Sollte dies aber möglich sein, so würden Sie ihm durch eine solche Erwähnung ohne Zweifel eine große Freude machen. Bei dem wiederholten Durchlesen bin ich auf einige Kleinigkeiten gestoßen, die ich auf dem beiliegenden Blatt notirt habe, um Sie darauf aufmerksam zu machen; doch lege ich auf meinen subjectigen Geschmack keinen eminenten Werth.
Sie möchten auf dem Titel gern anbringen, daß der Nachlaß benutzt ist; dies scheint auch mir sehr zweckmäßig, und ich gaube, folgende Form könnte eigentlich wohl keinen Anstoß erregen:

Bernhard Riemann's
gesammelte mathematische Werke
und
wissenschaftlicher Nachlass.

Denn aus diesen beiden Dingen, den schon publicirten Werken, welche jetzt gesammelt sind, und dem Nachlaß besteht ja in Wahrheit das jetzt erscheinende Werk; auch scheint mir der Wortfall nicht schlecht zu klingen.
Bezüglich Ihrer Anfrage wegen des Inhalts-Verzeichnisses würde ich dafür sein, daß die drei Abtheilungen auch nach ihren wesentlichen Unterscheidungen charakterisirt werden; also: Erste Abtheilung. Abhandlungen die von Riemann selbst veröffentlicht sind u. s. w.
Sie schreiben von einer unbegreiflichen Mahnung Teubner's wegen der Biographie[290]; mir ist gar Nichts davon bekannt. Sollten irgend welche Schwierigkeiten entstehen,

---

290 Siehe [Dedekind 1876a].

vielleicht wegen des Umfanges den das Werk bekommt, so bitte ich Sie nochmals dringend, sich wegen dieser Biographie keine Ungelegenheiten zu bereiten; ich bin jeden Augenblick geneigt, sie wieder zurückzuziehen. Wenn sie aber aufgenommen wird, so möchte ich, daß Nichts darin gesperrt gedruckt würde, und sehr gern möchte ich auf meine Kosten 100 Separat-Abzüge haben.
Hierbei fällt mir ein, daß in meinen Erläuterungen zum Additam.[291] ein Druckfehler stehen geblieben ist: S. 438, Zeile 14 von unten, ist „zurückgeführt" mit zwei r gedruckt; sollte die zweite Revision noch in Ihren Händen sein, so bitte ich Sie, das eine r noch zu streichen.
Es freut mich, daß es Ihnen gelungen ist, die Riemann'schen Resultate aus meinen (m, n) - Formeln abzuleiten, und ich bin neugierig zu erfahren, wie Sie dies bewerkstelligt haben. Folgendes möchte ich noch erwähnen: wenn Riemann in sieben von den acht Fällen, die sich principiell doch gar nicht sehr voneinander unterscheiden, die Endresultate in „linearer" Form durch die (( )) - Zeichen ausgedrückt hat, so möchte man doch 1000 gegen 1 wetten, daß dies auch in dem achten Fall gelingen müßte; dagegen halte ich es für sehr wahrscheinlich, daß die (m, n) - Zeichen sich schlechterdings nicht auf die lineare Form bringen lassen, und daß die lineare Form der Ausdrücke für $\log k$, $\log k'$, $\log \frac{2K}{\pi}$ nur eine Folge davon ist, daß sie als Differenzen von zwei (m, n) - Ausdrücken erscheinen; wobei die quadratischen Bestandtheile sich herausheben; es würden dann die hier auftretenden (m, n) - Zeichen jedesmal beide denselben quadratischen Bestandtheil enthalten.
Ich lege außer dem Manuscript Ihrer Vorrede und dem Blatt mit meinen Bemerkungen wieder zwei Briefbogen Fortsetzung der Valenztheorie[292] bei, die wenigstens bis zu einem ersten Hauptsatz über den Zusammenhang mit der Classenanzahl der quadr. Formen von negativer Determinante führen. Ob ich bald zu einer weiteren Fortsetzung kommen werde, weiß ich noch nicht, da ich mich vielleicht einer anderen Arbeit widmen werde. Vor einigen Wochen nämlich habe ich von Lipschitz, mit dem ich bisher noch in keinem näheren Verkehr gestanden habe, einen sehr freundlichen Brief erhalten, der mich sehr erfreut und zugleich sehr überrascht hat; er schreibt darin von meiner Theorie der Ideale und macht mir den Vorschlag, ich möchte für das Bulletin von Darboux und Houël[293] einen ausführlichen Auszug aus der in Dirichlet's Zahlentheorie[294] enthaltenen Darstellung dieser Theorie verfertigen, um diese Arbeit in größeren Kreisen bekannt zu machen; ja, er hat sogar schon mit den Herausgebern des Bulletin hierüber verhandelt, ohne daß ich eine Ahnung davon hatte, und sie haben

---

291 Siehe [Riemann 1876: XXVII].

292 Siehe [Dedekind 1877d].

293 Bulletin des Sciences mathématiques et astronomiques, gegründet 1869 unter der Redaktion von Jean Darboux, Guillaume-Jules Houël, (* 7. April 1823 † 14. Juni 1886) Mathematiker, und Jules Tannery an der École Pratique des Hautes Études.

294 Siehe [Dirichlet 1871].

sich sehr geneigt erklärt, eine solche Arbeit aufzunehmen. Soweit ist dies Alles recht schön, und ich habe mich wirklich sehr darüber gefreut, daß diese Theorie das Interesse der Mathematiker zu erwecken scheint, während seit fünf Jahren Sie der einzige gewesen sind, der ein Interesse dafür geäußert hat. Nun kommt aber die große Schwierigkeit: an einen Auszug aus der genannten Darstellung ist meiner Meinung nach gar nicht zu denken, wenigstens dann nicht, wenn die Begründung der Theorie mit ihren Beweisen mitgetheilt werden soll, und die Beweise bilden eigentlich die Hauptsache, ohne die auch die Resultate selbst sich kaum in verständlicher Weise darstellen lassen; meine Darstellung in Dirichlet ist aber so knapp, daß eine Abkürzung geradezu unmöglich ist. Hierüber bin ich so in Zweifeln, daß ich, obwohl ein voller Monat verstrichen ist, mich noch nicht entscheiden, ja undankbarer Weise noch nicht einmal zu einer Antwort an Lipschitz habe entschließen können. Dies muß nun vor allen Dingen endlich geschehen, und wenn die Herausgeber darauf eingehen, eine ausführlichere Darstellung aufzunehmen, so kann es sein, daß ich mich zur Ausarbeitung einer solchen entschließe[295].

Ich habe soviel von meinen mathematischen Angelegenheiten geschrieben, daß ich Sie um Entschuldigung bitten muß; ich bin, ohne es zu wollen, auf mein Steckenpferd gekommen und muß nun eilen, um den Abgang Ihres Manuscriptes nicht zu verzögern. Sehr erfreut hat mich die Nachricht, daß es bei Ihnen wieder so ziemlich gut steht; hoffentlich kann Rudi jetzt schon allein laufen und fängt nun auch wohl bald schon an zu sprechen; ich freue mich darauf, sein freundliches und doch ehrbares Gesichtchen mal wieder zu sehen, und wenn Sie Ihrem Plane nach Heidelberg zu reisen treu bleiben, so läge ja ein Wiedersehen gar nicht so sehr in der Unmöglichkeit. Sie sehen, daß ich jetzt auch anfange Reiseideen zu bekommen, obgleich augenblicklich echtes, veränderliches Aprilwetter bei uns herrscht. Meine Mutter befindet sich in den letzten Tagen etwas besser, und läßt Ihnen für Ihre guten Wünsche danken. Mit herzlichen Grüßen an Sie, Ihre Frau Gemahlin und meine Ida verbleibe ich Ihr

Braunschweig R. Dedekind.

12 April 1876.

[Web 35]

Heinrich Weber aus Königsberg an Richard Dedekind

Brief vom 16.04.1876

Archiv der SUB Göttingen Cod. MS. R. Dedekind 14:81 Nummer 260

295 Siehe [Dedekind 1876c], [Dedekind 1877a].

Königsberg 16.4.76

Lieber Freund.

Zunächst sage ich Ihnen meinen besten Dank für Ihre Zusendung. Ihre Aenderungsvorschläge in der Vorrede habe ich alle berücksichtigt. Den ersten Passus sammt dem „eminent" habe ich wörtlich aus einer vorläufigen Anzeige von Clebsch entnommen. Von selbst wäre ich auch nicht auf dies Wort verfallen und habe es mit großem Vergnügen gestrichen.
Hattendorff bin ich nun auch durch folgende Wendung gerecht geworden, wie ich hoffe.
„Die von R. selbst oder nach seiner Idee bereits veröffentlichten Arbeiten wurden revidirt, hin und wieder durch einen im Nachlaß aufgefundenen Zusatz bereichert und in kleinen Ungenauigkeiten verbessert, sonst aber in unveränderter Form aufgenommen. Nur die Abhadlg. über die Flächen vom kleinsten Inhalt[296] hat in Folge einer von K. Hattendorff auf meinen Wunsch ausgeführten Ueberarbeitung einige wesentliche Aenderungen erfahren. Von den im Nachlaß enthaltenen Entwürfen etc"
Ich muß Ihnen offen gestehen, daß ich mit dieser Hattendorffschen Ueberarbeitung[297] eigentlich noch nicht ganz zufrieden bin. Einmal ist es mir mit genauer Noth noch gelungen, einen erheblichen Fehler in der Constantenzählung bei der zweiten Revision noch zu verbessern, auf den mich Schwarz aufmerksam gemacht hat[298], und der nicht auf einem bloßen Versehen, sondern auf einer nicht richtigen Auffassung beruhte, und zweitens glaube ich, daß auch nach dieser Darstellung diese Arbeit aus sich selbst heraus eigentlich nicht zu verstehen ist. Ich für meinen Theil fand den Schlüssel dazu eigentlich erst in der kleinen Untersuchung „Vertheilung der Electricität auf Cylindern"[299] worin das Princip der Abbildung einer von Kreisbogen begrenzten Figur enthalten ist. Früher mußte ich mir die Sache auf dem viel weitläufigeren Schwarz'schen Wege klar machen. Ihren Vorschlag wegen des Zitats habe ich adaptirt, weil ich nichts besseres weiß; aber ich bin noch nicht ganz damit zufrieden. Es will mir nämlich die Verbindung des Plurals „Werke" mit dem Singular „Nachlaß" durch ein einfaches „und" nicht recht gefallen. Vielleicht kommen wir bis der Titel gedruckt wird, noch auf eine bessere Form.
Die Mahnung von Teubner war mir nur deshalb auffallend, weil er noch für mehrere Bogen Manuscript hat, und also noch hinlänglich Zeit gewesen wäre die Biographie[300]

296 Siehe [Riemann 1868a].
297 Siehe [Riemann 1876: XVII].
298 Vergl. [Sch 5], Brief von Hermann Amandus Schwarz an Heinrich Weber vom 18.01.1876; [Sch 6], Brief von Hermann Amandus Schwarz an Heinrich Weber vom 24.01.1876; [Sch 7], Brief von Hermann Amandus Schwarz an Heinrich Weber vom 08.02.1876.
299 Siehe [Riemann 1860b: II].
300 Siehe [Dedekind 1876a].

hinzuschicken. Der Umfang wird durchaus nicht zu groß; es giebt einen stattlichen aber durchaus nicht unförmlichen Band von noch nicht 40 Bogen. Würden Sie bei der Biographie eine besondere, oder fortlaufende Paginirung vorziehen?
Die letzten Bogen Ihrer Modulfunctionen[301] haben mir wieder viel Freude gemacht, und ich bedaure vorläufig auf die Fortsetzung verzichten zu müssen. Kommen Sie auf diesem Wege auch zu dem Beweis der algebraischen Auflösbarkeit der Gleichung, von welcher die Moduln der complexen Multiplication abhängten. Das würde mich besonders interessiren.
Nur der eine Schluß, daß die Coefficienten von $\mathcal{F}(\sigma, \nu)$ rationale Zahlen sein müssen, ist mir nicht ganz klar.
Ueber den Plan einer ausführlicheren Darstellung Ihrer Theorie der Ideale bin ich sehr erfreut, und stimmte Ihnen darin sehr bei, daß Sie Ihre Darstellung nicht noch kürzen, sondern ausführlicher machen wollen. Ich kann mich jetzt nicht mehr auf Alles besinnen, was mir damals auffiel, als ich anfing, mich mit Ihrer Untersuchung zu beschäftigen, und bin seitdem noch nicht wieder daran gekommen, wiewohl ich es nicht aufgegeben habe. Nur zwei Punkte, die mir gerade einfallen, will ich Ihnen zu einer etwas ausführlicheren Darstellung empfehlen. Auf Ste 425 wäre eine Andeutung über den dort angekündigten Beweis sehr wünschenswerth und auf p. 433 hat mir die Ableitung der Gleichung (27) Schwierigkeiten gemacht[302].
Bei uns geht es wieder Alles gut. Meine Frau, Ida und Rudi lassen vielmals grüßen, ebenso

Ihr H. Weber

[Web 36]

Heinrich Weber aus Königsberg an Richard Dedekind

Brief vom 18.05.1876

Archiv der SUB Göttingen Cod. MS. R. Dedekind 14:81 Nummer 261

Königsberg 18/5 76.

Lieber Freund,

Für diesmal kann ich mich als von meiner Krankheit wieder genesen betrachten. Ich habe am vorigen Freitag schon wieder angefangen zu lesen, und es hat mir nichts geschadet. So wollen wir also am nächsten Sonntag unser Champagnerfest feiern. Bis dahin wird dann auch der Schlußstein gelegt sein bestehend in der zweiten Revision von Titel, Inhaltsverzeichniß und Vorrede. Vielleicht bin ich sogar mit der

301 Siehe [Dedekind 1877d].

302 Siehe [Dirichlet 1871].

für Königsbergers Repertorium bereits angefangenen Anzeige[303] bis dahin fertig.
Um aber zur Hauptsache zu kommen schicke ich Ihnen beifolgend Ihre Einleitung zu den Idealen[304] zurück, die ich mit großem Interesse, und wie ich glaube, auch mit Verständniß gelesen habe. Ich finde daß das Ziel und der Inhalt der Untersuchung darin sehr deutlich bezeichnet ist, und ich wüßte wirklich Nichts zuzusetzen oder zu ändern. Mir ist dadurch eigentlich zuerst ein Licht über den Zweck und Sinn der ganzen Untersuchung aufgegangen und ich freue mich sehr auf die Fortsetzung und Ausführung.
Ich weiß nicht warum Sie voraus setzen, daß ich Ihre Ueberzeugungen nicht theile, und bedaure es. Was die Ideale betrifft, so habe ich davon bisher noch gar nichts verstanden und lasse mich darüber gern und dankbar von Ihnen belehren, und wenn Sie diese Meinung auf Ihre Auffassung der irrationalen Zahlen und der Stetigkeit beziehen, worüber ich Ihnen allerdings, wie ich glaube noch nie geschrieben habe, so muß ich Ihnen sagen, daß mich von allen principielle Untersuchungen dieser Art, die mir bekannt geworden sind, die Ihrige am meisten befriedigt hat. Außerdem erhalten Sie beifolgend Ihre Untersuchung der elliptischen Modulfunktionen[305] zurück, von denen ich gleichfalls nur meinen schon früher ausgesprochenen Wunsch wiederholen kann, sie möglichst bald gedruckt zu sehen. Außerdem lege ich Ihr Exemplar von den Nobilischen Farbenringen mit Riemanns eigenhändigen Randbemerkungen bei. Sonst habe ich wohl nichts mehr von Ihnen, was ich zurückschicken sollte? Ich bitte Sie, mir zu schreiben, wenn ich noch etwas habe.
An Frau Riemann werde ich wegen der Freiexemplare für Schwarz und Hattendorff nächstens schreiben, bei welcher Gelegenheit ich sie noch wegen einer anderen Sache fragen will. Ich will sie nämlich um die Erlaubniß bitten, das Manuscript von der Pariser Aufgabe[306] an von der Mühll nach Leipzig zu schicken, der wenigstens früher ein sehr geschickter Rechner war, und von dem ich hoffe, daß es ihm vielleicht gelingt, die Rechnungen durchzuführen. Ich habe die Idee, ob es nicht vielleicht möglich sein sollte, wenn die Sache in Ordnung gebracht ist, von der Pariser Akademie noch etwas von dem Preis für Frau Riemann herauszukriegen, wenn man den Nachweis führt, daß die Aufgabe schon damals gelöst war. Ueber die Wege hierzu bin ich mir allerdings noch nicht klar, und ich bitte Sie, darüber einstweilen natürlich nicht zu sprechen. Vor allen Dingen muß die Aufgabe erst gelöst sein.
Damit leben Sie wohl für heute. Herzliche Grüße von meiner Frau und

Ihrem

H. Weber

---

303 Siehe [Weber 1877a].
304 Siehe [Dedekind 1876c].
305 Siehe [Dedekind 1877d].
306 Siehe [Riemann 1876: XXII].

[Web 37]

Heinrich und Emilie Weber aus Königsberg an Richard Dedekind in Braunschweig

Brief vom 19.05.1876

Archiv der UB Braunschweig G 98:11

Lieber Herr Professor!

Eigentlich war es meine Absicht Ihnen wieder zu schreiben wenn ich Ihnen für Ihre Photographie danken könnte, doch muß ich nun schon früher daran, und thu es auch herzlich gern wäre nur die Veranlassung eine Andere. Also: mein Mann ist recht krank an einer Halsentzündung, liegt schon die ganze Woche zu Bett und vorerst ist auch nicht abzusehen wann er es wird verlassen können. Er trägt mir Folgendes an Sie auf: Einstweilen müßten wir auf den Champagner verzichten, die Herausgabe des großen Werkes stehe nun aber bevor und er bäte Sie, wenn Sie einverstanden seien, an Teubner zu schreiben, er möge Ihnen und meinem Mann je das begonnene Exemplar zu Ende zuschicken, ein Exemplar an die Pariser Akademie[307], eins an die Berliner[308] und eins an die Göttinger Gesellschaften[309], im Namen der Herausgeber. Die übrigen Freiexemplare wie verabredet an Frau Riemann, die wohl damit einverstanden sein würde. – Ich sage Ihnen meinen herzlichen Glückwunsch, daß Ihre gemeinschaftliche Arbeit nun an das Tageslicht treten soll und freue mich immer sehr über das Werk, das solch schönes Band der Freundschaft zwischen Ihnen und uns geknüpft, Sie müssen die Frau schon mitrechnen, wenn's auch nur dem Mann gebührt. Wie lieb er Sie gewonnen, mögen Sie aus seinem Bedauern entnehmen, daß zur Zeit unseres Böniger Zusammenseins unser Rudi schon getauft gewesen – sonst hätte er Richard heißen müssen. Das ist von meinem Mann, dem stets einerlei war wie die Kinder genannt würden, der größte Beweis von Zuneigung.
Hoffentlich geht es Ihnen und den Ihrigen besser als uns. Ich habe mich zu Bett legen müssen und Idachen hatte wochenlang ein verschwollenes Gesicht, gleich nachdem uns Rudi mit seiner Luftröhrenentzündung so sehr in Angst gestürzt hatte. Seit März sind wir die Krankheiten nicht losgeworden, jetzt ist's aber am Schlimmsten und mein armer Mann leidet wirklich sehr viele Schmerzen und hat fortwährend Fieber dabei. Der Frühling ist so kalt, wie es im Verhältnis der Winter längst nicht war. Heute Nacht fror es und vor einigen Wochen hatten wir 16 Grad wärmer, aber freilig nur einen Tag. Wir leben und wir kleiden uns noch vollständig winterlich, dachten recht vernünftig zu sein, und wurden dennoch nicht belohnt.
Kürzlich lernte ich eine Dame aus Braunschweig kennen, die einst mit Ihnen in demselben Haus gewohnt, ein Fräulein Morich, sie führt den Haushalt von Professor Wag-

307 Académie des sciences de l'Institut de France, Paris, Frankreich.
308 Königlich-Preußische Akademie der Wissenschaften zu Berlin.
309 Königliche Gesellschaft der Wissenschaften zu Göttingen.

ner, der kürzlich hierher gekommen, nachdem er in Gotha eben erst seine Frau verloren hatte.[310] Besagte Dame hat mich gebeten sie Ihnen Allen bestens zu empfehlen.[311]
Wir sehnen uns immer mehr nach den Ferien, die uns nach Heidelberg führen werden. Die Kinder entbehren hier schrecklich viel und ich freue mich ihrer Freiheit im elterlichen Garten. Rudi ist ein sehr wilder Strick, er klettert auf Stühle und Tische und springt den lieben langen Tag herum. Er redet Alles und ist ein sehr gewecktes Kind, aus dem Papa jetzt schon einen Mathematiker machen möchte.
Die Reise wird mir wesentlich erleichtert dadurch, daß ich meine Anne wohl wieder mitbringen werde. Ihre törichte Brautschaft ist aus, und mir ist sie lieb wie eine Tochter oder Schwester, und ich würde mich sehr schwer von ihr trennen, zumal nun sie in solch unklaren Verhältnissen zu sehen, wie die eines angehenden Schullehrers mit wenig Gehalt.
Sie werden uns hoffentlich Ihre Reiseplanung gelegentlich einmal mittheilen, da wir durch ganz Deutschland ziehen, müssen wir uns doch irgendwann begegnen, freilich wäre es für uns das Angenehmste Sie ließen sich nach Heidelberg verlocken, welches Sie noch bei Weitem nicht kennen.
Mit herzlichsten Grüßen von uns Allen verbinde ich die angelegentlichsten Empfehlungen an Ihre verehrte Frau Mutter und Fräulein Schwester.

In aufrichtigster Freundschaft

Ihre ergebene

Königsberg den 19. Mai 1876 — Emilie Weber

Viele Grüße auch noch von mir, hoffentlich werden wir auf unseren Champagner nicht mehr allzu lang warten müssen.
Ich bitte Sie Obiges Teubner zu schreiben, da ich jetzt nicht gut dazu im Stande bin, und bei dieser Gelegenheit auch an Ihre 100 Separatabzüge zu erinnern, die er hoffentlich nicht vergessen hat.

[Web 38]

Heinrich Weber aus Königsberg an Richard Dedekind

Postkarte vom 22.05.1876

Archiv der SUB Göttingen Cod. MS. R. Dedekind 14:81 Nummer 262

---

310 Hermann Wagner wurde 1876 auf den Lehrstuhl für Geographie an die Albertus-Universität berufen nachdem er lange Jahre Lehrer eines Gymnasiums in Gotha war.

311 Es handelt sich um Sophie Morich, eine Lehrerin aus Braunschweig, die bis 1870, wie Richard Dedekind, im Haus Hagenmarkt 9 in Braunschweig wohnte.

Lieber Freund,
Heute bin ich wieder auf und wesentlich besser. Haben Sie noch nicht an Teubner wegen der Freiexemplare geschrieben, so kann ich es jetzt auch selbst besorgen. Ich bitte Sie um eine Mittheilung darüber. Am Donnerstag bin ich nun freilich zum Champagnerfest noch verdorben. Ich schlage aber den Pfingstsonntag als den nächsten hinlänglich markirten Tag vor. Nächstens mehr.
Herzliche Grüße

Ihr H. Weber

Königsberg d. 22ten Mai 76

[Web 39]
Heinrich Weber aus Königsberg an Richard Dedekind
Brief vom 05.06.1876
Archiv der SUB Göttingen Cod. MS. R. Dedekind 14:81 Nummer 263

Königsberg d. 5ten Juni 1876

Lieber Freund,

Beifolgend erhalten Sie meine für Königsberger gemachte Anzeige von Riemann[312], mit der Bitte dieselbe durch zu lesen und Ihnen mißfallendes mitzutheilen. Ihren Brief, für den ich bestens danke, habe ich heute morgen erhalten. Unser Champagnerfest ist gestern in sehr gehobener Stimmung von Statten gegangen und Ihrer und den Ihrigen wurde dabei unter dauerndem Hoch und einem von Ida ausgebrachten Tost gedacht. Entschuldigen Sie dieses einfache und kurze Schreiben.
Herzliche Grüße von Ihrem H. Weber

[Web 40]
Heinrich Weber aus Königsberg an Richard Dedekind in Braunschweig
Postkarte vom 05.06.1876
Archiv der SUB Göttingen Cod. MS. R. Dedekind 14:81 Nummer 264

Lieber Freund
In meinem Heute Morgen sehr eilig geschriebenem Briefe habe ich vergessen zu erwähnen, daß ich mich sehr freuen würde, wenn Sie mir die Fortsetzung der Theorie der Ideale[313] zusenden. Ich werde es mit großem Interesse lesen. Morgen will ich

312 Siehe [Weber 1877a].
313 Siehe [Dedekind 1877a].

eine kleine Pfingsttour um den Strand antreten, deshalb hole ich heute noch mein Vergessen auf diesem nicht mehr ungewöhnlichen Wege nach. Ich bitte Sie, wenn Sie sie gelesen haben, meine Anzeige von Riemann[314] noch zurückzuschicken. Mit bestem Gruß

Ihr H. Weber

[Web 41]

Heinrich Weber aus Königsberg an Richard Dedekind in Braunschweig

Postkarte vom 14.06.1876

Archiv der SUB Göttingen Cod. MS. R. Dedekind 14:81 Nummer 265

Lieber Freund.
Haben Sie meine Anzeige von Riemann[315] erhalten? Bitte mir dieselbe bald zurückzuschicken, wenn Sie dieselbe gelesen haben
Besten Gruß von

Ihrem H. Weber

[Web 42]

Heinrich Weber aus Königsberg an Richard Dedekind in Braunschweig

Postkarte vom 15.06.1876

Archiv der SUB Göttingen Cod. MS. R. Dedekind 14:81 Nummer 266

Lieber Freund,
Besten Dank für Ihre Zusendung und entschuldigen Sie meine Ungeduld. Ihre Arbeit werde ich sobald als möglich durchstudiren. Für Ihre beiden Bemerkungen zu meiner Anzeige[316] danke ich Ihnen bestens. Was das Wort „beliebig" betrifft, so war ich mir beim Hinschreiben wohl bewußt, daß es nur cum grano salis zu verstehen sei da nämlich die Substitutionscoëff. den aus $(F)(G)\ldots(B)(A) = (0)$ folgenden Bedingungen genügen müssen. Ich habe noch hinzugefügt „mit gewissen, durch die Natur der Aufgabe geforderten Beschränkungen". Weglassen wollte ich das Wort „beliebig" nicht, da es auf die Willkürlichkeit der Elemente wesentlich ankommt.
Mit bestem Gruß
Kgsbg. 15/6. 76 Ihr H. Weber

314 Siehe [Weber 1877a].
315 Siehe [Weber 1877a].
316 Siehe [Weber 1877a].

[Web 43]
Heinrich und Emilie Weber aus Königsberg an Richard Dedekind in Braunschweig
Brief vom 20.06.1876
Archiv der UB Braunschweig G 98:11

Königsberg d. 20ten Juni 1876

Lieber Freund,

Hier erhalten Sie die erste Fortsetzung Ihrer Ideale[317] zurück, die ich wieder mit großem Interesse gelesen habe. Es ist mir auch diesmal wieder Nichts aufgestoßen was mir unverständlich gewesen wäre, und ich habe nun entschieden Hoffnung, daß es mir auf diese Weise gelingen wird, in das Verständnis der Theorie einzudringen.
Es muss übrigens jedenfalls etwas daraus werden. Wenn auch Ihre Arbeit etwa für Darboux[318] zu lang würde, so giebt es doch noch Gelegenheiten genug, so etwas drucken zu lassen, woraus der leidenden Menschheit ein Dienst geschieht (abgesehen von den Göttinger Nachrichten[319], in denen Papier und Druck schlecht sind, das hat auf das Verständnis auch einigen Einfluß). Ich würde es ohnehin lieber deutsch als französisch gedruckt sehen.
Unsere Reisepläne fangen nun auch an bestimmtere Gestalt zu gewinnen. Wir werden möglichst bald nach Schluß der Vorlesungen, vielleicht schon Ende Juli, dies im Sommer überaus öde Nest verlassen und gen Heidelberg ziehen wo wir voraussichtlich die ganzen Ferien bleiben werden. Wir rechnen darauf, daß Sie uns dort, und zwar nicht zu kurz besuchen. Meine Frau hat sich fest vorgenommen, Sie diesmal auf die Heidelberger Jungfrau, den Königstuhl zu führen[320]. Ob wir, oder ich allein von da einen kleinen Abstecher nach der Schweiz machen, das bleibt noch dahin gestellt.
In diesen schönen Sommertagen, in denen fast ununterbrochen bis fast 10 Uhr Nachts die Sonne auf uns herniederscheint, empfindet man erst recht das Trübselige des hiessigen Aufenthalts. Die einzige Erfrischung ist ein Spaziergang durch die engen Straßen, welche überall u. zwar nicht von Rosen durchduftet sind. Vor den Thoren ist es heiß und staubig und wenn man glücklich draußen ist, hat man auch nichts als endlose Felder. Wald ist innerhalb Meilen nicht zu erreichen. Der Seestrand ist zwar recht hübsch und angenehm, aber für den täglichen Gebrauch viel zu weit und zu schwer zu erreichen. Unter diesen Umständen sehnen wir uns recht nach der Reise.
Haben Sie von Teubner die letzten Bogen unseres Reindruckexemplars schon erhalten? Ich noch nicht. Ich wundre mich, warum er noch so lange zögert. Jetzt könnte das

317 Siehe [Dedekind 1877a].
318 Bulletin des Sciences Mathématiques et Astronomiques.
319 Nachrichten von der Königlichen Gesellschaft der Wissenschaften und der Georg-Augusts-Universität zu Göttingen.
320 Königstuhl, Heidelberger Hausberg im Kleinen Odenwald, Deutschland.

Werk doch schon erschienen sein.
Herzliche Grüße von uns Allen

Ihr H. Weber

Herr Faifofer ist mir gänzlich unbekannt. Die Italiener sind sehr eifrig über dem Übersetzen deutscher Werke. Riemann wird ihnen wohl auch nicht lange entgehen. Dummer Weise habe ich vergessen wegen des Aufenthalts an F. zu schreiben. Wenn er nicht selbst daran gedacht hat, wird es jetzt wohl zu spät sein. Ich denke aber, wenigstens bei anständigen Menschen wird das wohl auch keinen großen Unterschied machen.

Lieber Freund!

Ich erlaube mir auch ein paar Worte beizufügen, es ist das eine Freude für mich, und derer sind nicht viel. Unser Idachen war recht krank, eine Gehirnaffection u. dann in Folge der Eisumschläge ein geschwollenes Gesicht, sorgenvolle Tage und Nächte – kurzum Königsberg will uns nicht das frühere Behagen wieder finden lassen.
Es war mir stets als sei mit unsrem Abschied von dem geliebten Zürich der Blütenstaub von unserem Leben gestreift – ich habe richtig geahnt. – Recht sehr erfreut uns Ihre Beschreibung Ihres Khampagnerfestes, das dem unseren so fabelhaft ähnlich war, indem wir auch an Spargel und Rinderbraten uns delectirten.
So ein Fläschlein Khampagner sollte man hier täglich haben, das gehört eigentlich zu Königsbergs Natur, um einen nur ein klein wenig in Stimmung zu versetzen. Ich freue mich recht, fort zu kommen, scheue aber doch auch etwas vor der horrenten Reise, die mir voriges Jahr Mühe genug gemacht hat. Wir werden Sie doch in Heidelberg sehen – wir gingen schrecklich gern wieder nach Bönigen, aber das geht nicht, leider ist's hier auch noch recht teuer, so daß man nicht viel sparen kann, um große Reisen zu machen. –
Herzliche Empfehlungen an Ihre Frau Mutter und Fräulein Schwester und besten Dank für die uns gehaltenen Touste letzterer.
In treuer Anhänglichkeit

Ihre E. Weber

[Web 44]
Emilie Weber aus Königsberg an Richard Dedekind in Braunschweig
Brief vom 27.06.1876
Archiv der UB Braunschweig G 98:11

Lieber Freund!

Nehmen Sie unsren herzlichen Dank für Ihre Photographie, die auch wir sehr gelungen finden. Wir sind sehr erfreut nun Ihr Bild im Album zu haben, dessen Platz längst bestimmt war. Das zweite Exemplar habe ich einstweilen verwahrt. Herr Rosenhain ist zwar ziemlich oft bei uns, aber er verdient eigentlich kein Bild von Ihnen. Er erinnert sich zwar Ihrer, doch scheint er mir im Allgemeinen nur noch lebhaft das Interesse an Essen und Trinken zu haben, und der Menschen wenig zu gedenken.
Er hatte eben das traurige Schicksal, daß seine zweite Verlobung (er ist 63 Jahre alt) gleich der ersten zurückging, als die Braut ihn näher kennenlernte. Dies hätte man doch sehr bedauert, wenn er es nicht Jedem auf eine wirklich gemeine Weise mitgetheilt hätte, indem er seine Braut beschuldigte noch einen Geliebten gehabt zu haben. Kurzum es ist eine sehr fatale Geschichte und ich fürchte mich vor jedem seiner Besuche, so rücksichtslos behandelt er das Thema seines Bräutigamstandes. Er war aber doch 4 Wochen öffentlich verlobt und hatte schon Besuche gemacht.
Bei uns geht es dann doch wieder besser, und ich hoffe mit Salzbädern uns alle für den kommenden Winter etwas zu schützen. Sie irren aber wirklich, wenn Sie denken die Norddeutschen und das norddeutsche Leben sei uns unsympatisch, im Gegenteil, die Menschen sind uns schon sehr, sehr lieb geworden, fast schon entbehren wir die Züricher Freunde nicht mehr und der Ton ist uns vertraut – das ist nicht was mich hier nicht glücklich sein läßt. Es ist lediglich das Klima mit seinem schroffen Wechsel von Kälte und Hitze, die übelriechende Stadt und die Unmöglichkeit an warmen Tagen woanders als in den abscheulichen Straßen Luft zu schöpfen.
Bei jeder anderen Partie riskirt man für die Kinder zuviel. Man fährt z. B. um 3 Uhr bei 24 Grad Wärme fort und kommt um 7 Uhr bei 9 Grad zurück! Das ertragen nun einmal nur geborene Ostpreußen. Übrigens bin ich weit entfernt mich mit Gedanken an eine Änderung zu befassen, wir bleiben sogar gern hier, wenn wir nur hoffen können nicht so viel krank zu sein. Wir schließen uns gar nicht so leicht an, ist's aber einmal geschehen, dann reißen wir uns sehr schwer wieder los und so ein halbes Nomadenleben, wie es viele Professoren führen, möchte ich gar nicht, es ist übrigens auch dafür gesorgt, daß es nicht an uns kommt, hier sitzt man fest für lange.
Am 28. Juli denken wir zu reisen! Mein Mann freut sich ganz besonders darauf, ich fürchte etwas die Reise selbst, und will mich erst in Heidelberg so recht freuen! Hoffentlich sehen wir Sie recht bald dort und machen hübsche Partien zusammen. Es wird übrigens für uns diesmal etwas lebhaft in Heidelberg werden, da meines Mannes Schwester diesmal mit 4 Kindern kommt, und die Brüder aus England und Berlin auch erwartet werden.

Mit der Bitte uns Ihrer Frau Mutter und Fräulein Schwester angelegentlich zu empfehlen und den herzlichsten Grüßen an Sie

Ihre ergebenen
Webers

Königsberg den 27. Juni 1876
Idachen hat ihr Bild sogleich erkannt und ihm schleunigst einen Kuß gegeben.

[Web 45]
Heinrich und Emilie Weber aus Königsberg an Richard Dedekind
Brief vom 04.07.1876
Archiv der SUB Göttingen Cod. MS. R. Dedekind 14:81 Nummer 267

Königsberg 4/7.76

Lieber Freund,

Beifolgend erhalten Sie Ihren Brief von Schwarz zurück[321]. Meine Anzeige[322] ist natürlich längst bei Königsberger[323] und wahrscheinlich schon in der Druckerei. Sie war übrigens, schon ehe sie gemacht war, Königsberger versprochen[324]. Wollen Sie nicht noch eine für die Göttinger Nachrichten[325] machen. Ich kann natürlich nicht noch eine zweite schreiben.
Für Schwarz ist die Erklärung, weßhalb er sich nicht an mich wendet, sehr bezeichnend.

Mit bestem Gruß
Ihr H. Weber

Herr Schwarz hat uns schon oft geärgert, diesmal aber mehr denn je, seine Nichtachtung ist das Erste was meinem Mann von Fernerstehenden als Anerkennung zu Theil wurde; für seine Hülfe an der Herausgabe Riemanns Werken.

Ihnen einen herzlichen Gruß
I. E. W.

321 Vergl. [Sch 1], Brief von Hermann Amandus Schwarz an Richard Dedekind vom 01.07.1876.

322 Siehe [Weber 1877a].

323 Repertorium der literarischen Arbeiten aus dem Gebiete der angewandten Mathematik.

324 Vergl. [Web 30], Brief von Heinrich Weber an Richard Dedekind vom 18.03.1876.

325 Nachrichten von der Königlichen Gesellschaft der Wissenschaften und der Georg-Augusts-Universität zu Göttingen.

[Web 46]
Heinrich Weber aus Königsberg an Richard Dedekind
Brief vom 10.07.1876
Archiv der SUB Göttingen Cod. MS. R. Dedekind 14:81 Nummer 268

Königsberg 10/7 76.

Lieber Freund,

Machen Sie sich über die Schwarz'sche Angelegenheit keinen Kummer, ich finde es ganz in der Ordnung, daß er an Sie die Aufforderung zu einer Anzeige gerichtet hat; nur hätte er auch einige Zeilen an mich richten können, um so mehr da wir lange nichts von Schwarzens gehört haben, und namentlich meine Frau auf einen ausführlichen Brief an Frau Schwarz gar keine Antwort erhalten hat. Ich fürchte daß er mir etwas übel genommen hat. Als ich ihm nämlich auf seinen Wunsch die Correcturbogen der Minimalflächenabhandlung hatte zuschicken lassen, hat er mir einen langen Bogen von Ausstellungen daran zugeschickt, zum Theil begleitet mit ziemlich bitteren Worten gegen Hattendorff, von denen allerdings ein Theil begründet war, ein anderer Theil aber auch recht spitzfindig ausgesucht. Dies habe ich ihm damals unumwunden geschrieben und ihn zugleich gebeten, nicht durch Aussprechen eines ungünstigen Urtheils dem ganzen Unternehmen zu schaden[326]. Dies mag ihn vielleicht verschnupft haben, und deshalb mag er keine Lust haben mir zu schreiben. Ich frage übrigens dergleichen nicht nach und wenn Sie ihm antworten können Sie ihn immerhin von mir grüßen. Aber ich kenne meine Pappenheimer.
Was nun die Anzeige für die Göttinger Nachrichten[327] betrifft, so war es mein voller Ernst, daß eine Besprechung des Inhalts von Ihnen gewiß auf Interesse genug bieten würde, und ich würde Sie daher sehr gerne sehen. Gegen die Art der Anzeige aber, wie Sie sie beabsichtigen, habe ich offen gestanden doch einige Bedenken. Es würde dabei doch vielleicht manches zur Sprache kommen müssen, was nicht von allgemeinem Interesse ist, und die Wahrheit zu gestehen, habe ich Sie im Verdacht, daß Sie gegen Ihre eigene Theilnahme an der Arbeit nicht die nöthige Gerechtigkeit haben würden. Wenn Sie sich also nicht zu einer Sachlichen Anzeige entschließen können, so glaube ich, daß es am besten ist, wir lassen die Sache auf sich beruhen. Die Aufforderung ist aber zu spät gekommen und das ist nicht unsere Schuld.
Damit leben Sie wohl für heute und seien Sie vielmals gegrüßt von mir und den Meinigen. Hoffentlich auf baldiges Wiedersehen in Heidelberg.

---

326 Vergl. [Sch 5], Brief von Hermann Amandus Schwarz an Heinrich Weber vom 18.01.1876; [Sch 6], Brief von Hermann Amandus Schwarz an Heinrich Weber vom 24.01.1876.

327 Nachrichten von der Königlichen Gesellschaft der Wissenschaften und der Georg-Augusts-Universität zu Göttingen.

Ihr

H. Weber

Ich habe das letzte Mal vergessen, Ihnen meinen herzlichen Dank zu sagen für die Zusendung der Separatabzüge der Biographie[328], mit der ich schon verschiedene hießige Bekannte erfreut habe.
Frau Prof. Riemann hat bei Teubner noch drei Freiexemplare für mich (vermuthlich auch für Sie) bestellt[329]. Da mir Teubner schrieb, er würde nichts dafür berechnen, so habe ich es angenommen, was ich sonst nicht gethan haben würde, da ich kaum eine rechte Verwendung dafür habe. Nochmals besten Gruß.

[Ded 18]
Richard Dedekind an Heinrich Weber
Brief vom 26.07.1876
Archiv der SUB Göttingen Cod. MS. R. Dedekind 13:49 Nummer 88

1876.7.26. Herrn Professor Dr. H. Weber zu Königsberg i. Pr.

Lieber Freund!

Zunächst muß ich Ihnen berichten, daß ich gegen Ihren Rath eine kurze Anzeige der Riemann'schen Werke[330], die ich bei Ankunft Ihres Briefes schon fertig hatte und die, wie ich schon geschrieben, nur von der Entstehung der Herausgabe handelt, an den Redacteur der Gött. Gel. Anz.[331], Prof Wappäus[332], abgeschickt habe. Sowohl an diesen, wie an Schwarz, habe ich geschrieben[333], daß die von Ihnen verfaßte, mir bekannte, sachliche Anzeige leider schon an das neue Repertorium[334] versagt ist, daß Sie es mir freigestellt haben, eine ähnliche Anzeige zu veröffentlichen, daß ich aber auf diesen Ihren Vorschlag nicht eingehen kann, dagegen eine Mittheilung über den historischen Hergang für nicht ganz uninteressant halte.
Ich bitte Sie nur herzlich wegen dieser Unfolgsamkeit mir nicht gram zu werden. Eine

328 Siehe [Dedekind 1876a].
329 Vergl. [Rie 11], Brief von Elise Riemann an Heinrich Weber vom 13.07.1876.
330 Siehe [Dedekind 1876b].
331 Göttingische Gelehrte Anzeigen. Als Göttingische Zeitungen von gelehrten Sachen 1739 gegründet, ist sie die älteste noch bestehende deutschsprachige Rezensionszeitschrift. Die Zeitschrift ist keine reine Rezensionszeitschrift; in ihr werden auch Berichte über Berufungen und Auszeichnungen veröffentlicht.
332 Johann Wappäus war von 1848 bis 1863 und von 1874 bis 1879 Redakteur der Göttinger Gelehrten Anzeigen.
333 Vergl. [Ded 35], Brief von Richard Dedekind an Hermann Amandus Schwarz vom 13.07.1876.
334 Repertorium der literarischen Arbeiten aus dem Gebiete der angewandten Mathematik.

der Ihrigen ähnliche Anzeige zu verfassen würde ich wirklich nicht im Stande gewesen sein, und wenn ich es trotzdem versucht hätte, so würde ein solcher Schritt nach meiner Ansicht immer etwas Auffallendes gehabt haben. Dagegen glaube ich schwerlich, daß irgend Jemand an meiner Anzeige, so wie sie ist, Anstoß nehmen wird, ich bemerke hierbei, daß Sie sich wahrscheinlich in einem Irrthum befinden, da Sie von den Göttinger Nachrichten[335] schrieben; um diese, d. h. um die Berichte von den Sitzungen der Gött. Ges. d. W., handelt es sich hier gar nicht, sondern nur um die Göttinger Gelehrten Anzeigen, die zwar auch unter der Aufsicht der Ges. d. W. erscheinen, aber nur Berichte über erscheinende Bücher bringen, also denselben Charakter haben, wie jedes andere kritische Blatt; nur für ein solches scheint mir eine kurze, ziemlich trockene Erzählung des Hergangs der Herausgabe nicht unpassend, da ich zugleich auf Ihre Anzeige des Inhalts verweise. Ich würde zwar niemals von selbst auf den Gedanken gekommen sein, überhaupt irgend eine Anzeige des Werkes zu verfassen; da sich aber einmal, und zwar gänzlich ohne mein Zuthun, die Gelegenheit dargeboten hat, so habe ich sie trotz Ihres Abrathens doch aus mehreren Gründen ergriffen. Der eine besteht darin, daß ich die lange Verzögerung der Herausgabe, die mir zunächst zur Last fällt, einigermaßen zu entschuldigen wünschte; der andere Grund, den Sie, wie es scheint, halb und halb errathen haben, und das Sie wahrscheinlich bestimmt hat, sich gegen meine Absicht auszusprechen, besteht darin, daß es für mich ein zu unbehagliches Gefühl ist, in den Augen des Publicums durch mein Miterscheinen auf dem Titel des Werkes einen zu großen Antheil an dem Verdienste der Herausgabe erlangt zu haben, und es lag mit daher daran, durch eine, wie ich hoffe, wahrheitsgemäße Erzählung künftigen Irrtümern dieser Art vorzubeugen. Übrigens verdient diese Sache eigentlich gar keine solche weil häufige Erklärung durch die ich fast fürchte Sie unnöthiger Weise neugierig zu machen; Sie werden sehen, daß meine Anzeige höchst nüchtern, vielleicht herzlich langweilig ist, und daß ich keineswegs ungerecht gegen mich bin; eher bin ich im Zweifel darüber, ob die Paar Worte am Schluß über Ihr Eingreifen auch nur einigermaßen ein richtiges Bild von Ihrer Arbeit geben können, deren Werth doch Niemand so würdigen kann wie ich.
Wenn Ihnen nun auch die ganze Sache mißfallen mag, so werden Sie mir doch die Triftigkeit meiner Beweggründe nicht ausreden können; außerdem würde es auch gar nichts mehr helfen, da das Ding schon gedruckt ist. Eine solche Kleinigkeit, wie diese meine erste Unfolgsamkeit gegen Ihren Rath, darf und wird Sie auch hoffentlich nicht ernstlich gegen mich verstimmen, und ich rechne mit Bestimmtheit darauf, daß ich aller höchstens eine kleine Strafpredigt in Heidelberg anzuhören haben werde, die ich gesonnen bin, in das eine Ohr herein und rasch aus dem anderen hinaus spaziren zu lassen. Wann sich das verwirklichen wird, kann ich immer noch nicht sagen, aber ich hoffe stark darauf, Sie etwa in der Mitte des August, vielleicht noch früher in Heidel-

335 Nachrichten von der Königlichen Gesellschaft der Wissenschaften und der Georg-Augusts-Universität.

berg aufsuchen zu können.
Mit herzlichen Grüßen an Sie, Ihre Frau Gemahlin und Ihre Kinder, und der Hoffnung auf ein recht fröhliches und gesundes Wiedersehen, sowie mit besten Wünschen für eine glückliche Reise verbleibe ich Ihr

Braunschweig, R. Dedekind
26. Juli 1876

[Web 47]
Heinrich Weber aus Königsberg an Richard Dedekind
Postkarte vom 28.07.1876
Archiv der SUB Göttingen Cod. MS. R. Dedekind 14:81 Nummer 269

Lieber Freund,
In den letzten Stunden vor unserer Abreise erhalte ich Ihren Brief. Auf unser Zusammensein in Heidelberg freuen wir uns sehr. Ich bitte Sie, mir Ihre Ankunft nach Heidelberg zu melden (Adresse. Neuenheimer Weg 34) Mit der Anzeige bin ich, da das Unglück geschehen ist, nun auch einverstanden. Herzliche Grüße von uns Allen

Königsberg 28/7/76 Ihr H. Weber

[Web 48]
Heinrich Weber aus Heidelberg an Richard Dedekind in Braunschweig
Postkarte vom 01.08.1876
Archiv der UB Braunschweig G 98:11

Lieber Freund,

Könnten Sie mir vielleicht baldmöglichst etwas Ungefähres über Ihre Pläne und Absichten mittheilen, wann wir Sie etwa hier erwarten dürfen. Ich beabsichtige auch mit meinem Vater eine kleine Reise nach der Schweiz zu machen und möchte daher gern wissen, wann etwa wir Sie hier erwarten dürfen. Wir sind sehr gut hier angekommen und befinden uns äußerst wohl. Herzliche Grüße von uns Allen.

Ihr H. Weber

Heidelberg 1/8.76

[Web 49]
Heinrich Weber aus Heidelberg an Richard Dedekind in Braunschweig
Postkarte vom 07.08.1876
Archiv der UB Braunschweig G 98:11

Montag Abend

Lieber Freund,

Heute bin ich von Heidelberg abgereist um zunächst einige Tage in Zürich zuzubringen. Im weitern habe ich auch keine bestimmten Pläne als mit meinem Vater Ende der Woche zusammenzutreffen u. einige bequeme kleine Touren zu machen. In etwa 14 Tagen denke ich in Heidelberg zurückzusein.
Ich bitte Sie, bis dahin Ihre Pläne meiner Frau nach Heidelberg mitzutheilen, welche über meinen jeweiligen Aufenthalt unterrichtet sein wird u. mich benachrichtigen kann. Heute traf ich zufällig mit Ihrem Collegen H. Weber[336] in Carlsruhe[337] zusammen. Auf baldiges Wiedersehen u. herzliche Grüße

Ihr H. Weber

[Web 50]
Emilie Weber aus Heidelberg an Richard Dedekind in Bad Ems
Brief vom 10.08.1876
Archiv der UB Braunschweig G 98:11

Lieber Herr Professor!

Mein Mann ist seit Montag resp. Dienstag in Zürich und sein Vater wird diese Nacht eben dahin abreisen. Die weiteren Pläne sind mir durchaus verborgen, doch denke ich sie werden für diese Woche jedenfalls dort bleiben und dann nur einige Abstecher von Zürich aus machen. Jedenfalls können sie bei Professor Frankenhäuser[338] in Zürich, wo die Herren logieren das Nähere erfahren, oder sie selbst treffen. Sie gedenken keine größere Reise zu machen, hatten Glarus[339], Stachelburg[340], Engelburg[341] etc in's

336 Heinrich Weber, Physiker.
337 Karlsruhe.
338 Ferdinand Frankenhäuser (* 1832 † 3. Februar 1894) Gynäkologe.
339 Glarus, Stadt im Kanton Glarus, Schweiz.
340 Stachelburg, Burg in Partschins/Südtirol, Italien.
341 Engelburg, Ortschaft im Kanton St. Gallen, Schweiz.

Auge gefaßt, aber mir gesagt, es schweben noch alle Pläne in der Luft.
Herzlichen Dank für Ihre Anzeige[342]. Unser Zorn auf Schwarz hat sie nun zwar in anderer Weise, als sie gewünscht worden war, ins Leben gerufen, Herrn Schwarz wird sie jedenfalls sehr mißfallen, also sie ist nun einmal und soll Ihnen gedankt sein.
Mündlich mehr davon, ich habe oft gedacht, daß Sie den Ausdruck meines Ärgers mißverstanden haben möchten, kann das aber brieflich nicht erklären. Hoffentlich sehen wir Sie und freuen uns an dem lieblichen Heidelberg, das mir noch nie so strahlend erschienen ist, wie jetzt. Es ist auch ein unsagbarer Unterschied mit Königsberg, dem schaurigen Nest.
Bitte empfehlen Sie mich Henle's, ich hätte sie neulich so gern in Göttingen aufgesucht[343], d. h. zu dem Zweck dort übernachtet statt vorbei zu fahren – dann hätte aber Schwarz nicht dort sein dürfen. Lassen Sie sich doch von meinem Mann erzählen weshalb er Riemanns Portrait zurückgewiesen hat, als er es geschenkt erhalten sollte, das kennzeichnet so recht diesen eitlen, eingebildeten Menschen, der nichts weniger gelten läßt als wahres wissenschaftliches Streben in anspruchslosem Gewandt.
Verzeihen Sie diese Eile mit der ich schreibe, es treibt und drängt hier immer Alles, jetzt sind es meine Kinder, die spazieren gehen wollen.
Herzliche Grüße von Ihrer aufrichtigsten Freundin

Emilie Weber

Heidelberg den 10. August 1876
Die Eltern empfehlen sich Ihnen bestens.

[Web 51]
Emilie Weber aus Heidelberg an Richard Dedekind in Baden Baden
Postkarte vom 21.08.1876
Archiv der UB Braunschweig G 98:11

Heidelberg d. 21. August 1876
Bester Herr Professor!
Morgen will mein Mann zurückkommen, er ist heute bei der schweizerischen Naturforscherversammlung in Basel[344]. Leider kenne ich seine Adresse nicht, sonst hätte

342 Siehe [Dedekind 1876b].

343 Jakob Henle war von 1852 bis zu seinem Tod Professor für Anatomie an der Georg-Augusts-Universität und wohnte mit seiner zweiten Frau und seinen vier Kindern in Göttingen.

344 Jahrestagung der am 8. Januar 1817 gegründeten Schweizerischen Naturforschenden Gesellschaft Basel vom 21. bis 23. August 1876 in der Martinskirche in Basel, Schweiz.

ich ihm noch telegraphisch mitgetheilt, daß Sie in Baden[345] sind. Hoffentlich sehen wir Sie hier desto länger, da die Begegnung in der Schweiz sich nicht ausführen ließ. Recht glückliche Reise und herzliche Grüße.
Freundschaftlichst

Ihre E. W.

[Web 52]
Heinrich Weber aus Königsberg an Richard Dedekind in Braunschweig
Brief vom 24.11.1876
Archiv der UB Braunschweig G 98:11

Königsberg d. 24ten Nov. 1876.

Lieber Freund,

Schon lange habe ich mir vorgenommen, Dir einmal wieder zu schreiben. Nun ist es eine besondere und dringende Veranlassung, die mich bestimmt, es heute zu thun. Die Sache ist nämlich die; unser Experimentalphysiker, der alte Moser ist schon seit längerer Zeit nicht mehr im Stande zu lesen, und hat jetzt auch wie ich höre um seine Emeritierung gebeten[346]. Das schon lange gefühlte Bedürfniß, eine neue Kraft für dieses Fach zu berufen wird also jetzt dringend. Ich habe schon mit Neumann und verschiedenen anderen Collegen darüber gesprochen, und das Resultat davon ist, daß sich die Neigungen am meisten für Deinen Collegen Heinrich Weber zu entscheiden scheinen, der mir auch als College sehr lieb wäre. Ich möchte Dich daher bitten, mir so bald als möglich einige Mittheilungen über seine Lehrtätigkeit in Braunschweig und sonstige Wirksamkeit zu machen, auch darüber, ob von ihm noch andere Arbeiten als die in Poggendorffs Annalen[347] erschienenen[348] vorliegen, damit ich diese Daten in der Fakultät und dem Minister gegenüber geltend machen kann. Da übrigens bis jetzt die Sache noch gar nicht in der Fakultät zur Sprache gekommen ist, so wirst Du vielleicht gut thun, mit ihm selbst noch nicht von der Angelegenheit zu sprechen. Dagegen bitte ich Dich um eine möglichst schleunige Antwort, da ich die Sache so viel wie möglich

345 Baden-Baden.

346 Ludwig Moser war von 1839 bis 1876 Ordinarius für Experimentalphysik an der Albertus-Universität in Königsberg. Seine Unterrichtsverpflichtung endete am 18.12.1876. Als Mosers Nachfolger wurde Carl Pape berufen.

347 Annalen der Physik und Chemie, zwischen 1824 und 1876 herausgegeben von Johann Christian Poggendorff.

348 Siehe [Weber (Phys.) 1869], [Weber (Phys.) 1872], [Weber (Phys.) 1875], [Weber (Phys.) 1876].

betreiben möchte.
Noch eine zweite Frage habe ich an Dich, deren Beantwortung ich aber nicht an die der ersten knüpfen möchte.
Wenn von einer Gleichung $6^{\underline{\text{ten}}}$ Grades folgende Functionen der Wurzeln $z_1, \ldots, z_6$ gegeben sind

$$\begin{aligned} x_1 &= (z_2 - z_1)(z_3 - z_6)(z_4 - z_5) & x_2 &= (z_3 - z_1)(z_4 - z_2)(z_5 - z_6) \\ x_3 &= (z_4 - z_1)(z_5 - z_3)(z_6 - z_2) & x_4 &= (z_5 - z_1)(z_6 - z_4)(z_2 - z_3) \\ x_5 &= (z_6 - z_1)(z_2 - z_5)(z_3 - z_4) \end{aligned}$$

(sind die Wurzeln $z_\infty, z_0, z_1, \ldots, z_6$:

$$(z_\infty - z_\nu)(z_{\nu+1} - z_{\nu-1})(z_{\nu+2} - z_{\nu-2}) \qquad \nu = 0, 1, 2, 3, 4$$

wie z. B. bei der Modulargleichung $6^{\underline{\text{ten}}}$ Grades wo diese Functionen von einer Gleichung $5^{\underline{\text{ten}}}$ Grades abhängen) Wie findet man daraus die Wurzeln z?
Da ich in den vielen Abhandlungen die sich auf diesen Gegenstand beziehen, nirgends etwas darüber gefunden habe, so schließe ich hieraus, daß die Sache nach den Galois'schen Prinzipien selbstverständlich ist.
Bei uns geht Alles gut, wir frieren viel, haben aber sonst nichts zu klagen.
Meine Frau und die Kinder lassen bestens grüßen, ebenso

Dein
H. Weber
Kleine Schloßteichstraße 1.

[Ded 19]
Richard Dedekind in Braunschweig an Heinrich Weber in Königsberg
Briefentwurf vom 27.11.1876
Archiv der UB Braunschweig G 98:11

1876.11.27. Herrn Prof. Dr. H. Weber zu Königsberg i. Pr.

Lieber Freund!

Schon lange habe ich Dir schreiben wollen, um von Dir und den Deinigen zu hören, Dein Brief mit den guten Nachrichten hat mir daher große Freude gemacht und ich werde ihn demnächst ordentlich beantworten, für heute beschränke ich mich aber darauf, Deiner Anfrage wegen meines fähigen Collegen und Freundes, des Physikers Heinrich Weber nach besten Kräften zu entsprechen.
Es ist mir nicht bekannt, ob derselbe außer den Abhandlungen in Poggendorff's

Annalen[349], seiner Doctordissertation (Über die Bestimmung des galvanischen Widerstandes der Metalldrähte aus ihrer Erwärmung durch den galvanischen Strom nach absolutem Maasse, Leipzig 1863)[350] und außer seiner Übersetzung[351] des Werkes von Briot[352] über die mechanische Wärmetheorie noch andere Arbeiten publiziert hat. Er hat von Anfang seiner hießigen Anstellung an darüber zu klagen gehabt, daß der Experimentier Raum beständigen Erschütterungen ausgesetzt ist, die die Feinheit der Meßungen erheblich beeinträchtigen; er würde sonst, da er außerordentlich fleißig und eifrig ist, ohne Zweifel viel mehr experimentelle Untersuchungen geliefert haben. In dem neuen Gebäude, welches im nächsten Herbst bezogen wird, erhält er große und vorzügliche Räume.[353] Da ich ihn selbst nicht fragen und Deinen Brief sogleich beantworten wollte und sollte, so kann ich über seine literarischen Arbeiten keinen weiteren Aufschluß geben. Über seine Lehrtätigkeit kann ich nur sehr Gutes berichten, obgleich Urtheile von Zuhörern über unsere Lehrer mir höchst selten bekannt werden, aber es spricht dafür die Zahl seiner Zuhörer unter denen sich außer den regelmäßigen Schülern der Anstalt immer viele andere Personen befinden, die aus reiner Neigung seine Vorlesungen besuchen. Ich zweifle auch nicht daran, daß eine direkte Erkundigung bei Studirenden – wozu ich mich aber nicht verstehen kann – (u.s.w. wie in dem Schreiben an Prof. Scheibner vom 1. Dezember 1875) ... berichtet wird.

Das ist alles, was ich Dir auf Deine Anfrage zu antworten vermag, und ich kann nur noch hinzufügen, daß ich es im Interesse unserer Anstalt in höchstem Grade bedauern würde, wenn uns diese unermüdlich thätige, bewährte Lehrkraft entzogen werden sollte. –

Die Modulargleichungs-Angelegenheiten muß ich erst näher studiren, doch hoffe ich in einigen Tagen darüber ins Klare zu kommen. Darf ich auch wieder einiges Ideales schicken?

Mit herzlichen Grüßen und bestem Dank

Braunschweig, 27. November 1876 Dein R. Dedekind

---

349 Siehe [Weber (Phys.) 1869], [Weber (Phys.) 1872], [Weber (Phys.) 1875], [Weber (Phys.) 1876].

350 Siehe [Weber (Phys.) 1863].

351 Siehe [Briot 1871].

352 Siehe [Broit 1869].

353 Das Collegium Carolinum erhielt kurz vor der Ernennung zur Herzoglichen Technischen Hochschule im Frühjahr 1878 einen Neubau in der Pockelsstraße, der im Wintersemester 1877/78 eröffnet wurde.

[Web 53]
Heinrich Weber aus Königsberg an Richard Dedekind in Braunschweig
Brief vom 10.12.1876
Archiv der UB Braunschweig G 98:11

Königsberg den $10^{\underline{ten}}$ Dezember 1876

Lieber Freund,

Beifolgend schicke ich Dir zunächst die Fortsetzung Deiner Theorie der Ideale[354] zurück, die ich wieder mit dem größten Interesse gelesen habe. Auf diese Art glaube ich, bleibt gar keine Unklarheit in der Sache und ich freue mich sehr auf das Erscheinen des Ganzen, vielleicht gelingt es mir dann auch einmal, mich zu meiner Vorlesung über Zahlentheorie aufzuschwingen, wofür ich bis jetzt noch einen großen Respect habe.
Zweitens habe ich Dir für Deine Nachrichten über Weber bestens zu danken. Ich habe dieselben nicht anders erwartet, war aber sehr erfreut, meine Meinung durch Dich so glänzend bestätigt zu hören.
Ich bitte Dich aber doch, mit Weber noch nicht von der Sache zu sprechen, da es doch noch zweifelhaft ist, ob aus der Sache etwas wird. Neumann, der Anfangs sehr für Weber war, hat jetzt noch einen andern Candidaten, auf den er sehr viel zu halten scheint, und obwohl mir Weber unter allen der liebste wäre, so wird es am Ende doch wohl auf Neumann hauptsächlich ankommen.
Endlich danke ich Dir bestens für Deine Auseinandersetzung über die Gleichung 6ten Grades. Die allgemeine Theorie ist mir für meinen gegenwärtigen Zweck ganz genügend, da bei der Auflösung der Gleichung 5ten Grades, die mich augenblicklich interessirt, nur die Auflösung der Gleichung des 5ten Grades durch den 6ten Grad in Betracht kommt, nicht umgekehrt. Ich wollte eben nur gern wissen, daß auch das Umgekehrte möglich sei.
Sehr gern würde ich Dein freundliches Anerbieten annehmen, mir die Hauptsätze der Galois'schen Theorie zusammenzustellen, wenn ich nicht fürchtete, Deine Zeit unverantwortlich in Anspruch zu nehmen. Es sind so manche Anwendungen dieser Theorie, die mich speziell interessiren und doch will es mir nicht recht gelingen, mittels der vorhandenen Bücher ganz in die Sache hineinzukommen.
Was Du mir über Lipschitz schreibst ist mir sehr interessant gewesen. Ich glaube gern, daß in seinen Arbeiten[355], und vielleicht auch in denen von Christoffel[356] ein großer Theil des Inhalts jener Note enthalten sein mag; ich glaube aber, daß der Zweck der-

354 Siehe [Dedekind 1877a].
355 Siehe [Lipschitz 1869a], [Lipschitz 1869b], [Lipschitz 1870].
356 Siehe [Christoffel 1869].

selben, die Riemannschen Formeln durch möglichst kurze Erläuterungen auch einem dem Gegenstand ferne stehenden Leser verständlich zu machen, durch bloßes ‚Citiren' dieser umfangreichen Arbeiten nicht wohl erreicht worden wäre. Ich muß übrigens jede Spur von Eigenthum an dieser Note entschieden ablehnen; ich habe weiter nichts gethan, als aus Deinen Papieren das zusammengestellt, was mir unmittelbaren Bezug auf die Riemannschen Werke zu haben schien, und zwar habe ich nur deshalb diese Zusammenstellung selbst gemacht, weil ich mich damals noch nicht getraut, Dir diese Arbeit zuzumuthen. Was das Citiren anderer Arbeiten betrifft, so hatte ich es mir bei der Herausgabe zum Grundsatz gemacht, nur solche Arbeiten anzuführen, welche directen Bezug auf Riemannsche Abhandlungen haben.
Ich bin aber sehr gern bereit, bei einer etwaigen zweiten Auflage allen billigen Wünschen Rechnung zu tragen. Ich habe Lipschitz einmal gesehen und einmal habe ich mit ihm in Correspondenz gestanden, habe aber auch bei beiden Anlässen einen sehr vortheilhaften Eindruck von ihm bekommen.
In dem letzten Heft von Schlömilchs Zeitschrift[357] hat auch Boltzmann in Wien monirt[358], daß bei der Abhandlung über ebene Luftwellen[359] nicht alle Vorgänger gehörig erwähnt seien, übrigens in sehr anerkennenden Ausdrücken. So ist immer noch etwas zu bessern.
Hast Du vielleicht gesehen daß Zöllner in seinem neuen Buch über Electrodynamik[360], welches im Uebrigen wesentlich ein Wiederabdruck Weber'scher Abhandlungen ist, in der langen und sehr eigenthümlichen Vorrede mehrmals auf den philosophischen Theil von Riemanns Werken Bezug nimmt, im Ganzen sehr anerkennend, obwohl er in einem Hauptpunkt wesentlich andrer Ansicht ist. Ich glaube übrigens, daß der gute Zöllner in seinen philosophischen Spekulationen allmählich sehr auf Abwege gerät. Doch nun genug von diesen Dingen um noch etwas von uns zu erzählen. Leider haben wir jetzt auch recht schwere Zeiten. Wir haben von dem blinden Bruder meiner Frau sehr traurige Nachrichten. Er hat einen Schlaganfall gehabt und ist nun auf der einen Seite ganz gelähmt und der Sprache nicht mehr mächtig. Es ist ein trostloser Zustand und man kann nur wünschen, daß es ein baldiges und möglichst sanftes Ende nehmen möchte. Meine Frau ist durch diese Sorgen sehr mitgenommen. Sie läßt Dich bestens grüßen und Dir sagen, sie sei augenblicklich nicht in der Stimmung zu schreiben, sonst würde sie Dir schon geantwortet haben. Im übrigen geht es uns gut. Es fällt mir aber noch ein, daß ich auf Deine Frage wegen des Gauß-Jubiläum[361] noch nicht geantwortet habe. Ich habe mich sehr gefreut, daß die Vorbereitungen zur Feier so schön im Gange sind. Ich bin überzeugt, daß es Jedermann nicht nur als ein sehr

357 Zeitschrift für Mathematik und Physik.
358 Siehe [Boltzmann 1876].
359 Siehe [Riemann 1860a: VIII].
360 Siehe [Zoellner 1876].
361 Jubiläumsfeier zum 100. Geburtstag von Carl Friedrich Gauß am 30. April 1877 in Braunschweig.

gerechtfertigtes, sondern auch schönes und dankenswerthes Unternehmen anerkennen wird wenn Du für diese Gelegenheit eine Festschrift[362] herausgibst.
Mit freundlichen Grüßen

Dein H. Weber

[Web 54]
Emilie Weber aus Königsberg an Richard Dedekind in Braunschweig
Brief vom 27.12.1876
Archiv der UB Braunschweig G 98:11

Königsberg d. 27/12 1876

Lieber Herr Professor!

Diesmal sind Sie uns zuvorgekommen, und haben uns durch Ihre herrliche Sendung unendlich erfreut. Ich kann Ihnen nicht besser dafür danken, als indem ich Ihnen sage, daß wir alle Tage fanden: kein Weihnachtsgebäck sei so gut, als der Braunschweiger Honigkuchen, und das Idachen vor etwa 8 Tagen sagte: „Der Onkel Dedekind wird uns doch wieder so einen großen Kuchen schicken wie damals"! Worüber wir sehr viel gelacht haben. – Wir aber können diesmal nicht mit gleich guter Ware aufwarten wie Sie. Aller Kaviar soll dieses Jahr nach Thran schmecken, und so beschlossen wir eine andere, aber erst im neuen Jahr erscheinende Spezialität Königsbergs abzuwarten, die Ihnen unsre Grüße bringen soll. –
Wir leben diesen Winter sehr still, aber wir sind sehr zufrieden mit dieser Zurückgezogenheit. Mein Mann hat Ihnen wohl geschrieben, daß mein armer blinder Bruder seit Wochen gelähmt liegt, ohne Sprache und sehr schwach, so daß man stets sein Ende erwarten kann, was ich täglich für ihn ersehne, und dies ist ja Grund genug für uns die Geselligkeit zu meiden. Mein Mann kann aber auch das lange, in die Nacht hinein Aufbleiben garnicht vertragen und hier dauern die Gesellschaften sehr lange, da ist auch deshalb ein Zurückziehen von uns geboten gewesen. Die Kinder machen uns große Freude, Idachen lernt jetzt lesen und schreiben, und alle Tage finden wir Fortschritte, die uns glücklich machen. Rudi ist ein äußerst bewegliches Kerlchen, ein so glückseliges Kind, wie nur denkbar und Gott sei Dank ganz gesund, und viel wohler aussehend, als in Heidelberg und kurz nach unserer Rückkehr. – Wir haben nun schon seit 10 Tagen abwechselnd 18 - 20 Grad Kälte, was einen ganz sibirischen Eindruck macht. Nur zwei Zimmer bekommen wir richtig warm, mein armer Mann sitzt

362 Siehe [Dedekind 1877c].

an seinem Ofen mit Fußsack und Reisedecke bewaffnet und trinkt Punsch zur Arbeit, um nur einigermaßen warm zu bleiben und in unsrem sogenannten „Saal“ sind wir mit fortwährendem Heizen bis auf 7 Grad gekommen! Der echte Königsberger sitzt frierend bei 10 Grad und findet das „einen recht normalen hübschen Winter“ und denkt, „daß im Februar eine ordentliche Kälte kommen wird“ Das wir im Wohnzimmer 15 Grad haben, gilt geradezu als Wunder, aber wenn man die armen frierenden Kinder ansieht, leiden sie alle an Frostbeulen an den roth und blau gefrorenen Händchen. – Mein Mann macht zur Zeit Plane einer Reise, und zwar mit Ihnen. Er möchte Sie schrecklich gern nach Kopenhagen und Stockholm verleiten, statt Ihrer projectirten Schwarzwaldreise. Wir haben dieses Jahr doch eingesehen, daß wir nur alle 2 - 3 Jahre en famille reisen können, wenn wir nicht ganz herunter kommen sollen, und so wird mein Gatte uns diesen Sommer einige Wochen allein lassen, ich erlaube aber solch große Reise nur in Ihrer Gesellschaft, sonst mag er ruhig allein nach Heidelberg gehen. –

Hoffentlich treffen meine Zeilen Sie und Ihre verehrte Frau Mutter und Fräulein Schwester recht wohl an, Sie sollen Ihnen auch herzlichen Dank für Ihren Brief an meinen Mann und tausend Grüße von uns bringen. –

Wir wünschen Ihnen ein recht glückliches neues Jahr!

Ihre treue Freundin
Emilie Weber

Heute ist ja Fräulein Henle's[363] Hochzeit, wir finden ihren Erwählten[364], je näher wir ihn kennenlernen, desto angenehmer.

4.4 Briefe des Jahres 1877

[Web 55]

Heinrich Weber aus Königsberg an Richard Dedekind

Brief vom 24.01.1877

Archiv der SUB Göttingen Cod. MS. R. Dedekind 14:81 Nummer 270

Königsberg 24/1 77.

Lieber Freund,

Zunächst meinen besten Dank für Deinen Brief, den ich gleich beantworten will, um so mehr als ich schon längst die Absicht hatte, Dir zu schreiben.

363 Elise Henle (* 20. Januar 1848 † 18. Mai 1935) Tochter von Jakob Henle.

364 Johann Friedrich Sigmund Merkel (* 5. April 1845 † 28. Mai 1919) Mediziner.

Mit der Uebersetzung meiner Anzeige ins Französische bin ich selbstverständlich ganz einverstanden und freue mich darüber. Natürlich muß es an der betreffenden Stelle $n \overset{\text{minus}}{-} m$ streckig heißen, was auch bei dem Druck im Werke selbst unzweifelhaft ist. Daß es in der Anzeige so undeutlich ist, ist eine Folge davon, daß ich keine Correctur davon bekommen habe. Die Uebersetzung von „Strecke" mit „ligne" scheint mir auch nicht ganz treffend zu sein. In meinem Wörterbuch finde ich für Strecke „étendue" weiß aber freilich nicht, ob man dies Wort in diesem Sinne brauchen kann. Vielleicht könnte man hier einfach „Dimension" setzen, was jedenfalls den Sinn trifft. Bei der Uebersetzung von „Einstreckstück" müßte dann freilich noch ein geeignetes Substantivum dazu gefunden werden (? à une dimention)
Ich schicke Dir beifolgend eine Abschrift der schon einmal erwähnten Bemerkungen von Bolzmann[365] aus Schlömilchs Zeitschrift[366].(die ich mir gelegentlich zurück erbitte). Ich bitte Dich damit Riemanns Selbstanzeige[367] zu vergleichen und über den Leichtsinn von Herrn B. zu staunen. Von den von Riemann nicht erwähnten Abhandlungen ist ihm Poisson „Sur la propagation de son"[368] jedenfalls bekannt gewesen. Eine Nothwendigkeit ihn hier anzuführen lag aber für ihn nicht vor. Die Abhandlung von Earnshaw[369] ist erst nach der Riemannschen gedruckt. Saint-Vernant et Wantzel[370] behandeln ein ganz anderes Problem.
Ich habe auch bereits an Cantor in Heidelberg eine Erwiderung auf diese Notiz eingeschickt.
Unsere Vorschläge für die Besetzung der physikalischen Professur sind jetzt auch abgegangen. Es wurde beschlossen, in erster Linie O. E. Meyer[371] in Breslau[372] vorzuschlagen, in zweiter, gleicher, Linie Pape, Riecke und Weber (nach dem Alphabet) wozu Dein Brief wesentlich mit beigetragen hat. Da Meyer sehr wahrscheinlich nicht annehmen wird, so ist es sehr möglich daß der Ruf an Weber gelangt. Ich glaube nicht, daß jetzt noch etwas im Wege steht, daß Du ihm diesen Sachverhalt mittheilst, was mir sogar wünschenswerth erscheint, damit er sich bezüglich der hier in Aussicht genommenen Errichtung eines physikalischen Instituts vorsieht, und sich bestimmte

365 Siehe [Boltzmann 1876].
366 Zeitschrift für Mathematik und Physik.
367 Siehe [Riemann 1859b: IX].
368 Siehe [Poisson 1808].
369 Siehe [Earnshaw 1861].
370 Siehe [Saint-Venant/Wantzel 1839], [Saint-Venant/Wantzel 1843].
371 Oskar Emil Meyer lehrte und arbeitete von 1864 bis 1904 als Professor sowie über viele Jahre als Direktor des Physikalischen Kabinetts an der Schlesischen Friedrich-Wilhelms-Universität zu Breslau.
372 Breslau, polnisch Wrocław, frühere Hauptstadt der preußischen Provinz Schlesien, heute Stadt in Polen. Die Schlesische Friedrich-Wilhelms-Universität Breslau, die heutige Uniwersytet Wrocławski, zu Beginn des 19.Jahrhunderts entstanden als Vereinigung der 1702 gegründeten Universität Leopoldina in Breslau und der schon 1506 gegründeten Universität Viadrina in Frankfurt (Oder), war die erste deutsche Universität, die sowohl eine protestantische, als auch eine katholische Fakultät besaß.

Zusicherungen geben läßt[373].
Ich hätte Dir noch allerlei Mathematisches zu schreiben was ich aber auf eine günstigere Gelegenheit verschieben will, da ich jetzt auch durch mancherlei andere Dinge sehr in Anspruch genommen bin.
Herzliche Grüße von meiner Frau und mir

Dein

H. Weber

[Web 56]

Heinrich Weber aus Königsberg an Richard Dedekind

Paketabschnitt vom 30.01.1877

Archiv der UB Braunschweig G 98:11

Lieber Freund!

Da es mit der Laxfischerei auf die ich hoffte, dieses Jahr auch nichts ist wegen dem anhaltenden Frost, sende ich Ihnen ein kleines Pröbchen der neusten Kaviarsendung, von der man sagt sie sei besser, als die bisherigen. Hoffentlich kommt das Fäßlein gut bei Ihnen an u. der Inhalt ist noch in eßbarem Zustand. Wir hören so viel von der Wärme überall, daß man kaum wagt solch verderbliche Ware zu versenden. Nehmen Sie den guten Willen freundlich auf sollte auch die Sache selbst schlecht sein.
Tausend herzliche Grüße von Ihren getreuen Webers
d. 30/1 77

[Web 57]

Heinrich Weber aus Königsberg an Richard Dedekind in Braunschweig

Brief vom 15.03.1877

Archiv der UB Braunschweig G 98:11

Königsberg 15.3.77

Lieber Freund,

Zunächst besten Dank für Telegramm und heute erhaltenen Brief. Die Ideale[374] werde ich in möglichst kurzer Zeit durchstudieren und dann umgehend zurückschicken

373 Die Ausstattung des Lehrstuhls für Physik an der Königlichen Albertus-Universität Königsberg war unter Moser sehr dürftig. Auch Mosers Nachfolger Pape gelang es nur sehr schwer die für eine bessere Ausstattung benötigten Gelder zu erhalten. Die Professoren benutzten zuweilen private Gelder und Geräte um überhaupt physikalische Experimente mit ihren Studenten durchführen zu können.

374 Siehe [Dedekind 1877a].

(wenn Du aber noch einmal so etwas machst, mir Briefmarken schicken, deren es ohnehin viel zu viel sind, dann verdirbst Du es für immer mit mir) Diesmal wird es mir etwas schwerer ganz zu folgen, da ich das Frühere nicht mehr vor Augen habe, ein genaueres Studium muß ich mir also bis zum Erscheinen der ganzen Arbeit ersparen. Sehr neugierig bin ich auf den Inhalt Deiner Jubiläumsschrift[375], mit der Du mich wohl überraschen willst, da Du noch gar nichts darüber geschrieben hast. Für das Gaußdenkmal ist hier von Seiten der Universität eine Sammlung bereits im Gang[376]. Einen sehr großen Erfolg derselben wage ich aber nicht zu versprechen. Das Berliner Comittee wird wohl größeren Erfolg haben. Nun aber zur Haupsache, derentwegen ich Dir wahrscheinlich auch heute geschrieben haben würde, wenn ich Deinen Brief nicht erhalten hätte. Vor einigen Tagen erhielt ich von Göttingen eine Aufforderung, zur Feier des 30ten Apr nach Göttingen zu kommen[377], und ich bin nicht ganz abgeneigt, dieser Einladung zu folgen, wobei man voraussichtlich alte Bekannte und sonstige interessante Persönlichkeiten sehen wird. Jedenfalls hoffe ich Dich bei dieser Gelegenheit zu sehen. Ließe es sich nicht so einrichten, daß die Göttinger und die Braunschweiger Feier nicht collidieren daß Du auch nach Göttingen kommen könntest. Ich würde dann auch gerne Braunschweig, was ich ohnehin noch nicht kenne, mit meiner Reise verbinden.

Was unsere physikalische Professur betrifft, so ist darin noch gar kein entscheidender Schritt geschehen. Wenigstens haben wir, seitdem unsere Vorschläge abgegangen sind, noch gar nichts darüber gehört, es scheint demnach nicht, als ob das Ministerium noch zu Ostern eine Besetzung der Stelle beabsichtige.

Sonst habe ich hier heute nichts besonderes zu schreiben, als daß es uns gut geht trotz des abscheulichen Winterwetters Antworte mir bald, wenn auch nur auf einer Seite, wegen der beiden Gaußfeiern. Auf baldiges Wiedersehen

Herzliche Grüße von meiner Frau und mir

Dein

H. Weber

---

375 Siehe [Dedekind 1877c].

376 Zur Ehrung des in Braunschweig geborenen Carl Friedrich Gauß errichtetes Denkmal in Braunschweig. Grundsteinlegung am 30. April 1877, Enthüllung 1880.

377 Carl Friedrich Gauß' Jubiläumsfeier am 30. April 1877 abgehalten an der Georg-Augusts-Universität von der Königlichen Gesellschaft der Wissenschaften Göttingen mit Festreden unter anderem von Karl Borchardt, Ernst Schering und Moritz Stern.

[Web 58]

Heinrich Weber aus Königsberg an Richard Dedekind in Braunschweig

Brief vom 18.03.1877

Archiv der UB Braunschweig G 98:11

Königsberg d. 18ten März 1877

Lieber Freund,

Beifolgend schicke ich Dir mit vielem Dank Deine Ideale[378] zurück. Wenn ich auch für den Augenblick mit dem schon angeführten Grund nicht allen Einzelheiten streng gefolgt bin, so habe ich den Gedankengang und den Hauptinhalt doch recht wohl verstanden und bin davon in höchstem Grade angesprochen und befriedigt und freue mich sehr auf ein genaueres Studium.
Herzliche Grüße von

Deinem
H. Weber

[Web 59]

Heinrich Weber aus Königsberg an Richard Dedekind in Braunschweig

Postkarte vom 07.04.1877

Archiv der UB Braunschweig G 98:11

Lieber Freund,

Da ich die Göttinger Reise mit einem Besuch in Heidelberg zu verbinden gedenke, so werde ich Dich nach der Göttinger Feier auch einen Tag in Braunschweig besuchen. Es ist sehr schade, wiewohl begreiflich, daß Du nicht nach G. kommen kannst. Auf Wiedersehen. Herzliche Grüße von

Deinem H. Weber

Kgsbg d. 7. April 1877

378 Siehe [Dedekind 1877a].

[Web 60]

Heinrich Weber aus Königsberg an Richard Dedekind

Brief vom 29.05.1877

Archiv der SUB Göttingen Cod. MS. R. Dedekind 14:81 Nummer 271

Königsberg d. 29ten Mai 1877

Lieber Freund,

Es wird hohe Zeit, daß ich Dir nach meiner Rückkehr schreibe, und Dir für die gastfreundliche Aufnahme danke, die ich bei Dir und den Deinen in Braunschweig gefunden habe. Der Tag in Braunschweig gehört zu den angenehmsten Erinnerungen meiner Reise, die mir überhaupt viel Schönes und Erfreuliches gebracht hat, und als ich glücklich wieder hier war und alles wohl und munter angetroffen hatte, mochte ich die Reise als eine durchaus gelungene betrachten. Seitdem ist nun von hier nicht mehr viel zu berichten. Ich stecke wieder ziemlich in der Arbeit darin, die auch von den Pfingstferien nicht wesentlich unterbrochen wurde. Der Frühling und fast zugleich der Sommer sind bei uns hier auch endlich eingekehrt, damit ist aber auch wieder die Sehnsucht nach dem Süden lebhafter erwacht. Für dieses Jahr werden wir aber darauf verzichten müssen noch einmal von hier fortzukommen.

Kennst Du eine Abhandlung von Betti „Sulla risoluzione delle equazioni algebriche"?[379] Und hältst Du sie für gut? Die steht in den Annali von Tortolini[380] n. 1852 und scheint mir eine recht hübsche, wenigstens kurze Auseinandersetzung der Galois'schen Theorie zu enthalten. Er behauptet darin, der erste der die Unmöglichkeit der Auflösung algebraischer Gleichungen bewiesen habe, sei nicht Abel sondern ein gewisser Paolo Ruffini in Modena, aber ohne ein genaueres Citat.

Beifolgend schicke ich Dir mein Erwiderungspapier Boltzmann in Sachen der Luftwellen.

Für heute habe ich Dir nichts weiter zu schreiben.

Meine Frau und ich lassen uns Deiner Mutter u. Schwester bestens empfehlen und Dich herzlich grüßen

Dein H. Weber

---

379 Siehe [Betti 1852].

380 Annali di Matematica Pura ed Applicata.

Zur Geschichte des Problems der Fortpflanzung ebener Luftwellen von endlicher Schwingungsweite[381]

Unter diesem Titel veröffentlicht Herr Ludwig Boltzmann im 6. Hefte des 21. Jahrgangs dieser Zeitschrift[382] eine Bemerkung[383], welche mit den Worten beginnt: „Die Eingangsworte zur Abhandlung Riemann's über diesen Gegenstand zeigen, dass demselben die früheren Untersuchungen über diesen Gegenstand gänzlich unbekannt waren." Dass diese Aeusserung auf einem Irrthum beruht, beweist die in den Göttinger Nachrichten[384] von 1859, also schon vor der Abhandlung[385] erschienene Selbstanzeige[386] derselben (Riemann's gesammelte mathematische Werke, Ste. 165), dort wird der Arbeiten von Challis[387], Airy[388] und Stokes[389] mit ausdrücklicher Beziehung auf Riemann's Resultate gedacht. Dass die Poisson'sche Abhandlung[390] Riemann unbekannt gewesen sei, ist hiernach kaum glaublich, da dieselbe den Ausgangspunkt bildet für die ganze Discussion der englischen Gelehrten. Die Arbeit von Saint Venant und Wantzel[391] behandelt ein Problem, welches von dem in Rede stehenden gänzlich verschieden ist, nämlich den Ausfluss eines Gases aus einer Oeffnung.

Was endlich die Abhandlung von Earnshaw[392] betrifft, so ist dieselbe zwar schon im Jahre 1858 entstanden; indessen trägt der Band der *Phil. transact.*[393], in dem dieselbe gedruckt ist, die Jahreszahl 1861, während Riemann's Selbstanzeige in den Göttinger Nachrichten von 1859 erschien. Diese Arbeit konnte also Riemann zu der Zeit, als er seine Untersuchungen über das Problem ausführte, nicht bekannt sein.

Königsberg, 3. Januar 1877 H. Weber.

---

381 Siehe [Weber 1877b].

382 Zeitschrift für Mathematik und Physik.

383 Siehe [Boltzmann 1876].

384 Nachrichten von der Georg-Augusts-Universität und der Königlichen Gesellschaft der Wissenschaften zu Göttingen.

385 Siehe [Riemann 1860a: VIII].

386 Siehe [Riemann 1859b: IX].

387 Siehe [Challis 1848a-d], [Challis 1849a-f].

388 Siehe [Airy 1849].

389 Siehe [Stokes 1848], [Stokes 1849a-c].

390 Siehe [Poisson 1808].

391 Siehe [Saint-Venant/Wantzel 1839], [Saint-Venant/Wantzel 1843].

392 Siehe [Earnshaw 1861].

393 Philosophical Transactions of the Royal Society London, von 1665 bis heute herausgegebene und damit zweitälteste Fachzeitschrift der Welt.

[Web 61]
Heinrich Weber aus Königsberg an Richard Dedekind in Braunschweig
Brief vom 16.06.1877
Archiv der UB Braunschweig G 98:11

Königsberg 16ten Juni 1877

Lieber Freund,

Beifolgend schicke ich Dir mit vielem Dank Dein Manuskript zurück, welches mich, obwohl mir größtenteils unbekannt, aufs Neue sehr interessirt hat. Ich freue mich sehr, diese schöne Untersuchung bald gedruckt zu sehen[394], und bitte Dich, möglichst bald die Anwendung mit der complexen Multiplication folgen zu lassen. Auf Deine Fragen antworte ich Folgendes
1) Fuchs betreffend bist Du unzweifelhaft im Recht und Deine Art des Angriffs sehr höflich und anständig (er hat nicht immer mit diesem Maß gemessen) Aus seiner Beweisführung, gesetzt daß alle Schlüsse richtig sind, geht nur hervor, daß es auf der reellen Linie kein endliches Stück giebt, in dem k nicht 1 oder ∞ wird, und das wissen wir schon lange[395]. Fuchs sind dergleichen Dinge schon öfters begegnet; so hat ihm schon vor mehreren Jahren Schwarz einen ähnlichen Fehler nachgewiesen und kürzlich wieder Klein in der mit so viel Ansprüchen aufgetretenen Abhandlung über die linearen Differentialgleichungen mit algebraischen Integralen (im 81. Band)[396]. Die Untersuchungen von Klein[397] scheinen mir sehr interessant zu sein, obwohl ich sie noch nicht genau studirt habe; im letzten Heft der mathem. Annalen[398] hat Gordan[399] eine Darstellung gegeben, die, wenn man die ganz überflüssigen Invarianten wegläßt, für den gewöhnlichen Menschen genießbar zu sein scheint. Dir wird ohne Zweifel alles darin Vorkommende ganz geläufig sein. Trotz aller guten Vorsätze der christlichen Nächstenliebe kann ich eine kleine Schadenfreude nicht unterdrücken wenn Fuchs ein solches Malheur passiert, Du weißt warum.
2) Die Bezugnahme auf Riemann, Weierstraß u. Schwarz § 6[400]:
Scheint mir ganz in Ordnung. Das betreffende Riemannsche Fragment[401] und Schwarzens Arbeiten (von Weierstraß kennt man Näheres, wie ich glaube bloß indirect, aber

394 Siehe [Dedekind 1877d].
395 Siehe [Fuchs 1877].
396 Siehe [Fuchs 1876].
397 Siehe [Klein 1876], [Klein 1877].
398 Mathematische Annalen, 1868 von Alfred Clebsch und Carl Neumann gegründete und bis heute erscheinende mathematische Fachzeitschrift.
399 Siehe [Gordan 1877].
400 Siehe [Dedekind 1877d].
401 Siehe [Riemann 1876: XXVII].

ihm kommt ohne Zweifel der erste Gedanke für die von Schwarz benutzten Methoden zu) behandeln speziell die Abbildung von Kreisbogenpolygonen. Im 75ten Band behandelt Schwarz eine ähnliche Abbildungsaufgabe und giebt eine Zeichnung dazu, die das unendliche Anhäufen der Dreiecke veranschaulichen soll.[402]
3) Aus der Note[403] von Hermite geht unzweifelhaft hervor, daß er auf den Beweis des betr. Satzes großes Gewicht legt, und daß ihm kein Beweis bekannt, oder wenigstens gegenwärtig war. Die Veröffentlichung Deines Beweises, der jedenfalls streng und directer ist als der aus der Fuchs'schen ohnehin etwas verdächtiger deductive abgeleitete, ist daher unter allen Umständen druckenswerth. Dürfte ich mir einen Vorschlag zu einer kleinen redactionellen Aenderung erlauben, so würde ich die Ausdrücke der ϑ-Functionen durch unendliche Producte hinzufügen, weil doch wohl aus diesen geschlossen werden muß, daß $\vartheta_1(z, \omega)$ nur für $z = \nu + \rho\omega$ verschwindet.(?)
Weiter habe ich über diese Punkte nichts hinzuzufügen, als Dir für die Ehre zu danken, die Du mir unwürdiglich erweisest, mich zum Richter über Deine Skrupel zu machen.
In meinem Seminar habe ich jetzt die Einrichtung getroffen, daß ich in einer laufenden Stunde über Verschiedenes aus der mathematischen Literatur referieren lasse; ich wollte anfangs neuere Erscheinungen besprechen, finde aber, daß sich dazu selten etwas eignet; so bin ich jetzt auf Gauß verfallen, der dazu unerschöpflichen Stoff bietet. Heute hat einer den ersten Beweis, daß jede Gleichung eine Wurzel hat, vorgetragen. Es ist merkwürdig, daß Gauß ziemlich am Ende seiner Laufbahn auf diesen Beweis zurückgekommen ist, der mir von den dreien am Wenigsten zusagt, und mich eigentlich gar nicht recht Gaußisch anmuthet. Nächstens werde ich aber die Abhandlung „Determinatio Attractionis quam in punctum datae positionis etc“[404] referiren lassen. In dieser steckt, worauf noch nirgends, soviel ich weiß, aufmerksam gemacht worden ist, ein guter Theil der Sätze, und der analytischen Methoden, die später von Jacobi[405] u. Hesse auf die confocalen Flächen 2. Grd angewandt sind.
Von andern Dingen will ich für heute nicht schreiben, da ich hoffe in allernächster Zeit wieder gute Nachrichten geben zu können. Noch steht alles gut, oder wie man in Zürich sagt „der Ofen ist noch nicht eingefallen“. An Reisepläne denke ich auch noch nicht, werde aber aller Wahrscheinlichkeit nach hier bleiben.
Empfiehl mich bestens Deiner Frau Mama u. Fräulein Schwester. Und sei vielmals von uns Allen gegrüßt.

Dein H. Weber

402 Siehe [Schwarz 1873b].
403 Siehe [Hermite 1877].
404 Siehe [Gauss 1820].
405 Siehe [Jacobi 1839].

[Web 62]
Heinrich Weber aus Königsberg an Richard Dedekind in Braunschweig
Postkarte vom 07.07.1877
Archiv der UB Braunschweig G 98:11

Gestern Abend wurde uns glücklich ein gesunder Knabe geboren[406]. Herzliche Grüße
Königsberg 7/7 77. H. Weber und Frau.

[Web 63]
Heinrich Weber aus Königsberg an Richard Dedekind in Braunschweig
Brief vom 12.07.1877
Archiv der UB Braunschweig G 98:11

Königsberg d. $12^{\underline{\text{ten}}}$ Juli 77

Lieber Freund,

Zunächst meinen und meiner Frau herzlichsten Dank für Deinen Brief und Glückwunsch. Bei uns ist bis jetzt Alles so gut wie möglich gegangen und wird hoffentlich so weiter gehen. Wir sind über den günstigen Verlauf des Familienzuwachses sehr glücklich. Unser Junge ist ein dickes rundes nettes Kerlchen, und wird hoffentlich da er schon einigen Fond mit auf die Welt gebracht hat, und eine gute Amme hat, recht gedeihen. Nun aber komm ich mit meinem großen Anliegen. Wir wollen unseren Jungen Richard nennen, und Dich zu Pathen bitten, und natürlich wäre es uns eine sehr große Freude, wenn Du Deine Pathenstelle persönlich übernehmen könntest. Ich weiß zwar, daß es eine starke Zumuthung ist, eine solche Reise zu unternehmen, da wir hier sehr wenig zu bieten haben, zumal wir unter den augenblicklichen Umständen nicht einmal im Stande sein würden, Dir in unserer Wohnung ein behagliches Unterkommen zu bieten. Du würdest in einem benachbarten Hotel, wo Du den Tag über gar nicht gebunden bist, ein ordentliches Unterkommen für die Nacht finden und die Tage bei uns zubringen müssen, wenn wir nicht Ausflüge machen. Was die Zeit anlangt, so würden wir uns natürlich ganz nach Dir richten können. In Deinen sonstigen Reiseplänen sollst Du Dich dadurch nicht stören lassen. Ich rechne auch nicht auf die Erfüllung meiner Bitte, und verdenke Dir es nicht, wenn Du sie rundweg ablehnst aber vortragen wollte ich sie Dir doch.
Nun noch etwas von mathematischen Dingen. Was meine Bemerkung über die unendlichen Produkte für $\vartheta_1(z,\,\omega)$ betrifft, so habe ich in dem Augenblick als ich sie schrieb an den Beweis $\int d\log(\vartheta_1(z,\,\omega)) = 2\pi i$, der mir schon aus Riemann geläufig genug

406 Richard Weber.

sein sollte, und den ich bei den Abel'schen Functionen fortwährend anwende, dummer Weise gar nicht gedacht. Dernach sehe ich allerdings gar keinen Grund mehr, die unendlichen Producte an dieser Stelle anzuführen. Was meine Bemerkung über die Determinatio attractionis[407] betrifft, so wollte ich mit derselben durchaus nicht sagen, daß etwa Jacobi Gauß nicht genügend citirt habe, obwohl ich nicht weiß, ob er es gerade bei den elliptischen Coordinaten thut. Es war mir nur aufgefallen daß soviel davon schon in dieser Gauß'schen Abhandlung steht. Die Gordan'sche Abhandlung[408], die mich sehr interessirt hat, habe ich inzwischen auch durchstudiert und denke sie höchstens einmal im Seminar zu verwenden. Ich glaube auch, daß sich die Sache wesentlich einfacher machen läßt als es Gordan gewußt hat.
Gern möchte ich einen einfacheren Beweis des Satzes über die rationalen Lösungen von $1+\cos\theta_1+\cos\theta_2+\cos\theta_3=0$ haben, ohne den ganzen Apparat aus der Kreistheilungstheorie. Bis jetzt habe ich aber noch keinen gefunden. Man sollte doch denken, daß es gehen müßte, da schon in der Elementargeometrie bewiesen wird, das es nicht mehr als so & so viel reguläre Polyeder gibt.
Von meinen eigenen Arbeiten habe ich Dir das letzte Mal nichts geschrieben, weil ich zu wenig darüber zu berichten hatte. Ich bin mit der Arbeit über die Transformation der ϑ-Functionen, besonders für den Fall $p=3$ beschäftigt, die vielleicht auch für Dich einiges Interesse haben wird. Wenn ich noch etwas weiter bin, werde ich Dir auch ein Mal etwas davon schicken und hoffe von einer Besprechung mit Dir noch viel zu profitieren.
Die Anzahl der Classen für die nicht äquivalenten Transformationen ist für einen Primzahlgrad p

$$
\begin{array}{lll}
\text{für} & p=2 & 1+n+n^2+n^3 \quad \text{(nach Hermite)} \\
\text{für} & p=3 & 1+n+n^2+2n^3+n^4+n^5+n^6 \\
\text{für} & p=4 & 1+n+n^2+2n^3+2n^4+2n^5+2n^6+2n^7+n^8+n^9+n^{10}
\end{array}
$$

Diese Zahlen stimmen von $p=3$ an merkwürdigerweise nicht mehr überein mit dem Grad der Modulargleichung, die man aus dem algebraischen Theilungsproblem erhält und die immer $\frac{1-n^{2p}}{1-n}$ ist. Nimmt man noch die nach dem Modul 2 verschiedenen Transformationen ersten Grades hinzu, so ist diese Zahl zu multiplicieren mit $1\cdot2\cdot3\cdot4\cdot5\cdot6\cdot7\cdot8\cdot9\cdot\underline{10\cdot}$ (für $p=3$) was auch auffallend ist. Es sind dies die verschiedenen Möglichkeiten, über die „vollständigen Systeme ungerader Charakteristiken" wie ich sie genannt habe, zu verfügen. Für einen zusammengesetzten Transformationsgrad scheint die Anzahl der Classen einen sehr complicierten Ausdruck zu haben.
Da Du Dich, wie Du schreibst, bisweilen mit meinen „Abelschen Functionen"[409] beschäftigst, so will ich Dir zwei Verbesserungen mittheilen, die ich bei Gelegenheit mei-

407 Siehe [Gauss 1820].
408 Siehe [Gordan 1877].
409 Siehe [Weber 1876].

ner Vorlesung gefunden habe, und die ich, wenn ich eine passende Gelegenheit wüßte auch öffentlich bekannt machen möchte, obwohl dieselben nicht von großem Belang sind.

1. S[te] 123. Ist der Passus von Zeile 20 „Ist die Charakteristik“ etc. bis zum nächsten Absatz „Wie“ etc ... zu streichen und statt dessen das Folgende, was zum Theil eine Berichtigung zum Theil eine weitere Ausführung enthält, einzuschalten.

„Verschwindet $\sqrt{X}$ in den Nullpunkten einer Function φ und ist $(\sqrt{X}) = (\sqrt{x})$ ungerade, so verschwindet die rationale Function $\frac{\sqrt{X}}{\varphi\sqrt{x}}$ in höchstens drei Punkten und ist also entweder constant oder $= \frac{\varphi_1}{x}$. Im letzteren Fall ist also $X = \frac{\varphi^2\varphi_1^2}{x}$, worin φ, φ_1 in den beiden 0-Punkten von x verschwinden. $\varphi^2\varphi_1^2$ kann mittels der Gleichung der Curven vierter Ordnung durch x theilbar gemacht werden. Wenn also je drei Nullpunkte zweier Functionen $\sqrt{X}$ mit den Nullpunkten zweier Funktionen φ, die einen festen Nullpunkt haben, zusammenfallen, so kann man es so einrichten, daß die übrigen Nullpunkte der beiden Functionen von $\sqrt{X}$ zusammen fallen.

Für eine gerade Charakteristik $(\sqrt{X})$ erledigt sich die Frage so. Verschwindet φ in $\alpha, \alpha_1, \alpha_2, \alpha_3$, φ' in $\alpha, \alpha_1', \alpha_2', \alpha_3'$ und verschwinden in den Punkten $\alpha_1, \alpha_2, \alpha_3$ resp. $\alpha_1', \alpha_2', \alpha_3'$ zweier Functionen $\sqrt{X}, \sqrt{X'}$ mit gleicher gerader Charakteristik, so verschwindet die rationale Function $\sqrt{\frac{X}{X'}} \cdot \frac{\varphi'}{\varphi}$ in höchstens drei Punkten, und ist also constant oder $= \frac{\varphi_1}{\varphi_1'}$. Im ersten Fall müssen die drei übrigen Nullpunkte von $\sqrt{X}, \sqrt{X'}$ zusammenfallen, was bewiesen werden soll, im andern Fall verschwindet X in $\alpha_1\alpha_2\alpha_3\beta_1\beta_2\beta_3$ φ in $\alpha\alpha_1\alpha_2\alpha_3$ φ_1 in $\beta\beta_1\beta_2\beta_3$. Wenn dafür φ_0 in α und β verschwindet, so verschwindet $\frac{X\varphi_0}{\varphi^2\varphi_1^2}$ nur in zwei Punkten und ist also constant, mithin $X = \frac{\varphi^2\varphi_1^2}{\varphi_0}$, was nur möglich wäre, wenn $\sqrt{\varphi_0}$ eine Abel'sche Function wäre. Dann aber wäre die Charakteristik $(\sqrt{X})$ ungerade, gegen die Voraussetzung.“

(Im Text habe ich die Möglichkeit daß $X = \frac{\varphi^2\varphi_1^2}{x}$ sein könnte, übersehen. Das Andere ist nur eine etwas genauere Ausführung des Gedankengangs, die mir jetzt, wo ich der Sache abgeclärter gegenüberstehe, doch nothwendig erscheint. Auf das Folgende ist dies ohne weiteren Einfluß)

2) p. 128 Z 18, 19 muß es heißen

„$\frac{n^2-1}{x} - 1$ so, daß die Curve $x_2f_2 - x_3f_3$ durch ebenso viele Punkte geht, die nicht mit den Punkten $x_2 = 0, x_3 = 0$ auf einer Curve $\frac{n-3}{2}$ ter Ordnung liegen.“ In dem Journal S. 4 u. w. ist dann auf der linken Seite +1 zuzufügen.

Damit lebe wohl für heute. Meine Frau und ich grüßen Dich herzlichst und lassen uns den Deinigen bestens empfehlen.

Dein H. Weber

[Web 64]
Heinrich und Emilie Weber aus Königsberg an Richard Dedekind in Braunschweig
Brief vom 23.07.1877
Archiv der UB Braunschweig G 98:11

Lieber Freund!

Heute lasse ich es mir aber nicht nehmen Ihnen zuerst zu danken für Ihre liebe gütige Zusage unseres Söhnleins Pathe sein zu wollen, und zwar in Person! Seien Sie versichert, daß wir dies große Opfer zu würdigen wissen, und daß wir es Ihnen sehr hoch anrechnen, daß Sie es uns bringen wollen, zu unserer herzinnigen Freude. Selbstverständlich wartet die Taufe bis Sie Ihre Reise vollendet haben, wir haben ja durchaus keine Eile, und soll es auch nicht eben eine große Festlichkeit, sondern nur eine kleine gemütliche Feier werden, deren höchster Reiz Ihre Anwesenheit sein soll. Der kleine Richard ist ein sehr nettes Kerlchen, das mich einigermaßen mit den Ostpreußen aussöhnt – leider nicht auch mit Königsberg, welches mir immer weniger gefällt. Das ist nun freilich für Ihre Absicht es kennen zu lernen, töricht zu erwähnen, aber ich hoffe Sie bringen ohnedem garkeine Erwartungen mit als die Ihre Freunde in unveränderter Freundschaft wiederzusehen, und darin werden Sie sich nicht betrogen finden. Hoffentlich machen wir einige Ausflüge zusammen und schwärmen am Ostseestrand von den unvergeßlichen Tagen am Brienzersee. Meine Schweizer-Anne, so gewissermaßen die letzte Erinnerung an die liebe Schweiz, will auch wieder heim, nicht etwa zum Heirathen, die törichte Liebelei hat längst aufgehört, sondern um einen Beruf zu ergreifen, der ihr später einmal mehr sein kann, als immer bei uns zu bleiben. Wir reden ihr zu es zu thun, weil sie eigentlich zu gut für ihre Stellung bei uns ist und sehr leicht z. B. Directrice irgend eines Geschäftes werden kann, wir auch uns nicht für berechtigt halten ein Schweizerkind für lange Zeit in den dürftigen Boden hier zu verpflanzen. Ich kann aber wohl sagen, daß mir der Gedanke an die Trennung sehr schwer wird und ich als dann nochmal weniger gern hier sein werde, wie bisher. – Unsre großen Kinder sind sehr glücklich über das Brüderlein. Sie haben uns Ende Juni schwere Sorge gemacht, indem beide an Luftröhrenentzündung erkrankten und Rudi eine Nacht gefährlich krank war, so daß wir das Schlimmste befürchteten. Gott sei Dank, sie sind wieder wohl, aber sie müssen ungemein behütet werden. – Bitte empfehlen Sie mich Ihrer verehrten Frau Mutter und Fräulein Schwester recht herzlich. Mein Mann kann mir garnicht genug sagen wie gemüthlich und hübsch es bei Ihnen ist, wie behaglich er sich gefühlt, und wie schön Braunschweig überhaupt sei. Mir ist die Trennung damals überaus schwer gewesen, deshalb müssen Sie verzeihen, daß mein Mann so kurz bei Ihnen blieb, ein ander Mal soll er gewiß nicht so eilen.
Herzliche Grüße von Groß und Klein und nochmals den innigsten Dank von

Ihrer getreuen
Emilie Weber

Königsberg den 23/7 77
Grüßen Sie mir die liebe Schweiz!

Lieber Freund.

Auch ich sage Dir für Deine freundliche Zusage, durch die Du uns so sehr erfreut hast, meinen allerherzlichsten Dank, und zugleich für die schöne Photographie von Gauß, dass erste Bild welches ich von ihm besitze. So haben wir doch auch noch für die Ferien eine Freude vor uns, der Aufschub der Taufe, bis es Dir am besten paßt hat für uns nicht die geringsten Schwierigkeiten.
In meinem letzten Brief habe ich vergessen, Dir auf Deine Frage wegen der Literatur der Unicursalcurven zu antworten. Ich kenne wenig darüber, als die Abhandlung von Clebsch[410] im 64. Band von Borchardts Journal[411].
Was die Engländer namentlich Cayley darüber gewußt haben, findest Du bei Salmon[412] und Fiedler[413] „Höhere ebene Curven" in der Note p.454 angeführt.
Herzliche Grüße von Deinem

H. Weber

[Web 65]
Heinrich Weber aus Königsberg an Richard Dedekind in der Schweiz
Brief vom 27.08.1877
Archiv der UB Braunschweig G 98:11

Königsberg d. 27$^{\underline{\text{ten}}}$ Aug. 77.

Lieber Freund

Besten Dank für Deine Karte, die uns die frohe Nachricht Deiner bevorstehenden Ankunft bringt, auf die wir uns alle sehr freuen. Schreibe uns womöglich Tag und Stunde Deiner Ankunft, damit wir Dich feierlich empfangen können. Von Berlin hierher zu gelangen, welches der unangenehmere Theil der Reise ist, gibt es zwei Möglichkeiten, nämlich den Nachtcourierzug, der Abends in Berlin abgeht und gegen 12 Uhr hier ankommt und zweitens den sogenannten Jagdzug, der Morgens dort abgeht und Abends nach 8 Uhr hier ist. Dieser fährt noch etwas schneller als der erste und hat außerdem

410 Siehe [Clebsch 1865].
411 Journal für die reine und angewandte Mathematik.
412 Siehe [Salmon 1852].
413 Siehe [Salmon 1873].

dritte Classe[414].
Was Dein Unterkommen hier betrifft, so schrieb ich Dir früher einmal daß Du würdest im Hotel wohnen müssen. Es wäre uns aber doch zu schmerzlich, einen so lieben Gast nicht bei uns unterbringen zu können, und wir bitten Dich daher, wenn Du auch jetzt durch die Schweizer Hotels verwöhnt bist, bescheiden Vorlieb zu nehmen mit der Vaterkammer, wie wir Dir es bei uns bieten können, und namentlich nicht zu denken, daß Du uns genirtest, was ganz und garnicht der Fall ist. Es war nur Rücksicht auf Deine Bequemlichkeit, die uns bedenklich machte.
Bei uns geht es jetzt, nachdem wir allerlei Schwierigkeiten mit Ammen durchzumachen hatten, wieder gut, und der kleine Richard gedeiht sehr. Meine Frau hat in diesen Tagen die Nachricht von dem Tode ihres erblindeten Bruders erhalten und wenn auch der Zustand des Kranken seit längerer Zeit derart war, daß der Tod als eine Erlösung erschien und an eine Besserung nicht zu denken war, so ist sie doch natürlich durch die Nachricht schmerzlich berührt. Unsere Taufe wird daher auch ganz still und ohne große Feier von Statten gehen, was auch schon dadurch geboten ist, daß von unseren Bekannten sehr wenige hier sind.
Meine Frau läßt Dich bitten, wenn Du in Zürich Zeit hast und nichts Besseres weißt, Frau Professor Frankenhäuser zu besuchen, welche Deine Mitgevatterin ist, und Dir Grüße an uns mitgeben zu lassen. Frankenhäusers sind sehr liebe Freunde von uns und werden sich sehr freuen, Dich zu sehen. Sie wohnen im sogenannten kleinen Schanzenberg, dem hübschen Haus zwischen Polytechnikum und dem großen Schanzenberg an der Rämistraße.
Also auf baldiges frohes Wiedersehen mit den herzlichsten Grüßen von uns allen

Dein

H. Weber

Grüße herzlichst alle Züricher Bekannten.

[Web 66]

Heinrich Weber aus Königsberg an Richard Dedekind in Harzburg

Postkarte vom 20.09.1877

Archiv der UB Braunschweig G 98:11

414 Das letzte Teilstück der sogenannten Ostbahn der Preußischen Staatsbahn, die Berlin mit Königsberg verband, wurde 1867 eröffnet. Statt mit der Postkutsche konnte die 740 km lange Strecke nun mit der wesentlich günstigeren Eisenbahn zurück gelegt werden. Die Züge enthielten, der herrschenden Ständegesellschaft entsprechend, Abteile der ersten, zweiten und dritten Klasse. Der ersten und zweiten Klasse entsprachen die bequemeren und wettergeschützten Innensitze, der allgemein als Holzklasse bezeichneten dritten Klasse, die den Außensitzen einer Postkutsche entsprechenden Holzbänke in anfänglich noch offenen Wagen.

Lieber Freund,

Hoffentlich hast Du Deine Heimreise glücklich und nach Wunsch beendigt. Ich würde mich aber über eine directe Bestätigung sehr freuen. Rudi hatte in der einen Nacht, die ich weg war, wieder einen Fieberanfall, wahrscheinlich in Folge eines bei der Reise verdorbenen Magens Als ich ankam war es schon wieder besser und seitdem geht Alles ganz gut bei uns. Meine Frau läßt Dich bitten, ihr zu schreiben, wann und wohin sie Dir Deine Kleider schicken sollte, da das letzte Wort darüber noch nicht gesprochen worden sei.

Herzliche Grüße von uns Allen.

Dein

Weber.

Ich mache soeben die Entdeckung, daß Euler in „Observationes circa divisionem quadratorum" Cos. 3.[415] von semissio minor spricht. Also ist der Sprachgebrauch „kleinere Hälfte" auch in der Mathematik geheiligt.

[Web 67]

Emilie Weber aus Königsberg an Richard Dedekind in Braunschweig

Brief vom 11.10.1877

Archiv der UB Braunschweig G 98:11

Königsberg, den 11/10 77

Lieber Herr Professor, Freund und Gevatter!

Es war äußerst angenehm einen Brief von Ihnen zu erhalten, denn wir sorgten uns tagtäglich was wohl der Grund Ihres langen Schweigens sein möchte. Erst hielten wir es für ganz natürlich, nach und nach glaubten wir Sie unwohl, oder gar irgendwie von uns gekränckt, und suchten vergeblich nach einem Anhaltspunkt zu letzterer Vermuthung.
Also herzlichen Dank für Ihre lieben Zeilen, die uns aus aller Unruhe gerissen haben, und nachträglich die wärmsten Glückwünsche zu Ihrem Geburtstag, den wir keineswegs vergessen haben. Wir wollten Ihnen auch schreiben, aber es war uns zu unklar wie und wohin, deshalb sandten wir die herzlichen Wünsche als Gedanken Ihnen zu und tranken mit den Kindern auf Ihr Wohl.
Möge nun Ihre Erkältung recht bald den Rückzug antreten, ich mag es gar nicht, wenn solche Gäste sich in den Winter hinein schleppen, man wird sie oft so lange nicht los. Wir haben viel an Sie gedacht bei dem rauhen unfreundlichen Wetter, das im Harz

415 Siehe [Euler 1783].

auch nicht brauchbar ist, obgleich wir es noch nicht bis zu Schnee gebracht haben. Ihre Heimreise dachten wir uns schon nicht ganz angenehm da der Zug mir schon hier sehr besetzt schien, als ich am Nachmittag Professor Blümners auf die Bahn begleitete. Wie Ihre kostbare Brosche aufgenommen wurde und welchen Eindruck das nordische Zuckerwerk gemacht hat, müssen Sie mir aber noch schreiben, denn das interessirt mich sehr und ich habe oft daran gedacht. – Ihre Kleider folgen hoffentlich unbeschädigt diesen Zeilen direkt nach, sie bringen Ihnen einen kleinen süßen Gruß von Ihrem Pathkind mit, wofür Sie mich nicht auslachen dürfen, es kam mir keine bessere Idee. –
Uns geht es Gott sei Dank recht gut, die Kinder sind sehr wohl und der kleine Richard ist ein prächtig gedeihliches Kind, an dem wir unendlich viele Freude haben. Er kräht und jubelt den ganzen Tag, und schläft die ganze Nacht, so gut ist's mir noch nie gegangen mit meinen Kleinen. – Die letzten Tage hatten wir Besuch von meines Mannes Bruder mit Frau und zwei Kindern, die nach Petersburg heimkehrten. Es ist, soweit man derartiges überhaupt bestimmen kann, nun festgesetzt worden, daß mein Mann im März nach Petersburg reist, was ich ihm sehr wünsche, denn hoffentlich müssen wir nicht allzulange hierbleiben, und es wäre doch schade,wenn er nicht von dieser Nähe des Nordpoles wenigstens den Profit hätte, die große Kaiserstadt kennen zu lernen, wozu man sonst nicht so leicht kommt. Im Herbst möchte er dann mit uns allen nach Zoppot[416], wo es ihm ganz außerordentlich gut gefallen hat. Ich bin auch damit sehr einverstanden, da ich keinesfalls eine größere Reise machen will. Ihr Besuch, lieber Professor, wird bei uns in dem besten Andenken stehen, und nie werden wir vergessen, wie freundlich Sie gewesen und welches Opfer Sie uns mit der weiten Reise gebracht haben. Nehmen Sie nochmals den allerherzlichsten Dank dafür!
Unsre innigsten Grüße Ihnen, Ihrer verehrten Frau Mutter und Fräulein Schwester in treuster Freundschaft und Anhänglichkeit! Ihre E. Weber

[Web 68]
Emilie Weber aus Königsberg an Richard Dedekind in Braunschweig
Brief vom 30.11.1877
Archiv der UB Braunschweig G 98:11

Königsberg d. 30. Nov. 77

Lieber Freund!

Ihre Mahnung ist nicht auf unfruchtbaren Boden gefallen, und umgehend sollen Sie von uns hören. Zunächst meinen herzlichen Dank für Ihre Glückwünsche zu meinem

416 Zoppot, polnisch Sopot, Stadt in der Danziger Bucht im heutigen Polen.

Geburtstag, womit Sie mich ganz besonders erfreut haben! Ich hätte auch sicherlich längst geantwortet, wenn ich mich nicht gescheut hätte brieflich darzustellen wie es bei uns aussah. Mein guter Mann war einige Tage vor meinem Geburtstag an gastrischem Fieber erkrankt, und obgleich das Fieber nur von kurzer Dauer war, ist der Zustand heute noch peinlich genug, war also, nach zweier Aerzte Ausspruch „nicht unbedenklich". Sie fürchteten nehmlich, Magengeschwüre. Seit einigen Tagen ist aber der heftige Krampf und das regelmäßige Erbrechen, das stets mit Blut vermengt war, nicht aufgetreten, und ich bin etwas beruhigter. Heinrich selbst war in einem Grad psychisch und moralisch bedrückt, daß es jammervoll war, er hat förmlich ein Testament gemacht, den Kindern einen Vormund, mir einen Wohnort bestimmt, und hätte ich nicht die Ansicht des Arztes gekannt, daß diese Stimmung bei derartigen Magenleiden sehr häufig sei und vorübergehe sobald sich der Zustand bessere, wäre ich noch verzweifelter gewesen als ohnedem schon. Nun spricht er doch wenigstens nicht mehr vom Sterben und geht auch wieder aus, um Zerstreuung zu finden, was er wochenlang garnicht wollte. Sein Kolleg hat er nur ganz kurz ausgesetzt, da die schlimmsten Tage noch in die Ferien fielen, und es war ihm jedesmal eine Erholung wenn er dem Zwang sich zu beschäftigen nachkam, zu Hause lag er stets auf dem Sofa und jammerte. Er muss nun lange Zeit sehr vorsichtig leben, wie er behauptet, „wie noch viel mehr behütet, wie Richardchens Amme" – deren Kost ihm stets äußerst nüchtern vorkam. Das Rauchen sollte er ganz lassen, aber das thut er eben nicht, und es kommt mir eigentlich auch vor, als ob es weniger schade, wenn es ganz mäßig ausgeübt wird, als der Verdruß es nicht zu dürfen. – So haben wir ungemein still gelebt, Gott sei Dank, aber sind die Kinder recht wohl und bei dem ungemein milden Herbstwetter auch noch sehr viel im Freien. Wir dachten nicht, daß es solch einen November je im hohen Norden geben könnte, und sind sehr froh, zwei von unseren 8 Wintermonaten so gut passiert zu haben ohne Schnee und Eis. – Das Schiksal der schönen Brosche hat mich sehr interessirt und erfreut, das Erzeugnis unseres Ostseestrandes wird sicherlich große Freude bei Ihrem Christfest hervorrufen. Die Brosche und mein Richard sind entschieden Ostpreußens schönste Produkte – Ihnen als Pathen kann die eitle Mutter das ja sagen, was sie sonst hübsch verschweigen muß. Der Junge gedeiht so wundervoll und entwickelt sich so zusehens, daß wir nicht glücklich genug sein können, er kräht und jubelt den ganzen Tag und schläft ebenso brav die ganze Nacht. Die Wahl der Pathen war entschieden eine ganz vortreffliche, ich schreibe ihr alle guten Eigenschaften meines Herzblättchens zu.
Mein Mann zeigte mir gestern hocherfreut Ihr französisches Werk[417], und wird Ihnen demnächst seinen Dank selbst aussprechen. Er war ebenso empört, wie befriedigt über meine Nichtbeantwortung Ihres Geburtstagsbriefes.
Empört weil es zu undankbar sei auf solch freundlichen Glückwunsch nicht sofort zu antworten, befriedigt, daß auch ich einmal der Schreibfaulheit angeklagt werden

417 Siehe [Dedekind 1876c], [Dedekind 1877a].

konnte. Und doch war er allein die Ursache. Doch für heute leben Sie wohl, herzlichst mit den theuren Ihrigen von uns allen gegrüßt.

In treuster Freundschaft
Ihre
Emilie Weber

[Web 69]
Heinrich Weber aus Königsberg an Richard Dedekind in Braunschweig
Brief vom 06.12.1877
Archiv der UB Braunschweig G 98:11

Königsberg d. 6ten Dez. 1877

Lieber Freund,

Ich habe Dir für zwei Briefe, deine französische Abhandlung[418] und außerdem für Deine freundliche Theilnahme an meinem Magenleiden zu danken. Es geht mir jetzt wieder gut, und ich hoffe, wenn ich mich recht in Acht nehme nicht so bald wieder von einem ähnlichen Anfall heimgesucht zu werden. Meine Vorlesungen konnte ich während der ganzen Zeit halten, wenn sie mir auch manchmal recht unbequem waren. Zum Arbeiten hatte ich aber gar keine Energie. Jetzt geht es zwar wieder, aber ich bin doch aus den Sachen herausgekommen.
Meine Arbeit über die Transformation[419] möchte ich gerne, so unvollkommen sie auch noch ist endlich abschließen und irgend wo, vielleicht einmal bei den Italienern, wozu mich Brioschi im Frühjahr sehr freundlich aufgefordert hat, veröffentlichen. Ich komme aber auch dazu nicht und hoffe jetzt auf die Weihnachtsferien. Die Arbeit beschäftigt mich jetzt so lange, daß mein Interesse daran anfängt zu erkalten. An $p = 2$ bin ich natürlich auch noch nicht gekommen, und muß mir dafür auch unbestimmte Zeit erbitten.
Nun komm ich zu Deiner Arbeit über die Ideale. Ich war ganz erstaunt, zu sehen, daß daraus ein so hübsches stattliches Buch[420] geworden war, und habe mich gleich hineingestürzt es zu lesen. Ich finde, daß es sich sehr angenehm ließt, und auch gut verständlich ist. Zum nächsten Semester habe ich Zahlentheorie angekündigt, und hoffe, da ich sie 6-stündig lese, auch noch etwas an diese Sachen zu kommen. Ich will Dir bei dieser Gelegenheit meine Frage vorlegen. Ich bin oft in der Lage, den Candidaten für das Oberlehrerexamen Themata zu Arbeiten zu stellen und bin manchmal um

418 Siehe [Dedekind 1876c], [Dedekind 1877a].
419 Siehe [Weber 1878/1879].
420 Siehe [Dedekind 1877b].

einen Gegenstand in Verlegenheit. Glaubst Du daß es zweckmäßig und ersprießlich sein würde, als Thema die Bearbeitung der Theorie bestimmter Zahlgebiete, so wie Du es mit $x + y\sqrt{-5}$ gemacht hast zu wählen, würden solche Themata des Neuen genug bieten und sind etwa einzelne Zahlgebiete von besonderem Interesse?
Was Deine Frage wegen der dritten Auflage der Dirichletschen Vorlesungen[421] betrifft, so würde ich unter keinen Umständen die Idealtheorie ganz weglassen. Ich mache aber folgenden unmaßgeblichen Vorschlag: Könnte man nicht den Inhalt der französischen Arbeit[422], von der ohnehin eine deutsche Ausgabe sehr wünschenswerth wäre, etwa mit der Gauß Festschrift[423], und was sonst noch dazugehört, als zweiten Theil zusammenfassen? Jedenfalls würde dadurch die Bedeutung der Sache mehr hervorgehoben, als wenn sie bloß als Anhang, selbst ohne besondere Überschrift erscheint.
Um Deine italienischen Studien könnte ich Dich beneiden. Ich habe die Sprache früher einmal aber sehr oberflächlich getrieben, habe aber größtes Interesse dafür. Eine Reise nach Italien in Deiner Gesellschaft wäre ein großer Wunsch von mir, wer weiß aber ob und wann es dazu kommt.
Einige kleine Erkältungen der Kinder abgerechnet geht es bei uns gut. Meine Frau und die Kinder grüßen bestens. Ebenso

Dein
H. Weber.

[Web 70]
Heinrich Weber aus Königsberg an Richard Dedekind in Braunschweig
Brief vom 24.12.1877
Archiv der UB Braunschweig G 98:11

Königsberg d. 24/12. 77

Lieber Freund!

Halten Sie uns nicht für undankbar, und nehmen Sie unseren herzlichen Dank für die süße Sendung noch so spät freundlich auf. Rudi bekam vor 3 Wochen die Varioliden, dazu das Scharlach, u. nun er Gott sei Dank nach endlos langen langen Tagen und Nächten wieder gesund ist, liegen die beiden anderen Kinder an den Varioliden krank. Richard wurde zwar noch geimpft, und der Doktor hoffte, daß sich die Krankheit nur als Rinderpocken äußern würde, aber es sind dennoch hunderte von Geschwürchen gekommen, und das arme Kind leidet namenlos darunter.

421 Siehe [Dirichlet 1879].
422 Siehe [Dedekind 1876c], [Dedekind 1877a].
423 Siehe [Dedekind 1877c].

Verzeihen Sie, wenn ich nicht viel schreibe, mein Herz ist so voll Sorge, mein Kopf vom vielen Nachtwachen so benommen, daß ich keinen Weihnachtsbrief zustande bringe. Idachen liegt noch zu Bett, fiebert aber doch nur stundenweise, während mein armes Richardchen immerfort glüht, und man ihm garkeine Linderung verschaffen kann. Frohes Fest Ihnen und den verehrten Ihrigen.

In treuster
Freundschaft
Ihre
dankbare
Emilie Weber

Mein Mann wird Ihnen demnächst schreiben.

[Web 71]
Emilie Weber aus Königsberg an Richard Dedekind in Braunschweig
Brief vom 30.12.1877
Archiv der UB Braunschweig G 98:11

Königsberg 30/12 77
Lieber Freund! Herzliche Glückwünsche zum neuen Jahr! Gott sei Dank geht es bei uns wieder besser, und wir treten beruhigt das neue Jahr an. Wir sollen schon im Juni fort mit den Kindern, d. h. ich – wahrscheinlich nach Heidelberg. Richard war sehr krank, jetzt leidet er noch an Impffieber, ist aber außer Gefahr. Herzliche Grüße von Haus zu Haus von Ihren

getreuen Webers

4.5 Briefe des Jahres 1878

[Web 72]
Heinrich Weber aus Königsberg an Richard Dedekind in Braunschweig
Brief vom 07.01.1878
Archiv der UB Braunschweig G 98:12

Königsberg d. 7$^{\underline{\text{ten}}}$ Jan 1878.

Lieber Freund,

Zunächst meinen besten Dank für Deinen letzten Brief und den darin enthaltenen Mittheilungen. Hoffentlich geht es bei Dir und den Deinen nun wieder ganz gut, wie bei

uns glücklicher Weise auch wieder Alles auf dem Damm ist. Ida und Rudi sind bereits einige Male wieder aus gewesen, und Richard, der im Winter überhaupt nicht ins Freie kommt, hat sich wieder ganz erholt und ist wieder der alte prächtige Kerl. Er erregt überall Bewunderung durch seine überaus kräftige Entwicklung.
Für Deinen Vorschlag für ein zahlentheoretisches Thema zu meiner Oberlehrerarbeit danke ich Dir bestens. Ich glaube daß ich den Sinn des Vorschlages ganz gut verstanden habe und werde ihn jedenfalls im Auge behalten. Jetzt arbeitet einer meiner Schüler an einer Arbeit (Oberlehrerarbeit oder Dr Dissertation oder beides) die mir selbst viel Freude macht, nämlich der Transformation Gleichung 5.ten Grades auf die sogen. Jerard'sche[424] Form ($x^5 + ax + b = 0$) nach einer von Hermite angegebenen aber nicht durchgeführten Methode. Er ist schon ziemlich weit damit und kommt jedenfalls durch. Das ist eine schöne Seite der hiesigen Thätigkeit, daß sich immer von Zeit zu Zeit Leute finden, mit denen man so weit gehen kann, als man will, und von denen man hoffen kann, überflügelt zu werden.
Ich habe Dir auch noch gar nicht über die Aufgabe geschrieben, die Du mir in Deinem vorletzten Brief mitgetheilt hast, das Minimum der Summe die drei Abstände von drei Geraden betreffend. Die Aufgabe hat mir viel Vergnügen gemacht, sie ist sehr schön und lehrreich, und ich werde sie demnächst auch im Seminar verwerthen.
Nun komme ich zu meiner Arbeit[425], von der ich Dir hier, was ich habe, schicke, mit der Bitte, es durchzusehen und eine möglichst strenge Kritik zu üben. Ich will Deine Geduld zwar nicht auf eine zu harte Probe stellen, und muthe Dir nicht zu, die Sache im Einzelnen durchzustudiren. Im Allgemeinen von dem Gang der Untersuchung Dich zu unterrichten, wird Dir nicht schwer fallen. Einen Punkt, an dem ich lange knapperte, und von dem ich Dir schon einmal sprach, habe ich noch in letzter Stunde erledigen können, nämlich den vollständigen Beweis für die Anzahl der nach dem Modul 2 verschiedenen Transformationen ersten Grades. Dagegen fehlt noch der allgemeine Beweis (eventuell Widerlegung) dafür daß jede Transformation aus solchen von Primzahlgraden zusammensetzbar ist.
Die Anwendungen will ich vorläufig noch zurückhalten. Darunter ist besonders die Frage von Interesse, unter welchen Umständen durch Transf. zweiter Ordnung die Integrale für $p = 3$ auf elliptische reducierbar sind, die ich vollständig beantworten kann. Ich weiß aber, daß mit dieser Frage sich Frau Sophie Kowalevski beschäftigt hat und schon – vor mir zu den Hauptresulthaten gekommen ist[426], und wenn ich auch bezweifle, ob eine Veröffentlichung darüber von ihr noch zu erwarten ist, die wie ich

424 George Birch Jerrard (* 1804 † 1863) Mathematiker.
425 Siehe [Weber 1878/1879].
426 Siehe [Kowalevsky 1884].

gehört habe, die Mathematik ziemlich aufgegeben hat[427], so will ich doch mit meiner Publikation noch etwas warten.
Damit lebe wohl für heute. Glückliches neues Jahr und herzliche Grüße von uns allen.

Dein
H. Weber.

[Web 73]
Heinrich Weber aus Königsberg an Richard Dedekind in Braunschweig
Brief vom 24.01.1878
Archiv der UB Braunschweig G 98:12

Königsberg 24/1 1878

Lieber Freund,

Zunächst meinen Dank für die Mühe, die Du auf meine ϑ-Functionen verwandt hast. Die Arbeit[428] wird nun wohl auf der Reise über die Alpen begriffen sein. Ich bin etwas besorgt ob sie dort meine undeutliche Pfote correct setzen werden. Beifolgend schicke ich Dir wieder eine Kleinigkeit um deren gelegentliche Rücksendung ich bitte. Wenn Du Dir etwa bei Dirichlet-Meyer[429] die Ableitung des Oberflächeninhaltes des Ellipsoides ansiehst, so mußt Du mir zugeben, daß eine neue Behandlung des Gegenstandes immerhin noch wünschenswerth ist. Die Methode, die ich hier angewandt habe, hat mir lange in den Gliedern gelegen, ich stieß aber auch hier auf Schwierigkeiten. Der Hauptnutz ist der, das Integral dritter Gattung w_2 in ein Integral zweiter Gattung zu verwandeln.
Sonst habe ich nichts Besonderes zu berichten, als daß es uns gut geht. Herzlich Grüße von uns Allen.

Dein
H. Weber

427 Sofja Kowalewskaja lebte nach ihrer Promotion (1874) mit ihrem Mann und ihrer 1878 geborenen Tochter einige Jahre als Hausfrau und Mutter in Russland, bevor sie 1880 ihre wissenschaftliche Arbeit wieder aufnahm.
428 Siehe [Weber 1878/1879].
429 Siehe [Meyer 1871].

[Web 74]
Heinrich Weber aus Königsberg an Richard Dedekind in Braunschweig
Brief vom 06.02.1878
Archiv der UB Braunschweig G 98:12

Königsberg d. 6ten Febr. 78.

Lieber Freund,

Besten Dank für Brief und Zusendungen. Was die Ellipsoidfläche betrifft, so habe ich inzwischen eingesehen, daß der Weg den Legendre einschlägt (Fonctions elliptiques I p. 352)[430] mit dem meinigen dem Wesen nach übereinstimmt. Legendre wendet dabei seinen bekannten Satz an $\mathcal{K}'\mathcal{E} + \mathcal{K}\mathcal{E}' - \mathcal{K}\mathcal{K}' = \frac{\pi}{2}$. Es bleibt bei meiner Methode also im Grunde nur eine Ableitung dieses Satzes durch Integration auf complexen Mengen, und das ist eine bekannte Sache. Eine Veröffentlichung der Sache, die ja ohnehin eigentlich nur eine Spielerei ist, scheint mir dernach nicht angezeigt. Auch zu der von Dir angeregten Verallgemeinerung habe ich wenig Fiduz. Man kann zwar das betreffende $n - 1$ fache Integral leicht auf eine Determinante aus Periodicitätsmoduln von hyperelliptischen Integralen zurückführen (Vgl. Jacobi Vorlesung über Dynamik 26te Vorlesung)[431] allein mit dieser Determinante weiß ich nichts anzufangen, da die Verallgemeinerung der beim Ellipsoid angewandten Methode immer nur auf Summen von zweireihigen Determinanten führt.
Was die Frage von Herrn Krause betrifft, so glaube ich, daß Du mit Deiner Auffassung vollständig im Recht bist. Auch scheint mir die nach Deinen Auseinandersetzungen noch bleibende Lücke, da man es hier mit unbedingt convergenten Reihen zu thun hat, sehr leicht, und wahrscheinlich auf verschiedene Arten ausgefüllt werden zu können; z. B. so:
Ich bezeichne wie Du mit $\Phi_1(x)$ die Reihe

$$\Phi_1(x) = \mathcal{C} - \frac{A_1}{1} - \frac{A_2}{4} - \frac{A_3}{9} - \ldots$$

worin

$$\mathcal{C} = \frac{1}{2\pi}\int_{-\pi}^{+\pi} \Phi(t)dt \quad , \quad -\frac{A_n}{nn} = \frac{1}{\pi}\int_{-\pi}^{+\pi} \Phi(t)\cos n(x-t)dt$$

welche unbedingt convergent ist (die Convergenz allein würde schon zu den nachfolgenden Schlüssen genügen)
Setzt man für $r < 1$

$$\Phi(r, x) = \mathcal{C} - rA_1 - r^2\frac{A_2}{4} - r^3\frac{A_3}{9} - \ldots$$

430 Siehe [Legendre 1826].
431 Siehe [Jacobi 1866].

so ist nach dem bekannten Abel'schen Satze:

$$\lim_{r=1} \Phi(r, x) = \phi_1(x)$$

ferner

$$\begin{aligned}\Phi(r, x) &= \frac{1}{2\pi}\int_{-\pi}^{+\pi} \Phi(t)dt\{1 + 2r\cos\varphi + 2r^2\cos 2\varphi + \ldots\} \quad \varphi = x - t \\ &= \frac{1}{2\pi}\int_{-\pi}^{+\pi} \Phi(t)\frac{(1-r^2)dt}{1-2r\cos\varphi+r^2}\end{aligned}$$

also, wenn ε beliebig klein ist

$$\begin{aligned}\lim_{r=1}\Phi(r, x) &= \frac{1}{2\pi}\lim\int_{x-\varepsilon}^{x+\varepsilon} \Phi(t)\frac{(1-r^2)dt}{1-2r\cos\phi+r^2} \\ x - \varepsilon < \xi &< x + \varepsilon \\ &= \frac{1}{2\pi}\lim \Phi(\xi)\int_{-\varepsilon}^{+\varepsilon}\frac{(1-r^2)d\varphi}{1-2r\cos\varphi+r^2} = \frac{2}{\pi}\lim \Phi(\xi)\mathrm{arctg}\left(\frac{1+r}{1-r}\mathrm{tg}\frac{\varepsilon}{2}\right) \\ &= \Phi(\xi) = \Phi(x)\end{aligned}$$

letzteres wegen der Stetigkeit von Φ.

Es folgt hieraus, daß unter den gemachten Voraussetzungen die Function Φ tatsächlich in eine trigonometrische Reihe entwickelbar ist. Allgemeiner, wenn die nach Fouriers Methode gebildete Reihe convergiert, so convergiert sie da, wo die darzustellende Function stetig ist, gegen den Werth dieser Function.

Für die Aufgaben, der mathematischen Physik ist diese Betrachtung meist ausreichend, und selbst die Dirichlet'sche Untersuchung überflüssig. Denn es handelt sich bei diesen Aufgaben um die Bestimmung einer Function von der Form $\Phi(r, x)$, welche für $r = 1$ in die gegebene Function $\Phi(x)$ übergeht. Ob letztere durch eine trigon. Reihe darstellbar ist oder nicht, also selbst die Convergenz der Reihe Φ_1 ist gleichgültig.

Diese Betrachtungen sind übrigens nicht von mir. Ich habe Aehnliches schon gelesen, weiß im Augenblick aber nicht genau wo.

Auf Deine Bearbeitung der Galoisschen Theorie freue ich mich sehr. Zur vorläufigen Veröffentlichung eines Ueberblicks würde ich aber nur dann rathen, wenn dieselbe wirklich vorläufig ist, und die ausführlichere Darstellung dadurch nicht allzu sehr verzögert wird. Was Du mir aus diesem Gebiete schickst wird für mich immer das größte Interesse haben.

Meine „16 Knoten"[432] sind jetzt gerade im Druck und werden im nächsten Heft von Borchardt[433] erscheinen. Es hat ziemlich lange gedauert, obwohl er keine Abhandlung von späterem Datum der meinigen vorgezogen hat.

Damit sei es aber genug der Mathematik. Von uns habe ich nur Gutes zu berichten.

---

432 Siehe [Weber 1878a].

433 Journal für die reine und angewandte Mathematik.

Frau und Kinder sind wohl und Dein Pathchen gedeiht ganz vorzüglich. Auch mein Magen ist im Ganzen befriedigend, solange ich sehr mäßig lebe, was mir wie Du weißt nicht ganz leicht wird. Ich habe mich aber jetzt schon ziemlich daran gewöhnt. Der Winter ist in diesem Jahr bei uns ganz außerordentlich mild. Einmal hatten wir, und nur ganz kurze Zeit etwa 12 Grad Kälte, jetzt schon seit Wochen etwas über oder unter 0 Grad, meist Thauwetter. Auch sonst gewöhnen wir uns je länger je mehr hier ein, und wenn man die Aussicht hat, im Sommer fort zu können, ist es auch ganz aushaltbar. Von den Familien nach denen Du Dich erkundigst, ist nichts Besonderes zu berichten. Sie befinden sich alle im Wesentlichen wohl.
Herzliche Grüße von Frau und Kindern und mir

Dein
H. Weber

[Web 75]
Emilie Weber aus Königsberg an Richard Dedekind in Braunschweig
Brief vom 07.02.1878
Archiv der UB Braunschweig G 98:12

Königsberg, d. 7. Feb. 1878

Lieber Herr Professor!

Erschrecken Sie nicht, wenn schon wieder ein Brief aus Königsberg bei Ihnen erscheint, es ist nur weil mein Mann mir nun schon zum zweiten Mal versprochen hat mir zu sagen wann er Ihnen schreiben würde, und es stets erst sagt, wenn sein Brief fort ist. Das er es stets vergessen würde Ihnen für die allerliebsten und so überaus nützlichen Kalenderchen zu danken, wundert mich gar nicht, obwohl ich ihn hundert Mal daran erinnerte, aber mich sollen Sie nicht auch für so vergeßlich halten. Also besten Dank für den freundlichen Neujahrsgruß und die aufmerksame Erfüllung meines einmal geäußerten Wunsches. Hoffentlich geht es Ihrer Frau Mutter nun wieder ganz gut, es thut mir so leid, daß sie längere Zeit unwohl war. Auch Ihre Erkältung hat sich wohl gebessert, bei diesem milden Winter sollte man gar nicht zu klagen haben. Seit unsere Kinder wieder wohl sind, gehen wir täglich in den reizenden Straßen spazieren, mit stoischem Gleichmuth durch dick und dünn, denn es ist schauerlich wie hier die Straßen aussehen. Die Luft ist aber wirklich schön und stärkend, der Ostwind bleibt in seinem Osten, und die Kälte belästigt uns bis jetzt noch gar nicht. Dabei läuft doch halb Königsberg vor unseren Fenstern Schlittschuh, denn des Nachts friert es immer ein klein wenig, so daß der Teich ordentliche Bahn hat, und wir amüßieren uns am Zusehen. Es ist oft Conzert und auch Illumination, und wir haben dadurch recht vielen Spaß. – Das Richard nun schon 3 Zähnchen hat, und anfängt Schritte zu machen, sollte Ihnen mein Mann längst geschrieben haben. Klar ich controlliere natürlich seine Briefe an Sie nicht, ich bin froh, daß er überhaupt schreibt, Sie sind ja der einzige Mensch an den er es thut. Hoffentlich bringe ich ihn zu einem Geburtstagsbrief an seinen Vater, der am 10. seinen 70. Geburtstag feiert, vielmehr 70 Jahre alt wird. – Wir sollen so bald als möglich nach Heidelberg, und die Aussicht Sie im Falle unsere Reise zu Stande kommt, auch in diesem Sommer zu sehen, macht sie uns doppelt wünschenswerth – aber es ist doch zu früh, daß ich mich schon recht freuen könnte, und die Schwierigkeiten des Unternehmens stehen mir noch gar zu groß vor der Seele, als daß ich schon recht vielen Muth hätte. Ich denke, die Frühlingsluft, die wir ja auch hier athmen wird das Verlangen nach Frühling in der Natur, welche es hier nicht gibt, so steigern, daß meine Courage daraus hervorwächst riesengroß. – Daß Prof. Hermann Wagner sich verlobt hat, und Frl. Morich nun wieder heimkehrt, hörten Sie wohl schon. Die Braut soll sehr schön und lebenslustig sein, und Wagner ist äußerst glücklich. – Idachen und Rudi senden Ihnen mit mir viele herzliche Grüße, wozu Richardchen sehr gemüthlich knurrt, was entschieden auch einen Gruß bedeuten soll. Empfehlen Sie uns herzlich den verehrten Ihrigen, und nehmen Sie mir bitte nicht übel, daß ich so lange nicht schrieb. Seit meine Anne den ganzen Tag in der Schneiderstube ist, bin ich wirklich fortwährend in Trapp und komme selten zu einem Brief.

Ihre getreue E. Weber

[Web 76]

Heinrich Weber aus Königsberg an Richard Dedekind in Braunschweig

Brief vom 09.03.1878

Archiv der UB Braunschweig G 98:12

Königsberg d. 9ten März 1878

Lieber Freund.

Ich behellige Dich schon wieder mit einer Arbeit, die ich Dich bitte, einmal anzusehen. Es hat aber Zeit, da ich Montag in 8 Tagen nach Rußland reise, und zufrieden bin wenn ich sie bei meiner Rückkunft, Anfang April wieder erhalte. Es ist nur der erste Entwurf, in den Du nach Belieben hineincorrigiren kannst, wovon ich Dich bitte, möglichst ausgiebigen Gebrauch zu machen. Diese Arbeit[434] hat mir viel Vergnügen gemacht, da es außer den geodätischen Linien auf dem Ellipsoid von Weierstraß[435]

434 Siehe [Weber 1878b].
435 Siehe [Weierstrass 1862].

wie ich glaube die erste eigentliche Anwendung der Theta-Functionen zweier Veränderlicher ist, und vielleicht, wenn man die Sache weiter verfolgt noch andere Resultate liefern kann. Wenn ich von meiner Reise zurückkomme, will ich dasselbe Problem noch in anderer Weise in Angriff nehmen, indem ich auf die hyperelliptischen Integrale eingehe, was möglicherweise einen neuen Weg der Behandlung mechanischer Probleme eröffnen könnte. Einstweilen aber möchte ich die Sache so wie sie ist in ihrer Einfachheit publizieren. (Bei Borchardt[436]). Ich wünschte vor allem Dein Urtheil darüber zu hören, ob es mir gelungen ist die Sache einigermaßen klar darzustellen auch für solche welche mit der Theorie dieser Theta-Functionen weniger bekannt sind.
Wie ich schon schrieb wird also jetzt mein russischer Reiseplan zu Stande kommen. Ich werde zunächst nach Petersburg gehen und hoffe auch nach Moskau zu kommen, wohin mich mein Bruder vielleicht begleiten wird. Für den Sommer steht dann Heidelberg in Aussicht
Bei uns geht es im Allgemeinen gut, nur daß meine Frau in letzter Zeit nicht ganz wohl war. Es geht aber jetzt wieder etwas besser. Die Kinder sind ganz wohl.
Herzliche Grüße von uns Allen und beste Empfehlungen an die verehrten Deinigen.

Dein H. Weber.

[Web 77]
Heinrich Weber aus Königsberg an Richard Dedekind in Braunschweig
Postkarte vom 17.03.1878
Archiv der UB Braunschweig G 98:12

Lieber Freund.

Die russische Reise habe ich für jetzt wegen des in Petersburg herrschenden Typhus aufgegeben, hoffe sie aber zu Pfingsten zu machen, wo ich auch den Vortheil einer besseren Jahreszeit zu haben hoffe. Meine Arbeit[437] kannst Du trotz dem bis Anfang April behalten. Ich hoffe, Dir bald einen Nachtrag dazu schicken zu können, worin die Integration direct durchgeführt wird. Meiner Frau geht es wesentlich besser; auch die Kinder sind wohl. Dein Pathchen prosperirt sehr gut.
In den Herbstferien hoffentlich auf Wiedersehen in Heidelberg. Herzliche Grüße von

Deinem H. Weber

Kgsbg d. 17$^{\underline{\text{ten}}}$ März 1878.

436 Journal für die reine und angewandte Mathematik.
437 Siehe [Weber 1878b].

[Web 78]
Heinrich Weber aus Königsberg an Richard Dedekind in Braunschweig
Brief vom 26.03.1878
Archiv der UB Braunschweig G 98:12

Königsberg d. 26ten März 1878

Lieber Freund,

Beifolgend erhältst Du eine Fortsetzung meiner Arbeit[438], die directe Integration des Problems auf algebraische Mengen, die ich Dich noch durchzusehen bitte. Es hat diese Betrachtung das Neue ergeben, daß der früher behandelte Fall nur einer von vieren ist (wenigstens wenn Alles reell werden soll) Die drei anderen werden sich wohl ergeben, wenn man eine andere ϑ-Function als gemeinschaftlichen Nenner nimmt; ferner daß die Ausdrücke für β, γ sich sehr vereinfachen lassen, was ich früher auch hätte finden können, wenn ich daran gedacht hätte, drittens daß der Ausdruck für α allgemein auf Integrale zweiter Gattung zurückkommt, und zwar ein solches, welches sich geradezu durch ϑ-Functionen ausdrücken läßt. Das habe ich schon vermuthet, konnte aber die Form nicht finden. Jetzt wird sie sich leicht ergeben. Es muß nun noch ein dritter Theil folgen, in welchem die im zweiten Theil entwickelten Integrale umgekehrt werden, wodurch man zu den Resultaten des ersten Theiles mit den angegebenen Erweiterungen kommen muß, wodurch jede Unbestimmtheit bezüglich der Vorzeichen verschwindet, und wodurch dann alle Constanten durch die Moduln δ ausgedrückt werden. Dies kann ich aber nicht eher ausführen als bis ich die beiden ersten Theile zurück habe, weil ich dabei die ziemlich mühsam ausgesuchte zweckmäßigste Bezeichnung und Anordnung der Charakteristiken vor Augen haben möchte. Das Interessante der Untersuchung liegt für mich darin, daß dabei fast die ganze Theorie der hyperelliptischen Functionen zur Anwendung kommt; und jedes Glied derselben seine bestimmte mechanische Bedeutung erhält. Ich wünschte sehr, mich von den beiden beschränkenden Voraussetzungen, erstens der Relation zwischen den $A\ B\ C\ A_1\ B_1\ C_1$ und zweitens von der Annahme $A\alpha_1 p + B\alpha_2 q + C\alpha_3 r = 0$ frei zu machen. Zu ersterem ist wenig Hoffnung, weil ohne diese Beschränkung der Integrale 4.) nicht mehr gelten, überhaupt ein Integral des Systems selbst; von der zweiten speziellen Annahme hängen zwar die Gleichungen 4.) nicht ab, aber die Ausdrücke für p, q, r durch x_1, x_2 oder α_1, α_2, α_3 werden dann so complicirt, daß ich nicht sehe, was damit anzufangen ist.
Von hier ist weiter nichts Besonderes zu berichten. Bei uns geht es Allen wieder gut. Hoffentlich gilt von Dir und den Deinigen das Gleiche. Herzliche Grüße von uns Allen

Dein H. Weber.

---

438 Siehe [Weber 1878b].

[Web 79]
Heinrich Weber aus Königsberg an Richard Dedekind in Braunschweig
Brief vom 11.04.1878
Archiv der UB Braunschweig G 98:12

Königsberg d. 11$\underline{^{\text{ten}}}$ Apr. 1878.

Lieber Freund,

Besten Dank für Deinen Brief und die Rücksendung meiner Arbeit.[439] Ich freue mich sehr, daß Du soviel Interesse daran nimmst, und hoffe, daß Du Deine Absicht, mir über die ϑ-Functionen ausführlich zu schreiben, recht bald ausführst. Die Punkte, die Du erwähnst, würden mir von größtem Interesse sein. Das Bedürfniß nach einer einfacheren Bezeichnung habe ich oft empfunden, ohne demselben befriedigend entsprechen zu können, und was den Beweis des Satzes $[\beta_1, \beta_2]$ betrifft, so ist mir eine andere Ableitung desselben auch sehr willkommen, namentlich in der Hoffnung, denselben auf die ϑ-Functionen mit drei Variablen ausdehnen zu können. Ich weiß, wie in diesem Fall die entsprechende Formel lauten muß, wenn sie, was kaum zu bezweifeln ist, existiert, kann sie bis jetzt aber nicht beweisen. Mit diesem Hinweis auf die Neumannsche Arbeit hast Du ganz Recht. Diese Arbeit die ich wohl früher oft in der Hand hatte, habe ich vergessen.
Ich habe nun noch ein neues Anliegen, auf welches ich Dich aber nur dann zu antworten bitte, wenn Dir keine Mühe daraus erwächst. Vor Kurzem hat mir ein hiesiger Gymnasiallehrer[440] eine zahlentheoretische Arbeit eingereicht, mit welcher er promovieren will, von welcher er auch vor allen Dingen wissen möchte, ob der Gegenstand ein fruchtbarer sei und einer weiteren Verfolgung werth.[441] Damit ist er bei mir nicht ganz an den Rechten gekommen, und doch habe ich die Verpflichtung über die Arbeit zu urtheilen; was um so schwieriger ist, da seine Darstellung, für mich wenigstens sehr knapp und schwer ist. Nach ziemlich viel Arbeit bin ich endlich so weit, daß ich wenigstens weiß was er will; mir macht die Arbeit einen recht vortheilhaften Eindruck. Die Arbeit betrifft die Kreistheilung und schließt sich an die Jacobische Arbeit[442] im 30. Band von Crelle[443] an; auch an Richelots 257-Eck. Er beschränkt sich auf Primzahlen von der Form $2^m + 1 = p$. Ist g eine primitive Wurzel von p, 2^ν ein Factor von $p - 1$ und $\overset{\nu}{\omega} = e^{\frac{2\pi i}{2^\nu}}$, so ist die zu ν gehörige Periode

$$\overset{\nu}{\eta}_{g^h} = r^{g^h} + r^{g^{h+2^\nu}} + \ldots + r^{g^{h+2^m-2^\nu}}$$

439 Siehe [Weber 1878b].
440 Johann Gustav Hermes (* 20. Juni 1846 † 8. Juni 1912) Mathematiker.
441 Siehe hierzu auch [Henn 2003], S. 32-33 und [Hermes 1879].
442 Siehe [Jacobi 1846].
443 Journal für die reine und angewandte Mathematik.

und die Resolvente für diese Perioden:

$$\mathcal{F}_\kappa^\nu = \sum_{0,2^\nu-1}^h \omega^{\nu\kappa h} \overset{\nu}{\eta}_{g^h}$$

$$(\mathcal{F}_\kappa^\nu)^2 = \mathcal{F}_\kappa^{\nu-1} \sum_{1,p-2}^\mu \overset{\nu}{\omega}\ \kappa\ (\text{ind}\ \mu + \text{ind}\ \mu + 1)$$

Nach den Jacobischen Sätzen (Bachmann Kreistheilung Achte Vorlesung[444]) Es kommt nun zur Bestimmung von $\overset{\nu}{\mathcal{F}}$ aus $\overset{\nu-1}{\mathcal{F}}$ darauf an, die Zahlen x_r^ν zu bestimmen, welche angeben, wie viele unter den Zahlen ind μ + ind $\mu + 1 \equiv r (\text{mod } 2^\nu)$ werden und er geht darauf aus, diese Zahlen direct durch lineare Gleichungen zu bestimmen, ohne die Kenntniß der primitiven Wurzel oder eine Indextabelle vorauszusetzen. Vollständig durchgeführt scheint mir die Sache auch nicht zu sein, jedoch so weit, daß es für die ersten Fälle ausreicht. Die Resultate hat er in einem gedruckten Heftchen beigelegt, was mir sehr schwer verständlich zu sein scheint. Viel leichter ist aber sein ausgeführtes Manuscript auch nicht. Ich schicke Dir dies Heft mit der Bitte, mir es gelegentlich zurückzuschicken. Ich werde ihn aber veranlassen, Dir ein Exemplar seiner Dissertation, wenn sie gedruckt ist zuzuschicken. In seinem Manuscript führt er mit einiger Reserve an, daß nach einer von ihm ausgeführten Rechnung $2^{2^6} + 1$ keine Primzahl sei. Wie er die Rechnung gemacht hat, weiß ich nicht. Dies würde aber doch wohl, wenn es richtig ist neu und von Interesse sein.
Ich würde Dir also sehr dankbar sein, wenn Du mir Deine Meinung über diesen Punkt mittheilen wolltest, will Dir aber wirklich keine unnöthige Mühe damit machen.
Bei uns geht es seit einigen Tagen mit Richardchen nicht so ganz gut; es ist wohl eine Folge der Nahrungsveränderung, und hat hoffentlich weiter nichts zu bedeuten.
Durch die viele Unruhe des Nachts ist auch meine Frau etwas mitgenommen. Den übrigen geht es gut und die Kinder genießen jetzt viel das schöne Frühlingswetter.
Herzliche Grüße von uns Allen

Dein
H. Weber

444 Siehe [Bachmann 1872].

[Web 80]
Emilie Weber aus Königsberg an Richard Dedekind in Braunschweig
Brief vom 21.04.1878
Archiv der UB Braunschweig G 98:12

Ostersonntag

Lieber Freund!

Erst heute erhalten Sie die Nachricht, daß unser lieber kleiner Richard mehrere Tage in Folge einer heftigen Brechruhr in Lebensgefahr schwebte. Seit gestern hoffen wir, daß uns das Kind erhalten bleibe, und nun kann ich auch soviel Zeit erübrigen Ihnen mitzutheilen wie schwere Sorge wir gehabt haben. Sei es nun daß das Zahnen oder die Entwöhnung, oder das herrliche Frühlingswetter die hier herrschende Epedemie auch unserem kräftigen Jungen zugezogen, es ist eben so, und aus dem blühenden artigen Kind ist ein armselig kleines blasses Würmchen geworden. Eine Amme nahm Richard nicht mehr, und so ist seine Ernährung eine sehr schwierige Sache. So Gott will bringen wir ihn aber durch, das kleine Herzchen schlägt ja noch! Ich weiß, daß Sie an Allem was uns betrifft warmen Anteil nehmen, an diesem Kind besonders, deshalb müssen Sie auch wissen, daß, wenn auch die momentane Lebensgefahr vorüber ist oder scheint, das kleine Lichtchen doch leicht erlöschen kann, zum unsagbar großen Schmerz seiner Eltern.
Für heute leben Sie wohl und seien Sie herzlich gegrüßt von

Ihren getreuen Webers

[Web 81]
Heinrich Weber aus Königsberg an Richard Dedekind in Braunschweig
Postkarte vom 28.04.1878
Archiv der UB Braunschweig G 98:12

Königsberg 28ten April 1878
Lieber Freund,
Mit Richardchens Besserung geht es erfreulich vorwärts. Er hat schon wieder etwas rothe Backen und wird sich hoffentlich in kurzer Zeit ganz erholen. Die beiden anderen Kinder waren auch nicht ganz wohl, sind aber ebenfalls wieder besser.
Herzliche Grüße von uns Allen

Dein H. Weber

[Web 82]
Emilie Weber aus Königsberg an Richard Dedekind in Braunschweig
Brief vom 10.05.1878
Archiv der UB Braunschweig G 98:12

Königsberg d. 10. Mai 1878

Lieber Herr Professor!

Leider kann ich Ihnen noch immer keine ganz guten Nachrichten über unser armes Richardchen geben. Trotzdem unser Hausarzt noch einen Arzt zugezogen hat, und beide Herren täglich lange Zeit bei dem Kinde berathen, geht es nicht wesentlich vorwärts mit seiner Erholung. Sie sind nun zu dem Resultat gekommen, daß nur frische Luft dem Kinde helfen kann und namentlich den Stimmritzenkrampf, der uns so sehr ängstigt, vertreiben wird. Aber hier ists eben unmöglich ein kleines Kind in's Freie zu bringen, Kälte und feuchte Luft wechselt mit Sonnenschein und Ostwind, wenn es regnet ist's am Besten, aber dann kann Richard auch nicht hinaus. So sollen wir schon Mitte Juni nach Heidelberg, und meinen guten Mann für 6 Wochen zur Einsamkeit verdammen. Dafür aber hoffe ich sehr, daß er an Ihnen einen Reisebegleiter finden soll, zu einer Reise im Herbst, die ihn für die Petersburger Reise und das Alleinsein hier entschädigen soll. Ich hätte gar zu gerne wenn er dies Jahr einmal Paris kennenlernte, woran sich ja immerhin noch eine Erholungstur in die Schweiz oder den Schwarzwald anschließen könnte. Bitte überlegen Sie sich den Fall, denn mit Ihnen lasse ich meinen Mann so gerne reisen. Während ich mich immer sorge wenn er allein unterwegs ist, wobei er gewöhnlich seine Kräfte überschätzt und Unvorsichtigkeiten begeht, die sobald sich in ihren Folgen nicht wieder reparieren lassen. Dann aber vergessen Sie ja nicht in Ihr Programm auch einen Aufenthalt in oder bei Heidelberg in's Auge zu fassen, denn ich will auch nicht zu kurz kommen und mein Theil von Ihrem Ferienleben haben. Wir denken dann einige Wochen in den Wald bei Heidelberg zu ziehen, und zwar eine halbe Stunde vom Königsstuhl in ein nettes aber einfaches Gehöft, von wo man aber reizende Turen machen kann. Dort könnten wir in stiller Beschaulichkeit, wie vor 3 Jahren in Bönigen uns unsers Beisammenseins freuen. Fräulein Morich schrieb mir vor einigen Tagen, und theilte mir mit, daß Sie wohl sind, und frischer und jugendlicher aussähen, als vor 10 Jahren. Das Rezept bringen Sie doch ja im Herbst mit, wir wüßten gern, wie man solches erreicht. Es freut uns natürlich sehr so Gutes von Ihnen zu hören, und hoffe ich von Herzen, daß Ihr Pathe sich ein Beispiel an Ihnen nimmt und sein Befinden nach dem Ihrigen bessert. Bitte grüßen Sie Ihre verehrte Frau Mutter und Fräulein Schwester herzlich von uns, und seien Sie selbst tausendmal gegrüßt von

Ihren Webers

Verzeihung, daß Rudi's Butterbrot meinem Brief zu nahe kam, was Ihnen, der Sie nie Flecken machen, besonders mißfallen wird! Aber ich kann nicht einen andern Brief schreiben, ich habe so schrecklich viel zu thun!

[Web 83]
Heinrich Weber aus Königsberg an Richard Dedekind in Braunschweig
Postkarte vom 19.05.1878
Archiv der UB Braunschweig G 98:12

Lieber Freund,
In Folge einer dringenden Einladung habe ich mich jetzt entschlossen, über Pfingsten nach Petersburg zu gehen; in derselben Zeit wird meine Frau nach Heidelberg reisen. Ich schreibe diese Karte hauptsächlich wegen der Hermes'schen Arbeit. Nachdem ich eine ausführlichere Darstellung der Sache kennen gelernt habe, sehe ich, daß es eine ganz unbillige Zumuthung war, daß Du Dir aus dem gedruckten Heftchen ein Urtheil über die Sache bilden solltest. Ich hoffe, daß Du noch nicht allzuviel Zeit darauf verwendet hast und bitte Dich, Dich weiter nicht darum zu kümmern. In der Hauptsache bin ich jetzt so ziemlich orientiert.
Bei uns geht es jetzt gut. Richardchen erholt sich mehr u. mehr.
Herzliche Grüße von Deinem

H W.

Kgsbg. 19/5 78.

[Web 84]
Emilie Weber aus Königsberg an Richard Dedekind in Braunschweig
Brief vom 23.05.1878
Archiv der UB Braunschweig G 98:12

Donnerstag

Lieber Herr Professor!

Unsere Antipathie gegen die Petersburger Reise ist so augenscheinlich, daß ich es Ihnen wenigstens aussprechen muß. Ich finde mich recht schwer in meines Mannes Wunsch und Absicht, aber er ist merkwürdig in die Idee verrannt, und wird am 4.7. abreisen. Leider ist's mit seinem Magen wieder gar nicht gut bestellt, sechs Wochen von Richards Krankheit haben ihn verleitet viel zu viel zu rauchen, theils aus Aufregung, theils weil ich viel zu beschäftigt war um im Geringsten eine Kontrolle zu führen. – Hoffentlich kehrt er gesund heim, meist geschieht ja nicht was wir befürchten (in diesem Fall seine Erkrankung) und dann werde ich Alles thun, um ihn zu bestürmen mit nach Paris zu reisen. Er wünscht es auch sehnlichst und die Mittel sollen da sein, daß verspreche ich Ihnen. Der September scheint auch mir der geeignetste Monat, zumal ich dann doch den August meinen Mann behalten kann nach der 8 wöchentlichen Trennung, vor der mir sehr bang ist. Aber sie ist wirklich nothwendig. Richard konnte nun schon wieder wegen rauen Windes seit 8

Tagen nicht in's Freie, und so ging es doch vorigen ganzen Sommer, was eine Woche repariert, verdirbt die andere wieder. Er ist ja auf dem Weg zur Genesung, aber seit acht Tagen ganz stehen geblieben und entschieden wieder viel bleicher geworden. Rudi hat auch wieder einen bräuneartigen Husten – kurzum ich werde meines Lebens nicht froh, solange ich hier bin.
Doch genug, ich wollte Ihnen nur meine großе Freude aussprechen, darüber daß Sie nach Paris wollen und meinen guten „Alten" mitnehmen. Dies Prädikat legt er sich nämlich bei – ich würde es mir nicht erlauben. Herzliche Grüße von Haus zu Haus.

Ihre E. Weber

[Web 85]
Heinrich Weber aus Leipzig an Richard Dedekind in Braunschweig
Telegramm vom 09.06.1878
Archiv der UB Braunschweig G 98:12

Telegramm

Wir reisen morgen nach Thüringen, Plan unbestimmt.

Weber

[Web 86]
Emilie Weber aus Heidelberg an Richard Dedekind in Braunschweig
Brief vom 19.06.1878
Archiv der UB Braunschweig G 98:12

Mit herzlichen Grüßen und dem Wunsche, daß es bei Ihnen so gut gehen möge, wie bei uns!

Ihre Getreuen in Heidelberg

[Web 87]
Heinrich Weber aus Königsberg an Richard Dedekind in Braunschweig
Brief vom 05.07.1878
Archiv der UB Braunschweig G 98:12

Königsberg d. 5ten Juli

Lieber Freund,

In meiner Einsamkeit will ich auch Dir einmal wieder schreiben, was ich mir seit meiner russischen Reise immer vorgenommen habe. Meine Frau ist nun seit fast vier Wochen in Heidelberg mit den Kindern, und sie befinden sich dort recht wohl und sind sehr vergnügt. Mit Richardchen kommen zwar immer von Zeit zu Zeit kleine Störungen allein sie scheinen nicht sehr bedenklich zu sein. Luftgenuß haben sie dort zur Genüge und sie können sich für den langen Winter Vorrath sammeln. Ich suche mich hier in meiner Einsamkeit so gut es geht zu trösten und da noch mehrere Collegen in derselben Lage sind so helfen wir uns dabei gegenseitig.
Meine russische Reise ist sehr zu meiner Zufriedenheit ausgefallen. Petersburg ist eine sehr interessante Stadt und namentlich von den Sammlungen der Eremitage [445]war ich ganz entzückt. Auch das Leben bei meinem Bruder[446] auf dem Lande war sehr behaglich. Herrn Thieme habe ich besucht und ihm Deine Grüße bestellt die er bestens erwiedert. Auch die Reise dahin ist obwohl lang doch bei weitem nicht so schrecklich wie ich vorher gedacht hatte.
Allerdings bin ich mit Paris, wie Du befürchtet hast, wieder sehr zweifelhaft geworden. Man hört allgemein, daß es furchtbar voll und theuer dort sein soll, und ich würde es daher vorziehen, ein anderes Mal ohne Ausstellung[447] hinzugehen, zumal eine Ausstellung ja für unser einen kein so hervorragendes Interesse hat. Dagegen werde ich August und den größten Theil des September in Heidelberg sein und von da vielleicht eine kleine Schweizerreise machen, möglicher Weise mit meinem Vater. Du wirst doch gewiß außer Paris noch eine andere Reise in die Natur machen und so können wir uns ja da zu irgend etwas vereinigen.
Ich stecke jetzt mitten in der Vorlesung über Zahlentheorie und zwar bei der Classenzahl der Formen. Die Vorlesung macht mir viel Vergnügen und ich habe nur das eine auszusetzen daß Deine Bearbeitung der Dirichlet'schen Vorlesungen[448] so gut ist, daß man nichts besseres thun kann, als derselben Blatt für Blatt zu folgen. Ich werde aber im nächsten Semester noch eine kleine Fortsetzung lesen und hoffe dabei auch etwas auf die Idealtheorie zu kommen. An eigene Arbeiten komme ich jetzt gar nicht, habe auch momentan nichts in peto.
Entschuldige daß ich Dich bei dieser Gelegenheit an ein Versprechen erinnere. Du wolltest mir einmal Mittheilungen über verschiedene Punkte aus der Theorie

445 Eremitage, bedeutendes Kunstmuseum in Sankt-Petersburg, Russland

446 Mit großer Wahrscheinlichkeit handelt es sich hierbei um Carl Weber, der zu dieser Zeit Vizekonsul in St. Petersburg war.

447 Vom 1. Mai bis zum 31. Oktober 1878 fand die Weltausstellung zum dritten Mal in Paris statt.

448 Siehe [Dirichlet 1871].

der ϑ-Functionen machen; namentlich über eine Vereinfachung der Bezeichnung und über einen neuen Beweis des Ausdrucks für die Funktionaldeterminanten der ungeraden ϑ-Functionen. Hoffentlich hast Du das nicht wieder vergessen und ich bekomme es nächstens einmal, denn ich hoffe davon manchen Fortschritt.
Herzliche Grüße von

Deinem
H. Weber

[Web 88]
Heinrich Weber aus Königsberg an Richard Dedekind in Braunschweig
Brief vom 21.07.1878
Archiv der UB Braunschweig G 98:12

Königsberg d. $21^{\underline{\text{ten}}}$ Juli

Lieber Freund,

Besten Dank für Deinen Brief. Was zunächst meine Reisepläne betrifft, so ist noch alles im Ungewissen, ich bezweifle aber, ob aus Paris etwas werden wird, da ich wünschte mit Frau und Kind noch auf kurze Zeit irgend wohin zu gehen und dann wird wohl das Geld nicht mehr reichen. Ich dachte an Zürich; dagegen hat aber meine Frau noch Bedenken. Vielleicht gehen wir etwas nach Oppenau im Schwarzwald[449], wohin meine Schwester aus Straßburg[450] geht. Ich benachrichtige Dich darüber noch näher von Heidelberg aus, und hoffe jedenfalls daß wir irgendwo zusammentreffen. Zunächst denke ich heute in 8 Tagen abzureisen, einen Tag in Berlin und vielleicht eine Tag in Dresden zu bleiben, welches ich seit 15 Jahren nicht gesehen habe und wo ich mir die Gallerien wieder einmal ansehen möchte, die Wahl werde ich hier nicht abwarten, da ich mit keinem der hier aufgestellten Candidaten einverstanden bin.
Für Deine wissenschaftlichen Mittheilungen sage ich Dir meinen besten Dank. Der Beweis von $\vartheta_1' = \pi\vartheta\vartheta_2\vartheta_3$ ist sehr schön und elegant. Ich zweifle aber doch sehr stark, ob er sich auf mehrere Variable übertragen wird, da es sich dort nicht um einfache Differentialquotienten sondern um Funktionaldeterminanten handelt, von denen ich nicht einsehe, wie sie sich in eine ähnliche Rechnung hineinbringen lassen. Ich erinnere mich, früher einmal ähnliche Versuche gemacht zu haben. Deine Bezeichnungsweise

449 Oppenau, heute Stadt im Bundesland Baden-Württemberg, Deutschland.
450 1871 wurde in Straßburg die seit 1631 bestehende Königliche Universität als Deutsche Kaiser-Wilhelms-Universität neugegründet. Nach dem 1. Weltkrieg entstand daraus die Université de Strasbourg. Alle deutschen Professoren und Mitarbeiter der zwischenzeitlich deutschen Universität mussten Straßburg im Jahre 1918 verlassen.

für die Größenreihen hat entschieden viel für sich und ich werde dieselbe bei künftigen Untersuchungen über die Functionen, wenn ich wieder dazu komme, erproben. Dagegen erlaube ich mir; Dir ein ganz kleines Schärflein für die Zahlentheorie beizutragen, welches überdies vielleicht eine große Dummheit enthält, die ich falls es so sein sollte, nicht übel zu nehmen bitte.
In dem Beweis § 140 Ste 363[451] oben konnte ich mich von der Existenz einer Zahl a' wie sie verlangt wird, nicht recht überzeugen. Ich habe mir so geholfen. Jedenfalls ist $\left(\frac{4}{P}\right) = +1$ also

$$4\sum a \equiv \sum a\,,\ 4\sum b \equiv \sum b \text{ oder } 3\sum a \equiv 0 \pmod{P} \quad 3\sum b \equiv 0 \pmod{P}$$

also wenn nicht $P \equiv 0 \pmod 3$ $\sum a \equiv 0$ $\sum b \equiv 0 \pmod P$ Ist aber $P = 3P'$ so ist jedenfalls $\sum a \equiv 0$ $\sum b \equiv 0 \bmod P'$ und es kommt nur darauf an, zu zeigen, daß auch $\sum a, \sum b$ durch 3 theilbar ist. Es ist aber

$$\begin{aligned}
\sum a + \sum b &\equiv 0 \pmod P \qquad \text{also auch} \pmod 3\\
\sum a - \sum b &= \sum \left(\tfrac{s}{P}\right) s = \sum \tfrac{s}{3} \left(\tfrac{s}{P'}\right) s\\
&= \sum \left(\tfrac{s'}{P'}\right) s' - \sum \left(\tfrac{s''}{P''}\right) s''\\
& \qquad s' \equiv 1 \qquad s'' \equiv 2 \bmod 3\\
\text{folglich} \quad \sum a - \sum b &= \sum \left(\tfrac{s'}{P'}\right) - 2\sum \left(\tfrac{s''}{P'}\right) \pmod 3\\
& \qquad (= 0) \qquad (= 0)
\end{aligned}$$

Ferner würde ich für die neue Auflage zur Erleichterung des Gebrauchs vorschlagen, über jede Seite die Nummer des § zu setzen, da oft auf die §§ verwiesen ist. Sonst habe ich, obwohl ich das Buch jetzt sehr genau durchgegangen habe, nicht den geringsten Wunsch nach einer Aenderung empfunden.
Von Heidelberg habe ich ganz gute Nachrichten, nur wird die Trennung beiderseits immer lässtiger und beiderseits große Freude, daß sie ihrem Ende naht.
Herzliche Grüße von

Deinem

H. Weber.

451 Siehe [Dirichlet 1871].

[Web 89]
Emilie Weber aus Heidelberg an Richard Dedekind in Braunschweig
Postkarte vom 11.08.1878
Archiv der UB Braunschweig G 98:12

Heidelberg d. 11. August 1878
Reisepläne der Familie Weber: bis 19. in Heidelberg vom 19. - bis Ende August in Zürich. Alle weiteren Reisepläne sind aufgegeben. Ende September Heimreise gen Königsberg. Die letzten 4 Wochen in Heidelberg. Dies theilt Ihnen mit den herzlichsten Grüßen von Haus zu Haus mit der Privatsecretär Ihres Freundes

H. Weber

[Web 90]
Heinrich Weber aus Heidelberg an Richard Dedekind in Harzburg
Brief vom 03.09.1878
Archiv der UB Braunschweig G 98:12

Heidelberg d. 3 Sept. 78

Lieber Freund,

Möglicher Weise entschließe ich mich doch noch zu einer kleinen Spritze nach Paris, ich zweifle aber, ob die Art wie ich dieselbe auszuführen gedenke, Dir conveniren wird. Da nämlich durch die mannigfaltigen Reisen diese Jahres meine Reisekasse schon sehr erschöpft ist, so muß ich mich so billig als möglich einrichten, und nur der Umstand daß es eine sehr billige Gelegenheit giebt, hat in mir den Gedanken an Paris wieder erweckt. Es giebt nämlich wahrscheinlich am 21ten Sept. einen Extrazug nach Paris, der zu einem viertägigen Aufenthalt berechtigt und von hier aus 3ter Cl nur 27 M kostet. Die vier Tage müßte ich dann dort nach Möglichkeit ausnutzen und von Besuchen wäre natürlich keine Rede. Du wirst jedenfalls länger dort bleiben wollen. Aber vielleicht läßt es sich einrichten, daß wir uns dort treffen. Vielleicht schließt sich mein Schwager Holtzmann mir an, der schon im Frühjahr vor der Ausstellung in Paris war und sehr davon entzückt ist.
Wir sind gestern sehr befriedigt und in bestem Wohlsein von unserer Reise nach Zürich und Oppenau zurückgekehrt. Wir waren gerade 14 Tage unterwegs und haben trotz der wenig günstigen Witterung viel Schönes gesehen und liebe alte Erinnerungen aufgefrischt. Trotz mancher Veränderungen ist unser Zürich noch das alte, und die Aussicht vom Rinderknecht ist noch so ziemlich dieselbe. Von unseren näheren Freunden sind auch noch die meisten dort; nur am Polytechnikum sind die Zustände nicht sehr erfreulich; die ewigen jetzt sehr erbitterten Zänkereien mit

Fiedler von Seiten der Collegen sowohl als der Studenten müssen die Wirksamkeit dort sehr unangenehm machen und ich bin froh daß ich nicht mehr darunter bin.[452] Einige sehr behagliche Tage haben wir dann noch mit Holtzmanns in dem reizenden Oppenau verlebt. Nun hoffe ich hier noch etwas zum Arbeiten zu kommen, denn auch des Bummelns ist jetzt genug.
Herzliche Grüße von uns Allen

Dein
H. Weber.

[Web 91]
Heinrich Weber an Richard Dedekind in Harzburg
Telegramm vom 12.09.1878
Archiv der UB Braunschweig G 98:12

Telegramm

Reise 18ten Paris wann kommst Du hin?

[Web 92]
Heinrich Weber aus Heidelberg an Richard Dedekind in Paris
Brief vom 16.09.1878
Archiv der UB Braunschweig G 98:12

Heidelberg d. 16ten Sept.

Lieber Freund,

Ich bin sehr erfreut, Dich in Paris zu treffen. Leider habe ich mir schon ein Quartier bestellt bei Madam Wiencrick Impasse Mazagran No 4 was mir von verschiedenen Seiten sehr empfohlen ist. Sonst würde ich mit zu Dir gezogen sein. Ich komme Donnerstag den 19ten nach 10 Uhr am Straßburger Bahnhof an. Wenn Du mich dort abholen könntest wäre es am allerschönsten. Sonst suche ich Dich sobald als möglich in Deinem Hotel auf. Mein Plan ist, Donnerstag die Ausstellung. Freitag Samstag Sonntag den Louvre[453]. Montag entweder noch einmal die Austellung oder sonst etwas zu besichti-

452 Wilhelm Fiedler war von 1867 bis zu seiner Emeritierung 1907 Professor für darstellende Geometrie an der Eidgenössischen Technischen Hochschule Zürich.

453 Louvre, Paris, im 12. Jahrhundert erbauter ehemaliger Königspalast und ab 1793 erstes öffentliches Museum Frankreichs.

gen und Montag Abend wieder abzufahren, die Abende nach Rath meines Schwagers möglichst lang auszudehnen und auf den Straßen zuzubringen. Ich hoffe wir werden uns gut unterhalten. Also auf Wiedersehen und herzliche Grüße von

Deinem
H.Weber.

Mein Zug kommt $10^h 10^m$ am Straßburger Bahnhof an.

[Web 93]

Heinrich Weber aus Königsberg an Richard Dedekind in Braunschweig

Brief vom 09.10.1878

Archiv der UB Braunschweig G 98:12

Königsberg d. 9ten Oct.1878.

Lieber Freund,

Du wirst nun wohl auch glücklich aus Paris zurück sein und von den Erinnerungen zehren, wie ich. Wir sind vor etwa 8 Tagen auch glücklich hier wieder eingetroffen, sehr befriedigt und erfrischt von unserer schönen langen Reise. Freilich sind wir auch verwöhnt und finden Königsberg weniger schön denn je. Es ist ordentlich schade um das schöne Wetter, welches wir hier noch haben, daß es nichts schöneres zu beleuchten findet. Indessen die Kinder sind gesund und wir Alten auch und da muß es schon wieder gehen, bis das Schicksal uns wieder einmal hinausführt.
Der Hauptzweck meines heutigen Briefes ist, Dir mitzutheilen, daß es mit den ϑ-Functionen doch geht, wenigstens für zwei Variable. Bei dreien stoße ich noch auf Schwierigkeiten, die ich aber zu überwinden hoffe. Für zwei Variable ist es sogar ziemlich einfach. Ich will Dir die Rechnung kurz mittheilen und bediene mich der Bezeichnung aus meiner letzten, Dir nun wohl zugegangenen Abhandlung.[454] (Ste 180) Wo kein (v) geschrieben ist, sind die Argumente 0. Man erhält dann zunächst auf bekanntem Weg, wenn D eine beliebige Differentiation bedeutet:

$$\vartheta(v)D\vartheta_2(v) - \vartheta_2(v)D\vartheta(v) = \frac{\vartheta_{25}D\vartheta_5}{\vartheta_{16}\vartheta_{36}}\vartheta_{14}(v)\vartheta_{34}(v) - \frac{\vartheta_{24}D\vartheta_4}{\vartheta_{16}\vartheta_{36}}\vartheta_{15}(v)\vartheta_{35}(v)$$

$$\vartheta(v)D\vartheta_3(v) - \vartheta_3(v)D\vartheta(v) = -\frac{\vartheta_{35}D\vartheta_5}{\vartheta_{16}\vartheta_{26}}\vartheta_{14}(v)\vartheta_{24}(v) + \frac{\vartheta_{34}D\vartheta_4}{\vartheta_{16}\vartheta_{26}}\vartheta_{15}(v)\vartheta_{25}(v)$$

454 Siehe [Weber 1878b].

Diese Formeln stelle ich für D_1 u. D_2 auf und differentiire nach v_1 u. v_2 die dann = 0 gesetzt werden. So erhalte ich

$$\begin{array}{r|lcl} D_2\vartheta_3 & \vartheta D_{112}\vartheta_2 - D_2\vartheta_2 D_{11}\vartheta & = & \frac{\vartheta_{25}D_1\vartheta_5}{\vartheta_{16}\vartheta_{36}} D_{12}(\vartheta_{14}\vartheta_{34}) - \frac{\vartheta_{24}D_1\vartheta_4}{\vartheta_{16}\vartheta_{36}} D_{12}(\vartheta_{15}\vartheta_{35}) \\ -D_1\vartheta_3 & \vartheta D_{112}\vartheta_2 - D_1\vartheta_2 D_{22}\vartheta & = & \frac{\vartheta_{25}D_2\vartheta_5}{\vartheta_{16}\vartheta_{36}} D_{12}(\vartheta_{14}\vartheta_{34}) - \frac{\vartheta_{24}D_2\vartheta_4}{\vartheta_{16}\vartheta_{36}} D_{12}(\vartheta_{15}\vartheta_{35}) \\ -D_2\vartheta_2 & \vartheta D_{112}\vartheta_3 - D_2\vartheta_3 D_{11}\vartheta & = & -\frac{\vartheta_{35}D_1\vartheta_5}{\vartheta_{16}\vartheta_{26}} D_{12}(\vartheta_{14}\vartheta_{24}) + \frac{\vartheta_{34}D_1\vartheta_4}{\vartheta_{16}\vartheta_{26}} D_{12}(\vartheta_{15}\vartheta_{25}) \\ D_1\vartheta_2 & \vartheta D_{112}\vartheta_3 - D_2\vartheta_3 D_{22}\vartheta & = & -\frac{\vartheta_{35}D_2\vartheta_5}{\vartheta_{16}\vartheta_{26}} D_{12}(\vartheta_{14}\vartheta_{24}) + \frac{\vartheta_{34}D_2\vartheta_4}{\vartheta_{16}\vartheta_{26}} D_{12}(\vartheta_{15}\vartheta_{25}) \end{array}$$

Mit den beigeschriebenen Factoren multiplicirt und addirt ergiebt sich

$$\vartheta\{D_2\vartheta_3 D_{112}\vartheta_2 + D_1\vartheta_2 D_{122}\vartheta_3 - D_1\vartheta_3 D_{122}\vartheta_2 - D_2\vartheta_2 D_{112}\vartheta_2\}$$

$$= \frac{\vartheta_{25}}{\vartheta_{16}\vartheta_{36}}[5,3](\vartheta_{14}D_{12}\vartheta_{34} + \vartheta_{34}D_{12}\vartheta_{14}) - \frac{\vartheta_{24}}{\vartheta_{16}\vartheta_{36}}[4,3](\vartheta_{15}D_{12}\vartheta_{35} + \vartheta_{35}D_{12}\vartheta_{15})$$

$$+ \frac{\vartheta_{35}}{\vartheta_{16}\vartheta_{26}}[5,2](\vartheta_{14}D_{12}\vartheta_{24} + \vartheta_{24}D_{12}\vartheta_{14}) - \frac{\vartheta_{34}}{\vartheta_{16}\vartheta_{26}}[4,2](\vartheta_{15}D_{12}\vartheta_{25} + \vartheta_{25}D_{12}\vartheta_{15})$$

Nun ist

$$[5,3] = [2,3]\frac{\vartheta_{25}\vartheta_{34}\vartheta_{36}}{\vartheta\vartheta_{14}\vartheta_{16}} \qquad [4,3] = [2,3]\frac{\vartheta_{24}\vartheta_{35}\vartheta_{36}}{\vartheta\vartheta_{15}\vartheta_{16}}$$

$$[5,2] = -[2,3]\frac{\vartheta_{35}\vartheta_{26}\vartheta_{24}}{\vartheta\vartheta_{14}\vartheta_{16}} \qquad [4,2] = -[2,3]\frac{\vartheta_{34}\vartheta_{25}\vartheta_{26}}{\vartheta\vartheta_{15}\vartheta_{16}}$$

und wenn man dies einsetzt und die partiellen Differentialgleichungen $2\frac{\partial\vartheta}{\partial a_{12}} = \frac{\partial\vartheta}{\partial v_1\partial v_2}$ benutzt:

$$2\frac{\partial\lg[2,3]}{\partial a_{12}} = \frac{D_{12}\vartheta_{14}}{\vartheta_{14}}\left[\frac{\vartheta_{25}^2\vartheta_{34}^2}{\vartheta^2\vartheta_{16}^2} - \frac{\vartheta_{35}^2\vartheta_{24}^2}{\vartheta^2\vartheta_{16}^2} = 1\right]$$

$$+ \frac{D_{12}\vartheta_{15}}{\vartheta_{15}}\left[\frac{\vartheta_{15}^2\vartheta_{34}^2}{\vartheta^2\vartheta_{16}^2} - \frac{\vartheta_{35}^2\vartheta_{24}^2}{\vartheta^2\vartheta_{16}^2} = 1\right]$$

$$+\frac{1}{\vartheta^2\vartheta_{16}^2}\{\vartheta_{25}^2\vartheta_{34}D_{12}\vartheta_{34} - \vartheta_{24}^2\vartheta_{35}D_{12}\vartheta_{35} - \vartheta_{35}^2\vartheta_{24}D_{12}\vartheta_{24} + \vartheta_{34}^2\vartheta_{25}D_{12}\vartheta_{25}\}$$

Wenn man nun in

$$\vartheta^2\vartheta^2(v) + \vartheta_{16}^2\vartheta^2(v) = a_1\vartheta_{34}^2(v) + a_2\vartheta_{25}^2(v) + a_3\vartheta_{24}^2(v) + a_4\vartheta_{35}^2(v)$$

die $a_1 a_2 a_3 a_4$ aus der Annahme $(v) = (2), (3), (2,6), (3,6)$ bestimmt
so erhält man

$$\vartheta^2\vartheta_{16}^2(v) + \vartheta_{16}^2\vartheta^2(v) = \vartheta_{25}^2\vartheta_{34}^2(v) + \vartheta_{34}^2\vartheta_{25}^2(v) - \vartheta_{35}^2\vartheta_{24}^2(v) - \vartheta_{24}^2\vartheta_{35}^2(v)$$

differentiirt man dies nach v_1, v_2 so bekommt man gerade die letzte Parenthese der obigen Gleichung und es folgt

$$\frac{\partial\lg[2,3]}{\partial a_{1,2}} = \frac{\partial\lg\vartheta\vartheta_{14}\vartheta_{15}\vartheta_{16}}{\partial a_{12}}$$

Aehnlich kann man die Differentialquotienten nach $a_{11}a_{12}$ behandeln; es ist dies aber nicht nöthig, denn läßt man, um die Constanten zu bestimmen, $a_{12} = 0$ werden, so zerfallen die ϑ-Functionen und man kommt auf die Formel aus den elliptischen Functionen. Hoffentlich kann ich Dir bald Aehnliches über drei Variable mittheilen.
Ich stieß heute durch Zufall auf einen kleinen Aufsatz von Gauß im 22ten Band von Crelle[455], den ich vergeblich im vierten Band der Werke suche wo er hingehören würde „Elementarer Beweis eines zuerst von Legendre aufgestellten Lehrsatzes der sphärischen Trigonometrie" sollte er irgend wo anders in den Werken stehen oder aus irgend einem Grunde weg gelassen sein?[456]
Herzliche Grüße von uns Allen

Dein H. Weber.

Schreibe mir doch, was Du in Paris noch unternommen hast.

[Web 94]

Heinrich Weber aus Königsberg an Richard Dedekind in Braunschweig

Brief vom 20.10.1878

Archiv der UB Braunschweig G 98:12

Königsberg d. 20ten Oct. 1878

Lieber Freund,

Besten Dank für Deinen Brief und die Mittheilung Deiner Aufgaben. Was zunächst die Oberlehreraufgabe betrifft, so gefällt mir dieselbe sehr gut; sie scheint mir sehr geeignet, Gewandtheit zu zeigen und gibt auch wohl noch zu allerhand interessanten Specialbetrachtungen Anlaß. Den Zusatz vom Schwerpunkt würde ich, glaube ich, machen, um den Leuten unnöthiges Umhertappen zu ersparen.
Was die Parisaufgaben betrifft, so kann ich sie in der Schnelligkeit nicht alle prüfen. Die eine vom Jahr 1877[457] kenne ich schon und würde, wenn sie mit allen Chikanen vollständig selbständig gelöst ist, nicht anstehen, sie als Oberlehrerarbeit anzunehmen. Mit Deiner Erlaubniß werde ich die eine oder die andere dieser Aufgaben die alle sehr hübsch zu sein scheinen, gelegentlich in meinem Seminar behandeln.
Von hier habe ich Dir nichts Besonderes zu berichten als daß es uns fortdauernd gut geht. In acht Tagen fangen meine Vorlesungen wieder an; dann wird es scharf ins Zeug

---

455 Journal für die reine und angewandte Mathematik.

456 Siehe [Gauss 1841]. Diese Abhandlung wurde in Band 8, S. 451-452, der gesammelten Werke von Gauß aufgenommen und im Jahre 1900 veröffentlicht.

457 Siehe [Anonym 1877].

gehen. Einstweilen bin ich mit der Recension[458] des Königsbergerschen Buches[459] beschäftigt, was keine angenehme Aufgabe ist. Wenn $\alpha = e^{\frac{2\pi i}{n}}$ ist, wie bestimmt man

$$\begin{array}{cccc} \alpha - \alpha^2.\alpha - \alpha^4 & \dots & \alpha - \alpha^{n-1} & \\ \alpha^2 - \alpha^4 & \dots & \alpha^2 - \alpha^{n-1} & \\ . & \dots & . & \\ & & \alpha^{n-2} - \alpha^{n-1} & \end{array}$$

mit Vorzeichen? Das findet sich wohl irgendwo bei Gauß bei Königsberger Ste 77 scheint es mir falsch zu sein. Für die ϑ-Functionen mit drei Variablen habe ich nicht mehr viel Hoffnung.
Mit herzlichen Grüßen von uns Allen

Dein
H. Weber.

[Web 95]
Emilie Weber aus Königsberg an Richard Dedekind in Braunschweig
Brief vom 29.10.1878
Archiv der UB Braunschweig G 98:12

Königsberg d. 29. Oct 1878

Lieber Freund!

Schon lange wollte ich Ihnen schreiben und danken für Ihren lieben Brief, den ich in Heidelberg erhielt und kam nicht dazu. Nun Sie mir also nochmals so freundlich geschrieben, und meinen Geburtstag nicht vergessen haben, soll auch mein erster Dankesgruß Ihnen gelten. – Es thut auch mir sehr leid, daß wir dieses Jahr darum gekommen sind Sie zu sehen, nun wird es so bald nicht möglich sein, da wir entschieden nicht jedes Jahr solche große Reise unternehmen können, es auch wirklich nicht möchten, so himmlisch schön auch dieser Sommer für uns war.
Ich hätte Ihnen auch sicher den Pariser Reiseplan meines Mannes nicht durchkreuzt, wenn mir der Arzt nicht sehr bestimmt erklärt hätte, daß ich zu meiner eigenen Stärkung entweder eine Badekur in Schwallbach[460], oder eine kleine Reise nothwendig brauchte. Ich zog letzteres vor, um mich nicht von den Kindern trennen zu müssen, und wußte allerdings nicht ob danach noch Zeit und Geld für Paris vorhanden sein würde. Hätte ich aber nicht so herzlich gewünscht, daß mein Mann mit Ihnen seinen

458 Siehe [Weber 1879a].
459 Siehe [Koenigsberger 1874].
460 Bad Schwalbach, eines der ältesten deutschen Heilbäder im heutigen Bundesland Hessen gelegen.

Plan ausführte, so wäre ich gewiß länger in Zürich und im Schwarzwald geblieben, denn seit unserem Aufenthalt in Bönigen hatte ich keine solche Freude und Erholung wie diesen Herbst. Gott sei Dank sind die Kinder auch bis hierher ganz gesund und frisch geblieben, wie sehr Ihr Pathkind sich herausgemacht hat sehen Sie am beiliegenden Bildchen. Er läuft allein und spricht allerliebst, ist immer heiter und liebenswürdig und Jedermanns Liebling. Möchten sich nun alle weiteren guten Eigenschaften seines lieben Pathen ebenso sicher einfinden, dann kann er werden, wie man sich wünscht.

Meine Absicht, meinem Mann möglichst viele Gelegenheit zum Reisen in diesem Sommer zu verschaffen, damit er die ewige Sehnsucht danach etwas ablegte und einmal still mit uns an das Meer ziehen möchte, ist nun nicht erreicht worden, denn gleich Ihnen hat Genuß in ihm nur Lust gemacht ihn sich recht bald wieder zu verschaffen. Er ist wirklich ganz entzückt zurückgekehrt, hat zwar sehr bedauert, daß Sie nicht recht wohl waren, mir aber keineswegs mitgetheilt, daß er sich solch schnöder Bemerkungen Ihnen gegenüber schuldig gemacht hat, wie ich aus Ihrem Brief ersehe. Er ist etwas verwildert in den 8 Wochen unserer Trennung, wird sich aber hoffentlich wieder civilisiren lassen. Jetzt studiert er eifrig Italienisch, aber vor 2 Jahren kann kaum etwas aus einer so großen Reise werden, wir müssen erst wieder Schätze sammeln dazu. Er wird Ihnen sehr bald schreiben, trägt mir heute nur herzliche Grüße auf. Auch die Kinder senden Ihnen viele Grüße, vom Jüngsten sende ich sie, ihm unbewußt. Unser liebes Zürich war für uns noch ganz dasselbe und wir hatten kaum das Gefühl weg gewesen zu sein. Als ich aber die abscheulichen Verhältnisse unter den deutschen Collegen erfuhr, war ich sehr froh meinen guten friedfertigen Mann nicht unter ihnen zu wissen, das ist ein unerfreulicher Zustand. Fiedler ist mir ganz verächtlich geworden, erst ruft er durch allzugroße Strenge eine Beschimpfung hervor und dann, als Kappeler die Leute nicht bestraft, weil sie drohen Alle das Polytechnikum zu verlassen, läßt er sich durch 800 Frs beruhigen! – Nein wir haben allen Grund zufrieden hier zu sein, so abscheulich es äußerlich ist, und ich bin es auch – aber mein sonniges, wonniges Zürich wird mir stets in schönem Andenken bleiben. Die Schönheiten des Schwarzwaldes kannte ich noch sehr wenig, und bin sehr befriedigt davon – wär man nur näher, da könnte man einzig schöne Sommeraufenthalte haben. –

Bitte grüßen Sie Ihre verehrte Frau Mutter und Fräulein Schwester recht herzlich von uns, möge Ihnen und uns der Winter gnädig sein!

In treuster Freundschaft

Ihre Emilie Weber

[Web 96]

Heinrich Weber aus Königsberg an Richard Dedekind in Braunschweig

Brief vom 02.11.1878

Archiv der UB Braunschweig G 98:12

Königsberg 2.11.78

Lieber Freund,

Ich komme wieder einmal mit einer Bitte. Ich habe die Königsberger-Recension[461] jetzt gemacht und bitte Dich, dieselbe einmal durchzusehen, ob Du nichts daran auszusetzen hast. Das Buch[462] wird Dir ja wohl zugänglich sein. Ich bin zwar nicht so unverschämt, zu erwarten, daß du das ganze Buch durchlesen sollst. Aber in einem Punkt möchte ich Dich doch bitten einmal nachzusehen, ob ich Recht habe. Das wird Dir nicht sehr viel Zeit kosten. Ich glaube Königsberger hat bei der Bestimmung der Randintegrale Ste 33. und Ste 69 eine Confusion mit den Vorzeichen gemacht, was ich in den Anmerkungen Ste 4. erwähne. (In seinen elliptischen Functionen[463] Ste 298 ist die Sache richtig) Da man sich bei solchen Rechnungen aber leicht irren kann so wäre es mir sehr lieb, durch Dich eine Bestätigung meiner Meinung zu erhalten. Die elliptischen Integrale reichen aus zur Prüfung. Auch möchte ich Dich bitten, zu überlegen, ob Du meine Bedenken gegen seinen Beweis der Formel für D für begründet hältst.

Zum Lohn für Deine Mühe will ich Dir auch die Mittheilung machen, daß ich mich in der letzten Zeit vollständig zu Deinen Anschauungen über Stetigkeit und irrationale Zahlen bekehrt habe und daß ich sie sogar als Einleitung in meiner Functionentheorie vorgetragen habe. Für den Vortrag habe ich es am bequemsten gefunden, Deine Darstellungen mit der von Heine zu verbinden, indem ich zeige, daß beide vollständig übereinstimmen. Bei Deiner Darstellung tritt die Stetigkeit mehr hervor, während bei der von Heine[464] die Rechenoperationen angenehm zu definiren sind.

Ueber unser Ergehen hat Dir meine Frau neulich schon geschrieben, und Neues ist in der Zwischenzeit nicht vorgefallen. Also lebe wohl und sei vielmals gegrüßt von uns Allen.

Dein H. Weber

---

461 Siehe [Weber 1879a].

462 Siehe [Koenigsberger 1874].

463 Siehe [Koenigsberger 1878].

464 Siehe [Heine 1872].

[Ded 20]
Brief von Richard Dedekind aus Braunschweig an Heinrich Weber
Brief vom 08.11.1878
Archiv der SUB Göttingen 8 Cod. MS. Philos 205 Nummer 8
Auszugsweise veröffentlicht in: Dedekind Werke 1930-1932, Bd. 3, S. 485

Lieber Freund!

Deine Recension von Königsberger[465], welche anbei zurückerfolgt, habe ich mit großem Interesse gelesen, und Deine darauf bezüglichen Anfragen haben mir Gelegenheit gegeben, das Werk[466] etwas genauer zu studiren. Ich bin, wie Du weißt, kein Held in diesen Dingen und habe immer wieder einige Mühe, mich von gewissen Zweifeln, die die Strenge und Klarheit der Begriffe betreffen, zu befreien und mich auf dem etwas schlüpfrigen Boden sicher zu fühlen. Du darfst daher meinem Urtheil keinen so sehr großen Werth beilegen; doch will ich damit nicht zurückhalten. Im Wesentlichen bin ich ganz Deiner Meinung, daß Confusion in den Vorzeichen vorhanden ist. In der Figur 2 auf Seite 33 finde ich nichts an sich Falsches; es ist vollkommen erlaubt, an jeden Theil des Schnittnetzes einen Pfeil zu setzen und zu erklären: ich beabsichtige, die längs beider Ufer auszuführenden Integrationen auf Integrationen zurückzuführen, die die durch den Pfeil gegebene Richtung befolgen. Es ist ferner erlaubt, nach Belieben auf das eine Ufer ein +, auf das andere ein – zu setzen; und es ist auch erlaubt, die Querschnitte nach Belieben durch Pfeile zu kreuzen und zu sagen: ich will unter dem Periodicitätsmodul einer Function ihren Werth an der Spitze weniger dem am Ende des Pfeils verstehen. Bei Zugrundelegung dieser Figur und dieser Festsetzungen sind die Gleichungen

$$u^+ - u^- = \alpha_\nu \; , \; u^+ - u^- = -\beta_\nu$$

auf S. 33, sowie

$$\int_{a_\nu} dv = \delta_\nu \; , \; \int_{b_\nu} dv = \gamma_\nu \qquad \text{(S. 34)}$$

$$\left.\begin{array}{l} J^+(z, z_\alpha) - J^-(z, z_\alpha) = J_{a_k} \\ J^+(z, z_\alpha) - J^-(z, z_\alpha) = -J_{b_k} \\ \int_{a_k} dJ(z, \zeta_\alpha) = I_{b_k} \; , \; \int_{b_k} dJ(z, \zeta_\alpha) = I_{a_k} \end{array}\right\} \text{(S. 63)}$$

465 Siehe [Weber 1879a].
466 Siehe [Koenigsberger 1874].

sämmtlich richtig. Unrichtig ist aber, da Königsberger selbst bei der ganzen Integration die Fläche zur Linken haben will (S. 32), der Ausdruck

$$\int_{a_1^+} u\,dv - \int_{a_1^-} u\,dv + \int_{b_1^+} u\,dv - \int_{b_1^-} u\,dv + \text{etc.} \qquad \text{auf S. 32}$$

und ebenso der in vier Zeilen auf S. 63 stehende Ausdruck

$$\begin{array}{ccccc} & \int_{a_1^+} J(z,z_\alpha)\,dJ(z,\zeta_\alpha) & - & \int_{b_1^-} J(z,z_\alpha)\,dJ(z,\zeta_\alpha) \\ + & \dots & - & \dots \\ - & \dots & + & \dots \\ - & \dots & + & \dots \end{array}$$

beide müssen gerade entgegengesetzt sein. Umgekehrt, will man, daß diese beiden Ausdrücke richtig sind, so muß die Fig. 2 so corrigirt werden, so daß die Pfeile, welche die Richtungen der Integrationen in den Schnitten andeuten, sämmtlich umgekehrt werden; und wenn mann dann die die Schnitte kreuzenden Pfeile und die darauf gestützten Definitionen der Periodicitätsmoduln beibehält, so sind die obigen Integrale durch folgende zu ersetzen:

$$\int_{a_\nu} dv = -\delta_\nu\,,\ \int_{b_\nu} dv = -\gamma_\nu \qquad \text{(S. 34)}$$

$$\int_{a_k} dJ(z,\zeta_\alpha) = -I_{b_k}\,,\ \int_{b_k} dJ(z,\zeta_\alpha) = -I_{a_k} \qquad \text{(S. 63)}$$

durch die eine, wie die andere Correctur erhält man für die längs der ganzen Begrenzung bei positivem Umlauf ausgeführte Integration

$$\int u\,dv = \sum(\beta_\nu\gamma_\nu - \alpha_\nu\delta_\nu)$$

$$\int J(z,z_\alpha)dJ(z,\zeta_\alpha) = \sum(J_{b_\nu}I_{a_\nu} - J_{a_\nu}I_{b_\nu})$$

also das Gegentheil von Königsberger's Resultat. Deine Bemerkung ist daher vollständig richtig.

Ebenso theile ich Deine Bedenken gegen den Königsbergerschen Beweis für die Constanz von D vollständig; durch Deinen Beweis wird Alles auf das Einfachste erledigt, und Du machst sehr nützlicher Weise darauf aufmerksam, daß der Satz über D keinen neuen Inhalt bringt.

In Flüchtigkeit leistet K. Erstaunliches; es macht meinen guten Eindruck, wenn schon in der fünften Zeile der ersten Vorlesung der Nenner a_0 (ebenso auf der zweiten Zeile b_0) vergessen ist. Die Bezeichnungsweise ist durchweg abscheulich; wozu nützen z.B. seine angeklebten Factoren ε_r an $\sqrt{R(a_r)}$? gar Nichts! und ebenso solche Zeichen wie $J(z,z_\alpha)$, $J(z,\zeta_\alpha)$!! An manchen Stellen finde ich auch Begründungen, die wenig überzeugend oder wenigstens recht dunkel sind, z.B. auf S. 11 die Begründung von $A_1 + A_2 = 0$ (genau wie in den elliptischen Functionen S. 243). Nach meiner Meinung

hätte auf S. 11 unmittelbar nach der Construction der einfach zusammenhängenden Fläche ein für alle mal bemerkt werden müßen, daß jedes durch die ganze Begrenzung derselben erstreckte hyperelliptische Integral $\int f\, dz$, wo f eine rationale Function von z und $\sqrt{R(z)}$ ist, nothwendig = 0 ist, weil jeder Theil der Schnittlinien zwei mal in entgegengesetzter Richtung (aber mit beidemal gleichem f) durchlaufen wird; und da dies Integral gleich der Summe der Integrale um die Unstetigkeitsstellen ist, so ergiebt sich $A_1 + A_2 = 0$. Oder irre ich mich hierin? Du hast mich einmal in diese Landschaft verlockt, nun führe mich auch! Sollte nicht die Reduction auf Normalintegrale, die doch wesentlich in Gleichung (7) auf S. 43 enthalten ist, auf viel einfachere Weise bewiesen werden können? –
Dein Apostelthum für die Stetigkeit und die Irrationalität freut mich; die Verbindung mit der Darstellung von Heine[467] (oder vielmehr Cantor)[468] habe ich am Schluß von §. 6[469] auch empfohlen; die Abkürzung, die man dadurch erreicht, ist aber nicht beträchtlich, und ich glaube jetzt sogar, daß für Schüler, die von Grenzwerthen veränderlicher Größen noch Nichts wissen, meine Definition der Summe, Differenz u.s.w. leichter zu begreifen ist und bei gehörigem Vortrage überhaupt gar keine Schwierigkeit darbietet. Ich bin in der That so optimistisch zu glauben, daß auch auf den Gymnasien die Arithmetik streng gelehrt werden kann; denn bisher giebt der betreffende Unterricht eigentlich nur ein ausgezeichnetes Beispiel davon, mit welcher Leichtigkeit man die Schüler betrügen kann, sobald man den Muth hat, auf den Gebrauch der Logik zu verzichten. Ein herrliches Bildungsmittel, um die geistigen Fähigkeiten der Jugend zu entwickeln, diese Arithmetik, wie sie gelehrt wird! Fick[470] hat neulich eine Lanze für die Realschulen gebrochen, aber über den Werth des mathematischen Gymnasialunterrichts denke ich anders als er, und vielleicht schreibe ich nächstens mal darüber.
Eine große Freude habe ich neulich über den Brief deiner lieben Frau und das Bild vom kleinen Richard gehabt, der ein ganz prächtiger Bursche geworden zu sein scheint. Meinen herzlichen Dank dafür und beste Grüße von Deinem

Braunschweig, R. Dedekind.
8. November 1878.

467 Siehe [Heine 1872].
468 Siehe [Cantor 1872].
469 Siehe [Dedekind 1872].
470 Es ließ sich nicht zweifelsfrei feststellen auf welchen Herrn Fick sich die Aussage Dedekinds bezieht. Möglicherweise handelt es sich um den Physiologen und Hochschullehrer Adolf Eugen Fick (* 3. September 1829 † 21. August 1901)

[Web 97]

Heinrich Weber aus Königsberg an Richard Dedekind in Braunschweig

Brief vom 13.11.1878

Archiv der UB Braunschweig G 98:12

Auszugsweise veröffentlicht in: Dugac 1976, S. 272

Königsberg d. 13ten Nov. 1878

Lieber Freund,

Zunächst sage ich Dir meinen besten Dank für die Mühe die Du Dir mit Königsberger gemacht hast, und freue mich, daß Du mit mir übereinstimmst. Jedenfalls sollte einer ehe er ein Buch schreibt, seinen Gegenstand besser durchgearbeitet haben als es hier der Fall ist. Ich denke auch noch einiges von dem, was Du mir bemerkst, in die Recension[471] mit aufzunehmen. Was die Zerlegung in die Normalintegrale betrifft, so habe ich darüber noch nachgedacht, und bin zu folgender Darstellung gelangt, die mir jedenfalls mehr im Geiste der in dem Buche sonst befolgten Methode zu sein scheint. Es soll $\int \frac{\mathcal{F}(z)dz}{\sqrt{\mathcal{R}(z)}}$ zerlegt werden. Man setze

$$\Phi(z) = \mathcal{F}(z) - \sum^{i} \frac{c_i\sqrt{\mathcal{R}(z_i)}}{z - z_i}$$

wo sich die $\sum^i$ auf die Unstetigkeitspunkte von $\mathcal{F}(z)$ mit Ausschluß der etwa vorhandenen Verzweigungspunkte erstreckt, so daß $\int \frac{\Phi(z)dz}{\sqrt{\mathcal{R}(z)}}$ nicht mehr logarithmisch unendlich wird, wodurch die c_i wie bei $\mathcal{K}_i$ bestimmt sind. Jetzt kann man die Constanten c_ν so bestimmen daß die Periodicitätsmoduln von

$$\int \frac{\Phi(z) - \sum_{0,2p-1}^{\nu} c_\nu z^\nu}{\sqrt{\mathcal{R}(z)}} dz = \Omega$$

sämmtlich verschwinden. Die nothwendige und hinreichende Bedingung hierfür ist daß die Begrenzungsintegrale $\int \omega_r d\Omega$ sämmtlich Null sind wenn $\omega_r = \int \frac{\varphi_r(z)dz}{\sqrt{\mathcal{R}(z)}}$ und φ_r eine ganze Function von $r^{\underline{\text{ten}}}$ Grade ist $r_k = 0, 1, 2 \ldots 2p - 1$ Die Functionen φ_r sollen so bestimmt werden, daß die so sich ergebenden Gleichungen nach den c_ν aufgelöst sind Es müssen also aus dem um den unendlich fernen Punkt genommenen Integral

$$\int \frac{\sum_{0,2p-1}^{\nu} c_\nu z^\nu}{\sqrt{\mathcal{R}(z)}} \omega_r dz$$

alle c außer c_{2p-r-1} herausfallen. ($c_0, c_1 \ldots c_{2p-r-2}$ fallen von selbst fort. Da die Entwicklung von $\frac{\omega_r}{\sqrt{\mathcal{R}(z)}}$ nach fallenden Potenzen von z mit z^{-2p+r} anfängt.) Diese Forderung wird erfüllt wenn in der Entwicklung von $\frac{\omega_r}{\sqrt{\mathcal{R}(z)}}$ die Potenzen $-2p + r - 1,\ -2p +$

471 Siehe [Weber 1879a].

$r-2\ldots-2p$ nicht vorkommt, wenn also:

$$\frac{1}{\sqrt{\mathcal{R}(z)}}\int\frac{\varphi_r(z)dr}{\sqrt{\mathcal{R}(z)}}=z^{-2p+r}+..z^{-2p-1}+\ldots$$

woraus sich durch Differentation ergiebt daß

$\varphi_r(z)=$ der ganzen Functionen von $z^{-2p+r-1}(\frac{1}{2}z\mathcal{R}'(z)-(2p-r)\mathcal{R}(z))$

ist. Das stimmt auf R's Functionen $\mathcal{F}_r(z)$ überein, von denen man nicht einsieht wo sie auf einmal herkommen Alles übrige ergiebt sich dann sehr einfach durch Bestimmung der Integrale um die Unstetigkeitspunkte. Um den algebraischen Ausdruck für Ω zu finden, setze man

$$\varpi=\int\frac{dz}{(z-\xi)\sqrt{\mathcal{R}(z)}}$$

(ξ ein beliebiger Punkt) und bestimme das gleichfalls verschwindende Randintegral $\int\varpi d\Omega$. So bekommt man ohne Weiteres die Formel s. p. 43.

Am Schluß Deines Briefes berührst Du eine Frage die mir sehr am Herzen liegt, und über die ich schon oft nachgedacht habe, ohne zu einer ganz festen Überzeugung gekommen zu sein, nämlich den mathematischen Gymnasialunterricht. Daß manches da zu reformiren ist, ist wohl nicht zu bezweifeln; aber ich glaube doch daß Dein Urtheil etwas zu rigoros ist. Ich kenne einen Versuch, den niederen arithmetischen Unterricht streng zu gestalten, der Dir wahrscheinlich auch bekannt sein wird, in dem „Lehrbuch der Arithmetik und Algebra von E. Schröder Bd 1 Leipzig Teubner 1873“[472]. Die ersten Auseinandersetzungen über die ganzen Zahlen haben mir recht darin gefallen. Schließlich kommt er aber in dem ganzen 350 Seiten umfassenden Band nicht über die ganzen Zahlen hinaus und vieles was darin gesagt ist, scheint mir eigentlich unnöthig. In den ersten Begriffen: ganze Zahl und rationaler Bruch muß und kann man sich am Anfang auf die Anschauung berufen, die jeder hat. Die weitere Analysirung dieser Anschauung ist eine philosophische Frage, zu deren Verständniß doch wohl schon eine größere Reife gehört. Ich kann dann auch nichts Falsches darin sehen, wenn man z. B. sagt $\sqrt{2}$ suchen heißt eine Zahl suchen, deren Quadrat sich von 2 so wenig unterscheidet als vorgeschrieben ist und daß $\sqrt{2}.\sqrt{3}=\sqrt{6}$ ist, ist dann auch bewiesen. Die Stetigkeit, bei der die Hauptschwierigkeit liegt, braucht auf dem Gymnasium noch gar nicht berührt zu werden. Ich lasse mich übrigens sehr gern von Dir über diese Dinge belehren, über die Du viel tiefer nachgedacht hast als ich, und Du hast mich ja auch schon zu manchem bekehrt. Deinem Buch „Was sind und was sollen die Zahlen“[473] sehe ich mit großer Spannung entgegen. Ich hätte noch mancherlei zu sagen aber schriftlich macht sich das nicht gut.

Beste Grüße von uns Allen

Dein H.Weber

472 Siehe [Schroeder 1873].

473 Siehe [Dedekind 1888].

Königsbergers Beweis, daß bei den logarithmischen Integralen $A_1 + A_2 = 0$ ist, scheint mir auch falsch. Man würde genau mit demselben Rechte schließen können, daß $A_1 = 0 \quad A_2 = 0$ ist, wenn man die Unstetigkeitspunkte mit verschiedenen Punkten verbindet.

H. Weber Erwähnung des künftigen Werkes: „Was sind und was sollen die Zahlen?"[474]

[Ded 21]

Brief von Richard Dedekind aus Braunschweig an Heinrich Weber

Brief vom 19.11.1878

Archiv der SUB Göttingen 8 Cod. MS. Philos 205 Nummer 9

Auszugsweise veröffentlicht in: Dedekind Werke 1930-1932, Bd. 3, S. 485-486

Lieber Freund!

Deinen Beweis für die Zurückführung auf Normalintegrale habe ich mit großem Interesse studirt, aber der Gegenstand selbst scheint mir ganz elementar zu sein und eines solchen Apparates nicht zu bedürfen; die Hauptsache (wenn ich dieselbe richtig verstehe?) besteht doch nur in dem Nachweise, daß die Reduction stets und nur auf eine Weise möglich ist, und dies ergiebt sich auf folgende Weise. Unter u verstehe ich jede Function, die in der Form

$$\sqrt{\mathcal{R}} \cdot \frac{d}{dz}(f(z)\sqrt{\mathcal{R}}) + \varphi(z)$$

enthalten ist, wo $f(z)$ eine willkürliche rationale Function, und $\varphi(z)$ eine willkürliche, ganze Function bedeutet, deren Grad $< 2p$; diese Functionen u reproduciren sich durch Multiplication mit Constanten und durch Addition. Nun ist

$$\begin{aligned} \sqrt{\mathcal{R}} \cdot \tfrac{d}{dz}(z^n \sqrt{R}) &= a^{(n)} z^{2p+n} + a_1^{(n)} z^{2p+n-1} + \dots \\ a^{(n)} \gtrless 0 &= \text{für } n = 0, 1, 2, 3 \dots \end{aligned}$$

hieraus folgt, daß $z^{2p}, z^{2p+1}, z^{2p+2} \dots$ und folglich jede ganze Function auch eine Function u ist. Ist ferner h eine beliebige Constante, so ist

$$\sqrt{\mathcal{R}} \cdot \frac{d}{dz}\left(\frac{\sqrt{\mathcal{R}}}{(z-h)^n}\right) = -\frac{n\mathcal{R}(h)}{(z-h)^{n+1}} - \frac{(n-\frac{1}{2}\mathcal{R}'(h)}{(z-h)^n} - \dots$$

setzt man hierin $n = 1, 2, 3, \dots$, so ergiebt sich erstens, wenn $\mathcal{R}(h) = 0$, also $\mathcal{R}'(h) \gtrless 0$ ist, daß $\frac{1}{z-h}, \frac{1}{(z-h)^2} \dots$ sämmtlich Functionen u sind; ist aber $\mathcal{R}(h) \gtrless 0$, so folgt, daß

474 Handschriftlicher Nachtrag von Richard Dedekind.

jede der Größen $\frac{1}{(z-h)^2}$, $\frac{1}{(z-h)^3}$ ... sich nur um eine Größe $\frac{\text{const}}{z-h}$ von einer Function u unterscheidet. Da nun jede rationale Function $\mathcal{F}(z)$ aus einer ganzen Function und aus Partialbrüchen von der Form $\frac{\text{const}}{(z-h)^n}$ besteht, so ist

$$\mathcal{F}(z) = u + \sum \frac{\text{const}}{z-h} ,$$

wo in der Summe nur solche h auftreten, für welche $\mathcal{R}(h)$ nicht = 0 ist. Mithin ist

$$\int \frac{\mathcal{F}(z)dz}{\sqrt{\mathcal{R}}} = f(z)\sqrt{\mathcal{R}} + \int \frac{\varphi(z)dz}{\sqrt{\mathcal{R}}} + \sum \text{const} \cdot \int \frac{dz}{(z-h)\sqrt{\mathcal{R}}}$$

wo $f(z)$, $\varphi(z)$ die obige Bedeutung haben.
Hiermit ist die Sache doch erledigt? oder was fehlt noch? Ich bitte Dich mich aufzuklären!
Es freut mich sehr, daß das Thema des Arithmetik-Unterrichts auf Gymnasien Dich so sehr interessirt, und ich glaube, daß wir bei mündlicher Unterhaltung darüber uns einigen werden. Das Buch von Schröder[475] kenne ich genau; es ist nicht für die Schüler, sondern für den Lehrer bestimmt; es soll kein Lehrbuch sein. Es enthält sehr viel Gutes, aber auch viel Überflüssiges. Ich will den Köpfen der Schüler gewiß nicht mehr zumuthen, sondern weniger. Von Stetigkeit braucht gar nicht die Rede zu sein; aber die Schüler müssen einen deutlichen Überblick über das Gebiet der Zahlen, zunächst der rationalen Zahlen gewinnen; die Unterscheidung nach Größer und Kleiner (durch Subtraction) muß ihnen in Fleisch und Blut übergehen. Dann sind sie vollkommen vorbereitet für das Irrationale und hier sind wir, wenn ich Deinen Brief richtig verstehe, vielleicht verschiedener Meinung, Du schreibst:„Ich kann dann auch nichts Falsches darin sehen, wenn man z. B. sagt $\sqrt{2}$ suchen heißt eine Zahl suchen, deren Quadrat sich von 2 so wenig unterscheidet als vorgeschrieben ist und daß $\sqrt{2} \cdot \sqrt{3} = \sqrt{6}$ ist, ist dann auch bewiesen". Erstens gefällt mir hieran nicht recht, daß mehr die Operation, als das Resultat der Operation definirt wird; ich mag es lieber, wenn z.B. die Summe als eine durch die Summanden vollständig bestimmte Zahl definirt wird, als wenn das Addiren erklärt wird; dies schon bei den rationalen Zahlen. Nun aber denke Dir genau einen Schüler, der die rationale Arithmetik gut begriffen hat, und dem eben vom Lehrer in aller Strenge bewiesen ist: $\sqrt{2}$, $\sqrt{3}$, $\sqrt{6}$ existiren nicht, wird er nicht verwirrt werden müssen, wenn nun doch von $\sqrt{2}$ die Rede ist, zwar nicht von $\sqrt{2}$ selbst, sondern nur von dem Suchen der $\sqrt{2}$? Er hat ferner in der rationalen Arithmetik gelernt, mit dem Worte Product eine ganz bestimmte Vorstellung zu verbinden; kann er nun das Zeichen $\sqrt{2} \cdot \sqrt{3}$ verstehen? Mir scheint es, er wird viel leichter das Phänomen eines „Schnittes" begreifen, bei welchem die ihm wohlbekannten rationalen Zahlen sämmtlich in so entschiedener Weise darauf angesehen werden, ob sie in die eine oder in die andere Classe fallen; einige Beispiele

---

475 Siehe [Schroeder 1873].

werden das Wesen dieser Erscheinung ihm vollständig deutlich machen; die Schärfe dieses Begriffes ist wohltätig für sein Denken, und er wird sich auch nicht sehr dagegen sträuben, wenn diese Erscheinung zur Einführung neuer Zahlen benutzt wird: soviel Schnitte soviel Zahlen. Auch die Definitionen der Summen, Differenzen u.s.w. der neuen Zahlen sind sehr einfach herzustellen. Du willst doch auch, daß die Schüler mit $\sqrt{2}$, $\sqrt{3}$ u.s.w. umgehen lernen; willst Du nun, daß sie darin immer nur Symbole für Näherungsrechnungen sehen? oder hältst Du es nicht auch für besser, daß sie darin Symbole für neue, mit den alten ganz gleichberechtigte Zahlen sehen? welche von beiden Vorstellungen wird das genauere, schärfere Denken befördern, den Geist besser üben? Doch es ist zu schwer, sich hierüber schriftlich zu einigen.
Du fragst auch nach meiner Untersuchung über den Uranfang der Arithmetik: „Was sind und was sollen die Zahlen?“ Sie ruht und ich zweifle, ob ich sie je publiciren werde[476]; sie ist auch nur in rohem Entwurfe aufgeschrieben, mit dem Motto: „Was beweisbar ist, soll in der Wissenschaft nicht ohne Beweis geglaubt werden.“ Die Hauptsache ist die Unterscheidung des Zählbaren vom Unzählbaren, und der Begriff der Anzahl, und die Begründung der sog. vollständigen Induction.
Nun verzeihe meine Redseligkeit und sei auch nachsichtig, wenn in dem ersten Theile meines Briefes die Sache etwa ganz schief aufgefasst sein sollte! Mit freundlichen Grüßen

Braunschweig, Dein R. Dedekind.
19. November 1878.

[Web 98]

Heinrich Weber aus Königsberg an Richard Dedekind in Braunschweig

Brief vom 28.11.1878

Archiv der UB Braunschweig G 98:12

Auszugsweise veröffentlicht in: Dugac 1976, S. 272-273

Königsberg d. 28ten Nov.1878

Lieber Freund,

Ich muss Dich noch einmal mit Königsberger[477] behelligen.
Sieh Dir doch einmal das letzte Gleichungssystem auf Seite 136 an, ob darin die μ, ν nicht alle Null sein müssen. Mir scheint Königsberger hat da etwas versteckt folgenden Schluß gemacht: „Aus einem System von n linearen Gleichungen kann ich m Unbekannte bestimmen auch wenn $m > n$ ist, denn bestimme ich erst n von den Unbekann-

476 Siehe [Dedekind 1888].
477 Siehe [Koenigsberger 1874].

ten durch die übrigen und setze diese Ausdrücke in die Gleichungen ein, so bekomme ich Gleichungen für die weiteren Unbekannten u.s.f.“ Das Endergebniß ist zwar doch richtig weil die von ihm etwas weiter oben mit $\frac{P_{\kappa+1}-Q_{\kappa+1}\sqrt{\mathcal{R}(z)}}{P_{\kappa+1}+Q_{\kappa+1}\sqrt{\mathcal{R}(z)}}$ bezeichneten Functionen Constanten werden.

Man kann überhaupt zu dem ganzen Inhalt der scheußlichen achten Vorlesung sehr kurz und wie mir scheint auch strenger gelangen wie folgt:

Es handelt sich offenbar darin um die Frage: unter welchen Bedingungen kann man die Gleichung befriedigen:

$$\sum_{1,n}^{i} c_i^k \int \frac{\sqrt{\mathcal{R}(z_i)}dz}{\sqrt{\mathcal{R}(z)}(z-z_i)} = \sum_{1,m}^{i} \mathcal{A}_i \lg \Phi_i + \Omega$$

Wenn $\Phi_i = \frac{p_i - q_i\sqrt{\mathcal{R}z}}{p_i+q_i\sqrt{\mathcal{R}z}}$ p_i, q_i rationale Functionen Ω ein Integral erster Gattung. Bezeichnen ω_i Größen zwischen denen keine lineare Gleichung mit ganzzahligen Coefficienten besteht, so kann man immer setzen

$$c_i = \sum_{1,\nu}^{k} \omega_k m_k^{(i)}$$

$\nu \leqq n$ $m_k^{(i)}$ ganze Zahlen. Da die Φ_i in keinen anderen Punkten als den z_λ 0 oder ∞ werden können (wenn zwischen den A_i keine lineare Gleichung mit ganzzahligen Coefficienten besteht, was angenommen werden kann) so muß man haben:

$$c_\lambda = \sum_{1,\nu}^{k} \omega_k m_k^{(i)} = \sum_{1,m}^{i} \mathcal{A}_i n_i^{(\lambda)} \quad n_i^{(\lambda)} \text{ ganze Zahlen}$$

genügen diese Gleichungen nicht, um die A_i linear durch die ω_i auszudrücken, so füge ich die nöthige Anzahl willkürlicher Relationen von der Form:

$$\sum_{1,m}^{i} \mathcal{A}_i n_i^{(\rho)} = \eta_\rho$$

hinzu und erhalte:

$$\mathcal{D}\mathcal{A}_i = \textstyle\sum_{1,\nu}^{k} \omega_k \mu_k^{(i)} + \sum^{k} \eta_k \nu_k^{(i)} \qquad D, \mu, \nu \text{ ganze Zahlen:}$$

$$\textstyle\sum^{i} \mu_k^{(i)} n_i^{(\varrho)} = m_k^{(\varrho)}\mathcal{D} \quad ; \quad \sum^{i} \nu_k^{(i)} n_i^{(\varrho)} = 0$$

woraus:

$$\mathcal{D} \textstyle\sum_{1,\nu}^{k} \omega_k \sum_{1,n}^{i} m_k^{(i)} \int \frac{\sqrt{\mathcal{R}(z_i)}dz}{(z-z_i)\sqrt{\mathcal{R}(z)}} = \sum_{1,\nu}^{k} \omega_k \log \Pi_{1,m}^{i} \Phi_i^{\mu_k^{(i)}} + \sum^{k} \eta_k \log \Pi_{1,m}^{i} \Phi_i^{\nu_k^{(i)}} + \Omega$$

Die Factoren von η_k sind nun constant, und können mit Ω vereinigt werden, und dann folgt, da zwischen den ω keine lineare Gleichung mit rationalen Coefficienten besteht, daß die Factoren von ω_k einzeln gleich sein müssen. Die Aufgabe ist dadurch zurückgeführt auf die einfachere, eine Gleichung mit ganzzahligen Coefficienten m von der Form zu befriedigen.

$$\sum_{1,n}^{i} m_i \int \frac{\sqrt{\mathcal{R}(z_i)}dz}{(z - z_i)\sqrt{\mathcal{R}(z)}} = \log \frac{\mathcal{P} - \mathcal{Q}\sqrt{\mathcal{R}}}{\mathcal{P} + \mathcal{Q}\sqrt{\mathcal{R}}} + \Omega$$

womit eigentlich alles gemacht ist.*) Um Ω zu bestimmen, differenziirt man beiderseits, und erhält:

$$\sum^{i} \frac{m_i\sqrt{\mathcal{R}(z_i)}dz}{(z - z_i)\sqrt{\mathcal{R}(z)}} - \frac{2\mathcal{Q}\mathcal{R}\mathcal{P}' - 2\mathcal{Q}'\mathcal{P}\mathcal{R} - \mathcal{R}'\mathcal{P}\mathcal{Q}}{\sqrt{\mathcal{R}}(\mathcal{P}' - \mathcal{Q}\mathcal{R})}dz = d\Omega$$

oder: $\mathcal{F}(z) = \mathcal{P}' - \mathcal{Q}'\mathcal{R}$ gesetzt:

$$\sum \frac{m_i\sqrt{\mathcal{R}z_i}dz}{(z - z_i)\sqrt{\mathcal{R}(z)}} - \frac{\mathcal{P}}{\mathcal{Q}}\frac{1}{\sqrt{\mathcal{R}}}\frac{\mathcal{F}'(z)}{\mathcal{F}(z)}dz + \frac{2\mathcal{P}'}{\mathcal{Q}\sqrt{\mathcal{R}}}dz = d\Omega$$

Man hat also nur die im zweiten Theil enthaltene ganze Function zu suchen, die vom $p-1^{\text{ten}}$ Grade ist. Bestimmt man die Zeichen von $\sqrt{\mathcal{R}(z_i)}$ so daß die m_i positiv werden, so wird $\mathcal{F}(z) = (z - z_1)^{m_1}(z - z_2)^{m_2} \ldots (z - z_n)^{m_n}$

Was Königsberger weiter mit der Einführung der Normalintegrale u. seiner c u. d etc. bezweckt, ist mir gänzlich unerfindlich.

Doch nun noch Einiges zur Beantwortung Deines letzten Briefes, für den ich Dir zunächst besten Dank sage. Was Deinen Beweis der Zerlegbarkeit der Integrale in die drei Gattungen betrifft, so ist derselbe allerdings wohl der kürzeste. Er ist mir auch nicht unbekannt gewesen, da uns Richelot seiner Zeit in der Vorlesung denselben ziemlich ebenso vorgetragen hat[478]. Ich glaube aber Königsberger legt einigen Werth auf die explicite Darstellung der Constanten in seiner Formel, die doch wohl etwas größere Weitläufigkeit erfordert.

Bezüglich der irrationalen Zahlen hast du mich mißverstanden, wenn Du glaubst, ich hätte Deiner Meinung entgegentreten wollen. Ich gebe vollständig zu, daß Deine Auffassung die elegantere und präcisere ist, und auch daß es wünschenswerth ist, wenn es ohne anderen Schaden geschehen kann, sie in den Schulunterricht einzuführen. Ich stieß mich nur an der übermäßigen Strenge Deines Urtheils über den mathematischen Unterricht, wenn Du dem allen Bildungswerth absprichst, was seit den Zeiten des alten Pythagoras immer als das vorzüglichste Schulungsmittel des Geistes betrachtet wurde. Deshalb wollte ich nur einigermaßen die alte Auffassungsweise retten. Ich würde es sehr bedauern, wenn Du Deinen Plan, über den Zahlbegriff zu schreiben, aufgeben oder zu lange aufschieben würdest. Du würdest manchem damit einen

478 Heinrich Weber besuchte während seines Aufenthaltes in Königsberg von 1863 bis 1865 Vorlesungen bei Richelot.

großen Dienst erweisen. Es würde mir vom größten Interesse sein, wenn Du mir Dein Manuscript, so wie es ist, auf kurze Zeit zur Durchsicht anvertrauen wolltest.
Bei uns geht alles gut, hoffentlich auch bei Dir und den Deinen.

Mit herzlichen Grüßen

Dein H. Weber

*) Es müssen die z_i so beschaffen sein daß in z_i, $\pm\sqrt{\mathcal{R}(z_i)}$ eine Function $\frac{\mathcal{P}-\mathcal{Q}\sqrt{\mathcal{R}}}{\mathcal{P}+\mathcal{Q}\sqrt{\mathcal{R}}}$ 0 und ∞ in der Ordnung m_i wird.[479]

[Web 99]

Heinrich und Emilie Weber aus Königsberg an Richard Dedekind in Braunschweig

Brief vom 30.12.1878

Archiv der UB Braunschweig G 98:12

Lieber Freund!

Unsre herzlichen Glückwünsche zum neuen Jahre verbinden sich mit dem wärmsten Dank für Ihre gütige Sendung, die uns so sehr erfreut hat. Möge Ihnen ein recht frohes neues Jahr bestimmt sein, mit allem Guten, das Sie selbst sich wünschen, reichlich ausgestattet. Ich darf wohl bitten, daß Sie Ihrer Frau Mutter und Fräulein Schwester auch unsre alleraufrichtigsten Glückwünsche aussprechen. Unser Christfest war diesmal ganz besonders schön. Wir sind bisher alle gesund geblieben, und die Kinder sind nun so recht im Alter des Jubelns und reißen sogar den kleinen Richard mit in ihr Entzücken hinein. – Der so überaus milde Winter kommt uns sehr zu Statten, alle Kinder können noch ins Freie, und haben röthere Bäckchen, denn je.
Wir hatten kaum ein wenig Frost, von Kälte war noch keine Rede. – Leider sind wir momentan sehr in Sorge um unseren Schwager Holtzmann in Straßburg, der seit 10 Tagen eine Lungenentzündung hat mit typischen Erscheinungen und jedenfalls sehr schwer krank darnieder liegt. Er ist dieses Jahr Rector[480].
Idachen und Rudi tragen mir die herzlichsten Grüße auf, die ich den meinigen beifüge.
Bleiben Sie unser lieber Freund, im neuen, wie im alten Jahr!

Unveränderlich Ihre getreue
E. Weber

479 Ergänzende Fußnote von Heinrich Weber.
480 Heinrich Holtzmann war 1878/79 Rektor der Kaiser-Wilhelms Universität Straßburg.

Königsberg, den 30. Dezember 1878

Lieber Freund.

Ich füge den Neujahrswünschen meiner Frau auch meinerseits die herzlichsten Glückwünsche bei. Du siehst aus vorstehendem, daß wir ein sehr frohes und vergnügtes Weihnachtsfest gefeiert haben, seitdem aber durch die Nachrichten über meinen Schwager in großer Sorge sind. Möchte doch das neue Jahr diese doch recht bald zerstreuen.

Herzliche Grüße von Deinem

H. Weber

4.6 Briefe des Jahres 1879

[Web 100]

Heinrich Weber aus Königsberg an Richard Dedekind in Braunschweig

Postkarte vom 06.01.1879

Archiv der UB Braunschweig G 98:13

Königsberg d. 6$^{\underline{\text{ten}}}$ Jan 79

Lieber Freund,

Besten Dank für Deine Neujahrswünsche. Ich bin sehr gern bereit, und es wäre mir sehr interessant, Deine Arbeit durchzusehen, obwohl ich Dir nicht viel werde nützen können. Bei uns geht es gut. Auch von Straßburg sind bessere Nachrichten da. Die Gefahr scheint vorüber.

Sonst habe ich nichts zu berichten.

Herzliche Grüße

Dein H. Weber

[Web 101]

Heinrich Weber aus Königsberg an Richard Dedekind in Braunschweig

Brief vom 18.01.1879

Archiv der UB Braunschweig G 98:13

Königsberg d. 18$^{\underline{\text{ten}}}$ Jan 79

Lieber Freund,

Obgleich ich noch nicht vollständig mit dem Studium Deiner letzten Mittheilung durch bin, will ich Dir doch schon heute dafür danken und Dir mittheilen, daß mich

dieselbe über die Maßen interessirt. Ich verspreche mir großen Nutzen davon auch für die Theorie der Abelschen Functionen. Vielleicht gelingt es auf diesem Wege zur eher brauchbaren Normalform für die Abelschen Functionen zu gelangen.
Ueber Einzelnes kann ich Dir heute noch nicht schreiben, da ich erst die Sache genauer durchstudieren muß. Jedenfalls hoffe ich bei dieser Gelegenheit auch einmal gründlich in Deine Ideal-Theorie hineinzukommen.
Von uns ist nicht viel Neues zu berichten. Es geht uns im Ganzen gut. Auch von Straßburg sind die Nachrichten befriedigend. Eine langwierige Reconvaleßcenz wird aber mein Schwager noch durchzumachen haben.
Auch für die Kalender den besten Dank und herzliche Grüße von uns Allen.

Dein

H. Weber

[Web 102]
Heinrich Weber aus Königsberg an Richard Dedekind in Braunschweig
Brief vom 02.02.1879
Archiv der UB Braunschweig G 98:13

Königsberg d. 2$^{\underline{\text{ten}}}$ Feb. 1879

Lieber Freund,

Ich habe mich jetzt etwas in Deine Idealtheorie für algebraische Functionen hineingearbeitet und will Dir im Folgenden einige Bemerkungen darüber mittheilen auf die Gefahr hin daß sie Dir nicht neu oder nicht besonders interessant sein sollten.
Ich schlage vor eine aus ganzen Functionen $\omega_1, \omega_2 \ldots \omega_n$ gebildete Basis eine Normal-Basis des Körpers Ω zu nennen, wenn sie die Eigenschaft hat, daß $\omega = x_1\omega_1 + \ldots x_n\omega_n$ nur für ganze Functionen x eine ganze Function wird. Die Discriminante einer Normalbasis hat unter allen Discriminanten von ganzzahligen Basen von Ω den möglichst niedrigen Grad, aber wenn die Discriminante einer Basis diesen niedrigsten Grad hat, so ist sie eine Normalbasis.
1°. Diese Discriminante des Körpers Ω, $\Delta\Omega = \Delta(\omega_1\omega_2 \ldots \omega_n)$ hat die Eigenschaft, nur in den wirklich vorhandenen Verzweigungspunkten und zwar nur in der Ordnung welche die Ordnung des Verzweigungspunktes angiebt, zu verschwinden. Ich will den Beweis gleich allgemein geben.
Es mögen für einen Werth z_0 von z einmal ν_1 dann $\nu_2 \ldots$ zuletzt ν_μ Blätter zusammenhängen, so daß $\nu_1 + \nu_2 + \ldots + \nu_\mu = n$ ist. Man hat dann in der Umgebung des Punktes

z_0 die Entwicklungen:

$$\begin{aligned} \omega_i' &= a_i^0 + a_i^1 (z - z_0)^{\frac{1}{\nu_1}} + a_i^{(2)} (z - z_0)^{\frac{2}{\nu_1}} + \ldots \\ \omega_i'' &= b_i^0 + b_i^1 (z - z_0)^{\frac{1}{\nu_2}} + b_i^{(2)} (z - z_0)^{\frac{2}{\nu_2}} + \ldots \qquad i = 1, 2 \ldots n \\ \omega_i^{(\mu)} &= \mu_i^{(0)} + \mu_i^{(1)} (z - z_0)^{\frac{1}{\nu_\mu}} + \mu_i^{(2)} (z - z_0)^{\frac{2}{\nu_\mu}} + \ldots \end{aligned}$$

Die sämtlichen n Zweige erhält man, wenn man für $(z-z_0)^{\frac{1}{\nu}}$ die ν verschiedenen Werthe setzt. Bildet man hieraus die Determinante, deren Quadrat $\Delta\Omega$ ist, so findet man durch bekannte Determinantensätze, daß die Entwicklung derselben anfängt mit

$$\mathcal{A} z^{\frac{\nu_1 - 1}{2} + \frac{\nu_2 - 1}{2} \ldots \frac{\nu_\mu - 1}{2}}$$

worin $\mathcal{A}$ abgesehen von einem nicht verschwindenden Factor (das Produkt von Differenzen verschiedener $\nu^{\underline{ten}}$ Einheitswurzeln) gleich der aus

$$\begin{matrix} a_1^0 & a_2^0 & \ldots & a_n^0 \\ a_1^1 & a_2^1 & \ldots & a_n^1 \\ a_1^{(\nu_1-1)} & a_2^{(\nu_1-1)} & \ldots & a_n^{(\nu_1-1)} \\ \ldots & \ldots & \ldots & \ldots \\ \mu_1^0 & \mu_2^0 & \ldots & \mu_n^0 \\ \mu_1^{(\nu_\mu-1)} & \mu_2^{(\nu_\mu-1)} & \ldots & \mu_n^{(\nu_\mu-1)} \end{matrix}$$

gebildeten Determinante ist. Diese aber kann nicht verschwinden, denn sonst könnte man die Constanten $c_1, \ldots c_n$ so bestimmen daß

$$\begin{aligned} &c_1 a_1^0 + c_2 a_2^0 + \ldots c_n a_n^0 = 0 \\ &\ldots\ldots\ldots \\ &c_1 \mu_1^{(\nu_\mu-1)} + c_2 \mu_2^{(\nu_\mu-1)} + \ldots c_n \mu_n^{(\nu_\mu-1)} \end{aligned}$$

wäre. Dann würde

$$\frac{c_1\omega_1 + c_2\omega_2 + \ldots c_n\omega_n}{z - z_0}$$

eine ganze Function sein, da sie für keinen endlichen Werth von z unendlich wird, also wäre ω keine Normalbasis. Es ist also z_0 eine $\nu_1 - 1 + \nu_2 - 1 + \ldots \nu_\mu - 1$ fache Wurzel von $\Delta\Omega = 0$. Es können dafür ein für dasselbe z zwei Zweige des Functionssystems $(\omega_1, \omega_2 \ldots \omega_n)$ einander gleich werden, außer wenn die entsprechenden Blätter zusammenhängen. Die Idealtheorie habe ich mir etwas anders zurechtgelegt als Du. Definition des Ideals, der Normalbasis, Norm, Theilbarkeit eines Ideals durch ein anderes, Product zweier Ideale wie bei Dir.

2°. Der Inbegriff aller Functionen aus v welche in einer bestimmten Anzahl fester Punkte verschwinden in bestimmter Ordnung bildet offenbar ein Ideal; diese Nullpunkte will ich die Grundpunkte des Ideals nennen und man kann ein Verschwinden in höherer Ordnung als ein Zusammenfallen verschiedener Grundpunkte betrachten (lediglich zur Vereinfachung des Ausdrucks.)
3°. Alle Functionen eines Ideals $\mathfrak{a}$ verschwinden in den Nullpunkten der Norm $\mathcal{N}\mathfrak{a}$ mindestens in einem Blatt, und umgekehrt wenn alle Functionen des Ideals in einem Punkt verschwinden so verschwindet für das zugehörige z auch die Norm des Ideals. Um auch hier das Zusammenfallen der Nullpunkte und etwaige Verzweigungspunkte zu berücksichtigen seien wie oben für $z = z_0$ $\nu_1, \nu_2 \dots \nu_\mu$ Blätter zusammenhängend und es mögen die Functionen $\alpha_1, \alpha_2 \dots \alpha_n$, welche eine Normalbasis von $\mathfrak{a}$ bilden in diesen Punkten alle von der Ordnung $\varrho_1, \varrho_2 \dots \varrho_\mu$ (mindestens) verschwinden (d.h. α_1 in $(z - z_0)^{\frac{\varrho_1}{\nu_1}}$)
Man hat nun

$$\Delta(\alpha_1 \alpha_2 \dots \alpha_n) = (\mathcal{N}\mathfrak{a})^2 \Delta(\omega_1 \omega_2 \dots \omega_n)$$

und wie eben bei $\Delta(\omega)$ läßt sich zeigen, daß $\Delta(\alpha)$ mindestens in der Ordnung $2\varrho_1 + 2\varrho_2 + \dots 2\varrho_\mu + \nu_1 - 1 + \dots \nu_\mu - 1$ verschwinden muß, woraus folgt, daß $\mathcal{N}\mathfrak{a}$ sicher den Factor $(z - z_0)^{\varrho_1 + \varrho_2 + \dots \varrho_\mu}$ hat.
Umgekehrt:
Ist $\alpha = x_1 \alpha_1 + x_2 \alpha_2 + \dots x_n \alpha_n = \xi_1 \omega_1 + \xi_2 \omega_2 + \dots \xi \omega_n$
eine Function in $\mathfrak{a}$ und ist:

$$(\alpha\omega_1, \alpha\omega_2 \dots \alpha\omega_n) = (X)(\alpha_1, \alpha_2 \dots \alpha_n) = (\mathcal{Z})(\omega_1, \omega_2, \dots \omega_n)$$

$$(\alpha_1, \alpha_2 \dots, \alpha_n) = (\mathcal{A})(\omega_1, \omega_2 \dots \omega_n) \qquad (\mathcal{Z}) = (X)(\mathcal{A})$$

worin $(X)(\mathcal{Z})(\mathcal{A})$ lineare Substitutionen mit ganzen rationalen Functionen als Elementen bedeuten die mit x_{ik}, ξ_{ik}, a_{ik} bezeichnet sein mögen, so folgt

$$\begin{bmatrix} \xi_{11} - \alpha_1 & \dots & \xi_{1n} \\ \xi_{n1} & \dots & \xi_{nn} - \alpha_n \end{bmatrix} = 0$$

folglich

$$\begin{aligned} \mathcal{N}(\alpha) &= \text{Det.}(\mathcal{Z}) = \text{Det.}(X)\ \text{Det.}(\mathcal{A}) \\ &= \text{Det.}X.\ \mathcal{N}\mathfrak{a} \end{aligned}$$

Da nun, wenn unter den $\alpha_1 \alpha_2 \dots$ solche sind die nicht in höherer Ordnung als $\varrho_1, \varrho_2 \dots \varrho_\mu$ verschwinden, man α so wählen kann, daß es nicht in höherer Ordnung verschwindet, so ist $\mathcal{N}(\alpha)$ und mithin $\mathcal{N}\mathfrak{a}$ auch nicht durch eine höhere Potenz als $(z - z_0)^{\varrho_1 + \varrho_2 + \dots \varrho_\mu}$ theilbar, und also genau durch diese Potenz.
Daraus folgt daß (mit Rücksicht auf das Zusammenfallen) ein Ideal genau so viele Grundpunkte besitzt, als der Grad seiner Norm angiebt und daß Ideale mit denselben Grundpunkten auch dieselbe Norm haben.

4°. Zu meinem gegebenen System von Grundpunkten (G) giebt es nur ein Ideal (höchstens) denn:
Ist $\mathfrak{a}$ theilbar durch ϑ, so ist $\mathcal{N}(\mathfrak{a})$ theilbar durch $\mathcal{N}(\vartheta)$ und wenn der Quotient constant ist, so ist auch ϑ theilbar durch $\mathfrak{a}$ und mithin $\mathfrak{a}$ und ϑ identisch. Beweis:

$$\mathfrak{a} = [\alpha_1, \alpha_2 \dots \alpha_n] \qquad \vartheta = [\delta_1, \delta_2 \dots \delta_n]$$

$$(\alpha_1, \alpha_2 \dots \alpha_n) = (\mathfrak{D})(\delta_1, \delta_2 \dots \delta_n)$$

$$\mathcal{N}(\mathfrak{a}) = \text{Det.}\ \mathfrak{D}.\ \mathcal{N}(\vartheta)$$

wenn also Det. $\mathfrak{D}$ const. ist, so ist auch

$$(\alpha_1, \alpha_2 \dots \alpha_n) = (\mathfrak{D})^{-1}(\delta_1, \delta_2 \dots \delta_n)$$

und $(\mathfrak{D})$ und $(\mathfrak{D})^{-1}$ bestehen gleichzeitig aus ganzen Functionen.
Wenn also $\mathfrak{a}$ ein beliebiges, zu den Grundpunkten (G) gehöriges Ideal ist, ϑ das Ideal, welches aus allen in den Punkten (G) verschwindenden Functionen besteht, so haben nach 3° beide dieselbe Norm und $\mathfrak{a}$ ist durch ϑ theilbar folglich sind beide identisch, w. z. b. w.
Das Product zweier Ideale hat hiernach die Grundpunkte der beiden Factoren zu Grundpunkten, jeden so oft gerechnet als er in beiden zusammen vorhanden ist.
5°. Zu einem beliebig gegebenem Grundpunkt (g)

$$z = z_0 \quad \omega_1 = \omega_1^0 \dots \omega_n = \omega_n^0$$

läßt sich immer ein Ideal finden (Primideal) Ein solches wird nämlich gebildet durch alle in der Form enthaltenen Functionen

$$p = x_0(z - z_0) + x_1(\omega_1 - \omega_1^0) + \dots x_n(\omega_n - \omega_n^0)$$

wenn $x_0\ x_1 \dots x_n$ alle möglichen ganzen Functionen sind, denn
Erstens reproduciren sich die p durch Addition und Subtraction.
Zweitens ist $p\omega$ in derselben Form enthalten.

$$\begin{aligned} p\omega &= y_1\omega_1 + y_2\omega_2 + \dots y_n\omega_n \\ 0 &= y_1^0\omega_1^0 + y_2^0\omega_2^0 + \dots y_n^0\omega_n^0 \\ &= y_1\omega_1^0 + y_2\omega_2^0 + \dots y_n\omega_n^0 - (y_1 - y_1^0)\omega_1^0 - \dots (y_n - y_n^0)\omega_n^0 \end{aligned}$$

also wenn man

$$(y_1 - y_1^0)\omega_1^0 + \dots (y_n - y_n^0)\omega_1^0 = y_0(z - z_0)$$

setzt:

$$p\omega = y_0(z - z_0) + y_1(\omega_1 - \omega_1^0) + \dots y_n(\omega_n - \omega_n^0)$$

Drittens verschwinden alle Functionen p in dem Punkt g.
Viertens kann man die $x_0\ x_1 \ldots x_n$ (selbst als Constanten) so annehmen, daß p in einem beliebigen von g verschiedenen Punkt nicht verschwindet, da (nach 1°) $z - z^0$, $\omega_1 - \omega_1^0, \ldots, \omega_n - \omega_n^0$ in keinem anderen Punkt alle zugleich verschwinden.
6° Zu jedem beliebig gegebenem System (G) von Grundpunkten giebt es ein Ideal, nämlich das Product der den einzelnen Punkten von (G) entsprechenden Primideale. Theilbar ist ein Ideal $\mathfrak{a}$ hiernach durch ein anderes ϑ, wenn die Grundpunkte von ϑ alle unter denen von $\mathfrak{a}$ vorkommen, und es folgt von selbst daß man dann

$$\mathfrak{a} = b\vartheta$$

setzen kann, wo b das Ideal ist, welches die übrigen Grundpunkte von $\mathfrak{a}$ zu Grundpunkten hat. Auch daß $\mathfrak{a}$ nur auf eine Weise in Primideale zerlegbar ist, ist unmittelbar ersichtlich.
Mit der Anwendung auf die Transformation habe ich mich noch nicht weiter befaßt, möchte auch Deinen Untersuchungen darüber nicht vorgreifen. Es scheint mir von Wichtigkeit, solche Functionen z als unabhängige Variablen einzuführen, daß in Bezug auf diese Variable nur die Constanten Einheiten sind, was immer möglich ist.
Bei uns geht es im Ganzen gut, nur daß meine Frau schon seit mehreren Wochen von einem nervösen Halsleiden geplagt ist, welches zwar nicht bedenklich aber langwierig und quälend ist. Die Kinder sind wohl. Ich habe halb und halb im Sinn, in den Osterferien auf kurze Zeit nach Berlin und Heidelberg zu gehen. Vielleicht könnten wir uns in Berlin ein Rendez Vous geben, oder auch in Heidelberg wenn Du es vorziehst. Vielleicht könnten wir mündlich den Idealen noch etwas näher auf den Leib rücken.
Herzliche Grüße von uns Allen

Dein
H. Weber.

[Web 103]
Heinrich Weber aus Königsberg an Richard Dedekind in Braunschweig
Brief vom 12.02.1879
Archiv der UB Braunschweig G 98:13

Königsberg d. 12ten Feb. 1879

Lieber Freund!

Zunächst meinen besten Dank für Deinen Brief und für die Mittheilung der Lücke, die Du in meiner Schlußweise gefunden, von der ich übrigens glaube daß sie sich leicht ausfüllen läßt.

Ist $\alpha_1 \alpha_2 \ldots \alpha_n$ eine Normalbasis von $\mathfrak{a}$ und $\varrho_1\ \varrho_2 \ldots \varrho_\mu$ die genauen Ordnungszahlen der Grundpunkte $\eta_1\ \eta_2 \ldots \eta_\mu$ die dem selben $z = z_0$ entsprechen, so heißt das in den Entwicklungen

$$\begin{aligned} \alpha_i &= a_i(z-z_0)^{\frac{\varrho_1}{\nu_1}} + \ldots \qquad \text{für } (\eta_1) \\ \alpha_i &= b_i(z-z_0)^{\frac{\varrho_2}{\nu_2}} + \ldots \qquad \text{für } (\eta_2) \\ \alpha_i &= m_i(z-z_0)^{\frac{\varrho_\mu}{\nu_\mu}} + \ldots \qquad \text{für } (\eta_\mu) \end{aligned}$$

sollten nicht alle a_i, nicht alle $b_i \ldots$ nicht alle m_i verschwinden ($i = 1, 2 \ldots n$). Setzt man nun mit constanten Coeffizienten $y_1 \ldots y_n$

$$\alpha = y_1\alpha_1 + y_2\alpha_2 + \ldots y_n\alpha_n$$

so ist

$$\begin{aligned} \alpha &= A(z-z_0)^{\frac{\varrho_1}{\nu_1}} + \ldots \qquad \text{für } (\eta_1) \\ \alpha &= B(z-z_0)^{\frac{\varrho_2}{\nu_2}} + \ldots \qquad \text{für } (\eta_2) \\ \alpha &= M(z-z_0)^{\frac{\varrho_\mu}{\nu_\mu}} + \ldots \qquad \text{für } \eta_\mu \\ \mathcal{A} &= a_1y_1 + \ldots a_ny_n \\ \mathcal{B} &= b_1y_1 + \ldots b_ny_n \\ \mathcal{M} &= m_1y_1 + \ldots m_ny_n \end{aligned}$$

und es handelt sich darum, zu beweisen, daß man über die y so verfügen kann, daß die $\mathcal{A}, \mathcal{B}, \ldots \mathcal{M}$ alle von Null verschieden sind. Für $n = 3$ würde das besagen, es giebt einen Punkt, der auf einer endlichen Anzahl gegebener Ebenen nicht liegt. Ein strenger Beweis ist aber wohl folgender. Es mögen die $y_1 \ldots y_n$ so gewählt sein, daß $\mathcal{A}\mathcal{B} \ldots \mathcal{K}$ nicht verschwinden, $\mathcal{L}, \ldots \mathcal{M}$ verschwinden. Ist dann in $l_1y_1 + \ldots l_ny_n = \mathcal{L} = 0$ l_1 von Null verschieden so setze man statt y_1 $y_1 + \Delta y_1$ wo Δy_1 so gewählt ist, daß

$$a_1\Delta y_1 < \mathcal{A} \qquad l_1\Delta y_1 < \mathcal{B} \ldots \kappa_1\Delta y_1 < \mathcal{K}$$

(dem absoluten Werthe nach, oder dem reellen Theil nach oder irgend sonst so daß $\mathcal{A} - a_1\Delta y_1 \ldots \mathcal{K} - \kappa_1\Delta y_1$ nicht Null sind) während man die übrigen y ungeändert läßt. Dann ist für das neue System der y von den $\mathcal{A}, \mathcal{B} \ldots \mathcal{M}$ mindestens eine mehr von Null verschieden als für das ursprüngliche u.s.f. Man kann sogar eine Function α bestimmen welche in den sämtlichen Grundpunkten die zu $z_0', z_0'' \ldots$ gehören nur in der genauen Ordnung in der die betreffenden Punkte als Grundpunkte auftreten verschwindet.

Man hat in

$$\alpha = x\alpha_1 + \ldots x_n\alpha_n$$

die ganzen rationalen Functionen $x_1 \ldots x_n$ so zu bestimmen daß

$$x_i \quad = \quad y'_i\, y''_i \ldots \quad \text{für } z'_0\, z''_0 \ldots \quad \text{wird.}$$

$$x_1 \quad = \quad \frac{y'_1\varphi(z)}{(z-z'_0)\varphi'(z'_0)} + \frac{y''_1\varphi(z)}{(z-z''_0)\varphi'(z''_0)} + \ldots \qquad \varphi(z) = (z - z'_0)(z - z''_0) \ldots$$

Wenn eine solche Function α in keinen weiteren Punkten verschwindet, so ist $\mathfrak{a}$ ein Hauptideal. Vielleicht ließe sich hieran die Untersuchung der Hauptideale knüpfen, die mit dem Abelschen Theorem zusammenhängt.
Daß diese Sätze in der Zahlentheorie alle viel schwieriger sind, ist eigentlich nicht zu verwundern, weil dort das Mittel der Stetigkeit fehlt.
Doch nun noch zu einem anderen Punkt. Im letzten Heft von Schlömilchs Zeitschrift[481] hat ein Herr Beetz[482] einen Aufsatz über das Riemannsche Krümmungsmaß[483] veröffentlicht, indem er uns, zwar in höflicher Form, einen Vorwurf macht, der wie ich hoffe unbegründet ist. Ich habe noch keine Zeit gefunden, mich wieder in die Sache hineinzuarbeiten, möchte auch damit noch warten bis der Schluß des betreffenden Aufsatzes[484] erschienen ist, der noch fehlt. Nach einer ganz flüchtigen Durchsicht scheint mir daß der Herr Beetz seinen Einwandt daher nimmt, daß nicht $d\delta = \delta d$ sei, was doch offenbar der Fall sein muß; wenigstens wüßte ich sonst nicht, was unter den Zeichen zu verstehen sein soll. Vielleicht siehst Du Dir den Aufsatz doch einmal an.
Bei uns geht es leidlich. Meine Frau ist ihr Halsleiden zwar noch nicht ganz los, es geht aber doch entschieden besser. Die Kinder sind ganz frisch. Wenn mein Reiseplan zur Ausführung kommt, so werde ich Deine freundliche Einladung, Dich in Braunschweig zu besuchen in Erwägung ziehen, und wenn es meine Zeit erlaubt, dankbarst annehmen.
Herzliche Grüße von uns Allen

Dein
H. Weber.

481 Zeitschrift für Mathematik und Physik.

482 Gemeint ist hier nicht der Physiker Friedrich Wilhelm Hubert von Beetz (* 27. März 1822 † 22. Januar 1886), auf den sich Bernhard Riemann in [Riemann 1855: III] bezieht, sondern der Mathematiker Richard Beez, der in seinem Aufsatz [Beez 1879] vermeintliche Fehler in der Arbeit von Bernhard Riemann zur Pariser Preisaufgabe, [Riemann 1876: XXII], und den Anmerkungen Webers in den Gesammelten Mathematischen Werken Riemanns diskutiert. Siehe Weber, Heinrich: Anmerkungen. In: [Riemann Werke 1876], S. 384-399.

483 Siehe [Beez 1879], S. 1-17.

484 Siehe [Beez 1879], S. 65-82.

[Web 104]
Heinrich Weber aus Königsberg an Richard Dedekind in Braunschweig
Brief vom 21.02.1879
Archiv der UB Braunschweig G 98:13

Königsberg d. 21$^{\underline{\text{ten}}}$ Feb. 1879

Lieber Freund,

Zunächst meinen besten Dank für Deinen Brief, der mich über das Krümmungsmaß sehr beruhigt. Im Augenblick fehlt es mir an Zeit, mich genauer mit der Frage zu beschäftigen, werde es aber, sobald meine Ferien angefangen haben, thun. Es kann wirklich kein Vorwurf ungerechter sein, als daß Du etwas zu leicht genommen habest, und wenn etwas daran ist, so würde er jedenfalls nur meinen Auszug[485] treffen, den ich überhaupt schon oft bereut habe, da Du jedenfalls eine viel bessere Darstellung hättest geben können. Ich würde mich deswegen auch sehr freuen, wenn Du mit Deinen ausführlichen Untersuchungen heraus rücktest. Was ferner Beetz[486] betrifft, so wäre es vielleicht am besten, wenn Du ihn auf die Unrichtigkeit seiner Behauptung aufmerksam machtest; er kann dann vielleicht in seiner Fortsetzung[487] gleich eine Berichtigung geben und die Sache ist damit abgethan[488].
Was den anderen Punkt betrifft, von dem Du weist, daß er der Hauptdifferenzpunkt sei, so glaube ich nach dem was Du mir darüber schreibst auch entschieden, daß Riemann Recht behalten wird. Das zu einem beliebigen positiven Ausdruck $\Sigma dp^2 + 2\mathcal{F} dp dq + G dq^2$ immer eine Flächen Classe existirt, ist wohl kaum zweifelhaft. Es handelt sich doch nur um den Nachweis, daß die drei simultanen partiellen Differentialgleichungen mit drei unbekannten Functionen

$$\left(\frac{\partial x}{\partial p}\right)^2 + \left(\frac{\partial y}{\partial p}\right)^2 + \left(\frac{\partial z}{\partial p}\right)^2 = \Sigma \quad , \quad \frac{\partial x}{\partial p}\frac{\partial x}{\partial q} + \ldots = \mathcal{F} \quad , \quad \left(\frac{\partial x}{\partial q}\right)^2 + \ldots = G$$

überhaupt irgend Lösungen haben. Nach der gewöhnlichen Methode kann man Potenzreihen für x, y, z erhalten, die noch viel Willkürliches enthalten, und das diese convergieren muß sich aus der Dissertation[489] der Frau S. Kowalevsky ergeben, die nach der Weierstraß'schen Manier ganz allgemeine partielle Differentialgleichungen untersucht hat. Demnach würde nach Riemanns Ausdruck jede Fläche in unserem Raum abwickelbar sein.
Es ist jetzt Mode auch unter Nicht-Mathematikern über die Nicht-Euklidische Geome-

---

485 Siehe Weber, Heinrich: Anmerkungen. In: [Riemann Werke 1876], S. 384-399
486 Richard Beez.
487 Siehe [Beez 1879], S. 65-82.
488 Vergl. [Web 103], Brief von Heinrich Weber an Richard Dedekind vom 12.02.1879.
489 Siehe [Kowalevsky 1874].

trie, wovon sie doch nichts verstehen zu räsonniren, so z.B. neulich einer[490] in den Grenzboten[491]. In gewissem Sinn haben die Leute recht, wenn sie sagen, daß außerhalb unseres Raumes eine Geometrie nicht denkbar sei, wenigstens ich kann mich zum Aufgeben des Euklidischen Raumes nicht entschließen; aber trotzdem behalten diese Untersuchungen ihre Berechtigung und ihren Werth, nicht nur für die Analysis. Doch nun noch zu einem anderen Punkt, nämlich den Idealen. Ich muß zunächst um Verzeihung bitten, daß ich Dir ins Handwerk pfusche; die Sache interessirt mich aber so, daß sie mir Tag und Nacht keine Ruhe läßt, und so bin ich noch auf Folgendes gekommen, was mir von Interesse zu sein scheint.

Eine Idealclasse ist definirt als der Inbegriff derjenigen Ideale, deren Grundpunkte irgend ein Punktsystem zu den Nullpunkten einer ganzen Function in Ω, d.h. zu den Grundpunkten eines Hauptideals ergänzen.

Es läßt sich nun zeigen, daß man aus

$$\omega = y_1\omega_1 + y_2\omega_2 + \ldots + y_n\omega_n$$

immer wenigstens eine Function eines Ideals $\mathfrak{a}$ erhält, wenn man den Grad der ganzen rationalen Functionen $y_1 y_2 \ldots y_n \leqq \frac{\text{Grad von } \mathfrak{N}\mathfrak{a}}{n}$ wählt. Denn nimmt man die Functionen y dieser Bedingung gemäß so allgemein als möglich an, so ist die Anzahl der in ihnen enthaltenen Constanten > (Grad von $\mathfrak{N}\mathfrak{a}$) Soll nun ω zu $\mathfrak{a}$ gehören, so muß es in den Grundpunkten von $\mathfrak{a}$ verschwinden, und dies liefert für die Constanten von y genau [Grad von $\mathfrak{N}\mathfrak{a}$] lineare und homogene Gleichungen, die also immer wenigstens eine Lösung haben. Daraus schließt man ebenso wie in Deiner französischen Arbeit[492], daß es in jeder Idealclasse ein Ideal giebt, dessen Norm einen bestimmten endlichen Grad nicht übersteigt. Nennt man also den niedrigsten Grad den die Ideale einer Classe vorweisen können, den Grad der Classe so hat dieser Grad ein endliches Maximum und dieses Maximum ist p. Denn dieses Maximum giebt an, durch wie viele Punkte höchstens ich ein ganz beliebiges Punktsystem zu den Nullpunkten einer Function ω ergänzen kann. Denn wenn eine Function in Ω in m Punkten 0 und ∞ wird, so können die Unendlichkeitspunkte alle und von den Nullpunkten $m - p$ beliebig gewählt sein. Verlege ich die ersteren alle ins Unendliche, so erhalte ich eine ganze Function.

Wenn ich meinen Reiseplan ausführe, so denke ich jedenfalls nach Braunschweig zu kommen, wahrscheinlich unmittelbar vor Ostern. Bei uns geht alles recht gut. Frau und Kinder lassen grüßen, ebenso

Dein H. Weber.

---

490 *Mystik in der Mathematik*, Grenzboten 37 Band 4 (II. Semester, II. Band) (1878), S. 305-310.

491 Grenzboten, 1841 von Ignaz Kuranda (* 8. Mai 1811 † 3. April 1884), Publizist, Politiker, Präsident der Israelitischen Kultusgemeinde Wien, gegründete und bis 1922 erscheinende politisch-literarische Zeitschrift.

492 Siehe [Dedekind 1876c], [Dedekind 1877a] und [Dedekind 1877b].

[Web 105]
Heinrich Weber aus Königsberg an Richard Dedekind in Braunschweig
Brief vom 05.03.1879
Archiv der UB Braunschweig G 98:13

Königsberg d. 5ten März 79

Lieber Freund,

Ich habe Dir für zwei oder eigentlich für drei Briefe zu danken, zuletzt noch für Deine freundliche Geburtstagsgratulation. Daß Du mit der Zahlentheorie schon so weit bist, hat mich überrascht, und ich freue mich sehr auf das erste Heft. Mit Herrn Beez werde ich mich, sobald die Ferien anfangen, und ich etwas aufathmen kann, genauer befassen, obwohl ich nicht gerade sagen kann daß ich große Lust dazu habe. Einstweilen habe ich mit dem Schluß der Vorlesungen noch viel zu thun, und wenn ich einmal ein Stündchen erübrigen kann, so widme ich es den Idealen, die mir übrigens in der letzten Zeit auch weniger Freude gemacht haben, da ich auf Schwierigkeiten gestoßen bin. Es ist mir in dem Begriff der ganzen algebraischen Function etwas von vorn herein fremdartig vorgekommen, was auch in der That Schwierigkeiten macht, nämlich das verschiedene Verhalten in den verschiedenen Blättern im Unendlichen. Ich habe deshalb schon daran gedacht, ob man nicht auch hier etwas den Ordnungen Analoges einführen müßte, indem man den Inbegriff derjenigen ganzen Functionen betrachtet, die in bestimmten Blättern im Unendlichen endlich bleiben. Diese Functionen reproduciren sich durch Addition und Multiplication.
Die Schwierigkeiten fallen alle weg, wenn man nur solche Körper Ω betrachtet, bei denen alle Blätter im Unendlichen zusammenhängen deren es, wie leicht zu beweisen ist in jeder Riemannschen Classe unendlich viele giebt. In einem solchen Körper gilt z. B. folgender Satz. Sind $\mathfrak{a}_1, \mathfrak{a}_2$ zwei Ideale einer Classe von gleichem Grade so giebt es ein Ideal $\mathfrak{m}$ von der Art, daß

$$\left.\begin{array}{lll}\mathfrak{m}\mathfrak{a}_1 & = & \nu\psi_1 \\ \mathfrak{m}\mathfrak{a}_2 & = & \nu\psi_2\end{array}\right\} \text{Hauptideale}$$

Sind $\lambda_1 \lambda_2$ beliebige Constanten so ist auch $\nu(\lambda_1\psi_1+\lambda_2\psi_2)$ durch m theilbar und mithin

$$\mathfrak{m}\mathfrak{a} = \nu(\lambda_1\psi_1 + \lambda_2\psi_2)$$

Es kann nun aber der Grad von $\mathcal{N}(\lambda_1\psi_1 + \lambda_2\psi_2)$ nicht höher sein, als der von $\mathcal{N}\psi_1$ und $\mathcal{N}\psi_2$, da sonst $\frac{\psi_1}{\psi_2}$ im Unendlichen sowohl Null als Unendlich würde, was nicht möglich ist, da nach Vorraussetzung im Unendlichen nur ein Punkt liegt. Folglich ist $\mathfrak{a}$ vom selben Grad wie $\mathfrak{a}_1, \mathfrak{a}_2$ und es giebt in der Classe eine Idealschaar von demselben Grad. In dieser Schaar ist ein Ideal enthalten, welches von niedrigerem Grad wird, denn der Coefficient der höchsten Potenz von z in $\mathcal{N}(\lambda_1\psi_1 + \lambda_2\psi_2)$ ist eine genaue n^{te} Potenz in Bezug auf λ_1, λ_2. Daraus folgt, daß in jeder Classe nur ein Ideal niedrigsten Grades vorkommen kann. Dies gilt aber nicht mehr bei anderen Körpern.

Daß der höchste Classengrad wirklich das Riemannsche p ist, ist nach Riemannschen Principien leicht zu beweisen; denn eine Function in Ω die in m gegebenen Punkten ∞^1 wird, enthält $m-p+1$ lineare homogene Constanten, und kann nur dann mehr enthalten, wenn die Unendlichkeitspunkte 0-Punkte einer φ-Function sind. Dieser Fall wird also vermieden, wenn man $\mathfrak{m}$ groß genug annimmt. Es war aber meine Meinung, nur vorläufig zu zeigen, daß dieser höchste Classengrad wirklich die bekannte Zahl p sei, dieselbe aber als höchsten Classengrad zu definiren; und dann wäre zunächst die Erhaltung dieser Zahl bei der Transformation zu beweisen. Da liegt aber der Hase im Pfeffer. Denn leider habe ich gegen Deinen Beweis der Erhaltung der Ideale und der Classen ernstliche Bedenken, denn einem Ideal $\mathfrak{a}$ in z mit den Grundpunkten G entspricht in z nicht blos das Ideal $\mathfrak{a}$, mit den entsprechenden Grundpunkten G, sondern alle die unendlich vielen Ideale, die außer den Punkten G, noch beliebige der Unendlichkeitspunkte von z in z_1 in beliebiger Ordnung zu Grundpunkten haben. Schließt man aber auch diese Punkte ebenso wie die Unendlichkeitspunkte von z_1 in z als Grundpunkte aus, so ist nicht mehr einzusehen, warum aus $\mathfrak{a}\eta = \mathfrak{b}$ $\quad \mathfrak{a}_1\eta_1 = \mathfrak{b}_1$ folgt; also das Entsprechen der Classen wird fraglich. Ueber diese Schwierigkeit bin ich noch nicht hinausgekommen. Wäre die Erhaltung der Zahl p bewiesen, so könnte man frischweg einen Körper, wie ich ihn oben angenommen habe, einführen; und dann würde sich wohl manches machen lassen.

Ob die ganze Sache zu etwas Neuem führen wird, müssen wir abwarten. Was wir bis jetzt haben ist ja im Grunde nicht neu. Immerhin ist es eine sehr elegante und hübsche Ausdrucksweise für bekannte Sätze und genügt in so fern einem ästhetischen Bedürfniß. Was ich zuächst davon hoffe ist übrigens eine strenge oder wenigstens allgemeinere Begründung der Riemannschen Theorie. Es ist mir z.B. um einen Hauptpunkt zu erwähnen bei einem früheren Versuche nicht gelungen die Anzahl der Functionen φ ganz allgemein nachzuweisen; wenn die Riemannsche Voraussetzung, daß nur einfache Verzweigungspunkte und nur einfache Doppelpunkte vorkommen aufgegeben wird. Weierstraß soll, nach mündlichen Mittheilungen in seinen Vorlesungen einen umständlichen Beweis geben, der mir aber nicht bekannt ist.

Herzliche Grüße von uns Allen; auf baldiges Wiedersehen

Dein

H. Weber.

[Web 106]

Heinrich Weber aus Königsberg an Richard Dedekind in Braunschweig

Brief vom 22.03.1879

Archiv der UB Braunschweig G 98:13

Königsberg d. 22ten März 79.

Lieber Freund,

Noch einmal will ich Dir über die Ideale schreiben, damit, wenn ich zu Dir komme Du orientirt bist, theils auch um mir die Sache selbst recht klar zu machen , was gewöhnlich erst geschieht, wenn ich sie ordentlich zusammen schreibe. Die Functionen φ sind nun, nach manchem vergeblichen Versuch zu meiner Befriedigung in Ordnung. Was zunächst die Definition von p als höchsten Classengrad betrifft, so möchte ich doch gerne daran festhalten. Sie scheint mir nicht so unnatürlich und trifft die wahre algebraische Bedeutung dieser Zahl wie ich glaube recht gut, wenn man sie faßt als die Anzahl der Bedingungen die ein Ideal erfüllen muß um ein Hauptideal zu sein. Ein directer Beweis der Erhaltung dieser Zahl bei rationalen Transformationen ist dann allerdings nöthig und den habe ich bis jetzt noch nicht. Er muß sich aber doch schließlich finden lassen.
Wenn man auf dem von Dir vorgeschlagenem Weg die Anzahl der Integrale erster Gattung zu bestimmen sucht, so zeigt sich zunächst die Schwierigkeit, daß die Anzahl der Bedingungsgleichungen um 1 zu groß wird.
Diese Schwierigkeit läßt sich wohl beseitigen mit Hülfe des Satzes über Integrale dritter Gattung $\Sigma\mathcal{A} = 0$ (ich denke Du wirst mich verstehen, Riemanns Werke p 97[493]). Aber es bleibt dann das Bedenken, ob die Anzahl der Integrale erster Gattung nicht noch größer werden kann. d. h. ob die übrig bleibenden Bedingungsgleichungen wirklich von einander unabhängig sind. Immerhin würde auch dann noch ein Beweis zu wünschen sein, daß der höchste Classengrad p ist.
Ich schreibe Dir nun zunächst einige Sätze über Ideale und Classen mit. Ich verstehe dabei unter Grad einer Function in v die Anzahl ihrer Nullpunkte, jeden nach seiner Vielfachheit gerechnet, ebenso unter Grad eines Ideals die Anzahl seiner Grundpunkte. Classengrad wie früher.
1°. Ist $\mathcal{A}$ eine Classe $\mathfrak{a}$ aller Ideale in $\mathcal{A}$, $\mathfrak{m}$ ein bestimmtes aber beliebiges Ideal der Classe $\mathcal{A}^{-1}$ μ eine Function in $\mathfrak{m}$, so ist immer

$$\mathfrak{m}\mathfrak{a} = v\mu$$

Ist nun $\mu_1\mu_2\ldots\mu_n$ eine Grundreihe von $\mathfrak{m}$ (verzeihe mir den früher gebrauchten Ausdruck „Normalbasis“. Ich hatte übersehen daß Du in der deutschen Darstellung dafür schon den viel besseren Ausdruck Grundreihe eingeführt hast.) so ist

$$\mathfrak{m}\mathfrak{a}_1 = v\mu_1 \qquad \mathfrak{m}\mathfrak{a}_2 = v\mu_2 \qquad \ldots \qquad \mathfrak{m}\mathfrak{a}_n = v\mu_n$$

daraus folgt, daß jedes Ideal in $\mathcal{A}$ einer Bedingung von der Form genügt

$$\mathfrak{m}\mathfrak{a} = v(y_1\mu_1 + \ldots y_n\mu_n)$$

493 Siehe [Riemann 1857c: VI].

mit ganzen rationalen Functionen y. Man könnte dies (da die Summe von Idealen noch nicht andersweitig erklärt ist?) so schreiben

$$\mathfrak{a} = y_1\mathfrak{a}_1 + y_2\mathfrak{a}_2 + \ldots y_n\mathfrak{a}_n$$

und könnte $[\mathfrak{a}_1, \mathfrak{a}_2 \ldots \mathfrak{a}_n]$ eine Grundreihe von $\mathcal{A}$ nennen. Ich habe aber vergebens versucht, hieraus zu einer Invarianten von $\mathcal{A}$ zu gelangen die man etwa als $\mathcal{N}\mathcal{A}$ bezeichnen könnte.

2° In jeder Classe $\mathcal{A}$ giebt es Ideale, die durch ein beliebig gegebenes Ideal $\mathfrak{z}$ theilbar sind. Denn ist $\mathfrak{b}$ ein Ideal der Classe $(\mathcal{M}\mathcal{Z})^{-1}$ so ist $\mathfrak{b}\mathfrak{z}$ ein Ideal in $\mathcal{A}$.

Es läßt sich auch leicht beweisen, daß in jeder Classe $\mathcal{A}$ ein Ideal vorkommt, welches zu einem beliebig gegebenen Ideal $\mathfrak{a}$ in $\mathcal{A}$ relatives Primideal ist; da ich diesen Satz jedoch zunächst nicht brauche, so will ich jetzt nicht darauf eingehen.

3° Es giebt in Ω eine Function z_1 die <u>nur</u> in einem Punkte unendlich wird.

Beweis: man setze

$$z_1 = \frac{\omega}{(z - z_0)}\mu$$

so muß ω theilbar sein durch ein bestimmtes Ideal vom Grade $\mu(n-1)$. Es sei nun in den verschiedenen Blättern im Unendlichen

$$\begin{aligned} \omega_i' &= a_i z^{\frac{\nu_1}{\mu_1}} + \ldots \quad a_i \text{ nicht alle} = 0 \\ \omega_i'' &= b_i z^{\frac{\nu_2}{\mu_2}} + \ldots \quad b_i \text{ nicht alle} = 0 \\ \ldots \end{aligned}$$

Setzt man

$$\omega = y_1\omega_1 + \ldots y_n\omega_n$$

und ist m der Grad, den die ganzen rationalen Functionen y nicht übersteigen so wird im Unendlichen

$$\begin{aligned} \omega' &= az^{m+\frac{\nu_1}{\mu_1}} + \ldots \\ \omega'' &= bz^{m+\frac{\nu_2}{\mu_2}} + \ldots \end{aligned}$$

und es muß, damit unser Zweck erreicht werde,

$$\mu \overset{=}{>} m + \frac{\nu_1}{\mu_1}, \quad m + \frac{\nu_2}{\mu_2} \ldots$$

sein. Die Anzahl der in ω noch verfügbaren Constanten beträgt aber $(m+1)n$ und wenn diese Zahl $> \mu(n-1) + 1$ ist, so kann man dieselben so bestimmen, daß ω durch das vorgeschriebene Ideal $\mu(n-1)$<u>ten</u> Grades theilbar wird und doch nicht mit $(z - z_0)^\mu$ identisch, also auch nicht dadurch theilbar wird. Es muß also $\mu < \frac{mn+n-1}{n-1} = m\frac{n}{n-1} - 1$ sein

$$m + \frac{\nu_i}{\mu_i} \leqq \mu < m\frac{n}{n-1} - 1$$

Dieser Bedingung gemäß kann man nun μ annehmen wenn

$$m \cdot \frac{n}{n-1} - 1 - m - \frac{\nu_i}{\mu_i} > 1, \quad \frac{m}{n-1} > 2 + \frac{\nu_i}{\mu_i}$$

also stets, wenn nur m groß genug genommen wird. Betrachtet man nun die Functionen in Ω als Functionen von einem solchen z_1 so werden alle Blätter im Unendlichen miteinander zusammenhängen. Ich werde also jetzt annehmen, es sei z bereits so gewählt und unter dieser Annahme gestaltet sich die Theorie der Ideale und Classen sehr viel einfacher. Den einen Hauptsatz darüber hab ich Dir schon mitgetheilt, daß nämlich in jeder Classe nur ein Ideal niedrigsten Grades vorkommt. Man kann also hier von Grundpunkten einer Classe reden und kann jede Classe nun auf eine einzige Art in eine möglichst geringe Anzahl von Primklassen zerlegen. Wichtig ist auch noch, daß in einem solchen Körper eine ganze Function $q^{\underline{\text{ten}}}$ Grades im Unendlichen eine Entwicklung besitzt, die mit $z^{\frac{q}{n}}$ anfängt.
4° Ist $\mathcal{A}$ eine Classe vom Grade p, $\mathfrak{a}_1$ das eine bestimmte Ideal $p^{\underline{\text{ten}}}$ Grades in $\mathcal{A}$, $\mathfrak{y}_1$ ein in $\mathfrak{a}_1$ nicht aufgehendes Primideal, so giebt es in $\mathcal{A}$ ein bestimmtes Ideal $p+1^{\underline{\text{ten}}}$ Grades $\mathfrak{y}_1\mathfrak{a}_2$ und die Classe $\mathcal{A}_2$ ist gleichfalls vom $p^{\underline{\text{ten}}}$ Grad, denn wäre $\mathfrak{a}_2$ von niedrigerem Grade, so würde es in $\mathcal{A}$ noch ein anderes Ideal vom $p^{\underline{\text{ten}}}$ Grade geben was nicht möglich ist. Ist dann $\mathfrak{y}_1$ ein in $\mathfrak{a}_2$ nicht aufgehendes Primideal, so giebt es ebenso ein bestimmtes Ideal $p+2^{\underline{\text{ten}}}$ Grades $\mathfrak{y}_1\mathfrak{y}_2\mathfrak{a}_3$ worin $\mathcal{A}_3$ wieder vom $p^{\underline{\text{ten}}}$ Grade ist u.s.f. Es giebt also in einer Classe $p^{\underline{\text{ten}}}$ Grades Ideale von allen Graden $\overline{\overline{>}}$. Ist dagegen $\mathfrak{y}_1$ ein in $\mathfrak{a}_1$ aufgehendes Primideal $\mathfrak{a}_1 = \mathfrak{y}_1\mathfrak{a}_1'$, so gehört $\mathfrak{a}_1'$ in eine Classe $\mathcal{A}_1'$ $p-1^{\underline{\text{ten}}}$ Grades und nicht von niedrigerem. Ebenso von $\mathfrak{a}_1 = \mathfrak{y}_1\mathfrak{y}_2\mathfrak{a}_1''$, so gehört $\mathfrak{a}_1''$ in eine Classe $p-2^{\underline{\text{ten}}}$ Grades, die sich gleichfalls nicht erniedrigen kann, da sonst in $\mathcal{A}_1$ Ideale von niedrigerem Grade als p vorkommen würden. Es kommt also jede der Zahlen $0, 1, \ldots p-1, p$ als Classengrad vor.
5° Es sei $\mathcal{A}$ eine Classe $p^{\underline{\text{ten}}}$ Grades, $\mathfrak{m}$ ein Ideal in $\mathcal{A}^{-1}$ von irgend einem Grade q, $\mathfrak{a}_1, \mathfrak{a}_2 \ldots \mathfrak{a}_{n-1}\mathfrak{a}_n$ seien Ideale in $\mathcal{A}$ von den Graden $p\ p+1 \ldots p+n-1$ (die nach 4° existiren) dann ist:

$$\begin{array}{lcllll} \mathfrak{m}\mathfrak{a}_1 & = & \nu\mu_1 & \mu_1 & \text{vom Grade} & q+p \\ \mathfrak{m}\mathfrak{a}_2 & = & \nu\mu_2 & \mu_2 & \text{''} \quad \text{''} & q+p+1 \\ \mathfrak{m}\mathfrak{a}_n & = & \nu\mu_n & \mu_n & \text{''} \quad \text{''} & q+p+n+1 \end{array}$$

Behauptung $[\mu_1\mu_2 \ldots \mu_n]$ bilden eine Grundreihe von $\mathfrak{m}$.
Denn:
1° Zwischen den Functionen $\mu_1, \ldots \mu_n$ kann keine lineare Relation mit rationalen Coefficienten

$$y_1\mu_1 + \ldots y_n\mu_n = 0$$

bestehen, da die Entwicklungen von $\mu_1\mu_2 \ldots \mu_n$ im Unendlichen resp. mit

$$z^{\frac{p+q}{n}}, z^{\frac{p+q+1}{n}} \ldots z^{\frac{p+q+n-1}{n}}$$

anfangen, und die Differenz keiner zwei dieser Exponenten eine ganze Zahl ist.
2° Zwischen höchstens $\nu+2$ Functionen $\mu_1 \ldots \mu_{\nu+2}$ in m deren Grad $\overline{>}\ p+q+\nu$ ist, besteht eine homogene lineare Relation mit constanten Coefficienten; denn in

$$\lambda_1\mu_1 + \lambda_2\mu_2 \ldots \lambda_{\nu+2}\mu_{\nu+2}$$

lassen sich die Coefficienten λ so bestimmen, daß in der Entwicklung nach fallenden Potenzen von z die Glieder

$$z^{\frac{n+q+v}{n}}\ z^{\frac{p+q+v-1}{n}}\ \ldots z^{\frac{p+q}{n}}$$

fortfallen, also obige Summe höchstens von der Ordnung $p+q-1$ wird. Eine solche Function ist aber in $\mathfrak{m}$ nicht enthalten, und dafür muß die Summe identisch Null sein.
3° Sei nun $v = hn + \varrho$, $0 < \varrho < n$ so nehme man in $y_1\mu_1 + y_2\mu_2 + \ldots y_n\mu_n$

$$\begin{array}{llllll} \text{Grad von} & y_1 & \leqq & \frac{v}{n} & = & h \\ \text{''}\quad\text{''} & y_2 & \leqq & \frac{v-1}{n} & = & h \\ \text{''}\quad\text{''} & y_{\varrho+1} & \leqq & \frac{v-\varrho}{n} & = & h \\ \text{''}\quad\text{''} & y_{\varrho+2} & \leqq & \frac{v-\varrho-1}{n} & = & h-1 \\ \text{''}\quad\text{''} & y_n & \leqq & \frac{v-n}{n} & = & h-1 \end{array}$$

dann enthält die Summe genau $v+1$ Constante und bestimmte Coefficienten und ist vom Grade $p+q+v$, kann also jede Function in m vom Grade $p+q+v$ darstellen. (Das Glied $y_{\varrho+1}\mu_{\varrho+1}$ ist vom Grade $p+q+v$)
Daher ist

$$\Delta(\mu_1\mu_2\ldots\mu_n) = (\mathcal{N}\mathfrak{m})^2\Delta\Omega$$

$\mathcal{N}(\mathfrak{m})$ ist vom Grade q (im gewöhnlichen Sinne) $\Delta(\mu_1\ldots\mu_n)$ wie sich aus den Anfängen der Entwicklungen sofort ergiebt, vom Grade

$$2p + 2q + n - 1$$

und folglich

$\Delta\Omega$ vom Grade $2p + n - 1$ (Riemanns Werke p 107)[494]

6° Es sei $\mathcal{A}$ eine Classe vom Grade $r < p$ $\mathfrak{a}_1$ das Ideal $r^{\underline{\text{ten}}}$ Grades in $\mathcal{A}$, $\mathfrak{m}$ ein Ideal in $\mathcal{A}^{-1}$. Wenn nun in $\mathcal{A}$ Ideale von den Graden $r, r+1\ldots r+n-1$, $\mathfrak{a}_1, \mathfrak{a}_2\ldots\mathfrak{a}_n$ existiren, so würden die Functionen $\mu_1\mu_2\ldots\mu_n$, die durch die Gleichungen definirt sind

$$\mathfrak{m}\mathfrak{a}_1 = v\mu_1,\ \mathfrak{m}\mathfrak{a}_2 = v\mu_2\ldots\mathfrak{m}_n\mathfrak{a}_n = v\mu_n$$

eine Grundreihe von $\mathfrak{m}$ bilden, was ebenso zu beweisen ist, wie oben. Dann aber würde sich daraus für $\Delta\Omega$ ein zu niedriger Grad ergeben; also ist die Annahme falsch, und unter den möglichen Graden der Ideale in $\mathcal{A}$ muß von den Graden $r, r+1\ldots r+n-1$ wenigstens einer fehlen. Es ist also ein unzweideutiges Kriterium dafür, daß eine

494 Siehe [Riemann 1857c: VI].

Classe den höchsten Grad hat, daß in ihr vom niedrigsten Grade an alle Idealgrade vorkommen.

7° Es sei nun w ein Integral, welches für endliche Werthe von z endlich bleibt. Dann muß

$$\frac{dw}{dz} = \frac{\omega}{r}$$

sein, wo $r = (z - z_0)(z - z_0')\ldots$ worin $z_0 z_0' \ldots$ die von einander verschiedenen Wurzeln von $\Delta\Omega = 0$ sind.(man könnte statt r auch $\Delta\Omega$ selbst nehmen) und ω muß durch ein Ideal $\mathfrak{r}$ theilbar sein, welches dadurch charakterisirt ist, daß in jedem zu $z_0 z_0' \ldots$ gehörigen Punkt ein einfacher Grundpunkt von $\mathfrak{r}$ liegt. Einen μ-fachen Factor $(z - z_0)^\mu$ von $\Delta\Omega$ entsprechen dann $\nu - \mu$ Grundpunkte von $\mathfrak{r}$ und wenn ν der Grad von r, q der Grad von $\mathfrak{r}$ ist, so ist

$$\begin{aligned} q &= n\nu - \text{Grad von } \Delta\Omega \\ &= n\nu - 2p - n + 1 \end{aligned}$$

Soll w ein Integral erster Gattung sein, so darf ω den Grad $n\nu - n - 1 = q + 2p - 2$ nicht übersteigen.

8° In $\mathfrak{r}$ existirt keine Function vom Grad $q + 2p - 1$. Ist nämlich ω eine Function in $\mathfrak{r}$ vom Grade s so ist

$$\omega' + \omega'' + \ldots \omega^{(n)}$$

eine ganze rationale durch r theilbare Function von z, deren Entwicklung im Unendlichen anfängt mit

$$z^{\frac{s}{n}}(1 + e^{\frac{2\pi i s}{n}} + \ldots e^{\frac{2\pi i s}{n} n-1})$$

und die also identisch verschwinden muß wenn $\frac{s}{n} < \nu$ ist. Wenn nun

$$\begin{aligned} s &= q + 2p - 1 = n(\nu - 1) \\ \frac{s}{n} &= \nu - 1 < \nu \end{aligned}$$

ist, so verschwindet das erste Glied der Entwicklung im Unendlichen nicht, und folglich existirt keine solche Function.

9° Es sei nun $\mathcal{A}$ eine Classe deren Grad $< p$ und $\mathfrak{a}$ ein Ideal in $\mathcal{A}$ vom Grade $p - \lambda < p$, so kann die Classe $\mathcal{B} = (\mathcal{R}\mathcal{A})^{-1}$ nicht vom p^{ten} Grade sein, denn in $\mathcal{B}$ fehlt nach 8° das Ideal vom Grade $p + \lambda - 1$, woraus nach 6° das zu Beweisende folgt. Da $\mathcal{A}$ und $\mathcal{B}$ vertauschbar sind, so folgt, daß $\mathcal{B}$ vom Grade p ist, wenn $\mathcal{A}$ diesen Grad hat.

10° Daraus folgt sofort, daß in $\mathfrak{r}$ genau p und nicht mehr linear unabhängige Functionen existiren, deren Grad $\overset{=}{<} q + 2p - 2$. Denn ist $\mathfrak{a}$ ein Ideal mit $p - 1$ beliebig gewählten Grundpunkten, so giebt es ein Ideal $\mathfrak{b}$ dessen Grad $\overset{=}{<} p - 1$ ist, so daß

$$\mathfrak{r}\mathfrak{a}\mathfrak{b} = \nu\psi$$

ist, und ψ ist eine Function von der gewünschten Beschaffenheit mit $p - 1$ beliebigen Nullpunkten, woraus folgt, daß es nicht weniger als p solche Functionen geben kann.

Ist andererseits $\mathfrak{a}$ ein Ideal $p^{\underline{\text{ten}}}$ Grades in einer Classe $p^{\underline{\text{ten}}}$ Grades, so giebt es keine Functionen von geringerem als $p^{\underline{\text{ten}}}$ Grade, für welche

$$\mathfrak{r}\mathfrak{a}\mathfrak{b} = \nu\psi$$

würde. Es giebt also Systeme von p Punkten in denen eine Function ψ von der gewünschten Beschaffenheit nicht verschwinden kann, woraus folgt, daß es nicht mehr als p solche Functionen geben kann. q. e. d.

Als Corollar ergiebt sich der Riemannsche Satz (Abelsche Functionen Art. 10)[495] daß jede Function in Ω die in weniger als $p + 1$ Punkten 0^1 und ∞^1 wird durch $\frac{dw_1}{dw_2}$ darstellbar ist, wo $w_1 w_2$ Integrale erster Gattung sind. Es sei η eine solche Function und

$$\mathfrak{a}\eta = \mathfrak{b}$$

$\mathfrak{a}$ und $\mathfrak{b}$ Ideale ohne gemeinschaftlichen Theiler einer Classe und da $\mathfrak{a}$ und $\mathfrak{b}$ höchstens p Grundpunkte haben sollen, ist diese Classe von niedrigerem als $p^{\underline{\text{ten}}}$ Grade also

$$\begin{aligned} \mathfrak{r}\mathfrak{a}\mathfrak{m} &= \nu\psi_1 \\ \mathfrak{r}\mathfrak{b}\mathfrak{m} &= \nu\psi_2 \end{aligned}$$

Grad von $\mathfrak{m} < p$ und von $\mathfrak{a}$ und $\mathfrak{b}$ oder eins von beiden vom Grade p sind, selbst $< p - 1$ (nach 8) also $\eta = \frac{\psi_1}{\psi_2} = \frac{dw_1}{dw_2}$. Da dieser Schreibebrief bereits eine fast unanständige Länge erreicht hat, will ich noch einige Phantasien hinzufügen über das was vielleicht jetzt weiter zu thun sei.

Ist $\mathfrak{z}$ ein beliebiges Primideal so wird höchstens die Potenz $\mathfrak{z}^{p+1}$ in ihrer Classe ein Ideal niedrigeren Grades enthalten, und daraus entspringt eine Function z_1, welche in einem Punkt höchstens von der $p + 1^{\underline{\text{ten}}}$ Ordnung unendlich wird. Man kann also in obiger Betrachtung $n \leqq p + 1$ voraussetzen. Nun wird es bestimmte Primideale, im Allgemeinen wohl in endlicher Anzahl geben, für welche schon die $p^{\underline{\text{te}}}$ Potenz in eine niedrigere Classe gehört. Macht man also $n = p$ so wird der Grad von $\Delta\Omega\ \ 3p - 1$, so groß ist die Anzahl der im Endlichen liegenden Verzweigungspunkte und wenn zwei von ihnen noch $z = 0$, $z = 1$ legt, so hat man in den übrigen die $3p - 3$ Moduln des Körpers. Das läuft übrigens auf eine Weierstraßsche Idee hinaus.

Sodann wäre sehr wünschenswerth ein Beweis, daß jede wie der Körper Ω verzweigte Function, d. h. jede algebraische Function von z, die zugleich eindeutige Function von θ ist, auch wirklich in Ω enthalten ist (Riemann Ab. F. Art. 8)[496]

Ich möchte nun darauf hinaus, für die Ideale ideale Functionen in Ω einzuführen, für welche man entweder Integrale zweiter Gattung oder, wahrscheinlich zweckmäßiger Functionen deren Logarithmen Integrale dritter Gattung sind, nehmen könnte. Man hat zunächst in diesen Functionen p willkürliche Constanten über die man eine

495 Siehe [Riemann 1857c: VI].

496 Siehe [Riemann 1857c: VI].

solche Verfügung treffen muß, daß das Produkt zweier solcher idealer Functionen dem Produkt der Ideale entspricht und was die Hauptsache ist, daß einem Hauptideal eine algebraische Function entspricht. Sollten sich hierfür nicht algebraische Bestimmungen ergeben? Vielleicht gelingt es auch von dieser Seite her zu einer von den Querschnitten unabhängigen Definition der Periodicitätsmodule zu gelangen.
Doch damit dürfte es für heute wirklich genug sein. Ich habe so schon Deine Zeit ungebührlich in Anspruch genommen.
Wenn ich meine Reise ausführe, so würde mein Aufenthalt in Braunschweig in die Osterwoche, also jedenfalls in Deine Ferien fallen. Ich würde etwa am zweiten oder dritten April hier abreisen. Leider ist aber die ganze Sache etwas zweifelhaft geworden, da meine Frau nicht recht wohl ist, und ich deren vollständige Herstellung jedenfalls erst abwarten will. Sonst geht es bei uns gut. Die Kinder sind alle munter,
Herzliche Grüße von

Deinem

H. Weber.

[Web 107]
Heinrich Weber aus Königsberg an Richard Dedekind in Braunschweig
Postkarte vom 01.04.1879
Archiv der UB Braunschweig G 98:13

Königsberg d. 1ten April 1879

Lieber Freund,

Heute also denke ich nun hier abzureisen und hoffe etwa Montag den 7ten in Braunschweig zu sein falls ich Dich und die verehrten Deinigen wirklich in keiner Weise geniere, worüber ich Dich bitte mir noch kurz nach Berlin zu schreiben unter der Adresse Dr. F. Weber. Köthener Strasse 13.[497] Also auf Wiedersehen und herzliche Grüße. Du hast doch meinen letzten 11 seitigen Brief erhalten?

Dein

H. Weber

Die Zeit meiner Ankunft schreibe ich von Berlin aus noch genauer.

[Web 108]
Heinrich Weber aus Königsberg an Richard Dedekind in Braunschweig
Postkarte vom 04.04.1879
Archiv der UB Braunschweig G 98:13

497 Friedrich Weber, Heinrich Webers Bruder, wohnte 1879 in der Köthener Strasse 13 in Berlin.

Berlin d. $4^{\underline{\text{ten}}}$ April 79

Lieber Freund; Besten Dank für Deine Karte mit der freundlichen Einladung. Ich denke Montag den 7ten Morgens hier abzureisen und würde dann um 1 Uhr nach Braunschweig kommen. Alles weitere mündlich; also auf baldiges Wiedersehen.

Dein H. Weber

[Web 109]

Heinrich Weber aus Heidelberg an Richard Dedekind in Braunschweig

Brief vom 19.04.1879

Archiv der UB Braunschweig G 98:13

Heidelberg, d. $19^{\underline{\text{ten}}}$ Apr. 79

Lieber Freund!

Ich will meinen Heidelberger Aufenthalt nicht vorübergehen lassen, ohne Dir, Deiner Frau Mutter und Fräulein Schwester für die überaus liebenswürdige Aufnahme, die ich bei Euch gefunden habe und für die schönen in Braunschweig verlebten Tage meinen herzlichsten Dank zu sagen. Meine fernere Reise ist ebenfalls ganz nach Wunsch ausgefallen, abgesehen von einem kleinen Katarrh, den ich mir vermuthlich auf der kalten Fahrt hierher zugezogen habe, durch den ich mich aber nicht viel geniren ließ. Das Wetter war hier freilich, von wenigen Tagen abgesehen, wohl noch schlechter als in Braunschweig. Meine Eltern, Holtzmanns und meine Brüder fand ich hier im besten Wohlsein; auch mein Schwager Holtzmann hat sich von seiner Krankheit recht erholt. Auch von Königsberg lauteten die Nachrichten immer befriedigend. Morgen früh muß ich nun von hier abreisen und gedenke Freitag Abend nach Königsberg zu kommen.
Zum Arbeiten bin ich hier natürlich garnicht gekommen, kaum zum Denken an mathematische Dinge. An Dein ϑn^2 habe ich wohl gelegentlich gedacht, und glaube wenigstens die Bedeutung dieser Zerlegung jetzt einzusehen. Die Grundpunkte von ϑ sind die Punkte in den von den betreffenden Stellen unverzweigten Bättern (außer wesentliche 0-Punkte) und in n müssen sämmtliche Verzweigungspunkte und ohne Zweifel nur diese stecken. Das sind freilich noch ganz unausgeführte Gedanken; aber ein Nutzen wird sich daraus vielleicht ziehen lassen. Von Königsberg hoffe ich Dir bald mehr schreiben zu können.
Herzliche Grüße an Dich und die verehrten Deinen
von

Deinem H. Weber

[Web 110]
Heinrich Weber aus Königsberg an Richard Dedekind in Braunschweig
Brief vom 14.05.1879
Archiv der UB Braunschweig G 98:13

Königsberg d. 14ten Mai 79.

Lieber Freund,

Verzeihe daß ich Dir erst heute auf Deine beiden letzten Briefe antworte; ich hatte nicht gleich Zeit, mich in Deine schönen und interessanten Mittheilungen hineinzuarbeiten. Verstanden habe ich jetzt alles, und hoffe daß sich noch manche nützliche Folgerung daraus ergeben wird, obwohl ich bis jetzt noch nicht viel damit gemacht habe. Wichtig ist jedenfalls die Formel $uf'(\theta) = \vartheta k$, und die Frage, die Du daran knüpfst ob man θ so wählen kann daß $vf'(\theta) = \vartheta k$ wird, von großen Interesse, obwohl ich ernstliche Zweifel habe ob sie zu bejahen ist.
Ich habe mich inzwischen nach meiner alten Manier mit dem Beweise des sogenannten Riemann-Roch'schen Satzes beschäftigt und will Dir im Folgenden das Ergebnis mittheilen, in der Hoffnung, daß Du mir an einem Punkt aus der Klemme hülfst. (Der Inhalt des fraglichen Satzes findet sich: Riemann Ab. F. Art 9.[498] Roch Borch. Journ.[499] Bd 64 S. 372[500]) Mein Beweis dieses Satzes ist folgender; immer unter der Voraussetzung, daß $z = \infty$ nur ein Punkt ist.
1°. In einer Idealclasse p^{ten} Grades bilden die Ideale m^{ten} Grades eine $m - p + 1$ fache lineare Mannigfaltigkeit d. h. es giebt in einem Ideal s^{ten} Grades der reciproken Classe genau $m - p + 1$ linear unabhängige Functionen mit $s + m$ Nullpunkten (von denen also $m - p$ beliebig gewählt werden können) dies folgt unmittelbar aus der Idealtreppe.
2°. Es sei η eine beliebige Function in Ω

$$a\eta = b$$

so gehören a und b in eine Classe A. Werden bei a und b gemeinschaftliche Factoren zugelassen, so kann bei gegebenem η A jede beliebige Classe sein, weil es in jeder Classe ein durch a theilbares Ideal giebt. Es sei also jetzt angenommen, die Classe A sei vom p^{ten} Grade.
Wenn nun η in m gegebenen Punkten unendlich wird und es giebt in A zwei Ideale m^{ten} Grades ohne gemeinschaftlichen Theiler, so enthält η linear und homogen $n-p+1$ unbestimmte Constanten (nach 1°)
Haben aber in A alle Ideale $m + p^{\text{ten}}$ Grades einen gemeinschaftlichen Theiler q vom q^{ten} Grad, (der dann auch allen Idealen niedrigeren Grades in qA zukommen muß)

498 Siehe [Riemann 1857c: VI].
499 Journal für die reine und angewandte Mathematik.
500 Siehe [Roch 1865].

dann enthält $\eta \quad m - p + q + 1$ Constanten.
Es entsteht also die Frage: Wann können sämmtliche Ideale $m + q^{\underline{\text{ten}}}$ Grades in einer Classe $p^{\underline{\text{ten}}}$ Grades einen gemeinschaftlichen Theiler q haben?
3° Um diese Frage zu entscheiden, sei $\mathfrak{a}$ das Ideal $p^{\underline{\text{ten}}}$ Grades in A und ich bilde, wenn $\mathfrak{r}$ die frühere Bedeutung hat, die Idealtreppe

$$\mathfrak{r}\mathfrak{m}\mathfrak{a} = u\mu$$

$$\mathfrak{r}\mathfrak{m}\varphi_1\mathfrak{a}_1 = u\mu_1$$

$$\mathfrak{r}\mathfrak{m}\varphi_1\varphi_2\ldots\varphi_\varrho\mathfrak{a}_\varrho = u\mu_\varrho$$

worin $\mathfrak{a}_1 \; \mathfrak{a}_2 \ldots \mathfrak{a}_\varrho$ alle vom $p^{\underline{\text{ten}}}$ Grad sind. Nach einem in meinem früheren Brief bewiesenen Satz ist die Classe $\mathcal{M}$ auch vom $p^{\underline{\text{ten}}}$ Grad und es sei also $\mathfrak{m}$ vom $p^{\underline{\text{ten}}}$ Grad. Es sei nun $\varrho = m - p + q$ und

$$\mathfrak{a} = q\mathfrak{b} \quad \mathfrak{a}_1 = q\mathfrak{b}_1 \ldots \mathfrak{a}_\varrho = q\mathfrak{b}_\varrho$$

so sind $\mathfrak{b} \; \mathfrak{b}_1 \ldots \mathfrak{b}_\varrho$ sämmtlich vom Grade $p - q$

$$\begin{aligned} \mathfrak{r}\mathfrak{m}q\mathfrak{b} &= u\mu \\ \mathfrak{r}\mathfrak{m}q\varphi_1\mathfrak{b}_1 &= u\mu_1 \\ \mathfrak{r}\mathfrak{m}q\varphi_1\varphi_2\ldots\varphi_\varrho\mathfrak{b}_\varrho &= u\mu_\varrho \end{aligned}$$

Nach dem oben angeführten Satz ist die Classe $\mathcal{N} = \mathcal{M}\mathcal{Q}$ von niedrigerem als dem $p^{\underline{\text{ten}}}$ Grade und es fehlen in dieser Classe die Ideale von den Graden

$$\begin{array}{l} p + q - 1 \\ p + q - 2 \\ \ldots \\ p + q - \varrho - 1 \end{array}$$

(weil in $\mathfrak{r}$ keine Function vorkommen kann, deren Grad den von $\mathfrak{r}$ um $2p-1$ übersteigt.)
Sind nun $\varphi'_1\varphi'_2\ldots\varphi'_{q-1}$ beliebige Primideale und sucht man in $\mathcal{N}$ ein Ideal möglichst niedrigen Grades von der Form

$$\varphi'_1\varphi'_2\ldots\varphi'_{q-1}u$$

So ist der Grad von u, der nicht größer als p sein kann

$$\overline{\overline{<}}\, p - \varrho - 1$$

und es folgt aus

$$\mathfrak{r}\varphi'_1\varphi'_2\ldots\varphi'_{q-1}u\varphi_1\varphi_2\ldots\varphi_\varrho\mathfrak{b}_\varrho = u\varphi_\varrho$$

daß φ_ϱ eine φ-Function ist.
Es verschwinden also in den Grundpunkten des Ideals

$$\varphi_1\varphi_2\ldots\varphi_\varrho\mathfrak{b}_\varrho$$

mindestens q linear unabhängige φ-Functionen. Daß es aber auch nicht <u>mehr</u> solcher φ-Functionen, mithin genau q giebt, folgt daraus, daß in

$$\mathfrak{r}\mathfrak{m}q\varphi_1\varphi_2.\varphi_\varrho\mathfrak{b}_\varrho = u\psi$$

der Grad von m in seiner Classe nicht erniedrigt werden kann und ψ keine φ-Function ist, daß also in den Grundpunkten von

$$q\varphi_1\varphi_2\ldots\varphi_\varrho b_\varrho$$

keine φ-Function verschwindet. Also der Satz:
Wenn für ein System von m gegebenen Unendlichkeitspunkten $m-p+q+1$ linear unabhängige Functionen existiren so müssen in den m Unendlichkeitspunkten q linear unabhängige Functionen φ und nicht mehr verschwinden. Wenn also $q > 0$ ist, so ist m sicher $\overset{=}{<} 2p-2$.
Die Umkehrung des Satzes ist damit zugleich bewiesen denn wenn in den m Unendlichkeitspunkten genau q linear unabhängige φ-Functionen verschwinden und die Anzahl der linear unabhängigen Functionen ist $m - p + q' + 1$, so folgt aus Obigem $q = q'$. Natürlich gehören zu den hier betrachteten Functionen mit m Unendlichkeitspunkten auch solche mit weniger als m Unendlichkeitspunkten, nur keine anderen sollen vorkommen, also z. B. immer eine Constante.
Ich glaube es würde leicht sein, aus diesem Satz die Erhaltung des höchsten Classengrades bei rationalen Transformationen zu beweisen. Ich finde aber dabei doch noch einige Schwierigkeiten, vielleicht sehe ich den Wald vor Bäumen nicht, und du kannst mir leicht heraushelfen. Daß der höchste Classengrad nicht größer als p sein kann läßt sich leicht beweisen:
Es sei z_1 irgend eine als unabhängige Variable einzuführende Function und $\mathfrak{m}_1$ ein beliebiges Ideal in z_1 vom Grade m_1. Diesem f entspricht in z ein bestimmtes Ideal $\mathfrak{m}$ vom Grade $m \overset{=}{<} m_1$ zu dessen Grundpunkten die Unendlichkeitspunkte von z_1 nicht gehören. Ist nun $\mathfrak{z}$ ein Ideal in z vom Grade $m_1 + p$, dessen Grundpunkte alle <u>an</u> Unendlichkeitspunkte von z_1 fallen, so kann man setzen

$$\mathfrak{z}\varrho = \mathfrak{m}\mathfrak{n}$$

worin $\mathfrak{n}$ ein Ideal in z vom Grade $n \overset{=}{<} p$ und ϱ eine Function in Ω u. zwar eine ganze Function in z_1 ist. Diese Function ist jedenfalls durch m_1 theilbar, also

$$v_1\varrho = m_1n_1$$

Von den Nullpunkten der Function ϱ fallen

$$m_1 + p - m - n \qquad \text{nach} \quad z = \infty$$

Da auch einige nach $z_1 = \infty$ fallen können so ist die Anzahl der für unendliche Werthe von z_1 stattfindenden Nullpunkte

$$\begin{aligned} m_1 + n_1 &\leqq m + n + m_1 + p - m - n = m_1 + p \\ n_1 &\leqq p \end{aligned}$$

Da nun $\mathcal{N}_1 = \mathcal{M}_1^{-1}$ jede beliebige Classe in v_1 sein kann, so ist bewiesen, daß kein Classengrad $> p$ sein kann. Das Umgekehrte zu beweisen, daß es in v_1 wirklich einen Classengrad p giebt, ist mir wie gesagt noch nicht befriedigend gelungen.
Ich habe der Bequemlichkeit wegen in Vorstehendem das Wort „Grad" in der in meinem vorigen Brief festgesetzten Bedeutung gebraucht, obwohl ich die Bedenken dagegen anerkenne und den Ausdruck nicht als definitiv betrachten will. Zwischen uns wird es ja kein Mißverständniß geben.
Deinen Brief an Beez, der mir sehr gut gefällt, und für dessen Zusendung ich Dir bestens danke, lege ich wieder bei.
Endlich komme ich noch mit zwei Bitten.
Sei so gut mir, u. zwar möglichst umgehend, den Wortlaut mitzutheilen, wie die Anforderungen für die höchste Stufe des mathematischen Oberlehrerexamens in Eurem Reglement formulirt sind, vielleicht kannst Du mir unter Kreuzband[501] ein Exemplar des Reglements schicken.
Die zweite Bitte hat gar keine Eile; Du wolltest mir einmal kurz mittheilen, worauf Deine Verbesserung des Lipschitz'schen Beweises der Existenz einer Wurzel einer algebraischen Gleichung beruht. Für eine solche Mittheilung, jedoch ganz nach Deiner Weise und Bequemlichkeit würde ich sehr dankbar sein.
Bei uns geht alles gut. Meine Vorlesungen und Seminare sind wieder in vollem Gang und ich zehre noch von den erfrischenden Eindrücken meiner Reise die bis zu Ende nach Wunsch verlaufen ist, wobei die Braunschweiger Tage zu den angenehmsten Erinnerungen gehören.
Herzliche Grüße an Dich und die Deinen von uns Allen

Dein
H. Weber.

Noch Eins! Bitte schreibe mir genauen Titel und Verlagsort des Feifofer'schen[502] Buches[503], damit ich es mir bestellen kann.

---

501 Sendung unter Kreuzband, Postversand von Drucksachen, also gedruckter Mitteilungen, zu ermäßigten Gebühren.

502 Aureliano Faifofer.

503 Möglicherweise handelt es sich hier um eines der beiden folgenden Bücher, die beide noch in der Universitätsbibliothek Braunschweig vorhanden sind. Siehe [Faifofer 1877], [Faifofer 1878].

[Web 111]
Heinrich Weber aus Königsberg an Richard Dedekind in Braunschweig
Postkarte vom 02.06.1879
Archiv der UB Braunschweig G 98:13

Heute Nachmittag wurde uns glücklich ein Töchterchen geboren.[504]

Herzlichen Gruß von

Deinem H. Weber

Königsberg d. 2ten Juni 1879

[Web 112]
Heinrich Weber aus Königsberg an Richard Dedekind in Braunschweig
Brief vom 07.06.1879
Archiv der UB Braunschweig G 98:13

Königsberg den 7ten Juni 79

Lieber Freund,

Zunächst meinen besten Dank für Deinen Glückwunsch sowie für Deinen letzten Brief mit seinen werthvollen Beilagen. Deinen schönen Beweis des Fundamentalsatzes der Algebra habe ich mit großem Vergnügen studirt und werde ihn mit Deiner Erlaubnis in einer nächsten Winter zu haltenden Vorlesung benutzen. Deinen inhaltsreichen Brief an Beez bitte ich doch mir noch kurze Zeit zu lassen, da ich in der letzten Zeit nicht dazu gekommen bin, ihn ganz zu verarbeiten. Ich werde dann beides zusammen zurückschicken.
Was mir für den Augenblick das Wichtigste ist, ist daß es bei uns recht gut geht. Meine Frau befindet sich ganz normal und das kleine Fräulein gedeiht und macht uns allen, besonders auch den Geschwistern große Freude. Zum Arbeiten bin ich Folge der wichtigen Ereignisse in diesen Pfingstferien nicht viel gekommen. Die Ideale haben wegen einiger anderer Geschäfte ganz ruhen müssen. Dagegen hatte ich wieder einmal Veranlassung, mich mit Herrn Königsberger zu beschäftigen. Wenn es Dich langweilt, so bitte ich Dich das Folgende ganz zu überschlagen. Weierstraß machte mich schon in Berlin auf die damals noch nicht erschienene Arbeit von K.[505] im letzten Heft von Bor-

504 Anna Weber.
505 Leo Königsberger, siehe [Koenigsberger 1879].

chardts Journal[506] aufmerksam, deren Richtigkeit er bezweifelte. Die Aufgabe die dort behandelt ist: wo die φ rationale Functionen von z sind, die Coefficienten ebenfalls in der Gleichung

$$\varphi_0(z)y^p + \varphi_1(z)y^{p-1} + \ldots \varphi_{p-1}(z)y + \varphi_p(z) = 0$$

so zu bestimmen, daß

$$\frac{\sqrt{y-\beta_1 \,.\, y-\beta_2 \ldots y-\beta_{2p+1}}}{\sqrt{z-\alpha_1 \;\; z-\alpha_2 \ldots z-\alpha_{2p+1}}}$$

eine rationale Function von y und z wird. Gegeben die α; gesucht die β und die Coefficienten von φ. Er zählt nun die Bedingungen und die disponiblen Constanten und findet für ein gerades $p = 2\pi$ (Ste 186) wenn r der Grad der Functionen φ ist erstere Zahl

$$= \pi(4\pi + 1) + \frac{r-2}{2}(4\pi + 1) + \frac{r}{2} + 2\pi$$

letztere = $(r + 1)(2\pi + 1) - 1$.
Daraus würde aber zunächst folgen, daß nicht einmal für $\pi = 1$, $p = 2$ das Problem möglich ist, wo es doch bekannter Maßen statt hat (Richelot) denn von den Constanten β müssen doch nothwendig zwei willkürlich bleiben.(wegen einer möglichen linearen Substitution für y) Der erste Fehler wäre vermieden und überhaupt die ganze Sache vereinfacht worden, wenn er die Anzahl der Factoren unter den Wurzelzeichen gerade angenommen hätte, weil dann die unendlich fernen Punkte gar nicht zu untersuchen gewesen wären. Der erste Fehler steckt nämlich auf Ste 184 unten. Wenn für $z = \infty$ $y = \eta$ eine Doppelwurzel ist, dann ist die Entwicklung von $y - \eta$ wie sie verlangt wird

$$y - \eta = z^{\frac{1}{2}} + \ldots$$

und wenn also verlangt wird, daß für $z = \infty$ nur Doppelwurzeln vorkommen, so ergeben sich nicht 2π sondern nur π Bedingungen, also bleibt für $\pi = 1$ schon eine Constante frei.
Das genügt aber noch nicht, und es folgt daraus, daß auch diese Bedingungen noch nicht von einander unabhängig sein können. Dies bestätigt sich auch an dem einfachsten Jacobi-Richelotschen Beispiel, in dem die Functionen φ von der zweiten Ordnung sind.

$$\frac{dz}{\sqrt{(a + 2bz + cz^2)(z^2 + p)(z^2 + q)}}$$

durch die Substitutionen

$$y^2 - y(a + cx^2) + b^2x^2 = 0$$

506 Journal für die reine und angewandte Mathematik.

zu transformiren, worin wenn für y $\alpha y + \beta$ gesetzt wird noch eine[507] Constante mehr eingeführt werden könne. Für diese Substitution ist

$$\frac{\sqrt{y(y^2-(a-cp)y-p^{h^2})(y^2-(a-cy)y-q^{h^2})}}{\sqrt{(a+2bz+cz^2)(z^2+p)(z^2+q)}} = \frac{y(cy-h)}{y+bz}$$

Damit wird aber der ganze Inhalt der Arbeit hinfällig.
Nun verzeihe mir, daß ich Dich wieder mit diesen Geschäften geplagt habe und sei bestens gegrüßt von
Deinem

H. Weber.

[Web 113]

Heinrich Weber aus Königsberg an Richard Dedekind in Braunschweig

Brief vom 22.06.1879

Archiv der UB Braunschweig G 98:13

Königsberg d. 22ten Juni 79

Lieber Freund,

Zunächst sage ich Dir für Deinen letzten Brief meinen besten Dank. Ich sehe daraus, daß ich in meiner Ableitung des Riemann-Rochschen Satzes einen ganz dummen Fehler gemacht habe, und muß sehr um Verzeihung bitten, daß ich Deine Zeit dadurch unnöthig in Anspruch genommen habe. Ich lege jetzt eine Ableitung des Satzes bei, die wie ich hoffe richtig sein wird, und Dir auch nicht viel Mühe machen kann da sie im Wesentlichen auf meiner vorigen No 3 beruht.
Zugleich schicke ich Dir heute Deinen schönen Beweis des algebraischen Fundamentalsatzes sowie Deine Beez-Correspondenz zurück. Herrn Beezens letztes Schreiben gefällt mir gar nicht. Sein neuester Einwand macht auf mich vollständig den Eindruck einer faulen Ausrede, nachdem er sich auf seiner letzten Position, nach Deiner überaus klaren und schönen Auseinandersetzung nicht mehr halten kann. Jedenfalls hast Du in Deinem letzten Brief an ihn nicht ein Wort zu viel gesagt, sondern ihn der Sachlage nach so schonend als möglich behandelt. Deine letzte Mittheilung an ihn habe ich mir abgeschrieben, in der Hoffnung, ob man diese Betrachtung nicht vielleicht auf die Pariser Aufgabe anwenden kann.
Bei uns geht alles recht gut; meine Frau und die Kinder sind wohl und genießen wohl den günstigen Sommer in unserem jetzt recht hübschen Gärtchen. Auch der kleinste Sprößling ist schon viel im Freien gewesen. Dein Pathchen Richard ist ein prächti-

507 Randbemerkung in Heinrich Webers Handschrift: zwei.

ges Kerlchen geworden und strammpelt überall hin munter mit. Für die Ferien, d.h. August und September haben wir uns in dem Seebad Neu Kuhren[508], welches am Samländischen Strand[509] wohl der hübscheste Ort ist, eingemiethet. Schüchtern wage ich mich mit dem Vorschlag heraus, ob Du uns nicht, wenn Du keinen besseren Reiseplan hast, dort besuchen willst. Ein Aufenthalt an der See wäre Dir vielleicht auch gesund, und die hießige Gegend hat noch manche Schönheiten, die Du das letzte Mal nicht kennen gelernt hast. Ein Ausflug auf die Kurische Nehrung mit ihren wandernden Dünen[510] soll sehr interessant sein, und ich würde ihn auch sehr gern einmal machen. Ich habe wenig Hoffnung auf den Erfolg diesen meines Vorschlags und verdenke Dir es auch gar nicht, wenn Du eine Reise nach dem Süden vorziehst. Ich wollte aber doch aussprechen, wie sehr wir uns Alle freuen würden, wieder einmal wie in Bönigen, wenn auch in sehr veränderter Umgebung, mit Dir zusammenzusein.
Herzliche Grüße an Dich und die verehrten Deinigen von

Deinem
H. Weber

<u>Der Riemann-Roch'sche Satz</u>

1°. Man bilde in einer beliebigen Klasse A die Idealtreppe in bekannter Weise

$$\begin{aligned}&\mathfrak{r}n\mathfrak{a} = u\psi\\ &\mathfrak{r}n\varphi\mathfrak{a}_1 = u\psi\\ &\dots\\ &\mathfrak{r}n\varphi_1\varphi_2\cdots\varphi_{\varrho-1}\mathfrak{a}_{\varrho-1} = u\psi_{\varrho-1}\end{aligned}$$

Es giebt dann in der Classe A genau ϱ linear unabhängige Ideale vom Grade $a_{\varrho-1}+\varrho-1=m$ (oder niedrigerem Grade) (a_i der Grad von $\mathfrak{a}_i$) Ist $a_{p-1}=p$ so ist $\varrho=m-p+1$ Es sei aber $a_{\varrho-1}=p-q<p$, dann ist $\varrho=m-p+q+1$. Es ist

$$a \leqq a_1 \leqq a_2 \dots \leqq a_{\varrho-1} \quad ; \quad a_{\varrho-1}-a=\nu \geqq 0$$

Man suche in N ein Ideal, welches durch ein <u>beliebiges</u> Ideal η vom Grade $q-1$ theilbar ist: ηt, so erhält man eine bestimmte Classe $\mathcal{T}=\mathcal{N}\mathcal{Q}^{-1}$ und ein solches Ideal ηt kann in obiger Idealtreppe an Stelle von n gesetzt werden. Aus dem Umstand, daß in $\mathfrak{r}$ keine Function vorkommt, welche den Grad von $\mathfrak{r}$ um $2p-1$ übersteigt, folgt, daß in $\mathcal{T}$ die

508 Neukuhren, russisch Pionerskij, Stadt im heutigen Russland.

509 Samländischer Strand, Südküste des Samlandes, einer heute zu Russland gehörenden Halbinsel in der Ostsee.

510 Kuhrische Nehrung, maximal 3,8 km breite und 98 km lange Landverbindung der Orte Klaipěda im heutigen Litauen und Lesnoje im heutigen Russland, die das Kuhrische Haff von der Ostsee trennt.

Ideale von folgenden Graden fehlen müssen.

$$\begin{aligned}&2p - q - a = p + \nu\\&2p - q - a_1 - 1\\&2p - q - a_2 - 2\\&\dots\\&2p - q - a_{\varrho-1} - \varrho + 1 = p - \varrho + 1\end{aligned}$$

Die Anzahl der Gradzahlen, die zwischen den größten und kleinsten dieser Werthe in $\mathfrak{T}$ noch vorkommen können, beträgt also ν
Ist nun t das Ideal niedrigstens t^{ten} Grades in $\mathfrak{T}$, so kann man die Idealtreppe in $\mathfrak{T}$ bilden

$$\begin{array}{ccccccc} & & & t & & & \\ & & \varphi_1' & & t_1 & & \\ & \varphi_1' & & \varphi_2' & & t_2 & \\ \\ \varphi_1' & & \varphi_2' & \dots & \varphi_\nu' & & t_\nu \end{array}$$

und es ist

$$t \leqq t_1 \leqq t_2 \dots \leqq t_\nu$$

und es muß t_ν noch $< p$ sein, weil wenn es $= p$ wäre, in $\mathfrak{T}$ ein Ideal $p + \nu^{\text{ten}}$ Grades vorkäme, was nicht sein kann.
Es giebt also in $\mathfrak{T}$ mindestens $\nu + 1$ Ideale, deren Grade alle von einander verschieden und $< p + \nu$ sind. Daraus folgt, da zwischen $p + \nu$ und $p - \varrho + 1$ höchstens ν Idealgrade in $\mathfrak{T}$ vorkommen können, daß

$$t \leqq p - \varrho$$

(Beiläufig folgt hieraus daß wenn $\varrho = p + 1$ ist $a_{\varrho-1}$ sicher nicht kleiner als p sein könnte)
daraus folgt daß in

$$\mathfrak{r}qt\varphi_1\varphi_2 - \varphi_{\varrho-1}\mathfrak{a}_{\varrho-1} = u\varphi_\varrho$$

und ebenso in

$$\mathfrak{r}qt\mathfrak{a}' = u\varphi'$$

wenn $\mathfrak{a}'$ ein beliebiges Ideal in A von Grade $\leqq m$ ist, φ_ϱ und φ' φ-Functionen sind. Also:
<u>Wenn die Anzahl der linear unabhängigen Ideale m^{ten} oder niedrigeren Grades in einer Classe $\varrho = m - p + q + 1$ ist, so verschwinden in den Grundpunkten eines jeden solchen Ideals mindestens q linear unabhängige φ-Functionen.</u>
2) Es mögen in den Grundpunkten eines Ideals $\mathfrak{b}$ vom m^{ten} Grade q linear unabhängige φ-Functionen verschwinden; dann gilt das Gleiche für alle mit $\mathfrak{b}$ äquivalenten Ideale desselben oder niedrigeren Grades. (denn $\mathfrak{r}q\mathfrak{b} = u\varphi$ bleibt richtig, wenn $\mathfrak{b}$ durch ein äquivalentes Ideal von nicht höherem Grade ersetzt wird). Man kann dann eine Reihe

von Idealen $n, n_1, \ldots, n_{q-1}$ von den Graden $n, n_1 \ldots n_{q-1}$ so bestimmen, daß

$$\mathfrak{r}\mathfrak{b}n = u\varphi$$

$$\mathfrak{r}\mathfrak{b}\varphi_1 n_1 = u\varphi_1$$

$$\ldots$$

$$\mathfrak{r}\mathfrak{b}\varphi_1\varphi_2 \ldots \varphi_{q-1} n_{q-1} = u\varphi_{q-1} \qquad n \leqq n_1 \leqq n_2 \ldots \leqq n_{q-1}$$

und nach 1.° verschwinden in den Grundpunkten von $\varphi_1\varphi_2 \ldots \varphi_{q-1} n_{q-1}$ mindestens $\sigma = p - n_{q-1}$ linear unabhängige φ-Functionen. Es ist aber

$$m + q - 1 + n_{q-1} \leqq 2p - 2$$

$$n_{q-1} \leqq 2p - 1 - m - q$$

$$\sigma \geqq m - p + q + 1 = \varrho$$

Ist nun $\sigma = \varphi_1\varphi_2 - \varphi_{q-1} n_{q-1}$ vom Grade $s = n_{q-1} + q - 1$ so lassen sich die Ideale $\mathfrak{a}\mathfrak{a}_1 \ldots \mathfrak{a}_{\delta-1}$ so bestimmen, daß:

$$\mathfrak{r}\sigma\mathfrak{a} = u\varphi$$

$$\mathfrak{r}\sigma\varphi_1\mathfrak{a}_1 = u\varphi_1$$

$$\mathfrak{r}\sigma\varphi_1'\varphi_2' \ldots \varphi_{\varrho-1}'\mathfrak{a}_{\varrho-1} = u\varphi_{\varrho-1}$$

$$\ldots$$

$$\mathfrak{r}\sigma\varphi_1'\varphi_2' \ldots \varphi_{\sigma_1}'\mathfrak{a}_{\sigma-1} = u\varphi_{\sigma_1}$$

und die Classe A enthält auch das Ideal $\mathfrak{b}$, weil $\mathfrak{r}\sigma\mathfrak{b} = u\varphi_{q-1}$

$$a \leqq a_1 \leqq a_2 \ldots \leqq a_{\varrho-1} \ldots \leqq a_{\sigma-1}$$

daraus folgt:

$$a_{\sigma_1} + \sigma - 1 + s \leqq 2p - 2$$

$$a_{\sigma-1} + n_{q-1} + q + \sigma \leqq 2p$$

$$a_{\sigma-1} + p + q \leqq 2p \qquad (n_{q-1} + \sigma \neq p)$$

$$a_{\sigma-1} \leqq p - q$$

also um so mehr

$$a_{\varrho-1} \leqq p - q \quad ; \quad a_{\varrho-1} + \varrho - 1 \leqq p - q + \varrho - 1 = m$$

die Anzahl der linear unabhängigen Ideale in A, deren Grad m nicht übersteigt, beträgt also mindestens ϱ.

Wenn in den Grundpunkten eines Ideals $m^{\underline{\text{ten}}}$ Grades q linear unabhängige φ-Functionen verschwinden, so ist die Anzahl der linear unabhängigen Ideale vom

Grade $\leqq m$ mindestens $\varrho = m - p + q + 1$
Durch Combination der beiden Sätze ergiebt sich, daß man in beiden das Wort „mindestens“ weglassen kann, wenn man im ersten zu ϱ im zweiten zu q die Worte „und nicht mehr“ hinzugefügt.
Anwendung auf den Riemann-Rochschen Satz.
Ich betrachte den Inbegriff derjenigen Functionen η in Ω welche in keinen anderen als den Grundpunkten eines gegebenen Ideals $\mathfrak{a}$ vom Grad a und im Unendlichen höchstens von der Ordnung $m - a$ unendlich werden. ($a \leqq m$) Ist η irgend eine solche Function, so ist

$$\mathfrak{a}\eta = \mathfrak{b}$$

und der Grad von $\mathfrak{b}$ ist $\leqq m$. Es sei

$$\begin{array}{lllllll} \mathfrak{a}\eta' & = & \mathfrak{a}', & \mathfrak{a}'\eta'' & = & \mathfrak{a}'' & \dots \\ \mathfrak{m}\mathfrak{a} & = & u\psi & \mathfrak{m}\mathfrak{a}' & = & u\psi' & \mathfrak{m}\mathfrak{a}'' = u\psi'' \end{array}$$

so ist

$$\eta' = \frac{\psi'}{\psi} \quad , \quad \eta'' = \frac{\psi''}{\psi} \quad \dots$$

Wenn also die Ideale $\mathfrak{a}\mathfrak{a}'\mathfrak{a}'' \dots$ linear abhängig sind, so ist auch

$$\lambda\eta + \lambda'\eta' + \lambda''\eta'' + \dots = 0$$

Da nun die Anzahl der linear unabhängigen Ideale einer Classe A, die den Grad m nicht übersteigen, eine endliche ist, so ist auch die Anzahl der linear unabhängigen Functionen η, zu denen stets auch 1 gehört, eine endliche. Sei ϱ diese Anzahl und

$$1, \eta_1, \eta_2 \dots \eta_{\varrho-1}$$

seien diese linear unabhängigen Functionen. ϱ ist dann zugleich die Anzahl der linear unabhängigen Ideale in A

$$\mathfrak{a}, \mathfrak{a}_1, \mathfrak{a}_2 \dots \mathfrak{a}_{\varrho-1}$$

deren Grad m nicht übersteigt.
Haben die Ideale $\mathfrak{a}, \mathfrak{a}_1 \dots \mathfrak{a}_{\varrho-1}$ alle einen gemeinschaftlichen Factor t^{ten} Grades $\mathfrak{t}$

$$\mathfrak{a} = t\mathfrak{a}' \quad \mathfrak{a}_1 = t\mathfrak{a}_1' \dots \mathfrak{a}_{\varrho-1} = t\mathfrak{a}_{\varrho-1}'$$

so bilden die $\mathfrak{a}', \mathfrak{a}_1' \dots \mathfrak{a}_{\varrho-1}'$ die sämmtlichen Ideale vom Grade $\leqq m - t$ in einer Classe $A \leq A\mathfrak{T}^{-1}$ und das Functionensystem η ist identisch mit dem Functionensystem, welches aus $\mathfrak{a}'$ und $m' = m - t$ ebenso entsteht wie η aus $\mathfrak{a}$ und m. Es würde, wenn $\mathfrak{t}$ nicht $= \nu$ ist keine Function η existiren, die in allen Grundpunkten von $\mathfrak{a}$ unendlich wird und im Unendlichen höchstens von der Ordnung $m - a$ unendlich wird (ein Fall, der wie ich glaube vorkommen kann) Hier nach können wir annehmen, die $\mathfrak{a}, \mathfrak{a}_1 \dots \mathfrak{a}_{\varrho-1}$ seien von gemeinschaftlichen Factoren frei. Uebrigens ist die Richtigkeit des nachfolgenden Satzes von dieser Annahme nicht abhängig und dieselbe dient nur für die

Anwendung auf den Riemann-Rochschen Satz in seiner gewöhnlichen Fassung, wo die Mannigfaltigkeit derjenigen Functionen untersucht wird, welche in m gegebenen Punkten wirklich unendlich werden.
Satz: Wenn in den Grundpunkten aller Ideale vom Grade $\leqq m$ der Classe A q und nicht mehr linear unabhängige φ-Functionen verschwinden, so ist die Anzahl der linear unabhängigen Functionen η $\varrho = m - p + q + 1$; und umgekehrt: Wenn die Anzahl der linearen unabhängigen Functionen η ϱ beträgt, so verschwinden in den Grundpunkten eines jeden Ideals in A vom Grade $\leqq m$ $q = \varrho + p - m - 1$ linear unabhängige φ-Functionen.
Daß, wenn $q > 0$ ist, die Functionen η sämmtlich als Quotienten zweier φ-Functionen darstellbar sind, ergiebt sich unmittelbar.

[Web 114]
Heinrich Weber aus Königsberg an Richard Dedekind in Braunschweig
Brief vom 05.07.1879
Archiv der UB Braunschweig G 98:13

Königsberg d. 5ten Juli 1879.

Lieber Freund,

Ich will nicht länger zögern, Dir für Deinen letzten Brief zu danken und für Deine schöne Darstellung des R. R.[511] Satzes, der ich vor der meinigen entschieden den Vorzug einräume. Auch Dein letzter schöner Satz: Ist $a_\varrho - \varrho < p$, so ist $\varrho < p - b_0$ ist vollständig in Ordnung und gefällt mir sehr. Er läßt sich glaube ich dahin ergänzen:
Ist $\varrho < p - b_0$ so ist $a_\varrho - \varrho < p$. Dann wäre

$$a_\varrho = \varrho + p \ , \ a_{\varrho+1} = \varrho + 1 + p \text{ etc..}$$

Es ist aber $b_0 + \varrho < p$ $\quad b_0 + a_\varrho < 2p < 2p - 1$ folglich würde in der Reihe $b_0 + a_\varrho$, $b_0 + a_{\varrho+1}$, etc. einmal der Grad $2p - 1$ vorkommen, was nicht möglich ist. Es ist dies übrigens ziemlich selbstverständlich. $p + b_0$ drückt also genau die Anzahl der Schritte aus, die nöthig sind, bis die Scala von $\mathcal{A}$ regulär wird. Das ist ein sehr schöner Satz, dessen algebraische Tragweite ich noch nicht ganz übersehe.
Ich hätte Dir gern noch etwas Neues mitgetheilt, bin aber damit in der letzten Zeit nicht sehr glücklich gewesen.
Ich habe mich wieder, aber immer vergeblich mit einem Beweis für die Erhaltung des höchsten Classengrades bei rationalen Transformationen abgemüht. Es kommt, wie ich es jetzt ansehe, darauf an, zu beweisen:
Wenn $z = \infty$ ein Punkt ist, $\mathfrak{z}$ ein beliebig gegebenes Ideal in z, so läßt sich in z eine

---

511 Riemann-Roch'scher Satz.

Classe $p^{\underline{\text{ten}}}$ Grades B derart bestimmen, daß kein Ideal b_ϱ in B mit $\mathfrak{z}$ mehr als $\varrho - p$ gleiche oder verschiedene Primfactoren gemein hat. Nach dem allgemeinen Gefühl ist dieser Satz richtig, denn wenn ein Ideal b_ϱ mehr als $\varrho - p$ gegebenen Factoren haben soll so müssen zwischen den Grundpunkten von b_0 gewisse algebraische Bedingungen bestehen, die nicht erfüllt zu sein brauchen. Ein befriedigender Beweis ist aber dies selbstverständlich nicht. Vielleicht gelingt es Dir, einen Beweis dafür zu finden. Ich weiß nicht, wo ich ihn anfassen soll.
Daß Du meinen Vorschlag mit Kuhren in Erwägung genommen hast, und daß noch einige Hoffnung auf die Verwirklichung dieser für uns mehr als für Dich reizenden Aussicht vorhanden ist, ist für mich und uns alle eine große Freude. Ich kann allerdings einige Gewissensbedenken nicht unterdrücken, Dich vielleicht von einer viel besondereren Reise abzuhalten. Wenn Du Fräulein Morich siehst, kannst Du Dir einmal was vom Samländlischen Strand vorschwärmen lassen. Wir könnten dann vielleicht auch einmal an eine gemeinsame Publikation über unsere Ideale denken und den Plan dazu besprechen.
Bei uns geht es im Ganzen gut. Alle lassen bestens grüßen.

Dein

H. Weber.

[Web 115]

Heinrich Weber aus Königsberg an Richard Dedekind in Braunschweig

Brief vom 28.07.1879

Archiv der UB Braunschweig G 98:13

Königsberg d. $28^{\underline{\text{ten}}}$ Juli 79

Lieber Freund

Den ersten Ferientag will ich benutzen, um Dir für Deinen letzten, mir sehr wichtigen Brief zu danken, was ich schon lange gern gethan hätte, wenn ich nicht in der letzten Zeit des Semesters mit Berufsarbeiten zu sehr überhäuft gewesen wäre. Auch jetzt bin ich noch nicht im Stande, Dir auf die von Dir angeregten Fragen eingehend zu antworten, werde mich aber jetzt umgehend noch hier und später am Strande dahinter setzen.
Die von Dir angeregten principiellen Bedenken in Bezug auf Riemann'sche Fläche, Punkt, Entwickelbarkeit etc. liegen auch mir schon lange im Sinn, und mein Vorschlag einer gemeinsamen Publikation involvirte die Hoffnung, daß wir diesen Punkt noch erledigen könnten. Ich hoffte und hoffe noch, daß dazu eine Abhandlung von Lagrange „Nouvelle Méthode pour résoudre les équations littérales por le moyen des séries"

Mém d. l'Acad. de Berlin 1770. Oeuvres de Lagrange T III.[512] verhelfen könnte. Es ist dies die Abhandlung, die mir vorschwebte, als wir damals in Braunschweig eine ganz andere mit nach Hause schleppten. Es ist offenbar dieselbe die Riemann (Ste 105 der Werke)[513] meint.

Du schreibst, es müsse bewiesen werden, daß für jeden Punkt in dem Körper eine Function *r* existirt welche hier unendlich klein von der ersten Ordnung wird, d. h. daß jede im Körper enthaltene Function *z* in der Nachbarschaft dieses Punktes nach aufsteigenden ganzen Potenzen von *r* entwickelbar ist. Der Existenzbeweis einer solchen Function würde, so viel ich sehe, wohl schon einige von den Sätzen über Constantenzahl etc. voraus setzen, die wir in der Folge erst beweisen wollen. Es wäre aber wohl nicht nöthig, daß diese Function *r* gerade zu dem Körper gehört. Auch sehe ich noch nicht recht, wie aus der Existenz einer solchen Function ohne Weiteres die Entwickelbarkeit folgt.

Sollte es nicht genügen, wenn man Folgendes beweisen könnte? Ich habe allerdings die Sache noch nicht gründlich durchdacht.

Wenn $F(x, y)$ eine algebraische Gleichung ist, und $x = 0$ $y = 0$ ein zusammengehöriges Werthpaar, so kann man setzen

$$y = a_1 x^{\frac{\alpha_1}{\nu}} + a_2 x^{\frac{\alpha_2}{\nu}} + \ldots a_{r-1} x^{\frac{\alpha_{r-1}}{\nu}} + \xi x^{\frac{\alpha_\nu}{\nu}}$$

worin die $\alpha_1 \alpha_2 \ldots \alpha_\nu$ wachsende ganze positive Zahlen sind, die $a_1 \ldots a_\nu$ Constanten ξ eine algebraische Function, die für $x = 0$ nicht verschwindet und nicht unendlich wird, und diese Reihe kann beliebig mit fortgesetzt werden. Die a, α, ν können möglicherweise verschiedener Werthe fähig sein aber offenbar nur in endlicher Anzahl. Jedes Werthsystem dieser Größen, wenn die Reihe hinlänglich mit fortgesetzt ist, constituirt einen „Punkt". Es würde dann unmittelbar folgen, daß in einem solchen „Punkt" jede rationale Function von x und y

$$z = \varphi_0(x) + \varphi_1(x)y + \ldots \varphi_{n-1}(x)y^{n-1}$$

eine ganz bestimmte Entwicklung von derselben Form hat mit in gleicher Weise auch negativen Potenzen von x, aber mit demselben ν.

Deine Oberecke und Unterecke gefallen mit sehr gut und die von Dir vorgeschlagenen Erweiterungen des Idealbegriffs werde ich zunächst einmal an den verschiedenen Sätzen prüfen. Vielleicht kann man sich dadurch von der Annahme frei machen, daß alle Blätter im Unendlichen zusammenhängen. In diesem Fall wäre vielleicht auch ein anderer Name für Ideal angezeigt?

Von der Beez-Correspondenz schicke ich Dir mit den Letzten noch einen älteren Brief zurück, den ich noch unter Deinen Briefen finde. Herr Beez scheint wirklich unbelehrbar! Du würdest Dir doch ein Verdienst um die Menschheit erwerben, wenn Du Deine

512 Siehe [Lagrange 1770].

513 Siehe [Riemann 1857c: VI].

Untersuchungen über diesen Gegenstand einmal veröffentlichtest, vielleicht als besondere Schrift bei Viehweg[514], zugleich mit einer Einleitung über d und δ. Es sind das Dinge die sicher Wenigen so klar sind wie Dir, und Du brauchst ja nur in die Fülle Deines Reichthums hineinzu greifen. Zum Correcturen lesen und jeder sonst gewünschten meine Kräfte nicht übersteigenden Beihülfe bin ich gern bereit.
Den Plan unserer gemeinschaftlichen Publication über die Ideale[515] halte ich aber aufrecht, natürlich unter der Voraussetzung, daß die von Dir beregten Punkte zur Zufriedenheit erledigt sind. Dein Verdienst an der Sache ist sehr viel größer, als Du es in Deiner Bescheidenheit darstellst, und ich hätte ohne Deine Anregung und stete Beihülfe auch nichts machen können.
Meine Vorlesung über elliptische Functionen habe ich nun beendigt, und habe dadurch große Lust bekommen, mich wieder einmal auf die complexe Multiplication zu stürzen. Ich möchte gerne einen Beweis für die Auflösbarkeit der betreffenden Gleichung haben, und glaube auch einen Weg zu sehen, auf dem es vielleicht gehen könnte. Ich möchte mich aber erst noch tüchtig in die Theorie der quadratischen Formen hineinarbeiten. Nicht wahr für die „Composition" der Formen ist die Idealtheorie besonders zu brauchen?
Nächsten Freitag soll es nun also nach Neukuhren gehen und ich freue mich recht auf die Erholung für mich und für die Familie. Wir ziehen, wie es hier üblich ist, mit einem ganzen Möbelwagen hinaus. Ich rede Dir nicht mehr zu, zu uns zu kommen. Daß du uns willkommen bist, weißt Du, und ich möchte Dich um keinen Preis abhalten, das für Deine Gesundheit und Erholung zuträglichste zu thun. Wenn ich die freie Wahl hätte, ginge ich auch lieber nach der Schweiz.
Herzliche Grüße an Dich und die verehrten Deinigen von uns Allen.

Dein

H. Weber.

Verzeihe das beschmutzte Papier! Ich habe es erst auf der letzten Seite bemerkt, und wollte den Brief nicht noch einmal abschreiben.

514 Friedrich Vieweg & Sohn Verlagsgesellschaft mbH, 1786 durch Friedrich Vieweg (* 1761 † 1835) gegründeter und zwischen 1799 und 1974 in Braunschweig ansässiger Verlag.
515 Siehe [Dedekind/Weber 1882].

[Web 116]
Heinrich Weber aus Königsberg an Richard Dedekind in Braunschweig
Brief vom 03.10.1879
Archiv der UB Braunschweig G 98:13

Königsberg d. 3ten Oct.1879

Lieber Freund,

Vermuthlich wirst Du nun auch längst von Deiner Reise zurückgekehrt sein, und es wird Zeit, die Verbindung einmal wieder anzuknüpfen. Hoffentlich ist es Dir und den Deinen in der ganzen Zeit, seit wir nichts von Dir gehört haben, immer gut gegangen. Wir sind auch schon seit vier Wochen in der Stadt zurück und hier sehr von unserem Seeaufenthalt befriedigt, der uns Allen recht gut bekommen ist. Die Annehmlichkeit und das Behagen des dortigen Lebens ist weit größer als wir es erwartet hatten, und ich werde Dir für ein anderes Jahr wenn wir einmal wieder dort sind, mit viel besserem Gewissen zureden können uns dort zu besuchen. Die Naturschönheiten sind zwar von denen im Gebirge sehr verschieden, aber doch in ihrer Art nicht zu verachten. Die Kinder waren alle vier immer wohl draußen und der viele Aufenthalt im Freien hat ihnen sehr gut gethan. Mit dem Wetter konnten wir im Ganzen zufrieden sein obwohl es uns schließlich etwas früher als wir beabsichtigten, in die Stadt getrieben hat. Dazu kam noch eine beunruhigende Nachricht von einer Krankheit meiner Mutter, die es mir wünschenswerth machte der Post- und Eisenbahnverbindung näher zu sein. Glücklicher Weise scheint für jetzt die Krankheit, die ihren Sitz im Unterleib hat wieder gehoben, aber ängstlich ist die Sache bei dem Alter meiner Mutter immerhin.
Mit der Arbeit bin ich wie gewöhnlich, nicht so weit gekommen, als ich gewünscht hätte. Die Idealtheorie ist ziemlich liegen geblieben. Hoffentlich geht es, wenn ich demnächst dazu zurückkehre, um so besser. Dagegen bin ich in der Complexen Multiplication hängen geblieben, die mich sehr interessirt, aber da ich mich in einem mir noch ziemlich fremden Gebiet bewegte für geringe Ergebnisse viel Zeit kostete. Ohne Zweifel hast Du das Alles und viel mehr schon selbst gemacht, also habe Nachsicht mit mir. Für den Fall daß es Dich nicht langweilt, lege ich Dir bei, was ich gemacht habe. Die Valenzgleichung habe ich mir aus der Modulargleichung hergeleitet, wozu ich die Transformationstheorie für einen geraden Transformationsgrad erst machen müßte.
Daß die Coefficienten der Valenzgleichung rationale Zahlen sind, ist bei dieser Art der Ableitung selbstverständlich. Sonst ist aber Dein Weg natürlich viel schöner.
Damit lebe wohl für heute und laß bald einmal von Dir hören. Viele Güße von uns allen und beste Empfehlungen an die Deinigen von

Deinem

H. Weber

Die beiliegende Abhandlung „Complexe Multiplication" (9 Briefseiten)[516] an Weber zurückgeschickt am 5. Mai 1881 RD[517]

[Web 117]
Heinrich Weber aus Königsberg an Richard Dedekind in Braunschweig
Brief vom 18.10.1879
Archiv der UB Braunschweig G 98:13

Königsberg d. 18$^{\underline{\text{ten}}}$ Oct 1879

Lieber Freund.

Beifolgend schicke ich Dir die Fortsetzung der complexen Multiplication, mit der Bitte, sie Dir, wenn Du einmal nichts besseres vorhast, anzusehen. (Inzwischen könntest Du aber immerhin einmal uns wenigstens auf einer Karte von Deinem Ergehen benachrichtigen) Wenn nicht noch ein Fehler mit eingelaufen ist, ist damit der Beweis der Auflösbarkeit allgemein geführt und mir damit ein lang gehegter Wunsch erfüllt.
Es wäre aber immerhin noch wichtig, zu entscheiden, ob die dabei benutzten quadratischen Gleichungen in rationale Factoren zerfallen, wie es Kronecker wenigstens bezüglich der k behauptet. Der Umstand daß die Discriminante der Valenzgleichung ein Quadrat ist, scheint einigermaßen dafür zu sprechen. Alle meine dahingehenden Versuche sind aber bis jetzt gescheitert.
Bei uns geht es gut. Alle lassen bestens grüßen.

Dein

H. Weber

Die beiliegende Abhandlung „die Multiplicator-Valenzgleichung" (12 Briefseiten)[518] zu Weber zurückgeschickt am 5. Mai 1881 RD[519]

[Web 118]
Heinrich Weber aus Königsberg an Richard Dedekind in Braunschweig
Postkarte vom 20.10.1879
Archiv der UB Braunschweig G 98:13

---

516 Siehe [Weber 1885], [Weber 1887/1888] und [Weber 1889].
517 Handschriftlicher Nachtrag von Richard Dedekind.
518 Siehe [Weber 1885], [Weber 1887/1888] und [Weber 1889].
519 Handschriftlicher Nachtrag von Richard Dedekind.

Königsberg d.20$^{\underline{\text{ten}}}$ Oct 1879

Lieber Freund,
In meiner letzten Mittheilung ist ein Fehler, für den ich um Entschuldigung bitten muß. Ich hoffe nicht daß das Ganze dadurch unbrauchbar wird. Daß ν eine ganze Function n und $\frac{1}{m^8}$ wird, ist nicht richtig, oder wenigstens noch nicht bewiesen. Dadurch werden die Betrachtungen über die Discriminante der M, u Gleichungen hinfällig und es muß ein anderer Weg gesucht werden, nachzuweisen, daß die drei Gleichungen $\mathcal{H}_\lambda(u) = 0 \quad \Phi_m(M, u) = 0 \quad \Phi_m(-M, u) = 0$ keinen gemeinschaftlichen Theiler haben. Beste Grüße

Dein H. Weber

[Web 119]
Heinrich und Emilie Weber aus Königsberg an Richard Dedekind in Braunschweig
Brief vom 31.10.1879
Archiv der UB Braunschweig G 98:13

Königsberg d. 31. Oct. 1879

Lieber Freund!

Je unverdienter man eine Freundlichkeit erfährt, desto rührender erscheint sie – deshalb habe ich auch eine ganz besondere Freude durch Ihren lieben Geburtstagsbrief gehabt. Nehmen Sie den innigsten Dank dafür! Daß wir den 6ten October vergessen konnten ist mir heute noch unbegreiflich, es wird gewiß in äußeren Dingen, davon uns die Köpfe voll waren seinen Grund haben, innere Nachläßigkeit war es jedenfalls nicht, das ist gewiß. – Daß es Ihnen gut ergangen ist, war uns eine besondere Freude zu hören, wir hatten wirklich monatelang täglich auf ein Lebenszeichen von „Onkel Dedekind" gehofft, und mein Mann erwartete Sie längere Zeit sogar persönlich bei uns in Kuhren erscheinen zu sehen. Ich habe es nicht geglaubt, daß Sie sich nochmal hier herauf begeben würden, es ist doch kein echter Genuß dabei. Wir waren sehr, sehr befriedigt von unserem Strandaufenthalt u. er ist Groß und Klein prächtig bekommen. Dort vermißte ich auch garnichts, im Gegentheil that mir die monotone Seite des Seeaufenthaltes sehr wohl – jetzt aber, in der Erinnerung entbehre ich mehr als ich sagen kann. Einmal hat man keins seiner Lieben gesehen u. sehnt sich doppelt nach ihnen, und dann ist eben der Süden mit seiner Heiterkeit und mit seinem Glanz ein ganz anderes herzerquickendes Ding, als die eisige Wassermasse, die unwiderstehlich anzieht wenn man sie vor sich hat, keinen Moment langweilig wird, aber auch keinen festen Anhaltspunkt bietet zu lebhaften Empfindungen in der Rückerinnerung. Ein Tag in der Schweiz, in dem Schwarzwald, oder auf dem Heidelberger Schloß[520] erlebt, bietet mehr und lieblichere Bilder für den Geist in dem langen Winter, als die 5 Wochen an dem gepriesenen Ostseestrand. Für uns wird es stets nur ein Nothbehelf bleiben, u. ich kann ja unendlich dankbar sein, daß es diesen Sommer überhaupt möglich war noch diesen Aufenthalt zu genießen, ganz hier zu bleiben ist tausendmal schlimmer. Wer weiß aber, ob wir nicht immer jetzt zu diesem Nothbehelf greifen müssen! Meine Schwiegermutter war ernstlich krank u. ist dadurch in ein ganz anderes Stadium des Lebens getreten, und mit ihren 75 Jahren ist's wohl kaum denkbar, daß die noch fehlenden Kräfte sich so vollkommen wiederfinden sollten, um Massenbesuche, wie wir sie doch nur dort machen können, auf Monate aufnehmen zu können. Und mit 7 Personen kann man doch die rießige Reise nicht für 2 - 3 Wochen machen! Das können die Straßburger, wir aber, leider Gottes nicht, und wenn wir nicht nach Heidelberg als Standquartire können, ist's überhaupt mit den Reisen vorbei. Es thut mir nun doppelt leid, daß ich voriges Jahr nicht Sie, nicht meine 3 Brüder gesehen habe, denn ich glaube nicht, daß es nun sobald einmal geschehen wird. – Den Kindern geht es Gott sei Dank so gut, daß wir wenigstens in Betracht ihres Gedeihens dem hohen Norden nicht anklagend entgegen zu sein brauchen. Ida geht zur Schule und lernt sehr langsam mit unendlicher Mühe von ihrer und der Lehrer Seite. Ihre große Pflichttreue u. Gewissenhaftigkeit helfen ihr vorwärts, mit Talenten ist's nicht weit her, aber genetische Anlagen und große Herzensgüte werden auch ihr den Weg durchs Leben ebnen. Rudi ist geweckt und recht frisch, der Stolz seines Vaters, der in ihm mindestens ein Genie sieht. Er ist auch lenksam, ohne Trotz oder sonstige schwer zu bekämpfende Fehler. Richard, unser großer Ostpreuße, der all seinen Altersgenossen über den Kopf gewachsen ist und ein stämmiger Bursche mit ganz dunklen krausen Haaren geworden, ist derb und frisch u. grob u. lieb, je nach Bedarf. Besonders geistreiche Fragen hat er noch nicht gethan, er jubelt über jedes Thier u. liebt die Soldaten, ist gerne etwas Gutes, trinkt noch lieber Wein, hört schrecklich gern Märchen erzählen und hat eine fabelhafte Ausdauer in Fußwanderungen und gar keine Passion für's Stubensitzen. Die kleine Anna ist der Sonnenschein des Hauses, ein liebliches, exemplarisch braves Dingelchen, klein und zierlich, ganz schwarz von Augen und Haar, und die Freundlichkeit selbst. Rothbäckig, wie ein Borsdorfer Aepfelchen[521], zappelnd von früh bis spät, erobert sie alle Herzen im Sturm, und bildet den Concentrationspunct für alle Zärtlichkeit und Anbetung der ganzen Familie, vornehmlich auch der Geschwister, die ihr stets nur zart und süß begegnen, während es unter einander auch mitunter etwas unzart hergeht. Ihr Pathe ergreift stets die Initiative und theilt Prügel aus, und bekommt viel zu wenig – man ist eben schwach und muß hoffen, daß die Jahre auch

---

520 Heidelberger Schloss, frühere Residenz der pfälzischen Kurfürsten und seit seiner Zerstörung im 17. Jahrhundert nur noch als Ruine erhaltenes umfangreiches Bauwerk am Nordhang des Königstuhls, Deutschland.

521 Borsdorfer Apfel, alte, von Zisterziensern kultivierte Apfelsorte.

die Vernunft bringen.
Was Sie mir von Fräulein Morich schreiben, ist mir sehr leid für sie, sie haben schon so viele Familiensorgen gehabt, u. dies scheint nun ein ganz besonders harter Schlag zu sein. Ich denke ihr bald zu schreiben, aber freilich komme ich selten genug an meine Correspondenz, vielleicht dauert es noch eine ganze Weile bis aus dem Vorsatz die That entsteht.
Alle meine Freunde müssen Nachsicht mit mir haben, meine 4 Kinder sorgen so sehr dafür, daß meine Zeit nützlich ausgefüllt wird, daß ich eben nicht zum Schreiben kommen kann, wenn ich oft noch so gern möchte. – Das wir uns in der Wohnung wesentlich verbessert haben, indem Heinrich ein Studierzimmer über einer Treppe noch dazu gemiethet, wo er in vernünftiger Ruhe arbeiten kann, hat er Ihnen wohl mitgetheilt. – (oder auch nicht, ihm ist Alles zuzutrauen, wenn er Ihnen nicht einmal den Namen der Kleinsten genannt hat) – sein ehemaliges Zimmer ist Kinderzimmer geworden, daneben schlafen wir. Jetzt ist's sehr hübsch u. geräumig bei uns und mir eine große Erleichterung, daß der Papa nicht so oft durch die Kinder gestört wird, wie es bisher der Fall war. Er ist viel zu gutmüthig um sich der kleinen Quälgeister energisch zu erwehren, u. empfindet erst jetzt, da sie ihn nicht erreichen können, was er all die Zeit ausgehalten hat, und wie viel besser es sich in Ruhe arbeiten läßt. – Gesellig leben wir fast immer lebhafter, als wir es wünschen u. lieben, es ist so schwer hier sich von großem Verkehr frei zu machen. Unsre Bekannten sind uns alle lieb u. wir sind mit jedem Einzelnen gern zusammen, aber es zersplittert das Familienleben so sehr u. die häusliche Gemüthlichkeit leidet darunter. Seit wir zurück sind haben wir an Polterabenden, Hochzeit u. sonstigen Gesellschaften schon das Unglaublichste geleistet, obgleich die eigentliche Zeit dafür erst nach Weihnachten kommt. Einiger stiller einsamer Abende freuen wir uns desto mehr, und mein Mann liest mir unermüdlich vor nach dem Thee, was mein höchster Genuß nach dem lebhaften Treiben des Tages ist. Uebrigens war unser Sommer von Mai an untadelhaft schön und warm, ganz anders, als draußen im Reich. Klein-Annachen saß schon am 12ten Tag ihres Lebens mit mir im Garten u. so ging es fort bis in den October hinein nur mit ganz kurzen Unterbrechungen. Wir haben in Kuhren nur 2 Mal im Zimmer zu Mittag gegessen u. saßen auch Abends stets im „Zelt", welches eine feste, mit Glasfenstern nach Norden und Westen, mit Holz nach Osten u. nach Süden offene, Hütte ist. Das unsere hatte den directen Blick auf das Meer u. war sehr fest, u. wohl das Schönste im ganzen Ort. –
Bitte empfehlen Sie mich Ihrer verehrten Frau Mutter und Fräulein Schwester aufs Angelegentlichste, möchte Ihnen Allen der Winter nichts anhaben mit seinen Tücken, und uns auch nicht!

In herzlichster Freundschaft
Ihre getreue
Emilie Weber

Lieber Freund,

Mit dem Brief meiner Frau schicke ich Dir wieder einen kleinen Beitrag zur Complexen Multiplication, durch den wie ich hoffe, der in meiner Karte angedeutete Mangel beseitigt wird. Ich bitte Dich aber, Dich nicht damit abzugeben, wenn Dir die Sache läßtig ist, und Deine Zeit anderweitig in Anspruch genommen ist.
Ich will Dir bei dieser Gelegenheit von einem hier aufgetauchten mathematischen u. speciell zahlentheoretischen Genie schreiben, welches viel verspricht.[522] Er ist ein Primaner eines hießigen Gymnasiums, der erst in einem Jahr zur Universität abgeht und sich ganz aus eigenem Antrieb in die höhere Analysis und die Zahlentheorie eingearbeitet hat, die er nach der ersten Auflage Deiner Dirichlet-Vorlesung[523] studiert hat. Jetzt hat er die Disquisitiones[524] vor, daß er das Studium mit Verständnis treibt, geht aus zwei Arbeiten hervor, die er mir gebracht hat, zu denen er sich die Aufgaben wie mir scheint ganz richtig selbst gestellt hat und die er recht geschickt behandelt hat. Von seinem Lehrer, der von Zahlentheorie nichts versteht, hat er dabei jedenfalls keine besondere Anregung erhalten. Dieser hat ihn mit seinen Arbeiten an mich gewiesen, weil er sich selbst nicht für competent hält. In der einen Arbeit hat er für eine negative Determinante die Anzahl der reducierten Formen von einer der drei Formen $(a, 0, c)(a, \frac{1}{2}a, c)(a, b, a)$ bestimmt, wodurch er auf die Anzahl der ambigen Klassen kommt, u. b. ohne das zu kennen, was in Deiner zweiten Auflage Ste 401[525] darüber steht.
Die andere Arbeit bezieht sich auf positive Determinanten und führt die Gedanken Deiner Anmerkung Ste 200 der zweiten Auflage aus. Für einen Primaner gewiß eine anerkennenswerthe Leistung. Wenn Dir einmal Aufgaben begegnen, die für einen derartigen Menschen passen, so bitte ich Dich, sie mir mitzutheilen.
Wie steht es denn mit der Fortsetzung zur dritten Auflage?[526] Wird sie bald erscheinen? Ich freue mich sehr darauf.
Herzliche Grüße von

Deinem

H. Weber

---

522 Nach [Strobl 1985] handelt es sich hier um den jungen Hermann Minkowski und seinen Lehrer Luis Hübner.

523 Siehe [Dirichlet 1863].

524 Siehe [Gauss 1801].

525 Siehe [Dirichlet 1871].

526 Siehe [Dirichlet 1879].

Die beiliegende Abhandlung ohne Titel (6 Briefseiten)[527] (mit Berichtigung der vorhergehenden) an Weber zurückgeschickt am 5. Mai 1881 RD[528]

[Ded 22][529]

Richard Dedekind an Heinrich Weber

Brieffragment undatiert

Archiv der SUB Göttingen Cod. MS. R. Dedekind 13:49 Nummer 89

Anfang eines Briefes an H.Weber in Königsberg, wahrscheinlich aus dem Jahre 1881(?), nicht vollendet, und wohl in ganz anderer, abgekürzter Form abgeschickt.[530]

(vergl. Brief von H.Weber 1894.2.9)[531]

Lieber Freund!

Der Brief Deiner lieben Frau Gemahlin langt soeben an, und ich bitte Dich vor Allem, ihr meinen herzlichen Dank für die ausführlichen Nachrichten über Euer häusliches und geselliges Leben auszudrücken, die ich nach ziemlich langer Entbehrung mit großer Freude begrüßt habe; ich hoffe, sie wird auch künftig von Zeit zu Zeit so gütig sein, mir fernere Schilderungen von dem Heranwachsen und dem Treiben der Kinder zu geben. Ich habe mich lebhaft in die Zeit meines Besuches in Königsberg zurückversetzt und mir deutlich das mir eingeräumte Zimmer vorgestellt, damals das Deine, das nun Kinderzimmer geworden ist, und wo es sich so schön wohnte und philosophirte. Doch glaube ich auch, daß Du wohlgethan hast, Dir oben ein ruhigeres Zimmer zu nehmen, weil es sich da gewiß auch besser arbeitet. Übertreibe es nur nicht, Du besitzt ohnehin eine außerordentliche und von mir sehr beneidete Leichtigkeit, Dich in jeden neuen Stoff zu versenken, wovon Deine letzten Sendungen mir einen abermaligen Beweis geben. Ich muß gestehen, daß ich dieselben noch nicht mit der Gründlichkeit, die sie verdienen, durchstudirt habe, aber ich möchte auch nicht länger zögern, ein Lebenszeichen von mir zu geben, und deshalb will ich einige Gesichtspunkte hervorheben, die Dir vielleicht noch neu sind, obgleich gewiß Manches Dir Bekannte mit unterlaufen wird. Bei meinen Untersuchungen habe ich, wie ich voraus bemerken will, im Ganzen ähnliche, bisweilen genau dieselben Wege eingeschlagen, wie Du; Vieles aber von Deinen Mittheilungen (wie namentlich Dein Weg zur Trennung

527 Siehe [Weber 1885], [Weber 1887/1888] und [Weber 1889].

528 Handschriftlicher Nachtrag von Richard Dedekind.

529 Das folgende Brieffragment ist undatiert, läßt sich aber thematisch nach dem 31.10.1879 einordnen.

530 Handschriftlicher Nachtrag von Richard Dedekind.

531 Handschriftlicher Nachtrag von Richard Dedekind.

der Geschlechter) ist mir neu gewesen; ich habe auch dieselben Schwierigkeiten gefunden und habe sie zum großen Theil nicht überwunden. Meine Beschäftigung mit diesem Gegenstande, zu welcher ich durch das Studium der Körper dritten Grades gedrängt bin, ist immer nur eine vorübergehende, stets unterbrochene gewesen. Meine Bemerkungen werden Dir bunt durcheinander gewürfelt erscheinen; es ist eine ganze Welt von Stoff, und ich habe nicht Zeit, gut zu ordnen.

1. Du hast Dir selbst den Satz abgeleitet, daß die Elemente einer Abelschen Gruppe (d. h. bei welcher die Vertauschbarkeit $\mathcal{AB} = \mathcal{BA}$ gilt) bei zweckmäßiger Wahl von $\mathcal{A}, \mathcal{B} \ldots$ auf eine und nur eine Weise in der Form $\mathcal{A}^\alpha \mathcal{B}^\beta \ldots$ darstellbar sind, und fragst, ob es etwas darüber zu lesen giebt. Die Abhandlung über „die Fundamentalclassen etc." von Schering[532] habe ich in § 149 der Zahlentheorie[533] zitirt, und bald darauf kam ein Aufsatz von Kronecker über denselben Gegenstand in den Berliner Monatsberichten[534] (1. Dezember, 1870, §. 1)[535] heraus. Die Sache war mir schon früher bekannt, da die verschiedensten Fragen mich darauf geführt hatten. Ich erwähne nur das Folgende, was mich auf unser eigentliches Thema führen wird. Welche Bedeutung auch die Elemente $\mathcal{K}, \mathcal{L} \ldots$ der Gruppe besitzen mögen, so kann man fragen: kann man jedem Element $\mathcal{K}, \mathcal{L} \ldots$ eine Zahl $\mathcal{X}(\mathcal{K}), \mathcal{X}(\mathcal{L}) \ldots$ so entsprechen lassen, daß $\mathcal{X}(\mathcal{KL}) = \mathcal{X}(\mathcal{K})\Psi(\mathcal{L})$ wird? Dies ist zu folge des genannten Satzes sogleich zu bejahen, man braucht nur, wenn $\mathcal{A}^a = 1$, für $\mathcal{X}(\mathcal{A})$ irgend eine a^{te} Einheitswurzel zu nehmen, ebenso in Bezug auf $\mathcal{B}, \mathcal{C} \ldots$ zu verfahren, wodurch $\mathcal{X}(\mathcal{A}^\alpha \mathcal{B}^\beta \ldots) = \mathcal{X}(\mathcal{A})^\alpha \mathcal{X}(\mathcal{B})^\beta \ldots$ bestimmt ist; zugleich ergiebt sich, daß die Anzahl h aller in der Gruppe enthaltenen Elemente $\mathcal{K}, \mathcal{L}, \ldots$ (d. h. das Product ab ...) auch die genaue Anzahl der den gewählten Einheitswurzeln entsprechender verschiedenen „Charaktere" $\mathcal{X}_1, \mathcal{X}_2 \ldots \mathcal{X}_h$ ist, und das jedes Element $\mathcal{K}$ durch seine h Charaktere $\mathcal{X}_1(\mathcal{K}), \mathcal{X}_2(\mathcal{K}) \ldots$ vollständig charakterisirt, d. h. von allen anderen Elementen der Gruppe isolirt ist. Ein Beispiel der Anwendung liefert Dirichlets Beweis für den Satz über die arithmetische Progression: $\mathcal{K}$ die Differenz der Progression, $h = \varphi(\mathcal{K})$ die Anzahl der verschiedenen Zahlclassen (mod. $\mathcal{K}$), die relative Primzahlen zu $\mathcal{K}$ enthalten; ist $\mathcal{R}$ die durch r, $\mathcal{S}$ die durch s repräsentirte Zahlclasse, so bestehe die Zusammensetzung darin, daß $\mathcal{RS}$ die durch rs repräsentirte Zahlclasse bedeute; die Zahlclassen $\mathcal{R}, \mathcal{S} \ldots$ bilden in diesem Sinne eine Abel'sche Gruppe (– dieselbe ist in Wahrheit zugleich die Permutationsgruppe des Abel'schen Zahlkörpers vom Grade $h = \varphi(\mathcal{K})$ welcher aus der Gleichung $\mathcal{X}^{\mathcal{K}} = 1$ entspringt –); setzt man ferner $\mathcal{X}(r) = \mathcal{X}(\mathcal{R})$, wenn r der Zahlclasse $\mathcal{R}$ angehört, so erhält man für jeden der h Charaktere $\mathcal{X}$ eine entsprechende Gleichung

$$\prod \frac{1}{1 - \frac{\mathcal{X}(q)}{q^s}} = \sum \frac{\mathcal{X}(n)}{n^s},$$

532 Siehe [Schering 1869].
533 Siehe [Dirichlet 1871].
534 Monatsberichte der Königlich-Preußischen Akademie der Wissenschaften zu Berlin.
535 Siehe [Kronecker 1871].

gerade die Gleichungen, von denen Dirichlet bei seinem Beweise ausgeht (§. 133)[536]. Auf einer ganz ähnlichen Grundlage beruht der leider nicht vollständig ausgeführte Beweis von Dirichlet für den Satz (Crelle's Journal[537], Bd. 21, S. 98)[538], daß durch jede (ganz) ursprüngliche quadratische Form unendlich viele Primzahlen dargestellt werden, sowie die Untersuchung über die Geschlechter (Suppl. IV); und durch eine auf der Hand liegende Verallgemeinerung wird man zu einer ähnlichen Behandlung und Charakterisirung der Idealclassen in jeden beliebigen Körper gedrängt. Ich bleibe bei den, uns interessirenden binären quadratischen Formen, und ich will die Veranlassung erzählen, die mich auf die Function $\eta(\omega)$ geführt hat.
2. Die Grundzahl $\mathfrak{D}$ des primen cubischen Körpers, welcher aus $\sqrt[3]{ab^2}$ entspringt (wo ab durch kein Quadrat theilbar), ist im Allgemeinen $= -27a^2b^2$, und nur dann immer $= -3a^2b^2$, wenn $a^2 \equiv b^2 \pmod{9}$, in allen Fällen von der Form $-3g^2$; bei der Zerlegung in ideale Primfactoren machen die in $\mathfrak{D}$ aufgehenden Primzahlen p und diejenigen, welche $\equiv 2 \pmod{3}$ sind, gar keine Schwierigkeit; feiner ist die Untersuchung der in $\mathfrak{D}$ nicht aufgehenden Primzahlen p, welche $\equiv 1 \pmod{3}$ sind, weil hier die Entscheidung, ob p ein Produkt von drei Primidealen ersten Grades, oder ob p selbst ein Primideal ist, davon abhängt, ob ab^2 cubischer Rest oder Nichtrest von p ist; je nachdem das Erstere oder Letztere der Fall ist, tritt in dem Producte

$$\prod \frac{1}{1 - \frac{1}{\mathfrak{N}(p)^s}} = \sum \frac{1}{\mathfrak{N}(\mathfrak{a})^s}$$

die Primzahl p mit dem Factor

$$\frac{1}{(1 - \frac{1}{p^s})^3} \text{ oder } \frac{1}{1 - \frac{1}{p^{3s}}} = \frac{1}{1 - \frac{1}{p^s}} \cdot \frac{1}{1 - \frac{e}{p^s}} \cdot \frac{1}{1 - \frac{e^2}{p^s}}$$

als Beitrag auf. Durch eine (ungedruckte?) Induction von Gauß geleitet (Du findest sie in meinem Hefte über Kreistheilung am Rande bemerkt, in der Gegend der cubischen Periodengleichungen, Observatio venustissima)[539], die ich bald mit Hülfe des cubischen Reciproditätssatzes vollständig bestätigte, gelangte ich zu folgendem Resulthate. Die nicht äquivalenten ursprünglichen Formen $\mathcal{A}x^2 + \mathcal{B}xy + \mathcal{C}y^2$, deren Determinante $\mathcal{B}^2 - 4\mathcal{A}\mathcal{C} =$ der Gradzahl $\mathfrak{D}$ des cubischen Körpers, zerfallen in drei Abtheilungen, deren jede aus gleich vielen Formen oder Classen besteht; die eine dieser Abtheilungen bildet eine Gruppe von Classen, die sich durch Composition reproduciren; alle und nur die durch diese Formen darstellbaren Primzahlen p sind solche, von denen ab^2 cubischer Rest ist, hierdurch wird die Untersuchung über die Anzahl der Idealclassen im cubischen Körper zurückgeführt auf den für $s = 1$ geltenden Grenz-

536 Siehe [Dirichlet 1879].
537 Journal für die reine und angewandte Mathematik.
538 Siehe [Dirichlet 1840].
539 Siehe [Gauss 1900].

werth von

$$\mathcal{S} + e_1\mathcal{S}_1 + e_1^2\mathcal{S}_2 = \mathcal{S} - \mathcal{S}_1 ,$$

wo

$$\mathcal{S} = \sum(\mathcal{A}x^2 + \mathcal{B}xy + \mathcal{C}y^2)^{-s} + \sum(\mathcal{A}'x^2 + \mathcal{B}'xy + \mathcal{C}'y^2)^{-s} + \ldots$$

für alle Formen der genannten Gruppe und alle einzusetzenden Zahlenpaare x, y während $\mathcal{S}_1$ und $\mathcal{S}_2 = \mathcal{S}_1$ die analoge Bedeutung für die Classen der zweiten und dritten Abtheilung haben. Während nun bei der Bestimmung der Classenzahl der quadratischen Formen die Kenntniß ausreicht, daß das Product $(s-1)\sum(\mathcal{A}x^2 + \mathcal{B}xy + \mathcal{C}y^2)^{-s}$ sich einem nur von der Determinante $\mathcal{D}$ abhängigen, also allen Formen gemeinschaftlichen Grenzwerthe $\frac{2\pi}{\sqrt{-\mathcal{D}}}$, so kam es nun darauf an, für jede Form den Grenzwerth von

$$\sum(\mathcal{A}x^2 + \mathcal{B}xy + \mathcal{C}y^2)^{-s} - \frac{1}{s-1} \cdot \frac{2\pi}{\sqrt{-\mathcal{D}}}$$

zu finden. Hierbei konnte ich einen äußerst wichtigen Aufsatz von Kronecker benutzen (Monatsbericht vom 22 Januar 1863)[540], der, wie es scheint, Dir nicht bekannt geworden ist (wichtig für die Trennung der Geschlechter); er giebt daselbst ohne Beweis an, daß, wenn (a, b, c), (a', b', c') zwei Formen derselben negativen Dederminante $-d = b^2 - ac = b'^2 - a'c'$ sind, die Differenz

$$\sum(ax^2 + 2bxy + cy^2)^{-s} - \sum(a'x^2 + 2b'xy + c'y^2)^{-s}$$

sich dem Grenzwerthe

$$\frac{2\pi}{3\sqrt{d}} \log \frac{a\sqrt{a} \cdot \vartheta_1'\left(0, \frac{b'+i\sqrt{d}}{a'}\right) \vartheta_1'\left(0, \frac{-b'+i\sqrt{d}}{a'}\right)}{a'\sqrt{a'} \cdot \vartheta_1'\left(0, \frac{b+i\sqrt{d}}{a}\right) \vartheta_1'\left(0, \frac{-b+i\sqrt{d}}{a}\right)} ,$$

also dem Grenzwerthe

$$\frac{2\pi}{\sqrt{d}} \log \frac{\sqrt{a} \cdot \eta\left(\frac{b'+i\sqrt{d}}{a'}\right) \eta\left(\frac{-b'+i\sqrt{d}}{a'}\right)}{\sqrt{a'} \cdot \eta\left(\frac{b+i\sqrt{d}}{a}\right) \eta\left(\frac{-b+i\sqrt{d}}{a}\right)}$$

nähert.

[Web 120]

Heinrich Weber aus Königsberg an Richard Dedekind in Braunschweig

Brief vom 18.12.1879

Archiv der UB Braunschweig G 98:13

---

540 Siehe [Kronecker 1863].

Königsberg d. 18ten Dez 1879

Lieber Freund,

Zunächst sage ich Dir meinen besten Dank für Deinen Brief und Deine sehr schätzbaren Mittheilungen über die Complexe Multiplication. Die Kronecker'schen Abhandlungen[541], die Du mir nennst, waren mir wirklich zum Theil unbekannt, oder ich hatte sie zwar gesehen, aber nach dem Titel nichts auf meinen Gegenstand Bezügliches darin vermuthet. Ich hoffe nun, daß mir bei einem erneuten Ansturm die Erledigung des noch fehlenden Punktes gelingen wird. Sehr enttäuscht bin ich, daß wie aus Deinem Brief hervorgeht, bei dem Beweis des Satzes, daß jede primitive Form Primzahlen darstellen könne, noch wirkliche Schwierigkeiten bestehen. Ich glaubte, es handle sich dabei nur um die Durchführung eines in den Grundlagen klaren Gedankens.
Was den Satz betrifft, daß die Werthe

$$\mathcal{M} = (-i)^{\frac{a-1}{2}} \left(\frac{c}{e}\right) \sqrt{\partial^3}\, \frac{\eta\left(\frac{c+\partial\omega}{a}\right)^3}{\eta\omega^3}$$

die Wurzeln einer Gleichung $\nu^{\underline{\text{ten}}}$ Grades sind, so habe ich die von Dir mitgetheilte Vereinfachung auch bereits gefunden und zwar ganz auf Deinem Wege, der mir dem Lambert'schen[542] wegen seiner größeren Einfachheit weit vorzuziehen scheint. $\sqrt[3]{M}$ statt M selbst zu benutzen wäre zwar zunächst einfacher und hübscher, aber ich fürchte, es könnten einige Weitläufigkeiten dadurch entstehen, daß man noch Fälle, je nach dem Modul 3 unterscheiden müßte.
Ich will Dir noch Folgendes über Deine ursprüngliche Valenzgleichung mittheilen. Setzt man, durch einen numerischen Factor von Deiner Definition abweichend,

$$\nu = \text{val}\,\omega = 2^8 \frac{(1-\kappa^2\kappa'^2)^3}{\kappa^4\kappa'^4}$$

so erhält man, allerdings mit Benutzung der Entwicklung die Du aus den ϑ-Functionen hergeleitet hast, und die auch ich bis jetzt noch nicht direct habe beweisen können, für ν eine Entwicklung der Form

$$\nu = q^{-2}(1 + aq + bq^2 + \ldots)$$

worin die $a, b, \ldots$ ganze Zahlen sind. Es läßt sich dann zunächst für eine Primzahl n leicht beweisen, daß in dem linken Theil der Valenzgleichung

$$\mathcal{F}_n(u, \nu) = u^{n+1} - u^n \nu^n + \ldots + u^{n+1} = 0$$

541 Siehe [Kronecker 1863], [Kronecker 1871].

542 Johann Heinrich Lambert (* 26. August 1728 † 25. September 1777) Mathematiker, Logiker, Physiker, Philosoph.

nicht nur rationale sondern lauter ganzzahlige Coefficienten vorkommen. Dasselbe folgt dann allgemein daraus, daß, wenn m, n relative Primzahlen sind

$$\mathfrak{F}_{m,n}(u, v) = \mathfrak{F}_m(u, v_1)\mathfrak{F}_m(u, v_2)\ldots\mathfrak{F}_m(u, v_n n)$$

wenn $v_1 v_2 \ldots v_v$ die Wurzeln von

$$\mathfrak{F}_n(v, u) = 0$$

sind und daß für eine Primzahlpotenz p^q

$$\mathfrak{F}_{p^q}(v, u) = \frac{\mathfrak{F}_{p^{q-1}}(v, v_1)\ldots\mathfrak{F}_{p^{q-1}}(v, v_{p+1})}{(\mathfrak{F}_{p^{q-2}}(v, u))^p}$$

$v_1 v_2 \ldots v_p$ die Wurzeln von

$$\mathfrak{F}_p(v, u) = 0$$

In Folge dessen werden die singulären Valenzen ganze algebraische Zahlen.

Ich habe übrigens bei allen diesen und anderen Arbeiten kein recht gutes Gewissen, ehe unsere Idealtheorie[543] wenigstens zu einem gewissen Abschluß gekommen ist. Was wir darin gemacht haben, ist doch zu hübsch, um es ganz liegen zu lassen, und je länger man sich nicht damit befaßt, desto fremder wird man der Sache. Es wäre doch schön wenn wir jetzt bald einmal mit etwas hervortreten könnten, wo gerade so vielerlei auf diesem Gebiete erscheint, was entschieden nicht so gut ist als unseres, z. B. aber ein dickes Buch von Briot über Abel'sche Functionen[544]. Die hauptsächlichste Schwierigkeit erblicke ich nur noch in der Definition des „Punktes der R-Fläche" und ich habe in der letzten Zeit mancherlei darauf bezügliche Versuche gemacht, die mich zu der Ueberzeugung geführt haben, daß es das Beste sein dürfte, zu Deiner ursprünglichen Begründung der Idealtheorie zurückzukehren, wo dann möglichst lange von Punkten gar nicht die Rede ist, sondern nur von Primidealen. Von da aus würde es dann wohl nicht schwer sein, den Begriff „Punkt" in ganz befriedigender Weise einzuführen. Dann würde die Idealtheorie in ihr volles Recht eintreten und der von mir eingeschlagene Weg stellt sich dar als eine Petitio Principii[545]. Bei der Durchführung dieses Weges bin ich bis jetzt an einer Schwierigkeit stecken geblieben, die Du aber ohne Zweifel mit einigen Worten beseitigen kannst, und ich wäre Dir für eine baldige Antwort darauf sehr dankbar. Deine Hülfssätze §24 der französischen Abhandlung[546] habe ich ohne Hülfe der Congruenzen beweisen können. Dagegen ist mir dies bis jetzt nicht gelungen mit dem Satze $\mathfrak{N}a \cdot \mathfrak{N}b = \mathfrak{N}m \cdot \mathfrak{N}n$ oder einem andern, der ihn vertreten könnte, z. B. daß wenn a und b nicht relativ prim sind der Grad von

543 Siehe [Dedekind/Weber 1882].

544 Siehe [Briot 1879].

545 Petitio Principii, lat. Zirkelschluß.

546 Siehe [Dedekind 1877b].

$\mathcal{N}a\mathcal{N}b$ größer ist als der von $\mathcal{N}m$. Hoffentlich werden uns die Weihnachtsferien darin ein Stück vorwärts bringen.
Herzliche Grüße an Dich und beste Empfehlungen an die Deinigen von

Deinem

H. Weber.

[Web 121]
Emilie Weber aus Königsberg an Richard Dedekind in Braunschweig
Paketabschnitt vom 22.12.1879
Archiv der UB Braunschweig G 98:13

22.12.1879
Mit herzlichen Grüßen und Wünschen für ein frohes Fest.

[Web 122]
Heinrich Weber aus Königsberg an Richard Dedekind in Braunschweig
Postkarte vom 23.12.1879
Archiv der UB Braunschweig G 98:13

Lieber Freund, Briefe und Manuscript sind heute angekommen. Werde letzteres bald thunlichst zurückschicken. Für beides besten Dank.
Es scheint mir jetzt bei der directen Idealtheorie dieselbe Schwierigkeit entgegen zutreten, wie bei der Punktdefinition, die Du vielleicht mit deinem Papierkorb erledigen kannst. Es würde sich wesentlich darum handeln, zu beweisen, daß eine ganze Function existirt, deren Index (Nach Deinem Ausdruck in der Göttinger Abhandlg 1878)[547] durch ein beliebiges $z - c$ nicht theilbar ist, was hier wohl unzweifelhaft richtig ist; oder was ziemlich auf dasselbe hinauskommen wird, daß eine ganze Function existirt, deren Norm durch $z - c$ aber nicht durch $(z - c)^2$ theilbar ist.
Setzt man $\theta = \lambda_1\omega_1 + \ldots\lambda_n\omega_n$ (mit unbestimmten Constanten λ) und $F(\theta, z) = (z - c)\varphi(\theta, z) + (\theta - \theta_1)^{\alpha_1}(\theta - \theta_2)^{\alpha_2}\ldots = 0$, so giebt jeder dieser Linearfactoren $\theta - \theta_1, \theta - \theta_2$ einen „Punkt“ ist $\varphi(\theta_1, c)$ nicht $= 0$ so ist $F'(z)$ für $z = c$ $\theta = \theta_1$ nicht $= 0$ u. man kann $z - c$ nach ganzen aufsteigenden Potenzen von $\theta - \theta_1$ entwickeln. Damit wäre die Haupsache erledigt, aber ich habe keinen Beweis, daß eine solche Function θ existirt.

Dein H. W. Kgsbg 23/12 79

547 Siehe [Dedekind 1878].

[Web 123]

Heinrich Weber aus Königsberg an Richard Dedekind in Braunschweig

Brief vom 26.12.1879

Archiv der UB Braunschweig G 98:13

Königsberg d. 26ten Dez. 1879

Lieber Freund,

Zunächst meinen schönsten Dank für Deine vortrefflichen Mittheilungen, durch welche ich die wesentlichen Schwierigkeiten für überwunden halte, wenn ich mich in der ersten Freude darüber nicht irre. Der wesentliche Unterschied der Functionen-Idealtheorie von der Zahlen-Idealtheorie scheint mir darin zu bestehen, daß dort die Norm eines Primideals stets eine lineare Function ist, während sie in dieser eine höhere Potenz einer Primzahl sein kann. Wenn man dies beweisen kann, so folgt wie ich glaube alles Andere ziemlich leicht, auch würde man von da aus wohl zu einer Punktdefinition gelangen können. Dafür ergiebt sich aber aus Deiner letzten Mittheilung folgender höchst einfache Beweis (wenn er richtig ist) Es sei $b = v$ und $\mathfrak{a}$ irgend ein Ideal

$$\begin{aligned} v &\equiv (\lambda_1\lambda_2\ldots\lambda_m) \bmod \mathfrak{a} \\ z\lambda_1 &\equiv b_{1,1}\lambda_1 \\ z\lambda_2 &\equiv b_{1,2}\lambda_1 + b_{2,2}\lambda_2 \qquad\qquad (\bmod\ \mathfrak{a}) \\ z\lambda_m &\equiv b_{1,m}\lambda_1 + b_{2,m}\lambda_2 + \ldots b_{m,m}\lambda_m \end{aligned}$$

der größte gemeinschaftliche Theiler von $[\lambda_1]$ und $\mathfrak{a}$ ist jedenfalls wieder ein Ideal und von $\mathfrak{a}$ verschieden weil sonst

$$\lambda_1 \equiv 0 \ (\bmod\ \mathfrak{a})$$

wäre, gegen die Voraussetzung. Es kann aber, wenn $m > 1$ ist auch nicht $= v$ sein, denn sonst wäre jede Function in v, folglich auch $\lambda_2 \equiv x\lambda_1 (\bmod\ \mathfrak{a})$ x ganz und rational. Es ist aber wegen $z\lambda_1 \equiv b_{11}\lambda_1 \ (\bmod\ \mathfrak{a}) \quad x\lambda_1 \equiv \text{const}\ \lambda_1 \bmod \mathfrak{a}$, mithin wäre

$$\lambda_2 \equiv \text{const}\ \lambda_1 \bmod \mathfrak{a}$$

gegen Voraussetzung, also wenn $\mathfrak{a}$ ein Primideal ist, $m = t$

Setzt man also die Sätze über die Theilbarkeit der Ideale voraus und zerlegt $z - c$ in seine Primfactoren

$$z - c = \varphi_1^{a_1}\varphi_2^{a_2}\ldots\varphi_m^{a_m}$$

so ist

$$a_1 + a_2 + \ldots + a_m = n$$

Bestimmt man nun Functionen

$$\begin{array}{llll} \theta_1 & \text{in } \varphi_1\varphi_2\ldots\varphi_m & \text{aber nicht} & \text{in } \varphi_1^2 \\ \theta_2 & \text{in } \varphi_1^2\varphi_3\ldots\varphi_m & \quad '' \quad '' & \text{in } \varphi_2 \\ \theta_m & \text{in } \varphi_1^2\varphi_2\ldots\varphi_{m-1} & \quad '' \quad '' & \text{in } \varphi_m \end{array}$$

und setzt mit constanten oder wenigstens nicht durch $z-c$ theilbaren rationalen Coefficienten:

$$\theta = t_1\theta_1 + t_2\theta_2 + \ldots t_m\theta_m$$

so ist θ in φ_1 aber nicht in $\varphi_1^2, \varphi_2, \ldots \varphi_m$ enthalten, also

$$v\theta = \varphi_1 q_2 q_3 \ldots$$

wo die Primideale $q_2 q_3 \ldots$ nicht in $z-c$ aufgehen Daraus folgt

$$\mathcal{N}\theta = (z-c)(z-c')(z-c'')\ldots$$

$c'c'' \ldots$ von c verschieden.
Ist nun

$$\mathcal{N}(\sigma-\theta) = \sigma^n + a_1\sigma^{n-1} + \ldots a_{n-1}\sigma + a_n = \mathcal{F}(\sigma, z)$$

so ist $\sigma = \theta$ die Wurzel der Gleichung $\mathcal{F}(\sigma, z) = 0$. Es ist aber

$$a_n = (-1)^n \mathcal{N}\theta$$

und man erhält:

$$\mathcal{F}(\sigma, c) = \sigma^{\alpha_1}(\sigma-\theta_2)^{\alpha_2}\ldots(\sigma-\theta_m)^{\alpha_m} \quad \theta_2\ldots\theta_m \text{ von } \quad 0 \quad \text{verschieden}$$

also:

$$\theta^{\alpha_1}(\theta-\theta_1)^{\alpha_2}\ldots(\theta-\theta_m)^{\alpha_m} = (z-c)\varphi(z,\theta)$$

worin

$$\varphi(c, 0) = \left(\frac{a_n}{z-c^2}\right)_{z=c}$$

von 0 verschieden.
Es hat also $v\varphi(z,\theta)$ keinen gemeinschaftlichen Theiler mit $v(z-c)$ und $v\theta$, d. h. es ist nicht theilbar durch φ_1. Ebenso sind $\theta-\theta_1 \ldots \theta-\theta_m$ nicht theilbar durch φ_1, also $\alpha_1 = a_1$.
Es ist also $F'(z)$ für $z = c \quad \theta = 0$ von 0 verschieden, und daraus wird sich ohne große Schwierigkeiten beweisen lassen, daß $z-c$ in eine nach ganzen aufsteigenden Potenzen von θ fortschreitende Reihe entwickelbar ist, welche mit der Potenz θ^{a_1} anfängt. Eine solche Entwicklung giebt es denn auch für jede rationale Function von z und θ. Man kann aber diese Function θ noch in anderer Weise verwenden, indem man zeigt, daß ihr „Index" nicht durch $z-c$ theilbar ist, denn es sei:

$$\begin{aligned} 1 \quad &= k_1\omega_1 + k_2\omega_2 + \ldots k_n\omega_n \\ \theta \quad &= k_1'\omega_1 + k_2'\omega_2 + \ldots k_n'\omega_n \\ \theta^{n-1} \quad &= k_1^{(n-1)}\omega_1 + k_2^{(n-1)}\omega_2 + \ldots k_n^{(n-1)}\omega_n \end{aligned}$$

und

$$\kappa = \Sigma \pm k_1 k_2' \ldots k_n^{(n-1)}$$

durch $z-c$ theilbar, dann lassen sich die Constanten $t_0 t_1 \ldots t_{n-1}$, nicht alle verschwindend, so bestimmen, daß:

$$t_0 + t_1\theta + \ldots t_{n-1}\theta^{n-1} = (z-c)\omega$$

oder w t_{α_1} das erste nicht verschwindende t ist:

$$\theta^{\alpha_1}(\theta-\theta')^{\alpha_2}(\theta-\theta'')^{\alpha_3}\ldots = (z-c)\omega \quad \alpha_1+\alpha_2+\alpha_3+\ldots \overset{=}{<} n-1$$

worin die Constanten $\theta', \theta'' \ldots$ unter sich und von 0 verschieden sind; daraus ergiebt sich daß die Hauptideale $v\theta$, $v(\theta-\theta')$, $v(\theta-\theta'')\ldots$ alle untereinander relativ prim sind. Daraus weiter

$$\alpha_1 \overset{=}{>} a_1 \quad \alpha_2 \overset{=}{>} a_2 \ldots$$

also

$$\alpha_1 + \alpha_2 + \ldots \overset{=}{>} a_1 + a_2 + \ldots = n$$

folglich ein Widerspruch. Daraus kann man dann leicht herleiten:

$$v\mathcal{F}'(\theta) = a\varphi_1^{a_1-1}\varphi_2^{a_2-1}\ldots$$

a relativ prim zu $z-c$ und folglich $\Delta\Omega$ theilbar durch $(z-c)^{a_1-1+a_2-1+\ldots}$ und durch keine höhere Potenz von $z-c$. Das scheint mir doch auch eleganter als die Betrachtungen mit den Reihenentwicklungen, die entschieden etwas dieser Methode fremdes enthalten, und ich glaube jetzt, daß man ziemlich Alles auch auf diesem Wege machen kann. Ich hätte nun eigentlich Lust, einmal eine erste Redaction einer zusammenhängenden Darstellung zu versuchen. Ich denke, daß man dabei erst deutlich sehen würde, was noch fehlt, und was etwa noch gemacht werden könnte. Wenn Du einverstanden bist, würde ich Dir die einzelnen Partien zuschicken mit der Bitte um eine möglichst strenge Kritik und möglichst umfassende Aenderungen. Herzliche Grüße und Wünsche zum Fest und besten Dank für die schönen Pfefferkuchen.

Dein

H. Weber.

Eine beiliegende Abhandlung „Ueber die Valenzgleichung" (3 Briefseiten) an Weber zurückgeschickt am 5. Mai 1881 RD
Ganze Coefficienten![548]

548 Handschriftlicher Nachtrag von Richard Dedekind.

4.7 Briefe des Jahres 1880

[Ded 23]

Richard Dedekind an Heinrich Weber

Brieffragment vom 19.01.1880

Dedekind Werke 1930-1932, Bd. 3, S. 487-488

19.1.80.

... Aber die Theorie der ganzen Functionen ω, die Definition von $\Delta(\Omega)$ und vieles Andere macht große Weitläufigkeiten, wie ich glaube, und wenn auch dies nicht wäre, so würde eine solche schattenhafte Behandlung des Wesen-Körpers Ω jeden anderen, als mich (und Dich?), im höchsten Grade zurückschrecken, und er würde auch durch die nachträgliche Beseelung dieser Schattenwesen ω nicht mehr zu versöhnen sein; ich für meinen Theil habe aber gegen diese Auffassung an sich gar nichts einzuwenden als die Weitläufigkeit, und ich muß Dir sogar gestehen, daß die furchtbare Abgeschlossenheit, in welcher der Körper Ω so erscheint, und die vollständige starre Bestimmtheit jedes einzelnen in ihm enthaltenen Wesen-Individuum ω mir sehr wohl gefällt; und schön ist es doch, wenn diese Welt durch einen Zauberschlag plötzlich zum Zahlen-Leben erweckt wird! Ich habe aber gar nichts dagegen, wenn Du mich ordentlich auslachst wegen meiner Begeisterung.

Will man nun also in diesem Hades nicht mit hinabsteigen, sondern stets in der Sonnenhelle des Zahlenlebens bleiben (– so sehr haben wir uns schon an die complexen Zahlen gewöhnt, daß wir als Sonnenhelle empfinden, was unseren Vorfahren als nächtliches Dunkel erschien –), so kann man, um auch die Conjugirten genießen zu dürfen, wohl so verfahren, daß man Anfangs nur ein beliebig kleines Stück der z - Ebene betrachtet, über welchem die Blätter der Riemann'schen Fläche sämmtlich von einander gesondert verlaufen, und lediglich für dieses Stück die Function ω untersucht; nimmt man für ϑ ein beliebiges, aber bestimmtes dieser n Blätter, so erhält man einen bestimmten zugehörigen Functionenkörper Ω, in welchem jede Function ω einwerthig ist; jede Beziehung zwischen den in ihm enthaltenen Functionen ω, die sich durch rationale Gleichungen ausdrücken läßt, kommt schon in diesem Stück zur Geltung, und später wird sich zeigen, daß alle Erscheinungen, die in der fernsten Ferne auftreten, schon durch die Erscheinungen innerhalb dieses kleinen Stücks vollständig „bestimmt und entschieden" sind....

[Ded 24]
Richard Dedekind an Heinrich Weber
Briefragment vom 30.10.1880
Dedekind Werke 1930-1932, Bd. 3., S. 488

30.10.1880

...Ich benutze die Gelegenheit, um Dir nochmals meinen innigsten Dank für die ganze, beinahe zweijährige Arbeit zu sagen, von der Du so unendlich viel Mühe gehabt hast, und an der Theil zu nehmen mir die größte Freude und eine bedeutende Bereicherung an Wissen gebracht hat; es ist ein ganz besonders schönes Gefühl, sich so bei der Erforschung der Wahrheit zu begegnen, was Pascal[549] in seinem ersten Brief an Fermat so trefflich ausdrückt: Car je voudrais désormais vous ouvrir mon cœur, s'il se pouvait, tant j'ai de joie de voir notre rencontre. Je vois bien que la vérité est la même à Toulouse et à Paris. Oft habe ich an diese Stelle denken müssen bei den Fortschritten unserer Arbeit, die nach mancherlei Oscillation doch immer mehr den Charakter innerer Nothwendigkeit angenommen haben. Es soll mich nun auch herzlich freuen, wenn die Sache einigen Beifall finden wird, worauf ich aber vorläufig nicht allzu sehr baue, weil die langweiligen Moduln gewiß manchen zurückschrecken werden[550]....

4.8 Brief des Jahres 1887

[Ded 25]
Richard Dedekind aus Braunschweig an Heinrich Weber in Marburg
Abschrift eines Briefes vom 20.02.1887
Archiv der SUB Göttingen Cod. MS. R. Dedekind 4:10

Abschrift (1895.1.14) eines Briefes an H. Weber in Marburg (1887.2.20)[551]

Lieber Freund!

Mit bestem Danke sende ich Dir anbei Deine Theorie der algebraischen Zahlen nach Kronecker[552] zurück, ich füge, Deiner Erlaubniß gemäß, die „Bunten Bemerkungen"[553]

549 Blaise Pascal (* 19. Juni 1623 † 19. August 1662) Mathematiker, Physiker, Literat, Philosoph.
550 Siehe [Dedekind/Weber 1882].
551 Handschriftlicher Nachtrag von Richard Dedekind.
552 Siehe [Weber 1886], [Weber 1886/1887].
553 Siehe [Edwards/Neumann/Purkert 1982], Dedekind selbst veröffentlichte seine Bunten Bemerkungen nie.

bei, die unmittelbar nach dem Erscheinen der Abhandlung von Kronecker[554] aufgeschrieben sind. Du wirst aus ihnen genugsam ersehen, daß und weshalb ich mich für die Theorie von Kronecker nicht erwärmen kann, und ich verzichte deshalb auch darauf, noch einmal meine Gründe hier auseinanderzusetzen. Auch Deine Arbeit hat zwar mein Interesse erregt, aber mich doch nicht bekehrt. Jedenfalls scheinen wir, wie ich mit Befriedigung bemerkt habe, darin einig zu sein, daß die Darstellung von Kronecker sehr der Vervollständigung bedarf; ich bezweifle stark, daß diese Theorie ganz abgesehen von dem prinzipiellen Werth oder Unwerth ihres Grundgedankens, kürzer ist als die meinige, natürlich vorausgesetzt, daß die Darstellung für beide in demselben Ton, in derselben Breite gehalten wird. Deine Arbeit hat mich veranlaßt, auch die bunten Bemerkungen wieder durch zu lesen, namentlich Nro. 20, wo auch eine Lücke (bei Konecker) ausgefüllt ist, auf die sich auch Deine Anm. auf Deiner zweiten Seite zu beziehen scheint. Diese Ausfüllung (bei mir) ist aber auch nicht recht nach meinem Geschmack, und ich habe deshalb die im Verlaufe meiner Nro. 20 gegen Ende auftretenden Betrachtungen wieder aufgenommen; in einer schlaflosen Nacht (vom 14 - 15 Februar) bin ich dann auch zu dem erstrebten Ziele gelangt, und da ich glaube, durch diese Betrachtung eine nicht unerhebliche Vereinfachung der Kronecker'schen Theorie zu bewirken, so erlaube ich mir, sie Dir mitzutheilen.

Wie ich auf S.6 meiner Note erörtert habe, ist es ohne Zweifel Kronecker's Meinung gewesen, zu behaupten, daß jeder Coefficient der Function Q (auf der vorhergehenden Seite 5), d. h. jedes Product aus jeder Größe $x, x', x'' \ldots$ und aus jedem Coefficienten der Function $\mathcal{G}$ ganz ist. Statt nun den Kronecker'schen Weg einzuschlagen (durch Bildung der Gleichung, welcher Q genügt), folgert meine nächtliche Betrachtung dies Resultat unmittelbar daraus, daß das Product

$$(ux + u'x' + u''x'' + \ldots)\mathcal{G} = \mathcal{F}$$

lauter ganze Coefficienten hat; meine Betrachtung gipfelt also in einem einfachen Beweise des folgenden Satzes, der (wie Dein gleichwerthiger Satz 35.) die höchste Verallgemeinerung des Art. 42 der Disquisitiones Arithmeticae[555] ist:

„Wenn das Product $\mathcal{G}\mathcal{H}$ aus zwei ganzen rationalen Functionen $\mathcal{G}$, $\mathcal{H}$ von beliebig vielen unabhängigen Variablen $u, u', u'' \ldots$ lauter ganze Coefficienten hat, so ist auch jedes Einzelproduct aus jedem Coefficienten von $\mathcal{G}$ und jedem Coefficienten von $\mathcal{H}$ eine ganze Größe."

Dieser Satz und der nachstehende Beweis gilt zwar (soweit ich sehe) auch für den allgemeinsten Fall, daß unter „ganzen Größen" beliebige ganze algebraische Functionen von Variabelen (die von den $u, u', u'' \ldots$ ganz unabhängig sind) verstanden werden, aber ich beschränke mich der Einfachheit halber auf den Fall, daß hiermit nur die ganzen algebraischen Zahlen gemeint sind. Die Wahrheit des Satzes ist offenbar eine un-

554 Siehe [Kronecker 1882].
555 Siehe [Gauss 1801].

mittelbare Folge der Idealtheorie; es kommt darauf an, ihn ohne dieselbe zu beweisen, und hierzu gelangt man durch die Betrachtung seines einfachsten speciellen Falles. Die Kette der einzelnen Schritte will ich so darstellen, als seien sie eine unmittelbare Fortsetzung der Sätze in §. 160 der dritten Auflage von Dirichlet's Zahlentheorie[556] (deren Beweise, wie ich beiläufig bemerke, sich etwas vereinfachen, wenn man die in der Anmerkung auf S. 482 erwähnte Definition einer ganzen Zahl zu Grunde legt und die einfachsten Begriffe aus der Theorie der Moduln voraussetzt). Also zum Werke:
3. Wenn die Zahlen $\omega_1, \omega_2 \ldots \omega_n$ nicht alle verschwinden, und wenn jedes der Producte $\omega\omega_1, \omega\omega_2 \ldots \omega\omega_n$ von der Form

$$\alpha_1\omega_1 + \alpha_2\omega_2 + \ldots + \alpha_n\omega_n$$

ist, wo die Coefficienten $\alpha_1, \alpha_2 \ldots \alpha_n$ ganze Zahlen bedeuten, so ist ω eine ganze Zahl.
– Folgt durch Elimination von $\omega_1, \omega_2 \ldots \omega_n$ nach Satz 2.–
4. Wenn die ganze rationale Function $f(t)$ der Variablen t lauter ganze Coefficienten hat, so gilt dasselbe von der Function

$$f_1(t) = \frac{f(t)}{t-\theta},$$

wo θ eine Wurzel der Gleichung $f(\theta) = 0$ bedeutet.
Beweis. Es sei

$$\begin{aligned} f(t) &= \eta_0 t^n + \eta_1 t^{n-1} + \ldots + \eta_{n-1} t + \eta_n \\ f_1(t) &= \eta'_0 t^{n-1} + \eta'_1 t^{n-2} + \ldots + \eta'_{n-2} t + \eta'_{n-1} \end{aligned}$$

so ist

$$\begin{aligned} \eta'_0 &= \eta_0 \\ \eta'_1 &= \eta_0\theta + \eta_1 \\ \eta'_2 &= \eta_0\theta^2 + \eta_1\theta + \eta_2 \\ \ldots & \quad \ldots\ldots \\ \eta'_{n-1} &= \eta'_0\theta^{n-1} + \eta_1\theta^{n-2} + \ldots + \eta_{n-2}\theta + \eta_{n-1} \\ 0 &= \eta_0\theta^n + \eta_1\theta^{n-1} + \ldots + \eta_{n-1}\theta + \eta_n. \end{aligned}$$

daß η'_s eine ganze Zahl ist, wird sich (nach 3.) daraus ergeben, daß jedes der n Producte

$$1.\ \eta'_s\ ;\ \theta\eta'_s\ ;\ \theta^2\eta'_s\ \ldots\ \theta^{n-1}\eta'_s$$

von der Form

$$\alpha_0 + \alpha_1\theta + \alpha_2\theta^2 + \ldots + \alpha_{n-1}\theta^{n-1}$$

ist, wo $\alpha_0, \alpha_1, \alpha_2 \ldots \alpha_{n-1}$ ganze Zahlen bedeuten; in der That, wenn $r < n - s$, so ist unmittelbar

$$\theta^r\eta'_s = \eta_0\theta^{r+s} + \eta_1\theta^{r+s-1} + \ldots + \eta_s\theta^r\ ;$$

556 Siehe [Dirichlet 1879].

ist aber $n - s \leqq r \leqq n$, so giebt $f(\theta) = 0$ die Form

$$\theta^r \eta_s' = -\eta_{s+1}\theta^{r-1} - \eta_{s+2}\eta^{r-2} - \ldots - \eta_n \theta^{r+s-n_{557}}$$

w.z.b.w.
Anmerkung. Da, wie oben bemerkt, sogar $\theta^n \eta_s'$ die angegebene Form besitzt, so folgt, daß auch noch alle Producte $\theta\eta_0', \theta\eta_1' \ldots \theta\eta_s' \ldots \theta\eta_{n-1}'$ ganze Zahlen sind, in Übereinstimmung mit dem allgemeinen Satze (Seite $\overset{!!!}{2}$), dessen Beweis unser Endziel ist; $f(t) = (t - \theta)f_1(t) = \mathcal{G}\mathcal{H}$. Aber diese Folgerung kann man ruhig schwinden lassen, wir gewinnen sie doch gleich wieder. Also weiter:
5. Wenn die Function

$$f(t) = \eta_0(t - \theta_1)(t - \theta_2) \ldots (t - \theta_n)$$

lauter ganze Coefficienten hat, so behält sie diese Eigenschaft nach Weglassung von beliebig vielen der Factoren ersten Grades, und folglich ist auch jedes Product von der Form $\eta_0\theta_\mu\theta_\nu\theta_\varrho \ldots$ eine ganze Zahl, wenn $\mu, \nu, \varrho \ldots$ irgendwelche von einander verschiedene Zahlen aus der Reihe $1, 2 \ldots n$ bedeuten.
Folgt durch die wiederholte Anwendung des Satzes 4.
6. Wenn das Product $\mathcal{G}(t)\mathcal{H}(t) = f(t)$ lauter ganze Coefficienten hat, so ist jedes Product gh aus einem Coefficienten g der Function $\mathcal{G}(t)$ und einem Coefficienten h der Function $\mathcal{H}(t)$ eine ganze Zahl.
Beweis. Da bei gegebenem $f(t)$ die Producte gh ganz unabhängig von der Wahl der höchsten Coefficienten von $\mathcal{H}(t)$ sind, so dürfen wir ohne die geringste Beeinträchtigung der Allgemeinheit annehmen:

$$\begin{aligned} f(t) &= \eta_0(t - \theta_1)(t - \theta_2) \ldots (t - \theta_n) \\ \mathcal{G}(t) &= \eta_0(t - \theta_1)(t - \theta_2) \ldots (t - \theta_s) \\ \mathcal{H}(t) &= (t - \theta_{s+1})(t - \theta_{s+2}) \ldots (t - \theta_n) \end{aligned}$$

dann ist jeder Coefficient $\pm g$ eine Summe von Producten $\eta_0\theta_\mu\theta_\nu\theta_\varrho \ldots$, und jeder Coefficient $\pm h$ eine Summe von Producten $\theta_{\mu'}\ \theta_{\nu'}, \theta_{\varrho'} \ldots$, und folglich jedes Product $\pm gh$ eine Summe von Producten $\eta_0\theta_\mu\theta_\nu \ldots \theta_{\mu'}, \theta_{\nu'}, \ldots$, wo $\mu, \nu, \varrho \ldots$ von einander verschiedene Zahlen der Reihe $1, 2, \ldots s$, ebenso $\mu', \nu', \varrho' \ldots$ von einander verschiedene Zahlen der Reihe $s + 1, s + 2 \ldots n$, und folglich $\mu, \nu, \varrho \ldots \mu', \nu', \varrho' \ldots$ voneinander verschiedene Zahlen der Reihe $1, 2 \ldots n$ bedeuten. Da aus der Annahme über $f(t)$ nach Satz 5. folgt, daß jedes solche Product $\eta_0\theta_\mu\theta_\nu\theta_\varrho \ldots \theta_{\mu'}\theta_{\nu'}\theta_{\varrho'} \ldots$ eine ganze Zahl ist, so gilt dasselbe (nach Satz 1.) von jeder Summe solcher Producte, also auch von jedem Producte gh, w.z.b.w.
Und hiermit ist auch unser Endziel, der allgemeine Satz auf S. 2(!!!) bewiesen, weil

557 An dieser Stelle hat sich Richard Dedekind offensichtlich verschrieben. Die Formel sollte lauten: $\theta^r \eta_s' = -\eta_{s+1}\theta^{r-1} - \eta_{s+2}\theta^{r-2} - \ldots - \eta_n \theta^{r+s-n}$

man (wie in meiner Nro. 20 S. 8 - 9 besprochen ist) für die Variablen $u, u', u'' \dots$ der Functionen $\mathcal{G}$, $\mathcal{H}$ solche Potenzen einer einzigen Variablen t einführen kann, daß alle voneinander verschiedenen Glieder in $\mathcal{G}$, $\mathcal{H}$ und $\mathcal{GH}$ auch nach der Substitution verschieden bleiben (Kronecker). –
Wie unmittelbar aus 6. der zur Abkürzung meiner Idealtheorie brauchbare Satz folgt, der auf S. 9 - 11 meiner Bemerkungen besprochen ist, leuchtet so ein, daß ich kein Wort darüber zu sagen brauche. Und zu alle Diesem ist noch nicht einmal der Begriff des endlichen Körpers und der der Norm erforderlich! Doch werde ich mir zehnmal überlegen, wie eine solche Abkürzung durchzuführen ist, ohne den einheitlichen Character der Theorie zu stören!
Am Schlusse Deines Entwurfes legst Du die Frage vor, ob wohl der „Index" von $\theta = \sum x_i \omega_i$ (d. h. doch die Quadratwurzel des Quotienten $\Delta(1, \theta \dots \theta^{n-1}) : \Delta(\Omega)$?) eine „Einheit", d. h. eine ursprüngliche Form der Variablen x_i ist. Nach meinem Gefühl halte ich dies für sehr wahrscheinlich und ich glaube (ahne) auch, daß der Beweis keine großen Schwierigkeiten darbieten wird; jedenfalls bewährt sich der Satz in dem von mir angegebenen Beispiele der cubischen Körper, in welchen der Index einer jeden ganzen Zahl θ gerade ist (wobei ich bemerke, daß Kronecker noch im Jahre 1880, bei Enthüllung des Gauß-Standbildes[558], ganz im Unklaren über das Wesen dieser Erscheinung war, was man freilich aus seiner Abhandlung S. 118 - 119 nicht mehr sehen kann).
Den in Deinem Briefe erwähnten Satz, daß die Grundzahl jedes endlichen Körpers von höherem als ersten Grade nicht = ±1 sein kann, habe ich, wie ich Dir in Harzburg erzählt habe, schon vor vielen Jahren vergeblich zu beweisen versucht; aber ich halte ihn für wahr und hoffe auch noch, die Schwierigkeiten des Beweises zu überwinden; es genügt übrigens, ihn für Normalkörper zu beweisen.
Außerordentlich dankbar bin ich Dir für die Mittheilung der Candidaten-Themata, und wenn Du erlaubst, werde ich einige von ihnen, die nicht zu schwer sind, gelegentlich benutzen. Von der Curve vierter Ordnung hast Du mir schon früher einmal, ich glaube auf dem Geis (oder Gais?) Berg bei Heidelberg[559] erzählt; ich will einmal zunächst meine eigenen Kräfte daran versuchen.
Die bunten Bemerkungen[560] bitte ich gelegentlich – es hat nicht die geringste Eile – mir wieder zugehen zu lassen.
Die guten Nachrichten von dem Wohlbefinden Deiner lieben Frau haben mich sehr erfreut; mit den herzlichsten Grüßen an sie und die Kinder verbleibe ich Dein
Braunschweig, R. Dedekind
20 Februar 1887.

558 Carl Friedrich Gauß Denkmal, Braunschweig, Deutschland.
559 Gaisberg, oder auch Geißberg, Berg an der Westflanke des Königstuhls bei Heidelberg.
560 Siehe [Edwards/Neumann/Purkert 1982].

4.9 Briefe des Jahres 1888

[Ded 26]

Richard Dedekind aus Braunschweig an Heinrich Weber

Brief vom 24.01.1888

Archiv der SUB Göttingen 8 Cod. MS. Philos 205 Nummern 10/1, 10/2

Auszugsweise veröffentlicht in: Dedekind Werke 1930-1932, Bd. 3, S. 488-490 und Dugac 1976, S. 273

Lieber Freund!

Verzeihe mir, daß ich den Weihnachtsbrief Deiner lieben Frau Gemahlin und den Deinigen vom Anfang dieses neuen Jahres 1888 noch nicht beantwortet habe! Obgleich die darin enthaltenen Nachrichten hinsichtlich der Gesundheit der Familie wohl zu wünschen übrig lassen, so habe ich mich doch sehr darüber gefreut, nach ziemlich langer Pause wieder von Euch zu hören, und ich wünsche und hoffe herzlich, daß die winterlichen Krankheiten ganz überwunden sein mögen. Auch mir ist es in der Weihnachtswoche nicht gut gegangen, da eine unangenehme, wenn auch ungefährliche Augenentzündung mich ganz an mein Zimmer bannte und mir nur das Klavierspielen als einzige Zerstreuung gestattete. Überhaupt fühle ich, wie ich Dir wohl schon öfter erzählt habe, recht deutlich das Älterwerden, und von Gesellschaften habe ich mich schon seit einigen Jahren gänzlich zurückgezogen. Doch kämpfe ich nach Kräften dagegen an, gehe ziemlich regelmäßig spazieren (jetzt freilich nur auf dem Wall[561], positiv oder negativ um die Stadt, oder auch um den übrigen Theil der Erdoberfläche), vermeide auch die Menschen nicht, und besuche ziemlich regelmäßig die Kegelbahn, auf der es zwischen manchen alten Freunden recht heiter hergeht. Ein solches Vergnügen würde ich Dir auch empfehlen, habe es, glaub' ich, auch wohl früher schon gethan; es ist eine treffliche Ausspannung.
Daß Du solches Interesse an meiner Zahlen-Schrift[562] nimmst, erfreut mich sehr; es werden sehr Wenige sein, die das thun. Cantor hat mich darauf aufmerksam gemacht, daß er den Unterschied zwischen dem Endlichen und Unendlichen schon 1877 (Crelle[563] Bd. 84, S 242)[564] hervorgehoben habe, daß er aber keine Reclamation wegen Priorität beachsichtige. Darüber ließe sich Vieles sagen; in gewissem Sinne hat er ja Recht, und doch beweifelte er 1882 die Möglichkeit einer einfachen Definition und war sehr überrascht, als ich ihm, durch seinen Zweifel veranlaßt, und auf seinen Wunsch die

---

561 Wallring, ehemalige Befestigungsanlagen und spätere Promenadenanlage in der Stadt Braunschweig.

562 Siehe [Dedekind 1888].

563 Journal für die reine und angewandte Mathematik.

564 Siehe [Cantor 1878].

meinige mittheilte; man besitzt bisweilen Etwas, ohne dessen Werth und Bedeutung gehörig zu würdigen. Zu einem Prioritätsstreit habe ich aber auch nicht die geringste Lust. – Deine Bemerkungen und Vorschläge habe ich wiederholt durchgesehen und durchdacht; ob aber durch sie eine wesentliche Vereinfachung und Abkürzung erzielt würde, läßt sich schwer beurtheilen, ehe man nicht das Neue in vollständiger Ausführung vor sich sieht. Außerdem muß ich Dir gestehen, daß ich bis jetzt immer noch die Ordinalzahl, nicht die Cardinalzahl (Anzahl) als den ursprünglichen Zahlbegriff ansehe. Ich hätte vielleicht besser gethan, diese Namen (Ordinal, Cardinal) in meiner Schrift gar nicht zu erwähnen, da sie in der gewöhnlichen Grammatik in anderem Sinne gebraucht werden. Meine Ordinalzahlen, die abstracten Elemente des geordneten einfach unendlichen Systems, haben natürlich gar Nichts zu thun mit der adjectivischen Form der in der Grammatik sogenannten Ordinalzahlen, aus welcher Form etwa ein Grund für die begriffliche Priorität der Cardinalzahlen (Anzahlen) hergenommen werden könnte; diese adjectivische Form wird auch gebraucht, wo von einer Anordnung (also von meinen Ordinalzahlen) gar keine Rede ist, z. B. wenn man von dem fünften Theile einer Strecke spricht. Die Cardinalzahlen (Anzahl) halte ich nur für eine Anwendung der Ordinalzahl, und auch in unserem ἀριθμητίζειν[565] gelangt man zum Begriff fünf nur durch den Begriff vier. Will man aber Deinen Weg einschlagen – und ich würde sehr empfehlen, in einmal ganz durchzuführen –, so möchte ich doch rathen, unter der Zahl (Anzahl, Cardinalzahl) lieber nicht die Classe (das System) aller einander ähnlichen endlichen Systeme) selbst zu verstehen, sondern etwas Neues (dieser Classe Entsprechendes), was der Geist erschafft. Wir sind göttlichen Geschlechtes und besitzen ohne jeden Zweifel schöpferische Kraft nicht blos in materiellen Dingen (Eisenbahnen, Telegraphen), sondern ganz besonders in geistigen Dingen. Es ist dies ganz dieselbe Frage, von der Du am Schlusse Deines Briefes bezüglich meiner Irrational-Theorie sprichst, wo Du sagst, die Irrationalzahl sei überhaupt Nichts anderes als der Schnitt selbst, während ich es vorziehe, etwas Neues (vom Schnitte Verschiedenes) zu erschaffen, was dem Schnitte entspricht, und wovon ich sage, daß es den Schnitt hervorbringe, erzeuge. Wir haben das Recht, uns eine solche Schöpfungskraft zuzusprechen, und außerdem ist es der Gleichartigkeit aller Zahlen wegen viel Zweckmäßiger, so zu verfahren. Die rationalen Zahlen erzeugen doch auch Schnitte, aber ich werde die rationale Zahl gewiß nicht für identisch ausgeben mit dem von ihr erzeugten Schnitte (nein, weil ich zum Begriff des Schnittes bereits die rationalen Zahlen haben muß[566]); und auch nach Einführung der irrationalen Zahlen wird man von Schnitt-Erscheinungen oft mit solchen Ausdrücken sprechen, ihnen solche Attribute zuerkennen, die auf die entsprechenden Zahlen selbst angewendet gar seltsam klingen würden. Etwas ganz Ähnliches gilt auch von der Definition der Cardinalzahl (Anzahl) als Classe; man wird Vieles von der Classe sagen (z.B. daß sie ein

565 Griechisch, „Umgehen mit Zahlen".
566 Kommentar von Dedekind, als Fußnote mit Bleistift wohl nachträglich eingefügt.

System von unendlich vielen Elementen, nämlich allen ähnlichen Systemen ist), was man der Zahl selbst doch gewiß höchst ungern (als Schwergewicht) anhängen würde; denkt irgend Jemand daran, oder wird er es nicht gern bald vergessen, daß die Zahl vier ein System von unendlich vielen Elementen ist? (Daß aber die Zahl 4 das Kind der Zahl 3 und die Mutter der Zahl 5 ist, wird Jedem stets gegenwärtig bleiben). Aus demselben Grunde habe ich auch Kummer's Schöpfung der Idealzahlen stets für durchaus berechtigt gehalten, wenn sie nur mit Strenge durchgeführt wird. Ob ferner die Zeichensprache ausreicht, um alle neu zu schaffenden Individuen einzeln zu bezeichnen, fällt nicht ins Gewicht; sie reicht immer dazu aus, um die in irgend einer (begrenzten) Untersuchung auftretenden Individuen zu bezeichnen.

Den Satz 70 hätte ich gern in Deinem Sinne gleich in größerer Allgemeinheit gefaßt, aber ich bin dabei auf Schwierigkeiten gestoßen, die, wie ich glaube, wieder nur durch Anwendung des Inductions-Prinzips überwunden werden können.

Du fragst, ob ich folgenden Satz beweisen kann: „Wenn ein System sich selbst als Element enthält, so ist es nothwendig unendlich“. Ich würde vielmehr glauben, daß ein solches System nur aus einem einzigen Element (sich selbst) besteht. Hiermit hängt eine gefährliche Klippe zusammen, deren ich mir bei Abfassung der Schrift wohl bewußt gewesen bin, die ich aber im Vertrauen auf den guten Willen des Lesers nicht besprochen habe. Ich hätte in 2, wo von einem aus einem einzigen Element a bestehenden Systeme $\mathfrak{S}$ die Rede ist, die Worte hinzufügen sollen: „und es ist gestattet – bei gehöriger Vorsicht – in diesem Falle unter dem Systeme $\mathfrak{S}$ das Element a selbst zu verstehen.“ So ist es in der That geschehen in 3 (vergl. auch die Warnung am Schluße von 8), in 70, 102, 104 und vielen anderen Stellen, wodurch eine Vereinfacherungen in der Zeichensprache erreicht wird. Dennoch bin ich der Meinung, daß es, um gewisse Widersprüche zu vermeiden, wohl besser gewesen wäre, das aus einem einzigen Element a bestehende System wenigstens in der Bezeichnung von a zu unterscheiden. Die genauere Ausführung dieser Schwierigkeiten würde aber heute zu weit führen, und sie eignet sich am besten zu einer mündlichen Besprechung. Sollten wir uns nicht mal zu Ostern sprechen können? hier oder bei Dir?

Nun bitte ich Dich noch, Deiner lieben Frau Gemahlin meinen herzlichsten Dank für ihren schönen Weihnachtsbrief und für das Bild der lieben Ida zu sagen. Mit den besten Grüßen von meiner Schwester verbinde ich die meinigen an Euch und die Kinder und die herzlichsten Wünsche für Euer Wohlergehen. Dein

Braunschweig, R. Dedekind.

24 Januar 1888.

[Ded 27]

Richard Dedekind an Heinrich Weber in Marburg

Beilage zu einem Brief vom 06.11.1888

Archiv der SUB Göttingen Cod. MS. R. Dedekind 4:8 Blätter 2, 3, 4, 5

Beilage zu einem Brief (1888.11.6) an H. Weber in Marburg,
zurückerhalten 1888.11.20)[567]

Entwurf der Idealtheorie für eine etwaige vierte Auflage von Dirichlet's Vorlesungen über Zahlentheorie[568].

I. Die jetzt in §. 165 enthaltene Theorie der Moduln, in welche die allgemeine Multiplication der Moduln aufzunehmen ist (Anmerkung S. 481 - 482), wird als §. 160 vorausgeschickt, und hierauf folgt der jetzige §. 160 als §. 161; die Beweise der in ihm enthaltenen Sätze 1, 2 vereinfachen sich durch folgende Abänderung.

Definition. Ein von Null verschiedener endlicher Modul m heißt ein Regulator (oder am besten: eine Hülle! enveloppe Multiplicator oder?) einer Zahl α, wenn $m\alpha$ durch m theilbar ist. Ist dann n ein beliebiger, endlicher von Null verschiedener Modul, so ist auch das Product mn ein Regulator von α.

Satz. Ist α eine ganze Zahl, so besitzt sie einen Regulator
(nämlich $[1, \alpha, \alpha^2 \dots \alpha^{r-1}]$); und umgekehrt, wenn α einen Regulator besitzt, so ist sie eine ganze Zahl. [Verschiedene Beweise auf anderem Blatt! S. 14]

Satz. Sind $\alpha_1, \alpha_2 \dots \alpha_m$ ganze Zahlen, so besitzen sie einen gemeinsamen Regulator $m = m_1 m_2 \dots m_m$, wo $m_1, m_2 \dots m_m$ Regulatoren von $\alpha_1, \alpha_2 \dots \alpha_m$ sind.

Satz. Die Summen, Differenzen, Producte von je zwei ganzen Zahlen sind ganze Zahlen. (Denn jeder gemeinsame Regulator von α, β ist auch Regulator von $\alpha \pm \beta, \alpha\beta$).

Satz: Jede Wurzel ω einer Gleichung m^{ten} Grades, deren höchster Coefficient = 1, und deren übrige Coefficienten ganze Zahlen sind, ist ebenfalls eine ganze Zahl (denn wenn m ein gemeinsamer Regulator der Coefficienten, und $n = [1, \omega, \omega^2 \dots \omega^{m-1}]$, so ist mn Regulator von ω).

Satz (vielleicht überflüssig). Eine ganze Zahl α ist gewiß eine ganze Zahl, wenn es einen endlichen von Null verschiedenen Modul m giebt, für welchen $m\alpha$ durch $\mathfrak{z}m$ theilbar wird, wo $\mathfrak{z}$ der Modul aller ganzen Zahlen.

II. Nachdem der Begriff eines Körpers eingeführt ist (vom endlichen Körper braucht noch nicht die Rede zu sein), kommt folgender Fundamentalsatz: Sind $\alpha_1, \alpha_2 \dots \alpha_m$ (ganze oder gebrochene) algebraische Zahlen eines Körpers Ω, die nicht sämmtlich verschwinden, so kann man ebensoviele entsprechende Zahlen $\lambda_1, \lambda_2 \dots \lambda_m$, welche

---

567 Handschriftlicher Nachtrag von Richard Dedekind.

568 Siehe [Dirichlet 1888].

der Bedingung

$$\alpha_1\lambda_1 + \alpha_2\lambda_2 + \ldots \alpha_m\lambda_m = 1$$

genügen, aus Ω stets so auswählen, daß alle m^2 Producte $\alpha_r\lambda_s$ ganze Zahlen werden. Beweis. Der Satz braucht offenbar nur für den Fall bewiesen zu werden, wo keine der Zahlen α verschwindet (weil man diejenigen λ, welche verschwindenden α entsprechen, = 0 nehmen darf). Ist $m = 1$, also nur eine Zahl α gegeben, so genügt die einzige Zahl $\lambda = \frac{1}{\alpha}$ dem Satze. Der Beweis für den Fall $m = 2$ (mir schon seit vielen Jahren bekannt), wo zwei Zahlen α, β gegeben sind (und auf welche alle anderen Fälle später zurückgeführt werden) (diese Zurückführung gefunden in der Nacht vom 21 - 22 Oktober 1888), ist folgender. Da der Quotient der beiden Zahlen α, β eine algebraische Zahl ist, so genügen sie einer Gleichung (oder vielmehr unendlich vielen Gleichungen) von der Form

$$e_0\alpha^n + e_1\alpha^{n-1}\beta + e_2\alpha^{n-2}\beta^2 + \ldots + e_{n-1}\alpha\beta^{n-1} + e_n\beta^n = 0$$

wo $e_0, e_1, e_2 \ldots e_{n-1}$ ganze rationale Zahlen ohne gemeinschaftlichen Theiler bedeuten. Wir setzen die Reihe dieser Zahlen nach beiden Seiten fort, indem wir $e_s = 0$ setzen, wenn s negativ oder größer als m ist, und bilden daraus eine entsprechende Reihe von Zahlen ε_s durch die Recursion

$$\beta\varepsilon_{s+1} - \alpha\varepsilon_s = e_s \qquad \left[\begin{array}{l} \text{daraus} \\ e_s\alpha^{n-s}\beta^s = y_{s+1} - y_s\ , \\ \text{wo } y_s = \alpha^{n+1-s}\beta^s\varepsilon_s \end{array}\right] \qquad (2)$$

und die Anfangsbedingung

$$\varepsilon_0 = 0 \qquad (3)$$

Die Zahlen ε_s sind hierdurch vollständig bestimmt und gehören offenbar sämmtlich dem Körper Ω an. Ersetzt man in der Gleichung (1) alle Coefficienten e_s durch die entsprechenden Ausdrücke (2) und berücksichtigt (3), so folgt

$$\varepsilon_{n+1} = 0 \qquad (4)$$

Zufolge (2), (3), (4) ist stets $\varepsilon_s = 0$, wenn $s < 1$ oder $s > n$; aber die übrigen n Zahlen $\varepsilon_1, \varepsilon_2 \ldots \varepsilon_n$ können nicht alle verschwinden, weil sonst zufolge (2) auch alle Zahlen e_s verschwinden müssten; mithin ist der endliche Modul

$$n = [\varepsilon_1, \varepsilon_2 \ldots \varepsilon_n]\ , \qquad (5)$$

auf den sich alle folgenden Congruenzen beziehen, von Null verschieden. Ist r, wie s, eine beliebige ganze rationale Zahl, und multipliciert man (2) mit ε_r, so folgt $\beta\varepsilon_r\varepsilon_{s+1} \equiv \alpha\varepsilon_r\varepsilon_s$; da die linke Seite ungeändert bleibt, wenn man r, s durch $s+1, r-1$ ersetzt, so folgt $\alpha\varepsilon_r\varepsilon_s \equiv \alpha\varepsilon_{r-1}\varepsilon_{s+1}$, und folglich allgemein $\alpha\varepsilon_r\varepsilon_s \equiv \alpha\varepsilon_p\varepsilon_q$, so oft $r+s = p+q$, und da unter diesen Producten sich auch $\alpha\varepsilon_0\varepsilon_{r+s} = 0$ befindet, so ist allgemein $\alpha\varepsilon_r\varepsilon_s \equiv 0$, und folglich auch $\beta\varepsilon_r\varepsilon_s \equiv 0$.*) Mithin ist n ein Regulator von allen Producten $\alpha\varepsilon_r$, $\beta\varepsilon_r$, welche folglich lauter ganze Zahlen sind. Wählt man nun die ganzen rationalen Zahlen $e_0', e_1', e_2' \dots e_{n-1}', e_n'$ so, daß

$$e_0 e_0' + e_1 e_1' + e_2 e_2' + \dots e_{n-1} e_{n-1}' + e_n e_n' = 1$$

wird, so genügen die in n, also auch in Ω enthaltenen Zahlen

$$\begin{aligned} \xi &= -e_1'\varepsilon_1 - e_2'\varepsilon_2 - \dots - e_{n-1}'\varepsilon_{n-1} + e_n'\varepsilon_n \\ \eta &= +e_0'\varepsilon_1 + e_1'\varepsilon_2 + \dots + e_{n-2}'\varepsilon_{n-1} + e_{n-1}'\varepsilon_n \,, \end{aligned}$$

der Bedingung

$$\alpha\xi + \beta\eta = 1,$$

*) Die Darstellung der Producte $\alpha\varepsilon_r\varepsilon_s$, $\beta\varepsilon_r\varepsilon_s$ als Zahlen des Moduls n ist sehr leicht zu finden, aber gänzlich überflüssig.[569]

und alle vier Producte

$$\alpha\xi \;,\; \alpha\eta \;,\; \beta\xi \;,\; \beta\eta$$

sind ganze Zahlen, w.z.b.w. Hieraus folgt der allgemeine Satz leicht (zu finden war es mir nicht leicht, 21 - 22 Oktober 1888) durch vollständige Induction. In der That, gilt der Satz für je $p + 1$ Zahlen, und sind $p + 2$ Zahlen

$$\alpha, \beta, \gamma_1, \gamma_2 \dots \gamma_p$$

gegeben, so kann man den drei Gleichungen

$$\alpha\xi + \beta\eta = 1$$

$$\alpha\alpha' + \gamma_1\mu_1 + \gamma_2\mu_2 + \dots + \gamma_p\mu_p = 1$$

$$\beta\beta' + \gamma_1\nu_1 + \gamma_2\nu_2 + \dots + \gamma_p\nu_p = 1$$

durch lauter in Ω enthaltene Zahlen $\xi, \eta, \alpha', \beta', \mu_r, \nu_r$ so genügen, daß alle Producte

$$\alpha\xi, \alpha\eta, \beta\xi, \beta\eta$$

$$\alpha\alpha', \alpha\mu_r, \gamma_s\alpha', \gamma_s\mu_r$$

$$\beta\beta', \beta\nu_r, \gamma_s\beta', \gamma_s\nu_r$$

ganze Zahlen werden. Setzt man nun

$$\alpha'' = \alpha\xi\alpha' \;,\; \beta'' = \beta\eta\beta' \;,\; \lambda_r = \alpha\xi\mu_r + \beta\eta\nu_r \;,$$

569 Ergänzende Fußnote von Richard Dedekind.

so wird

$$\alpha\alpha'' + \beta\beta'' + y_1\lambda_1 + y_2\lambda_2 + \ldots + y_p\lambda_p = 1 \,,$$

und alle Producte

$$\begin{array}{llllll} \alpha\alpha'' & = (\alpha\xi)(\alpha\alpha')\,, & \alpha\beta'' & = (\alpha\eta)(\beta\beta')\,, & \alpha\lambda_r & = (\alpha\xi)(\alpha\mu_r) + (\alpha\eta)(\beta\nu_r) \\ \beta\alpha'' & = (\alpha\alpha')(\beta\xi)\,, & \beta\beta'' & = (\beta\eta)(\beta\beta')\,, & \beta\lambda_r & = (\alpha\mu_r)(\beta\xi) + (\beta\eta)(\beta\nu_r) \\ y_s\alpha'' & = (\alpha\xi)(y_s\alpha')\,, & y_s\beta'' & = (\beta\eta)(y_s\beta')\,, & y_s\lambda_r & = (\alpha\xi)(y_s\mu_r) + (\beta\eta)(y_s\nu_r) \end{array}$$

sind ganze Zahlen, w.z.b.w.

III. Durch den vorstehenden Satz, der wohl schwerlich einfacher bewiesen werden kann, wird die Theorie der Ideale in einem endlichen Körper Ω außerordentlich vereinfacht, (daß dieser Satz umgekehrt eine unmittelbare Folge aus der Idealtheorie ist, weiß ich seit vielen Jahren); denn er ist selbst nur eine einfachere Form für den Fundamentalsatz, daß jedes Ideal durch Multiplication mit einem Ideal in ein Hauptideal verwandelt werden kann. Da nämlich jedes ganze Ideal $\mathfrak{a}$, wie unmittelbar einleuchtet, stets als größter gemeinschaftlicher Theiler einer endlichen Anzahl von Hauptidealen $\nu\alpha_1, \nu\alpha_2 \ldots \nu\alpha_m$, also in der Form $\mathfrak{a} = \nu[\alpha_1, \alpha_2 \ldots \alpha_m]$ darstellbar ist, so liefern die im Satze auftretenden Zahlen $\lambda_1, \lambda_2 \ldots \lambda_m$ ein (gebrochenes) Ideal $\mathfrak{l} = \nu[\lambda_1, \lambda_2 \ldots \lambda_m]$, welches der Bedingung $\mathfrak{a}\mathfrak{l} = \nu$ genügt; ist α irgend eine in $\mathfrak{a}$ enthaltene Zahl, so ist $\alpha\mathfrak{l}$ ein ganzes Ideal, und $\mathfrak{a}.\alpha\mathfrak{l} = \nu\alpha$. Alle übrigen Sätze der Idealtheorie ergeben sich hieraus spielend leicht; z. B. der Satz, daß jedes durch $\mathfrak{a}$ theilbare Ideal stets und nur auf eine einzige Weise als Product $\mathfrak{a}\mathfrak{b}$ darstellbar ist. Die ganze Theorie kann genau wie die der rationalen Zahlen geordnet werden. Die in §. 172 hervorgehobene Schwierigkeit (§. 23 der Pariser Schrift)[570] wird gar nicht mehr erwähnt, was freilich insofern ein Schaden ist, als die Hinweisung auf die Theorie der Ideale in verschiedenen Ordnungen ganz wegfällt. Kein Mensch wird mehr ahnen, welche unsägliche Mühe die Beseitigung dieser Schwierigkeit gekostet hat. Aber alle die unangenehmen Fälle, wo Sätze erst in halbem Umfange oder noch nicht in ihrer eigentlichen Schärfe ausgesprochen wurden (wie 4 in §. 168, 3 und 4 in §. 169, 3 in §. 170, der Normsatz 3, 4 in §. 171, 12 ebenda (schrecklich!), der ganze §. 172, 1, 2, 3 in §. 173), verschwinden gänzlich, und die Beweise aller bleibenden Sätze (z.B. 3, 4, 5, 6, 7 in §. 174) werden mit wenigen Worten erledigt! Die Theorie geht überall gleich auf das Endziel zu, und sie ist außerdem so gehalten, daß sie ohne Weiteres auf die Theorie der algebraischen Functionen von beliebig vielen Variablen übertragen werden kann.

---

570 Siehe [Dedekind 1876c], [Dedekind 1877a].

NB! Erst nach 1888.11.20 dieser Beilage hinzugefügt![571]
Der Satz II so auszusprechen: Jeder von Null verschiedene, endliche, aus algebraischen Zahlen bestehende Modul m läßt sich durch Multiplication mit einem endlichen Modul n, dessen Zahlen auf rationale Weise aus denen von m gebildet sind, in einen Modul mn verwandeln, der aus lauter ganzen Zahlen besteht, unter denen sich auch alle ganzen rationalen Zahlen befinden. – Beweis für ein- oder zwei-gliedrige Moduln m wie oben (mn^2 theilbar durch n), dann allgemein mit Hülfe der Identität $(a + b + r)(br + ra + ab) = (b + r)(r + a)(a + b)$. (gefunden 1888.11.9)

4.10 Brief des Jahres 1891

[Ded 28]
Richard Dedekind aus Harzburg an Heinrich Weber
Brief vom 22.08.1891
Archiv der SUB Göttingen Cod. MS. B. Riemann 9 Blatt 86, 87

Lieber Freund!

Erst nachdem ich Dir das Packet mit meinen Untersuchungen über Riemann's Hypothesen der Geometrie u.s.w. abgeschickt habe, ist mir eingefallen, daß ich später mit Prof. R. Beez in Plauen i. V.[572] über diese Dinge und ganz besonders über Deine Note zur Pariser Aufgabe einen ausführlichen Gedankenaustausch gehabt habe, der mir viel Zeit gekostet und wenig Lohn gebracht hat[573]. Da von ihm allerhand Einwände gegen die Note gemacht waren, die ich – ziemlich vergeblich – zu beseitigen suchte, so habe ich die Briefe, die schon bei einander lagen, mit hierher nach Harzburg genommen, in der Meinung, sie könnten Dir nützlich sein. Einige meiner Brief-Concepte würden für Dich fast unleserlich gewesen sein (wegen zahlreicher Correcturen und Umstellungen); ich habe sie daher frisch abgeschrieben und sende Dir nun das Ganze, bestehend in fünfzehn mit roter Tinte schön historisch geordneten Blättern. Einiges ist darin, wie ich in bekannter Unbescheidenheit meine, wirklich recht gut; ob das, was ich auf Blatt 9 über die Theorie der partiellen linearen Differentialgleichungen sage, vollkommen richtig ist, wage ich nicht zu behaupten, weil ich seit Jahren

571 Ergänzende Fußnote von Richard Dedekind.
572 Richard Beez lehrte und arbeitete von 1851 bis zu seinem Ruhestand im Jahr 1894 in Plauen im Vogtland.
573 Vergl. [Web 110], Brief von Heinrich Weber an Richard Dedekind vom 14.05.1879; [Web 112], Brief von Heinrich Weber an Richard Dedekind vom 07.06.1879; [Web 113], Brief von Heinrich Weber an Richard Dedekind vom 22.06.1879; [Web 115], Brief von Heinrich Weber an Richard Dedekind vom 28.07.1879.

nicht daran gedacht habe; doch glaube ich es. Ich bitte Dich nun, alle diese Schriftsachen solange zu behalten, wie Du willst, und jedenfalls möchte ich sie nicht hier in Harzburg, sondern erst später (Winter) in Braunschweig zurückerhalten. Die betreffenden, in Schlömilch's Zeitschrift[574] gedruckten Arbeiten von Beez[575] habe ich nicht hier; vielleicht wird es doch gut sein, wenn Du sie nachsehen willst.
Vor einigen Tagen ist Felix Klein mit Frau hier in Harzburg gewesen, wo er Verwandte hat. Wir haben uns nur ein paar Stunden gesehen, auch ein eifriges mathematisches oder eigentlich mehr ein Gespräch über Mathematiker gehabt, bei dem nicht viel Werthvolles heraus gekommen ist. Doch habe ich mich sehr gefreut, ihn in so großer Frische wiederzusehen (seit 5 Jahren).
Hoffentlich hast Du gute Nachrichten aus Nauheim, und bitte, theile sie mir doch recht bald in einem hübschen Briefe mit. Mit besten Grüßen, auch von meiner Schwester
Dein
Harzburg, R. Dedekind
22. August 1891
(Haus Dedekind)

4.11 Brief des Jahres 1894

[Ded 29]
Richard Dedekind an Heinrich Weber in Göttingen
Brieffragment vom 31.12.1894
geschrieben in einer der Gabelsberger Kurzschrift ähnlichen Schrift
Archiv der SUB Göttingen Cod. MS. R. Dedekind 4:8 Anlage

1894.12.31
Herrn Prof. Dr. H. Weber Göttingen

...Zugleich möchte ich Dich bitten nachzusehen, ob Du einen Brief von mir vom 20. Februar 1887[576] noch besitzest, und ihn mir eventuell zuschickst, weil ich nur ein unvollständiges Excerpt daselbst aufgefunden habe.
Zu dieser Bitte veranlaßt mich die Abhandlung[577] von Hurwitz[578], die mich dadurch

574 Zeitschrift für Mathematik und Physik.
575 Siehe [Beez 1879].
576 Es handelt sich hier um einen Brief von dem Richard Dedekind am 14.01.1895 eine Abschrift anfertigte. Vergl. [Ded 25], Brief von Richard Dedekind aus Braunschweig an Heinrich Weber in Marburg vom 20.02.1887.
577 Siehe [Hurwitz 1894].
578 Adolf Hurwitz (* 26. März 1859 † 18. November 1919) Mathematiker.

überrascht hat, daß mir Alles und Jedes darin seit 1887 bekannt ist; in Wahrheit ist eine in der letzten Auflage von Dirichlet enthaltene Darstellung der Idealtheorie[579] ganz aus dieses Gedankengangs Ursprung, wie ich es demnächst vielleicht näher beschreiben werde ...

4.12 Brief des Jahres 1895

[Ded 30]

Richard Dedekind aus Braunschweig an Heinrich Weber in Straßburg

Brief vom 30.10.1895

Archiv der SUB Göttingen Cod. MS. R. Dedekind 7:4 Blätter 14, 15

1895.10.30. Herrn Prof. Dr. H. Weber (Strassburg i. E, Vogesenstr. 6).

Lieber Freund!

Mit meinem herzlichen Dank für Deine Glückwünsche zu meinem Geburtstage, den ich leider nicht auf dem Brocken habe feiern können, verbinde ich eine Bitte, die sich an Deine äußerst gründliche Kenntniß der Gruppen-Literatur richtet. Vor etwa einem Monat bin ich durch gewisse Veranlassungen auf die Frage nach solchen Körpern gestoßen, deren sämmtliche Divisoren Normalkörper sind, also auf die Frage nach allen Gruppen, die keine anderen Theiler als Normaltheiler besitzen. Natürlich haben alle Abel'schen Gruppen diese Eigenschaft, und es handelt sich daher nur um alle nicht Abelschen Gruppen $\mathfrak{R}$ von dieser Beschaffenheit. Nach Überwindung einiger Schwierigkeiten habe ich die vollständige Antwort gefunden, und ich bin einigermaßen verwundert gewesen über die ziemlich eng begrenzte Mannigfaltigkeit dieser Gruppen $\mathfrak{R}$. Die einfachste von Ihnen, die mir schon seit vielen Jahren bekannt war, ist die Quaternionen-Gruppe (so nenne ich sie wegen Hamilton's Quaternionen)

$$\mathfrak{Q} = 1 + \varepsilon + \alpha + \alpha^{-1} + \beta + \beta^{-1} + \gamma + \gamma^{-1}$$

vom Grade 8; sie enthält außer dem Element ersten Grades 1 ein einziges Element zweiten Grades

$$\varepsilon = \alpha^2 \neq \beta^2 = \gamma^2 = \alpha^{-2} = \beta^{-2} = \gamma^{-2}$$

und sechs Elemente vierten Grades mit den Kompositionen

$$\begin{array}{ccccccccccc} \beta\gamma & = & \alpha & , & \gamma\alpha & = & \beta & , & \alpha\beta & = & \gamma \\ \gamma\beta & = & \alpha^{-1} & , & \alpha\gamma & = & \beta^{-1} & , & \beta\alpha & = & \gamma^{-1}. \end{array}$$

---

579 Siehe [Dirichlet 1888].

Die allgemeinste Form der oben charakterisierten Gruppen ist nun

$$\mathcal{R} = \mathcal{P}\mathcal{Q} = \mathcal{P} + \mathcal{P}\alpha + \mathcal{P}\beta + \mathcal{P}\gamma\,;$$

hier hat $\mathcal{Q}$ die eben angegebene Bedeutung, und $\mathcal{P}$ ist größte (Abel'sche) Gruppe, deren Elemente mit jedem Elemente von $\mathcal{R}$ permutabel sind. Aber $\mathcal{P}$ kann nicht jede beliebige Abel'sche Gruppe sein; erforderlich und hinreichend ist, daß $\mathcal{P}$ das Element ε und kein Element vierten Grades enthält.

Sollte dies Resultat noch unbekannt sein, so würde ich wohl die Mühe nicht scheuen, den Beweis zur Veröffentlichung auszuarbeiten[580]; ich bitte Dich daher, mir wo möglich Auskunft darüber zu geben, und verbleibe mit herzlichen Grüßen

Braunschweig, Dein
30. Oktober 1895. R. Dedekind
Kaiser Wilhelm Straße 45.

Normal-Gruppen-Plan

Normal-Theiler einer Gruppe (Weber Algebra I. S. 519)[581]. Definition einer Normalgruppe: die nur Normaltheiler besitzt (wie z. B. alle Abel'schen Gruppen). Sätze:

I. Jeder Theiler einer Normalgruppe ist eine Normalgruppe.

II. Die erforderliche und hinreichende Bedingung, daß $\mathcal{R}$ eine Normalgruppe ist, besteht darin, daß, wenn $\varphi\ \psi$ beliebige Elemente von $\mathcal{R}$ sind, $\varphi^{-1}\psi\varphi$ Potenz von ψ ist.

III. (Hülfssatz aus der allgemeinen Gruppentheorie). Ist φ Element einer Gruppe $\mathcal{R}$, so ist der Inbegriff $\mathcal{R}_\varphi$ aller mit φ permutabelen Elemente von $\mathcal{R}$ eine Gruppe welcher φ angehört; und der Inbegriff $\mathcal{P}$ aller mit allen Elementen von $\mathcal{R}$ permutabelen Elemente ist eine Abel'sche Gruppe (größter gemeinsamer Theiler aller $\mathcal{R}_\varphi$).

IV. (Hauptsatz). Ist $\mathcal{R}$ eine (nicht Abel'sche) Normalgruppe, und sind $\varphi,\ \psi$ zwei nicht permutabele Elemente von $\mathcal{R}$ (also nicht in $\mathcal{P}$ enthalten), so ist $\varepsilon = \psi^{-1}\varphi^{-1}\psi\varphi$ vom Grade 2 und Potenz von φ und von ψ, und die Grade von $\varphi,\ \psi$ sind $\equiv 4$ (mod. 8).

V. Das Quadrat jedes Elementes einer Normalgruppe $\mathcal{R}$ ist mit allen Elementen von $\mathcal{R}$ permutabel (also in $\mathcal{P}$ enthalten)

VI. In jeder nicht Abel'schen Normalgruppe giebt es eine Quaternionen-Gruppe $\mathcal{Q} = 1 + \varepsilon + \alpha + \alpha^{-1} + \beta + \beta^{-1} + \gamma + \gamma^{-1}$.

580 Siehe [Dedekind 1897].
581 Siehe [Weber 1895].

VII. Ist $\mathcal{R}$ eine nicht Abel'sche Normalgruppe, so ist der Grad jedes mit allen Elementen von $\mathcal{R}$ permutabelen (also in $\mathcal{P}$ enthaltenen) Elementes π untheilbar durch 4.

VIII. Ist $\mathcal{Q}$ (Satz VI) eine in der Normalgruppe $\mathcal{R}$ enthaltene Quaternionen-Gruppe, und φ ein Element von $\mathcal{R}$, so ist φ entweder mit allen drei Elementen α, β, γ oder mit einem einzigen derselben permutabel. Im ersten Fall ist φ in $\mathcal{P}$ enthalten; ist aber φ nur mit α permutabel, so ist φ in $\mathcal{P}\alpha$ enthalten. Und folglich ist $\mathcal{R} = \mathcal{P}\mathcal{Q} = \mathcal{P} + \mathcal{P}\alpha + \mathcal{P}\beta + \mathcal{P}\gamma$.

IX. Ist $\mathcal{Q}$ eine Quaternionen-Gruppe (Satz VI), und $\mathcal{P}$ eine Abel'sche Gruppe, deren Elemente mit denen von $\mathcal{Q}$ permutabel sind, enthält ferner $\mathcal{P}$ das Element zweiten Grades ε von $\mathcal{Q}$, aber kein Element vierten Grades, so ist $\mathcal{R} = \mathcal{P}\mathcal{Q}$ eine nicht Abelsche Normalgruppe.

4.13 Brief des Jahres 1898

[Ded 31]
Richard Dedekind aus Braunschweig an Heinrich Weber
Brief vom 30.09.1898
Archiv der SUB Göttingen 8 Cod. MS. Philos 205 Nummern 11/1, 11/2

Lieber Freund!

Deinen letzten Brief, den Du im Anfang August nach Braunschweig schicktest, habe ich nicht hier, sondern noch in Harzburg und zwar auf dem Burgberge[582] erhalten, was so zu geht. Da wir im Juni und Juli ziemlich schlechtes Wetter gehabt hatten und wir nun das Feld räumen sollten, um meinem Bruder[583] und seiner Familie Platz zu machen, kam uns der Gedanke, uns noch auf einige Zeit auf dem Burgberge in Pension zu geben, in der Hoffnung auf gutes Wetter und die Möglichkeit, mit der genannten Familie gemeinschaftlich die herrliche Umgebung zu genießen, was seit Jahren nicht geschehen war. Das ist dann auch Alles ganz nach Wunsch ausgefallen, das Wetter wurde wunderschön, und wir sind täglich nach Verabredung an einem Puncte der Nachbarschaft in hellen Haufen zusammengetroffen, und unter der Leitung meines kundigen Bruders habe ich sogar noch neue Schönheiten kennen gelernt! Ich konnte das Alles um so mehr mit empfänglichem Herzen genießen, als ich kurz vorher noch den heroischen Entschluß gefaßt und auch wirklich ausgeführt hatte, meine Abhand-

582 Großer und Kleiner Burgberg, Berge bei Bad Harzburg im Harz.
583 Karl Julius Adolf Dedekind (* 22. September 1829 † 25. Juni 1909), Bruder von Richard Dedekind und verheiratet mit Franziska Dorothea Sophie Dedekind, geb. Karlowa (* 20. April 1861 † 4. Mai 1915); Dieser Ehe entstammen sechs Kinder, von denen vier das Erwachsenenalter erreichten.

lung über die Anzahl der Idealclassen in reinen cubischen Körpern[584], die ich lange Zeit ganz vernachläßigt hatte, kurz abzuschließen und (einer alten Verabredung gemäß) an Herrn L. Fuchs abzuschicken. Seit dem ist nun auch der September verlaufen, und ich schreibe Dir heute erstens, um Dir und Deinem Richard dazu Glück zu wünschen, daß er morgen von den Waffen glücklich zu den Wissenschaften zurück kehren möge, zweitens weil das Wort October mich an meinen Geburtstag erinnert und den unbescheidenen Wunsch in mir aufsteigen läßt, Du möchtest mich zur Feier desselben mit einem Briefe und mit ausführlichen Nachrichten von Dir und den lieben Deinigen erfreuen!

Zunächst aber sage ich Dir meinen herzlichen Dank für Deinen August-Brief und für die eingelegte Photographie Richard's, auf der er wirklich als ein recht stattlicher Soldat erscheint. Die Mittheilung, daß Du die Herausgabe einer neuen (der wievielten?) Auflage von Riemann's Vorlesungen über partielle Differentialgleichungen übernehmen wirst[585], hat mich erfreut, aber nicht vollständig überrascht; Vieweg hatte nämlich gelegentlich die Anfrage an mich gerichtet, wer wohl eine hierzu geeignete Persönlichkeit sei, worauf ich nur Deinen Namen genannt und die Hoffnung ausgesprochen habe, es würde Dir trotz der Arbeit an dem zweiten Theile der Algebra[586] – wohl keine allzugroße Mühe machen. Nachdem ich Deinen Brief gelesen, in welchem Du von nothwendigen wesentlichen Änderungen schreibst, besorge ich allerdings doch, daß die Sache viel mehr Zeit und Arbeit erfordern wird, als ich vorher geglaubt hatte, und ich möchte Dich daher dringend bitten, nicht allzu eifrig zu sein und vor Allem Rücksicht auf Deine Gesundheit zu nehmen.

Ich benutze die Gelegenheit, Dich auf einen Punct in der Darstellung der Saitenschwingungen (§§. 75-77 der ersten Auflage)[587] aufmerksam zu machen, der mir bei meinen hießigen Vorlesungen über Fourier'sche Reihen aufgefallen ist. Was in §. 76 über die beiden Annahmen $\mathcal{F}(x) = 0$ und $f(x) = 0$ gesagt wird, ist zwar (wie ich glaube) nicht unrichtig, aber doch einem großen Mißverständniß ausgesetzt. Jeder arglose Leser wird glauben müssen, daß die am Schluße des ersten Falles ausgesprochene Thatsache („Nach der selben Periode ist daher die Lage der Saite zweifach umgekehrt, von oben nach unten und von vorn nach hinten.") eine Folge der besonderen Annahme $\mathcal{F}(x) = 0$ ist; in Wahrheit tritt aber diese Erscheinung immer, ohne jede Annahme ein (wenn die Enden fest sind). Setzt man

$$\eta = \varphi(x + \alpha t) + \psi(x - \alpha t) = f(x, t)\,,\ \mathcal{T} = \frac{2c}{\alpha}\,,$$

584 Siehe [Dedekind 1899].
585 Siehe [Riemann 1900/01].
586 Siehe [Weber 1899].
587 Siehe [Riemann 1869].

und berücksichtigt die aus der Unbeweglichkeit der Enden entspringenden Eigenschaften (II auf S. 191)

$$\varphi(\varrho) + \psi(-\varrho) = 0\,, \quad \varphi(c+\varrho) + \psi(c-\varrho) = 0\,,$$

so folgt immer

$$f(x, \tfrac{1}{2}\mathfrak{T}) = \varphi(x + \alpha t + c) + \psi(x - \alpha t - c)$$

$$= -\psi(c - x - \alpha t) - \varphi(c - x + \alpha t) = -f(c - x, t)\,,$$

worin die genannte Erscheinung der doppelten Umkehrung besteht; natürlich folgt hieraus die Periodicität $f(x, t + \mathfrak{T}) = f(x, t)$. Ganz dasselbe ergiebt sich auch unmittelbar aus der Darstellung (§. 77. (I). S. 196) der Bewegung durch die Fourier'sche Reihe

$$\eta = f(x,t) = \sum (A_n \cos \frac{n\alpha\pi t}{c} + B_n \sin \frac{n\alpha\pi t}{c}) \sin \frac{n\pi\alpha}{c}\,.$$

Merkwürdiger Weise habe ich diese Bemerkung in keinem der mir zugänglichen Bücher ausgesprochen gefunden.

Mit herzlichen Grüßen von meiner Schwester und mir an Dich und Dein ganzes Haus verbleibe ich in Hoffnung auf baldige Nachrichten

Braunschweig, Dein

30. September 1898. R. Dedekind.

Kaiser Wilhelm Straße 87.

4.14 Briefe des Jahres 1899

[Web 124]

Heinrich Weber aus Strassburg an Richard Dedekind in Braunschweig

Postkarte vom 04.10.1899

Archiv der SUB Göttingen Cod. MS. R. Dedekind 14:81 Nummer 272

Strassburg 4. Oct. 1899

Lieber Freund! Wenn es Dir recht ist, würde ich Dich in der nächsten Woche für einen Tag besuchen. Ich bin als Vertreter der Universität[588] zum Jubiläum der techn. Hochschule in Berlin[589] abgeordnet, und will diese Gelegenheit nicht vorbei gehen lassen,

588 Kaiser-Wilhelms Universität Straßburg.

589 Die Königliche Technische Hochschule zu Berlin, 1879 entstanden durch den Zusammenschluß der Königlichen Bauakademie zu Berlin, gegründet 1799, und der Königlichen Gewerbeakademie zu Berlin, gegründet 1821, feierte vom 18.-21. Oktober 1899 100-jähriges Teiljubiläum.

ohne Dich zu sehen. Ich würde am 16ten Oct. gegen Abend in Br.[590] ankommen und bis zum 18ten früh bleiben können. Wenn Du mich überhaupt brauchen kannst, bitte ich Dich mir in dem Hotel, wo ich schon einmal war, in Deiner Nähe ein Zimmer zu bestellen. Ich freue mich sehr darauf Dich nach so langer Zeit einmal wieder zu sehen. Bis dahin mit herzlichen Grüssen

Dein H. Weber

[Web 125]

Emilie Weber aus Strassburg an Richard Dedekind

Brief vom 05.10.1899

Archiv der SUB Göttingen Cod. MS. R. Dedekind 14:80 Nummer 228

Straßburg
d. 5. Oct. 1899

Sehr verehrter Herr Professor!

Nehmen Sie meinen allerherzlichsten Glückwunsch zu Ihrem morgenden Geburtstag freundlich an! Gott schenke Ihnen ein schönes, gesundes neues Lebensjahr, frei von Sorgen u. Kummer! Ob Sie wohl den Tag zu Hause, oder bei Ihrem „Zwillingsbruder" auf dem Brocken verleben? Ich denke doch ersteres, für dies Jahr ist man behaglicher im Winterquartier! Mein Mann hat Ihnen gestern geschrieben, aber natürlich nicht an den Geburtstag gedacht! Er freut sich sehr in der Aussicht Sie bald zu sehen und ich freue mich mit für ihn. Im Ganzen hat er gute Zeiten gehabt, nur wenn der Bruder aus Brüssel zuweilen an sich erinnert, indirect, denn wir correspondieren nicht mit ihm, kommen wieder böse Tage und schlaflose Nächt.
Daß ich mit meiner Anna in Reichenhall war, haben Sie vielleicht durch Heinrich gehört. Es war wunderbar schön dort, wir hatten 5 Wochen herrliches Wetter und meine Athemnot hat sich bedeutend gebessert. Ich habe 30 Mal in der pneumatischen Kammer in verdichteter Luft gesessen, u. meine erweiterte Lunge soll sich gut zurückgebildet haben. Jeder Katarrh erweitert sie wieder, und ich werde ihn hier nie los, namentlich im Herbst nicht, da wir meist ganz im Nebel leben müssen. Wenn es aber nur so halbwegs geht, bin ich schon zufrieden, im Haus leiste ich noch meinen Theil, und draußen habe ich nichts zu suchen und meine Interessen liegen nicht außerhalb desselben. Wir hoffen auf einen milden Winter, die Kinder sind fleißig, Anna singt u. spielt täglich ihre 4 - 5 Stunden, besucht aber auch mit Mila einen Schneiderkurs und übt die fremde Sprache mit der Schwester fleißig. Richard hat die ganzen Ferien über

590 Braunschweig.

in der Anatomie gearbeitet – wir führen ein sehr harmonisches Dasein.
Hoffentlich geht es Ihnen und Ihrer Fräulein Schwester auch nach Wunsch, ich hoffe durch meinen Mann mal von Ihnen zu hören.
Einstweilen herzlichen Gruß Ihnen beiden und nochmals innigen Glückwunsch für das neue Lebensjahr!

Getreulichst Ihre Emilie Weber

[Web 126]
Heinrich Weber aus Strassburg an Richard Dedekind in Braunschweig
Postkarte vom 05.10.1899
Archiv der SUB Göttingen Cod. MS. R. Dedekind 14:81 Nummer 273

Strassburg d. 5ten Oct. 1899

Lieber Freund!
Als ich gestern meine Karte schrieb, habe ich vergessen, Dir zum Geburtstag zu gratulieren, was ich hiermit aufs herzlichste nachholen will. Wie wäre es, wenn wir uns, statt dass ich zu Dir nach Braunschweig komme, am 16ten im Harz treffen würden, wenn das Wetter schön bleibt? Wir haben es jetzt wieder sehr schön, und es wäre doch hübsch, wenn wir noch einmal zusammen auf den Brocken kämen. Ich werde jedenfalls mein Billet so einrichten, dass es für beides passt. Bis zum 10. erreicht mich eine Nachricht noch hier. Dann will ich über Heidelberg und Marburg nach Göttingen reisen. Vom 12. an ist meine Adresse in Göttingen Professor Voigt, Grüner Weg 1. Jedenfalls hoffe ich auf ein Wiedersehen. Einstweilen herzliche Grüsse

Dein H. Weber

[Web 127]
Heinrich Weber aus Strassburg an Richard Dedekind in Braunschweig
Postkarte vom 09.10.1899
Archiv der SUB Göttingen Cod. MS. R. Dedekind 14:81 Nummer 274

Strassburg d. 9ten October 1899

Lieber Freund!
Da ich einen Tag früher in Berlin sein soll, hat sich meine Reise nur einen Tag ver-

schoben. Ich denke also am $15^{\underline{ten}}$ Sonntag von Göttingen abzureisen. Ich erwarte in Göttingen eine Nachricht von Dir (*), ob Du Lust hast zu einer kleinen Harztour, zu der freilich nur ein Tag u. eine Nacht zur Verfügung stehen würde. Wie wäre es mit übernachten auf dem Brocken? Das Wetter scheint jetzt sehr schön zu werden.
Auf Wiedersehen, die herzlichsten Grüsse

(* Adresse Voigt, Grüner Weg 1)[591] Dein H. Weber

[Web 128]
Heinrich Weber aus Göttingen an Richard Dedekind in Braunschweig
Postkarte vom 13.10.1899
Archiv der SUB Göttingen Cod. MS. R. Dedekind 14:81 Nummer 275

Göttingen, Freitag

Lieber Freund! Besten Dank für Deine Karte. Ich denke natürlich nicht mehr an den Gang und werde also Sonntag um 2^h34 bei Dir eintreffen, und freue mich schon aufs Wiedersehen. Hoffentlich ist dein Bein wieder besser. Daß Ihr aber ja nicht mit dem Mittagessen wartet. Ich komme „gegessen". Also bis dahin. Herzliche Grüße

Dein H. Weber

4.15 Briefe des Jahres 1900

[Ded 32]
Richard Dedekind aus Braunschweig an Heinrich Weber in Straßburg
Brief vom 09.03.1900
geschrieben in einer der Gabelsberger Kurzschrift ähnlichen Schrift
Archiv der SUB Göttingen Cod. MS. R. Dedekind 13:49 Nummer 90

1900.3.9 Herrn Prof. Dr. H. Weber (Straßburg i. E. Goethestraße 27).

Lieber Freund!

Du musst es wirklich aufgeben, mich zu Deiner Ansicht zu bekehren, Dein und mein Geschmack zeigen sich bei dieser Gelegenheit so grundverschieden, daß eine Eini-

591 Ergänzende Fußnote von Heinrich Weber.

gung unmöglich ist. Kein Engländer, kein Franzose, auch wenn er von nationalen Abneigungen gänzlich frei ist, wird jemals einen kerndeutschen Kunstausdruck in seine Sprache zur herrschenden Bezeichnung eines Begriffs übernehmen, und in demselben Gefühl für das Recht einer Sprache lehne ich es ab, für die hier in Rede stehenden Begriffe, die gar nicht mal von Engländern geschaffen sind, und für die uns eine reichliche Auswahl von guten deutschen Worten zu Gebote steht, den englischen Worten Gradient und Curl das deutsche Bürgerrecht zu ertheilen. Sie werden uns immer fremdartig anmuthen, und wenigstens das zweite hat auch für das Ohr einen ziemlich häßlichen Klang (auch wenn man den verrätherische Secretär der Maria Stuart ganz aus dem Spiel läßt[592]); nun kommt noch die Unsicherheit der deutsche Aussprache dazu: der Kenner des Englischen wird wohl ungefähr Gredjent, Körl sagen, die Anderen werden die Vocale deutsch aussprechen und das wird das Ohr der Engländer beleidigen.

Du betonst immer Deine Abneigung gegen die Einführung neuer Namen, und gerade aus dieser Abneigung heraus wehre ich mich gegen diese Namen, die für die überwiegende Mehrheit der Deutschen jedenfalls neu sind. Ja ich zweifle auch immer daran, ob das Wort Gradient selbst in England genau die von Dir angenommene Bedeutung hat; um dies zu entscheiden, genügt eine einzige Angabe des Wörterbuches nicht, sondern man muß in englischen physikalischen oder technischen Werken über Hydrographie, Straßen- und Eisenbahnbau nachlesen, ob Gradient wirklich der dort herrschende terminus technicus für den fraglichen Begriff ist; ich zweifle daran wegen der Activ-Participialform des Wortes. In Deutschland habe ich niemals andere Ausdrücke von Technikern gehört, als das Gefälle (bei Flüßen) und die Steigung (bei Straßen und Bahnen, z. B. die Steigung der Vitznau-Rigi Bahn[593]), und ich kann mir nicht denken, daß der deutsche Techniker auf diese trefflichen Worte zu Gunsten des englischen Gradient definitiv verzichten möchte. Daß man, wie Du schreibst, die Pfähle  an der Eisenbahn bei uns „Gradienzanzeiger" nennt, finde ich seltsam; dies halb englisch, halb deutsch gebildete Wort läßt mich vermuthen, daß es solche Pfähle auch in England an den Bahnen giebt. Heißt dieser nun vielleicht Gradient-Index? Dann hätte man doch dies Wort ganz übernehmen können und nicht nöthig gehabt, Index in Zeiger zu übersetzen. Oder heißen diese Pfähle selbst in England einfach Gradient, und haben die Deutschen, nur um das Fremdartige zu mildern, das Wort Zeiger angehängt als eine Art Erklärung der ersten englischen Hälfte? In der letzteren Hypothese würde das Wort Gradient selbst gar nicht die Bedeutung von Gefälle (oder Steigung) haben, sondern die Bedeutung eines Instrumentes welches das Gefälle oder die Steigung anzeigt. Wegen der Wortform halte ich dies nicht für unmöglich; das gäbe auch dann eine recht böse Verwechslung von zwei ganz verschiedenen Dingen, etwa wie

---

592 Curl war Schreiber der Maria Stuart (* 1542 † 1587), Königin von Schottland, siehe [Raumer 1836].

593 Vitznau-Rigi-Bahn, am 21. Mai 1871 eröffnete Zahnradbahn in der Schweiz, die Vitznau mit dem rund 1300 m höher gelegenen Rigi verbindet, erste Bergbahn Europas.

Thermometer und Temperatur! Es ist schon öfter vorgekommen, daß wir Fremdwörter in einer ganz falschen Bedeutung uns eingebürgert haben und dadurch den Spott der ursprünglichen Eigenthümer erregt haben. Deshalb empfehle ich Vorsicht und nachschlagen in englischen Fach-Werken! Doch hast Du wahrscheinlich schon selbst solche Nachforschungen angestellt, von denen ich nichts weiß, und meine überschlaue <...> in <...> nichts zurückgeschleudert.
Meine verschiedenen Gebrechen sind immer noch nicht ganz überwunden, doch geht es leidlich. Hoffentlich ist Deine Influenza verschwunden und hat auch die übrigen Familienmitglieder, die ich alle herzlich zu grüßen bitte, gnädig verschont. Dein
Braunschweig R. Dedekind
9. März 1900

[Ded 33]
Richard Dedekind aus Braunschweig an Heinrich Weber in Straßburg
Brief vom 08.04.1900
geschrieben in einer der Gabelsberger Kurzschrift ähnlichen Schrift
Archiv der SUB Göttingen Cod. MS. R. Dedekind 12:23 Blätter 26, 27, 28, 29

1900.4.8 Herrn Prof. Dr. H. Weber (Strassburg i. E. Goethestr. 27)

Lieber Freund!

Mit Deinem brieflichen Beweise für $d\delta t = \delta dt$ bin ich nicht einverstanden; Du gebrauchst nämlich das Zeichen δ einmal als Differentialzeichen (wie es sein soll), zugleich aber auch als eine Functions-Charakteristik, was damit im Allgemeinen unvereinbar ist. Daß δ ein Differentialzeichen sein soll wie d, geht unzweifelhaft aus der Rechnung im Buche hervor, die unten auf S. 290 mit Gleichung (2) beginnt. Bleiben wir daher bei einer einzigen Variablen t (Zeit) stehen, so muss vor allen Dingen, wenn $f(t)$ eine beliebige Function von t ist, immer

$$df(t) = f'(t)dt \ , \ \delta f(t) = f'(t)\delta t$$

sein, wo $f'(t)$ die bekannte Bedeutung hat. Nun können dt und δt irgendwelche Functionen von t sein (nach meiner Auffassung brauchen sie nicht einmal unendlich klein zu sein), also

$$dt = \varphi(t) \ , \ \delta t = \psi(t) \ ;$$

dann folgt

$$\delta dt = \delta\varphi(t) = \varphi'(t)\delta t = \varphi'(t)\psi(t) \ , \ d\delta t = \psi'(t)\varphi(t) \ ,$$

mithin ist die Forderung $\delta dt = d\delta t$ dann und nur dann erfüllt, wenn

$$\frac{\varphi'(t)}{\varphi(t)} = \frac{\psi'(t)}{\psi(t)} \ , \text{ also } \psi(t) = \text{const.}\ \varphi(t) \ , \ \delta t = \text{const.}\ dt$$

ist. Nimmt man aber z.B. $dt = a$, $\delta t = b(t - t_0)$, wo a, b Constanten sind, und t_0 dieselbe Bedeutung wie auf S. 290 hat, so sind alle Deine Annahmen erfüllt, auch die, daß δt für $t = t_0$ verschwindet, aber es wird $\delta dt = 0$, $d\delta t = ab$ also δdt verschieden von $d\delta t$.
Wie verhält sich nun hierzu der Beweis aus Deinem Brief? Du setzest

$$t' = t + \delta t \ , \ t_1 = t + dt$$

1. $t_1' = t_1 + \delta t_1 = t + dt + \delta t + \delta dt$
und sagst:„Andererseits ist auch (nach dem Taylor'schen[594] Lehrsatz)
2. $\delta t_1 = \delta(t + dt) = \delta t + \frac{\partial \delta t}{\partial t} dt = \delta t + d\delta t$
also nach 1. und 2.“ (genügt nicht schon 2. allein?)

$$„d\delta t = \delta dt.“$$

Hingegen bemerke ich, daß 2. nach meiner Meinung nicht richtig ist. Es wäre richtig, wenn δ hier eine Functions-Charakteristik bedeutete, und demgemäß statt δt lieber $\delta(t)$ mit Klammer geschrieben würde, oder ich deuthe $\psi(t)$, wie oben φ; dann wird (mit Vernachlässigung der höheren Potenzen von dt) ganz richtig

$$\psi(t + dt) = \psi(t) + \psi'(t)dt = \delta t + d\delta t \ ,$$

und dies ist wirklich der Werth, welchen die Function $\delta t = \psi(t)$ zur Zeit $(t + dt)$ besitzt; aber aus $\psi(t) = \delta t$ folgt keineswegs, daß auch $\psi(t + dt) = \delta(t + dt) = \delta t + \delta dt$ sein muss. In der Gleichung $\psi(t) = \delta t$, wo δ ein Differentialzeichen ist, darf t keineswegs durch eine beliebige Function von t, hier $(t + dt)$ ersetzt werden; in meinem obigen Beispiel $dt = a$, $\delta t = b(t - t_0) = \psi(t)$ wird wirklich

$$\psi(t + dt) = \psi(t + a) = b(t + a - t_0) = \psi(t) + ab = \delta t + d\delta t$$

aber andererseits

$$\delta(t + dt) = \delta(t + a) = \delta t \ ,$$

also $\delta(t + dt)$ verschieden von $\psi(t + dt)$.–
Es ist schlechterdings unmöglich, die Vertauschbarkeit $d\delta = \delta d$ lediglich durch das Voraussetzen der Stetigkeit und Differentiirbarkeit abzuleiten; diese Vertauschbarkeit findet im Allgemeinen gar nicht Statt. Es ist schade, daß ich meine alte Correspondenz mit R. Beez über Riemann's Hypothesen der Geometrie[595], wo alles dieses und vieles Andere erörtert ist, nicht zur Verfügung habe, sie schläft seit langen Jahren, wie ich

---

594 Brook Taylor (* 18. August 1685 † 30. November 1731) Mathematiker.
595 Siehe [Riemann 1868c: XIII].

glaube, bei Franz Meyer in Clausthal[596] und Königsberg.[597] Ich will aber versuchen, das Wichtigste davon, was hier in Betracht kommt, jetzt zu recapituliren.

Variation erster Ordnung oder Vectoren

1. Bilden die n unabhängigen Variablen $x_1, x_2 \dots x_n$ ein Coordinatensystem (x) in einem Felde R von n Dimensionen (eigentlich bedeutet zwar Feld ein Gebiet von nur 2 Dimensionen), es ist jeder Skalar φ (Ortsgröße) in R eine Function von diesen Coordinaten. Sind nun n Skalare $h_1, h_2 \dots h_n$ beliebig gegeben, wo h_i dem x_i entspricht, so definire ich einen Vector δ (Variation erster Ordnung), welcher aus jedem Skalar φ einen Skalar $\delta\varphi$ erzeugt, durch

$$\delta\varphi = \frac{\partial\varphi}{\partial x_1}h_1 + \frac{\partial\varphi}{\partial x_2}h_2 + \dots \frac{\partial\varphi}{\partial x_n}h_n = \sum^{i} \frac{\partial\varphi}{\partial x_i}h_i \ ;$$

da hieraus $\delta x_i = h_i$ folgt, so ist

$$\delta\varphi = \sum \frac{\partial\varphi}{\partial x_i}\delta x_i \ .$$

Besteht zwischen den Skalaren $\varphi_1, \varphi_2, \varphi_3 \dots$ die Identität

$$\Pi(\varphi_1, \varphi_2, \varphi_3 \dots) = 0 \ ,$$

so folgt

$$\frac{\partial\Pi}{\partial\varphi_1}\frac{\partial\varphi_1}{\partial x_i} + \frac{\partial\Pi}{\partial\varphi_2}\frac{\partial\varphi_2}{\partial x_i} + \frac{\partial\Pi}{\partial\varphi_3}\frac{\partial\varphi_3}{\partial x_i} + \dots = 0 \ ;$$

multiplicirt man mit δx_i und summirt, so folgt

$$\frac{\partial\Pi}{\partial\varphi_1}\delta\varphi_1 + \frac{\partial\Pi}{\partial\varphi_2}\delta\varphi_2 + \frac{\partial\Pi}{\partial\varphi_3}\delta\varphi_3 + \dots = 0 \ .$$

Also genügt der Vector δ allen Regeln der gewöhnlichen totalen Differentation, z.B. $\delta(\varphi_1 \pm \varphi_2) = \delta\varphi_1 \pm \delta\varphi_2$, $\delta(\varphi_1\varphi_2) = \varphi_2\delta\varphi_1 + \varphi_1\delta\varphi_2$ $\delta f(\varphi) = f'(\varphi)\delta\varphi$ u.s.w.
Hieraus folgt zugleich, daß die Definition des Vectors δ invariant, d.h. unabhängig von der Wahl des Coordinatensystems (x) ist; bilden die n unabhängigen Skalare $y_1, y_2 \dots y_n$ ein neues Coordinatensystem (y) in R, so ist auch

$$\delta\varphi = \sum \frac{\partial\varphi}{\partial y_i}\delta y_i \ .$$

596 Clausthal, seit 1924 Clausthal-Zellerfeld.

597 Vergl. [Ded 28], Brief von Heinrich Weber an Richard Dedekind vom 19.02.1876; [Web 110], Brief von Heinrich Weber an Richard Dedekind vom 14.05.1879; [Web 112], Brief von Heinrich Weber an Richard Dedekind vom 07.06.1879; [Web 113], Brief von Heinrich Weber an Richard Dedekind vom 22.06.1879; [Web 115], Brief von Heinrich Weber an Richard Dedekind vom 28.07.1879.

Hat man ferner für den gegebenen Vector δ die homogene lineare partielle Differentialgleichung erster Ordnung $\delta u = 0$ vollständig integrirt, also $n-1$ unabhängige Lösungen $u_2, u_3 \dots u_n$ gefunden, so kann man durch eine Quadratur noch einen Skalar u_1 finden, welcher der Gleichung $\delta u_1 = 1$ genügt; wählt man diese n Skalare $u_1, u_2 \dots u_n$ als neues Coordinatensystem (u), so wird identisch

$$\delta\varphi = \frac{\partial\varphi}{\partial u_1}\,.$$

Den Stromlinien entsprechen constante Werthe von $u_2, u_3 \dots u_n$.
2) Je zwei Vectoren δ, δ' in R erzeugen einen Vector ε (Jacobi), der durch

$$\varepsilon\varphi = \delta(\delta'\varphi) - \delta'(\delta\varphi) = \sum \frac{\partial\varphi}{\partial x_i}\varepsilon x_i$$

definirt wird und der Commutator von δ, δ' heißen soll; symbolisch dargestellt

$$\varepsilon = \delta\delta' - \delta'\delta \text{ oder } (\delta, \delta')$$

Hieraus folgt leicht die von mir (zuerst?) gefundene Verallgemeinerung eines Satzes von Jacobi: Sind (x) und (y) zwei Coordinatensystem in R, und setzt man die Functional-Determinante

$$\sum \pm \frac{\partial y_1}{\partial x_1}\frac{\partial y_2}{\partial x_2}\cdots\frac{\partial y_n}{\partial x_n} = h$$

so ist

$$\delta \log h = \sum \frac{\partial \delta y_i}{\partial y_i} - \sum \frac{\partial \delta x_i}{\partial x_i}$$

(Zweite Auflage von Dirichlet's Zahlentheorie S. 432).[598] Der Beweis folgt daraus, daß $h\frac{\partial x_i'}{\partial y_i}$ der Coefficient von $\frac{\partial y_i}{\partial x_i'}$ in h ist; mithin ist

$$\delta \log h = \sum^{i,i'} \frac{\partial x_i'}{\partial y_i}\,\delta\frac{\partial y_i}{\partial x_i'}\;;$$

bezeichnet man nun für jeden Index s den Commutator von $\delta, \frac{\partial}{\partial x_s}$ mit δ_s, so wird

$$\delta\frac{\partial\varphi}{\partial x_s} = \frac{\partial\delta\varphi}{\partial x_s} + \delta_s\varphi\,,\quad \delta_s x_r = -\frac{\partial \delta x_r}{\partial x_s}\,,$$

also

$$\begin{aligned}\delta\log h &= \sum^{i,i'} \frac{\partial x_{i'}}{\partial y_i}\frac{\partial \delta y_i}{\partial x_{i'}} + \sum^{i,i'}\frac{\partial x_{i'}}{\partial y_i}\delta_{i'} y_i \\ &= \sum^{i}\frac{\partial\delta y_i}{\partial y_i} + \sum^{i'}\delta_{i'}x_{i'} = \sum^{i}\frac{\partial\delta y_i}{\partial y_i} - \sum^{i'}\frac{\partial\delta x_{i'}}{\partial x_i}\end{aligned}$$

598 Siehe [Dirichlet 1871].

w.z.b.w. Anwendung auf die Invarianz der „Divergenz eines Vectors“ im gewöhnlichen Raume, weil h für je zwei Cartesische Coordinatensysteme constant ist. Aber auch Verallgemeinerung des Integralsatzes von Gauß, Reduction eines Raum-Integrals auf ein Begrenzungsintegral; davon ein anderes Mal! Das wird auch erst dann interessant, wenn Riemannsche Maßbestimmungen in den Raum R eintreten:
Ich gestehe, daß mir auch die auf (9) S. 292 folgende Bemerkung nicht klar ist; die Virtualität von δ besteht doch darin, daß bei der Variation der Bedingungsgleichung, welche die Bewegungsbeschränkungen darstellen und außer den Coordinaten $x, y, z \ldots$ doch auch die Zeit t enthalten können, $\delta t = 0$ zu setzten ist. Welchen Sinn hat δ nun, daß im Satze (9), der doch auf der ausdrücklichen Annahme der Virtualität von δ beruht, δt doch noch beibehalten wird, und daß erst in § 121 die neue specielle Annahme $\delta t = 0$ gesetzt wird? Mit diesen Fragen will ich Dich aber nicht zu einer Antwort drängen; Du hast genug zu thun, und auch mir fehlt die Zeit zu einer ausführlichen Erörterung.
Leider wird es nun auch einige Tage dauern, bis ich die beiden folgenden Bogen 20, 21, die inzwischen eingetroffen sind, werde durch sehen können. Mit herzlichen Grüßen
Dein
Braunschweig, R. Dedekind.
8. April 1900.

4.16 Briefe des Jahres 1906

[Web 129]
Heinrich Weber aus Strassburg an Richard Dedekind
Brief vom 03.01.1906
Archiv der UB Braunschweig G 98:13

Straßburg 3.ten Januar 1906

Lieber Freund!

Mit meinem besten Dank für Deine stets so willkommene Pfeffercuchen-Sendung verbinde ich die herzlichsten Glückwünsche zum neuen Jahr für Dich und Deine Schwester.
Zugleich habe ich eine große Bitte, nämlich das Du Dir das beiliegende Manuscript einmal ansehen mögest, das ich mit Benutzung älterer Gedanken in den Ferien zusammengestellt habe, und nur mittheilst ob Du es für einwandfrei hältst. Schwierigkeiten wird es Dir nicht machen. Ich wünschte, ich hätte bereits in meinem Druck die Sache so dargestellt.
Hoffentlich habt Ihr die Festtage gut verlebt und seid gesund ins neue Jahr hinübergetreten.
Bei uns geht es auch gut. Wir haben Weihnachten und Neujahr ohne die Söhne

gefeiert, da Richard seine Praxis nicht verlassen konnte und Rudolph bei seiner Braut in Marburg war. Ich hoffe, dass er uns jetzt wenigstens noch ein paar Tage schenkt. Ich schliesse mit den herzlichsten Grüssen. In alter Freundschaft

Dein

H. Weber

[Ded 34]

Richard Dedekind an Heinrich Weber in Straßburg

Brief vom 11.01.1906

Archiv der SUB Göttingen Cod. MS. R. Dedekind 13:49 Nummer 91

1906.1.11. - Herrn Prof. Dr. H. Weber (Strassburg i. E., Goethestr.27).

Lieber Freund!

Hiermit sende ich Dir Dein Manuscript „Elementare Mengenlehre. Natürliche Zahlen“[599] mit bestem Dank zurück, das ich mit großem Interesse, aber auch mit einiger Mühe gelesen habe. Ich glaube, daß Alles richtig ist, doch kann man in diesen Dingen nicht vorsichtig genug sein; der Comparativ und Superlativ ist uns im gewöhnlichen Leben so geläufig, daß bei der Wahl dieser Ausdrucksformen die Gefahr entsteht, gewisse Folgerungen als selbstverständlich anzusehen, die doch eigentlich eines Beweises bedürfen. Nun ist mir zwar Nichts aufgefallen, was nicht durch ein Paar Worte leicht zu ergänzen wäre, aber Du würdest, wie ich glaube, Deinem Leser einen großen Gefallen thun, wenn Du überall diese Paar Worte hinzufügen und dadurch auch jeden kleinsten Gedankenschritt rechtfertigen wolltest. Lediglich in diesem Sinn lege ich hier ein Blatt bei mit Bemerkungen, die nur bis Seite 10 reichen und solche Wünsche um Vervollständigung enthalten.
Die kürzeste Charakterisierung des Endlichen und Unendlichen scheint mir diejenige zu sein, die ich am 9. März 1889 gefunden und in dem Vorwort (Seite XVII) zur zweiten Auflage (1893) der Schrift „Was sind und was sollen die Zahlen?“[600] mitgetheilt habe. Sie steht, wie es nicht anders sein kann, zu der Deinigen (Seite 7) in einer Verwandtschaft, über die wir später einmal uns aussprechen können.
Nun danke ich Dir vielmals für Deine guten Fest- und Neujahrswünsche, die ich von Herzen erwiedere, sowie für die herrliche Pastete, die wir vorgestern Abend mit vielem Vergnügen angebrochen haben. Unser Fest ist diesmal noch stiller als sonst verlaufen; seit dem 20. November haben wir beide, meine Schwester und ich, wieder

599 Siehe [Weber 1906b].
600 Siehe [Dedekind 1893].

an unseren Erkältungen zu leiden gehabt, und so sind wir zum ersten Mal so lange ich denken kann, im Feste für uns ganz allein geblieben; das Alter bringt das so mit sich. Jetzt geht es aber schon besser.
Was unsere Physik-Professur betrifft, so hat mir unser Rector Fricke[601] neulich gesagt, er würde über den Stand der Sache selbst an Deinen Sohn Rudolf schreiben; es scheint, daß sich die Angelegenheit noch in die Länge ziehen kann, doch wollen wir das Beste hoffen[602].
Mit vielen herzlichen Grüßen von uns beiden an Dich und die lieben Deinigen verbleibe ich Dein getreuer

Braunschweig, R. Dedekind
11. Januar 1906

4.17 Briefe des Jahres 1908

[Web 130]
Heinrich Weber aus Strassburg an Richard Dedekind
Brief vom 05.06.1908
Archiv der SUB Göttingen Cod. MS. R. Dedekind 14:81 Nummer 276

Strassburg 5ten Juni 08

Lieber Freund!

Hier habe ich die Freude, Dir die zweite Auflage der „elliptischen Functionen und algebraischen Zahlen“[603] zu überreichen. Ich habe nicht alles erreicht, was ich hoffte und wünschte, gebe aber die Hoffnung nicht auf, wenigstens noch etwas weiter zu kommen.
Bei mir und den Meinen geht es gut. Hoffentlich auch bei Dir.
Viele Grüße und gute Pfingstfeiertage
Gehst Du bald nach Harzburg?

In alter Freundschaft. Dein
H. Weber

601 Karl Emmanuel Robert Fricke (* 24. September 1861 † 18. Juli 1930) Mathematiker, 1904-1906 und 1921-1923 Rektor der Technischen Hochschule Carolo-Wilhelmina zu Braunschweig.
602 Nach der Emeritierung von Heinrich Weber (Phys.) wurde 1906 Jonathan Adolf Wilhelm Zenneck, (* 15. April 1871 † 8. April 1959) Physiker, zum ordentlichen Professor für Experimentalphysik an die Herzogliche Technische Hochschule in Braunschweig berufen.
603 Siehe [Weber 1908].

[Web 131]

Heinrich Weber aus Strassburg an Richard Dedekind

Brief vom 16.07.1908

Archiv der SUB Göttingen Cod. MS. R. Dedekind 14:81 Nummer 277

Strassburg 16 Juli 1908

Lieber Freund!

Damit Dich mein Gruß noch auf dem Burgberg erreicht, will ich dir sogleich für Deinen lieben Brief danken und Dir über uns und unser Ergehen einige Nachrichten geben.

Erstens schönen Dank für Deinen Glückwunsch zum kleinen „Hans“[604] in Weißenburg. Das ist also der erste Stammhalter. Inzwischen ist auch in Rostock bei Rudolph[605] ein kleines Mädchen[606] angekommen und es geht dort hoffentlich auch alles gut. Ich weis aber noch nichts näheres als die Thatsache durch den Telegraphen. Anna ist seit einigen Tagen wieder bei uns nachdem sie noch einmal 8 Wochen in einem Sanatorium in Bergzabern war. Es hat ihr aber gut getan, und ich glaube wir dürfen hoffen, dass das Leiden jetzt überwunden ist. Es hat eben doch etwa $\frac{3}{4}$ Jahre gedauert.

Über die Karte aus Paris bin ich Dir allerdings noch Aufklärung schuldig. Die Reise nach Rom zum Kongress[607] haben wir in letzter Stunde aus verschiedenen Gründen aufgegeben. Der hauptsächliche Grund war Anna. Der Arzt riet ab, dass sie mit kommen sollte, was sie damals auch gar nicht gekonnt hätte, aber auch das sie allein hier bleiben sollte. Hätten wir sie in ein Sanatorium geschickt, so war wieder niemand bei Ida.

Dazu kam, dass eine Freundin von Mila[608], die uns begleiten sollte, ebenfalls krank wurde, und da sich so die Schwierigkeiten häuften, und ich mich auch ein wenig vor den Anstrengungen der Reise scheute, so haben wir sie aufgegeben. Das Wetter scheint ja auch dort nicht günstig gewesen zu sein und die übrigen Ergebnisse des Kongresses auch nicht sehr bedeutend, so dass wir nicht so gar viel verloren haben. Zum Ersatz ging dann Mila für 4 Wochen nach Paris, wo sie schon bei ihrem ersten

---

604 Hans Heinrich Theodor Weber (* 28. Juni 1908 † 23. September 1977), Sohn von Richard und Anna Weber.

605 Rudolf Weber wurde 1907 als außerordentlicher Professor für angewandte Mathematik an die Universität Rostock berufen.

606 Tochter von Rudolf und Helene Weber.

607 Vom 6. bis zum 11. April 1908 fand in Rom, Italien, der vierte Internationale Mathematikerkongress statt.

608 Emilie Julia Weber.

Aufenthalt so glücklich war, und ich habe sie dann um die Osterzeit dort abgeholt und bin auch etwa eine Woche geblieben. Ich bin, seit wir im Jahr 1878 zusammen dort waren, nicht mehr hingekommen, obwohl wir es hier so nahe haben.[609] Es hat mir aber wieder sehr gefallen, besonders auch die Menschen dort, die viel herzlicher, liebenswürdiger und tiefer sind, als wir sie uns gewöhnlich vorstellen. So die Familie, in der Mila in Pension war und andere. Von den Kollegen habe ich nicht viel gesehen, da die meisten in Rom waren. Poincaré ist dort krank geworden. Nur I.Tannery habe ich gesehen und den Philosophen Boutroux[610], den Schwager von Poincaré, den ich noch aus seiner Studienzeit in Heidelberg, wo er viel in meinem elterlichen Haus war, kenne[611].
Mila hat wieder ein Buch von ihm zum Übersetzen bekommen „Science et religion"[612] worüber sie sehr glücklich ist und fleißig dahinter ist.
Ich fahre jetzt öfter einmal nach Baden-Baden um ein paar Stunden mit meinem Schwager Holtzmann zusammen zu sein der ganz nach Baden übergewechselt ist. Er hat vor einigen Wochen eine schwere Operation (in Heidelberg) an einem Bruch Leiden durchgemacht, hat sie aber ganz gut überstanden und geht wieder spazieren und zu seinem Schoppen. Er ist gerade 10 Jahre älter als ich.
Auf Deine neue Auflage der Zahlentheorie[613] freue ich mich sehr und bitte dich, mir doch die Korrekturbogen zugehen zu lassen, wenn der Druck beginnt. Ich selbst gehe jetzt an eine dritte Auflage meines ersten Bandes der „Encyklopädie der Elementarmathematik"[614]. Das macht mir viel Freude und verhältnismässig wenig Arbeit, da nur einige unerhebliche Zusätze gemacht werden sollen. Die Einleitung will ich nach meiner „elementaren Mengenlehre"[615] umarbeiten. Ansonsten hoffe ich, in den grossen Ferien wieder an einige Fragen über „zyklische Zahlkörper" zu gehen.
Reye hat sich jetzt emeritieren lassen[616], und ich erhalte eben die Nachricht, dass der zu seiner Nachfolge berufene Schur aus Karlsruhe angenommen hat[617]. So ist wohl am besten für eine Fortsetzung von Reyes geometrischer Richtung gesorgt.

609 Vergl. [Web 90], Brief von Heinrich Weber an Richard Dedekind vom 3.09.1878; [Web 92], Brief von Heinrich Weber an Richard Dedekind vom 16.09.1878; [Web 93], Brief von Heinrich Weber an Richard Dedekind vom 9.10.1878.

610 Étienne Émile Marie Boutroux (* 28. Juli 1845 † 22. November 1921) Philosoph.

611 Boutroux war mit Aline Poincaré, der Schwester von Henri Poincaré, verheiratet.

612 Siehe [Boutroux 1908].

613 Siehe [Dedekind 1911].

614 Siehe [Weber 1909].

615 Siehe [Weber 1906a].

616 Karl Reye hatte von 1872, bis zu seiner Emeritierung 1909, den zweiten Lehrstuhl für Mathematik an der Kaiser-Wilhelms Universität Straßburg inne.

617 Friedrich Schur, Geometer wie Reye, lehrte und arbeitete von 1892 bis 1909 an der Technischen Hochschule in Karlsruhe. Im Frühjahr 1909 nahm er den Ruf nach Straßburg zur Nachfolge Reyes an. Schur blieb bis zur Ausweisung der deutschen Professoren im Jahr 1919 in Straßburg.

Ich schliesse mit den herzlichsten Grüssen und wünsche Dir einen recht angenehmen Aufenthalt auf dem Burgberg.

Dein H. Weber

4.18 Brief des Jahres 1912

[Ded 35]

Richard Dedekind an Heinrich Weber

Brief vom 17.12.1912

Archiv der SUB Göttingen Cod. MS. R. Dedekind 13:49 Nummer 92

1912.12.16 - 17. Herrn Prof. Dr. Weber (Strassburg i. E., Taulenstr. 33)

Lieber Freund!

Sehr schuldbewußt fühle ich mich, daß ich Dir noch nicht gedankt habe für die freundschaftlichen Glückwünsche zu meinem Geburtstage, ferner für die bald darauf erfolgte Zusendung des freundlichen Bildes von Deiner Tochter Mila, das uns immer ein threues Andenken an die uns so liebe früh Verstorbene sein wird[618], und endlich für Dein neues Werk, die kurze Algebra[619], die ich erst noch genauer kennen lernen muß. Ich bin seit meinem letzten Geburtstage selten wohl genug gewesen, um Briefe zu schreiben, und leider ist auch das Befinden meiner Schwester, die seit ihrem unglücklichen Fall am 19 Mai 1911 wohl für immer an ihren Rollstuhl gebunden ist, wenig befriedigend, jetzt sind wir beide seit der vorigen Woche wieder von heftigen Erkältungen geplagt, und meine Schwester leidet darunter in Folge ihres höheren Alters noch mehr als ich. Unser Arzt drückt sich zwar recht beruhigend aus, aber es bleibt immer eine böse Zeit durchzumachen.
Doch ich möchte Dir gern einen herzlichen Weihnachtsgruß von uns beiden zuschicken. Du hast mich durch Deine gütige Aufnahme meines kleinen Beitrags[620] zu Deiner Festschrift[621] (zum 5. März) sehr erfreut, und da mein Manuscript in der Teubner'schen Officin seltsame Schicksale erlebt zu haben scheint, die ich nach den viern mir zugegangenen (Fahne) nicht erwarten konnte, so erlaube ich mir, Dir jetzt noch einen meiner Sonderabzüge zu dediciren, in welchen ich zwei Verbesserungen auf

618 Emilie Julia Weber verstarb am 15. Dezember 1911.

619 Siehe [Weber 1912].

620 Siehe [Dedekind 1912].

621 Die Festschrift erschien anläßlich des 70. Geburtstages von Heinrich Weber und enthielt Beiträge der Freunde und Schüler Webers, unter anderem von Richard Dedekind, David Hibert, Theodor Reye und Joseph Wellstein, siehe [Festschrift Weber 1912].

S. 31, 32 eingetragen habe. Der Fehler (Summen statt Summe) auf S. 32 befand sich schon in der Fahne und wurde sorgfältig von mir corrigirt, was aber leider unberücksichtigt geblieben ist. Der andere, die mir äußerst widerwärtige Umstellung der in der Fahne richtig gedruckten Worte es handelt sich in handelt sich es ist erst durch einen überweisen Besserwisser nachträglich hineingeschmuggelt, und nun hängt an mir für immer der Makel, meine liebe deutsche Sprache so arg zu mißhandeln. Eine andere Unbegreiflichkeit ist folgende. Nach dem Vorbilde der Disquisitiones Arithmeticae[622], und weil ich es für sprachlich richtiger halte, habe ich von jeher die Nummern ( ), durch welche ich die Gleichungen bezeichne, hinter die letztere, also rechts von ihnen gesetzt; das war auch in der Fahne ganz richtig gedruckt; dann ist aber wieder ein Besserwisser auf den Gedanken gekommen, die acht Nummern (1), (5), (6), (10), (11), (23), (24), (25) doch lieber auf die linke Seite, also vor die Gleichung zu rücken; mein Arzt hat aber hierin, was mir nicht gelungen war, doch ein Prinzip entdeckt, nämlich: diese acht Nummern befinden sich auf den Seiten 24, 28, 30, 34 von gerader, alle übrigen aber auf Seiten von ungerader Seitenzahl; das Prinzip besteht also darin, die Nummern immer nahe an den äußeren Rand der Seite zu rücken!

Hoffentlich ist es mir gelungen, durch diese Erzählung Dir ein kleines Vergnügen zu bereiten, aber auffallend ist es doch, daß die hochberühmte Firma, nachdem der von ihr in der Fahne vorgelegte Satz die Billigung des Verf. erhalten hat, hinterher ohne weitere Anfrage sich solche willkürliche Abänderungen vorzunehmen erlaubt.

Nun noch mit unseren herzlichsten Grüßen an Dich und die Deinigen die besten Wünsche zum Fest und Neujahr von Deinem alten Freunde

Braunschweig R. Dedekind

17. Dezember 1912

622 Siehe [Gauss 1801].

5 Elise Riemann

5.1 Briefwechsel mit Richard Dedekind

[Rie 1]
Elise Riemann aus Göttingen an Richard Dedekind
Brief vom 27.11.1871
Archiv der SUB Göttingen Cod. MS. R. Dedekind 14:60 Nummer 174

Göttingen d. 27^t Novbr
1871.

Höchstgeehrter Herr Professor!

Durch Clebsch erfahre ich heute, daß Minnigerode Ihnen die Manuscripte zurücksenden wird, er hat sich dahin ausgesprochen es sei ihm in keiner Weise die Rückgabe der Arbeit leid, da er sich nicht entschließen könne daran zu gehen; im Gegentheil fühle er sich wie von einer Last befreit die Sache rückgängig machen zu können. Wenn Sie, geehrter Herr Professor, nun die große Güte haben wollten, die Herausgabe der Vorlesung[1] Hattendorff zu übertragen, so würden Sie mich sehr verbinden.[2] Es thut mir sehr leid, daß zu allen übrigen Arbeiten, Ihnen aus dieser Angelegenheit noch manche unerquickliche Correspondenz erwachsen ist.
Mit der größten Freude und dem innigsten Danke, sehe ich der von Ihnen demnächst in Aussicht gestellten Veröffentlichung einer Arbeit von Riemann entgegen und verbleibe mit der größten Hochachtung

Ihre

gehorsamste
Elise Riemann geb. Koch

[Rie 2]
Elise Riemann aus Göttingen an Richard Dedekind
Brief vom 08.08.1874
Archiv der SUB Göttingen Cod. MS. R. Dedekind 14:60 Nummer 175
Auszugsweise veröffentlicht in: Dugac 1976, S. 262-263

---

1 Siehe [Riemann 1872].
2 Siehe [Hat 1], [Hat 2].

Göttingen d. 8ten August
1874

Höchstgeehrter Herr Professor!

Eben geht Weber[3] fort, der mir aus Ihrem Briefe an ihn mittheilte, daß Sie die Güte haben wollen, Herr Prof. Weber in Zürich in meinem Namen auf zu fordern, die weitere Herausgabe des Nachlasses meines lieben Mannes zu besorgen, ich werde mich genanntem Herrn zu großem Dank verpflichtet fühlen, wenn er sich für die Sache interessiren will und die weitere Herausgabe in die Hand nehmen. In wie weit Sie selbst, geehrter Herr Professor, sich noch daran beteiligen wollen u. können, muß ich natürlich ganz Ihnen über lassen, mit großer Angst habe ich oft daran gedacht, daß ich Ihnen zu unbescheiden die Sache aufgebürdet, da Sie ohnehin mit eigenen Arbeiten und der Direction so viel zu thun haben und Ihre Gesundheit gewiß darunter leidet. Riemann wird Ihnen droben einst danken für so viel Treue und Aufopferung, die Sie seinen Gedanken gewidmet, die ihm ja nicht vergönnt waren zu vollenden. Darf ich Ihnen diese Zweiglein von seinem Grabe zum Andenken beilegen? Ich erhielt sie vor ein paar Tagen, von einer lieben Freundin vom Lago maggiore, die mir alljährlich an Riemanns Todestage einen Kranz aufs Grab legt[4] und dann einen solchen Gruß sendet.

Wie Clebsch mir damals alle Papiere Riemanns, so wohl geordnet und ausgearbeitet vorlegte, war ich ganz gerührt von Ihrer Aufopferung und angestrengter Thätigkeit und Hingabe an die Sache, auch Clebsch war so sehr Ihres Lobes voll u. voll Eifer u. Thatkraft, da kommt der Tod – u. Alles ist zerrissen.

Seitdem ist bei uns Schlag auf Schlag gefolgt, ich verlor meine heiß geliebte Schwester binnen 10 Tagen an die Diphtheritis, bald darauf erfolgte ein schwerer Schlaganfall meines lieben Vaters, an dem wir noch zu tragen haben und so gehts fort. Sonst hätte ich längst Ihnen meinen innigsten Dank ausgesprochen für so viel Treue und Fleiß, die Sie dem verstorbenen Freunde gewidmet.

Von Weber[5] soll ich Ihnen viele herzliche Grüße sagen u. daß er vor seiner Abreise wohl nicht mehr zum Schreiben an Sie kommen würde, er geht mit Poggendorf (der ihn hier abholt u. am Sonntag, also Morgen eintrifft u Montag hier bleibt) am Dienstag fort, vorläufig nach Rohrschach[6], im Fall Sie wieder nach Gais[7] gingen, möchten Sie es doch den Herrn dorthin melden sie würden Sie dann dort aufsuchen.

---

3 Wilhelm Weber.

4 Bernhard Riemann wurde auf dem Kirchhof des Dorfes Biganzolo, heute Ortsteil der oberitalienischen Stadt Verbania, beerdigt, siehe auch [Rie 4], Brief von Elise Riemann an Richard Dedekind vom 01.05.1875

5 Wilhelm Weber.

6 Rohrschach, Stadt im Kanton St. Gallen, Schweiz.

7 Gais, Gemeinde im Kanton Appenzell Ausserhoden, Schweiz.

Leben Sie wohl, geehrter Herr Professor, sollten Sie genöthigt sein mir noch irgendwelche Mittheilungen machen zu müssen, so ist meine Adresse jetzt, Nicolausberger Weg Nr. 2 vor dem Weender Thor.
Ihnen recht viel Vergnügen und Erholung in den Ferien wünschend, grüßt Sie

Ihre

ergebenste
Elise Riemann.

[Rie 3]
Elise Riemann aus Göttingen an Richard Dedekind
Brief vom 14.11.1874
Archiv der SUB Göttingen Cod. MS. R. Dedekind 14:60 Nummer 176
Auszugsweise veröffentlicht in: Dugac 1976, S. 263

Göttingen d. 14 Novbr 74.

Hochgeehrter Herr Professor!

Herzlichen Dank für Ihre freundlichen Zeilen und die frohe Nachricht, daß Prof. Weber[8] in Zürich, sich der Herausgabe des Nachlasses meines lieben Mannes widmen will. Die Papiere, in so weit sie sich in meinen Händen befinden, werde ich womöglich noch heute an Weber abgehen lassen. Ich behalte, die theils noch in Berlin nachgeschriebenen, Collegienhefte von Riemann und seine Vorbereitungen auf Vorlesungen zurück und selbstverständlich die Concepte und andern Papiere, welche noch zum Dirichletschen Nachlasse gehören, die Letzteren übergebe ich wohl am Besten Weber[9] hier, seiner Zeit. Außer Neumann[10] hat, meines Wissens, nur noch Hattendorff Papiere von R[11], nämlich einige Blätter über die Minimalflächen, welche R. ihm noch selbst einhändigte und die Hattendorff, mich nach der Veröffentlichung bat, ihm zur Aufbewahrung an zu vertrauen. Ich will ihm nun umgehend schreiben und die Bitte aussprechen, daß er sie sofort an Prof. Weber Zürich schickt. Nach Clebsch Tode, überbrachte mir Michelmann[12], Riemanns Papiere in Ihrem Reisesack, wohl verschlossen. Alles was man außerdem noch von den Sachen in Clebsch Arbeitsstube gefunden, versprach Klein an Neumann abzuliefern. Den Reisesack schicke ich Ihnen nächstens

8 Heinrich Weber, Mathematiker.
9 Wilhelm Weber.
10 Carl Neumann.
11 Bernhard Riemann.
12 Michelmann war Mechaniker und Bote am Physikalischen Kabinett der Georg-Augusts-Universität Göttingen.

mit Dank zurück. An Weber sende ich nun folgende Papiere, in den von Ihnen geehrter Herr Professor, mit Umschlag und Aufschrift versehenen, wohlgeordneten Packeten.

1 Inaugural Dissertation
2 Primzahlen
3 Analysis Situs, Hypothesen d. Geometrie u Pariser Aufgabe
4 Electrodynamik
5 Luftwellen
6 Bewegung des flüssigen Ellipsoids
7 Philosophische Extracte
8 Abelsche Functionen
9 Natur Philosophie
10 Rückstand in der Laydener Flasche
11 Trigonometrische Reihe
12 ϑ-Functionen
13 1 Packet einzelne Blätter mit der Bemkg. noch zu prüfen
14 Lineare Differentialgleichungen
15 1 Packet mit Aufschrift – Buntes –
16 1 Packet mit Aufschrift – Durchsucht –
17 noch ein größeres Packet Blätter ohne Bemerkungen

Ich hoffe sehr daß nichts fehlt!
Auf Ihre Empfehlung hin, habe ich Vertrauen zu Hr Prof. Weber, den ich ja leider nicht persönlich kenne und ist es mir immer hin ein großer Trost, daß Sie die große Güte haben wollen, geehrter Herr Professor, dem Unternehmen auch ferner mit Rath und That zur Seite zu stehen und spreche ich Ihnen meinen herzlichsten innigsten Dank aus für Alles was Sie bisher mit so großer Aufopferung gethan und jetzt wieder an Schreibereien und Mühen übernehmen.
Mit dem Befinden meines Vaters geht es Gott Lob immer etwas besser, er hat an meiner Schwägerin[13] eine unermüdliche aufopfernde Pflegerin, das Traurigste ist nur, daß er so gar keine Lust zum Leben hat u immer nur den einen Gedanken u das Gebet, Abzuscheiden um Daheim zu sein. Aber wie ist es anders möglich, so zu gänzlicher Unthätigkeit verdammt sein, ist gewiß mit das Schwerste was uns auferlegt werden kann. Meine Ida[14] ist schon ein recht großes Mädchen, die Weihnacht 11 Jahre alt wird. Sie ähnelt in vielen Stücken ihrem Vater, Rechnen ist ihre liebste Beschäftigung, sie rechnet oft 30 Exempel über die Aufgabe, aus purem Vergnügen u. ist in ihrem Rechenbuche weiter, als die Mädchen 1ster Classe, zweiter Ordnung. Wenn sie ein Junge wäre!

13 Ida Koch, geb. Riemann.
14 Ida Schilling, geb. Riemann.

Sie ist ein herzensfrohes kleines Geschöpf, das den ganzen Tag lacht und jubilirt, Mutter muß schon recht böse sein, bevor ihre gute Laune dahin ist. Ich habe auch jetzt noch eine kleine Nichte bei mir, zwei Kinder erzieht man viel leichter als eins und ich bin nicht genöthigt den ganzen Tag Spielkamerad zu sein.
Wie glücklich, beneidenswerth sind Webers so den Winter in Italien verleben zu dürfen! Bis jetzt sind sie noch in Nervi[15]. Frau Ewald hat ihren Mann[16] vor einigen Tagen von Berlin abholen müssen wo er erkrankte, er liegt zu Bett, doch geht's schon besser, Uebermorgen feiert er seinen 71zigsten Geburtstag. Die Nachricht vom Tode des kleinen Fritz Weber hat mich mit der innigsten Theilnahme erfüllt, es sind so treue zärtliche Eltern, wie weh mag ihnen ums Herz sein. Mit einem herzlichen Lebewohl stets

Ihre
gehorsamste
Elise Riemann
geb. Koch.

[Rie 4]
Elise Riemann an Richard Dedekind
Brief vom 01.05.1875
Archiv der SUB Göttingen Cod. MS. R. Dedekind 14:60 Nummer 177
Auszugsweise veröffentlicht in: Dugac 1976, S. 262-265

d. 1te Mai 1875.

Höchstgeehrter Herr Professor!

Kaum wage ich es dem Rath von Hr. Prof. Weber Zürich zu folgen und Ihnen direct einiges Material zu einer biographischen Skizze, als Beigabe zu Riemanns Werken zu senden. Es ist aber so sehr mein Wunsch, daß gerade Sie, als genauer Freund von R., der Sie ja sein ganzes Wesen und Sein kannten und anders auffasten, als es Fremde thun, diese Arbeit übernehmen.
Glauben Sie mir, daß es mir wirklich leid thut Ihnen von Neuem dies aufzubürden und bitte ich Sie inständig, üben Sie nur noch dies eine Mal Geduld und Nachsicht.
Ich habe schon früher einmal etwas von den äußeren Lebensumständen R's zusammengestellt, 67 wo Clebsch von Giessen aus[17], mich um einige Notitzen für Cayley bat,

15 Nervi, Kurort und seit 1926 Stadtteil von Genua, Italien.
16 Georg Ewald.
17 Alfred Clebsch war von 1863 bis 1868 ordentlicher Professor für Mathematik an der Ludwigsuniversität, der heutigen Justus-Liebig-Universität, in Gießen.

vielleicht können Sie etwas davon verwenden, über den Gang von R's wissenschaftlicher Laufbahn, wissen Sie ja viel mehr und Ausführlicheres als ich.
Was schon als Nachruf über R. gedruckt ist, sende ich Ihnen mit, das kleine Heft von Schering[18] und die Uebersetzung[19] von Mansion[20], mit dem hinzugefügten Catalog und Notizen über Riemanns Arbeiten, die wohl ziemlich vollständig sind, eine Notiz Seite 6 ist unrichtig, R. hat den Winter 65/66 in Gött. zugebracht nicht am Lago maggiore. Nach Rs Tode kam noch die Ernennung z. M. d. G. d. W. in London an[21], doch ist das wohl unwichtig.
Es ist mir immer so leid R. als unverbesserlichen Hypochonder hingestellt zu sehen, er hatte allerdings eine Zeit wo er recht trübe gestimmt war, auch den Sommer in Harzburg besonders, wo Sie ihm als treuer Freund zur Seite standen, doch wissen Sie ja auch, daß sein Kummer damals guten Grund hatte. Vielleicht lesen Sie einige von den Briefen aus Rs, Schulzeit und Studienjahren, da werden Sie sehen, wie er früher an Allem Theil nahm und oft recht heiter sein konnte. Seine angreifenden, so viel tiefes Denken fordernden Arbeiten, die vielen Verluste in seiner Familie, im Bunde mit seinem schlechten Befinden, haben natürlich dazu beigetragen ihm das Leben oft recht schwer zu machen. Einen lebhaften Briefwechsel, scheint R. mit Ihnen 60 nach Zürich geführt zu haben, sonst werden Rs Briefe in den späteren Jahren immer seltener, so viele Briefe ich in diesen Tagen durchgelesen habe, aus früherer Zeit, so verschwindend wenige aus den Jahren 59. 60. 61. Es hat wohl darin seinen Grund, daß Rs noch lebende Geschwister mit ihm vereint waren. Als einen rechten Lichtpunkt in Rs Leben muß ich seinen Aufenthalt in Italien bezeichnen, nicht allein daß ihn das Schauen aller Herrlichkeit dieses entzückenden Landes, von Natur und Kunst unendlich beglückte, er fühlte sich dort auch als freier Mensch den Menschen gegenüber, ohne alle die hemmenden Rücksichten, die er in Göt[22]. auf Schritt und Tritt nehmen zu müssen meinte. Er entzog sich dem liebenswürdigen Entgegenkommen der Italiener nicht und verband sich besonders Betti mit innigster Freundschaft. Der wohlthätige Einfluß des herrlichen Climas auf seine Gesundheit stimmte R. oft recht froh und heiter, so daß ich mit inniger Freude auf viele dort glücklich verlebte Tage zurückblicke. Wollen Sie einen Blick thun in unsere Häuslichkeit in Pisa, so lesen Sie beifolgende Verse, welche eine Freundin von uns verfaßte, die auch mit ihrem Mann den Winter in Pisa verlebte und R. meist beim Warten seines Töchterchens überraschte. Auch lege ich Ihnen einen kleinen Briefwechsel bei, zwischen R u mir[23], der Ihnen zeigt, welch guter für-

18 Siehe [Schering 1867].

19 Siehe [Schering 1870].

20 Paul Mansion (* 3. Juni 1844 † 16. April 1919) Mathematiker, Wissenschaftshistoriker.

21 Am 14.Juni 1866 wurde Bernhard Riemann von der Royal Society London zum auswärtigen Mitglied ernannt.

22 Göttingen.

23 Riemann und mir.

sorglicher Familienvater R. war. Das kleine schwarze Buch enthält Aufzeichnungen über seinen Aufenthalt in Paris[24], einen Brief über die Reise an seine Schwester und die Anzeige von der Ankunft der Pariser Arbeit, welche R. an einen Verwandten, den Secretär B. Siggelkow in Schwerin, hatte adressiren lassen.

Was Sie nun mehr interessiren wird und Stoff liefere, geehrter Herr Professor, sind die Briefe in dem größeren Packet, welche ich gestern endlich, nach langem Warten, von Sch.[25] zurückerhielt. Da nichts helfen wollte schickte ich gestern mein Töchterchen zu ihm mit dem Auftrage „Bitte Herr Prof. geben Sie Mutter die Briefe an meinen lieben Vater zurück." Da brachte er sie mir gestern selbst. Es sind Briefe von bedeutenden Männern aus Rs Bekanntschaft und beziehen sich auf Rs Arbeiten und verschiedene Lebenslagen. Ferner brachte Sch. mir die Rechnungen über Magnetismus wieder, in die ich Sie bitte einen Blick zu thun, ich möchte sie nicht ohne Ihren Rath gehört zu haben an Weber nach Zürich zu schicken. Sch. meinte vielleicht fänden sich im Nachlasse noch Aufklärungen über diese Zahlen.–

R. verband mit seinem tiefen Wissen, das reinste edelste Herz, auch der fromme Sinn, der im Vaterhaus gepflanzt war, ist ihm durchs ganze Leben geblieben, er diente treu seinem Gott, wenn auch in anderer Form, ich erinnere mich noch eines Ausspruchs von R. den ich mir oft später wiederholt habe:

Die tägliche Selbstprüfung, vor dem Angesichte Gottes ist eine Hauptsache in der Religion. Mit der größten Pietät vermied R. Andere in ihrem Glauben zu stören. Rs Ende war ein sehr sanftes, ich möchte sagen ein Heimgehen ohne Kampf und Todesschauer, es schien mir als ob er mit Interesse dem Scheiden der Seele vom Körper folge, ich mußte ihm Brod u. Wein reichen, er trug mir Grüße auf an die Lieben daheim, sagte mir küsse unser Kind, ich betete das Vater Unser mit ihm, er konnte nicht mehr sprechen, bei den Worten, Vergieb uns unsere Schuld richtete er gläubig das Auge nach Oben, ich fühlte seine Hand kälter werden in der meinen, noch einige Athemzüge, und er war aufgegangen in Gott, wo er schauen wird was hier seinem Forschen versagt war.

Sollten Sie sich, geehrter Herr Professor, entschließen, die biographische Skizze zu entwerfen und noch über irgend einen Punkt Auskunft wünschen, so bin ich natürlich mit tausend Freuden bereit sie zu geben, wenn es in meiner Macht steht.

Mit der Hoffnung, daß es jetzt etwas besser steht mit Ihrem Befinden und mich nochmals entschuldigend, wegen meines Anliegens bin ich stets mit der größten Hochachtung,

Ihre
dankbar ergebene
Elise Riemann
geb. Koch.

24 Bernhard Riemann unternahm Ostern 1860 eine Reise nach Paris.

25 Ernst Schering.

Georg Friedrich Bernhard Riemann geb. d. 17 Septb 1826. in Breselenz bei Dannenberg einem Dorfe im Königreich Hannover[26]. Sein Vater Friedrich Bernhard Riemann, geboren in Boitzenburg an der Elbe in Mecklenburg[27], der als Lieutnant unter Wallmoden[28] an den Befreiungskriegen[29] Theil genommen, war dort Prediger, er verheirathete sich mit Charlotte, der Tochter des Hofrath Ebell[30] aus Hannover und siedelte später mit seiner Familie nach der etwa drei Stunden entfernten Pfarre Quickborn[31] über. Bernhard war das zweite von 6 Geschwistern[32]. Schon früh wurde seine Lernbegierde durch seinen Vater, der ihn bis zum Abgange aufs Gymnasium fast allein unterrichtete, geweckt. Als Knabe von 5 Jahren interessirte ihn sehr Geschichte, Züge aus dem Alterthum und besonders das unglückliche Schicksal Polens, welches sein Vater ihm, immer von Neuem erzählen mußte. Sehr bald aber trat dies in den Hintergrund und sein entschiedenes Talent fürs Rechnen brach sich Bahn, er kannte kein größeres Vergnügen als selbst schwierige Exempel zu erfinden und dann seinen Geschwistern aufzugeben. Von seinem 10ten Jahre an ließ sich sein Vater von einem Lehrer (Schulz) beim Unterricht der Kinder unterstützen, dieser gab guten Unterricht im Rechnen und Geometrie, mußte sich jedoch bald sehr anstrengen, B's raschen oft besseren Lösung einer Aufgabe zu folgen. Sein Vater confirmirte ihn mit 13 1/2 Jahren, und R. verließ das elterliche Haus, in welchem ein ernster frommer Sinn herrschte und häuslich angeregtes Leben. Die Eltern sahen ihre Hauptaufgabe in der Erziehung ihrer Kinder. Die innigste Liebe verband R. mit seiner Familie und hat sich durch sein ganzes ferneres Leben erhalten, sie spricht sich in seinen Briefen aus, die er an die entfernten Lieben richtet, wo er an Allem was das Elternhaus betrift, auch an den kleinsten Vorgängen das lebhafteste Interesse zeigt, und auch sie treulich alle seine Freuden und Leiden theilen läßt. R. kam zuerst auf das Lyceum in Hannover, Ostern 1840 nach klein Tertia, er blieb in H. 2 Jahre. Dann brachte ihn sein Vater auf das Gymnasium zu Lüneburg, wo er zwei Jahre in Secunda, u. zwei Jahre in Prima blieb[33]. Er bekam gute Zeugnisse auch in andern Fächern, in Mathematik aber immer glänzende, beim Ab-

---

26 Breselenz, seit 1972 Ortsteil der Gemeinde Jameln, Samtgemeinde Elbtalaue in Niedersachsen, Deutschland.

27 Boitzenburg, seit 2001 Boitzenburger Land, Gemeinde in Brandenburg, Deutschland.

28 Ludwig Georg Thedel Graf von Wallmoden-Gimborn (* 6. Februar 1769 † 22. März 1862), General der Kavallerie und Befehlshaber während der Befreiungskriege.

29 Befreiungskriege, kriegerische Auseinandersetzungen zwischen 1813 und 1815 in Mittel- und Norddeutschland im Rahmen der Napoleonischen Kriege.

30 Georg August Ebell (* 1745 †1824), Hofrath und Oberpostmeister.

31 Quickborn, heutige Stadt in Schleswig-Holstein, Deutschland.

32 Bernhard Riemann hatte einen Bruder, Wilhelm Riemann († 1857), und vier Schwestern, Clara Riemann († 1855), Marie Riemann († 1858), Helene Riemann († 1864) und Ida Koch, geb. Riemann († 1899).

33 Die neun Jahrgänge des im 19. Jahrhundert in Preußen eingeführten Lyceums (Gymnasium), wurden bezeichnet als Sexta, Quinta, Quarta, Unter- und Obertertia, Unter- und Obersekunda, sowie Unter- und Oberprima. Bernhard Riemann besuchte somit in der 4. und 5. Jahrgangsstufe ein Gymnasium in Hannover und von der 6. bis zur 9. Jahrgangsstufe das Johanneum in Lüneburg.

gange die Eins. Vom Director Schmalfuß[34] wurde R's große Begabung für Mathematik erkannt und derselbe schrieb noch jetzt, nach seinem Tode mit inniger Freude über seinen Schüler, wie sehr derselbe ihn oft überrascht und in Erstaunen gesetzt, wenn er ihm mathematische Werke, die er ihm geliehen, schon nach wenigen Tagen zurückgebracht und dann in der Unterhaltung gezeigt hätte, wie er sie durchgearbeitet und vollständig aufgefaßt habe. Sein Vater wünschte er möge sich der Theologie widmen, da er in diesem Fache voraussichtlich früher eine Anstellung finden würde und wirklich ließ sich R. Ostern 1846 als stud. theolog. in Göttg. immatriculiren[35]. Er sah jedoch bald ein, daß die Neigung zur Mathematik zu mächtig in ihm sei und erwirkte von seinem Vater die Erlaubniß sich ganz seinem Lieblingsstudium widmen zu dürfen. 1847 u. 48 studirte R. in Berlin[36], wo er lebhaft Antheil nahm an den aufregenden Ereignissen, er hatte mit anderen Studenten die Wache im Schlosse des Königs und theilt darüber Einiges in einem Brief an seinen Vater mit[37]. 1849 kehrte R nach Gött. zurück. Seine Lehrer waren
Jacobi, Eisenstein, Dirichlet, Weber, Gauss, Stern, Ulrich.

1851 promovierte R. bei der philosoph. Fac. in Gött. seine
Inaugural Dissertation.
Grundlagen für eine allgemeine Theorie der Function einer unveränderlichen complexen Größe.
fand von Gauss eine sehr anerkennende Beurtheilung.

1854 habilitirte sich R. in Gött. Vorlesung vor der Facultät
Ueber die Hypothesen welche der Geometrie zu Grunde liegen.
Schriftliche Abhandlung.
Ueber die Darstellbarkeit einer Function durch eine trigonometrische Reihe.
Septbr. Verbreitung der Electricität in Nichtleitern.

1855 Auf Vorschlag von Herrn. Prof. Weber z. Assessor d. k. G. W. in Gött[38].
Pogg. Analen.[39]Bd. 55. Zur Theorie der Nobilischen Farbenringe.
Zur mathematischen Theorie der galvanischen Ströme.

---

34 Friedrich Constantin Schmalfuss (* 1806 † 1871) Mathematiker.

35 Riemann immatrikulierte 1846 sich als Student der Theologie an der Georg-Augusts-Universität in Göttingen.

36 Da in Göttingen nur mathematische Grundvorlesungen angeboten wurden, wechselte Riemann 1847 an die Friedrich-Wilhelms-Universität Berlin, wo er unter anderem Dirichlet und Eisenstein kennenlernte.

37 Im Frühjahr des Jahres 1848 kam es im Rahmen der deutschen Revolutionsbewegung zu blutigen Straßenkämpfen zwischen der Berliner Bevölkerung und den Truppen König Friedrich Wilhelms IV.

38 1855 erfolgte die Ernennung von Bernhard Riemann zum Assessor der mathematischen Klasse der Königlichen Gesellschaft der Wissenschaften zu Göttingen.

39 Annalen der Mathematik und Physik.

In dies Jahr fiel der Tod von R's Vater und einer Schwester[40]
56/57 sehr angegriffene Gesundheit, Aufenthalt in Harzburg mit Hr. Prof. Dedekind u Hr. Dr. Ritter.

1857. wurde R extra ord.[41] Tod von Rs Bruder Wilhelm
Beiträge der durch die Gauss'sche Reihe $F(\alpha,\ \beta,\ y,\ x)$ darstellbaren Functionen.
Crelles Journal Bd. 54[42] Allgemeine Voraussetzungen und Hülfsmittel für die Untersuchung von Functionen unbeschränkt veränderlicher Größe.
Lehrsätze aus der Analysis situs für die Theorie der Integrale von zweigliedrigen vollständigen Differentialien.
Bestimmungen einer Function einer veränderlichen complexen Größe durch Grenz oder Unstetigkeitsbedingungen.
Theorie der Abelschen Functionen. –

58 Tod von R's jüngster Schwester Marie die zwei noch übrigen Geschwister zogen zu ihm nach Gött.
Michaelis 59 Besuch in Berlin mit Dedekind.

1859. Correspondent d. Berliner Akademie d. W.[43]
Ueber die Anzahl der Primzahlen unter einer gegebenen Größe.
Prof. ordin. Aug. 2 nach der Sternwarte gezogen

1860. Mitglied d. k. G. d. W. zu Göttingen.[44]
Band 8 Ueber die Fortpflanzung ebener Luftwellen von endlicher Schwingungsweite.
Ostern 60 Reise nach Paris, Bekanntschaft angeknüpft mit den dortigen Mathematikern.

1861. Ges. d. W. zu Gött. Bd. 9 Ein Beitrag zu den Untersuchungen über die Bewegung eines flüssigen gleichartigen Ellipsoides.
Juni 61 Preisschrift für Paris.

---

40 Clara Riemann.

41 Riemann war von 1857 bis zur Ernennung zum ordentlichen Professor 1859 außerordentlicher Professor an der philosophischen Fakultät der Georg-Augusts-Universität Göttingen.

42 Journal für die reine und angewandte Mathematik.

43 Im August 1859 ernannte die Akademie der Wissenschaften Berlin Bernhard Riemann zum korrespondierenden Mitglied der physikalisch-mathematischen Klasse.

44 Im Dezember 1860 wurde Bernhard Riemann zum Mitglied der Königlichen Gesellschaft der Wissenschaften zu Göttingen ernannt.

1862. Verheiratet mit Elise Koch geb. in Körchow Mecklenburg Schwerin.
Im Juli Brustfellentzündung.
Auf Verwendung v. G Hfrth Weber[45] u Prof v. Waltershausen Urlaub und Unterstützung zu einer Reise nach Italien.
1te Reise nach Italien angetreten im Nov. 62. Durch Empfehlung von Prof v W.[46] freundlichstes Entgegenkommen der Familie Jaeger[47], Winter in Messina zugebracht
auf Jaegers Villa in Gazzi Vorstadt von Messina.
Besserung im Befinden. Ausflug nach Taormina, Catania, Syracus. Abreise am 19ten März

1863 Rückreise über Palermo, Neapel, Rom, Livorno, Pisa, Florenz, Bologna, Mailand. Längerer Aufenthalt in diesen Städten, Bekanntschaft mit den bedeutendsten Gelehrten Italiens, intime Freundschaft mit Prof. Betti. Großes Interesse R's an den Kunststätzen u. Alterthümern.
Heftige Erkältung bei der Tour über den Splügen[48]
Ankunft in Gött. d. 17 Juni. Fortwährend schlechtes Befinden.
2te Reise nach Italien am 21ten August 63 angetreten.
Ruf nach Pisa an Stelle von Prof. Mosotti durch Vermittlung von Betti[49]. Auf Rath seiner Freunde in Gött abgelehnt, seiner angegriffenen Brust wegen.
Aufenthalt in Meran, Venedig, Florenz, den Winter in Pisa verlebt, große Kälte Arno zugefroren.

1864 Im Mai auf eine Villa vor Pisa gezogen
Ende August Tod von R's Schwester Helene. R. bekam die Gelbsucht dadurch Verschlimmerung seines Brustleidens.
Ausarbeitung der Abhandlung über das Verschwinden der ϑ-Functionen.
Winter in Pisa verlebt angenehmer Verkehr mit den dortigen Gelehrten, Betti, Felici[50], Novi[51], Villari, Tassinari[52], Beltrami.

45 Wilhelm Weber.
46 Sartorius von Waltershausen.
47 Giulio Ewald Jaeger, Konsul des Norddeutschen Bundes, ab 1871 Konsul des Deutschen Reiches.
48 Splügenpass, Alpenpass zwischen der Schweiz und Italien.
49 Nachdem Mosotti im Frühjahr 1863 verstorben war, sollte auf Vermittlung von Betti Bernhard Riemann zum Professor für mathematische Physik berufen werden. Da Riemann wegen seines labilen Gesundheitszustandes die Berufung ablehnte, fiel die Wahl auf den jungen Beltrami. Dieser nahm auf Rat von Cremona die Berufung an und wechselte 1864 von Bologna nach Pisa.
50 Riccardo Felici (* 11. Juni 1819 † 20. Juli 1902) Physiker.
51 Giovanni Novi (* 2. Januar 1827 † 10. Dezember 1866) Mathematiker.
52 Paolo Tassinari (* 3. November 1829 † 16. April 1909) Chemiker.

1865 Mai u Juni in Livorno, schlechtes Befinden.
Juli, August am Lago maggiore zugebracht.
Sept in Pegli bei Genua. Gastrisches Fieber bedeutende Verschlimmerung seines Zustandes
Lebhafter Wunsch nach Gött. zurückzukehren.
Octbr 3. Ankunft in Gött. Winter erträglich gut.
Crelles Journal Bd. 65[53] Ueber das Verschwinden der ϑ Functionen.

1866 In den letzten Monaten beschäftigte sich R. mit der Ausarbeitung einer Abhandlung über die Mechanik des Ohrs, welche leider nicht vollendet wurde, nach seiner Idee herausgegeben von O. Mdcrth Henle u Prof Schering. R. übertrug Herr Dr. Hattendorff die Ausarbeitung der Abhadlg über
Die Fläche vom kleinsten Inhalt bei gegebener Begrenzung. gedr. Im 13ten Bd. d. Abhdlg d. k G d W z Gött.[54]
R. sprach öfter den Wunsch aus, vor seinem Ende noch über einige seiner unvollendeten Arbeiten mit Prof. Dedekind Braunschweig zu sprechen, fühlte sich aber stets zu schwach u. angegriffen um seinen Besuch zu erbitten.
Große Sehnsucht R's einige Monate am Lago maggiore zuzubringen um wo möglich Kräfte zu sammeln einige seiner Arbeiten zum Winter zu vollenden.

1866 3te Reise nach Italien. angetreten am 15ten Juni schon in Cassel Unterbrechung der Reise, die Eisenbahn zerstört, mit Fuhrwerk glücklich bis Giessen gelangt am 28ten Juni Ankunft am Lago maggiore.
Rasches Abnehmen der Kräfte, noch den Tag vor seinem Tode unter einem Feigenbaum ruhend an der Mechanik des Ohres gearbeitet, vollständig vorbereitet auf sein nahes Ende. Große Freude noch einmal die ihm so lieb gewordene Gegend zu sehen. Sanftes Ende bei klarem Bewußtsein am 20ten Juli 1866 im fast vollendeten 40ten Jahre Villa Pisoni, Selasca bei Intra[55]. Riemann ruht auf dem Kirchhofe zu Biganzolo wohin Selasca eingepfarrt ist. Sein Grabstein trägt die Inschrift

Hier ruht in Gott
Georg Friedrich Bernhard Riemann. Prof. zu Gött.
geb. in Breselenz am 17 Septb 1826 gest in Selasca
d. 20ten Juli 1866.
Denn die Gott lieben müssen alle Dinge zum Besten dienen.

53 Journal für die reine und angewandte Mathematik.
54 Abhandlungen der Königlichen Gesellschaft der Wissenschaften zu Göttingen.
55 Intra, im Jahr 1939 mit Pallanza zur italienischen Stadt Verbania vereinigt.

Besonderes Interesse und freundliche Theilnahme schenkten Riemann während seiner Laufbahn.
Gauss, Dirichlet, Weber[56] und von Waltershausen.

[Rie 5]
Elise Riemann an Richard Dedekind
Brief vom 08.02.1876
Archiv der SUB Göttingen Cod. MS. R. Dedekind 14:60 Nummer 178

8ten Februar 1876

Höchstgeehrter Herr Professor!

Viel herzlichen Dank für Ihren lieben Brief und die mancherlei Mittheilungen, gestern gerade wollte ich Ihnen schreiben und Ihnen ein, meiner Meinung nach, gut gelungenes Bild Riemanns, Copie von einem Bild aus früherer Zeit, schicken, heute kommen Ihre freundlichen Zeilen, die ich nun gleich mit beantworte.
Wie leid thut es mir daß Sie wieder so viel an Erkältung gelitten und Ihre liebe Mutter einem so gefährlichen schmerzhaften Uebel unterworfen gewesen, dies Leben ist eben eine Bütte von Leiden, Mühsal und Beschwerden, mögen wir nicht müde werden im treuen Kämpfen und Ringen und unverückt das uns gesteckte Ziel vor Augen haben.
Ein neuer Lichtpunkt in meinem Leben wird sein demnächst Riemanns Schriften gesammelt und so gut ausgearbeitet der Oeffentlichkeit übergeben zu sehen, verstände ich es nur Ihnen besonders, wie auch Herr Professor Weber, meinen Dank so innig aus zu sprechen, wie ich ihn aus tiefster Seele empfinde. Der liebe Vater im Himmel segne Sie mit seinen reichsten Gütern für dies Werk der Aufopferung und Pietät dem verstorbenen Freunde geweiht.
Sehr gütig ist es, daß Sie noch das Datum unseres Hochzeitstages der Biographie beizufügen denken; unsere Hochzeit war am dritten Juni 1862. Für die so getreue, einfache, ganz Riemanns Wesen und Sinn entsprechende Ausarbeitung der Biographie, sind meine Schwägerin und ich. Ihnen geehrter Herr Professor, noch ganz besonders zu großem Dank verpflichtet, wie können die Zeit nicht erwarten bis wir sie wieder lesen werden.
Daß dem Werke kein Bild Riemanns beigefügt werden konnte ist am Ende bei der Leichtigkeit sich Photographien zu verschaffen nicht so von Wichtigkeit. Sehr beruhigend war es für mich zu hören daß der Einzel Uebersetzung der Theorie der Abelschen Functionen kein Hinderniß im Wege steht, überdies meine ich mich bestimmt zu erinnern daß Clebsch uns Uebersetzungsrecht vorbehalten. - Einen großen Gefallen thaten Sie mir durch die Anfrage bei Weber wegen Theilung des

56 Wilhelm Weber.

Honorars, vielen Dank, auch war es mir sehr lieb zu hören, daß Ihnen meine Sendung willkommen war, ich muß nächstens an Hattendorff schreiben, da werde ich einen Gruß von Ihnen bestellen, ihm schreiben daß Sie mit Freuden sein Buch begrüßt und ihn darüber beruhigen, daß es nur Mangel an Zeit gewesen der Sie außer Verkehr mit ihm treten ließ, er sprach sich in seinem letzten Brief bedauernd darüber aus, Sie diesen Sommer nicht gesprochen zu haben, da ein Mißverständnis, welches zwischen Ihnen abzuwalten schien, sich dann sehr schnell ausgeglichen haben würde.
Wir haben diesen Winter in unserer neuen, geräumigen und wärmeren Wohnung, Weender Caussée 17, bisher Gott Lob leidlich wohl zu gebracht, besonders hat Ida sich recht erholt, sie ist eigentlich nach dem glücklich überstandenen <...>fieber wohler als vorher, ich habe mich um Privatstunden für sie bemüht u. scheint ihr das Aufgeben der Schule sehr zuzusagen. Mit Vater ist es leider derselbe traurige, hülfsbedürftige Zustand, der ihn täglich zu Gott um Erlösung flehen läßt, und können wir uns ein almäliges Abnehmen seiner Kräfte leider nicht verhehlen. Wer weiß wie bald uns wieder sehr schwere Tage bevorstehen, nun wie Gott will, ihm halt ich still.
Indem ich Sie bitte geehrter Herr Professor, Ihrer lieben Mutter herzliche Grüße und Wünsche für ihre baldige Genesung zu sagen, bin ich mit vielen Grüßen von meiner Schwägerin und klein Ida, stets

Ihre
gehorsamste
E. Riemann.

[Rie 6]
Elise Riemann an Richard Dedekind
Brief vom 30.06.1876
Archiv der SUB Göttingen Cod. MS. R. Dedekind 14:60 Nummer 179
Auszugsweise veröffentlicht in: Dugac 1976, S. 265

30ten Juni 1876
Höchstgeehrter Herr Professor!

Soeben kommen die mir gütigst von Ihnen gesendeten 30 Exemplare von Riemanns Lebenslauf an, nach dem ich gestern zu meiner großen Freude Ihr Bild, welches ich sehr ähnlich finde und Ihren lieben Brief erhalten, für Alles nehmen Sie meinen innigsten tief gefühltesten Dank. Könnte ich Ihnen, geehrter Herr Professor, wie Herrn Weber, nur genügsam aussprechen, wie dankbar ich bin für alle Treue, Fleiß und unendliche Mühe mit der Sie das Werk so schön zum Ziel geführt. Ich habe das erste Exemplar der gesammelten Schriften Riemanns, welches mir zu Gesicht kam mit Thränen innigster Dankbarkeit und Rührung begrüßt, auch die ganze Ausstattung des Buches Druck und Alles ist sehr schön und ist es doch ein ganz stattlicher Band

geworden. Der Lebenslauf, den sie die Güte hatten dem Werk beizufügen hat beim Durchlesen uns von Neuem sehr gefallen und ist gewiß als sehr gelungen zu betrachten, man fühlt er ist aus einer Feder gefloßen deren Führer mit Liebe und vollem Verständniß den Geist und das ganze Wesen des theuren Verstorbenen erfaßte. Für mich haben der Lebenslauf und das Philosophische in dem Werke natürlich das größte Interesse, da mir leider das Mathematische nicht zugänglich ist. Zu meiner großen Freude höre ich wie von allen Seiten das Werk mit dem größten Interesse und Anerkennung begrüßt wird und wie froh war ich, Ihren Namen mit auf dem Titel zu erblicken, es hätte mich wahrhaftig traurig gemacht, wenn Sie, der so große Verdienste um das Zustandekommen der Herausgabe hat, sich ferner, in übergroßem Zurücktreten gegen Andere, geweigert hätten Ihren Namen mitzunennen.
Sehr dankbar bin ich für die Liste der Herrn denen Sie den Lebenslauf zu senden denken, ich weiß auch noch eine lange Reihe, denen ich eine große Freude damit machen kann z.B. Waltershausen, der jetzt immer leidend ist, Frau Jaeger u.s.w.
Von den 12 Freiexemplaren habe ich geschenkt an W. Weber Hattendorff, Schwarz, Dr. Boeddicker, Schering. Prof. Dillner, Schweden. Betti, Casorati, Tonelli, Italien. Teubner, der mir in diesen Tagen die erste Rate des Honorars mit M 1130,75 sandte ist von mir gebeten Ihnen wie Hr. Prof. Weber je 3 Exemplare in meinem Namen zugehen zu lassen, da Sie doch vielleicht den Wunsch haben es diesem oder jedem Freund zu schenken.
An Prof. Weber werde ich demnächst das Bild von Riemann, eins von mir u Ida senden, so bald sie fertig sind und ihn dann freundlich bitten, mir auch seine Photographie zu schenken, dann habe ich die beiden verdienstvollen Herausgeber der Arbeiten meines lieben Mannes beieinander, deren ich mich mein ganzes Leben hindurch dankbar verpflichtet fühlen werde. An Schwarz habe ich Ihr Bild gebracht, traf ihn aber nicht selbst, doch sagte mir seine Frau, daß er eine außerordentliche Freude darüber haben würde.
d. 2ten Juli Leider wurde ich vorgestern beim Schreiben unterbrochen und komme erst heute dazu meinen Brief abzusenden. Darf ich Ihnen nun noch mittheilen, daß bei uns Alles so ziemlich wohlauf ist, der liebe Vater leider in großer Schwachheit und Hülflosigkeit, aber wir sind doch diesen Winter Gott Lob vor großen, schweren Krankheiten bewahrt geblieben. Ida ist sehr gewachsen und scheint jetzt kräftiger zu werden. Mit großer Freude hat mich die Nachricht erfüllt, daß es Ihrer Frau Mutter besser geht, ich bitte um die herzlichsten Empfehlungen für sie, wie Ihre Frl. Schwester, Hoffentlich geht es mit Ihrer eigenen Gesundheit auch gut, wird uns nicht die Freude zu Theil Sie in diesem Sommer hier in G. zu sehen? Mit den besten Grüßen von meiner Schwägerin und klein Ida bleibe ich mit ausgezeichneter

Hochachtung
Ihre ergebenste
E. Riemann

5.2 Briefwechsel mit Heinrich Weber

[Rie 7]

Elise Riemann aus Göttingen an Heinrich Weber

Brief vom 15.11.1874

Archiv der SUB Göttingen Cod. MS. B. Riemann 1,2 Blatt 10

Göttingen d. 15ten Novbr 74

Hochgeehrter Herr Professor!

Durch Herr Professor Dedekind ward mir die frohe Kunde, daß Sie sich entschlossen haben, die Gesammtausgabe, der Arbeiten meines theuren verstorbenen Mannes, zu veranstalten, er theilte mir auch mit, daß Sie stets das größte Interesse an Riemanns Forschungen gehabt, welche Nachricht mich sehr beglückt, denn ich verkenne nicht welche große Opferfreudigkeit von Ihrer Seite dazu gehört sich so in die Gedanken und Arbeiten eines Anderen zu versenken. Meine innigsten Wünsche ketten sich an dies Unternehmen, möge der gnädige Gott Ihre Kräfte stärken und Ihnen ein frohes Gelingen verleihen.

Gestern Abend habe ich nun Riemanns Nachlaß, so weit er sich in meinen Händen befand, unter Ihre Adresse abgesandt, Sie würden mich unendlich verpflichten, geehrter Herr Professor, wollten Sie mir mit zwei Zeilen die glückliche Ankunft der Sachen melden. Außer diesen Manuscripten sind noch einige Blätter über die Minimal Fläche vorhanden, welche Riemann noch kurz vor seinem Tode Dr Hattendorff übergab, zur Ausarbeitung und Herausgabe und welche Hattendorff mich später bat, ihm zur Aufbewahrung anzuvertrauen, ich werde Hattendorff nun ersuchen, Ihnen diese Papiere bald möglichst zu zu stellen. Ferner hat Neumann noch einige Sachen, die Sie demnächst auch erhalten werden. Das Paket welches ich absandte enthält folgende mit Umschlag und Aufschrift von Dedekind versehene Manuscripte.

1 Inaugural Dissertation
2 Primzahlen
3 Analysis Situs, Hypothesen d. Geometrie u. Pariser Aufgabe
4 Electrodynamik
5 Luftwellen
6 Bewegung des flüssigen Ellipsoid
7 Philosophische Extracte
8 Abelsche Functionen
9 Naturphilosophie
10 Rückstand in der Leydener Flasche
11 Trigonometrische Reihe
12 ϑ-Function

13 Lineare Differentialgleichungen
14 1 Packet Blätter mit Aufschrift - Durchsucht
15 1 Packet mit der Aufschrift - Buntes
16 noch einige Sachen ohne Aufschrift
17 1 Packet mit der Aufschrift - noch zu prüfen

Meine Adresse ist Nicolausberger Weg Nr. 2.
Mit der nochmaligen Versicherung meiner innigsten Dankbarkeit, für Ihre Bereitwilligkeit, sich den vielen Mühen der Herausgabe zu unterziehen, geehrter Herr Professor, verbleibe ich mit der ausgezeichnetsten Hochachtung

Ihre
ergebenste
Elise Riemann
geb. Koch

[Web 132]
Heinrich Weber an Elise Riemann
Brieffragment vom 18.11.1874
Archiv der SUB Göttingen Cod. MS. B. Riemann 1,2 Blatt 12

Hochgeehrte Frau.

Ihr geehrtes Schreiben, sowie das Paket Manuscripte sind gestern in meine Hände gelangt und ich sage Ihnen für beides meinen besten Dank. Ich werde mich sobald als möglich an die Arbeit machen, welche wohl zunächst in einer genauen Durchsicht der Manuscripte bestehen muß. Ich hoffe daß es mir gelingen wird, daraus noch einiges für den Druck geeignete zusammenzustellen. Ich täusche mich nicht über die Schwierigkeiten, die das Unternehmen für mich haben wird, da ich nicht das Glück hatte Riemann persönlich zu kennen, und mir daher manche seiner Gedankenkreise doch fern stehen, obwohl ich mich mit den Arbeiten Riemanns vielfach beschäftigt habe und ich mich in diesem Sinne wohl auch zu seinen Schülern rechnen darf.
Ich werde thun was in meinen Kräften steht, das Unternehmen zu Stande zu bringen, u. freue mich, daß mir Gelegenheit geboten ist, einen wenn auch kleinen Theil der Dankbarkeit zu beweisen welche ich dem Geiste Riemanns schulde.

[Rie 8]
Elise Riemann aus Göttingen an Heinrich Weber
Brief vom 04.03.1875
Archiv der SUB Göttingen Cod. MS. B. Riemann 1,2 Blatt 13

Göttingen 4ten März
1875.

Höchstgeehrter Herr Professor!

Eine zweite Arbeit ist von Riemann nicht nach Paris geschickt, er hat allerdings daran gedacht weitere Ausführungen, der ersten Arbeit folgen zu lassen, da die Akademie die Aufgabe zwar als gelöst betrachtete, aber den Preis nicht zu erkennen wollte, weil der Weg wie das Resultat gefunden, nicht angegeben sei und deshalb eine weitere Frist bewilligte. Im Winter 62, den wir Riemanns Gesundheit wegen in Messina verlebten, hat er noch versucht daran zu arbeiten und hatte die betreffenden Papiere mit dorthin genommen, es wurde aber im Dezember so kalt, wir hatten keine Vorrichtungen ein warmes Zimmer zu bekommen, da mußte das Arbeiten im Hause leider unterbleiben und zum ersten Januar 63 war die Frist abgelaufen. Später hat sich Riemann nicht mehr mit dieser Arbeit beschäftigt. Es ist über die Sache an Papieren weiter nichts da, als was sich in Ihren Händen befindet. Clebsch hat 72 einen Versuch gemacht die Arbeit aus Paris zurück zu erhalten, und deshalb an einen dortigen Gelehrten, ich glaube an Hermite geschrieben, aber keine befriedigende Antwort bekommen, er beklagte sich noch darüber, daß die Stimmung gegen Deutschland sich auch auf die Kreise der Wissenschaft ausdehne. Wenn Sie, geehrter Herr Professor, einen genauen Bekannten unter den dortigen Herren hätten, so möchte Ihnen die Auslieferung der Arbeit vielleicht jetzt, da sich die Parteien nicht mehr so schroff gegenüberstehen gelingen. Die erste Arbeit ist, wie Sie schon erwähneten 61 in Paris eingereicht am 1ten Juli oder 1ten August.
Ich erlaube mir Ihnen das Manuscript über die Mechanik des Ohres mitzusenden, ob es nöthig ist, weiß ich freilich nicht, da das gedruckte Heftchen über diesen Gegenstand schon bei Teubner in Leipzig liegt.
Mit der Arbeit über Electrodynamik, verfahren Sie bitte ganz nach Ihrem Ermessen, ich setze das vollste Vertrauen in Ihre Anordnungen.
Wie soll ich Ihnen, geehrter Herr Professor, genügend meinen Dank aussprechen, für so viel Interesse und Hingabe an die Sache, Sie haben mich hoch erfreut durch die Nachricht daß Sie schon so weit fortgeschritten sind bei der Durcharbeitung der Papiere, daß Sie demnächst daran denken den Druck beginnen zu lassen, wenn die Pariser Arbeit nicht hindert.
Mit der ausgezeichnetsten Hochachtung, bleibe ich, geehrter Herr Professor,

Ihre
dankbar ergebene

Elise Riemann.
geb. Koch.

[Web 133]
Heinrich Weber aus Fluntern bei Zürich an Elise Riemann
Brief vom 10.04.1875
Archiv der SUB Göttingen Cod. MS. R. Dedekind 14:81 Nummer 234

Fluntern bei Zürich d. 10. Apr. 1875

Hochverehrte Frau,

Ich habe mit Herrn Prof. Dedekind darüber correspondiert, und wir halten es beide für eine schöne Zugabe zu Riemanns Werken, wenn es möglich wäre, eine kleine biographische Skizze beizufügen. Zu einem solchen Unternehmen würden Sie, hochverehrte Frau, wohl das hauptsächlichste Material liefern können. Ich richte daher an Sie die Bitte, wenn es Ihnen möglich wäre, was Ihnen von den äußeren Lebensumständen bekannt ist, zusammenzustellen, damit es zu einer kurzen Lebensbeschreibung Riemanns verwandt werden kann, deren Ausarbeitung wie ich hoffe Herr Prof. Dedekind übernehmen wird. Ich würde Sie daher ersuchen, wenn Sie meine Bitte erfüllen, das betreffende Material direct an Herrn Prof. Dedekind einzusenden.
Die Pariser Aufgabe habe ich durch die gütige Vermittlung des Herrn Prof. Wöhler erhalten. Die Originalarbeit enthält allerdings nicht viel mehr als die mir schon bekannten Entwürfe und es bleibt daher immernoch ein Stück Arbeit, bis die Sache in Ordnung ist. Ich kann jetzt noch nicht genau bestimmen, wielange ich damit noch zu thun haben werde, ich hoffe aber, daß es mich nicht mehr allzulang aufhalten wird.
Mit ausgezeichneter Hochachtung bin ich

Ihr
ergebenster
H. Weber

[Rie 9]
Elise Riemann an Heinrich Weber
Brief vom 17.04.1875
Archiv der SUB Göttingen Cod. MS. B. Riemann 1,2 Blatt 16

d. 17ten April
1875.

Höchstgeehrter Herr Professor!

Ich begrüße mit Freuden den Gedanken, der Ausgabe von Riemann's Werken eine kleine biographische Scitze beizufügen, und bin sehr gern bereit, so viel in meinen

Kräften steht, dazu beizutragen und das Material zu beschaffen, welches ich dann, da Sie mich dazu ermuthigen, Herrn Professor Dedekind zusenden werde.
Wie herrlich daß die Pariser Aufgabe in Ihren Händen ist. Hätte Riemann doch nur etwas mehr den Weg angegeben wie er zu dem Resultat gelangt ist, ich habe immer gefürchtet, daß die Arbeit nicht viel mehr enthalte als die Entwürfe, die sich fanden, und wenig Licht in das Dunkel bringen würde. Es ist zu gütig von Ihnen, geehrter Herr Professor, daß Sie sich der Sache mit solchem Eifer und warmen Interesse annehmen, möchte Ihnen nur nicht zu viel Arbeit daraus erwachsen.

Mit der größten Hochachtung und
innigster Dankbarkeit
stets
Ihre
ergebenste
Elise Riemann.
geb. Koch

[Rie 10]
Elise Riemann an Heinrich Weber
Brief vom 14.06.1876
Archiv der SUB Göttingen Cod. MS. B. Riemann 1,2 Blatt 28

14ten Juni 76

Höchstgeehrter Herr Professor!

Wie sehr haben mich Ihre freundlichen Zeilen mit der Anzeige, daß wir in allernächster Zeit dem Erscheinen von meines lieben Mannes gesammelten Arbeiten entgegen zu sehen haben erfreut und wie lieb ist es mir zu hören, daß Sie mit Befriedigung auf dies Werk zurücksehen. Sie sind noch so gütig hinzu zufügen, daß Sie für sich viel Nutzen und Freude von der Arbeit gehabt haben. Ich aber weiß nicht wie ich Ihnen je genug danken soll, für allen Fleiß u. Treue mit der Sie sich der Herausgabe angenommen. Wegen der Freiexemplare befolge ich sehr gern Ihren freundliche Rath, doch wünschte ich sehr daß Teubner mir noch vier Exemplare, außer den sieben die ich also noch erhalten würde, zuschickte, da ich noch an Betti in Pisa und einige andere Freunde von Riemann eins senden wollte. Ich bitte Sie, wie Herr Professor Dedekind dringend, auch noch über einige Exemplare verfügen zu wollen, falls Sie den Wunsch haben, diesem oder jenem Freund eins zu schicken. Teubner kann mir dann ja die Abzüge

machen.
Wenn Sie, geehrter Herr Professor es wünschen so willige ich gern ein, daß die Manuscripte vorläufig Ihrer treuen Gut anvertraut bleiben und was die Pariser Arbeit anbetrifft, bitte ich Sie dieselbe Herrn von der Mühll in Leipzig zur Durchsicht zu geben, wenn er die Güte haben will sich der Mühe zu unterziehen.
Ihnen nochmals meinen tiefgefühltesten Dank aussprechen, bleibe ich mit der größten Hochachtung

Ihre
ergebenste
Elise Riemann
geb. Koch

[Rie 11]
Elise Riemann an Heinrich Weber
Brief vom 13.07.1876
Archiv der SUB Göttingen Cod. MS. B. Riemann 1,2 Blatt 29

13ten Juli 76

Höchstgeehrter Herr Professor!

Gestatten Sie mir Ihnen das Bild von Riemann, welches nach einer Photographie aus seinen jüngeren Jahren, es wurde 56 gemacht, copirt ist, zu senden, auch erlaube ich mir ein Bild von mir und meiner kleinen Tochter bei zu legen. Sie haben so viel für meinen Mann und uns gethan durch die so glänzend zum Ziel geführte Herausgabe von R's Schriften, daß ich das Vertrauen habe, Sie werden die Bilder freundlich aufnehmen. Ich habe nun so sehr den Wunsch auch Ihr Bild zu besitzen, wenn es nicht zu unbescheiden ist, wage ich die Bitte darum. Es soll mir ein Ersatz sein, bis mir hoffentlich recht bald einmal das Glück zu Theil wird, Sie persönlich kennen zu lernen und hier zu begrüßen.
Zu meiner innigen Freude seh ich wie von allen Seiten, die so schön vollendete Herausgabe mit Freuden und großer Anerkennung der Herausgeber begrüßt wird.
Von den Freiexemplaren habe ich gegeben vier an Weber[57], Schwarz, Schering, Dr Boeddicker. Hattendorff; Casorati, Betti, Tonelli, Italien, u Prof Dillner, Schweden. Die erste Rate des Honorars ist mir auch zugegangen mit M 1134,75 p – worüber ich Teubner quittirte und ihn ersuchte Ihnen wie Herrn Prof Dedekind je 3 Exemplare wofür Sie

57 Wilhelm Weber.

vielleicht Verwendung haben zugehen zu lassen, hoffentlich hat er meinen Wunsch thunlichst erfüllt. Indem ich Ihnen, geehrter Herr Professor, in meinem und meines Kindes Namen noch einmal den allerherzlichsten Dank ausspreche, für die viele Arbeit, Mühe und Opferfreudigkeit mit der Sie sich der Herausgabe angenommen, verbleibe ich mit ausgezeichnetster Hochachtung

Ihre
ergebenste
Elise Riemann
geb. Koch

[Rie 12]

Elise Riemann an Heinrich Weber

Brief vom 16.05.1882

Archiv der SUB Göttingen Cod. MS. B. Riemann 1,2 Blatt 30

d. 16ten Mai
1882

Höchstgeehrter Herr Professor!

Bei meiner Rückkehr von Italien, wohin ich meine Tochter auf einige Monate in Pension bracht, fand ich Ihre freundlichen Zeilen vor mit der Einlage von Teubner, es ist so sehr gütig von Ihnen, in unserem Interesse bei Teubner angefragt zu haben, nehmen sie meinen wie meiner Tochter innigsten Dank für Ihre gütige Vermittlung.
Was die Manuscripte anbetrifft, möchte ich Sie sehr bitten dieselben noch einstweilen bei sich aufzubewahren und hege ich förmlich die Hoffnung, daß Sie bei einer etwaigen zweiten Auflage, Ihre gütige Mitwirkung nicht versagen werden.
Das Grab Riemanns, welches ich jetzt am Lagomaggiore besuchte fand ich in schönster Ordnung, ich erlaube mir meinem Brief ein Zweiglein, welches ich von der Cypresse, die zu Füßen des Grabes steht, gepflückt, beizufügen. Ida ist jetzt bei der Familie Güller in Selasca bei Intra, die sich schon damals unserer so freundlich annahm und mit denen ich seit 66 in brieflichem Verkehr blieb. Ich hoffe daß Ida der Aufenthalt dort recht gut thun wird, sie ist nicht gerade schwächlich, hat aber doch in jedem Frühjahr etwas mit Bleichsucht zu kämpfen. Sie bekommt dort Unterricht im Italienischen beim Herrn Pfarrer, der kein Wort Deutsch spricht, hilft etwas mit im Hausstand und giebt den Enkelkindern des Herrn Güller Musikunterricht, somit ist ihre Zeit ganz gut ausgefüllt. Wir dehnten unsere Reise bis nach Mailand aus und versuchten Herrn Brioschi zu treffen, der aber leider auf 8 Tage nach Bern gereist war.
Professor Schwartz und Familie geht es gut, er hat viele Zuhörer, ist hier aber sonst

nicht sehr geliebt. Am Sonnabend war sein Schwiegervater Kummer aus Berlin hier auf Besuch, anscheinend im besten Wohlsein[58].
Indem ich Sie schließlich bitte, geehrter Herr Professor, mich Ihrer Frau Gemahlin bestens zu empfehlen, bleibe ich mit größter Hochachtung

Ihre
ergebenste
Elise Riemann
geb. Koch

[Rie 13]
Elise Riemann aus Göttingen an Heinrich Weber
Brief vom 18.05.1882
Archiv der SUB Göttingen Cod. MS. B. Riemann 1,2 Blatt 31

Göttingen d. 18ten Mai
1882.

Höchstgeehrter Herr Professor!

Gestern schickte mir Herr Teubner die Summe von 567 Mk 40 G, mit dem Bemerken, daß hiermit seinen contraktlichen Verpflichtungen genügt sei, ich möchte nun so gerne, da ich die Bedingungen des Contraktes nicht weiß, ehe ich ihm quittire, von Ihnen hören ob alles so in Richtigkeit ist. Wenn Sie nun die Güte hätten mir mit zwei Zeilen per Postkarte mit zu theilen, ob die Summen die ich erhalten, mit der Gesammtabmachung, stimmen. Also im Juni 1876

erhielt ich	1134 Mk	75 G
und jetzt	567 --	40 G
	1702 Mk	15 G

Es bittet tausendmal, wegen dieser - meiner Quälerei um Entschuldigung

Ihre
ergebenste
Elise Riemann.

58 Hermann Amandus Schwarz war mit Marie, geb. Kummer (* 1842 † 1921), Tochter von Ernst Eduard Kummer, verheiratet.

[Rie 14]

Elise Riemann aus Bremen an Heinrich Weber

Brief vom 30.06.1891

Archiv der SUB Göttingen Cod. MS. B. Riemann 1,2 Blatt 34

Bremen d. 30ten Juni
1891.
Krummen Arm 3

Höchstgeehrter Herr Professor!

Nehmen Sie meinen besten Dank für Ihre freundlichen Zeilen und die Erklärung daß Sie die Besorgung der zweiten Auflage von Riemanns Werken übernehmen wollen, können sie von Teubner erreichen, daß er die Zahlung des Honorars in zwei Zahlungen aufgiebt, so wäre es ja recht erfreulich. Was das Honorar und seine Theilung anbetrifft so ist es ja sehr gütig, daß Sie noch einen anderen Modus vorschlagen und nehme ich Ihr Anerbieten dankbar an, wenn ich Sie gewiß nicht dadurch schädige oder verkürze. Ich bin Ihnen ohnehin so sehr zu Dank verpflichtet durch Ihre opferfreudige Hingabe an das Werk, es ist gewiß sehr schwer sich in den Papieren zurecht zu finden, da sehr viele ja ganz ohne Text dazu sind. Hoffentlich leidet Ihre Gesundheit nicht durch die vielen Anforderungen, die an Ihre Thätigkeit gestellt werden, besonders bei der großen Hitze, in diesem Sommer, bei uns sind fast täglich 23 - 24 Grad im Schatten und sehr häufig Gewitter,
Mit den besten Grüßen für Sie, wie Ihre liebe Frau, von mir und meinen Kindern, bleibe ich mit ausgezeichneter Hochachtung

Ihre
gehorsamste
Elise Riemann.

[Rie 15]

Elise Riemann aus Bremen an Heinrich Weber

Brief vom 15.10.1891

Archiv der SUB Göttingen Cod. MS. B. Riemann 1,2 Blatt 38

Bremen d. 15ten Octb
1891
Krummer Arm 3.

Höchstgeehrter Herr Professor!

Wie erfreut war ich aus Ihren freundlichen Zeilen zu ersehen, daß Sie schon einen Theil des Manuscriptes zur 2ten Auflage an Teubner abgesandt und daß Hr. Teubner

die neue Ausgabe mit einem Bild und der Namens Unterschrift meines lieben Mannes ausstatten will. Ich habe nun heute ein Bild, Cabinetformat, aus der Hauptschaffenszeit Riemanns an Teubner abgesandt und seine Namens Unterschrift aus der selben Zeit stammend. Es ist das Bild, welches Herr Prof. Klein so gut gefiel, das einzige ohne Brille, welches ich besitze und welches Herr Prof Klein schon einmal die Güte hatte bei Brokesch in Leipzig copieren zu lassen[59]. Klein meinte, nur auf diesem Bilde befriedige ihn das Auge, der in die Ferne gerichtete mathematische Blick. Wie sehr würde ich mich freuen fiele das Bild gut aus.
Anbei erlaube ich mir Ihnen noch einige Blätter in Bleistiftschrift zu zu senden, die von meinem Manne für Hattendorff auf's Papier geworfen wurden, während er die Abhandlung über die Minimalfläche heraus gab. Hattendorff hatte auf das Packet Papiere geschrieben sie sollten vernichtet werden uneröffnet, ich erhielt sie aber geöffnet von H's Witwe zurück. Es beunruhigt mich, daß Sie geehrter Herr Professor, die Papiere nicht gesehen haben, bei Herausgabe der 2ten Auflage und so lege ich sie vertrauensvoll in Ihre Hände. Brauchen Sie sie nicht, so bitte ich Sie mir dieselben zurück zu senden.
Mit herzlichem Gruß und tausend Dank für alle Ihre Mühe verbleibe ich, mit vorzüglicher Hochachtung

Ihre
gehorsamste
Elise Riemann

[Rie 16]
Elise Riemann aus Bremen an Heinrich Weber, geschrieben von Ida Koch
Brief vom 29.09.1892
Archiv der SUB Göttingen Cod. MS. B. Riemann 1,2 Blatt 44

Höchstgeehrter Herr Professor!

Es ist mir sehr recht, daß die genannten Herrn ein Exemplar von der zweiten Auflage der Werke Riemanns bekommen haben. Ich habe an Prof. Schwarz, 1, an Prof Dillner (Upsala) 1, 1, L'Hermite -1, an Briosshi[60] 1, an Dr Kasten hier geschickt.
1, haben mein Schwiegersohn[61] u ich behalten
Hoffentlich sind Sie mit d. Vertheilung zufrieden.

59 Georg Brokesch, Photograph mit Atelier in Leipzig ab ca. 1853.
60 Gemeint ist hier Francesco Brioschi.
61 Carl Schilling (* 13. September 1857 † 20. Juni 1932), Mathematiker.

Daß Sie die Manuscripte meines Mannes noch in Verwahrung behalten ist mir sehr lieb.
Ich bin noch immer sehr kümmerlich kann noch wenig gehen, u ist meine Hand leider so schwach, daß ich nicht selbst schreiben kann.
Noch besten Dank für die Übersendung der Exemplare und besonders für die ausgezeichnete Bearbeitung der zweiten Auflage. Es war mir eine große Freude dies noch zu erleben.
Es freut mich Sie, lieber Herr Professor und Ihre geehrte Familie, jetzt in Göttingen zu wissen. Mit vielen Grüßen für Sie geehrter Herr Professor u Ihre werthe Familie, u alle Bekannten dort.

Ihre
ergebenste

Bremen.
d. 29. Septbr
1892

Elise Riemann

Auch ich sage Ihnen, hochgeehrter Herr Professor, herzlichen Dank für die Herausgabe der Werke meines Bruders, worüber ich mich sehr gefreut habe.

In größter Hochachtung
I. Koch geb. Riemann

6 Verlag B. G. Teubner

6.1 Briefwechsel mit Richard Dedekind

[Teu 1]

B. G. Teubner aus Leipzig an Richard Dedekind in Braunschweig

Brief vom 18.10.1873

Archiv der SUB Göttingen Cod. MS. R. Dedekind 14:74 Nummer 204

B. G. TEUBNER IN LEIPZIG

LEIPZIG, 18 Octob 1873

Herr Professor Dedekind Braunschweig

Hochgeehrter Herr!

Ihrem Wunsche gemäß sende ich Ihnen beifolgend eine Abschrift des über die Riemann'schen Schriften abgeschlossenen Vertrags[1] und sehe demnächst Ihren weiteren gefälligen Mittheilungen gern entgegen.
Mit vorzüglicher Hochachtung zeichnet

ganz ergebenst
B G Teubner

[Teu 2]

B. G. Teubner aus Leipzig an Richard Dedekind in Braunschweig

Brief vom 17.11.1874

Archiv der SUB Göttingen Cod. MS. R. Dedekind 14:74 Nummer 205

B. G. TEUBNER IN LEIPZIG

LEIPZIG, Nov. 17. 1874.

Herrn Professor Dedekind, Braunschweig

1 Vergl. [Teu 18], Verlagsvertrag zwischen Alfred Clebsch, Richard Dedekind und B. G. Teubner.

Hochgeehrter Herr,

In ergebener Erwiederung auf Ihr gefälliges Schreiben vom 11. d Js erkläre ich mich mit Ihren Vorschlägen vollkommen einverstanden und habe heute bereits das gesammte Mnskpt mit Einschluß des von Prof. Neumann[2] aufbewahrten Materials an Prof. Weber[3] in Zürich gesandt.– Das von Ihnen gewünschte Verzeichniß des in meinem Besitze gewesenen Mnskpt. füge ich bei.
Gern ergreife ich diese Gelegenheit, um Ihnen für Ihre Bemühungen meinen ergebensten Dank auszusprechen u. zeichne

mit vorzüglicher Hochachtung
ganz ergebenst
B G Teubner

Erste Abtheilung

1.) Grundlagen für eine allgemeine Theorie der Functionen einer veränderl. complexen Größe.

2.) Ueber die Gesetze der Vertheilung von Spannungselectricität in ponderablen Körpern.

3.) Zur Theorie der Nobili'schen Farbenringe.

4.) Beiträge zur Theorie der durch die Gauss'schen Reihe $F(\alpha, \beta, y, x)$ darstellbaren Functionen.

5.) Selbstanzeige der vorstehenden Abhandlung.

6.) Allgemeine Voraussetzungen u. Hülfsmittel für die Untersuchung von Functionen unbeschränkt veränderlicher Größen.

7.) Lehrsätze aus der analysis situs für die Theorie der Integrale von zweigliedrigen Differentialien.

8.) Bestimmung einer Function einer veränderlichen complexen Größe durch Grenz- u. Unstetigkeits-Bedingungen.

9.) Theorie der Abel'schen Functionen.

10.) Ueber die Anzahl der Primzahlen unter einer gegebenen Größe.

11.) Ueber die Fortpflanzung ebener Luftwellen von endlicher Schwingungsweite.

2 Carl Neumann.

3 Heinrich Weber, Mathematiker.

12.) Selbstanzeige der vorstehenden Abhandlung.

13.) Ein Beitrag zu den Untersuchungen über die Bewegung eines flüssigen gleichartigen Ellipsoides.

14.) Ueber das Verschwinden der Theta-Functionen.

Zweite Abtheilung

15.) Ueber die Darstellbarkeit einer Function durch eine trigonometrische Reihe.

16.) Ueber die Hypothesen, welche der Geometrie zu Grunde liegen.

17.) Ein Beitag zur Elektrodynamik.

18.) Beweis des Satzes, daß eine mehr als *n*fache periodische Function von *n* Veränderlichen unmöglich ist.

19.) Extratto di una lettere scritta in lingua Italiana il dé 21 Genn. 1864 al Prof. E. Betti.

20.) Mechanik des Ohres.

21.) Ueber die Fläche vom kleinsten Inhalt bei gegebener Begränzung.

Dritte Abtheilung

22.) Versuch e. allgem. Auffaßung d. Integration u. Differ.

23.) Neue Theorie d. Rückstandes in electrischen Bindungsapparaten.

[Teu 3]

B. G. Teubner aus Leipzig an Richard Dedekind in Braunschweig

Postkarte vom 30.05.1876

Archiv der SUB Göttingen Cod. MS. R. Dedekind 14:74 Nummer 207

Die in Ihrem Schreiben v. 20. Mai ausgesprochenen Wünsche im Betreff der Riemann'schen Schriften werden sämmtlich pünktlich erledigt werden. Von der Biographie lasse ich 150 Exemplare für Sie abziehen.

Gezeichnet

B. G. Teubner

[Teu 4]
B. G. Teubner aus Leipzig an Richard Dedekind in Braunschweig
Brief vom 20.06.1876
Archiv der SUB Göttingen Cod. MS. R. Dedekind 14:74 Nummer 208

B. G. TEUBNER IN LEIPZIG
POSTSTRASSE 2

LEIPZIG, 20. Juni 1876

Herr Professor Dedekind Braunschweig

Geehrter Herr!

Indem ich Ihnen beifolgend die gewünschten Exemplare der Riemannschen Schriften und die letzten Aushängebogen übersende, bemerke ich zudem, daß die 150 Separatabdrücke der Biographie in aller Kürze nachfolgen werden.
Zudem bitte ich um gütige Nachricht:

1) wo lebt Frau Professor Riemann und concret, welche nähere Adresse ist richtig?
2) Soll das Honorar für die Biographie ebenfalls Frau Prof. Riemann oder Ihnen vergütet werden?

Hochachtungsvoll unterzeichnet

B. G. Teubner

[Teu 5]
B. G. Teubner aus Leipzig an Richard Dedekind in Braunschweig
Brief vom 03.07.1876
Archiv der SUB Göttingen Cod. MS. R. Dedekind 14:74 Nummer 209

B. G. TEUBNER IN LEIPZIG
POSTSTRASSE 2

LEIPZIG, 3. Juli 1876

Herr Professor Dedekind, Braunschweig

Geehrter Herr!

Indem ich Ihnen beifolgende Rechnung über die 150 Separatabdrucke der Riemann'schen Biographie übersende, bemerke ich, daß Frau Prof. Riemann mich ersucht hat, Ihnen 3 Exemplare des Buches für ihre Rechnung zu übersenden. Ich habe Ihnen daher die bereits erhaltenen 3 Exemplare nicht berechnet, werde sie also auch Frau Prof. Riemann nicht in Rechnung stellen. Sollten Sie aber weitere Exemplare zu haben wünschen, so bitte ich um gefällige Nachricht.

Hochachtungsvoll und ergebenst

B. G. Teubner

6.2 Briefwechsel mit Heinrich Weber

[Teu 6]
B. G. Teubner aus Leipzig an Heinrich Weber in Fluntern bei Zürich
Brief vom 17.11.1874
Archiv der SUB Göttingen Cod. MS. B. Riemann 1,2 Blatt 11

B. G. TEUBNER IN LEIPZIG
POSTSTRASSE 2

Leipzig, Nov. 17. 1874.

Herrn Professor H. Weber, Fluntern b. Zürich.

Hochgeehrter Herr

Aus einem in diesen Tagen mir zugegangenen Schreiben des Herrn Professor Dedekind in Braunschweig erfuhr ich, daß Sie bereit sind, die Leitung der Herausgabe der gesammelten Werke Riemann's zu übernehmen und daß Sie Ihre volle Zustimmung zu dem zwischen Prof. Clebsch, Prof. Dedekind und mir abgeschlossenen Contract ausgesprochen haben. Ich begrüße Ihre Bereitwilligkeit mit aufrichtiger Freude und hoffe, daß der lange verzögerte Beginn des Druckes in nicht zu langer Zeit in Angriff genommen werden kann. Ich erlaube mir Ihnen gleichzeitig das gesammte Manuscript, bei dem sich auch das von Prof. Neumann[4] hier aufbewahrte und mir heute zugegangene Material befindet, zu übersenden.

4 Carl Neumann.

Der durch den Personenwechsel bedingte veränderte Verlags-Vertrag wird Ihnen demnächst zugehen[5].

Mit ausgezeichneter Hochachtung
ganz ergebenst
B G Teubner

[Teu 7]
B. G. Teubner aus Leipzig an Heinrich Weber in Fluntern bei Zürich
Brief vom 11.05.1875
Archiv der SUB Göttingen Cod. MS. B. Riemann 1,2 Blatt 18

B. G. TEUBNER IN LEIPZIG
POSTSTRASSE 2

Leipzig, 11 Mai 1875

Herrn Professor H. Weber in Fluntern bei Zürich.

Geehrter Herr !

Unterm 17. Nov. v. J. sandte ich Ihnen im Auftrage des gee. Prof. Dedekind in Braunschweig die in meiner Verwahrung gewesenen Abhandlungen Riemanns, ohne daß ich bis jetzt irgend eine Nachricht von Ihnen darüber erhalten hätte. Da die Sendung recommendet war, so darf ich mal annehmen, daß sie richtig in Ihre Hände gelangt ist. Aber es würde mir doch angenehm sein eine Bestätigung des Empfangs und zugleich eine Nachricht von Ihnen zu erhalten, wann wohl der Druck wird beginnen können.
Ich bitte freundlichst darum.
Mit vorzüglicher Hochachtung zeichnet

ganz ergebenst
B G Teubner

5 Vergl. [Teu 19], Verlagsvertrag zwischen Heinrich Weber und B. G. Teubner.

[Teu 8]
B. G. Teubner aus Leipzig an Heinrich Weber in Fluntern bei Zürich
Brief vom 12.06.1875
Archiv der SUB Göttingen Cod. MS. B. Riemann 1,2 Blatt 20

B. G. TEUBNER IN LEIPZIG
POSTSTRASSE 2

LEIPZIG, 12 Juni 1875
Herr Professor Dr. H. Weber, Fluntern

Geehrter Herr!

Im Besitz Ihre gefälligen Schreibens vom 13. v. M. beehre ich mich, Ihnen hierbei den Vertrag über Riemann's Schriften in zwei Exemplaren zu übersenden mit der Bitte, mir das eine davon mit Ihrer Unterschrift versehen gefälligst zu retourniren[6]. Ich füge den seiner Zeit mit den Herrn Clebsch u. Dedekind abgeschlossenen Vertrag im Originale bei, damit Sie Sich von der Uebereinstimmung desselben mit dem neuen Vertrag überzeugen. Eine Rücksendung des alten Vertrags bedarf es nicht[7].
In folge der schon vor mehreren Jahren statt gefundenen Vorausanzeige des Unternehmens erfolgen fortwährend Anfragen über den Stand der Sache. Ich möchte deshalb gern in meinen „Mittheilungen“ eine Notiz darüber geben. Vielleicht haben Sie selbst die Güte mir eine kurze Anzeige zur Veröffentlichung zu übersenden.

Mit vorzüglicher Hochachtung
ganz ergebenst
B G Teubner

[Web 134]
Heinrich Weber aus Fluntern an B. G. Teubner
Brief vom 15.06.1875
Archiv der SUB Göttingen Cod. MS. B. Riemann 1,2 Blatt 21

Fluntern bei Zürich d. 15ten Juni 1875

6 Vergl. [Teu 19], Verlagsvertrag zwischen Heinrich Weber und B. G. Teubner.
7 Vergl. [Teu 18], Verlagsvertrag zwischen Alfred Clebsch, Richard Dedekind und B. G. Teubner.

Geehrter Herr,

Beifolgend erhalten Sie das unterschriebene Exemplar des Contracts wegen Riemanns Werken zurück[8]. Auf umstehender Seite habe ich eine kleine Notiz über den Stand der Arbeit entworfen, von der Sie beliebigen Gebrauch machen wollen. Ich selbst bin mit den Arbeiten fast fertig, erwarte aber noch eine Neubearbeitung der Abhandlung über Minimalflächen von Herrn Hattendorff[9], und hoffe daß Herr Prof Dedekind eine kurze biographische Skizze liefern wird.
Sollte es nicht möglich sein, dem Werke ein Portrait von Riemann beizugeben; ich glaube daß dies manchem Verehrer von Riemann eine sehr willkommene Gabe wäre. Sollten Sie darin beistimmen, so würde ich Schritte thun, um eine möglichst gute Photographie von Riemann zu erhalten.

Mit ausgezeichneter Hochachtung

Ihr

ergebenster
Prof. Dr. H. Weber

Das seit langem angekündigte Unternehmen der Herausgabe von Riemanns Werken nähert sich nun seiner Ausführung. Der Tod von Clebsch und der Eintritt des neuen Herausgebers hat vielfach die Wiederholung von bereits ausgeführten Arbeiten nöthig gemacht und dadurch eine Verzögerung veranlaßt. Der Herausgeber hat es sich besonders zur Aufgabe gemacht nicht nur die bereits veröffentlichten Abhandlungen Riemanns einer sorgfältigen Revision zu unterwerfen, sondern auch den Nachlaß nach Kräften durchzuarbeiten, damit, soviel an ihm liegt, keiner von den darin noch enthaltenen Sätzen für die Wissenschaft verloren geht; zugleich sollte das Verständniß dunkler Stellen durch zugefügte Note 3°) nach Möglichkeit erleichtert werden. Alle diese Arbeiten sind nunmehr soweit gefördert, daß der Druck in allernächster Zeit beginnen kann.

H. Weber

[Teu 9]

B. G. Teubner aus Leipzig an Heinrich Weber in Königsberg

Brief vom 11.12.1875

Archiv der SUB Göttingen Cod. MS. B. Riemann 1,2 Blatt 26

---

8 Vergl. [Teu 19], Verlagsvertrag zwischen Heinrich Weber und B. G. Teubner.

9 Siehe [Riemann 1876: XVII].

B. G. TEUBNER IN LEIPZIG
POSTSTRASSE 2

LEIPZIG, Dec. 11. 1875

Herrn Professor Dr. H. Weber, Königsberg
kleine Schlossteichgasse 3.

Geehrter Herr

Nach den von mir angestellten Recherchen bezüglich der Herstellung eines Portait von Riemann würde die Herstellung eines solchen mindestens M 300.- betragen, eine Summe, die das Werk sehr verteuern würde. Unter diesen Umständen glaube ich nur Ihrer Ansicht zu sein, wenn wir auf die Beifügung eines Portrait von Riemann verzichten.

Hochachtungsvoll zeichnet
ganz ergebenst
B G Teubner

[Web 135]
Heinrich Weber an B. G. Teubner
Briefragment vom 21.01.1876
Archiv der SUB Göttingen Cod. MS. B. Riemann 15 Blatt 53

...Im Bogen 19 von Riemanns Werken bitte ich, die folgenden wichtigen Correcturen zu machen,
Ste 298 Z. 2 v. u. h. bitte ich die Worte

welche auch die Differentialgleichung (13) befriedigen dann bezeichnen wir mit H den Quotienten $\mathcal{K}_2 : \mathcal{K}_1$ und setzten allgemein

zu streichen und durch folgende zu ersetzen:

deren Quotient $\mathcal{K}_2 : \mathcal{K}_1 = H$ ein von Bögen größter Kreise begrenztes Abbild der positiven t Halbebene auf der Kugelfläche liefert. Dasselbe leistet dann jeder Ausdruck von der Form

ferner Ste 299 Z. 3. 4. 5 v. u. „In diesem Ausdruck... bis α und α'" zu streichen und zu ersetzen durch:

worin Θ reell und α, α' conjugirte complexe Größen sind.

Ferner bitte ich Ste 301 Z. 1 v. u. die Zahl „7“ durch die Zahl „10 “ zu ersetzen, Ste 302. Z. 2 v. o. hinter b, c, e die Worte einzuschalten

von denen man dreien beliebige Werte geben kann, indem man für *t* eine lineare Substitution mit reellen Coefficienten macht.

Endlich Ste 302 Z. 4 v. o. die Zahlen „7“ und „3“ in die Zahlen „10“ und „6“ umzuwandeln.
Herr Professor Schwarz hat mir sein Exemplar mit Correcturen direct zu geschickt, so daß ich um die zweite Revision von Bogen 19 bitte.

Ergebenst

Königsberg d. 21ten Jan 1876 H. Weber

[Teu 10]
B. G. Teubner aus Leipzig an Heinrich Weber in Marburg
Brief vom 08.06.1891
Archiv der SUB Göttingen Cod. MS. B. Riemann 1,2 Blatt 32

B. G. TEUBNER IN LEIPZIG
POSTSTRASSE 2

Leipzig, Juni 08. 1891.
Herrn Professor Dr. H. Weber, Marburg

Hochgeehrter Herr!

Der Vorrat von Riemanns gesammelten mathematischen Werken[10] ist nahezu erschöpft und ich denke daran, eine neue Auflage desselben zu veranstalten[11]. Ich erlaube mir deshalb mich mit der Anfrage an Sie zu wenden, ob Sie bereit sein würden, dieselbe freundlichst zu besorgen, und erwähne dabei, daß es sehr wünschenswert wäre, wenn Sie Ausgabe noch durch genauere Notizen über die von Riemann gehaltenen Vorlesungen u. dgl ergänzen könnten, und daß überhaupt alles, was auf Riemann zurückgeht, in vollständigster Weise gesammelt würde, wozu Sie ganz besonders berufen sind.
Gleichzeitig erlaube ich mir die Anfrage, ob und wo Frau Prof. Riemann noch lebt, und wer, für den Fall daß sie mit Tode abgegangen sei, deren Rechtsnachfolger ist.

10 Siehe [Riemann Werke 1876].
11 Siehe [Riemann Werke 1892].

Wegen etwaiger Honorar-Ansprüche bitte ich Sie, sich mit Riemanns Erben verständigen zu wollen. Nach unserem Vertrag von 1875 gelten für etwaige neue Auflagen dieselben Bedingungen wie für die erste Auflage.
In der Hoffnung auf eine baldigste Rückäußerung zeichne ich

mit vorzüglichster Hochachtung
ganz ergebenst
B G Teubner

[Teu 11]
B. G. Teubner aus Leipzig an Heinrich Weber in Marburg
Brief vom 29.06.1891
Archiv der SUB Göttingen Cod. MS. B. Riemann 1,2 Blatt 33

B. G. TEUBNER IN LEIPZIG
POSTSTRASSE 3

Leipzig, Juni 29. 1891.
Herrn Professor Dr. H. Weber
Marburg

Hochgeehrter Herr!

In ergebener Erwiederung Ihres geehrten Schreibens von gestern freue ich mich, daß Sie zur Besorgung der zweiten Auflage von Riemann's Werken[12] nun endgültig bereit sind. Ihrem Wunsche bezügl. des Ihnen zufallenden gesamten Honoraranteils komme ich gern entgegen und werde nicht verfehlen, Ihnen den entsprechenden Betrag nach Druckvollendung des Buches zu übersenden.
Ein Schreib-Exemplar der ersten Auflage ist zu meinem Bedauern nicht mehr vorhanden; in Ermangelung dessen lasse ich daher ein gewöhnliches Exemplar herrichten und werde es Ihnen binnen kurzem zuschicken.
In der Hoffnung, daß Sie mich wie gütig zugesagt schon im Herbst zum Beginn des Druckes in Stand setzen werden, empfehle ich mich Ihnen mit dem Ausdruck vorzüglicher Hochachtung und zeichne

ganz ergebenst
B G Teubner

12 Siehe [Riemann Werke 1892].

[Teu 12]
B. G. Teubner aus Leipzig an Heinrich Weber in Marburg
Brief vom 17.09.1891
Archiv der SUB Göttingen Cod. MS. B. Riemann 1,2 Blatt 35

B. G. TEUBNER IN LEIPZIG
POSTSTRASSE 3

Leipzig, Sept. 17. 1891.
Herrn Professor Dr. H. Weber
Marburg

Hochgeehrter Herr!

Mit dem Ausdruck verbindlichen Dankes bestätige ich Ihnen den Empfang des Manuskripts von Abteilung I der Riemann'schen Werke, muß jedoch zu meinem großen Bedauern hinzufügen, daß ich zunächst leider noch nicht mit dem Druck beginnen kann, da sich inzwischen eine Bewegung der Buchdruckergehilfen herausgebildet hat zwecks Verkürzung der Arbeitszeit etc., welche Forderung sie eventuell durch einen allgemeinen Streik durchzusetzen suchen werden[13]. Sollten Sie aus irgend einem Grund wünschen, das Mskr. bis zum Beginn des Druckes in Händen zu haben, so bin ich gern bereit, Ihnen dasselbe zurückzuschicken, wobei ich Ihnen die Versicherung gebe, daß ich, sobald sich die Lage geklärt hat, den Druck nach Kräften beschleunigen werde.

Ich empfehle mich Ihnen

mit vorzüglicher Hochachtg.
ganz ergebenst
B G Teubner

[Teu 13]
B. G. Teubner aus Leipzig an Heinrich Weber in Marburg
Brief vom 09.10.1891
Archiv der SUB Göttingen Cod. MS. B. Riemann 1,2 Blatt 36

13 Im November 1891 streikten die Buchdrucker im Deutschen Reich um ihren Forderungen nach einer Lohnerhöhung sowie einer Arbeitszeitverkürzung auf neun Stunden täglich Nachdruck zu verleihen. Der Streik scheiterte an der harten Haltung der Arbeitgeber und wurde im Januar 1892 erfolglos abgebrochen.

B. G. TEUBNER IN LEIPZIG
POSTSTRASSE 3

Leipzig, Okt. 9. 1891.
Herrn Professor Dr. H. Weber
Marburg

Hochgeehrter Herr!

Mit höflicher Bezugnahme auf meine ergeb. Zeilen vom 17. v. M. beehre ich mich Ihnen hierdurch mitzuteilen, daß die Buchdruckergehilfen infolge der einmütigen Haltung der Prinzipale in der Lohntarifsfrage den geplanten Ausstand vertagt haben, und bitte Sie im Anschluß daran um gefl. Rücksendung des druckfertigen Manuskripts mit dem Bemerken, daß der Satz sogleich nach Zugang begonnen werden wird.
Gefälliger umgehender Zusendung entgegensehend zeichne ich

mit vorzüglicher Hochachtung
ganz ergebenst
B G Teubner

[Teu 14]
B. G. Teubner aus Leipzig an Heinrich Weber in Marburg
Brief vom 12.10.1891
Archiv der SUB Göttingen Cod. MS. B. Riemann 1,2 Blatt 37

B. G. TEUBNER IN LEIPZIG
POSTSTRASSE 3

Leipzig, Okt. 12. 1891.
Herrn Professor Dr. H. Weber
Marburg

Hochgeehrter Herr!

Im Besitz Ihres gefälligen Briefes vom 11. d. M. bin ich gern damit einverstanden, den Werken Riemanns das Portrait desselben (in Leichtdruck) beizugeben. Ich bitte Sie daher, Sich von der Frau Prof. Riemann eine gute Photographie des Verewigten verschaffen und mir zusenden zu wollen, worauf ich dann weiteres veranlassen werde. Erwünscht ist mir ein Bild im Kabinettformat[14], sowie ein Autograph Rs.

In Erwartung desselben zeichne ich
mit vorzüglicher Hochachtung
ganz ergebenst
B G Teubner

[Teu 15]

B. G. Teubner aus Leipzig an Heinrich Weber in Marburg

Brief vom 05.11.1891

Archiv der SUB Göttingen Cod. MS. B. Riemann 1,2 Blatt 39

B. G. TEUBNER IN LEIPZIG
POSTSTRASSE 3

Leipzig, Nov. 5. 1891.
Herrn Professor Dr. H. Weber Marburg a. L

Hochgeehrter Herr!

Der zweiten Auflage von Riemann's gesammelten mathematischen Werken[15] gedenke ich beifolgendes Bildnis Riemanns beizugeben. Da es nun umständlicher und kostspieliger wäre, wenn die unter dem Bilde stehende Stelle aus R.'s hinterlassenen Werken beseitigt werden müßte, als wenn sie stehen bleiben kann, möchte ich mir die ergeben Anfrage an Sie erlauben, ob letzteres möglich sein wird in Anbetracht des für neueren Zweck ja wenig passenden Sinnes der betr. Werke.
Einer gefälligen Aeußerung Ihrerseits entgegensehend zeichnet

mit vorzüglicher Hochachtung
ganz ergebenst
B G Teubner

14 Fotoabzug auf Albuminpapier, aufgezogen auf Karton, im Format 16, 5 × 11, 5cm.
15 Siehe [Riemann Werke 1892].

[Teu 16]

B. G. Teubner aus Leipzig an Heinrich Weber in Marburg

Brief vom 09.11.1891

Archiv der SUB Göttingen Cod. MS. B. Riemann 1,2 Blatt 40

B. G. TEUBNER IN LEIPZIG

POSTSTRASSE 3

Leipzig, Nov. 9. 1891

Herrn Professor Dr. H. Weber

Marburg a Lahn

Hochgeehrter Herr!

Auf Ihre gütigen Zeilen vom 6. ds. erlaube ich mir zu verzeichnen, daß mir allerdings auch schon Frau Professor Riemann zu erkennen gegeben hat, daß Sie es gern sähe, wenn das Bild Riemann's aus jüngeren Jahren zur Vervielfälltigung käme. Allein ich habe daraufhin Frau Professor Riemann bereits mitteilen müssen, daß die mir dazu übersandte Vorlage (eine unscharfe Photographie) wenig geeignet ist für unseren Zweck etwas gegeignetes, gutes zu erzielen, und deshalb nur habe ich mich bemüht den schönen Stich aus der Zöllner'schen Sammlung zu erlangen. Wie Sie sehen ist es durchaus nicht die Kostenfrage, welche mich für die Wahl des Stiches bestimmt hat, im Gegenteil der Wunsch, den Abnehmern von Riemanns Werken auch ein gelungenes und gutes Bild zu bieten.

Da Sie nun der Ansicht sind, daß die unter dem Bilde befindliche Stelle aus seinem naturwiss. Nachlasse für unseren Zweck nicht paßt, so werde ich diese für unsre Auflage beseitigen lassen. Im Übrigen darf ich Sie aber wohl mit der Wahl des Bildes einverstanden hoffen.

In vorzüglicher Hochachtung

ganz ergebenst

B G Teubner

[Teu 17]

B. G. Teubner aus Leipzig an Heinrich Weber in Göttingen

Brief vom 19.12.1894

Archiv der SUB Göttingen Cod. MS. B. Riemann 1,2 Blatt 45

B. G. TEUBNER IN LEIPZIG
POSTSTRASSE 3

Leipzig, den 19. Dezember 1894
Herrn Professor Dr. Heinrich Weber
Göttingen

Sehr geehrter Herr!

Beigeschlossen sende ich Ihnen die heute an mich gelangten Briefe des Herrn L. Laugel[16] in Châlet des Bruyères zu mit dem Bemerken, daß ich gegen die Veröffentlichung seiner Übersetzung des Riemannschen Werkes[17] nichts einzuwenden habe.

Mit vorzüglicher Hochachtung
ganz ergebenst
B G Teubner

[Lau 1]
L. Laugel an B. G. Teubner
Anlage zum Brief [Teu 17] vom 19.12.1894
Archiv der SUB Göttingen Cod. MS. B. Riemann 1,2 Blatt 45 Beilage 1

Chalet des Bruqéres
Golfe de Jouan
Alpes maritimes

15 Dec/94

Monsieur,

J'ai fait une traduction du célebre mémoire de Riemann sur les nombres premiers, joint à une courte lettre adresseé avec son autorisation à M. Hermite à l'occasion de son „Geburtstage“ et suivi d'une liste de la plupart des travaux faits sur ce sujet.
M. Hermite y attache beaucoup d'importance surtout en vue d'attvir l'attention du bien petit nombre malheureusement des amis de l'arithmétique chez nous sur tous les

16 Léonce Laugel (* 1855 † ca 1911) Mathematiker.
17 Siehe [Riemann 1898].

beaux travaux de vos illustres compatrides m. m. Lipschitz, Piltz[18], Scheibner, Bachmann, von Mangoldt tc. tc.
Je n'attends que votre permission, Monsieur, sans laquelle il n'est pas possible de le favie imprimer je pense.
J'ajouterai que il y a si peu de lectures ici pour cela que cela ne peut porter aucun tort pécuniaire ă l'Edition de M. Teubner.
Je suis obligé de le publier ă mes frais, aucun éditeur ne pouvant le faire, et a une certaine d'exemplaires seulement déstines à être offerts ă titre absolument gracieux aux personnes qui s'occupent de ces questions et en Allemagne et en France et qui ont tous dans leur bibliothèque les Œuvres de Riemann évidemment.
C'est plutôt pour tout dire un respectueux hommage à la memoire du grand génie allemand et à M. Hermite qui a lant contribué à le faire étudier en France et qui a eu tant d'amis dévoués en Allemagne depuis Eisenstein jusqe à u regretté Kronecker
Esperant douc, Monsieur une réponse favorable,
Veuillez agreer, Monsieur, l'assurance de la respectueuse consideration d'un de vos humbles admirateurs.

L. Laugel

P.S.
Gauthier Villars[19] je crois, doit écrire pour demander la permission à l'Editeur on aux Berichte, M. Teubner, je lui écris dans ce sens. J'ajoute un mot pour vous dire que la traduction sera bonne, car M. Hadamard qui est compétent sur ce sujet a bien voulu promettre de relire les épreuves.

[Lau 2]
L. Laugel an unbekannt
Anlage zum Brief [Teu 17] vom 19.12.1894
Archiv der SUB Göttingen Cod. MS. B. Riemann 1,2 Blatt 45 Beilage 2

Chalet des Bruyéres

Golfe Jouan
prés Cannes
Alpes maritimes

15 Dec/94

18 Adolf Piltz (* 8. Dezember 1855 † 1940) Mathematiker.
19 Jean Albert Gauthier-Villars (* 31. März 1828 † 5. Februar 1898) Verleger.

Monsieur le Baron

Si vous voulez vien prendre la peine de lire la lettre ci - inclusée, vous verrez de quoi il s'agit mieux que si je vous l'expliquais.

J'espere que vous voudrez bien accéder a cette demande.

Je suis confus d'être obligé de vous demander de bien vouloir faire parvenir cette lettre le plutôt possible à M. H. Weber et je dois vous faire toutes mes excuses pour ne pas l'avoir affrauchie, Je ne puis ici evidemment trouver un timbre allemand.

Veuillez, Moncieur le Baron, agréer les assurances de mon respect.

L. Laurel

Si vous voulez bien donner la permission, je puis m'engager envers vous qu'aucun de la certaine d'exemplaires ne sera mis en vente mais seulement offert a libre gratuit au bien petit nombre de savants que cela interesse et autant en Allemange qu'en France.
Editeur des Œuvres de Riemann

7 Karl Hattendorff

7.1 Briefwechsel mit Richard Dedekind

[Hat 1]
Karl Hattendorff aus Hannover an Richard Dedekind
Brief vom 15.01.1870
Archiv der SUB Göttingen Cod. MS. R. Dedekind 14:25 Nummer 87
Auszugsweise veröffentlicht in: Dugac 1976, S. 162

Hannover, den 15. Januar 1870

Hochverehrter Herr Professor!

Ich bitte sehr um Entschuldigung, daß ich auf Ihren letzten freundlichen Brief noch nicht geantwortet habe. Es ist unterblieben, weil Sie damals Ihre Ferienreise antreten wollten. Ich wünsche von Herzen, daß Ihre Gesundheit in den Ferien sich so gebessert haben möge, daß in dieser Beziehung nichts zu wünschen übrig bleibe. Wenn ich es irgend hätte einrichten können, hätte ich Sie in den Weihnachtsferien, wenn auch nur auf einige Stunden, besucht. Ich kam von Dessau[1], wo ich in Witwencassen-Sachen eine Conferenz gehabt. Der Schluß unserer Ferien drängte mich aber zur Eile, und so bin ich durch Braunschweig nur durchgefahren.
Daß ich zum 1. Oct. an die polytechnische Schule in Aachen berufen bin, ist Ihnen vielleicht schon bekannt geworden[2]. Meine hießige Stellung bot mir viel Annehmlichkeiten, so daß es mir leid tut, schon wieder wegzugehen[3]. Aber ich komme nun doch wieder in mein eigentliches Fach, und daher ist mir die Wahl nicht zweifelhaft gewesen.
Das Riemannsche Heft über partielle Differentialgleichungen[4] ist ja nun fertig. Ich würde Ihnen ein Exemplar übersandt haben, aber ich setze voraus, daß Vieweg Sie durch die Aushängebogen auf dem Laufenden erhalten hat.
Was das Heft über das Potential betrifft, so hat mir Frau Riemann bei meiner Anwesenheit in Göttingen eine Mitteilung für Sie gegeben, die ich gern mündlich ausgerichtet hätte. Doch ich bin überzeugt, daß Sie mich auch schriftlich nicht mißverstehen werden. Minnigerode hat nämlich die Arbeit noch nicht angefangen, und Frau Professor Riemann hat es wiedererfahren, daß er (ich glaube gegen Clebsch) geäußert, es thue

1 Dessau, seit 2007 Dessau-Roßlau, Stadt in Sachsen-Anhalt, Deutschland.
2 Karl Hattendorff wurde 1870 als ordentlicher Professor für Mathematik an die, erst 1870 gegründete, Königliche Rheinisch-Westphälische Polytechnische Schule zu Aachen berufen.
3 Im Jahre 1869 unterrichtete Hattendorff für kurze Zeit an einer Realschule in Hannover.
4 Siehe [Riemann 1869].

ihm leid, den Auftrag übernommen zu haben. Frau Prof. Riemann wünscht nun sehr, daß er die Arbeit zurückgebe. Und sie würde ihm selbst gern sagen, daß sie ihn nicht belästigen wolle. Er läßt sich aber gar nicht sehen. Ich habe mich für den Fall, daß Minnigerode die Arbeit nicht durchführen will, bereit erklärt, sie zu übernehmen. Es kann mir aber nicht entfernt in den Sinn kommen, sie Minnigerode abwendig zu machen. Das würde aber doch leicht so aussehen, wenn ich an ihn schriebe. Frau Professor Riemann meint nun, Sie hätten vielleicht die Güte, ihn zu fragen, ob er nicht vorziehe, die Arbeit – da sie ihm lästig geworden – zurückzugeben.
Indem ich Sie bitte, den lieben Ihrigen mich bestens empfehlen zu wollen, verbleibe ich in vorzüglicher Hochachtung

Ihr
gehorsamster
K. Hattendorff

[Hat 2]
Karl Hattendorff aus Aachen an Richard Dedekind
Brief vom 12.10.1871
Archiv der SUB Göttingen Cod. MS. R. Dedekind 14:25 Nummer 88
Auszugsweise veröffentlicht in: Dugac 1976, S. 162-163

Aachen, den 12. Octbr. 1871

Hochverehrter Herr Professor!

Es ist mir eine große Freude, Ihnen durch Übersendung der soeben von mir herausgegebenen Einleitung in die analytische Geometrie[5] ein Lebenszeichen zukommen zu lassen. Ich habe die Verlagshandlung ersucht, Ihnen ein Exemplar direct zu übersenden. Da die analytische Geometrie bei uns den Anfang der mathematischen Vorlesungen bildet und ich das Buch zunächst für meine Zuhörer bestimmt habe, so war eine elementare Behandlung notwendig. Ich habe mich darüber in der Vorrede ausgesprochen. Es würde mich sehr freuen, wenn das Buch - mit Rücksicht auf diese Gesichtspunkte - Ihnen nicht ganz misfiele.
Ich bin in den Ferien in Göttingen gewesen. Frau Professor Riemann, die ich besuchte, sprach ihr lebhaftes Bedauern aus, Sie so lange nicht gesehen zu haben. Sie würde mit Ihnen über die Herausgabe der noch rückständigen Riemannschen Vorlesungen Rücksprache genommen haben. In dieser Beziehung hatte ich zu Weihnachten 1869

5 Siehe [Hattendorff 1872a].

von Frau Riemann einen Auftrag an Sie übernommen, der eigentlich mündlich an Sie ausgerichtet werden sollte. Da ich aber bei meiner Durchreise durch Braunschweig leider keinen Zug überschlagen konnte, so musste ich für das mal mir das Vergnügen versagen, Sie zu begrüßen. So war ich darauf angewiesen, meinen Auftrag schriftlich auszurichten. Frau Professor Riemann sagte mir jetzt, sie würde sich gefreut haben, wenn Sie auf den Brief, den ich in Ihrem Auftrage geschrieben, von Ihnen Nachricht bekommen hätte. Es soll darin kein Vorwurf gegen Sie ausgesprochen sein. Ein solcher wäre höchstens gegen Minnigerode zu erheben, daß er, der in Göttingen anwesend ist, Frau Riemann gänzlich im Unklaren lässt und ihr absichtlich aus dem Weg zu gehen scheint.

Ich bitte Sie dringend, diesen Brief und meinen vorigen nicht misszuverstehen. Es ist nicht im entferntesten meine Absicht, mich zudrängen zu wollen. Was ich Ihnen geschrieben habe, ist nur im Auftrage von Frau Riemann geschehen und einzig in der Absicht, ihr gefällig zu sein. Es ist nie meine Absicht gewesen, Minnigerode ausstechen zu wollen; das ist auch jetzt meine Absicht nicht. Aber ich glaube, daß Frau Riemann mit Recht ein Interesse daran nimmt, ob an der Herausgabe der Vorlesungen gearbeitet wird, und daß die Ungewißheit ihr um so schmerzlicher ist, je länger sie dauert.

Hoffentlich steht es mit Ihrer Gesundheit gut. Als ich zuletzt von Ihnen hörte, waren Sie etwas leidend. Ich verbleibe mit freundlichen Grüßen

Ihr
ergebenster
K. Hattendorff

[Hat 3]

Karl Hattendorff aus Aachen an Richard Dedekind

Brief vom 02.05.1872

Archiv der SUB Göttingen Cod. MS. R. Dedekind 14:25 Nummer 91

Auszugsweise veröffentlicht in: Dugac 1976, S. 163

Aachen, den 2. Mai 1872

Hochverehrter Herr College!

Sie haben mir durch Übersendung Ihrer Schrift über Stetigkeit und irrationale Zahlen[6] eine große Freude bereitet. Ich habe die interessante und scharfsinnige Entwick-

6 Siehe [Dedekind 1872].

lung mit lebhafter Teilnahme durchgearbeitet und mich gefreut, daß es Ihnen gelungen ist, den Begriff der irrationalen Zahl von allen Hülfsmitteln der geometrischen Anschauung frei zu definieren. Auch der festliche Tag, an dem Sie Ihre Schrift veröffentlicht haben, hat in mir große Freude und herzliche Teilnahme wach gerufen. Ich bitte Sie, den lieben Ihrigen mich bestens empfehlen zu wollen und Ihrem Herrn Vater zu seiner Jubelfeier nachträglich meine herzlichsten Glückwünsche auszusprechen. In der nächsten Zeit hoffe ich Ihnen eine kleine Schrift über Determinanten[7] zusenden zu können: Es ist keine gelehrte Arbeit, sondern nur der Versuch einer elementaren Einleitung.

Mit freundlichen Grüßen

Ihr

ergebenster

K. Hattendorff

7.2 Briefwechsel mit Heinrich Weber

[Hat 4]

Karl Hattendorff aus Kerstlingerode an Heinrich Weber

Brief vom 09.09.1875

Archiv der SUB Göttingen Cod. MS. B. Riemann 15 Blatt 24

Kerstlingerode bei Göttingen, den 9. Septbr 1875

Geehrtester Herr College!

Hierneben sende ich Ihnen die neue Bearbeitung der Abhandlung über die Minimalfläche.[8] Sie werden finden, daß ich die Bemerkungen, welche Sie die Güte hatten mir zukommen zu lassen, sorgfältig benutzt habe. Was das Einzelne anbetrifft, so erlaube ich mir, noch Folgendes beizufügen.

Allgemeine Bemerkung über die Bezeichnungen

Die partiellen Ableitungen sind in dem ersten Abdruck nicht mit rundem ∂ bezeichnet, weil die Druckerei den Buchstaben nicht besaß und auch nicht anschaffen

7 Siehe [Hattendorff 1872b].

8 Siehe [Riemann 1876: XVII].

wollte.
Die Bezeichnung „Argument" für den Factor von i in dem Logarithmus einer complexen Größe rührt von Riemann selbst her. In seiner Vorlesung hat er stets diesen Ausdruck und keinen andern gebraucht, ebenso bei den Erläuterungen, die er mir zu den M. S. der vorliegenden Abhandlung gegeben. Ich möchte deshalb vorschlagen, den Ausdruck nicht zu ändern.
Historische Einleitung. Bei der Einleitung habe ich nur die Absicht gehabt, in großen Zügen einen Überblick über das bisher Geleistete zu geben, keineswegs eine erschöpfende historische kritische Abhandlung. Schon dieser Überblick nimmt reichlich viel Platz ein, und man könnte ihn vielleicht bei dem neuen Abdrucke ganz weglaßen. Für den Fall, daß Sie ihn doch beibehalten wollen, habe ich denselben vervollständigt. Ich bemerke dazu:
Die Notiz von Poisson betont die Hauptfrage, ob bei gegebenem Contour die willkürlichen Functionen der Lösung sich bestimmen laßen. Die Beschränkung auf einen Contour, der nur unendlich wenig aus der Ebene heraustritt, ist wohl nur zur Vereinfachung der Untersuchung eingeführt. Da Poisson die versprochene ausführliche Mitteilung nicht gegeben hat, so scheint seine Notiz auf die spätere Behandlung der Aufgabe ohne Einfluß geblieben zu sein.
Die Aufsätze von Enneper[9] im 9. Bande von Schlömilch's Zeitschrift[10] und im Jahrgange 1866 der Göttinger Nachrichten[11] habe ich noch nicht nachsehen können. So viel mir erinnerlich, ist aber Enneper gar nicht von der gegebenen Begrenzung ausgegangen in der Absicht, die Minimalfläche zu suchen. Er läßt vielmehr aus der Bewegung eines Kreises seine cyklischen Flächen entstehen und bemerkt nebenher, daß eine solche Fläche die part. Diff. Gl. der Minimalflächen erfüllt.
In dem Zusatze am Schluß der Einleitung kam es darauf an, die Untersuchungen von Weierstrass[12], die mir bei dem ersten Druck noch nicht bekannt waren, zu citiren. Dabei ist auch Herr Schwarz hoffentlich zu seinem Rechte gekommen. Sein „Miscellen" bleibt hier wohl beßer unerwähnt.
Die Abhandlung selbst. Hier ist vor allen Dingen der Irrtum zu beseitigen, der sich in §. 14. bei der Annahme $\frac{dv}{dt} = \frac{\varphi'(t)}{\sqrt{\mathcal{X}(t)}}$ eingeschlichen hat. Mir ist dieser Irrtum sehr unangenehm. Aber ich sehe jetzt ganz klar, wie ich dazu gekommen bin. Riemann hat freilich die drei Beispiele (S. 31 oben) im M. S. durchgestrichen, und das hätte mich aufmerksam und sorgfältig machen müßen. Nun ist aber das unmittelbar Vorhergehende stehen geblieben, und darin ist nur von den Punkten c die Rede. Da nun für die übrigen Punkte die Function $\mathcal{K}_1$ selbst stetig bleibt, so habe ich

9 Siehe [Enneper 1864], [Enneper 1866].
10 Zeitschrift für Mathematik und Physik.
11 Nachrichten der Königlichen Gesellschaft der Wissenschaften und der Georg-Augusts-Universität zu Göttingen.
12 Siehe [Weierstrass 1867a].

die Nachrechnung von $\frac{1}{\mathcal{K}}\frac{d^2\mathcal{K}}{dv^2}$ unterlaßen. Dadurch ist der Fehler entstanden und zugleich der Übelstand, daß ich in dem Durchgestrichenen einen Fehler nicht finden konnte. Mir scheint es das beste zu sein, die erste Annahme ganz fallen zu laßen und nur die Gleichung $\frac{dv}{dt} = \frac{1}{\sqrt{\varphi(t)\mathcal{X}(t)}}$ beizubehalten, namentlich auch deshalb, weil mit ihr die Untersuchung ganz allgemein zu Ende geführt werden kann.

Beispiele. §. 16. Ich habe die alte Darstellung beibehalten, weil sie – wie das M. S. nachweist – sich streng an Riemann's Rechnungsgang anschließt. Sie haben aber Recht, daß die Winkel $\beta\pi$ und $\gamma\pi$ mit entgegengesetzten Vorzeichen versehen sein müssen. In §. 12 (S. 25 unten) möchte ich über das Vorzeichen des Winkels nichts hinzufügen. Das Vorzeichen von A gibt ja ohne weiteres zu erkennen, bei welcher Begrenzungslinie die Drehung beginnt.

§. 17. Auch hier habe ich eine Änderung nicht vorgenommen, weil die Darstellung mit dem M. S. übereinstimmt. Die Behauptung, daß die Functionen $\mathcal{K}_1$ und $\mathcal{K}_2$ nur für die drei Vektoren unstetig werden, ist richtig. Die Differentialgleichung 2ter Ordnung wirklich herzustellen, scheint mir nicht nötig, da man mit Hülfe der Diff. Gl. (c) die Function $\mathcal{K}$ auf die Function 6 oder auf die Function 1 zurückführen kann.

Riemann's M. S. lege ich bei. Ich bitte Sie, mir dasselbe nach gemachtem Gebrauche gefälligst wieder zukommen zu lassen.

Mit besten Grüßen

Ihr

ergebenster

K. Hattendorff

[Hat 5]

Brief von Karl Hattendorff aus Aachen an Heinrich Weber

Brief vom 27.10.1875

Archiv der SUB Göttingen Cod. MS. B. Riemann 15 Blätter 28, 29

Aachen, den 27 Octbr 1875.

Hochgeehrter Herr College!

Besten Dank für Ihren freundlichen Brief vom 21/24 d. M. Ich freue mich, daß die Minimalfläche[13] nun in Ordnung ist. Mit den von Ihnen noch vorgeschlagenen Abänderungen bin ich einverstanden. Was die zweite betrifft (S. 35.), so möchte ich noch auf

13 Siehe [Riemann 1876: XVII].

eins aufmerksam machen. Wenn wir die drei letzten Zeilen des §. 16 streichen, so ist in dem ganzen §. nicht gesagt, was A bedeutet. Man müßte also auch auf die Stelle verweisen, wo A zuerst vorkommt. Dies gäbe die folgende Fassung:
Man hat weiter nach den §§. 12 und 13:

$$du = \sqrt{\frac{A(c-b)(\beta+y)}{2\pi}} \cdot \frac{(t-a)^{\frac{1}{2}}\,dt}{(t-b)(t-c)}$$

oder wenn man $c - b = \frac{2\pi}{A}$ annimmt:

$$du = \frac{(t-a)^{\frac{1}{2}}\,dt}{(t-b)(t-c)} \cdot \sqrt{\beta+y},$$

u. s. f.
Die historische Einleitung habe ich zuletzt geschrieben, also nach Riemann's Tode und, soviel ich weiß, ohne von ihm dazu veranlaßt zu sein. Man könnte also jetzt an die Stelle dieser Einleitung eine kurze Note über die Zeit der Untersuchung und über die Art, wie die Abhandlung in die gegenwärtige Form gekommen ist, hinzufügen. Die erste Angabe ist leicht zu machen. Riemann hat sich gegen mich zweimal über die Aufgabe ausgesprochen. Das erste mal wahrscheinlich in den Sommerferien 1861 (nachdem ich im Sommersemester bei ihm die Vorlesung über die Functionen von complexen Variabeln gehört), jedenfalls nicht nach dem Sommer 1862. Er sagte damals: „Die Theorie der Functionen von complexen Variabeln läßt eine interessante Anwendung zu auf das Problem der Minimalfläche." Die zweite Äußerung fällt in den April 1866. Als Riemann mir das M. S. übergab, das damals schon ebenso vergilbt war wie jetzt, sagte er: „Ich möchte gern, daß diese Arbeit noch fertig würde. Sie ist freilich schon fünf bis sechs Jahre alt." Danach glaubte ich die Entstehung des M. S. in die Jahre 1860 und 1861 setzen zu dürfen.
Über die Entstehung der vorliegenden Redaction der Abhandlung teile ich Ihnen das Folgende mit.
Riemann ließ mich im April 1866 durch Weber[14] fragen, ob ich geneigt sei, ihn bei der Ausarbeitung dessen behülflich zu sein, was er geistig verarbeitet hatte und wegen seiner körperlichen Schwäche nicht selbst zu Papiere bringen konnte. Ich ging gern darauf ein. Die Minimalfläche sollte den Anfang machen. Er glaubte, wir könnten in etwa 8 Tagen damit fertig werden, und dann sollten wichtigere Sachen an die Reihe kommen. Es zeigte sich aber bald, daß er sich in der Zeit und in seinen Kräften leider verrechnet hatte. Er war oft mehrere Tage gar nicht zugänglich. Sprechen durfte und konnte er gar nicht. Seine Stimme war völlig tonlos, und wenn er es versuchte, mir etwas zuzuflüstern, so unterbrach ihn der heftigste Husten. Die Mitteilung seinerseits geschah also schriftlich. Mit dem Griffel auf der Tafel warf er das kurz hin, was zur Erläuterung des M. S. dienen sollte, jedesmal bis ich ihm zunickte, daß ich ihn

14 Wilhelm Weber.

verstanden. Einige male schrieb er auch mit dem Bleistift auf Papier, aber immer nur aphoristisch. In den Zwischenzeiten zwischen diesen Conferenzen, die selten über eine halbe Stunde dauern konnten, schrieb ich das Verarbeitete im Zusammenhange auf. So hat Riemann den größten Teil der Abhandlung noch gesehen und gutgeheißen. Im Juni ergriff ihn eine unbezwingliche Sehnsucht nch Italien. Am 16. Juni reiste er ab.

Das ist die Entstehungsgeschichte des M. S. Es ist aber nicht leicht, sie in eine für die Öffentlichkeit passende Form zu bringen! Denn jede auch nur leise Andeutung an die letzten schweren Monate vor Riemann's Tode würden bei den Hinterbliebenen schmerzliche Erinnerungen wach rufen. Vielleicht sind Sie mit folgender Anordnung der Note einverstanden:

Zuerst die Mitteilung über die Zeit der Entstehung des M. S. Dann vielleicht der letzte Absatz meiner Einleitung, salva redactione. Endlich die Notiz, daß Weierstrass gleich zeitig mit Riemann die Aufgabe gelöst, aber seine Resultate erst nach Riemann's Tode publicirt hat, und daß die Abhandlung von Weierstrass[15] beim Druck meiner Einleitung mir noch unbekannt gewesen.

Ich will die Note in diesen Tagen sorgfältig redigiren und nachschicken. Ich möchte aber diesen Brief nicht gern aufhalten. Mit den besten Grüßen

Ihr ergebenster K. Hattendorff

[Hat 6]

Brief von Karl Hattendorff aus Aachen an Heinrich Weber

Brief vom 09.11.1875

Archiv der SUB Göttingen Cod. MS. B. Riemann 15 Blätter 30, 31

Aachen, den 9. Novbr. 1875.

Hochgeehrter Herr College!

Besten Dank für Ihren freundliche Brief vom 6. d. M. und für die gute Aufnahme, welche meine Bearbeitung von Riemann's Vorlesungen über das Potential[16] bei Ihnen gefunden hat.

Hierneben sende ich Ihnen nun eine kurze Einleitung zu der Abhandlung über die

15 Siehe [Weierstrass 1867a].

16 Siehe [Riemann 1872].

Minimalfläche.[17] Dieselbe könnte meiner Ansicht nach mit den Worten:„in dieselbe Zeit fallen“ abschließen. Soll aber Herr Schwarz erwähnt werden (und ich möchte nicht gern den Anschein auf mich laden, als ob ich ihn absichtlich vernachläßigte), so schlage ich vor den Schluß der Einleitung hinzu zufügen, wie ich ihn im M. S. bereits übersandt habe, von den Worten an: „Die von Weierstrass auf der einen, etc.“ In diesem Fall lege ich Wert darauf, daß außer Herrn Schwarz auch mein Freund Schondorff[18] erwähnt werde, der mit seiner Preisschrift zu Riemann[19] in derselben Beziehung steht wie Schwarz mit der seinigen[20] zu Weierstrass. Ich lege ein Exemplar von Schondorff's Abhandlung bei. Sie wird Ihnen gewiß nicht misfallen. Außerdem bitte ich Sie, in dem Urteil der philosophischen Facultät[21] den blühenden Styl des großen Erben der Gauss'schen Wohnung recht genießen zu wollen.

Ich darf es ganz Ihrer Entscheidung überlaßen, ob Sie die kurze oder die etwas längere Einleitung zum Abdruck bringen wollen.

Noch erlaube ich mir, ein M. S. von Riemann über das Potential eines Ringes[22] beizulegen. Ich habe dasselbe von Herrn Dedekind zugesandt erhalten. Es schien mir aber eher für die Gesammtausgabe als für die Vorlesungen geeignet. Besten Gruße von

Ihrem ergebenstem
K. Hattendorff

17 Siehe [Riemann 1876: XVII].
18 Arthur Schondorff, Mathematiker.
19 Siehe [Schondorff 1868].
20 Siehe [Schwarz 1871].
21 Philosophische Fakultät der Georg-Augusts-Universität Göttingen.
22 Siehe [Riemann 1876: XXIV].

8 Hermann Amandus Schwarz

8.1 Briefwechsel mit Richard Dedekind

[Sch 1]

Hermann Amandus Schwarz aus Göttingen an Richard Dedekind

Brief vom 01.07.1876

Archiv der SUB Göttingen Cod. MS. R. Dedekind 14:67 Nummer 193

Göttingen, den 1sten Juli 1876

Hochgeehrter Herr College!

Empfangen Sie meinen herzlichen Dank für die gütige Übersendung eines Exemplares Ihrer Photographie sowie des von Ihnen mit so vieler Liebe verfassten Lebenslaufes Bernhard Riemanns[1].
Empfangen sie auch meinen Dank für Ihre thatkräftige Mitwirkung bei der Herausgabe der Gesammelten Werke und des Wissenschaftlichen Nachlasses des großen Mathematikers[2]; erst jetzt sind die bahnbrechenden Abhandlungen für die studirende Jugend zugänglich. Wie schwer es war, vor acht Jahren die einzelnen Abhandlungen zu erlangen, habe ich erfahren. Vielmehr aber sind wir Ihnen zu Dank verpflichtet, für die viele Mühe, welche Sie und Herr H. Weber dem Nachlasse gewidmet haben.
Nachdem ich heute in der Sitzung unserer Gesellschaft der Wissenschaften[3] über Ihr und H. Weber's Werk gesprochen hatte, bat mich Herr Professor Wappäus, der Redacteur der unter Aufsicht der Kgl. Ges. d. W. erscheinenden Göttinger gelehrten Anzeigen, Sie in seinem Namen um eine „Selbstanzeige"[4] zu bitten. Denn Sie wissen, daß über solche Werke, welche von Mitgliedern der Societät oder von Göttinger Professoren erscheinen, <u>nur</u> <u>diese</u> in den Anzeigen referiren dürfen. Haben Sie die Güte, uns eine solche Anzeige zu senden, entweder indem Sie allein, oder mit H. Weber zusammen diese Anzeige verfassen: Kein anderer Schriftsteller ist dazu berechtigt, außer Ihnen beiden. Wir müssen in hohem Grade wünschen, ein solches Werk, welches ja eine Zierde unserer Societät ist, in den Anzeigen besprochen zu sehen.
Warum ich mich an sie und nicht auch an Herrn H. Weber direkt wende? Sie kennen die hiesigen Verhältnisse genauer als Herr Weber. Wenn Sie ihm schreiben, bitte grüßen Sie ihn von mir; ich möchte ihm gern auch gratuliren zur Vollendung der Herausgabe, aber dann muß ich gleich noch über viele andere Dinge schreiben und dazu fehlt es

---

1 Siehe [Dedekind 1876a].

2 Siehe [Riemann Werke 1876].

3 Königliche Gesellschaft der Wissenschaften zu Göttingen.

4 Siehe [Dedekind 1876b].

mir gegenwärtig an Zeit.
Wenn nicht früher, so hoffe ich Sie zum Gauß-Jubiläum am 30ten April n. Jahres hier zu sehen.

Mit freundlichem Gruße

Ihr
ergebenster
H. A. Schwarz
Weender Chausée 25. A.

[Ded 36]

Richard Dedekind aus Braunschweig an Hermann Amandus Schwarz

Brief vom 13.07.1876

Archiv der SUB Göttingen Cod. MS. R. Dedekind 13:41 Blatt 1

1876.7.13 Herrn Prof. Dr. H. A. Schwarz zu Göttingen (Weender Chaussée 25.A)

Hochgeehrter Herr College!

Für die freundliche Aufnahme meiner Photographie und der Biographie Riemann's[5] erlaube ich mir Ihnen meinen besten Dank zu sagen; die letztere ist in dem Ihnen wohlbekannten Bönigen verfasst, nachdem die Familie Weber bald nach Ihrem Besuche mich ebenfalls verlassen hatte.
Über Ihre an H. Weber und mich gerichtete Aufforderung, eine Anzeige des Riemann'schen Werkes[6] für die Göttinger Gel. Anzeigen[7] zu verfassen, verhehle ich nicht Ihnen Folgendes zu berichten. Schon vor mehreren Monaten hat mir H. Weber mitgetheilt, daß er in Folge einer Aufforderung von Königsberger in Dresden sich entschlossen habe, eine solche Anzeige für das neue „Repertorium"[8] zu schreiben, und bald darauf schickte er mir auch das Manuscript zu, welches meinen vollsten Beifall hat. Als nun Ihr Brief ankam, schickte ich denselben sogleich an Weber in der Hoffnung, daß noch keine bestimmte Zusage an das Repertorium erfolgt, und also noch eine Möglichkeit vorhanden sei, diese Anzeige für die Göttinger Gel. Anz. zu erobern. Allein Weber schreibt mir – mit einem Gruß an sie –, daß seine Anzeige[9] sich schon

5 Siehe [Dedekind 1876a].
6 Siehe [Dedekind 1876b].
7 Göttingische Gelehrte Anzeigen.
8 Repertorium der literarischen Arbeiten aus dem Gebiete der reinen und angewandten Mathematik.
9 Siehe [Weber 1877a].

längst in Königsberger's Händen und wahrscheinlich schon in der Druckerei befindet, und er stellt es mir frei, meinerseits eine ähnliche Anzeige für die Gött. Gel. Anz. zu verfassen.[10] Nun scheint es mir aber durchaus unnütz, nochmals auf den Inhalt des Werkes einzugehen, welcher in Weber's Anzeige in vortrefflicher Weise dargestellt ist, und ich kann daher auf diesen Vorschlag von Weber nicht eingehen, dagegen habe ich mich nach einiger Überlegung entschlossen, eine kurze Anzeige zu schreiben, in welcher lediglich Mittheilungen über die Entstehung der Herausgabe des Werkes enthalten sein sollen, und ich gedenke dieselbe noch heute oder in diesen Tagen an Herrn Prof. Wappäus für die Gött. Gel. Anz. einzuschicken.
Mit der Bitte, Ihrer Frau Gemahlin mich bestens empfehlen zu wollen, verbleibe ich mit freundlichem Gruße

Braunschweig, Ihr ergebenster
13. Juli 1876 R. Dedekind

8.2 Briefwechsel mit Heinrich Weber

[Sch 2]
Hermann Amandus Schwarz aus Göttingen an Heinrich Weber
Brief vom 11.11.1875
Archiv der SUB Göttingen Cod. MS. B. Riemann 4 Blätter 28, 29

Göttingen, Weender Chaussée 25 A
den 11ten November 1875.

Lieber College!

Entschuldigen Sie mich, daß ich Sie auf Ihren freundlichen Brief vom 14ten v. M. so lange auf Antwort habe warten lassen; es brachte der Anfang des neuen Semesters so viele Arbeit mit sich, daß ich meine Correspondenz ganz ruhen lassen mußte. Auch jetzt muß ich mich kurz fassen, damit Sie nur endlich Nachricht erhalten.
Für die Abhandlung R.'s[11] habe ich in der Zwischenzeit doch etwas thun können. Ein hier anwesender italienischer junger Mathematiker, Herr Dr. Tonelli, welcher die Hauptabhandlung R.'s in seine Muttersprache übersetzt hat, um die Übersetzung drucken zu lassen, hat die Güte gehabt, mich auf folgende Incorrectheiten des

10 Vergl. [Web 30], Brief von Heinrich Weber an Richard Dedekind vom 18.03.1876; [Web 36], Brief von Heinrich Weber an Richard Dedekind vom 18.05.1876; [Web 39], Brief von Heinrich Weber an Richard Dedekind vom 05.06.1876; [Web 45], Brief von Heinrich und Emilie Weber an Richard Dedekind vom 04.07.1876; [Web 46], Brief von Heinrich Weber an Richard Dedekind vom 10.07.1876.
11 Siehe [Riemann 1876: XXIII].

italienischen Textes aufmerksam zu machen:

I i cui gradi sono tutti due n ist unmöglich; tutti i due wäre grammatisch richtig, aber ungewöhnlich; es muß heißen ambedue
statt soddisfatte kann auch sodisfatte mit R. geschrieben werden
potenze di x colla funzione da (nicht di) svolgere
II Infatti ist ein Wort, dell'ordine
caratteristiche di una funzione svilluppabile (nicht svolgibile)
se denotiamo con P_n Q_n ciò (Komma fort) che divengono
di x in modo che l'indice del valore
Dunque: se designamo (assignamo würde heißen „Sinn beilegen")
s'ottiene oder si ricara aber nicht s'obtiène
basta ricercare (di muß fortfallen)
col crescere indefinito, nicht con crescere
[III] sostituire statt sostituere
e indifferente qualunque valore
gli stressi integrali estesi da uno ad uno
converge il valore dell'integrale

Wie Sie sehen, die schönste Unannehmlichkeit stand bevor, wenn diese Fehler stehen blieben. Erlauben Sie mir, Ihnen nochmals den Vorschlag zu machen, eine Abschrift der jetzigen Fassung des R.'schen Fragmentes Herrn Betti zur gefälligen Durchsicht vorlegen zu dürfen, der unter allen italienischen Mathematikern R. am nächsten gestanden hat und diese Arbeit wahrscheinlich durch persönliche Mittheilung R.'s bereits kennt. Mit Frau Professor Riemann, die mir schräg gegenüber wohnt, werde ich über diese Angelegenheit reden, sobald ich dazu Zeit finde. Von Herrn Schering habe ich gehört, daß R. die in Rede stehende Untersuchung in einer seiner Vorlesungen, welche Sch. mit angehört hat, vorgetragen habe. Näheres darüber habe ich noch nicht in Erfahrung gebracht.
Ob Sie „Modul" oder „absoluter Betrag" setzen wollen, stelle ich ganz Ihrem Ermessen anheim, auch mir scheint es bei näherer Überlegung passend, die von R. gewöhnlich angewendete Benennung beizubehalten. Dagegen habe ich bezüglich der Fassung der Beweisführung immer noch ein Bedenken, welches ich nicht loswerden kann. Dasselbe bezieht sich nicht auf die Strenge, sondern einzig auf die Auffindung eines passenden Ausdruckes zur Begründung des Satzes, daß es zur Auffindung eines asymptotischen Werthes des Integrales für dim $n = \infty$ hinreicht, die Summation auf die in der Nähe von $s = \sigma$ liegenden Theil des Integrationsweges zu beschränken. In den letzten Tagen habe ich mich viel mit dieser Frage beschäftigt und bin zu folgendem Ergebnisse gekommen: Am meissten wird die Absicht, welche R. bei der Beweisführung hatte, wiedergegeben und am treusten sein Gedanke ausgesprochen, wenn der Satz in meiner Redaction: „Alle Elemente dieses Integrals, für welche s wieder gleich σ... ist bis: Man setze:] gestrichen und durch folgenden ersetzt wird: „Diejenigen Theile des Inte-

grationsweges, welche nicht in der Nähe des singulären Werthes $s = \sigma$ liegen, ergeben zu dem Werthe des Integrales einen Beitrag, welcher für unendlich große Werthe von n nicht allein unendlich klein wird, sondern auch - weil der reelle Bestandtheil von $-n[f(s)-f(\sigma)]$ unter den angegebenen Voraussetzungen über jedes Maß hinaus wächst - unendlich klein wird im Verhältniß zu demjenigen Theile des Integrals, welcher sich auf den in der Nähe des Werthes $s = \sigma$ liegenden Theil des Integrationsweges bezieht. Aus diesem Grund genügt, es zur Auffindung eines für lim $n = \infty$ geltenden asymptotischen Ausdruckes für das erwähnte Integral, die Summation auf einen in der Nähe des Werthes $s = \sigma$ liegenden Theil des Integrationsweges zu beschränken. Man setze daher, mit h eine Größe bezeichnend, deren Modul nur kleine Werthe annehmen soll,] $s = \sigma + h$ u. s. w.

Auf diese Weise scheint mir in der That, ohne daß im Geringsten gegen die Forderung der Strenge verstoßen wird, das Wesentliche des R.'schen Gedankenganges treu wiedergegeben zu werden und das ist doch die Hauptsache. Freilich ist die Wortfassung noch etwas ungefügig, aber wenn erst der richtige Grundgedanke da ist, wird sich die Form für denselben nicht allzu schwer finden lassen; ich betrachte daher diese Änderung gegen die frühere Redaction als eine größere Annäherung an die Absicht R.'s und folglich als eine Verbesserung.

Ob Sie die Hinweisung auf die Untersuchung von Thomé oder auf einige Arbeiten von Thomae[12], welcher durch Herrn Schering von R.'s Arbeit[13] Kenntniß erhalten zu haben angibt - aufnehmen wollen oder nicht, muß lediglich Ihrem Ermessen anheimgestellt bleiben.

Zu den beiden Zeichnungen habe ich bereits Entwürfe gemacht, es wird mir aber im Laufe dieser Woche nicht mehr möglich sein, die Zeichnung ins Reine zu übertragen. Am Sonnabend und Sonntag der letzten Woche war ich in Berlin und lernte durch Herrn Prof. Weierstrass die Dissertation eines seiner Zuhörer, eines gewissen Schottky: „Über die conforme Abbildung mehrfach zusammenhängender Flächen“[14] kennen; sollten Sie diese Dissertation nicht bereits ebenfalls kennen, so erlauben Sie mir wohl, daß ich Sie auf dieselbe aufmerksam mache. Die Resultate, die sich in dieser Abhandlung vorfinden, sind von großem Interesse und von wissenschaftlichem Werthe; ich selbst werde mir die Dissertation zu verschaffen suchen, um sie zu besitzen.

Noch eine Bitte erlauben Sie mir auszusprechen. Ist das Reglement Ihres Königsberger Seminars gedruckt? Wenn dieses der Fall ist, so haben Sie die Güte, mir ein - oder besser zwei Exemplare desselben zukommen zu lassen. Das hiesige mathematisch-physikalische Seminar hat nicht mehr als fünf Direktoren, drei Professoren der Mathe-

12 Siehe [Thomae 1866], [Thomae 1870], [Thomae 1873].

13 Siehe [Riemann 1857c: VI].

14 Siehe [Schottky 1875].

matik, zwei der Physik[15]. Im vorigen Semester waren 80 Studenten der Mathematik an hiesiger Univ. immatriculirt. Die Anzahl der neu Immatriculirten beträgt bis jetzt 14. Meine Vorlesungen werden im Durchschnitte jede von 20 bis 30 Zuhörern besucht.
Am letzten Montage fand ich von Herrn Geh. R. Wöhler einen Brief vor, der mir anzeigte, daß ich zum ordentlichen Mitglied der hiesigen Königl. Gesellschaft der Wissenschaften gewählt sei, in welche ich am 4ten einzutreten habe.[16] Welche sonstigen Wahlen an diesem Tage werden publicirt werden, weiß ich nicht, weil ich bis jetzt an keiner Sitzung der Gesellschaft Theil genommen habe; ich hatte nämlich einige Andeutungen darüber erhalten, daß die Absicht bestehe, mich vom correspondirenden Mitglied zum ordentlichen zu befördern und aus diesem Grund hielt ich es für schicklich, von den Sitzungen fern zu bleiben.
Wenn Sie die Güte haben wollen, die neue Redaction der R.'schen Minimalflächenabhandlung[17] mir vor oder während des Druckes mitzutheilen, so werde ich Ihnen dafür Dank wissen.
Mit freundlichen Grüßen von Haus zu Haus

Ihr
ergebenster
H. A. Schwarz

[Sch 3]

Hermann Amandus Schwarz aus Göttingen an Heinrich Weber

Brief vom 20.11.1875

Archiv der SUB Göttingen Cod. MS. B. Riemann 4 Blätter 30, 31

Göttingen, Weender Chaussée 25 A
den 20ten November 1875

Lieber College!

die beifolgende Zeichnung ist zwar schon zu Anfang der Woche fertig geworden, aber ich habe bis jetzt nicht Zeit gefunden, dieselbe an Sie abzusenden. Vielleicht könnte es bei der einen Zeichnung sein Bewenden haben. Den Maßstab noch kleiner zu wählen, ist nicht wohl thunlich ($1 = 2$ cm) und eine andere Wahl des Werthes $x (x = \frac{3}{4})$ würde zu

15 Am 1850 gegründeten mathematisch-physikalischen Seminar der Georg-Augusts-Universität Göttingen wirkten unter anderem Listing, Stern, Ulrich, Wilhelm Weber, sowie in späteren Jahren Schwarz, Riecke und Voigt.

16 Hermann Amandus Schwarz war ab 1869 korrespondierendes, ab 1875 ordentliches und ab 1892 auswärtiges Mitglied der mathematischen Klasse der Königlichen Gesellschaft der Wissenschaften zu Göttingen.

17 Siehe [Riemann 1876: XVII].

einer noch weniger günstigen Figur führen, wenn x reell sein soll. Die verschiedenen Werthe von mod. $\frac{s(1-s)}{1-xs}$, welche zu den einzelnen Curven der Schaar gehören, die in der Zeichnung enthalten und mit Tusche ausgezogen sind, sind folgende:

$\frac{4}{9\sqrt{3}}$	$\frac{4}{9}$	$\frac{4}{3\sqrt{3}}$	$\frac{4}{3}$	$\frac{4}{\sqrt{3}}$	4	$4\sqrt{3}$
	σ		Kreis		σ'	

Eine noch geringere Anzahl von Curven der Schaar in die Zeichnung aufzunehmen empfiehlt sich aus dem Grunde nicht, weil dann der Zweck der Zeichnung, ein anschauliches Bild von der betrachteten Curvenschaar zu geben, verloren geht; eher würde es sich empfehlen, die Zahl der Curven zu verdoppeln und zwischen je zwei aufeinander folgende Curven noch eine Curve einzuschalten. Die dem Werthe mod. $\frac{s(1-s)}{1-xs} = 4.\sqrt[4]{3}$ entsprechende Curve würde ungefähr die Gestalt des mit Bleistift eingezeichneten großen Kreises haben und man könnte dann die dem Werthe mod $\frac{s(1-s)}{1-xs} = 4\sqrt{3}$ entsprechende Curve fortlassen. Hierbei würde der Raum, den die Zeichnung im Ganzen einnimmt, kleiner werden. Die zu interpolirenden Curven habe ich nach dem ungefähren Augenmaße mit Bleistift in die Zeichnung eingetragen. Der über $\sigma \ldots \sigma'$ als Durchmesser construirte Kreis ist eine orthogonale Trajectorie der Schaar, welche in der Zeichnung weggelassen ist.

den $21^{\underline{\text{ten}}}$ Novbr.

Nur in dem Falle x reell und größer als 1 gibt es nicht zwei Curven mit je einem Doppelpunkte, sondern eine Curve mit zwei Doppelpunkten und zwar zerfällt dieselbe in zwei Kreise mit den Mittelpunkten 0 und 1. Anfänglich hatte ich die Absicht, auch für einen diesem Grenzfalle nahe kommenden Fall eine Zeichnung zu entwerfen, weil sich auf den Originalpapieren eine solche Zeichnung von Riemann's Hand vorfindet[18]; ich bin jedoch, da Sie die Einfachheit so sehr betont haben, von diesem Gedanken wieder zurückgekommen, weil ich befürchtete, es möchte die auf eine solche Zeichnung verwendete Zeit für den vorliegenden Zweck verloren sein.
Die auf den Originalblättern an verschiedenen Stellen sich vorfindende Zeichnung

18 Siehe [Riemann 1876: XXIII].

ist zum Theil ein Phantasiegebilde. Näher kommen der Wirklichkeit folgende Gestalten:

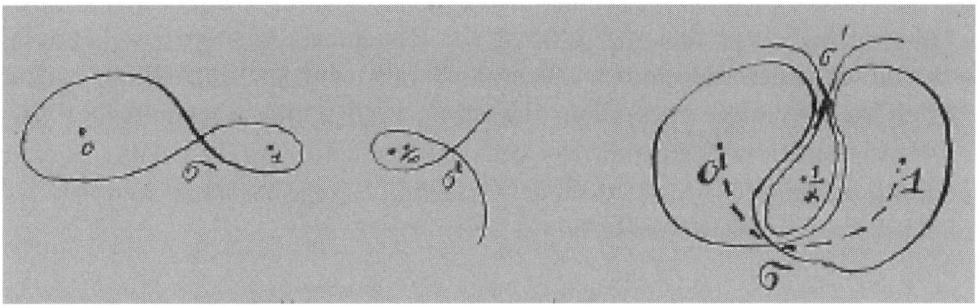

(Die Tangenten im Doppelpunkte müssen übrigens überall auf einander senkrecht stehen)
Dann an der Grenze (x reell und größer als 1) hat man im zweiten Falle folgende Figur:

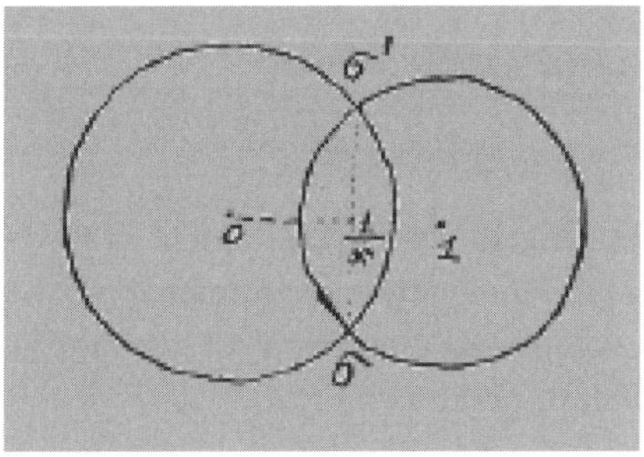

Es würde daher eine Skizze für den Fall $|R(x)$ sehr groß$|$ etwa folgende Gestalt bekommen

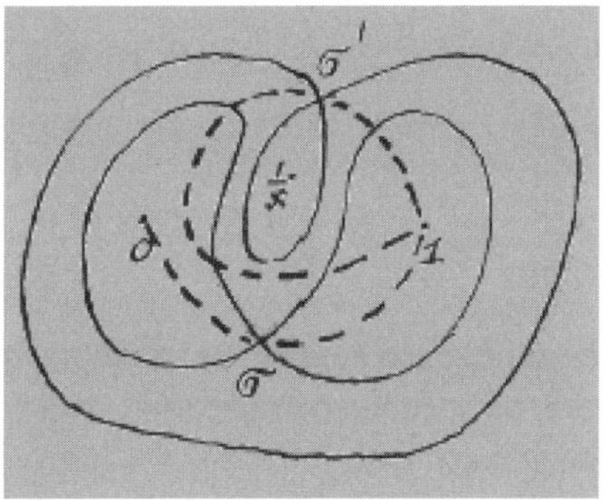

und es würde nicht schwer sein, die Zeichnung auf einen kleinen Raum zusammenzudrängen. Wenn ich nun ganz frei disponiren könnte, so würde ich das zweite Integral nicht von 1 bis 1 um den Punkt $\frac{1}{x}$ herum erstrecken, sondern das zweite Integral ebenfalls von 0 bis 1 nehmen, so daß beide Integrationswege den Punkt $\frac{1}{x}$ einschließen. Diese Wahl würde den Vortheil haben, daß über den Integrationsweg folgende feste Bestimmung getroffen werden könnte: beide Integrationswege sind orthogonale Trajectorien zu der Schaar mod $\frac{s(1-s)}{1-xs} = \text{const}$; der erste Integrationsweg besteht aus den beiden orthogonalen Trajectorien, welche den Punkt σ mit den beiden Punkten 0 und 1 verbinden; der zweite Integrationsweg wird gefunden, indem man analogerweise den Punkt σ' durch orthogonale Trajectorien mit den beiden Punkten 0 und 1 verbindet. Es würde dann $f(\sigma + h) - f(\sigma)$ auf dem Integrationswege beständig reell sein. Man erhielte dann beispielsweise folgende Skizzen

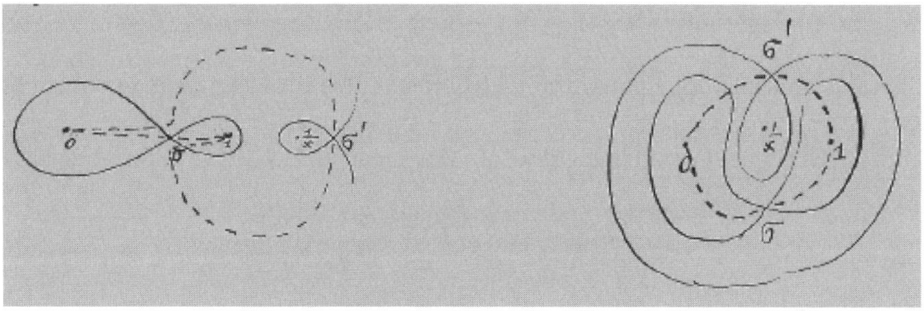

ohne daß der Gedankengang Riemann's verlassen wird, der in folgenden Worten ausgedrückt ist: Ora, se facciamo variare continuamente x e le funzioni di x in modo che l'indice del valore complesso x percorra un giro intorno l'indice di 1, q_m, p_m riprendono i primitivi valori, mentre che P, Q, P_n, Q_n si convertono in altri rami di queste funzioni.
Warum Riemann eigentlich nachher an der Stelle der P', Q', P'_n, Q'_n, welche nichts anderes sind als $\int_0^1$, nur auf anderem Wege erstreckt, Integrale 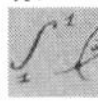 gesetzt hat, ist mir nicht klar geworden, weil diese Ersetzung, wie mir scheint, gar keinen Vortheil darbietet. Wenn es erlaubt ist, auf die in der That irrigen Zeichnungen

eine Vermuthung zu gründen, so könnte man annehmen, R. habe geglaubt, daß die von $s = \sigma$ ausgehenden orthogonalen Trajectorien, welche zu kleineren Werthen von mod $\frac{s(1-s)}{1-xs}$ führen, beide nach dem Punkte $s = 1$ führen, denn unter dieser Annahme wäre die Zeichnung

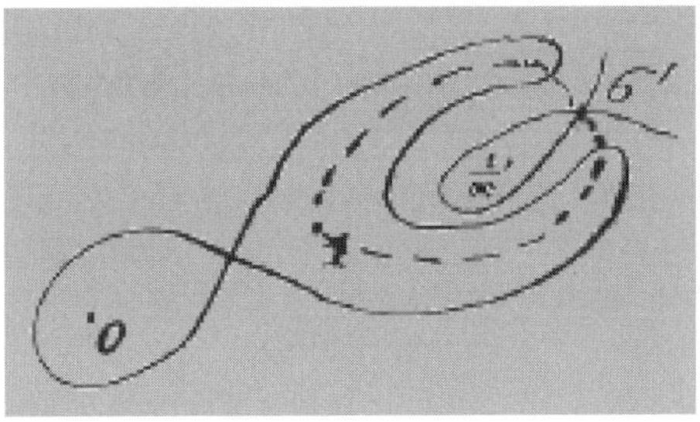

richtig.

Nun sind aber die beiden Punkte $s = 0$ und $s = 1$ völlig gleichberechtigt, ebenso wie die beiden Punkte $s = \frac{1}{x}$ und $s = \infty$; also ist es mir unerklärlich, weßhalb R. den Weg von $s = 1$ um $s = \frac{1}{x}$ herum nach $s = 1$ zurück, bevorzugt hat, während doch die beiden von $s = 0$ nach $s = 1$ führenden Wege, welche den Punkt $s = \frac{1}{x}$ einschließen, völlig gleichberechtigt sind; zumal da die Anwendung der beiden gleichberechtigten Wege den Vortheil der größeren Einfachheit in gedanklicher Hinsicht darbietet. In diesem Falle würden nämlich für $P' \; Q'$ wirklich andere Zweige von P und Q gesetzt werden, nicht aber, wie bei R. lineare Verbindungen anderer Zweige mit den ursprünglichen.

Von Frau Professor Riemann habe ich erfahren, daß zu der Zeit, in welcher R. jenen Aufsatz[19] niederschrieb, derselbe fast täglich mit Herrn Betti zusammen war; meine Ihnen gegenüber geäußerte Vermuthung hat sich also bestätigt.

Bitte, senden Sie mir doch den Text des Aufsatzes noch einmal; die Hauptsache ist doch, daß derselbe so gut als möglich und so sorgfältig als möglich gefaßt werde; denn jede Unsorgfältigkeit wird auf die Rechnung dessen geschrieben, der die Verantwortlichkeit zu tragen hat.

Eine Skizze von der Art derjenigen auf der zweitvorhergehenden Seite unten, will ich gern genau zeichnen, so daß danach ein Holzschnitt angefertigt werden kann, wenn Sie einen solchen aufnehmen wollen. Die beifolgende Zeichnung würde sich aber zur Wiedergabe durch einen Holzschnitt wohl nicht eignen, weil sie zu groß ist und eine Verkleinerung nicht wohl zuläßt. Dagegen würde die Wiedergabe durch eine lithographische Tafel einer Schwierigkeit wohl kaum begegnen.

Sobald Sie Sich darüber entschieden haben, ob und welche Figuren Sie dem Texte beigeben lassen wollen, haben Sie vielleicht die Güte, mich davon zu benachrichtigen, damit ich dann die definitiven Zeichnungen anfertigen kann.

Mit freundlichen Grüßen Ihr ergebenster H. A. Schwarz

19 Siehe [Riemann 1876: XXIII].

[Sch 4]

Hermann Amandus Schwarz aus Göttingen an Heinrich Weber

Brief vom 29.11.1875

Archiv der SUB Göttingen Cod. MS. B. Riemann 4 Blatt 19

Göttingen, den 29ten Novbr. 1875

Lieber College!

Der vierte und achte Band der von der hiesigen Societät[20] herausgegebenen Werke von Gauss wird morgen an die Königsberger Sternwarte und der sechste Band wird an Sie abgesandt werden.[21] Die Einziehung des Betrages erfolgt durch Postnachnahme.

Der dritte Band ist augenblicklich vergriffen.

Nachdem die Buchhandlung, welcher die Versendung der Gauss'schen Werke übertragen worden war, Bankrott gemacht hatte, übernahm die hiesige Universitäts-Kasse die Angelegenheit. Es wurden nun an eine große Anzahl bekannter Subscribenten Exemplare versandt, aber sie kamen größtentheils wieder zurück, weil die Subscribenten es vorgezogen hatten, die Exemplare zu einem viel höheren Preise durch Buchhandlungen zu beziehen. Damit nun der hiesigen Kasse keine unnöthigen Auslagen erwachsen, wurde fortan nur auf direkte Bestellung hin expedirt. Ein Subscribentenverzeichniß existirt nicht mehr, da es bei jenem Bankrott mit verloren ging, der unter Anderem auch der Societät einen zu kurierenden Verlust von 800 Thalern verursacht hat.

Ein siebenter Band der Gauss'schen Werke ist von der hiesigen Societät noch nicht veröffentlicht. Mit dem anderweitig ohne Genehmigung der Societät als 7ter Band der Werke veröffentlichten Wiederabdruck der Theoria motus im Verlage von Perthes hat die hiesige Societät nichts zu thun; sie hat es sich vielmehr angelegen sein lassen, ihrer Auffassung möglichste Verbreitung zu geben, daß eine Privatperson nicht das Recht habe, einen Wiederabdruck eines Werkes von Gauss als 7ten Band der von der hiesige Societät herausgegebenen Gesammelten Werke zu bezeichnen.

Anbei übersende ich Ihnen eine Skizze zu den beiden Figuren, welche ungefähr richtig ist. Wenn Sie mit dieser Skizze (auch hinsichtlich der Größe) einverstanden sind, so haben Sie wohl die Güte, es mir zu schreiben, damit ich die genauen Zeichnungen für den Xylographen anfertigen kann. Auf den Mptblättern hatte R. neben der Zeichnung für den Fall $x < 1$ auch noch eine Zeichnung für einen imaginären Werth von x entworfen; es scheint mir daher nicht im Widerspruch mit dem Zweck der Veröffentlichung dieser Fragmente zu stehen, wenn beide Fälle durch Zeichnungen vertreten werden; es wird ja auch bei dem gegenwärtigen Arrangement nur sehr wenig Platz beansprucht.

20 Königliche Gesellschaft der Wissenschaften zu Göttingen.

21 Siehe [Gauss Werke 1863-1871].

Ferner sende ich Ihnen meine frühere Ausarbeitung mit einigen Verbesserungen des deutschen Textes zu, wie ich dieselbe in der für Herrn Betti bestimmten Abschrift vorgenommen habe.
Der ganze Text dieser Abschrift, die an Herrn Betti gesandt ist, habe ich in mein Copierbuch copirt.
Frau Prof. R. billigte meinen Brief an Herrn Betti und meinte, derselbe würde bald antworten.
Meiner Ansicht nach wäre es das Beste, wenn dem Setzer meine jetzt in Bettis Händen befindliche sauber geschriebene Abschrift übergeben werden könnte.
Es ist mir sehr lieb gewesen, aus Ihrer heutigen Correspondenz-Karte zu ersehen, daß ich eine Correctur der Minimalflächenabhandlung[22] bekommen soll.
Ob Sie das Citat der Abhandlung des Herrn Thomé am Schluße aufnehmen wollen, oder nicht, hängt lediglich von Ihnen ab; ich sollte meinen, daß es nicht mehr als billig ist, auf die Thomé'sche Arbeit hinzuweisen, da dieselbe doch früher publicirt ist.
Die Zeit drängt, da ich den Brief noch zum Schnellzug auf die Bahn bringen muß.

Mit freundlichen Grüßen

Ihr
ergebenster
H. Schwarz
Weender Chaussée 25 A

[Sch 5]

Hermann Amandus Schwarz aus Göttingen an Heinrich Weber in Königsberg

Brief vom18.01.1876

Archiv der SUB Göttingen Cod. MS. B. Riemann 15 Blätter 32, 33

Göttingen, den 18ten Januar 1876

Lieber College!

Wie gern hätte ich Ihnen schon früher ausführlicher geschrieben, aber ich bin – da ich ich während eines Theils der Ferien in Berlin war – so mit Geschäften der verschiedensten Art überhäuft gewesen, daß ich an Briefschreiben gar nicht denken konnte. Buchstäblich habe ich seit Weihnachten auch nicht eine Zeile für mich selbst schreiben können. Bei 13 Stunden Vorlesungen und Übungen in der Woche, die auf

22 Siehe [Riemann 1876: XVII].

Vormittag und Nachmittag vertheilt sind, bleibt mir kaum genügend Zeit zu einer ordentlichen Vorbereitung auf die Vorlesungen und es liegt auf meinem Tische ein ganzer Stoß unbeantworteter Briefe. Nun muß ich auch heute mich sehr kurz fassen und will nur bemerken, daß es meiner Familie und mir sehr gut hier gefällt, so daß ich nur wünschen kann, daß es Ihnen und Ihrer Frau Gemahlin in K.[23] ebenso gut gefallen möchte. Aber jetzt zu Geschäften!

Über die Vorlesung, an welcher Roch Theil genommen hat, gibt der beifolgende Zettel Auskunft.– Den ersten Bogen, den ich aus Leipzig erhielt, habe ich in sehr kurzer Zeit wieder dorthin gesandt und eine ganz unglaublich große Zahl von Ungenauigkeiten (nicht auf die Minimalflächen bezüglich) in demselben angemerkt. Der zweite Bogen (19) ist am 12ten Jan. von Leipzig abgesandt worden, ich sende denselben Ihnen direkt, gleichzeitig mit diesem Briefe; ich darf wol vorausschicken, daß ich mit der Unsorgfältigkeit des Herrn H.[24] sehr unzufrieden bin; er hatte doch diesmal Zeit und hätte sich doch alle Mühe geben sollen, damit ein so interessanter Gegenstand so dargestellt werde, daß ein gewöhnlicher mathematischer Leser versteht, wie die Schlüsse gezogen worden. Herr H. hat sich aber die Sache so bequem gemacht, wie nur möglich, und es wird dieser Aufsatz nach wie vor an vielen Stellen eines sehr sorgfältigen Commentars bedürfen, ohne den er dem mathematischen Leser unverständlich bleiben muß. Nach meiner Überzeugung ist diese Unsorgfältigkeit Hattendorffs unverantwortlich. Ich gehe nun zu dem Einzelnen über:

pag. 290: ein „quadrirtes Linienelement“ ist ein unzulässiger Ausdruck. Ein Element kann nicht quadrirt werden, höchstens seine Länge; es müsste also m. E. heißen „die Quadrate irgend zweier der betrachteten Linienelemente“

pag. 291. „die beiden Bilder sind dann auch ... bis ähnlich“; bei dem Zweiten Theile muß doch „sind daher“ wiederholt werden.

pag. 292: Nach Gleichung 8 vermisse ich den Übergang;

Diese waren Kleinigkeiten im Verhältniß zu Folgendem: Woher kommt auf pag. 293 auf einmal die Gleichung $\log X = 2 \log Y + \text{funct. cont.}$?; ich behaupte daß jeder mathematische Leser über diese Gleichung sich nicht wird Rechenschaft geben können, der nicht die Minimalflächen zum Gegenstande seines speciellen Studiums gemacht hat. Es fehlt hier zweierlei: 1; hat H. nicht gesagt, was man doch nicht als selbstverständlich betrachten kann, daß die in X und Y disponibeln additiven rein imaginären Constanten, die ja doch nicht von selbst bestimmt sind, so gewählt werden sollen, daß man habe: für $x = 0$, $y = 0$, $z = 0$ zugleich $X = 0$, $Y = 0$; sonst ist die Behauptung $\log X = 2 \log Y + \text{funct. cont.}$ ohne Sinn, man muß es also geradezu errathen, daß diese Constantenbestimmung gewählt werden soll.

2., fehlt durchaus jede Andeutung darüber, woher man Y bekommt; dieselbe Schwierigkeit kehrt auf pag. 295 wieder: woher weiß man denn, daß das Argument von Y sich

---

23 Königsberg.

24 Karl Hattendorff.

um $\alpha\pi$ ändert? (Aus der Formel auf pag. 289 ist das Geforderte nicht zu schließen) Meines Erachtens ist Folgendes gemeint: „Weil sich für kleine Werthe von x, y, z bei der getroffenen Wahl des Coordinatensystems die partielle Differentialgleichung der Minimalfl. auf $\frac{\partial^2 x}{\partial y^2} + \frac{\partial^2 x}{\partial z^2} = 0$ reducirt, so ist es erlaubt, wenn man Glieder höherer Ordnung außer Betracht läßt, zu setzen $Y = y + zi$; daß muß aber doch gesagt werden.
pag. 294. die Behauptung „wirklich herstellen" ist unrichtig; weil man die Umkehrpunkte der Normalen nicht kennt. Auch ist die Abbildung auf der Kugel nicht ein größter Kreis, sondern „Bogen eines größten Kreises".
„so muß das Argument von X sich ändern um $n\pi$"- nur dann, wenn der imaginäre Bestandtheil die Eigenschaft hat, für $x = 0$, $y = 0$, $z = 0$ auch gleich Null zu sein. Dieselbe Bemerkung bezieht sich auf pag. 295.
pag. 301. die Behauptung „vollständig" finde ich etwas anmaßlich, die Formeln lassen sich noch viel vollständiger machen, nämlich so, daß z. B. die $2A + B$ Constanten mit deren Hülfe das Wegfallen der logarithmischen Glieder bewirkt wird, gar nicht mehr vorkommen. Herr Prof. Weierstraß besitzt solche Formeln, die also noch viel vollständiger sind; ich würde vorschlagen, ganz einfach zu setzen, „die betrachtete Aufgabe ist hiermit formulirt".
pag. 303. die Aussage dieses Satzes scheint mir mathematisch unzulässig. Von einer Differenz zweier ∞ Größen kann doch nur die Rede sein, wenn beide Grenzen zweier Functionen sind, deren Differenz eine endliche Grenze hat. So lange also über die Art des ∞ werdens nichts gesagt wird, z. B. wenn man beide ins ∞ reichende Sectoren mit derselben Ebene schneidet und dann die Differenz der im Endlichen gelegenen Flächeninhalte bestimmt, hat die Auseinandersetzung keinen Sinn und bliebe besser weg, um so mehr, da das Minimum des Flächeninhaltes im Ganzen in der Riemannschen Abhandlung[25] gar nicht in Betracht gezogen wird.
Die Anmerkung auf pag. 301 und 302, welche den Nachweis führen soll, daß die Anzahl der Constanten des Problems ebenso groß ist wie die Anzahl der Constanten der Lösung enthält sicher eine Ungenauigkeit. Denn es ist ja klar, daß von den $B + C + E$ Constanten b, c, e drei beliebig gewählt werden können, da die Größe t oder eine gebrochene rationale Function ersten Grades derselben eine einfache Hülfsvariable ist. Mit anderen Worten, die $2A+B+C+E$ Größen a, a', b, c, e sind nur $2A+B+C+E-3$ Constanten äquivalent. Sie sehen auch dieses ist nicht in Ordnung. Es ist gar kein Verlaß auf Herrn H.! Da also zu wenig Constanten in Rechnung gebracht sind, so habe ich mich gefragt, wo vielleicht Constanten vergessen sein möchten. Sie werden hieraus ersehen, wie wenig Herr H. Ursache hat, von einer „sorgfältigen" Überarbeitung zu reden; ich würde ihm diesen Ausdruck streichen.
Eine Photographie vom verstorbenen C.[26] sollen Sie erhalten, sobald es mir möglich gewesen sein wird, eine aufzutreiben, bis jetzt sind schon mehrere Versuche meiner-

---

25 Siehe [Riemann 1876: XVII].
26 Alfred Clebsch.

seits erfolglos gewesen.
Es thut mir leid, Ihnen nicht bestimmte Verbesserungsvorschläge für die Hauptstellen, die ich bemängelt habe, machen zu können. Solche zu formulieren würde aber viel Zeit und Mühe erfordern und es wäre ja dann noch zweifelhaft, ob die von mir gewählte Fassung Ihren Beifall finden würde.–
Vor meiner Nachmittagsvorlesung habe ich nicht mehr Zeit gefunden, den angefangenen Brief zu vollenden. Während ich mir nun nach der Rückkehr vom Auditoriengebäude die Frage wegen der Constanten nochmals überlege, um Ihnen die Sache nach Möglichkeit zu erleichter, ist mir eingefallen, daß ich unter meinen Papieren eine sorgfältige Ausarbeitung besitze, welche dieselbe Frage betrifft. Meines Erachtens ist die Sache wie folgt ins Reine zu bringen: Die lineare Differentialgleichung erster Ordnung, welche im Artikel 14 unter No 13 vorkommt[27], könnte auch weggelassen werden, weil dieselbe mehr stört als nützt. Dieses geht schon daraus hervor, daß die Differentialgleichung 15 so wie so integrirt werden muß; es wäre dann also zu zeigen, daß es stets möglich ist, zwei Integrale K_1 u. K_2 zu finden, die der gestellten Diffgl. 13 genügen. Diese Differentialgl. 13 bezieht sich aber ausschließlich auf die Constanten, die in K_1 u. K_2 eingehen denn aus Gl. 15 folgt identisch, daß $K_1 \frac{dK_2}{dt} - K_2 \frac{dK_1}{dt} = \text{Const.} \frac{dv}{dt}$ So viele Umstände um diese Constantenbestimmung zu machen, lohnt wirklich nicht der Mühe, um so weniger, weil diese Constante gar keine Rolle spielt; setzt man cv statt v so kann man der Constanten jeden beliebigen Werth beilegen. Das Wesentliche ist also das, da diese Constante die man multiplikativ zu K_1 und zu K_2 zugeben kann aus dem Verhältnisse $\frac{K_2}{K_1} = H$ gänzlich fortfällt, sich um die Diffgl. 13 gar nicht zu kümmern, sondern ganz einfach zu setzen:
η ist der Quotient irgend zweier Particularlösungen von 15: also $\eta = \frac{\alpha K_1 + \beta K_2}{\gamma K_1 + \delta K_2}$; es enthält also η im Ganzen 6 reelle Constanten, während Herr H. nur 3 in Rechnung bringt. Da sind die fehlenden 3 Constanten, welche deswegen von der scheinbar vorhandenen Auswahl in Abzug kommen, weil statt t auch eine gebrochene reelle Function ersten Grades von t gesetzt werden kann, welche drei reelle und willkürliche Constanten consumirt. In diesem Schluße irre ich mich nicht; denn es kann derselbe auch dargestellt werden wie folgt: die 6 reellen Constanten, die in η vorkommen, sind nicht alle von gleicher Bedeutung. Drei von ihnen haben die Bedeutung der drei Constanten α, α', θ des Herrn H., welche der Veränderung der Richtungen der Coordinatenaxen, also einer bloßen Drehung der Kugel entsprechen. Die drei anderen Constanten haben aber die Bedeutung, daß man durch geeignete Verfügung über diesselben bewirken kann, drei Kreise die drei Strecken der reellen Axen der t Ebene entsprechen gleichzeitig größten Kreisen der Kugel entsprechen, sofern dieses nämlich überhaupt möglich ist. Da nun im Ganzen $C + E$ Kreise ebensovielen größten Kreisen entsprechen sollen, so bleiben also nur noch $C + E - 3$ Bedingungen zu erfüllen übrig. Es bleiben also jetzt, wenn wir mit H. zählen, 3 Constanten zuviel,

27 Siehe [Riemann 1876: XVII].

entsprechend dem Umstande, daß durch diese nur die Wahl der Hilfsvariablen t nicht aber die gestellte Aufgabe betroffen wird.
Es ergibt sich also hieraus, daß die Differentialgleichung 13 nicht allein ganz überflüssig, sondern sogar nachtheilig ist, weil dieselbe bei der Zählung der Constanten störend einwirkt. Die Forderung, daß K_1 und K_2 die Diffgl. 13 befriedigen sollen, ist ebenfalls ganz überflüssig; es wäre besser, dieselbe fortzulassen, weil dieselbe nur geeignet ist, den Leser irre zu führen und zu glauben, es sei an dieser Forderung irgend etwas gelegen. In dem Quotienten $\frac{K_2}{K_1}$ stecken doch noch 6 reelle Constanten, aber diese Zahl wird durch die Gleichung (16) nicht weiter vermehrt. Es ist daher die Aufstellung der Gleichung (16) der reinste Luxus bezw. eine reine Flunkerei; denn sie erweckt die Vermuthung, als ob der Quotient H schon eine bestimmte Größe sei, so daß jetzt nur noch eine Drehung der Kugelfläche gestattet wäre. Aus diesem Grunde ist also die Abzählung der Constanten pag. 299 oben rein werthlos.
Wir machen also an Herrn H. eine neue Erfahrung; und das soll eine „sorgfältige Überarbeitung" sein!
Der Inhalt meines gegenwärtigen Briefes ist zu meinem Bedauern wenig erfreulich; ich bin überzeugt davon, daß Sie Sich sehr darüber ärgern werden, daß das Vertrauen, welches Sie Herrn Hattendorff geschenkt haben und die große Schonung, die Sie ihm haben zu Theil werden lassen, so übel belohnt wird. Hätte ich das H.'sche Manuscript vorher einsehen können, so hätten sich vielleicht die meisten Stellen, die ich bemängeln zu müssen glaubte, durch sorgfältiger gewählte ersetzen lassen. Jetzt aber werden Sie in die unangenehme Lage versetzt, entweder dem Verlagsbuchhändler gegenüber größere Änderungen zu befürworten, oder die großen Mängel beizubehalten; und selbst die Änderungen, die unerläßlich sind, lassen sich doch nicht im Handumdrehen feststellen. Wer hätte aber auch geglaubt, daß Herr H. sich die Lehre, die ihm zu Theil geworden ist, so wenig zu Herzen nehmen würde!
Jedenfalls hat die Übersendung des Correcturbogens an mich doch den Nutzen gehabt, daß die Unrichtigkeiten gemerkt worden sind. Unter allen Umständen hoffe ich aber, daß der Ärger, den Sie jetzt haben werden, Sie nicht veranlassen wird, mir zu grollen, weil ich das Unglück habe, so viele Fehler zu entdecken.
Ihrer Frau Gemahlin und Ihren Kindern geht es doch gut?
Herzlichen Glückwunsch zum neuen Jahr — Ihr
für Sie und die Ihrigen!

ergebenster
H. A. Schwarz
Weender Chausseé 25 A

[Sch 6]

Hermann Amandus Schwarz aus Göttingen an Heinrich Weber

Brief vom 24.01.1876

Archiv der SUB Göttingen Cod. MS. B. Riemann 15 Blätter 36, 37

Göttingen, den 24ten Januar 1876

Lieber College!

Es thut mir leid, daß sie in meinen Bemerkungen Spitzfindigkeiten finden zu müssen geglaubt haben. Bisher war ich der Meinung, daß bei der Herausgabe einer Abhandlung[28] eines der größten deutschen Mathematikers der allerbeste Ausdruck nur eben gut genug sei, zumal da wo die Wahl der Worte dem Ermessen des Herausgebers ganz frei steht wie es im vorliegenden Fall Herrn Hattendorff frei stand. Noch jetzt vermag ich mir unter einem quadrirten Linienelemente nichts zu denken, sondern halte diesen Ausdruck für eine Nachlässigkeit, die sich sehr leicht hätte vermeiden lassen. Es ist aber natürlich auf diesen Punkt kein großes Gewicht zu legen, wo viel gröbere Ungenauigkeiten sich vorfinden. Was die Gleichungen von der Form $\log X = 2\log Y + \text{f. c.}$ anbetrifft, so enthalten diese, wie Sie selbst zugeben, eine „kleine" Ungenauigkeit. Sie trifft dabei kein Vorwurf, wohl aber Herrn Hattendorff. Was nun die sachliche Begründung anbetrifft, so kann ich mit Ihnen darin nicht übereinstimmen, daß das zu ihrer Erläuterung Gesagte vollständig hinreichend sei für jeden, der in der Functionentheorie einigermaßen bewandert ist. Nach dieser Bemerkung kann ich mich freilich nicht zu denen rechnen, welche in der Functionentheorie einigermaßen bewandert sind, denn, obgleich ich zu wissen glaube, wie die analytische Natur eines Elementes einer Minimalfläche in der Umgebung einer Ecke beschaffen ist, so ist es mir doch beim besten Willen bisher unmöglich gewesen, einzusehen, wie der Schluß auf pag. 25 des Separatabdruckes: „das Argument von Y ändert sich um $\alpha\pi$ " gemacht wird. Woher weiß man denn, daß an dieser Stelle $X - X_0$ nach Potenzen von $Y - Y_0$ entwickelbar ist, da man hier am Rande und sogar in einer Ecke des Bereiches sich befindet? Und selbst wenn man dieses voraussetzt, ist man auf das Probieren angewießen. Auch jetzt noch bin ich der Meinung, daß die kürzeste Art, jenen Schluß zu machen, darin besteht, daß man in der Nähe der Ecke mit großer Annäherung $Y = y + zi$ setzen kann, weil dort die Projection auf die yz Ebene wegen der Tangentialebene $x = 0$ mit großer Annäherung eine conforme Abbildung der Minimalfläche ergibt. Daß jeder Leser sich sonst leicht in diesen Formeln wird zurecht finden können, möchte ich doch bezweifeln. Sollten Sie aber im Stande sein, den erwähnten Schluß mir deutlich zu machen, so werde ich gern darüber Belehrung entgegennehmen, wie man aus den angegebenen Worten die

28 Siehe [Riemann 1876: XVII].

angegebenen Folgerungen ziehen kann; für mich sind jene Schlüsse nicht deutlich und ich denke, es wird noch mancher Andere in gleichem Falle mit mir sein. Daß aber in sachlicher Beziehung die Untersuchung der Vollständigkeit entbehrt, ergibt sich daraus, daß nirgends bei der Zählung der Constanten darauf hingewiesen ist, daß die Größen α sämmtlich kleiner als 1 sein müssen, damit im Allgemeinen die Zahl der Constanten groß genug sei; nur in speciellen Fällen können einzelne der Größen α auch größer als 1 werden; da aber hierüber gar nichts gesagt ist, so könnte auch die Meinung entstehen, als ob es z. B. freistünde, sämmtliche Winkel in den Ecken als überstumpfe zu wählen. Dann hat man scheinbar ebenfalls die genügende Anzahl von Constanten. Die Erklärung über die Bedeutung des Minimums auf pag. 34 des Separatabdruckes, welche Herr Hattendorff unverändert gelassen hat, enthält, darin werden Sie mir gewiß beistimmen, eine „Ungenauigkeit" des Ausdruckes. Nun ist es aber doch gewiß nicht unbillig, von einem mathematischen Schriftsteller, der eine Abhandlung zum zweiten Mal abdrucken läßt und dabei eine sorgfältige Überarbeitung derselben ankündigt, zu erwarten, daß weder große, noch kleine Ungenauigkeiten in der Redaction vorkommen, und ich habe mich meinerseits für verpflichtet gehalten, Ihnen die Stellen, die ich für Ungenauigkeiten gehalten habe, mitzutheilen. Mein Urtheil über die Sorgfalt des Herrn Hattendorff kann ich von dem erwähnten Standpunkte aus nicht mildern.

den 25ten

Inliegend erhalten Sie eine gute Photographie des verstorbenen Clebsch, welche Frau Clebsch Ihnen für das Album des Herrn Neumann[29] sendet. Da ich aus dem vor Kurzem neu herausgegebenen Verzeichnisse der Mitglieder unserer Societät ersehe, daß Herr Neumann auswärtiges Mitglied derselben ist[30], so erlaube ich mir, wenn Sie nicht bereits Herrn Geheimen Obermedicinalrath Wöhler von dem Jubiläum in Kenntniß gesetzt haben sollten, Sie um nähere Angabe des Termins zu bitten, damit ich Herrn Wöhler benachrichtigen kann; ich glaube mich nicht zu irren, wenn ich annehme daß Herr Wöhler im Namen unserer Societät einen Gratulationsbrief absenden wird, wenn er genau den Termin weiß.[31]
Was den Bogen 20 anbetrifft, den ich Ihnen jetzt übersende, so bin ich an vielen Stellen nicht mit der Redaction einverstanden, aber es ist wol zu spät, jetzt daran zu ändern. Übrigens bin ich durchaus nicht der Einzige, der mit der Hattendorff'schen Redaction Riemann'scher Geisteserzeugnisse so unzufrieden ist.

29 Franz Neumann.

30 Franz Neumann war seit 1856 auswärtiges Mitglied der mathematischen Klasse der Königlichen Gesellschaft der Wissenschaften zu Göttingen.

31 Friedrich Wöhler war ab 1837 ordentliches Mitglied der physikalischen Klasse und ab 1860 Sekretär der Königlichen Gesellschaft der Wissenschaften zu Göttingen.

Er würde den Artikel 18 nicht verunziert haben, wenn am Schluße in einer Anmerkung gesagt worden wäre, daß es möglich sei, aus den angegebenen Gleichungen für X, Y, Z eine fertige Gleichung zwischen x, y, z wirklich abzuleiten.
Im Artikel 19 finde ich mich besonders dadurch unbefriedigt, daß nirgends die geometrische Bedeutung der Gleichungen angegeben ist, die auf so sehr mühsame Weise hergeleitet sind. Z. B. pag. 312 wäre es eine Kleinigkeit gewesen zu der Gleichung $\alpha = -\phi m + d$, $\beta = -\sigma m + e$ die Bemerkung zu machen: Es ist also die Curve der Mittelpunkte der Kreise einer Schaar einer ebenen Curve und zwar ist die Ebene dieser Curve eine Symmetrieebene der Fläche. Was soll aber die umständliche Herleitung des Additionstheorems der elliptischen Integrale, wenn nicht die Folgerung daraus gezogen wird: Also entspricht der Schaar der Kreise auf der Fläche bei der conformen Abbildung auf die Kugel eine Schaar confokaler sphärischer Kegelschnitte?
Sagen Sie Ihrer Frau Gemahlin Namens meiner Frau besten Dank für ihren liebenswürdigen Brief und seien Sie mit Ihrer Familie freundlich gegrüßt von

Ihrem
ergebensten
H. A. Schwarz

[Sch 7]
Hermann Amandus Schwarz aus Göttingen an Heinrich Weber
Brief vom 08.02.1876
Archiv der SUB Göttingen Cod. MS. B. Riemann 15 Blätter 38, 39

Göttingen, den 8ten Februar 1876

Lieber College!

Daß ich Ihnen das beifolgende Manuscript nicht früher zurückgesandt habe, hat darin seinen Grund, daß ich bei der Abzählung der Constanten einige Ungenauigkeiten bemerkt habe und genöthigt war, erst eine Untersuchung anzustellen, um Sie nicht unnöthig mit meinen Bedenken in Besorgniß zu versetzen. Bei genauer Prüfung habe ich nun gefunden, daß meine Bedenken vollständig begründet waren. Im Nachfolgenden theile ich Ihnen die richtige Zählungsweise der Constanten mit.
Es scheint mir nützlich, daß ausdrücklich gesagt wird, die beiden ebenen Polygone, welche als gegeben angesehen werden, sollen convexe Polygone mit nur einem Umlauf sein. Nur unter dieser Einschränkung kann man allen Ecken desselben Polygons den Werth $\eta = 0$ und allen Ecken des anderen den Werth $\eta = \infty$ zuordnen; nur unter dieser Einschränkung besitzt die ringförmige Minimalfläche in ihrem Inneren kei-

ne singuläre Tangentialebene ($t = a$ in der Hauptabhandlung) sondern nur Umkehrpunkte der Normalen auf der Begrenzung ($t = \sigma, \sigma'$). Ebenso wird nur unter der angegebenen Einschränkung die Kugelfläche durch das Bild der Minimalfläche einfach bedeckt.

Die den Ecken beider Polygone entsprechenden Werthe von t möchte ich im Anschlusse an die Hauptabhandlung lieber mit c, c' bezeichnet sehen, doch ist dieses von untergeordneterer Bedeutung.

Wenn nun $+i$ und $+ik^{-1}$ die Verzweigungspunkte der Doppelhalbebene T sein sollen, so kann nur noch einer, aber nicht zwei der Werthe $c_1, c_2 \dots c_m, c_1', c_2' \dots c_n'$ willkürlich gewählt werden, weil die – reelle – Transformation der Fläche T in sich selbst nur von einem Parameter abhängt.

Ich setze

$$v - v_1 = \int_{c_1}^{t} \frac{dt}{\sqrt{(1+t^2)(1+K^2t^2)}}$$

wo v_1 eine Constante bedeutet, die bei der Bestimmung der Anzahl der Constanten nicht mit gezählt wird, und erhalte für die Variable v folgendes Gebiet:

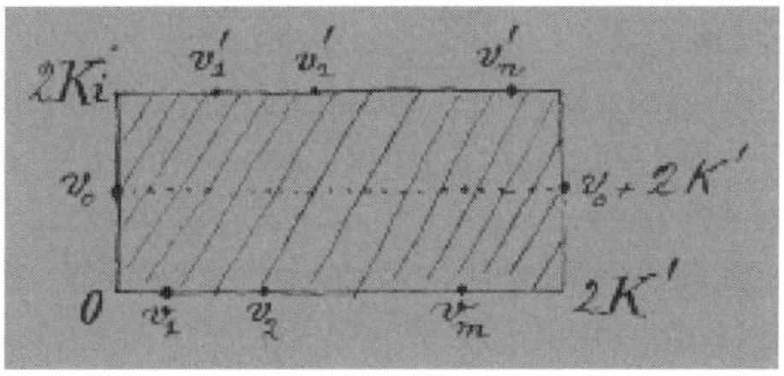

wo $v_1 \dots v_m$ den Ecken des einen, $v_1' \dots v_n'$ den Ecken des anderen Polygons entsprechen.

Nun ist $\frac{d\log\eta}{dv}$ eine eindeutige doppelt periodische Function von v mit Fundamentalperioden $2K'$ und $4Ki$, welche durch folgende Bedingungen bestimmt ist: Für $v = v_\mu$ und $v = v_\nu$ wird $\frac{d\log\eta}{dv}$ unendlich wie $\frac{y_\mu - 1}{v - v_\mu}$ und $\frac{1 - y_\nu'}{v - v_\nu}$, wenn $y_\mu\pi$ und $y_\nu'\pi$ die Winkel in den Ecken der Polygone bezeichnen. Da $\sum(y_\mu - 1) + \sum(1 - y_\nu') = 0$ ist, wegen der Bedingungen $\sum(1 - y_\mu) = 2$, $\sum(1 - y_\nu') = 2$, so gibt es eine Function, welche nur in diesen Punkten und den äquivalenten von der angegebenen Art unendlich wird wie es bei $\frac{d\log\eta}{dv}$ der Fall ist und zwar ist diese Function bis auf eine additive Constante bestimmt. Über diese Constante soll so verfügt werden, daß, wie es unter den angegebenen Voraussetzungen der Fall sein muß, bei der Integration von $d\log\eta$ von $v = v_0$ bis $v = v_0 + 2K'$ genau $2\pi i$ heraus kommt. Sie haben nur die Bedingung gestellt, daß der reelle Theil von $\int_{v_0}^{v_0+2K'} \frac{d\log\eta}{dv} dv$ gleich Null sein soll, was nicht ausreicht; außerdem scheint mir die Angabe, daß 2 Bedingungsgleichungen erforderlich seien, damit die reellen Theile jenes Integrals – auf zwei in verschiedenen Blättern liegenden Wegen gleich Null sein sollen, auf einem Irrthum zu beruhen.

Unter diesen Bedingungen ist η eine eindeutige Function von v, innerhalb des Streifens, welche bei Vermehrung von v um $2K'$ periodisch in sich zurückkehrt.
Von den Werthen, für welche $\frac{d \log \eta}{dv}$ unendlich klein wird, können, nachdem die Größen $v_1 \dots v_m$, $v'_1 \dots v'_n$ bestimmt sind, nur $m + n - 2$ beliebig gewählt werden und selbst dieses ist nur cum grano salis[32] zu verstehen. Jedenfalls sind diese Werthe durch das Vorhergehende eo ipso[33] bestimmt. Stellt man die Bedingung nicht, daß $\int d \log \eta = 2\pi i$ sein soll, so können von den $m + n$ Werthen $t = \sigma, \sigma'$ (den Umkehrpunkten der Normalen) doch nur $m + n - 1$ willkürlich gewählt werden, weil der letzte wegen des Additionstheorems von selber bestimmt ist.
Zählt man nun die bei der Bestimmung von $\log \eta$ auftretende Constante $\log \eta_0$, wie es sein muß, für 2 Constanten, so hängt η ab von

$$\begin{array}{ccccccccccc} K & , & v_1 \dots v_m, v'_1 \dots v'_m & , & y_1 \dots y_m & , & y'_1 \dots y'_n & , & \log \eta_0 & & \\ 1 & + & (m + n - 1) & + & (m - 1) & + & (n - 1) & + & 2 & = & 2m + 2n \end{array}$$

Constanten, wie es sein muß. Bei der Integration kommen noch hinzu 3 reelle Constanten, bei x eine multiplicative, bei y und z zwei additive, es gehen aber ab, damit die reellen Theile von Y und Z sich bei Vermehrung von v um $2K'$ nicht ändern, zwei der $2m + 2n$ Constanten, welche diesen 2 Bedingungen gemäß zu bestimmen sind. Wir haben also im Ganzen $2m + 2n + 1$ Constante, entsprechend den $2m + 2n$ Coordinaten der Eckpunkte beider Polygone und den Abstand h der Ebenen derselben.
Die, die speciellen Fälle betreffenden Rechnungen durchzusehen ist mir unmöglich gewesen, wegen Kürze der Zeit.
Übrigens gelten folgende Sätze: Wenn die Begrenzung gebildet wird von zwei in parallelen Ebenen liegenden congruenten Rechtecken oder gleichseitigen Dreiecken, deren Seiten beziehlich parallel sind, während die Verbindungslinie der Mittelpunkte auf den Ebenen senkrecht steht, so daß also die Begrenzungslinien die Endflächen eines rektangulären Prismas oder eines gleichseitig dreiseitigen Prismas begrenzen, so ist die Gleichung dieser Flächen rational durch elliptische Functionen der Coordinaten ausdrückbar. Für den Fall des Rechteckes ist die Gleichung $\lambda.\mu.\nu = 1$. (Monatsberichte 1872. pag. 21. II. Gruppe)[34] (Bestimmung einer speciellen Minimalfläche pag. 89; 90; – 92; 94.)[35]
Da ich heute Abend einige Studenten bei mir sehe, so muß ich schließen, damit der Brief noch zur Post kommt.

Ihr

ergebenster

H. A. Schwarz

---

32 Cum grano salis - „mit einem Körnchen Salz", mit Einschränkungen.

33 Eo ipso - „aus sich heraus".

34 Siehe [Schwarz 1873a].

35 Siehe [Schwarz 1871].

[Sch 8]

Hermann Amandus Schwarz aus Hamburg an Heinrich Weber

Brief vom 14.09.1891

Archiv der SUB Göttingen Cod. MS. B. Riemann 4 Blatt 32

Hamburg, den $14^{\underline{\underline{\text{ten}}}}$ September 1891

Hochgeehrter Herr College!

Im Begriffe, Hamburg zu verlassen um mich nach Edinburg einzuschiffen, wo in einigen Tagen die Hochzeit meiner ältesten Tochter Ottilie mit Herrn Dr. phil. Ch. Sprague stattfinden soll[36], will ich noch einige Zeilen an Sie richten, da ich vorher keine Zeit dazu gefunden habe.

Auf Seite 28 (Mitte der Seite) der Riemannschen gesammelten Werke[37] muß es heißen „welches $= -\frac{\partial v}{\partial s}$“. Statt des Buchstaben cursiv o muß das Zahlzeichen für Null 0 gesetzt werden.

Seite 401 in der Formel (1) müssen die Argumente der P-Function richtig so lauten

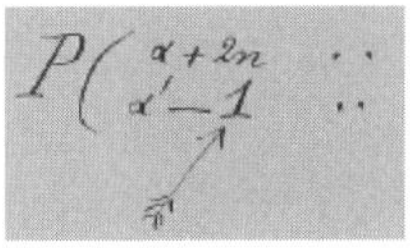

Seite 401 Zeile 8 von unten crescere indefinito

di  convergano verso zero.

Es finden sich vielleicht noch einige andere Bemerkungen, wenn ich zu Anfang Oktober d. J. nach Göttingen zurückkehre. Jetzt fällt mir - ich habe R’s Werke nicht vor mir - nur noch Folgendes ein: Als R. die Abelschen Integrale erster Art durch ihre reellen Theile, und zwar durch die Periodicitätsmodule entstehen läßt, macht er, wenn ich nicht irre, einen Fehler. Nachdem das erste solche Integral u_1 construirt ist, dürfen schon die reellen Theile der Periodicitätsmodule für das zweite nicht ganz willkührlich gewählt werden, indem dieselben nie übereinstimmen dürfen mit den reellen Theilen der Periodicitätsmodule von $(\alpha_1 + \beta_1 i)u_1$. Wenn ich nicht irre, führt R. erst bei der Construction des dritten Abelschen Integrals erster Art u_3 die Bedingung ein, daß die reellen Theile der Periodicitätsmodule desselben bei irgend welcher Wahl der 4 reellen Größen α_1, β_1, α_2, β_2 nicht übereinstimmen dürfen mit den reellen Theilen

36 Ottilie, die 1869 geborene Tochter von Hermann Amandus Schwarz, heiratete den Chemiker Charles Sprague.

37 Siehe [Riemann Werke 1876].

der Periodicitätsmodule von

$$(\alpha_1 + \beta_1 i)u_1 + (\alpha_2 + \beta_2 i)u_2.$$

Es könnte aber auch sein, daß meine Erinnerung sich nicht auf die von R. selbst veröffentlichte Abhandlung, sondern auf irgend eines der durch Abschriften vervielfältigten Hefte bezieht.
Als Sie in Göttingen waren, war meine Frau in Berlin und ich widmete mich meinen Kindern und einer aus Amerika, um mich zu besuchen, herübergekommenen ehemaligen Schülerin.
Mit freundlichen Grüßen an Sie und den besten Wünschen an die Ihrigen - in größter Eile -

H. A. Schwarz

9 Friedrich Wöhler

9.1 Briefwechsel mit Heinrich Weber

[Web 136]
Heinrich Weber aus Heidelberg an Friedrich Wöhler
Brief vom 31.03.1875
Archiv der SUB Göttingen Cod. MS. B. Riemann 9 Blatt 85

Heidelberg d. 31ten März 1875

Hoch geehrter Herr Professor,

das Manuscript der Riemannschen Abhandlung[1], welches Sie die Güte hatten, mir zu zusenden habe ich erhalten, und ich beeile mich, Ihnen nochmals meinen aufrichtigen Dank auszusprechen für Ihre Bemühungen, durch die wir in den Besitz dieser für die Mathematiker so wichtigen Hinterlassenschaft Riemanns gelangt sind. Ich werde nicht verfehlen, auch Herrn Dumas[2] meinen Dank für seine Freundlichkeit auszusprechen, und werde das Manuscript zurücksenden, sobald ich eine Abschrift davon genommen habe, was da der Umfang derselben nicht groß ist, sehr bald geschehen wird.
Mit der Versicherung der ausgezeichnetsten Hochachtung bin ich

Ihr ergebenster

H. Weber Professor

---

1 Siehe [Riemann 1876: XXII].
2 André Jean-Baptiste Dumas (* 15. Juli 1800 † 11. April 1884) Chemiker, Secrétaire perpétuel.

A Verlagsverträge B. G. Teubner-Verlag

[Teu 18]

Verlagsvertrag zwischen A. Clebsch, R. Dedekind und B. G. Teubner

Dokument vom 11.09.1870

Archiv der SUB Göttingen Cod. MS. B. Riemann 1,1 Blatt 29

Verlags-Vertrag

Zwischen den Herren Clebsch in Göttingen und Dedekind in Braunschweig, als Herausgeber einerseits und der Verlagsbuchhandlung B. G. Teubner in Leipzig andererseits folgender Vertrag abgeschlossen worden.

§ 1

Die Herren Clebsch und Dedekind überlassen im Einverständnis mit der verwittweten Frau Professor Riemann dem Herrn B. G. Teubner und seinen etwaigen Rechtsnachfolgern den Verlag und das Verlagsrecht für alle Auflagen von
„G. F. B. Riemann's[1] gesammelte mathematische Werke mit Benutzung des Nachlasses herausgegeben von A. Clebsch und R. Dedekind"
unter den nachstehend festgesetzten Bedingungen.

§ 2.

Das Buch wird, was die Raumverhältnisse des Satzes betrifft, wie die „Mathematischen Annalen" jedoch auf etwas größerem Papier gedruckt. Die Stärke einer Auflage soll Tausend Exemplare nicht übersteigen.

§ 3.

Die Herren Herausgeber verplichten sich, das vollständig druckfertige Manuscript so an den Verleger abzuliefern, dass der Druck, wenn einmal begonnen, nicht unterbrochen zu werden braucht. Auch besorgen dieselben die letzte Revision der Druckbogen ohne besondere Vergütung.

§ 4.

Der Verleger, Herr B. G. Teubner, verpflichtet sich dagegen ein Honorar von Drei Friedrichsd'or[2] für jeden Druckbogen von 16 Seiten zu bezahlen und zwar zwei Fried-

1 Georg Friedrich Bernhard Riemann.

2 Der Friedrichsd'or ist eine, ab 1841 geprägte Goldmünze aus 21 karätigem Feingold mit einem Feingewicht von 6,05 Gramm und einem Nominalwert von 5 silbernen preußischen Reichstalern, ent-

richsd'or sofort nach beendigtem Druck, den dritten Friedrichsd'or aber erst sobald 500 Exemplare des Buches abgesetzt sind. Bis zur Zahlung des letzten Honorars hat der Verleger alljährlich im Monat August einen der Herren Herausgeber über den bis dahin stattgefundenen Absatz Nachricht zu geben.

§ 5.

Der Verleger liefert im Ganzen 16 Freiexemplare, namentlich 12 Exemplare an die Wittwe Riemann und je 2 Exemplare an jeden der beiden Herausgeber.

§ 6.

Für etwaige neue Auflagen gelten dieselben Bedingungen, wie für die erste Auflage.
So geschehen Leipzig d. 11 Sept. 1870

B. G. Teubner

Die Zahlung des Honorars geschieht an Frau Professor Riemann, beziehentlich deren Rechtsnachfolger.

B. G. Teubner

[Ded 37]

Verlagsvertrag zwischen A. Clebsch, R. Dedekind und B. G. Teubner, Abschrift von R. Dedekind

Dokument vom 07.10.1872

Archiv der SUB Göttingen Cod. MS. B. Riemann 1,1 Blätter 31, 32

Verlags-Vertrag

Zwischen den Herrn Professoren Clebsch in Göttingen und Dedekind in Braunschweig, als Herausgeber einerseits und der Verlagsbuchhandlung B. G. Teubner in Leipzig andererseits ist folgender Vertrag abgeschlossen worden.

§ 1.

Die Herren Clebsch und Dedekind überlassen im Einverständniss mit der verwittweten Frau Professor Riemann dem Herrn B. G. Teubner und seinen etwaigen Rechtsnachfolgern den Verlag und das Verlagsrecht für alle Auflagen von „G. F. B. Riemann's gesammelte mathematische Werke mit Benutzung des Nachlasses herausgegeben

sprechend ungefähr 120 Euro. Geprägt wurden Doppelfriedrichsd'or, Friedrichsd'or und Halbfriedrichsd'or.

von A. Clebsch und R. Dedekind“
unter den nachstehend festgesetzten Bedingungen.

§ 2.

Das Buch wird, was die Raumverhältnisse des Satzes betrifft, wie die „Mathematischen Annalen“, jedoch auf etwas größerem Papier gedruckt. Die Stärke einer Auflage soll Tausend Exemplare nicht übersteigen.

§ 3.

Die Herren Herausgeber verplichten sich das vollständig druckfertige Manuscript so an den Verleger abzuliefern, dass der Druck, wenn einmal begonnen, nicht unterbrochen zu werden braucht. Auch besorgen dieselben die letzte Revision der Druckbogen ohne besondere Vergütung.

§ 4.

Der Verleger, Herr B. G. Teubner, verpflichtet sich dagegen ein Honorar von Drei Friedrichsd'or für jeden Druckbogen von 16 Seiten zu bezahlen und zwar zwei Friedrichsd'or sofort nach beendigtem Druck, den dritten Friedrichsd'or aber erst, sobald 500 Exemplare des Buches abgesetzt sind. Bis zur Zahlung des letzten Honorars hat der Verleger alljährlich im Monat August einen der Herren Herausgeber über den bis dahin stattgefundenen Absatz Nachricht zu geben.

§ 5.

Der Verleger liefert im Ganzen 16 Freiexemplare, namentlich 12 Exemplare an die Wittwe Riemann und je 2 Exemplare an jeden der beiden Herausgeber.

§ 6.

Für etwaige neue Auflagen gelten dieselben Bedingungen, wie für die erste Auflage.
So geschehen Göttingen den 9 Octob. 1872

gez. A. Clebsch

– – Braunschweig d. 7 Octob. 1872

gez. R. Dedekind, Professor

Zusatz.
Die Zahlung des Honorars geschieht an Frau Professor Riemann, beziehentlich deren Rechtsnachfolger.
Leipzig. gez. B. G. Teubner.

Inhalts-Verzeichnis
Erste Abth. (Abhandl. welche von Riemann selbst veröffentlicht sind).

I. Grundlagen etc.
II. Ueber die Gesetze etc (Naturforscher-Versamml. 1854)[3]
III. Nobilische Farbenringe
IV. Beiträge etc (Hyperg. Reihe)
V. Selbstanzeige d. vor. Abh. (Göttinger Nachrichten)[4]
VI. Allg. Voraussetz.. } aus Crelle[5]
VII. Lehrsätze.. }
VIII. Bestimmung.. }
IX. Theor. d. Abelsch. F. }
X. Primzahlen (Berliner Monatsb.)[6]
XI. Luftwellen
XII. Selbstanz. d. vor. Abh. (Gött. Nachr.)
XIII. Ellipsoid
XIV. Verschwinden d. Θ - F.

Zweite Abth. (Abhandl. welche aus dem Nachlasse bereits publicirt worden)

XV. Trig. Reih.
XVI. Hypoth. d. Geom.
XVII. Electrodynamik (Poggendorff)[7]
XVIII. Brief an Weierstraß (Crelle)
XIX. Brief an Betti (Anziehung d ellipt. Cylinders)
XX. Mechanik des Ohrs.
XXI. Minimalfläche.

3 Die 31. Versammlung der Deutschen Naturforscher und Ärzte fand im September 1854 in Göttingen statt. Während der Versammlung hielt Bernhard Riemann in der 3. Sektionssitzung der Sektion für Physik, Mathematik und Astronomie am 20. September 1854 einen Vortrag „Ueber die Gesetze der Vertheilung der Spannungselektricität in Halbleitern".

4 Nachrichten von der Georg-Augusts-Universität und der Königlichen Gesellschaft der Wissenschaften zu Göttingen.

5 Journal für die reine und angewandte Mathematik.

6 Monatsberichte der Königlich-Preußischen Akademie der Wissenschaften zu Berlin.

7 Annalen der Physik und Chemie.

[Teu 19]
Verlagsvertrag Zwischen H. Weber und B. G. Teubner
Dokument undatiert
Archiv der SUB Göttingen Cod. MS. B. Riemann 1,1 Blätter 27, 28

Verlags-Vertrag.

Zwischen Herrn Professor Dr. H. Weber in Fluntern bei Zürich als Herausgeber einerseits und der Verlagsbuchhandlung B. G. Teubner in Leipzig andererseits ist folgender Vertrag abgeschlossen worden.

§ 1

Herr Professor Weber überlässet im Einverständniß mit der verwittweten Frau Prof.Riemann dem Herrn B. G. Teubner und seinen etwaigen Rechtsnachfolgern den Verlag und das Verlagsrecht für alle Auflagen von:
„G. F. B. Riemann's gesammelte mathematische Werke mit Benutzung des Nachlaßes herausgegeben von H. Weber" unter den nachstehend festgesetzten Bedingungen.

§ 2

Das Buch wird was die Raumverhältnisse das Satzes betrifft wie die „Mathematischen Annalen" jedoch auf etwas größerem Papire gedruckt. Die Stärke einer Auflage soll tausend Exemplare nicht übersteigen.

§ 3

Der Herr Herausgeber verpflichtet sich, das vollständig druckfertige Manuscript so an den Verleger abzuliefern, daß der Druck, wenn einmal begonnen, nicht unterbrochen zu werden braucht. Auch besorgt derselbe die letzte Revision der Druckbogen ohne besondere Vergütung.

§ 4

Der Verleger, B. G. Teubner verpflichtet sich dagegen, ein Honorar von Drei Friedrichsd'or für jeden Druckbogen von 16 Seiten zu bezahlen und zwar zwei Friedrichsd'or sofort nach beendigtem Druck, den dritten Friedrichsd'or aber recht sobald 500 Exemplare des Druckes abgesetzt sind. Bis zur Zahlung des letzten Honorars hat der Verleger alljährlich im Monat August dem Herrn Herausgeber über den bis dahin stattgefundenen Absatz Nachricht zu geben. Die Zahlung des Honorars geschiet an Frau Prof. Riemann, beziehentlich deren Rechtsnachfolger.

§ 5

Der Verleger liefert im Ganzen 16 Freiexemplare, nemlich 12 Exemplare an die Witwe Riemann und 4 Exemplare an den Herausgeber.

§ 6

Für etwaige neue Auflagen gelten dieselben Bedingungen wie für die erste Auflage.

B Chronologisches Dokumentenverzeichnis

Dokumente des Jahres 1870

[Hat 1] 15.01.1870
Archiv der SUB Göttingen
Cod. MS. R. Dedekind 14:25
Nummer 87
Auszugsweise veröffentlicht in:
Dugac 1976, S. 162

[Teu 18] 11.09.1870
Archiv der SUB Göttingen
Cod. MS. B. Riemann 1,1
Blätter 27, 28

Dokumente des Jahres 1871

[Hat 2] 12.10.1871
Archiv der SUB Göttingen
Cod. MS. R. Dedekind 14:25
Nummer 88
Auszugsweise veröffentlicht in:
Dugac 1976, S. 162-163

[Rie 1] 27.11.1871
Archiv der SUB Göttingen
Cod. MS. R. Dedekind 14:60
Nummer 174

Dokumente des Jahres 1872

[Hat 3] 02.05.1872
Archiv der SUB Göttingen
Cod. MS. R. Dedekind 14:25
Nummer 91
Auszugsweise veröffentlicht in:
Dugac 1976, S. 163

Dokumente des Jahres 1873

[Teu 1] 18.10.1873
Archiv der SUB Göttingen
Cod. MS. R. Dedekind 14:74
Nummer 204

Dokumente des Jahres 1874

[Rie 2] 08.08.1874
Archiv der SUB Göttingen
Cod. MS. R. Dedekind 14:60
Nummer 175
Auszugsweise veröffentlicht in:
Dugac 1976, S. 262-263

[Ded 1] 01.11.1874
Archiv der SUB Göttingen
Cod. MS. B. Riemann 1,2
Blätter 7/1, 7/2

[Web 1.a] 05.11.1874
Archiv der SUB Göttingen
Cod. MS. B. Riemann 1,2 Blatt 8

[Web 1.b] 05.11.1874
Archiv der SUB Göttingen
Cod. MS. R. Dedekind 14:81
Nummer 229

[Ded 2] 11.11.1874
Archiv der SUB Göttingen
Cod. MS. B. Riemann 1,2 Blatt 9

[Rie 3] 14.11.1874
Archiv der SUB Göttingen
Cod. MS. R. Dedekind 14:60
Nummer 176
Auszugsweise veröffentlicht in:
Dugac 1976, S. 263

[Rie 7] 15.11.1874
Archiv der SUB Göttingen
Cod. MS. B. Riemann 1,2 Blatt 10

[Teu 6] 17.11.1874
Archiv der SUB Göttingen
Cod. MS. B. Riemann 1,2 Blatt 11

[Teu 2] 17.11.1874
Archiv der SUB Göttingen

Cod. MS. R. Dedekind 14:74
Nummer 205

[Web 132] 18.11.1874
Archiv der SUB Göttingen
Cod. MS. B. Riemann 1,2 Blatt 12

[Web 2] 24.11.1874
Archiv der SUB Göttingen
Cod. MS. R. Dedekind 14:81
Nummer 230

Dokument des Jahres 1875

[Web 3] 28.02.1875
Archiv der SUB Göttingen
Cod. MS. R. Dedekind 14:81
Nummer 231

[Web 4] 01.03.1875
Archiv der SUB Göttingen
Cod. MS. R. Dedekind 14:81
Nummer 232

[Rie 8] 04.03.1875
Archiv der SUB Göttingen
Cod. MS. B. Riemann 1,2 Blatt 13

[Ded 3] 14.03.1875
Archiv der SUB Göttingen
Cod. MS. B. Riemann 1,2
Blätter 14/1, 14/2

[Web 5] 22.03.1875
Archiv der SUB Göttingen
Cod. MS. R. Dedekind 14:81
Nummer 233

[Ded 4] 26.03.1875
Archiv der SUB Göttingen
Cod. MS. B. Riemann 1,2 Blatt 15

[Web 136] 31.03.1875
Archiv der SUB Göttingen
Cod. MS. B. Riemann 9 Blatt 85

[Web 133] 10.04.1875
Archiv der SUB Göttingen
Cod. MS. R. Dedekind 14:81
Nummer 234

[Rie 9] 17.04.1875
Archiv der SUB Göttingen
Cod. MS. B. Riemann 1,2 Blatt 16

[Web 6] 20.04.1875
Archiv der SUB Göttingen
Cod. MS. R. Dedekind 14:81
Nummer 235

[Rie 4] 01.05.1875
Archiv der SUB Göttingen
Cod. MS. R. Dedekind 14:60
Nummer 177
Auszugsweise veröffentlicht in:
Dugac 1976, S. 263-265

[Teu 7] 11.05.1875
Archiv der SUB Göttingen
Cod. MS. B. Riemann 1,2 Blatt 18

[Teu 8] 12.06.1875
Archiv der SUB Göttingen
Cod. MS. B. Riemann 1,2 Blatt 20

[Web 134] 15.06.1875
Archiv der SUB Göttingen
Cod. MS. B. Riemann 1,2 Blatt 21

[Web 7] 08.07.1875
Archiv der SUB Göttingen
Cod. MS. R. Dedekind 14:81
Nummer 236

[Web 8] 02.08.1875
Archiv der SUB Göttingen
Cod. MS. R. Dedekind 14:81
Nummer 237

[Ded 5] 02.09.1875
Archiv der SUB Göttingen
Cod. MS. B. Riemann 1,2 Blatt 22

[Web 9] 03.09.1875
Archiv der SUB Göttingen
Cod. MS. R. Dedekind 14:81
Nummer 238

[Hat 4] 09.09.1875
Archiv der SUB Göttingen
Cod. MS. B. Riemann 15 Blatt 24

[Web 10] 06.10.1875
Archiv der UB Braunschweig
G 98:11

[Hat 5] 27.10.1875
Archiv der SUB Göttingen
Cod. MS. B. Riemann 15
Blätter 28, 29

[Web 11] 06.11.1875
Archiv der SUB Göttingen
Cod. MS. R. Dedekind 14:81
Nummer 239

[Hat 6] 09.11.1875
Archiv der SUB Göttingen
Cod. MS. B. Riemann 15
Blätter 30, 31

[Ded 6] 10.11.1875
Archiv der SUB Göttingen
Cod. MS. B. Riemann 1,2
Blätter 25/1, 25/2, 25/3

[Sch 2] 11.11.1875
Archiv der SUB Göttingen
Cod. MS. B. Riemann 4
Blätter 28, 29

[Ded 7] 13.11.1875
Archiv der SUB Göttingen
Cod. MS. B. Riemann 1,2 Blatt 23

[Web 12] 14.11.1875
Archiv der SUB Göttingen
Cod. MS. R. Dedekind 14:81
Nummer 240

[Web 13] 14.11.1875
Archiv der UB Braunschweig
G 98:11

[Sch 3] 20.11.1875
Archiv der SUB Göttingen
Cod. MS. B. Riemann 4
Blätter 30, 31

[Web 14] 28.11.1875
Archiv der SUB Göttingen
Cod. MS. R. Dedekind 14:81
Nummer 241

[Sch 4] 29.11.1875
Archiv der SUB Göttingen
Cod. MS. B. Riemann 4 Blatt 19

[Web 15] 01.12.1875
Archiv der SUB Göttingen
Cod. MS. R. Dedekind 14:81
Nummer 242

[Web 16] 04.12.1875
Archiv der SUB Göttingen
Cod. MS. R. Dedekind 14:81
Nummer 243

[Web 17] 05.12.1875
Archiv der SUB Göttingen
Cod. MS. R. Dedekind 14:81
Nummer 244

[Web 18] 10.12.1875
Archiv der SUB Göttingen
Cod. MS. R. Dedekind 14:81
Nummer 245

[Teu 9] 11.12.1875
Archiv der SUB Göttingen
Cod. MS. B. Riemann 1,2 Blatt 26

[Web 19] 12.12.1875
Archiv der SUB Göttingen
Cod. MS. R. Dedekind 14:81
Nummer 247

[Web 20] 13.12.1875
Archiv der SUB Göttingen
Cod. MS. R. Dedekind 14:81
Nummer 246

[Web 21] 21.12.1875
Archiv der SUB Göttingen
Cod. MS. R. Dedekind 14:81
Nummer 248

[Web 22] 22.12.1875
Archiv der SUB Göttingen
Cod. MS. R. Dedekind 14:81
Nummer 249

[Web 23] 28.12.1875
Archiv der SUB Göttingen
Cod. MS. R. Dedekind 14:81
Nummer 250

Dokumente des Jahres 1876

[Web 24] 18.01.1876
Archiv der SUB Göttingen
Cod. MS. R. Dedekind 14:81
Nummer 251

[Sch 5] 18.01.1876
Archiv der SUB Göttingen
Cod. MS. B. Riemann 15
Blätter 32, 33

[Web 135] 21.01.1876
Archiv der SUB Göttingen
Cod. MS. B. Riemann 15 Blatt 53

[Sch 6] 24.01.1876
Archiv der SUB Göttingen
Cod. MS. B. Riemann 15
Blätter 36, 37

[Web 25] 03.02.1876
Archiv der SUB Göttingen
Cod. MS. R. Dedekind 14:81
Nummer 252

[Web 26] 08.02.1876
Archiv der SUB Göttingen
Cod. MS. R. Dedekind 14:81
Nummer 253

[Sch 7] 08.02.1876
Archiv der SUB Göttingen
Cod. MS. B. Riemann 15
Blätter 38, 39

[Rie 5] 08.02.1876
Archiv der SUB Göttingen
Cod. MS. R. Dedekind 14:60
Nummer 178

[Ded 8] undatiert
Archiv der SUB Göttingen
Cod. MS. R. Dedekind 13:49
Nummer 87b
Auszugsweise veröffentlicht in:
Dedekind Werke 1930-1932
Bd. 3, S. 483-484

[Ded 9] undatiert
Archiv der SUB Göttingen
Cod. MS. B. Riemann 14
Blätter 40, 41

[Web 27] 12.02.1876
Archiv der UB Braunschweig
G 98:11

[Ded 10] undatiert
Archiv der SUB Göttingen
Cod. MS. R. Dedekind 13:49
Nummer 87c

[Web 28] 19.02.1875
Archiv der SUB Göttingen
Cod. MS. R. Dedekind 14:81
Nummer 254

[Web 29] 20.02.1876
Archiv der SUB Göttingen
Cod. MS. R. Dedekind 14:81
Nummer 255

[Ded 11] 25.02.1876
Archiv der SUB Göttingen
Cod. MS. R. Dedekind 13:49
Nummer 87a

[Ded 12] 25.02.1876
Archiv der SUB Göttingen
8 Cod. MS. Philos 205 Nummer 7

[Ded 13] 25.02.1876
Archiv der SUB Göttingen
Cod. MS. B. Riemann 14
Blätter 42, 43

[Ded 14] 16.03.1876
Archiv der SUB Göttingen
Cod. MS. B. Riemann 14
Blätter 44, 45

[Web 30] 18.03.1876
Archiv der SUB Göttingen
Cod. MS. R. Dedekind 14:81
Nummer 256

[Web 31] 23.03.1876
Archiv der SUB Göttingen
Cod. MS. R. Dedekind 14:81
Nummer 257

[Ded 15] 02.04.1876
Archiv der SUB Göttingen
Cod. MS. B. Riemann 14
Blätter 46, 47

[Web 22] 04.04.1876
Archiv der SUB Göttingen
Cod. MS. R. Dedekind 14:81
Nummer 258

[Ded 16] 06.04.1876
Archiv der SUB Göttingen
Cod. MS. B. Riemann 14
Blätter 48, 49

[Web 33] 10.04.1876
Archiv der SUB Göttingen
Cod. MS. R. Dedekind 14:81
Nummer 259

[Web 34] 11.04.1876
Archiv der UB Braunschweig
G 98:11

[Ded 17] 12.04.1876
Archiv der SUB Göttingen
Cod. MS. B. Riemann 1,2 Blatt 27

[Web 35] 16.04.1876
Archiv der SUB Göttingen
Cod. MS. R. Dedekind 14:81
Nummer 260

[Web 36] 18.05.1876
Archiv der SUB Göttingen
Cod. MS. R. Dedekind 14:81
Nummer 261

[Web 37] 19.05.1876
Archiv der UB Braunschweig
G 98:11

[Web 38] 22.05.1876
Archiv der SUB Göttingen
Cod. MS. R. Dedekind 14:81
Nummer 262

[Teu 3] 30.05.1876
Archiv der SUB Göttingen
Cod. MS. R. Dedekind 14:74
Nummer 207

[Web 39] 05.06.1876
Archiv der SUB Göttingen
Cod. MS. R. Dedekind 14:81
Nummer 263

[Web 40] 05.06.1876
Archiv der SUB Göttingen
Cod. MS. R. Dedekind 14:81
Nummer 264

[Web 41] 14.06.1876
Archiv der SUB Göttingen

Cod. MS. R. Dedekind 14:81
Nummer 265

[Rie 10] 14.06.1876
Archiv der SUB Göttingen
Cod. MS. B. Riemann 1,2 Blatt 28

[Web 42] 15.06.1876
Archiv der SUB Göttingen
Cod. MS. R. Dedekind 14:81
Nummer 266

[Web 43] 20.06.1876
Archiv der UB Braunschweig
G 98:11

[Teu 4] 20.06.1876
Archiv der SUB Göttingen
Cod. MS. R. Dedekind 14:74
Nummer 208

[Web 44] 27.06.1876
Archiv der UB Braunschweig
G 98:11

[Rie 6] 30.06.1876
Archiv der SUB Göttingen
Cod. MS. R. Dedekind 14:60
Nummer 179
Auszugsweise veröffentlicht in:
Dugac 1976, S. 265

[Sch 1] 01.07.1876
Archiv der SUB Göttingen
Cod. MS. R. Dedekind 14:67
Nummer 193

[Teu 5] 03.07.1876
Archiv der SUB Göttingen
Cod. MS. R. Dedekind 14:74
Nummer 209

[Web 45] 04.07.1876
Archiv der SUB Göttingen
Cod. MS. R. Dedekind 14:81
Nummer 267

[Web 46] 10.07.1876
Archiv der SUB Göttingen
Cod. MS. R. Dedekind 14:81
Nummer 268

[Ded 35] 13.07.1876
Archiv der SUB Göttingen
Cod. MS. R. Dedekind 13:41
Blatt 1

[Rie 11] 13.07.1876
Archiv der SUB Göttingen
Cod. MS. B. Riemann 1,2 Blatt 29

[Ded 18] 26.07.1876
Archiv der SUB Göttingen
Cod. MS. R. Dedekind 13:49
Nummer 88

[Web 47] 28.07.1876
Archiv der SUB Göttingen
Cod. MS. R. Dedekind 14:81
Nummer 269

[Web 48] 01.08.1876
Archiv der UB Braunschweig
G 98:11

[Web 49] 07.08.1876
Archiv der UB Braunschweig
G 98:11

[Web 50] 10.08.1876
Archiv der UB Braunschweig
G 98:11

[Web 51] 21.08.1876
Archiv der UB Braunschweig
G 98:11

[Web 52] 24.11.1876
Archiv der UB Braunschweig
G 98:11

[Ded 19] 27.11.1876
Archiv der UB Braunschweig
G 98:11

[Web 53] 10.12.1876
Archiv der UB Braunschweig
G 98:11

[Web 54] 27.12.1876
Archiv der UB Braunschweig
G 98:11

Dokumente des Jahres 1877

[Web 55] 24.01.1877
Archiv der SUB Göttingen
Cod. MS. R. Dedekind 14:81
Nummer 270

[Web 56] 30.01.1877
Archiv der UB Braunschweig
G 98:11

[Web 57] 15.03.1877
Archiv der UB Braunschweig
G 98:11

[Web 58] 18.03.1877
Archiv der UB Braunschweig
G 98:11

[Web 59] 07.04.1877
Archiv der UB Braunschweig
G 98:11

[Web 60] 29.05.1877
Archiv der SUB Göttingen
Cod. MS. R. Dedekind 14:81
Nummer 271

[Web 61] 16.06.1877
Archiv der UB Braunschweig
G 98:11

[Web 62] 07.07.1877
Archiv der UB Braunschweig
G 98:11

[Web 63] 12.07.1877
Archiv der UB Braunschweig
G 98:11

[Web 64] 23.07.1877
Archiv der UB Braunschweig
G 98:11

[Web 65] 27.08.1877
Archiv der UB Braunschweig
G 98:11

[Web 66] 20.09.1877
Archiv der UB Braunschweig
G 98:11

[Web 67] 11.10.1877
Archiv der UB Braunschweig
G 98:11

[Web 68] 30.11.1877
Archiv der UB Braunschweig
G 98:11

[Web 69] 06.12.1877
Archiv der UB Braunschweig
G 98:11

[Web 70] 24.12.1877
Archiv der UB Braunschweig
G 98:11

[Web 71] 30.12.1877
Archiv der UB Braunschweig
G 98:11

Briefe des Jahres 1878

[Web 72] 07.01.1878
Archiv der UB Braunschweig
G 98:12

[Web 73] 24.01.1878
Archiv der UB Braunschweig
G 98:12

[Web 74] 06.02.1878
Archiv der UB Braunschweig
G 98:12

[Web 75] 07.02.1878
Archiv der UB Braunschweig
G 98:12

[Web 76] 09.03.1878
Archiv der UB Braunschweig
G 98:12

[Web 77] 17.03.1878
Archiv der UB Braunschweig
G 98:12

[Web 78] 26.03.1878
Archiv der UB Braunschweig
G 98:12

[Web 79] 11.04.1878
Archiv der UB Braunschweig
G 98:12

[Web 80] 21.04.1878
Archiv der UB Braunschweig
G 98:12

[Web 81] 28.04.1878
Archiv der UB Braunschweig
G 98:12

[Web 82] 10.05.1878
Archiv der UB Braunschweig
G 98:12

[Web 83] 19.05.1878
Archiv der UB Braunschweig
G 98:12

[Web 84] 23.05.1878
Archiv der UB Braunschweig
G 98:12

[Web 85] 09.06.1878
Archiv der UB Braunschweig
G 98:12

[Web 86] 19.06.1878
Archiv der UB Braunschweig
G 98:12

[Web 87] 05.07.1878
Archiv der UB Braunschweig
G 98:12

[Web 88] 21.07.1878
Archiv der UB Braunschweig
G 98:12

[Web 89] 11.08.1878
Archiv der UB Braunschweig
G 98:12

[Web 90] 03.09.1878
Archiv der UB Braunschweig
G 98:12

[Web 91] 12.09.1878
Archiv der UB Braunschweig
G 98:12

[Web 92] 16.09.1878
Archiv der UB Braunschweig
G 98:12

[Web 93] 09.10.1878
Archiv der UB Braunschweig
G 98:12

[Web 94] 20.10.1878
Archiv der UB Braunschweig
G 98:12

[Web 95] 29.10.1878
Archiv der UB Braunschweig
G 98:12

[Web 96] 02.11.1878
Archiv der UB Braunschweig
G 98:12

[Ded 20] 08.11.1878
Archiv der SUB Göttingen
8 Cod. MS. Philos 205 Nummer 8
Auszugsweise veröffentlicht in:
Dedekind Werke 1930-1932
Bd. 3, S. 485

[Web 97] 13.11.1878
Archiv der UB Braunschweig
G 98:12
Auszugsweise veröffentlicht in:
Dugac 1976, S. 272

[Ded 21] 19.11.1878
Archiv der SUB Göttingen
8 Cod. MS. Philos 205 Nummer 9
Auszugsweise veröffentlicht in:
Dedekind Werke 1930-1932
Bd. 3, S. 485-486

[Web 98] 28.11.1878
Archiv der UB Braunschweig
G 98:12
Auszugsweise veröffentlicht in:
Dugac 1976, S. 272-273

[Web 99] 30.12.1878
Archiv der UB Braunschweig
G 98:12

Dokumente des Jahres 1879

[Web 100] 06.01.1879
Archiv der UB Braunschweig
G 98:13

[Web 101] 18.01.1879
Archiv der UB Braunschweig
G 98:13

[Web 102] 02.02.1879
Archiv der UB Braunschweig
G 98:13

[Web 103] 12.02.1879
Archiv der UB Braunschweig
G 98:13

[Web 104] 21.02.1879
Archiv der UB Braunschweig
G 98:13

[Web 105] 05.03.1879
Archiv der UB Braunschweig
G 98:13

[Web 106] 22.03.1879
Archiv der UB Braunschweig
G 98:13

[Web 107] 01.04.1879
Archiv der UB Braunschweig
G 98:13

[Web 108] 04.04.1879
Archiv der UB Braunschweig
G 98:13

[Web 109] 19.04.1879
Archiv der UB Braunschweig
G 98:13

[Web 110] 14.05.1879
Archiv der UB Braunschweig
G 98:13

[Web 111] 02.06.1879
Archiv der UB Braunschweig
G 98:13

[Web 112] 07.06.1879
Archiv der UB Braunschweig
G 98:13

[Web 113] 22.06.1879
Archiv der UB Braunschweig
G 98:13

[Web 114] 05.07.1879
Archiv der UB Braunschweig
G 98:13

[Web 115] 28.07.1879
Archiv der UB Braunschweig
G 98:13

[Web 116] 03.10.1879
Archiv der UB Braunschweig
G 98:13

[Web 117] 18.10.1879
Archiv der UB Braunschweig
G 98:13

[Web 118] 20.10.1879
Archiv der UB Braunschweig
G 98:13

[Web 119] 31.10.1879
Archiv der UB Braunschweig
G 98:13

[Ded 22] undatiert
Archiv der SUB Göttingen
Cod. MS. R. Dedekind 13:49
Nummern 89, 1/zu 89

[Web 120] 18.12.1879
Archiv der UB Braunschweig
G 98:13

[Web 121] 22.12.1879
Archiv der UB Braunschweig
G 98:13

[Web 122] 23.12.1879
Archiv der UB Braunschweig
G 98:13

[Web 123] 26.12.1879
Archiv der UB Braunschweig
G 98:13

Dokumente des Jahres 1880

[Ded 23] 19.01.1880
Dedekind Werke 1930-1932
Bd. 3, S. 487-488

[Ded 24] 30.10.1880
Dedekind Werke 1930-1932
Bd. 3, S. 488

Dokumente des Jahres 1882

[Rie 12] 16.05.1882
Archiv der SUB Göttingen
Cod. MS. B. Riemann 1,2 Blatt 30

[Rie 13] 18.05.1882
Archiv der SUB Göttingen
Cod. MS. B. Riemann 1,2 Blatt 31

Dokumente des Jahres 1887

[Ded 25] 20.02.1887
Archiv der SUB Göttingen
Cod. MS. R. Dedekind 4:10

Dokumente des Jahres 1888

[Ded 26] 24.01.1888
Archiv der SUB Göttingen
8 Cod. MS. Philos 205
Nummern 10/1, 10/2
Auszugsweise veröffentlicht in:
Dedekind Werke 1930-1932
Bd. 3, S. 488-490;
Dugac 1976, S. 273

[Ded 27] 06.11.1888
Archiv der SUB Göttingen
Cod. MS. R. Dedekind 4:8
Blätter 2, 3, 4, 5

Dokumente des Jahres 1891

[Teu 10] 08.06.1891
Archiv der SUB Göttingen
Cod. MS. B. Riemann 1,2 Blatt 32

[Teu 11] 29.06.1891
Archiv der SUB Göttingen
Cod. MS. B. Riemann 1,2 Blatt 33

[Rie 14] 30.06.1891
Archiv der SUB Göttingen
Cod. MS. B. Riemann 1,2 Blatt 34

[Ded 28] 22.08.1891
Archiv der SUB Göttingen
Cod. MS. B. Riemann 9 Blatt 86, 87

[Sch 8] 14.09.1891
Archiv der SUB Göttingen
Cod. MS. B. Riemann 4 Blatt 32

[Teu 12] 17.09.1891
Archiv der SUB Göttingen
Cod. MS. B. Riemann 1,2 Blatt 35

[Teu 13] 09.10.1891
Archiv der SUB Göttingen
Cod. MS. B. Riemann 1,2 Blatt 36

[Teu 14] 12.10.1891
Archiv der SUB Göttingen
Cod. MS. B. Riemann 1,2 Blatt 37

[Rie 15] 15.10.1891
Archiv der SUB Göttingen
Cod. MS. B. Riemann 1,2 Blatt 38

[Teu 15] 05.11.1891
Archiv der SUB Göttingen
Cod. MS. B. Riemann 1,2 Blatt 39

[Teu 16] 09.11.1891
Archiv der SUB Göttingen
Cod. MS. B. Riemann 1,2 Blatt 40

Dokument des Jahres 1892

[Rie 16] 29.09.1892
Archiv der SUB Göttingen
Cod. MS. B. Riemann 1,2 Blatt 44

Dokumente des Jahres 1894

[Teu 17] 19.12.1894
Archiv der SUB Göttingen
Cod. MS. B. Riemann 1,2 Blatt 45

[Lau 1] 15.12.1894
Archiv der SUB Göttingen
Cod. MS. B. Riemann 1,2 Blatt 45
Beilage 1

[Lau 2] 15.12.1894
Archiv der SUB Göttingen
Cod. MS. B. Riemann 1,2 Blatt 45
Beilage 2

[Ded 29] 31.12.1894
Archiv der SUB Göttingen
Cod. MS. R. Dedekind 4:8 Anlage

Dokument des Jahres 1895

[Ded 30] 30.10.1895
Archiv der SUB Göttingen
Cod. MS. R. Dedekind 7:4
Blätter 14, 15

Dokument des Jahres 1898

[Ded 31] 30.09.1898
Archiv der SUB Göttingen
8 Cod. MS. Philos 205
Nummern 11/1, 11/2

Dokumente des Jahres 1899

[Web 124] 04.10.1899
Archiv der SUB Göttingen
Cod. MS. R. Dedekind 14:81
Nummer 272

[Web 125] 05.10.1899
Archiv der SUB Göttingen
Cod. MS. R. Dedekind 14:80
Nummer 228

[Web 126] 05.10.1899
Archiv der SUB Göttingen
Cod. MS. R. Dedekind 14:81
Nummer 273

[Web 127] 09.10.1899
Archiv der SUB Göttingen

Cod. MS. R. Dedekind 14:81
Nummer 274

[Web 128] 13.10.1899
Archiv der SUB Göttingen
Cod. MS. R. Dedekind 14:81
Nummer 275

Dokumente des Jahres 1900

[Ded 32] 09.03.1900
Archiv der SUB Göttingen
Cod. MS. R. Dedekind 13:49
Nummer 90

[Ded 33] 08.04.1900
Archiv der SUB Göttingen
Cod. MS. R. Dedekind 12:23
Blätter 26, 27, 28, 29

Dokumente des Jahres 1906

[Web 129] 03.01.1906
Archiv der UB Braunschweig
G 98:13

[Ded 34] 11.01.1906
Archiv der SUB Göttingen
Cod. MS. R. Dedekind 13:49
Nummer 91

Dokumente des Jahres 1908

[Web 130] 05.06.1908
Archiv der SUB Göttingen
Cod. MS. R. Dedekind 14:81
Nummer 276

[Web 131] 16.07.1908
Archiv der SUB Göttingen
Cod. MS. R. Dedekind 14:81
Nummer 277

Dokument des Jahres 1912

[Ded 35] 17.12.1912
Archiv der SUB Göttingen
Cod. MS. R. Dedekind 13:49
Nummer 92

Dokument des Jahres 1913

[Web 137] 17.05.1913
Archiv der SUB Göttingen
8 Cod. MS. Philos 205 Beilage

[Web A] 17.05.1913
Archiv der SUB Göttingen
8 Cod. MS. Philos 205
Beilage Rückseite

C Verzeichnis der Fundstellen

Archiv der Staats- und Universitätsbibliothek Göttingen

Cod. MS. R. Dedekind 4:8

[Ded 27]
Blätter 2, 3, 4, 5: Beilage zu einem Brief von Richard Dedekind an Heinrich Weber in Marburg vom 06.11.1888

[Ded 29]
Anlage: Brieffragment von Richard Dedekind an Heinrich Weber in Göttingen vom 31.12.1894

Cod. MS. R. Dedekind 4:10

[Ded 25]
Abschrift eines Briefes von Richard Dedekind aus Braunschweig an Heinrich Weber in Marburg vom 20.02.1887

Cod. MS. R. Dedekind 7:4

[Ded 30]
Blätter 14, 15: Brief von Richard Dedekind aus Braunschweig an Heinrich Weber in Straßburg vom 30.10.1895

Cod. MS. R. Dedekind 12:23

[Ded 33]
Blätter 26, 27, 28, 29: Brief von Richard Dedekind aus Braunschweig an Heinrich Weber in Straßburg vom 08.04.1900

Cod. MS. R. Dedekind 13:41

[Ded 35]
Blatt 1: Brief von Richard Dedekind aus Braunschweig an Hermann Amandus Schwarz vom 13.07.1876

Cod. MS. R. Dedekind 13:49

[Ded 11]
Nummer 87a: Brieffragment von Richard Dedekind aus Braunschweig an Heinrich Weber vom 25.02.1876;
siehe auch:
8 Cod. MS. Philos 205 Nummer 7,
Cod. MS. B. Riemann 14 Blätter 42, 43
Auszugsweise veröffentlicht in:
Dedekind Werke 1930-1932, Bd. 3, S. 483-484;

[Ded 8]
Nummer 87b: Brieffragment von Richard Dedekind an Heinrich Weber, undatiert, ca zwischen 08.02.1876 und 19.02.1876;
siehe auch:
Cod. MS. B. Riemann 14 Blätter 40, 41

[Ded 10]
Nummer 87c: Brieffragment von Richard Dedekind an Heinrich Weber, undatiert, ca. nach 12.02.1876

[Ded 18]
Nummer 88: Brief von Richard Dedekind an Heinrich Weber vom 26.07.1876

[Ded 22]
Nummern 89, 1/zu 89: Brieffragment von Richard Dedekind an Heinrich Weber nachträglich von Richard Dedekind datiert ca. Oktober/ Mitte Dezember 1879

[Ded A]
Nummer 2/zu 89: Fragment von Richard Dedekind

[Ded B]
Nummer 2/zu 89: Fragment von Richard Dedekind

[Ded C]
Nummer 2/zu 89: Fragment von Richard Dedekind

[Ded D]
Nummer 2/zu 89: Fragment von Richard Dedekind

[Ded 32]
Nummer 90: Brief von Richard Dedekind aus Braunschweig an Heinrich Weber in Straßburg vom 03.09.1900

[Ded 34]
Nummer 91: Brief von Richard Dedekind an Heinrich Weber in Straßburg vom 11.01.1906

[Ded 35]
Nummer 92: Brief von Richard Dedekind an Heinrich Weber vom 17.12.1912

Cod. MS. R. Dedekind 14:25

[Hat 1]
Nummer 87: Brief von Karl Hattendorff aus Hannover an Richard Dedekind vom 15.01.1870
Auszugsweise veröffentlicht in:
Dugac 1976, S. 162

[Hat 2]
Nummer 88: Brief von Karl Hattendorff aus Aachen an Richard Dedekind vom 12.10.1871
Auszugsweise veröffentlicht in:
Dugac 1976, S. 162-163

[Hat 3]
Nummer 91: Brief von Karl Hattendorff aus Aachen an Richard Dedekind vom 02.05.1872
Auszugsweise veröffentlicht in:
Dugac 1976, S. 163

Cod. MS. R. Dedekind 14:60

[Rie 1]
Nummer 174: Brief von Elise Riemann aus Göttingen an Richard Dedekind vom 27.11.1871

[Rie 2]
Nummer 175: Brief von Elise Riemann aus Göttingen an Richard Dedekind vom 08.08.1874
Auszugsweise veröffentlicht in:
Dugac 1976, S. 262-263

[Rie 3]
Nummer 176: Brief von Elise Riemann aus Göttingen an Richard Dedekind vom 14.11. 1874
Auszugsweise veröffentlicht in:
Dugac 1976, S. 263

[Rie 4]
Nummer 177: Brief von Elise Riemann an Richard Dedekind vom 01.05.1875
Auszugsweise veröffentlicht in:
Dugac 1976, S. 263-265

[Rie 5]
Nummer 178: Brief von Elise Riemann an Richard Dedekind vom 08.02.1876

[Rie 6]
Nummer 179: Brief von Elise Riemann an Richard Dedekind vom 30.06.1876
Auszugsweise veröffentlicht in:
Dugac 1976, S. 265

Cod. MS. R. Dedekind 14:67

[Sch 1]
Nummer 193: Brief von Hermann Amandus Schwarz aus Göttingen an Richard Dedekind vom 01.07.1876

Cod. MS. R. Dedekind 14:74

[Teu 1]
Nummer 204: Brief von B. G. Teubner aus Leipzig an Richard Dedekind in Braunschweig vom 18.11.1873

[Teu 2]
Nummer 205: Brief von B. G. Teubner aus Leipzig an Richard Dedekind in Braunschweig vom 17.11.1874

[Teu 3]
Nummer 207: Postkarte von B. G. Teubner aus Leipzig an Richard Dedekind in Braunschweig vom 30.05.1876

[Teu 4]
Nummer 208: Brief von B. G. Teubner aus Leipzig an Richard Dedekind in Braunschweig 20.06.1876

[Teu 5]
Nummer 209: Brief von B. G. Teubner aus Leipzig an Richard Dedekind in Braunschweig 03.07.1876

Cod. MS. R. Dedekind 14:80

[Web 125]
Nummer 228: Brief von Emilie Weber aus Strassburg an Richard Dedekind vom 05.10.1899

Cod. MS. R. Dedekind 14:81

[Web 1.b]
Nummer 229: Brief von Heinrich Weber aus Fluntern bei Zürich an Richard Dedekind vom 05.11.1874

[Web 2]
Nummer 230: Brief von Heinrich Weber aus Fluntern bei Zürich an Richard Dedekind vom 24.11.1874

[Web 3]
Nummer 231: Brief von Heinrich Weber aus Zürich an Richard Dedekind vom 28.02.1875

[Web 4]
Nummer 232: Brief von Heinrich Weber aus Zürich an Richard Dedekind vom 01.03.1875

[Web 5]
Nummer 233: Brief von Heinrich Weber aus Zürich an Richard Dedekind vom 22.03.1875

[Web 133]
Nummer 234: Brief von Heinrich Weber aus Fluntern bei Zürich an Elise Riemann vom 10.04.1875

[Web 6]
Nummer 235: Brief von Heinrich Weber aus Fluntern bei Zürich an Richard Dedekind vom 20.04.1875

[Web 7]
Nummer 236: Brief von Heinrich Weber aus Fluntern bei Zürich an Richard Dedekind vom 08.07.1875

[Web 8]
Nummer 237: Brief von Heinrich Weber aus Fluntern bei Zürich an Richard Dedekind vom 02.08.1875

[Web 9]
Nummer 238: Brief von Heinrich und Emilie Weber aus Heidelberg an Richard Dedekind vom 03.09.1875

[Web 11]
Nummer 239: Brief von Heinrich Weber aus Königsberg an Richard Dedekind vom 06.11.1875

[Web 13]
Nummer 240: Brief von Heinrich Weber aus Königsberg an Richard Dedekind vom 14.11.1875

[Web 14]
Nummer 241: Postkarte von Heinrich Weber aus Königsberg an Richard Dedekind in Braunschweig vom 28.11.1875

[Web 15]
Nummer 242: Postkarte von Heinrich Weber aus Königsberg an Richard Dedekind in Braunschweig vom 01.12.1875

[Web 16]
Nummer 243: Postkarte von Heinrich Weber aus Königsberg an Richard Dedekind in Braunschweig vom 04.12.1875

[Web 17]
Nummer 244: Postkarte von Heinrich Weber aus Königsberg an Richard Dedekind in Braunschweig vom 05.12.1875

[Web 18]
Nummer 245: Postkarte von Heinrich Weber aus Königsberg an Richard Dedekind in Braunschweig vom 10.12.1875

[Web 20]
Nummer 246: Paketabschnitt von Heinrich Weber aus Königsberg an Richard Dedekind in Braunschweig vom 13.12.1875

[Web 19]
Nummer 247: Postkarte von Heinrich Weber aus Königsberg an Richard Dedekind in Braunschweig vom 12.12.1875

[Web 21]
Nummer 248: Postkarte von Heinrich Weber aus Königsberg an Richard Dedekind in Braunschweig vom 21.12.1875

[Web 22]
Nummer 249: Postkarte von Heinrich Weber aus Königsberg an Richard Dedekind in Braunschweig vom 22.12.1875

[Web 23]
Nummer 250: Brief von Emilie und Heinrich Weber aus Königsberg an Richard Dedekind vom 28.12.1875

[Web 24]
Nummer 251: Brief von Heinrich Weber aus Königsberg an Richard Dedekind vom 18.01.1876

[Web 25]
Nummer 252: Postkarte von Heinrich Weber aus Königsberg an Richard Dedekind in Braunschweig vom 03.02.1876

[Web 26]
Nummer 253: Postkarte von Heinrich Weber aus Königsberg an Richard Dedekind in Braunschweig vom 08.02.1876

[Web 28]
Nummer 254: Brief von Heinrich Weber aus Königsberg an Richard Dedekind vom 19.02.1876

[Web 29]
Nummer 255: Postkarte von Heinrich Weber aus Königsberg an Richard Dedekind in Braunschweig vom 20.02.1876

[Web 30]
Nummer 256: Brief von Heinrich Weber an Richard Dedekind vom 18.03.1876

[Web 31]
Nummer 257: Postkarte von Heinrich Weber aus Königsberg an Richard Dedekind in Braunschweig vom 23.03.1876

[Web 22]
Nummer 258: Brief von Heinrich Weber aus Königsberg an Richard Dedekind vom 04.04.1876

[Web 33]
Nummer 259: Brief von Heinrich Weber aus Königsberg an Richard Dedekind vom 10.04.1876

[Web 35]
Nummer 260: Brief von Heinrich Weber aus Königsberg an Richard Dedekind vom 16.04.1876

[Web 36]
Nummer 261: Brief von Heinrich Weber aus Königsberg an Richard Dedekind vom 18.05.1876

[Web 38]
Nummer 262: Postkarte von Heinrich Weber aus Königsberg an Richard Dedekind in Braunschweig vom 22.05.1876

[Web 39]
Nummer 263: Brief von Heinrich Weber aus Königsberg an Richard Dedekind vom 05.06.1876

[Web 40]
Nummer 264: Postkarte von Heinrich Weber aus Königsberg an Richard Dedekind in Braunschweig vom 05.06.1876

[Web 41]
Nummer 265: Postkarte von Heinrich Weber aus Königsberg an Richard Dedekind in Braunschweig vom 14.06.1876

[Web 42]
Nummer 266: Postkarte von Heinrich Weber aus Königsberg an Richard Dedekind in Braunschweig vom 15.06.1876

[Web 45]
Nummer 267: Brief von Heinrich und Emilie Weber aus Königsberg an Richard Dedekind vom 04.07.1876

[Web 46]
Nummer 268: Brief von Heinrich Weber aus Königsberg an Richard Dedekind vom 10.07.1876

[Web 47]
Nummer 269: Postkarte von Heinrich Weber aus Königsberg an Richard Dedekind in Braunschweig vom 28.07.1876

[Web 55]
Nummer 270: Brief von Heinrich Weber aus Königsberg an Richard Dedekind vom 24.01.1877

[Web 60]
Nummer 271: Brief von Heinrich Weber aus Königsberg an Richard Dedekind vom 29.05.1877

[Web 124]
Nummer 272: Postkarte von Heinrich Weber aus Strassburg an Richard Dedekind in Braunschweig vom 04.10.1899

[Web 126]
Nummer 273: Postkarte von Heinrich Weber aus Strassburg an Richard Dedekind in Braunschweig vom 05.10.1899

[Web 127]
Nummer 274: Postkarte von Heinrich Weber aus Strassburg an Richard Dedekind in Braunschweig vom 09.10.1899

[Web 128]
Nummer 275: Postkarte von Heinrich Weber aus Göttingen an Richard Dedekind in Braunschweig vom 13.10.1899

[Web 130]
Nummer 276: Brief von Heinrich Weber aus Strassburg an Richard Dedekind vom 05.06.1908

[Web 131]
Nummer 277: Brief von Heinrich Weber aus Strassburg an Richard Dedekind vom 16.07.1908

8 Cod. MS. Philos 205

[Ded 12]
Nummer 7: Brieffragment von Richard De-

dekind aus Braunschweig an Heinrich Weber 25.02.1876;
siehe auch:
Cod. MS. R. Dedekind 13:49 Nummer 87a, Cod. MS. B. Riemann 14 Blätter 42, 43

[Ded 20]
Nummer 8: Brief von Richard Dedekind aus Braunschweig an Heinrich Weber vom 08.11.1878
Auszugsweise veröffentlicht in:
Dedekind Werke 1930-1932, Bd. 3, S. 485

[Ded 21]
Nummer 9: Brief von Richard Dedekind aus Braunschweig an Heinrich Weber vom 19.11.1878
Auszugsweise veröffentlicht in:
Dedekind Werke 1930-1932, Bd. 3, S. 485-486

[Ded 26]
Nummern 10/1, 10/2: Brief von Richard Dedekind aus Braunschweig an Heinrich Weber vom 24.01.1888
Auszugsweise veröffentlicht in:
Dedekind Werke 1930-1932, Bd. 3, S. 488-490

[Ded 31]
Nummern 11/1, 11/2: Brief von Richard Dedekind aus Braunschweig an Heinrich Weber vom 30.09.1898

[Web 137]
Beilage: Todesanzeige Heinrich Weber vom 17.05.1913

[Web A]
Beilage: Text von Unbekannt

Cod. MS. B. Riemann 1,1

[Teu 19]
Blätter 27, 28: Verlagsvertrag zwischen Heinrich Weber und B. G. Teubner

[Teu 18]
Blatt 29: Verlagsvertrag zwischen Alfred Clebsch, Richard Dedekind und B. G. Teubner

[Ded 36]
Blätter 31, 32: Abschrift des Verlagsvertrages zwischen Alfred Clebsch, Richard Dedekind und B. G. Teubner von Richard Dedekind

Cod. MS. B. Riemann 1,2

[Ded 1]
Blätter 7/1, 7/2: Brief von Richard Dedekind aus Braunschweig an Heinrich Weber vom 01.11.1874

[Web 1.a]
Blatt 8: Briefentwurf von Heinrich Weber aus Zürich an Richard Dedekind vom 05.11.1874

[Ded 2]
Blatt 9: Brief von Richard Dedekind aus Braunschweig an Heinrich Weber vom 11.11.1874

[Rie 7]
Blatt 10: Brief von Elise Riemann aus Göttingen an Heinrich Weber vom 15.11.1874

[Teu 6]
Blatt 11: Brief von B. G. Teubner aus Leipzig an Heinrich Weber in Fluntern bei Zürich vom 17.11.1874

[Web 132]
Blatt 12: Brieffragment von Heinrich Weber an Elise Riemann vom 18.11.1874

[Rie 8]
Blatt 13: Brief von Elise Riemann aus Göttingen an Heinrich Weber vom 04.03.1875

[Ded 3]
Blätter 14/1, 14/2: Brief von Richard Dedekind aus Braunschweig an Heinrich Weber vom 14.03.1875

[Ded 4]
Blatt 15: Brief von Richard Dedekind aus Braunschweig an Heinrich Weber vom 26.03.1875

[Rie 9]
Blatt 16: Brief von Elise Riemann an Heinrich Weber vom 17.04.1875

[Teu 7]
Blatt 18: Brief von B. G. Teubner aus Leipzig an Heinrich Weber in Fluntern bei Zürich vom 11.05.1875

[Teu 8]
Blatt 20: Brief von B. G. Teubner aus Leipzig an Heinrich Weber in Fluntern bei Zürich vom 12.06.1875

[Web 134]
Blatt 21: Brief von Heinrich Weber aus Fluntern an B. G. Teubner vom 15.06.1875

[Ded 5]
Blatt 22: Brief von Richard Dedekind aus Bönigen an Heinrich Weber vom 02.09.1875

[Ded 7]
Blatt 23: Brief von Richard Dedekind aus Braunschweig an Heinrich Weber vom 13.11.1875

[Ded 6]
Blätter 25/1, 25/2, 25/3: Brief von Richard Dedekind aus Braunschweig an Heinrich Weber vom 10.11.1875

[Teu 9]
Blatt 26: Brief von B. G. Teubner aus Leipzig an Heinrich Weber in Königsberg vom 11.12.1875

[Ded 17]
Blatt 27: Brief von Richard Dedekind aus Braunschweig an Heinrich Weber vom 12.04.1876

[Rie 10]
Blatt 28: Brief von Elise Riemann an Heinrich Weber vom 14.06.1875

[Rie 11]
Blatt 29: Brief von Elise Riemann an Heinrich Weber vom 13.07.1876

[Rie 12]
Blatt 30: Brief von Elise Riemann an Heinrich Weber vom 16.05.1882

[Rie 13]
Blatt 31: Brief von Elise Riemann aus Göttingen an Heinrich Weber vom 18.05.1882

[Teu 10]
Blatt 32: Brief von B. G. Teubner aus Leipzig an Heinrich Weber in Marburg vom 08.06.1891

[Teu 11]
Blatt 33: Brief von B. G. Teubner aus Leipzig an Heinrich Weber in Marburg vom 29.06.1891

[Rie 14]
Blatt 34: Brief von Elise Riemann aus Bremen an Heinrich Weber vom 30.06.1891

[Teu 12]
Blatt 35: Brief von B. G. Teubner aus Leipzig an Heinrich Weber in Marburg vom 17.09.1891

[Teu 13]
Blatt 36: Brief von B. G. Teubner aus Leipzig an Heinrich Weber in Marburg vom 09.10.1891

[Teu 14]
Blatt 37: Brief von B. G. Teubner aus Leip-

zig an Heinrich Weber in Marburg vom 12.10.1891

[Rie 15]
Blatt 38: Brief von Elise Riemann aus Bremen an Heinrich Weber vom 15.10.1891

[Teu 15]
Blatt 39: Brief von B. G. Teubner aus Leipzig an Heinrich Weber in Marburg vom 05.11.1891

[Teu 16]
Blatt 40: Brief von B. G. Teubner aus Leipzig an Heinrich Weber in Marburg vom 09.11.1891

[Rie 16]
Blatt 44: Brief von Elise Riemann aus Bremen an Heinrich Weber, geschrieben von Ida Koch vom 29.09.1892

[Teu 17]
Blatt 45: Brief von B. G. Teubner aus Leipzig an Heinrich Weber in Göttingen vom 19.12.1894

[Lau 1]
Blatt 45 Anlage 1: Brief von L. Laugel an B. G. Teubner vom 15.12.1894

[Lau 2]
Blatt 45 Anlage 2: Brief von L. Laugel vom 15.12.1894

Cod. MS. B. Riemann 4

[Sch 4]
Blatt 19: Brief von Hermann Amandus Schwarz aus Göttingen an Heinrich Weber vom 29.11.1875

[Sch 2]
Blätter 28, 29: Brief von Hermann Amandus Schwarz aus Göttingen an Heinrich Weber vom 11.11.1875

[Sch 3]
Blätter 30, 31: Brief von Hermann Amandus Schwarz aus Göttingen an Heinrich Weber vom 20.11.1875

[Sch 8]
Blatt 32: Brief von Hermann Amandus Schwarz aus Hamburg an Heinrich Weber vom 14.09.1891

Cod. MS. B. Riemann 9

[Web 136]
Blatt 85: Brief von Heinrich Weber aus Heidelberg an Friedrich Wöhler vom 31.03.1875

[Ded 28]
Blätter 86, 87: Brief von Richard Dedekind aus Harzburg an Heinrich Weber vom 22.08.1891

Cod. MS. B. Riemann 14

[Ded 9]
Blatt 40, 41: Brieffragment von Richard Dedekind an Heinrich Weber undatiert, ca zwischen 08.02.1876 und 12.02.1876;
siehe auch:
Cod. MS. R. Dedekind 13:49 Nummer 87b

[Ded 13]
Blätter 42, 43: Brieffragment von Richard Dedekind aus Braunschweig an Heinrich Weber vom 25.02.1876;
siehe auch:
Cod. MS. R. Dedekind 13:49 Nummer 87a,
8 Cod. MS. Philos 205 Nummer 7

[Ded 14]
Blätter 44, 45: Brief von Richard Dedekind aus Braunschweig an Heinrich Weber vom 16.03.1876

[Ded 15]
Blätter 46, 47: Brief von Richard Dede-

kind aus Braunschweig an Heinrich Weber vom 02.04.1876

[Ded 16]
Blätter 48, 49: Brief von Richard Dedekind aus Braunschweig an Heinrich Weber vom 06.04.1876

Cod. MS. B. Riemann 15

[Hat 4]
Blatt 24: Brief von Karl Hattendorff aus Kerstlingerode an Heinrich Weber vom 09.09.1875

[Hat 5]
Blätter 28, 29: Brief von Karl Hattendorff aus Aachen an Heinrich Weber vom 27.10.1875

[Hat 6]
Blätter 30, 31: Brief von Karl Hattendorff aus Aachen an Heinrich Weber vom 09.11.1875

[Sch 5]
Blätter 32, 33: Brief von Hermann Amandus Schwarz aus Göttingen an Heinrich Weber in Königsberg vom 18.01.1876

[Sch 6]
Blätter 36, 37: Brief von Hermann Amandus Schwarz aus Göttingen an Heinrich Weber vom 24.01.1876

[Sch 7]
Blätter 38, 39: Brief von Hermann Amandus Schwarz aus Göttingen an Heinrich Weber vom 08.02.1876

[Web 135]
Blatt 53: Brieffragment von Heinrich Weber an B. G. Teubner vom 21.01.1876

Archiv der Universitätsbibliothek Braunschweig

G 98:11

[Web 10]
Telegramm von Heinrich Weber aus Königsberg an Richard Dedekind in Braunschweig vom 06.10.1875

[Web 12]
Brief von Emilie Weber aus Königsberg an Richard Dedekind vom 14.11.1875

[Web 27]
Brief von Emilie Weber aus Königsberg an Richard Dedekind in Braunschweig vom 12.02.1876

[Web 34]
Schriftstück von Heinrich Weber aus Königsberg an Richard Dedekind in Braunschweig vom 11.04.1876

[Web 37]
Brief von Heinrich und Emilie Weber aus Königsberg an Richard Dedekind in Braunschweig vom 19.05.1876

[Web 43]
Brief von Heinrich und Emilie Weber aus Königsberg an Richard Dedekind in Braunschweig vom 20.06.1876

[Web 44]
Brief von Emilie Weber aus Königsberg an Richard Dedekind in Braunschweig vom 27.06.1876

[Web 48]
Postkarte von Heinrich Weber aus Heidelberg an Richard Dedekind in Braunschweig vom 01.08.1876

[Web 49]
Postkarte von Heinrich Weber aus Heidelberg an Richard Dedekind in Braunschweig vom 07.08.1876

[Web 50]
Brief von Emilie Weber aus Heidelberg an Richard Dedekind in Bad Ems vom 10.08.1876

[Web 51]
Postkarte von Emilie Weber aus Heidelberg an Richard Dedekind in Baden Baden vom 21.08.1876

[Web 52]
Brief von Heinrich Weber aus Königsberg an Richard Dedekind in Braunschweig vom 24.11.1876

[Ded 19]
Briefentwurf von Richard Dedekind in Braunschweig an Heinrich Weber in Königsberg vom 27.11.1876

[Web 53]
Brief von Heinrich Weber aus Königsberg an Richard Dedekind in Braunschweig vom 10.12.1876

[Web 54]
Brief von Emilie Weber aus Königsberg an Richard Dedekind in Braunschweig vom 27.12.1876

[Web 56]
Paketabschnitt von Heinrich Weber aus Königsberg an Richard Dedekind vom 30.01.1877

[Web 57]
Brief von Heinrich Weber aus Königsberg an Richard Dedekind in Braunschweig vom 15.03.1877

[Web 58]
Brief von Heinrich Weber aus Königsberg an Richard Dedekind in Braunschweig vom 18.03.1877

[Web 59]
Postkarte von Heinrich Weber aus Königsberg an Richard Dedekind in Braunschweig vom 07.04.1877

[Web 61]
Brief von Heinrich Weber aus Königsberg an Richard Dedekind in Braunschweig vom 16.06.1877

[Web 62]
Postkarte von Heinrich Weber aus Königsberg an Richard Dedekind in Braunschweig vom 07.07.1877

[Web 63]
Brief von Heinrich Weber aus Königsberg an Richard Dedekind in Braunschweig vom 12.07.1877

[Web 64]
Brief von Heinrich und Emilie Weber aus Königsberg an Richard Dedekind in Braunschweig vom 23.07.1877

[Web 65]
Brief von Heinrich Weber aus Königsberg an Richard Dedekind in der Schweiz vom 27.08.1877

[Web 66]
Postkarte von Heinrich Weber aus Königsberg an Richard Dedekind in Harzburg vom 20.09.1877

[Web 67]
Brief von Emilie Weber aus Königsberg an Richard Dedekind in Braunschweig vom 11.10.1877

[Web 68]
Brief von Emilie Weber aus Königsberg an Richard Dedekind in Braunschweig vom 30.11.1877

[Web 69]
Brief von Heinrich Weber aus Königsberg an Richard Dedekind in Braunschweig vom 06.12.1877

[Web 70]
Brief von Heinrich Weber aus Königsberg an Richard Dedekind in Braunschweig vom 24.12.1877

[Web 71]
Postkarte von Emilie Weber aus Königsberg an Richard Dedekind in Braunschweig vom 30.12.1877

G 98:12

[Web 72]
Brief von Heinrich Weber aus Königsberg an Richard Dedekind in Braunschweig vom 07.01.1878

[Web 73]
Brief von Heinrich Weber aus Königsberg an Richard Dedekind in Braunschweig vom 24.01.1878

[Web 74]
Brief von Heinrich Weber aus Königsberg an Richard Dedekind in Braunschweig vom 06.02.1878

[Web 75]
Brief von Emilie Weber aus Königsberg an Richard Dedekind in Braunschweig vom 07.02.1878

[Web 76]
Brief von Heinrich Weber aus Königsberg an Richard Dedekind in Braunschweig vom 09.03.1878

[Web 77]
Postkarte von Heinrich Weber aus Königsberg an Richard Dedekind in Braunschweig vom 17.03.1878

[Web 78]
Brief von Heinrich Weber aus Königsberg an Richard Dedekind in Braunschweig vom 26.03.1878

[Web 79]
Brief von Heinrich Weber aus Königsberg an Richard Dedekind in Braunschweig vom 11.04.1878

[Web 80]
Brief von Emilie Weber aus Königsberg an Richard Dedekind in Braunschweig vom 21.04.1878

[Web 81]
Postkarte von Heinrich Weber aus Königsberg an Richard Dedekind in Braunschweig vom 28.04.1878

[Web 82]
Brief von Emilie Weber aus Königsberg an Richard Dedekind in Braunschweig vom 10.05.1878

[Web 83]
Postkarte von Heinrich Weber aus Königsberg an Richard Dedekind in Braunschweig vom 19.05.1878

[Web 84]
Brief von Emilie Weber aus Königsberg an Richard Dedekind in Braunschweig vom 23.05.1878

[Web 85]
Telegramm von Heinrich Weber aus Leipzig an Richard Dedekind in Braunschweig vom 09.06.1878

[Web 86]
Brief von Emilie Weber aus Heidelberg an Richard Dedekind in Braunschweig vom 19.06.1878

[Web 87]
Brief von Heinrich Weber aus Königsberg

an Richard Dedekind in Braunschweig vom 05.07.1878

[Web 88]
Brief von Heinrich Weber aus Königsberg an Richard Dedekind in Braunschweig vom 21.07.1878

[Web 89]
Postkarte von Emilie Weber aus Heidelberg an Richard Dedekind in Braunschweig vom 11.08.1878

[Web 90]
Brief von Heinrich Weber aus Heidelberg an Richard Dedekind in Harzburg vom 03.09.1878

[Web 91]
Telegramm von Heinrich Weber an Richard Dedekind in Harzburg vom 12.09.1878

[Web 92]
Brief von Heinrich Weber aus Heidelberg an Richard Dedekind in Paris vom 16.09.1878

[Web 93]
Brief von Heinrich Weber aus Königsberg an Richard Dedekind in Braunschweig vom 09.10.1878

[Web 94]
Brief von Heinrich Weber aus Königsberg an Richard Dedekind in Braunschweig vom 20.10.1878

[Web 95]
Brief von Emilie Weber aus Königsberg an Richard Dedekind in Braunschweig vom 29.10.1878

[Web 96]
Brief von Heinrich Weber aus Königsberg an Richard Dedekind in Braunschweig vom 02.11.1878

[Web 97]
Brief von Heinrich Weber aus Königsberg an Richard Dedekind in Braunschweig vom 13.11.1878;
Auszugsweise veröffentlicht in: Dugac 1976, S. 272

[Web 98]
Brief von Heinrich Weber aus Königsberg an Richard Dedekind in Braunschweig vom 28.11.1878;
Auszugsweise veröffentlicht in: Dugac 1976, S. 272-273

[Web 99]
Brief von Heinrich und Emilie Weber aus Königsberg an Richard Dedekind in Braunschweig vom 30.12.1878

G 98:13

[Web 100]
Postkarte von Heinrich Weber aus Königsberg an Richard Dedekind in Braunschweig vom 06.01.1879

[Web 101]
Brief von Heinrich Weber aus Königsberg an Richard Dedekind in Braunschweig vom 18.01.1879

[Web 102]
Brief von Heinrich Weber aus Königsberg an Richard Dedekind in Braunschweig vom 02.02.1879

[Web 103]
Brief von Heinrich Weber aus Königsberg an Richard Dedekind in Braunschweig vom 12.02.1879

[Web 104]
Brief von Heinrich Weber aus Königsberg an Richard Dedekind in Braunschweig vom 21.02.1879

[Web 105]
Brief von Heinrich Weber aus Königsberg an Richard Dedekind in Braunschweig vom 05.03.1879

[Web 106]
Brief von Heinrich Weber aus Königsberg an Richard Dedekind in Braunschweig vom 22.03.1879

[Web 107]
Postkarte von Heinrich Weber aus Königsberg an Richard Dedekind in Braunschweig vom 01.04.1879

[Web 108]
Postkarte von Heinrich Weber aus Königsberg an Richard Dedekind in Braunschweig vom 04.04.1879

[Web 109]
Brief von Heinrich Weber aus Heidelberg an Richard Dedekind in Braunschweig vom 19.04.1879

[Web 110]
Brief von Heinrich Weber aus Königsberg an Richard Dedekind in Braunschweig vom 14.05.1879

[Web 111]
Postkarte von Heinrich Weber aus Königsberg an Richard Dedekind in Braunschweig vom 02.06.1879

[Web 112]
Brief von Heinrich Weber aus Königsberg an Richard Dedekind in Braunschweig vom 07.06.1879

[Web 113]
Brief von Heinrich Weber aus Königsberg an Richard Dedekind in Braunschweig vom 22.06.1879

[Web 114]
Brief von Heinrich Weber aus Königsberg an Richard Dedekind in Braunschweig vom 05.07.1879

[Web 115]
Brief von Heinrich Weber aus Königsberg an Richard Dedekind in Braunschweig vom 28.07.1879

[Web 116]
Brief von Heinrich Weber aus Königsberg an Richard Dedekind in Braunschweig vom 03.10.1879

[Web 117]
Brief von Heinrich Weber aus Königsberg an Richard Dedekind in Braunschweig vom 18.10.1879

[Web 118]
Postkarte von Heinrich Weber aus Königsberg an Richard Dedekind in Braunschweig vom 20.10.1879

[Web 119]
Brief von Heinrich und Emilie Weber aus Königsberg an Richard Dedekind in Braunschweig vom 31.10.1879

[Web 120]
Brief von Heinrich Weber aus Königsberg an Richard Dedekind in Braunschweig vom 18.12.1879

[Web 121]
Paketabschnitt von Emilie Weber aus Königsberg an Richard Dedekind in Braunschweig vom 22.12.1879

[Web 122]
Postkarte von Heinrich Weber aus Königsberg an Richard Dedekind in Braunschweig vom 23.12.1879

[Web 123]
Brief von Heinrich Weber aus Königsberg an Richard Dedekind in Braunschweig vom 26.12.1879

[Web 129]
Brief von Heinrich Weber aus Strassburg an Richard Dedekind vom 03.01.1906

Richard Dedekind: Gesammelte mathematische Werke

[Ded 23]
Briefragment von Richard Dedekind an Heinrich Weber vom 19.01.1880

[Ded 24]
Briefragment von Richard Dedekind an Heinrich Weber vom 30.10.1880

D Literaturverzeichnis zum Briefwechsel

Airy 1849 Airy, Georg Biddell: On a difficulty in the problem of sound. The London, Edinburgh and Dublin Philosophical Magazine and Journal of Science (3) 34 (1849), S. 401-405.

Anonym 1877 Anonym: Grand Prix Des Sciences Mathématiques. Théorie des solutions singulières des équations aux dérivées partielles du premier ordre, Comptes rendus hebdomadaires des scéances de l'Académie des sciences Paris 84 (1877), S. 804.

Bachmann 1872 Bachmann, Paul: Die Lehre von der Kreistheilung und ihre Beziehung zur Zahlentheorie: academische Vorlesungen. Teubner: Leipzig 1872.

Beez 1879 Beez, Richard: Ueber das Riemann'sche Krümmungsmass höherer Mannigfaltigkeiten. Zeitschrift für Mathematik und Physik 24 (1879), S. 1-17, S. 65-82.

Betti 1852 Betti, Enrico: Sulla risoluzione delle equazioni algebriche. Annali di Scienze Matematiche e Fisiche 3 (1852), S. 49-115.

Boltzmann 1876 Boltzmann, Ludwig: Zur Geschichte des Problems der Fortpflanzung ebener Luftwellen von endlicher Schwingungsweite. Zeitschrift für Mathematik und Physik 21 (1876), S. 452.

Boutroux 1908 Boutroux, Émile: Science et religion dans la philosophie contemporaine. Paris: Flammarion 1908.

Boutroux 1910 Boutroux, Émile: Wissenschaft und Religion in der Philosophie unserer Zeit. Ins Deutsche übertragen von Emilie Weber. Mit einem Einführungswort von Heinrich Holtzmann. Leipzig: Teubner 1910.

Brewster 1831 Brewster, David: The Life of Sir Isaac Newton. London: Murray 1831.

Broit 1869 Briot, Charles: Théorie mécanique de la chaleur. Paris: Gauthier-Villars 1869.

Briot 1871 Briot, Charles: Lehrbuch der mechanischen Wärmetheorie. Auf Deutsch herausgegeben von Heinrich Weber (Phys.), Leipzig: Voss 1871.

Briot 1879 Briot, Charles: Théorie des fonctions Abéliennes. Paris: Gauthier-Villars 1879.

Cantor 1872 Cantor, Georg: Ueber die Ausdehnung eines Satzes aus der Theorie der trigonometrischen Reihen. Mathematische Annalen 5 (1872), S. 123-132.

Cantor 1878 Cantor, Georg: Ein Beitrag zur Mannigfaltigkeitlehre. Journal für die reine und angewandte Mathematik 84 (1878), S. 242-258.

Challis 1848a-d Challis, James: On the Velocity of Sound in Reply of the Remarks of the Astronomer Royal [Georg Airy]. The London, Edinburgh and Dublin Philosophical Magazine and Journal of Science 32 (1848), S. 494-499.

Challis, James: Additional Analytical Considerations respecting the Velocity of Sound. The london, Edinburgh and Dublin Philosophical Magazine and Journal of Science 33 (1848), S. 98-101.

Challis, James: On the Vibrations of an Elastic Fluid. The London, Edinburgh and

Dublin Philosophical Magazine and Journal of Science 33 (1848), S. 360-365.
Challis, James: Further Investigation of the Nature of Aërial Vibrations. The London, Edinburgh and Dublin Philosophical Magazine and Journal of Science 33 (1848), S. 462-466.

Challis 1849a-f Challis, James: Continuation of Researches in the Mathematical Theory of Aërial Vibrations. The London, Edinburgh and Dublin Philosophical Magazine and Journal of Science 34 (1849), S. 88-98.
Challis, James: On the Theoretical Value of the Velocity of Sound. The London, Edinburgh and Dublin Philosophical Magazine and Journal of Science 34 (1849), S. 284-286.
Challis, James: Determination of the Velocity of Sound on the Principles of Hydrodynamics. The London, Edinburgh and Dublin Philosophical Magazine and Journal of Science 34 (1849), S. 353-366.
Challis, James: On Spherical Waves in an Elastic Fluid, in reply to Mr. Stokes. The London, Edinburgh and Dublin Philosophical Magazine and Journal of Science 34 (1849), S. 449-450.
Challis, James: On some Points relating to the Theory of Fluid Motion. The London, Edinburgh and Dublin Philosophical Magazine and Journal of Science 34 (1849), S. 512-520.
Challis, James: On the Views of the Astronomer Royal respecting the Modification of Sounds by Distance of Propagation. The London, Edinburgh and Dublin Philosophical Magazine and Journal of Science 35 (1849), S. 241-244.

Christoffel 1869 Christoffel, Elwin Bruno: Über die Transformation der homogenen Differentialausdrücke zweiten Grades. Journal für die reine und angewandte Mathematik 70 (1869), S. 46-71.

Clausius 1868 Clausius, Rudolf: Ueber die von Gauss angeregte neue Auffassung der elektrodynamischen Erscheinungen. Annalen der Physik und Chemie 211 (1868), S. 606-621.

Clebsch 1865 Clebsch, Alfred: Ueber diejenigen ebenen Curven, deren Coordinaten rationale Functionen eines Parameters sind. Journal für die reine und angewandte Mathematik 64 (1865), S. 43-65.

Dedekind 1872 Dedekind, Richard: Stetigkeit und irrationale Zahlen. Vieweg: Braunschweig 1872.

Dedekind 1876a Dedekind, Richard: Bernhard Riemann's Lebenslauf.
In: [Riemann Werke 1876], S. 507-526.

Dedekind 1876b Dedekind, Richard: Anzeige von: Bernhard Riemann's gesammelte mathematische Werke und wissenschaftlicher Nachlaß. Herausgegeben unter Mitwirkung von R. Dedekind von H. Weber. Göttingische gelehrte Anzeigen 1 (1876), S. 961.

Dedekind 1876c Dedekind, Richard: Sur la théorie des nombres entiers algébriques. Bulletin des sciences mathématique et astronomique 11 (1876), S. 278-288.

Dedekind 1877a Dedekind, Richard: Sur la théorie des nombres entiers algébriques. Bulletin des Sciences mathématiques et astronomiques (2) 1 (1877), S. 14-24, 66-92, 144-164, 207-248.

Dedekind 1877b Dedekind, Richard: Sur la théorie des nombres entiers algébriques. Paris: Gauthier-Villars 1877.

Dedekind 1877c Dedekind, Richard: Über die Anzahl der Idealclassen in den verschiedenen Ordnungen eines endlichen Körpers. In: Festschrift zur Saecularfeier des Geburtstages von C. F. Gauß, dargebracht vom Herzoglichen Collegium Carolinum zu Braunschweig, Braunschweig: Vieweg 1877, S. 1-55.

Dedekind 1877d Dedekind, Richard: Schreiben an Herrn Borchardt über die Theorie der elliptischen Modul-Functionen. Journal für die reine und angewandte Mathematik 83 (1877), S. 265-292.

Dedekind 1878 Dedekind, Richard: Ueber den Zusammenhang zwischen der Theorie der Ideale und der Theorie der höheren Congruenzen. Abhandlungen der Königlichen Gesellschaft der Wissenschaften zu Göttingen 23 (1878), S. 3-37.

Dedekind/Weber 1882 Dedekind, Richard; Weber, Heinrich: Theorie der algebraischen Functionen einer Veränderlichen. Journal für die reine und angewandte Mathematik 92 (1882), S. 181-290.

Dedekind 1888 Dedekind, Richard: Was sind und was sollen die Zahlen. 1. Auflage, Braunschweig: Vieweg 1888.

Dedekind 1893 Dedekind, Richard: Was sind und was sollen die Zahlen. 2. Auflage, Braunschweig: Vieweg 1893.

Dedekind 1897 Dedekind, Richard: Ueber Gruppen, deren sämtliche Theiler Normaltheiler sind. Mathematische Annalen 48 (1897), S. 548-561.

Dedekind 1899 Dedekind, Richard: Ueber die Anzahl der Idealklassen in reinen kubischen Zahlkörpern. Journal für die reine und angewandte Mathematik 121 (1899), S. 40-123.

Dedekind 1911 Dedekind, Richard: Was sind und was sollen die Zahlen. 3. Auflage, Braunschweig: Vieweg 1911.

Dedekind 1912 Dedekind, Richard: Über den Zellerschen Beweis des quadratischen Reziprozitätssatzes. In: [Festschrift Weber 1912], S. 23-36.

Dirichlet 1840 Dirichlet, Gustav Peter Lejeune: Auszug aus einer der Akademie der Wissenschaften zu Berlin am 5ten März 1840 vorgelesenen Abhandlung. Journal für die reine und angewandte Mathematik 21 (1840), S. 98-100.

Dirichlet 1863 Dirichlet, Gustav Peter Lejeune: Vorlesungen über Zahlentheorie. Hrsg. und mit Zusätzen versehen von Richard Dedekind, 1. Auflage, Braunschweig: Vieweg 1863.

Dirichlet 1871 Dirichlet, Gustav Peter Lejeune: Vorlesungen über Zahlentheorie. Hrsg. und mit Zusätzen versehen von Richard Dedekind, 2. umgearbeitete und vermehrte Auflage, Braunschweig 1871.

Dirichlet 1879 Dirichlet, Gustav Peter Lejeune: Vorlesungen über Zahlentheorie. Hrsg. und mit Zusätzen versehen von Richard Dedekind, 3. umgearbeitete und vermehrte Auflage, Braunschweig: Vieweg 1879.

Dirichlet 1888 Dirichlet, Gustav Peter Lejeune: Vorlesungen über Zahlentheorie. Hrsg. und mit Zusätzen versehen von Richard Dedekind, 4. umgearbeitete und vermehrte Auflage, Braunschweig: Vieweg 1888.

Earnshaw 1861 Earnshaw, Samuel: On the mathematical theorie of sound. Philosophical Transactions of the Royal Society London 150 (1860) 1861, S. 133-148.

Edwards/Neumann/Purkert 1982 Edwards, Harold; Neumann, Olaf; Purkert, Walter: Dedekinds „Bunte Bemerkungen" zu Kroneckers „Grundzüge". Archive for History of Exact Sciences 27 (1982), S. 49-85.

Eisenstein 1847a Eisenstein, Gotthold: Mathematische Abhandlungen besonders aus dem Gebiete der höheren Arithmetik und der elliptischen Functionen. Mit einer Vorrede von Carl Friedrich Gauß, Berlin: Reimer 1847.

Eisenstein 1847b Eisenstein, Gotthold: Beiträge zur Theorie der elliptischen Functionen. Journal für die reine und angewandte Mathematik 35 (1847), S. 137-274.

Eisenstein 1847c Eisenstein, Gotthold: Aufgaben und Lehrsätze. Journal für die reine und angewandte Mathematik 35 (1847), S. 275-276.

Eisenstein 1850 Eisenstein, Gotthold: Über die Irreductibilität und einige andere Eigenschaften der Gleichung, von welcher die Theilung der ganzen Lemniscate abhängt. Journal für die reine und angewandte Mathematik 39 (1850), S. 160-179.

Enneper 1864 Enneper, Alfred: Analytisch-geometrische Untersuchungen. Zeitschrift für Mathematik und Physik 9 (1864), S. 96-125, S. 377-401.

Enneper 1866 Enneper, Alfred: Ueber die cyclischen Flächen. Nachrichten von der Königlichen Gesellschaft der Wissenschaften und der Georg-Augusts-Universität zu Göttingen 15 (1866), S. 243-250.

Euler 1783 Euler, Leonard: Observationes circa divisionem quadratorum per numeros primos. Opuscula varii argumenti 1 (1783), S. 64-84.

Faifofer 1877 Faifofer, Aureliano: Elementi di aritmetia. 3. Auflage, Venezia: Tipogr. Emiliana 1877.

Faifofer 1878 Faifofer, Aureliano: Elementi d'algebra e trigonometria uso dei lincei. 2. Auflage, Venezia: Tipogr. Emiliana 1878.

Fechner 1851 Fechner, Gustav: Zend-Avesta oder über die Dinge des Himmels und des Jenseits, vom Standpunkt der Naturbetrachtung. Leipzig: Voß 1851.

Festschrift Weber 1912 Festschrift Heinrich Weber zu seinem siebzigsten Geburtstag am 5. März 1912: gewidmet von Freunden und Schülern. Leipzig: Teubner 1912.

Fuchs 1876 Fuchs, Lazarus: Ueber die linearen Differentialgleichungen zweiter Ordnung, welche algebraische Integrale besitzen, und eine neue Anwendung der Invariantentheorie. Journal für die reine und angewandte Mathematik 81 (1876), S. 97-142.

Fuchs 1877 Fuchs, Lazarus: Sur quelques propriétés des intégrales des équations différentielles, auxquelles satisfont les modules de périodicité des intégrales elliptiques des deux premières espèces. Extrait d'une letter adressée à M. Hermite. Journal für die reine und angewandte Mathematik 83 (1877), S. 13-37.

Gauss 1801 Gauß, Carl Friedrich: Disquisitiones Arithmeticae. Leipzig 1801, In: [Gauß Werke 1863-1933] Bd. 1 (1863), S. 1-474.

Gauss 1820 Gauß, Carl Friedrich: Determinatio attractionis, quam in punctum quodvis positionis datae exerceret planeta, si eius massa per totam orbitam ratione temporis, quo singulae partes discribuntur, uniformiter esset dispertita. Commentationes societatis regiae scientiarum Gottingensis recentiores 4 (1820), classis mathematicae, S. 21-48; In: [Gauß Werke 1863-1933] Bd. 3 (1866), S. 331-356.

Gauss 1841 Gauß, Carl Friedrich: Elementare Ableitung eines zuerst von Legendre aufgestellten Lehrsatzes der sphärischen Trigonometrie. Journal für die reine und angewandte Mathematik 22 (1841), S. 96.

Gauss 1863a Gauß, Carl Friedrich: Theorematis Arithmetici Demonstratio Nova. In: [Gauß Werke 1863-1933] Bd. 2 (1863), S. 1-8.

Gauss 1863b Gauß, Carl Friedrich: Theorematis Fundamentalis in Doctrina de Residuis Quadraticis. In: [Gauß Werke 1863-1933] Bd. 2 (1863), S. 47-64.

Gauss 1866a Gauß, Carl Friedrich: Methodus nova integralium valores per approximationem inveniendi. In: [Gauß Werke 1863-1933] Bd. 3 (1866), S. 163-196.

Gauss 1866b Gauß, Carl Friedrich: Fortsetzung der Untersuchungen über das arithmetische geometrische Mittel. In: [Gauß Werke 1863-1933] Bd. 3 (1866), S. 375-403.

Gauss 1900 Gauß, Carl Friedrich: Notizen über cubische und biquadratische Reste. In: [Gauß Werke 1863-1933] Bd. 8 (1900), S. 5-14.

Gauss Werke 1863-1871 Gauß, Carl Friedrich: Werke: 1. Aufl., Hrsg. von Ernst Schering: Bd. 1 und Bd. 2, Göttingen 1863; Bd. 3, Göttingen 1866; Bd. 4, Göttingen 1873; Bd. 5, Göttingen 1867; Bd. 6, Göttingen 1874, Bd. 7, Gotha 1871.

Genocchi 1860 Genocchi, Angelo: Formole per determinare quanti siano i numeri primi fino ad un dato limite. Annali di Matematica Pura ed Applicata 3, (1860), S. 52-59.

Genocchi 1865 Genocchi, Angelo: Intorno ad alcune somme di cubi. Annali di Matematica Pura ed Applicata 7 (1865), S. 151-158.

Gordan 1877 Gordan, Paul: Ueber endliche Gruppen linearer Transformationen einer Veränderlichen. Mathematische Annalen 12 (1877), S. 23-46.

Hankel 1869 Hankel, Hermann: Die Cylinderfunctionen erster und zweiter Art. Mathematische Annalen 1 (1869), S. 467-501.

Hattendorff 1872a Hattendorff, Karl: Einleitung in die analytische Geometrie. Hannover: Schmorl & Seefeld 1872, 2. Auflage 1877.

Hattendorff 1872b Hattendorff, Karl: Einleitung in die Lehre von den Determinanten. Hannover: Schmorl & Seefeld 1872.

Heine 1872 Heine, Eduard: Die Elemente der Funktionenlehre. Journal für die reine und angewandte Mathematik 74 (1872), S. 182-188.

Hermes 1879 Hermes, Johann Gustav: Zurückführung des Problems der Kreistheilung auf lineare Gleichungen (für Primzahlen von der Form $2m + 1$). Journal für die reine und angewandte Mathematik 87 (1879), S. 84-113.

Hermite 1858 Hermite, Charles: Sur quelques formules relatives à la transformation des fonctions elliptiques. Journal de Mathématiques Pures et Appliquées (2) 3 (1858), S. 26-36.

Hermite 1859 Hermite, Charles: Sur la théorie des équations modulaires et la résolution de l'équation du cinquième degré. Paris: Mallet-Bachelier 1859.

Hermite 1863 Hermite, Charles: Übersicht der Theorie der Elliptischen Funktionen. Aus [Lacroix 1861]. Aus dem Französischen übertragen und mit einem Anhang versehen von Leopold Natani, Berlin: Wiegandt & Hempel 1863.

Hermite 1877 Hermite, Charles: Extrait d'une lettre de M. Ch. Hermite adressée à M. L. Fuchs. Journal für die reine und angewandte Mathematik 82 (1877), S. 343-347.

Hurwitz 1894 Hurwitz, Adolf: Über die Theorie der Ideale. Nachrichten von der Königlichen Gesellschaft der Wissenschaften zu Göttingen (1894), S. 291-298.

Jacobi 1839 Jacobi, Carl Gustav Jacob: Note von der geodätischen Linie auf einem Ellipsoid und den verschiedenen Anwendungen einer merkwürdigen analytischen Substitution. Bericht über die zur Bekanntmachung geeigneten Verhandlungen der Königlich-Preußischen Akademie der Wissenschaften zu Berlin 1839, S. 62-66; Journal für die reine und angewandte Mathematik 19 (1839), S. 309-313.

Jacobi 1846 Jacobi, Carl Gustav Jacob: Über die Kreistheilung und ihre Anwendung auf die Zahlentheorie. Journal für die reine und angewandte Mathematik 30 (1846), S. 166-182.

Jacobi 1866 Jacobi, Carl Gustav Jacob: Vorlesungen über Dynamik von C. G. J. Jacobi nebst fünf hinterlassenen Abhandlungen derselben. Hrsg. von Alfred Clebsch, Berlin: Reimer 1866.

Jacobi 1881-1891 Jacobi, Carl Gustav Jacob: C. G. J. Jacobi's Gesammelte Werke. Hrsg. von Karl Borchardt; Karl Weierstrass; Eduard Lottner; Alfred Clebsch, 7 Bde., Berlin: Reimer 1881-1891.

Klein 1876 Klein, Felix: Ueber [algebraisch integrierbare] lineare Differentialgleichungen, Erster Aufsatz. Sitzungsberichte der physikalisch-medicinischen Societät zu Erlangen (1876), S. 182-186; Mathematische Annalen 11 (1876), S. 115-118.

Klein 1877 Klein, Felix: Ueber [algebraisch integrierbare] lineare Differentialgleichungen, Zweiter Aufsatz. Mathematische Annalen 12 (1877), S. 167-179.

Koenigsberger 1874 Königsberger, Leo: Vorlesungen über die Theorie der elliptischen Functionen nebst einer Einleitung in die allgemeine Functionenlehre. 2 Bde., Leipzig: Teubner 1874.

Koenigsberger 1878 Königsberger, Leo: Vorlesungen über die Theorie der hyperelliptischen Integrale. Leipzig: Teubner 1878.

Koenigsberger 1879 Königsberger, Leo: Ueber die Erweiterung des Jacobischen Transformationsprincips. Journal für die reine und angewandte Mathematik 87 (1879), S. 173-189.

Kowalevsky 1874 Kowalevsky (Kowalewskaja), Sofia: Zur Theorie der partiellen Differentialgleichungen. Inauguraldissertation zur Erlangung der Doctorwürde bei der Philosophischen Facultät zu Göttingen, Berlin: Reimer 1874.

Kowalevsky 1884 Kowalevski (Kowalevskaja), Sophie: Über die Reduction einer bestimmten Klasse Abel'scher Integrale 3ten Ranges auf elliptische Integrale. Acta Mathematica 4 (1884), S. 393-414.

Kronecker 1863 Kronecker, Leopold: Über die Auflösung der Pellschen Gleichung mittels elliptischer Functionen. Monatsbericht der Königlich-Preußischen Akademie der Wissenschaften zu Berlin (1863), S. 44-50.

Kronecker 1871 Kronecker, Leopold: Auseinandersetzung einiger Eigenschaften der Klassenzahl idealer complexer Zahlen. Monatsbericht der Königlich-Preußischen Akademie der Wissenschaften zu Berlin (1870) 1871, S. 881-889.

Kronecker 1882 Kronecker, Leopold: Grundzüge einer arithmetischen Theorie der algebraischen Größen. Festschrift zu Herrn Ernst Eduard Kummers fünfzigjährigem Doctor-Jubiläum, Berlin: Reimer 1882.

Lacroix 1861 Lacroix, Sylvestre François: Traité élémentaire de calcul différentiel et de calcul intégral. Revue et augmentée de notes par MM. Hermite et J.-A. Serret. 6. Ed., Paris: Mallet-Bačhelier 1861.

Lagrange 1770 Lagrange, Joseph-Louis: Nouvelle méthode pour résoudre les équations littérales par le moyen des séries. Mémoires de l'Académie Royale des Sciences et Belles Lettres de Berlin 24 (1770), S. 251-326; In: [Lagrange 1867-1892] Bd. 3, S. 5-73.

Legendre 1826 Legendre, Adrien-Marie: Traité des fonctions elliptiques et des intégrales Eulériennes. Paris: Huzard-Courciér 1826.

Lipschitz 1869a Lipschitz, Rudolph: Untersuchungen in Betreff der ganzen homogenen Functionen von n Differentialen. Journal für die reine und angewandte Mathematik 70 (1869), S. 71-102.

Lipschitz 1869b Lipschitz, Rudolph: Entwicklung einiger Eigenschaften der quadratischen Formen. Journal für die reine und angewandte Mathematik 71 (1869), S. 274-295.

Lipschitz 1870 Lipschitz, Rudolph: Fortgesetzte Untersuchungen in Betreff der ganzen homogenen Functionen von n Differentialen. Journal der reinen und angewandten Mathematik 72 (1870), S. 1-56.

Lommel 1868 Lommel, Eugen von: Studien über die Bessel'schen Functionen. Leipzig 1868.

Meyer 1871 Meyer, Gustav Ferdinand: Vorlesungen über die Theorie der bestimmten Integrale zwischen reellen Grenzen: mit vorzüglicher Berücksichtigung der von P. Gustav Lejeune-Dirichlet im Sommer 1858 gehaltenen Vorträge über bestimmte Integrale. Leipzig: Teubner 1871.

Poisson 1808 Poisson, Siméon: Mémoire sur la theórie du son. Journal de l'école polytechnique 7 (1808), S. 319-392.

Richelot 1832 Richelot, Friedrich Julius: De resolutione algebraica aequationis $x^{257} = 1$, sive de divisione circuli per bisectionem anguli septies repetitam in partes 257 inter se aequales commentatio coronata. Journal für die reine und angewandte Mathematik 9 (1832), S. 1-26, S. 146-161, S. 209-230, S. 337-358, sowie Sonderdruck Berlin 1833.

Riemann Werke 1876 Riemann, Bernhard: Bernhard Riemann's gesammelte mathematische Werke und wissenschaftlicher Nachlaß. Hrsg. von Richard Dedekind und Heinrich Weber, Leipzig 1876.

Riemann 1851: I Riemann, Bernhard: Grundlagen für eine allgemeine Theorie der Functionen einer veränderlichen complexen Größe. Inauguraldissertation, Göttingen: Huth 1851; In: [Riemann Werke 1876], S. 3-45 (Nr.I).

Riemann 1855: III Riemann, Bernhard: Zur Theorie der Nobili'schen Farbenringe. Annalen der Physik und Chemie 171 (1855), S. 130-139; In: [Riemann Werke 1876], S. 54-61 (Nr. III).

Riemann 1857a: IV Riemann, Bernhard: Beiträge zur Theorie der durch die Gauß'sche Reihe $F(\alpha, \beta, y, x)$ darstellbaren Funktionen. Abhandlungen der Königlichen Gesellschaft der Wissenschaften zu Göttingen 7 (1856-1857) 1857, mathematische Classe, S. 3-19; In: [Riemann Werke 1876], S. 62-78 (Nr. IV).

Riemann 1857b: V Riemann, Bernhard: Selbstanzeige zur Abhandlung Beiträge zur Theorie der durch die Gauß'sche Reihe $F(\alpha, \beta, y, x)$ darstellbaren Funktionen. Nachrichten von der Königlichen Gesellschaft der Wissenschaften zu Göttingen (1857); In: [Riemann Werke 1876], S. 79 (Nr. V).

Riemann 1857c: VI Riemann, Bernhard: Theorie der Abel'schen Functionen. Journal für die reine und angewandte Mathematik 54 (1857), S. 115-155;
In: [Riemann Werke 1876], S. 80-135 (Nr. VI).

Riemann 1859a: VII Riemann, Bernhard: Ueber die Anzahl der Primzahlen unter einer gegebenen Größe. Bericht über die Bekanntmachung geeigneter Verhandlungen der Königlich-Preußischen Akademie der Wissenschaften zu Berlin (1859), S. 671-680; In: [Riemann Werke 1876], S. 136-144 (Nr. VII).

Riemann 1859b: IX Riemann, Bernhard: Selbstanzeige zur Abhandlung Ueber die Fortpflanzung ebener Luftwellen von endlicher Schwingungsweite. Nachrichten von der Georg-Augusts-Universität und der Königlichen Gesellschaft der Wissenschaften zu Göttingen 19 (1859), S. 192-196; In: [Riemann Werke 1876] S. 165-167 (Nr. IX).

Riemann 1860a: VIII Riemann, Bernhard: Ueber die Fortpflanzung ebener Luftwellen von endlicher Schwingungsweite. Abhandlungen der Königlichen Gesellschaft der Wissenschaften zu Göttingen 8 (1858-1859) 1860, S. 43-65;
In: [Riemann Werke 1876], S. 145-164 (Nr. VIII).

Riemann 1860b: II Riemann, Bernhard: Ueber die Gesetze der Vertheilung von Spannungselectricität in ponderablen Körpern, wenn diese nicht als vollkommene Leiter oder Nichtleiter, sondern als dem Enthalten von Spannungselectricität mit endlicher Kraft widerstrebend betrachtet werden. Amtlicher Bericht über die

31. Versammlung deutscher Naturforscher und Aerzte zu Göttingen im September 1854, Göttingen: Vandenhoek und Ruprecht 1860; In: [Riemann Werke 1876], S. 48-53 (Nr. II).

Riemann 1861: X Riemann, Bernhard: Ein Beitrag zu den Untersuchungen über die Bewegung eines flüssigen gleichartigen Ellipsoides. Abhandlungen der Königlichen Gesellschaft der Wissenschaften zu Göttingen 9 (1860) 1861, S. 3-36; In: [Riemann Werke 1876], S. 168-197 (Nr. X).

Riemann 1867a: XIV Riemann, Bernhard: Ein Beitrag zur Elektrodynamik. Aus dem Nachlaß des Verfassers mitgetheilt durch R. Dedekind. Annalen der Physik und Chemie 207 (1867), S. 237-242; In: [Riemann Werke 1876], S. 270-275 (Nr. XIV).

Riemann 1867b: XVIII Riemann, Bernhard: Mechanik des Ohres. Zeitschrift für rationelle Medizin (3) 29 (1867), S. 129-143; In: [Riemann Werke 1876], S. 316-350 (Nr. XVIII).

Riemann 1868a Riemann, Bernhard: Ueber die Fläche vom kleinsten Inhalt bei gegebener Begrenzung. Hrsg. von Karl Hattendorff, Abhandlungen der Königlichen Gesellschaft der Wissenschaften zu Göttingen 13 (1866/67) 1868, S. 3-52.

Riemann 1868b: XII Riemann, Bernhard: Ueber die Darstellbarkeit einer Function durch eine trigonometrische Reihe. Aus dem Nachlaß des Verfassers mitgetheilt durch R. Dedekind, Abhandlungen der Königlichen Gesellschaft der Wissenschaften zu Göttingen 13 (1866-1867) 1868, S. 87-131; In: [Riemann Werke 1876], S. 213-251 (Nr. XII).

Riemann 1868c: XIII Riemann, Bernhard: Über die Hypothesen welche der Geometrie zu Grunde liegen. (Aus dem Nachlass des Verfassers mitgetheilt durch R. Dedekind. Diese Abhandlung ist am 10. Juni 1854 von dem Verfasser bei dem zum Zweck seiner Habilitation veranstalteten Colloquium mit der philosophischen Facultät zu Göttingen vorgelesen worden.) Abhandlungen der Königlichen Gesellschaft der Wissenschaften zu Göttingen 13 (1866-1867) 1868, S. 133-152; In: [Riemann Werke 1876], S. 254-269 (Nr. XIII).

Riemann 1869 Riemann, Bernhard: Partielle Differentialgleichungen und ihre Anwendung auf physikalische Fragen. Für den Druck bearbeitet und herausgegeben von Karl Hattendorff, Braunschweig: Vieweg 1869.

Riemann 1872 Riemann, Bernhard: Schwere, Electrizität und Magnetismus. Nach Vorlesungen bearbeitet von Karl Hattendorff, Hannover: Rümper 1872.

Riemann 1876: XVII Riemann, Bernhard: Ueber die Fläche vom kleinsten Inhalt bei gegebener Begrenzung. In: [Riemann Werke 1876], S. 283-315 (Nr. XVII).

Riemann 1876: XIX Riemann, Bernhard: Versuch einer allgemeinen Auffassung der Integration und Differentation. (Diese Abhandlung trägt im Manuskript das Datum 14. Jan. 1847, stammt also aus Riemann's Studienzeit). Aus dem Nachlass. In: [Riemann Werke 1876], S. 331-344 (Nr. XIX).

Riemann 1876: XX Riemann, Bernhard: Neue Theorie des Rückstandes in electrischen Bindungsapparaten. (Die hier mitgetheilte Abhandlung stammt aus dem Jahre 1854.) Aus dem Nachlass. In: [Riemann Werke 1876], S. 345-356 (Nr. XX).

Riemann 1876: XXI Riemann, Bernhard: Zwei allgemeine Lehrsätze über lineare Differentialgleichungen mit algebraischen Coefficienten. (Dieses Manuskript stammt vom 20. Febr. 1857). Aus dem Nachlass. In: [Riemann Werke 1876], S. 357-369 (Nr. XXI).

Riemann 1876: XXII Riemann, Bernhard: Zu Commentatio mathematica, qua respondere tentatur quaestioni ab Illma Academia Parisiensi propositae: „Trouver quel doit être l'état calorifique d'un corps solide homogène indéfini pour qu'un système de courbes isothermes, à un instant donné, restent isothermes aprés un temps quelconque, de telle sorte que la température d'un point puisse s'exprimer en fonction du temps et de deux autres variables indépendantes.". In: [Riemann Werke 1876], S. 370-383 (Nr. XXII).

Riemann 1876: XXIII Riemann, Bernhard: Sullo svolgimento del quoziente di due serie ipergeometriche in frazione continua infinita. (Fragment aus dem Nachlass, bearbeitet von Hermann Amandus Schwarz). Aus dem Nachlass. In: [Riemann Werke 1876], S. 400-406 (Nr. XXIII).

Riemann 1876: XXIV Riemann, Bernhard: Ueber das Potential eines Ringes. Aus dem Nachlass. In: [Riemann Werke 1876], S. 407-412 (Nr. XXIV).

Riemann 1876: XXV Riemann, Bernhard: Gleichgewicht der Electricität auf Cylindern mit kreisförmigem Querschnitt und parallelen Axen. Conforme Abbildung von durch Kreise begrenzten Firguren. Aus dem Nachlass. In: [Riemann Werke 1876], S. 407-412 (Nr. XXV).

Riemann 1876: XXVI Riemann, Bernhard: Beispiele von Flächen kleinsten Inhalts bei gegebener Begrenzung. Aus dem Nachlass. In: [Riemann Werke 1876], S. 417-426 (Nr. XXVI).

Riemann 1876: XXVII Riemann, Bernhard: Fragmente über die Grenzfälle der elliptischen Modulfunctionen. Aus dem Nachlass. In: [Riemann Werke 1876], S. 427-437 (Nr. XXVII).

Riemann 1876: XXVIII Riemann, Bernhard: Fragment aus der Analysis Situs. Aus dem Nachlass. In: [Riemann Werke 1876], S. 448-451 (Nr. XXVIII).

Riemann 1876: XXIX Riemann, Bernhard: Convergenz der p-fach unendlichen Theta-Reihe. (Die Abhandlung ist einer Vorlesung entnommen, welche Riemann im Jahre 1861 gehalten hat.) Aus dem Nachlass. In: [Riemann Werke 1876], S. 452-455 (Nr. XXIX).

Riemann 1876: XXX Riemann, Bernhard: Zur Theorie der Abel'schen Functionen für den Fall p=3. (Diese Abhandlung ist einer Vorlesung entnommen, welche Riemann im Jahre 1862 gehalten hat.) Aus dem Nachlass. In: [Riemann Werke 1876], S. 456-472 (Nr. XXX).

Riemann 1876: Anhang I Riemann, Bernhard: Zur Psychologie und Metaphysik. Aus dem Nachlass. In: [Riemann Werke 1876], S. 477-488 (Anhang).

Riemann 1876: Anhang III Riemann, Bernhard: Naturphilosophie. Aus dem Nachlass. In: [Riemann Werke 1876], S. 494-506 (Anhang).

Riemann Werke 1892 Riemann, Bernhard: Gesammelte mathematische Werke und der wissenschaftliche Nachlass. Hrsg. von Richard Dedekind und Heinrich Weber. 2. Auflage, bearbeitet von Heinrich Weber. Leipzig: Teubner 1892.

Riemann 1892: XXV Riemann, Bernhard: Verbreitung der Wärme im Ellipsoid. Aus dem Nachlass. In: [Riemann Werke 1892], S. 437-439 (Nr. XXV).

Riemann 1898 Riemann, Bernhard: Œuvres Mathématiques de Riemann. traduit par L. Laugel avec une préface de M. Hermite et un discours de Félix Klein. Paris: Gauthier-Villars 1898.

Riemann 1900/01 Riemann, Bernhard: Die partiellen Differentialgleichungen der mathematischen Physik: nach Riemann's Vorlesung. Hrsg. und neu bearbeitet von Heinrich Weber, 4. Auflage, Braunschweig: Vieweg 1900/01.

Roch 1865 Roch, Gustav: Ueber die Anzahl der willkürlichen Constanten in algebraischen Functionen. Journal für die reine und angewandte Mathematik 65 (1865), S. 372-376.

Saint-Venant/Wantzel 1839 Saint-Venant, Barré de, Adhémar; Wantzel, Pierre-Laurent: Mémoires et expériences sur l'écoulement de l'air déterminé par des différences de pression considérables. Journal de l'école polytechnique 16 (1839), S. 85-122; Comptes rendus des séances de l'Académie des sciences 8 (1839), S. 294-298.

Saint-Venant/Wantzel 1843 Saint-Venant, Barré de, Adhémar; Wantzel, Pierre-Laurent: Nouvelles expériences sur l'écoulement de l'air déterminé par des différences de pression considérables. Comptes rendus des séances de l'Académie des sciences 17 (1843), S. 1140-1142.

Salmon 1852 Salmon, Georg: A Treatise on the Higher plane Curves. Intended as a Sequel to a Treatise on Conic Sections. Dublin: Hodges and Smith 1852.

Salmon 1873 Salmon, Georg: Analytische Geometrie der höheren ebenen Curven. Ins Deutsche übertragen von Wilhelm Fiedler, Teubner: Leipzig 1873.

Scheibner 1860 Scheibner, Wilhelm: Ueber die Anzahl der Primzahlen unter einer beliebigen Grenze. Zeitschrift für Mathematik und Physik 5 (1860), S. 233-252.

Schering 1867 Schering, Ernst: Bernhard Riemann zum Gedächtnis. Nachrichten von der Königlichen Gesellschaft der Wissenschaften und der Georg-Augusts-Universität zu Göttingen (1867), S. 305-314.

Schering 1869 Schering, Ernst: Die Fundamental-Classen der zusammensetzbaren arithmetischen Formen. Abhandlungen der Königlichen Gesellschaft der Wissenschaften zu Göttingen 14 (1868-1869) 1869, S. 3-16.

Schering 1870 Schering, Ernst: Notice biographique sur Bernard Riemann. Traduit de l'Allemand par Paul Mansion. Bullettino di bibliografia e di storia delle scienze matematiche e fisiche 3, 1870, S. 409-417.

Schondorff 1868 Schondorff, Arthur: Ueber die Minimalfläche die von einem doppelt-gleichschenkligen räumlichen Viereck begrenzt wird. Eine von der philosophischen Facultät der Georgia Augusta am 4. Juni 1867 gekrönte Preisschrift. Göttingen: Kaestner 1868.

Schottky 1875 Schottky, Friedrich: Ueber die conforme Abbildung mehrfach zusammenhängender ebener Flächen. Inauguraldissertation, Berlin: Schade 1875.

Schroeder 1873 Schröder, Ernst: Lehrbuch der Arithmetik und Algebra für Lehrer und Studierende. Bd. 1: Die sieben algebraischen Operationen. Leipzig: Teubner 1873.

Schwarz 1871 Schwarz, Hermann Amandus: Bestimmung einer speciellen Minimalfläche. Eine von der Königlich-Preußischen Akademie der Wissenschaften zu Berlin am 4. Juli 1867 gekrönte Preisschrift. Berlin: Voigt u.a. 1871.

Schwarz 1873a Schwarz, Hermann Amandus: Fortgesetzte Untersuchungen über specielle Minimalflächen. Monatsbericht der Königlich Preußischen Akademie der Wissenschaften zu Berlin (1872) 1873, S. 1-27.

Schwarz 1873b Schwarz, Hermann Amandus: Ueber einige Fälle, in welchen die Gaussische hypergeometrische Reihe eine algebraische Function ihres vierten Elementes darstellt. Journal für die reine und angewandte Mathematik 75 (1873), S. 292-335.

Stokes 1848 Stokes, George: On a difficulty in the Theory of Sound. The London, Edinburgh and Dublin Philosophical Magazine and Journal of Science 33 (1848), S. 349-356.

Stokes 1849a-c Stokes, George: On the Theory of Sound in reply to Professor Challis. The London, Edinburgh and Dublin Philosophical Magazine and Journal of Science 34 (1849), S. 203-204.

Stokes, George: On the Theory of Sound in reply to Professor Challis. The London, Edinburgh and Dublin Philosophical Magazine and Journal of Science 34 (1849), S. 348-350.

Stokes, George: On the Theory of Sound. On the Theory of Sound in reply to Professor Challis. The London, Edinburgh and Dublin Philosophical Magazine and Journal of Science 34 (1849), S. 501-502.

Thomae 1866 Thomae, Johannes: Bestimmung von $d \lg \vartheta(0, 0, \dots 0)$ durch die Classenmoduln. Journal für die reine und angewandte Mathematik 66 (1866), S. 92-96.

Thomae 1870 Thomae, Johannes: Betrag zur Bestimmung von $\vartheta(0, 0, \dots 0)$ durch die Klassenmoduln algebraischer Functionen. Journal für die reine und angewandte Mathematik 71 (1870), S. 201-222.

Thomae 1873 Thomae, Johannes: Beitrag zur Theorie der Abelschen Functionen. Journal für die reine und angewandte Mathematik 75 (1873), S. 224-254.

Weber 1876 Weber, Heinrich: Theorie der Abelschen Functionen vom Geschlecht 3. Berlin: Reimer 1876.

Weber 1877a Weber, Heinrich: Anzeige von Bernhard Riemann's gesammelte mathematische Werke und wissenschaftlicher Nachlass. Repertorium der literarischen Arbeiten aus dem Gebiete der reinen und angewandten Mathematik 1 (1877), S. 145-154.

Weber 1877b Weber, Heinrich: Zur Geschichte des Problems der Fortpflanzung ebener Luftwellen von endlicher Schwingungsweite. Zeitschrift für Mathematik und Physik 22 (1877), Historisch-literarische Abteilung, S. 71.

Weber 1878a Weber, Heinrich: Ueber die Kummersche Fläche vierter Ordnung mit sechzehn Knotenpunkten und ihre Beziehung zu den Thetafunctionen mit zwei Veränderlichen. Journal für die reine und angewandte Mathematik 84 (1878), S. 332-354.

Weber 1878b Weber, Heinrich: Anwendung der Thetafunctionen zweier Veränderlicher auf die Theorie der Bewegung eines festen Körpers in einer Flüssigkeit. Mathematische Annalen 14 (1878), S. 173-206.

Weber 1878/1879 Weber, Heinrich: Ueber die Transformationstheorie der Theta-Functionen, ins Besondere derer von drei Veränderlichen. Annali di Matematica Pura ed Applicata (2) 9 (1878/1879), S. 126-166.

Weber 1879a Weber, Heinrich: Vorlesungen über die Theorie der hyperelliptischen Integrale, von Dr. Leo Königsberger. Leipzig 1878. Zeitschrift für Mathematik und Physik 24 (1879), Historisch-literarische Abteilung, S. 92-100.

Weber 1879b Weber, Heinrich: Bemerkungen zu der Schrift „Ueber die Abelschen Functionen vom Geschlecht 3". Journal für die reine und angewandte Mathematik 88 (1879), S. 82-84.

Weber 1885 Weber, Heinrich: Zur Theorie der elliptischen Functionen. Acta Mathematica 6 (1885), S. 329-416.

Weber 1886 Weber, Heinrich: Theorie der abelschen Zahlkörper. Acta Mathematica 8 (1886), S. 193-263.

Weber 1886/1887 Weber, Heinrich: Theorie der abelschen Zahlkörper. Acta Mathematica 9 (1886/1887), S. 105-130.

Weber 1887/1888 Weber, Heinrich: Zur Theorie der elliptischen Functionen. Acta Mathematica 11 (1887/1888), S. 333-390.

Weber 1889 Weber, Heinrich: Zur complexen Multiplication elliptischer Functionen. Mathematische Annalen 33 (1889), S. 390-410.

Weber 1895 Weber, Heinrich: Lehrbuch der Algebra. Bd. 1, 1. Auflage, Braunschweig: Vieweg 1895.

Weber 1899 Weber, Heinrich: Lehrbuch der Algebra. Bd. 2, 2. Auflage, Braunschweig: Vieweg 1899.

Weber 1906a Weber, Heinrich: Elementare Mengenlehre. Jahresbericht der deutschen Mathematikervereinigung 15 (1906), S. 173-184.

Weber 1906b Weber, Heinrich: Elementare Mengenlehre Natürliche Zahlen. In: [Weber 1903-1907] Bd. 1, Abschnitt 1, 2. Auflage, 1906.

Weber 1908 Weber, Heinrich: Elliptische Functionen und algebraische Zahlen. 2. Auflage, In: [Weber 1895-1896] Bd. 3, 2. Auflage, 1908.

Weber 1909 Weber, Heinrich: Elementare Algebra und Analysis. In: [Weber 1903-1907] Bd. 1, 3. Auflage, Leipzig: Teubner 1909.

Weber 1912 Weber, Heinrich: Lehrbuch der Algebra. Kleine Ausgabe in einem Bande. Braunschweig: Vieweg 1912.

Weber (Phys.) 1863 Weber, Heinrich (Phys.): Bestimmung des galvanischen Widerstandes der Metalldräthe aus ihrer Erwärmung durch den galvanischen Strom nach absolutem Maße. Inauguraldissertation, Leipzig: Barth 1863.

Weber (Phys.) 1869 Weber, Heinrich (Phys.): Vorschriften zur Construction von Galvanoskopen, welche das Maximum der Empfindlichkeit besitzen. Annalen der Physik und Chemie 213 (1869), S. 121-136.

Weber (Phys.) 1872 Weber, Heinrich (Phys.): Ueber das Wärmeleitungsvermögen von Eisen und Neusilber. Annalen der Physik und Chemie 146 (1872), S. 257-283.

Weber (Phys.) 1875 Weber, Heinrich (Phys.): Zur Theorie der Galvanometer. Annalen der Physik und Chemie 230 (1875), S. 239-259.

Weber (Phys.) 1876 Weber, Heinrich (Phys.): Zur Theorie der Galvanometer, Fortsetzung und Schluss. Annalen der Physik und Chemie 233 (1876), S. 555-578.

Weber W. 1876 Weber, Wilhelm: Abhandlungen zur atomistischen Theorie der Elektrodynamik. Leipzig: Engelmann 1876.

Weierstrass 1862 Weierstraß, Karl: Ueber die geodätischen Linien auf dem dreiachsigen Ellipsoid. Monatsberichte der Königlich-Preußischen Akademie der Wissenschaften zu Berlin (1861) 1862, S. 986-997.

Weierstrass 1867a Weierstraß, Karl: Ueber die Flächen, deren mittlere Krümmung überall gleich Null ist. Monatsberichte der Königlich-Preußischen Akademie der Wissenschaften zu Berlin (1866) 1867, S. 612-625, S. 855-856.

Zoellner 1876 Zöllner, Friedrich: Principien einer elektrodynamischen Theorie der Materie. Leipzig: Engelmann 1876.

E Kurzbiographien

An dieser Stelle sind ausschließlich Personen erfasst, deren Namen in den Briefen erwähnt worden sind. Die Kurzbiographien beschränken sich im Wesentlichen auf die Anführung der persönlichen Daten und der Daten zum beruflichen Werdegang. Auf die wissenschaftlichen Leistungen der Personen wird an dieser Stelle nicht eingegangen.

Abel, Niels Henrik (* 5. August 1802 † 6. April 1829) Mathematiker
Abel studierte von 1821 bis 1822 an der Königlichen Friedrichs-Universität Christiana (Oslo). Zuwendungen verschiedenster Art ermöglichten ihm in der Folgezeit Auslandsaufenthalte zu Studienzwecken unter anderem in Norwegen, Dänemark, Frankreich, Italien und Deutschland. Nach seiner Rückkehr zwang ihn anhaltende Finanznot, als Lehrer zu arbeiten. Abel sollte auf Betreiben seines Freundes Leopold Crelle eine Berufung nach Berlin erhalten. Allerdings traf die Zusage für diese Dozentenstelle erst nach Abels Tod ein.

Airy, George Biddell (* 27. Juli 1801 † 2. Januar 1892) Mathematiker, Astronom
Airy begann 1819 ein Studium am Trinity College an der Universität in Cambridge, dass er 1823 abschloss. Auch danach blieb Airy an der Universität in Cambridge und lehrte ab 1824 als Dozent für Mathematik. 1826 übernahm er den Lucasischen Lehrstuhl für Mathematik in Cambridge. Zwei Jahre später wurde er zum Professor für Astronomie und experimentelle Philosophie (Plumian Lehrstuhl, gestiftet von Thomas Plume (* 1630 † 1704) Erzdiakon von Rochester) und zum Leiter der neu errichteten Sternwarte von Cambridge ernannt. Ab 1835 war er Direktor des Royal Greenwich Observatory und siebter Astronom Royal. 1881 trat er von allen öffentlichen Ämtern zurück. Airy war Mitglied der Royal Society of Edinburgh, der Akademien der Wissenschaften in Göttingen, Berlin, Sankt Petersburg, sowie der Royal Society of London, deren Präsident er von 1871 bis 1873 war.

Bachmann, Paul Gustav Heinrich (* 22. Juni 1837 † 31. März 1920) Mathematiker
Bachmann begann im Jahr 1855 an der Friedrich-Wilhelms-Universität Berlin ein Mathematikstudium. Er wechselte aber schon ein Jahr später nach Göttingen, um weiterhin Vorlesungen bei Dirichlet hören zu können, der von Berlin nach Göttingen gegangen war. Für seine Doktorarbeit kehrte Bachmann nach Berlin zurück und wurde 1862 unter Kummer promoviert. 1864 wurde er an der Schlesischen Friedrich-Wilhelms-Universität zu Breslau habilitiert, an der er ab 1867 als außerordentlicher und ab 1873 als ordentlicher Professor lehrte. 1875 folgte er einem Ruf an die Universität in Münster.

Beez, Ludwig Richard Emil (* 27. Mai 1827 † 28. März 1902) Mathematiker, Pädagoge
Beez studierte in Leipzig Mathematik und Naturwissenschaften. Ab 1850 arbeitete er für ein Jahr als Lehrer an einem Gymnasium in Gotha, bevor er nach Plauen

übersiedelte und dort bis zu seinem Ruhestand 1894 als Lehrer, Professor und Vizerektor an verschiedenen Schulen wirkte.

Beltrami, Eugenio (* 16. November 1835 † 18. Februar 1900) Mathematiker
Beltrami begann 1853 ein Studium in Pavia, welches er nach kurzer Zeit auf Grund äußerer Umstände für einige Jahre unterbrechen musste. In dieser Zeit arbeitete Beltrami bei der Verwaltung der Lombardisch-Venezianischen Eisenbahn. Auf Betreiben von Francesco Brioschi nahm Beltrami, parallel zur Arbeit bei der Eisenbahn, sein Studium der Mathematik wieder auf. Einige wissenschaftliche Veröffentlichungen folgten, und die erhaltene Anerkennung ermöglichte es ihm, seine Arbeit bei der Eisenbahn 1862 aufzugeben und eine außerordentliche Professur für Algebra und analytische Geometrie an der Universität Bologna anzunehmen. Ein Jahr später erfolgte der Ruf nach Pisa als ordentlicher Professor für Geodäsie. 1866 kehrte Beltrami nach Bologna zurück und erhielt den Lehrstuhl für theoretische Mechanik, bevor er 1873 als Lehrer für theoretische Mechanik und höhere Analysis nach Rom wechselte. Drei Jahre später erhielt er den Lehrstuhl für mathematische Physik und höhere Mechanik an der Universität Pavia. 1891 ging Beltrami wieder zurück an die Universität Rom, wo er bis zu seinem Tod blieb. Beltrami war Präsident der Accademia dei Lincei, sowie Mitglied der Königlichen Gesellschaft der Wissenschaften zu Göttingen und der Königlich-Preußischen Akademie der Wissenschaften in Berlin.

Bessel, Friedrich Wilhelm (* 22. Juli 1784 † 17. März 1846) Astronom, Mathematiker, Geodät
Bessel absolvierte eine Kaufmannslehre und arbeitete anschließend als Buchhalter. Währenddessen eignete er sich autodidaktisch Kenntnisse in Astronomie, Mathematik, Geographie, Spanisch und Englisch an. Auf Vermittlung des Astronomen Heinrich Wilhelm Mathias Olbers (* 11. Oktober 1758 † 2. März 1840), der die Fähigkeiten Bessel's erkannt hatte, erhielt er 1806 eine Stelle als Assistent an der Sternwarte in Lilienthal bei Bremen. Nach weiteren autodidaktischen Studien folgte Bessel 1810 einem Ruf nach Königsberg, wo ihm eine Professur am Lehrstuhl für Astronomie sowie der Auftrag, eine Sternwarte zu errichten, angeboten worden waren. Bessel war Mitglied der Russischen Akademie der Wissenschaften Sankt Petersburg, der Königlichen Gesellschaft der Wissenschaften zu Göttingen und der Königlich-Preußischen Akademie der Wissenschaften zu Berlin.

Betti, Enrico (* 21. Oktober 1823 † 11. August 1892) Mathematiker, Ingenieur
Betti studierte Mathematik und Physik an der Universität von Pisa, wo er 1846 promoviert wurde und als Assistent für drei Jahre blieb. 1849 kehrte er in seine Heimatstadt Pistoria zurück und arbeitete als Lehrer für Mathematik an einer Schule. 1854 ging Betti nach Florenz, wo er ebenfalls als Mathematiklehrer arbeitete. In den folgenden Jahren besuchte Betti zusammen mit Francesco Brioschi und Felice Casorati die wissenschaftlichen Zentren dieser Zeit, Berlin, Paris und Göttingen,

wo er im Herbst 1858 Bernhard Riemann kennenlernte. Drei Jahre später wurde er als Professor für Analysis und höhere Geometrie an die Universität von Pisa berufen, wo er ab 1863 auch die Professur für mathematische Physik inne hatte. 1864 wurde er zum Direktor der Scuola Normale Superiore in Pisa ernannt, die sich unter seiner Leitung zu einem Zentrum für mathematische Forschung und Lehre entwickelte. Außerdem wurde Betti 1870 als Professor für Astronomie an das Lyceum in Florenz berufen. Er war Präsident der Accademia dei Lincei und Mitglied der Königlich-Preußischen Akademie der Wissenschaften zu Berlin, sowie der Königlichen Gesellschaft der Wissenschaften zu Göttingen.

Blümner, Hugo Johann Friedrich Daniel Wilhelm Ferdinand (* 9. August 1844 † 1. Januar 1919) Archäologe, Altphilologe
Blümner studierte von 1862 bis 1866 in Bonn, Berlin und Breslau. Anschließend arbeitete er als Lehrer an einem Gymnasium in Breslau und ab 1870 als Privatdozent an der Schlesischen Friedrich-Wilhelms-Universität Breslau. 1875 erhielt er eine außerordentliche Professur für Archäologie an der Königlichen Albertus-Universität Königsberg. Zwei Jahre später wechselte er als ordentlicher Professor nach Zürich.

Boeddicker, Otto (* 1853 † 1937) Astronom
Boeddicker wurde 1876 in Göttingen promoviert. Im Anschluß arbeitete er an der Königlichen Sternwarte zu Göttingen, bevor er von 1880 bis 1916 als astronomischer Assistent an der Sternwarte Birr Castle in Irland wirkte.

Boltzmann, Ludwig Eduard (* 20. Februar 1844 † 5. September 1906) Physiker, Philosoph
Boltzmann studierte in Wien. 1866 wurde er dort promoviert und arbeitete ab 1867 als Assistent am Physikalischen Institut. 1869 erhielt Boltzmann die Professur für mathematische Physik an der Karl-Franzens-Universität in Graz, bevor er 1873 auf den Lehrstuhl für Mathematik nach Wien zurückkehrte. 1876 wurde Boltzmann als Ordinarius für Experimentalphysik und Leiter des Physikalischen Institutes an die Universität in Graz berufen, von wo er 1889 als Professor für theoretische Physik nach München wechselte. Schon fünf Jahre später erhielt er die Professur für theoretische Physik am Physikalischen Institut in Wien. Von 1900 bis 1902 besetzte Boltzmann den Lehrstuhl für theoretische Physik und Naturphilosophie an der Universität Leipzig, kehrte aber 1902 auf seine vorherige Position in Wien zurück. Boltzmann war Mitglied vieler wissenschaftlicher Vereinigungen im In- und Ausland.

Borchardt, Karl Wilhelm (* 22. Februar 1817 † 27. Juni 1880) Mathematiker, von 1856 bis 1880 Herausgeber *Journal für die reine und angewandte Mathematik*
Borchard studierte ab 1836 in Berlin und ab 1839 in Königsberg, wo er 1843 promoviert wurde. Nach seiner Promotion verbrachte Borchardt zusammen mit Carl Jacobi ein Jahr in Italien und anschließend einige Zeit in Paris. Zurück

in Deutschland, lehrte Borchardt ab 1848 als Privatdozent an der Friedrich-Wilhelms-Universität Berlin. Nachdem er 1851 in Berlin habilitiert worden war, übernahm Borchardt den Lehrstuhl für Mathematik an der dortigen Universität. 1861 erfolgte krankheitshalber die Aufgabe aller Lehrtätigkeiten. Borchardt war Mitglied der Königlich-Preußischen Akademie der Wissenschaften zu Berlin und der Königlichen Gesellschaft der Wissenschaften zu Göttingen.

Brewster, David (* 11. Dezember 1781 † 10. Februar 1868) Physiker
Brewster begann schon in jungen Jahren sein Studium an der Universität von Edinburgh. Im Alter von nur 19 Jahren wurde ihm dort der Master of Arts ehrenhalber verliehen. Ab 1808 arbeitete er als Editor der *Edinbourgh Encyclopedia*, der er für mehr als 20 Jahre blieb. 1838 wurde Brewster zum Direktor der United Colleges of St. Salvator und St. Leonard an der Universität St. Andrews in Schottland ernannt. 1860 verlieh ihm die Universität Berlin die Ehrendoktorwürde. Brewster war Mitglied der Royal Society of Edinburgh, der Association of Civil Engineers London und weiterer wissenschaftlicher Akademien, sowie Mitbegründer der Royal Scottish Society of Arts.

Brioschi, Francesco (* 22. Dezember 1824 † 14. Dezember 1897) Mathematiker
Brioschi studierte an der Universität von Pavia, wo er 1845 auch promoviert wurde. Von 1852 bis 1861 lehrte er als Professor für angewandte Mathematik an der Universität von Pavia. Nachdem Brioschi zusammen mit Enrico Betti und Felice Casorati Göttingen, Berlin und Paris besucht hatte, war er von 1861 bis 1862 Sekretär des italienischen Bildungsministeriums und gründete 1863 das Politecnico, die Technische Hochschule von Mailand. Bis an sein Lebensende wirkte er an der Universität Mailand als Direktor und Professor für Mathematik und Hydraulik. Brioschi war Präsident der Accademia dei Lincei, Mitglied der Königlichen Gesellschaft der Wissenschaften zu Göttingen und Mitglied der Königlich-Preußischen Akademie der Wissenschaften zu Berlin.

Briot, Charles (* 19. Juli 1817 † 20. September 1882) Mathematiker
Briot absolvierte seine Ausbildung in Paris und wurde dort im Jahr 1842 promoviert. In den folgenden Jahren lehrte er als Professor am Lyceum in Orléans und an der Universität von Lyon. 1851 kehrte Briot nach Paris zurück, wo er in der Folgezeit an mehreren Lyceen lehrte und Kurse an der École Polytechnique und der Faculté des Sciences gab. 1864 erhielt er einen Ruf an die Sorbonne und an die École Normale Supérieure in Paris.

Cantor, Georg Ferdinand Ludwig Phillip (* 3. März 1845 † 6. Januar 1918) Mathematiker
Cantor besuchte ab 1860 die Höhere Gewerbeschule in Darmstadt. 1862 wechselte er an die Eidgenössische Technische Hochschule in Zürich, wo er sein Mathematikstudium begann. In der Folgezeit zog Cantor nach Berlin und verbrachte 1866 ein Semester in Göttingen, bevor er 1867 in Berlin promoviert wurde. 1869, Can-

tor war zwischenzeitlich an die Vereinigte Friedrichs-Universität Halle-Wittenberg gewechselt, wurde er habilitiert und erhielt dort 1872 eine außerordentliche, 1879 eine ordentliche Professur. 1913 wurde er emeritiert. Cantor war 1890 Mitbegründer der Deutschen Mathematiker-Vereinigung und von 1890 bis 1893 deren Präsident. Er erhielt die Ehrendoktorwürde der Universität St Andrews, Schottland, und war Mitglied der Deutschen Akademie der Naturforscher Leopoldina, sowie der Königlichen Gesellschaft der Wissenschaften zu Göttingen.

Casorati, Felice (* 17. Dezember 1835 † 11. September 1890) Mathematiker
Casorati studierte in Pavia, wo er anschließend als Brioschis Assistent arbeitete. 1859 wurde Casorati zum außerordentlichen und 1868 zum ordentlichen Professor in Pavia ernannt. Nach einer zwischenzeitlichen Tätigkeit in Mailand von 1868 bis 1875 kehrte Casorati nach Pavia zurück und lehrte dort bis zu seinem Tode. Casorati war Mitglied der wichtigsten wissenschaftlichen Akademien in Deutschland, Frankreich und Italien.

Cayley, Arthur (* 16. August 1821 † 26. Januar 1895) Mathematiker
Cayley studierte von 1838 bis 1842 am Trinity College in Cambridge. Die folgenden vier Jahre lehrte er noch am College, arbeitete dann aber 14 Jahre als Rechtsanwalt. Parallel besuchte Cayley Mathematikvorlesungen. Er publizierte viele mathematische Schriften. 1863 wurde er auf den Lehrstuhl für reine Mathematik an die Universität Cambridge berufen. Cayley war Mitglied der Royal Society, korrespondierendes Mitglied vieler in- und ausländischer wissenschaftlicher Akademien, mehrfacher Ehrendoktor und 1883 Präsident der British Association for the Advancement of Science.

Challis, James (* 12. Dezember 1803 † 3. Dezember 1882) Astronom
Challis schloß sein Studium 1825 mit dem Bachelor of Arts in Cambridge ab. Er war von 1835 bis 1879 als Nachfolger von Airy Professor für Astronomie und experimentelle Philosophie auf dem Plumian Lehrstuhl in Cambridge. Von 1835 bis 1861 war Challis außerdem Direktor der Sternwarte in Cambridge.

Christoffel, Elwin Bruno (* 10. November 1829 † 15. März 1900) Mathematiker
Christoffel begann sein Studium 1850 in Berlin und beendete es 1856 mit seiner Promotion. Drei Jahre später wurde er, ebenfalls in Berlin, habilitiert. Von 1859 bis 1862 lehrte er als Privatdozent an der Berliner Friedrich-Wilhelms-Universität, bevor er 1862 die Nachfolge von Richard Dedekind als Professor für Mathematik an der Eidgenössischen Technischen Hochschule Zürich antrat. 1869 wechselte Christoffel ebenfalls als Professor für Mathematik an die Königliche Gewerbeakademie Berlin. 1872 wurde er auf die gleiche Position an die Universität Straßburg berufen. Er blieb dort bis zu seinem Ruhestand 1892. Heinrich Weber wurde sein Nachfolger in Straßburg. Christoffel war Mitglied der Königlich-Preußischen Akademie der Wissenschaften zu Berlin und der Königlichen Gesellschaft der Wissenschaften zu Göttingen.

Clausius, Rudolf Julius Emanuel (* 2. Januar 1822 † 24. August 1888) Physiker
Clausius studierte ab 1840 Mathematik und Physik an der Friedrich-Wilhelms-Universität Berlin. Nachdem er ein Jahr als Lehrer am Friedrich Werderschen Gymnasium in Berlin unterrichtet hatte, wurde er 1848 an der Vereinigten Friedrichs-Universität Halle-Wittenberg promoviert. Danach arbeitete er als Professor an der Königlichen Artillerie- und Ingenieurschule Berlin und ab 1850 und daneben als Privatdozent an der Universität Berlin. 1855 wurde Clausius als Professor für mathematische Physik an die Eidgenössische Technische Hochschule Zürich berufen. 1867 wechselte er auf den Lehrstuhl für Physik an die Julius-Maximilians-Universität Würzburg und 1869 in die gleiche Position an der Rheinischen Friedrich-Wilhelms-Universität Bonn, wo er 1884/85 das Rektorenamt innehatte. Clausius war Mitglied fast aller wissenschaftlicher Akademien im In- und Ausland.

Clebsch, Rudolf Friedrich Alfred (* 19. Januar 1833 † 7. November 1872) Mathematiker, von 1869 bis 1872 Herausgeber *Mathematische Annalen*
Clebsch studierte ab 1850 an der Königlichen Albertus-Universität zu Königsberg 1850, wo er 1854 sein Doktor- und Staatsexamen ablegte. Im selben Jahr noch ging er nach Berlin und unterrichtete dort an verschiedenen Schulen. Clebsch wurde 1858 in Berlin habilitiert und trat danach seine erste Stelle als Privatdozent an der Friedrich-Wilhelms-Universität Berlin an, von wo er noch im selben Jahr nach Karlsruhe als Professor für Theoretische Mechanik an das dortige Polytechnikum wechselte. 1863 wurde Clausius zum Professor für Mathematik an die Ludwigs-Universität Giessen berufen. Fünf Jahre später trat er die Nachfolge von Bernhard Riemann als Professor für Mathematik in Göttingen an. Clebsch war Mitbegründer der *Mathematischen Annalen* und Mitglied der Königlich-Preußischen Akademie der Wissenschaften zu Berlin, sowie der Königlichen Gesellschaft der Wissenschaften zu Göttingen.

Crelle, August Leopold (* 17. März 1780 † 6. Oktober 1855) Mathematiker, Architekt, Ingenieur, von 1826 bis 1855 Herausgeber *Journal für die reine und angewandte Mathematik*
Da es Crelle aus finanziellen Gründen nicht möglich war, Mathematik an einer Universität zu studieren, arbeitete er zuerst als Ingenieur beim preußischen Innenministerium und erwarb sich so gute Kenntnisse der Mathematik im Eigenstudium, dass er 1816 in Heidelberg zur Promotion zugelassen wurde. Ab 1828 war Crelle als Referent am preußischen Kultusministerium tätig. 1826 gründete er das als *Crelles Journal* bekannte *Journal für die reine und angewandte Mathematik*, welches er in 52 Ausgaben selbst editierte. Drei Jahre später gründete er das *Journal für die Baukunst*, welches aber nur bis 1851 existierte. Crelle war Mitglied der Königlich-Preußischen Akademie der Wissenschaften zu Berlin und vieler weiterer Akademien im In- und Ausland.

Culmann, Karl (* 10. Juli 1821 † 9. Dezember 1881) Bauingenieur
Culmann besuchte bis 1838 die Königliche Landwirtschafts- und Gewerbeschule in Kaiserslautern und in der Folge bis 1841 das Polytechnikum in Karlsruhe. Zwischen 1841 und 1848 arbeitete er als Gehilfe und Praktikant bei der Eisenbahnsektion Hof und im Anschluß bis 1855 bei den Eisenbahnbaukommissionen München, Burgau und Vilshofen. Während dieser Zeit unternahm Culmann ausgedehnte Reisen nach England und Amerika. 1854 wurde er zum Sektionsingenieur ernannt. Ein Jahr später erhielt Culmann eine Berufung zum Professor für Ingenieurwissenschaften an die Eidgenössischen Technischen Hochschule in Zürich. Zwischen 1872 und 1875 war er außerdem Rektor der Eidgenössischen Technischen Hochschule in Zürich. 1880 wurde Culmann von der Universität Zürich die Ehrendoktorwürde verliehen.

Darboux, Jean Gaston (* 14. August 1842 † 23. Februar 1917) Mathematiker, Herausgeber *Bulletin des Sciences Mathématiques et Astronomiques*
Darboux studierte in Paris, wo er 1868 promoviert wurde. Er lehrte danach bis 1872 am Lycée Lois le Grand, der Schule Galois', und bis 1881 an der École Normale Supérieure in Paris. 1873 wurde Darboux unter Liouville auf den Lehrstuhl für Mechanik an die Sorbonne in Paris berufen. 1880 wechselte er auf den Lehrstuhl für höhere Geometrie an der Sorbonne. Darboux war Mitbegründer und lange Jahre Herausgeber des *Bulletin des Sciences Mathématiques et Astronomiques* und Mitglied der Königlichen Gesellschaft der Wissenschaften zu Göttingen.

Dedekind, Julius Wilhelm Richard (* 6. Oktober 1831 † 12. Februar 1916) Mathematiker
Dedekind studierte ab 1850 an der Georg-Augusts-Universität in Göttingen, wo er 1852 promoviert und 1854 habilitiert wurde. Bis 1858 blieb Dedekind als Privatdozent in Göttingen und wurde dann zum Professor an der Eidgenössischen Technischen Hochschule in Zürich ernannt. 1861 kehrte Dedekind nach Braunschweig zurück und wirkte als Professor für Mathematik und von 1872 bis 1875 als erster gewählter Direktor am Collegium Carolinum, das unter Dedekinds Mithilfe 1878 zur Herzoglich Technischen Hochschule zu Braunschweig erhoben wurde. 1894 wurde Dedekind in den Ruhestand versetzt. Er war Mitglied der Akademien in Berlin, Göttingen, Paris und Rom, gehörte der Deutschen Akademie der Naturforscher Leopoldina an. Dedekind erhielt die Ehrendoktorwürde der Universitäten in Zürich, Christiania (Oslo) und Braunschweig.

Dillner, Goran Andersson (* 26. April 1832 † 28. März 1906) Mathematiker
Dillner studierte in Uppsala. Nach seiner Promotion 1863 unternahm er mit Hilfe staatlicher Stipendien ausgedehnte Reisen zu den wissenschaftlichen Zentren in Deutschland, Frankreich und Italien. Dillner saß zwischen 1875 und 1882 im Stadtrat von Uppsala, bevor er ab 1882 unter anderem als Dozent und später als Professor in seinem Heimatland Schweden lehrte und arbeitete.

Dirichlet, Peter Gustav Lejeune (* 13. Februar 1805 † 5. Mai 1859) Mathematiker
Dirichlet studierte von 1822 bis 1826 in Paris. 1827 erhielt er die Ehrendoktorwürde von der Rheinischen Friedrich-Wilhelms-Universität Bonn. Bevor Dirichlet 1828 nach Berlin ging, verbrachte er ein Jahr als Professor für Mathematik an der Schlesischen Friedrich-Wilhelms-Universität in Breslau. In Berlin war Dirichlet zuerst Privatdozent, ab 1831 außerordentlicher und ab 1839 ordentlicher Professor an der Friedrich-Wilhelms-Universität. 1855 wurde er als Nachfolger von Gauß zum Professor für Mathematik an die Georg-Augusts-Universität Göttingen berufen. Dirichlet war Mitglied der Königlichen Gesellschaft der Wissenschaften zu Göttingen und der Russischen Akademie der Wissenschaften in Sankt Petersburg.

Earnshaw, Samuel (* 1. Februar 1805 † 6. Dezember 1888) Mathematiker, Physiker, Geistlicher
Earnshaw studierte ab 1827 am John's College in Cambridge. Nach seinem Abschluss blieb er noch bis 1847 in Cambridge, kehrte dann zurück in seinen Geburtsort Sheffield und arbeitete an der dortigen Parish Church.

Eisenstein, Ferdinand Gotthold Max (* 16. April 1823 † 11. Oktober 1852) Mathematiker
Eisenstein studierte ab 1843 an der Friedrich-Wilhelms-Universität Berlin. 1845 erhielt er auf Betreiben Kummers von der Philosophischen Fakultät der Schlesischen Friedrich-Wilhelms-Universität Breslau die Ehrendoktorwürde verliehen. 1847 erfolgte die Habilitation in Berlin, wo Eisenstein bis 1852 als Privatdozent lehrte. Eisenstein war Mitglied der Königlichen Gesellschaft der Wissenschaften zu Göttingen und der Königlich-Preußischen Akademie der Wissenschaften zu Berlin.

Enneper, Alfred (* 14. Juni 1830 † 24. März 1885) Mathematiker
Enneper studierte von 1849 bis 1853 in Paris, Berlin und Göttingen. Er wurde 1856 promoviert und 1859 habilitiert. 1870 wurde Enneper in Göttingen zum außerordentlichen Professor ernannt. Enneper war Mitglied der Königlichen Gesellschaft der Wissenschaften zu Göttingen.

Euler, Leonard (* 15. April 1707 † 18. September 1783) Mathematiker
Euler studierte an der Universität Basel, wo er 1724 sein Studium mit der Prüfung zum Magister phil. abschloß. 1727 wurde er an die Russische Akademie der Wissenschaften nach Sankt Petersburg berufen. Dort wirkte er zunächst als Adjunkt, ab 1731 dann als Professor für Physik und ab 1733 als Professor für Mathematik. 1741 ging Euler zurück nach Berlin. Er war bis 1766 als Direktor an der Königlich-Preußischen Akademie der Wissenschaften zu Berlin tätig. 1766 kehrte er nach Sankt Petersburg an die Russische Akademie der Wissenschaften zurück, wohin er wieder als Professor berufen worden war.

Ewald, Georg Heinrich August (* 16. November 1803 † 4. Mai 1875) Orientalist, Theologe
Ewald studierte in Göttingen Theologie und Orientalistik. 1823 wurde er dort promoviert und lehrte ab 1827 als außerordentlicher und ab 1831 als ordentlicher Professor an der philosophischen Fakultät der Georg-Augusts-Universität Göttingen. Aufgrund seiner politischen Betätigung, als einer der Göttinger 7, 1837 entlassen, erhielt Ewald aber schon 1838 einen Ruf an die philosophische Fakultät der Eberhard Karls Universität Tübingen. 1841 wechselte er zur theologische Fakultät. Da sich zwischenzeitlich die politischen Verhältnisse geändert hatten, erhielt Ewald 1848 eine Einladung zur Rückkehr nach Göttingen, die er auch annahm. Jedoch wurde Ewald 1867 abermals aus politischen Gründen entlassen und 1868 wurde ihm sogar die Venia Legendi entzogen. Danach arbeitete Ewald als freier Schriftsteller. Er war Mitglied der Göttingischen Gelehrten Gesellschaft. Von 1869 bis zu seinem Tod war Ewald Mitglied der Opposition im Reichstag und Mitglied der Königlichen Gesellschaft der Wissenschaften zu Göttingen.

Faifofer, Aureliano (* 4. August 1843 † 1. März 1909) Mathematiker
Faifofer studierte an der Universität von Padua, wo er, nach seinem Studienabschluss 1863, für vier Jahre als Assistent am Lehrstuhl für darstellende Geometrie arbeitete. 1868 erhielt er einen Ruf nach Venedig an die Schule Marco Foscarini, wo er als Professor für Mathematik mehr als 40 Jahre lehrte.

Fechner, Gustav Theodor (* 19. April 1801 † 18. November 1887) Psychologe, Physiker, Naturphilosph
Fechner studierte ab 1817 an der Universität Leipzig Medizin. Nach seinem Abschluss erhielt Fechner 1834 einen Ruf auf den Lehrstuhl für Physik an die Universität Leipzig, von dem er 1843 auf den Lehrstuhl für Naturphilosophie und Anthropologie wechselte. Fechner war in Leipzig erster Direktor des ersten physikalischen Instituts in Deutschland und ging auch journalistischen Tätigkeiten nach. Dabei schrieb Fechner nicht nur wissenschaftliche Abhandlungen, sondern unter dem Pseudonym Dr. Mises auch unterhaltende Literatur. Er war Gründungsmitglied der Königlich-Sächsischen Gesellschaft der Wissenschaften und korrespondierendes Mitglied mehrerer weiterer wissenschaftlicher Akademien.

Fermat, Pierre de (* ca. 1607/08 † 12. Januar 1665) Mathematiker, Jurist
Fermat begann sein Studium an der Universität von Toulouse, wechselte aber für weitere mathematische Studien nach Bordeaux. Anschließend studierte er in Orléans die Rechte und arbeitete ab 1831 als Rechtsanwalt in Toulouse. Sein ganzes Leben über beschäftigte sich Fermat neben seiner anwaltlichen Arbeit mit Mathematik.

Fiedler, Otto Wilhelm (* 3. April 1832 † 19. November 1911) Mathematiker
Fiedler besuchte von 1846 bis 1849 die Höhere Gewerbeschule in Chemnitz und im Anschluß daran die Kurfürstlich-Sächsische Bergakademie zu Freiberg. Finan-

zielle Not zwang Fiedler, nach seinem Abschluss eine Stelle als Lehrer an der Werkmeisterschule zu Freiberg anzunehmen und ab 1853 an der Höheren Gewerbeschule zu Chemnitz als Lehrer für Mathematik und Mechanik zu arbeiten. Erst 1859 war es Fiedler möglich, seine Dissertation an der Universität Leipzig abzuschließen. 1863 erhielt er eine Berufung an die Technische Hochschule zu Prag als Professor für höhere Mathematik, worauf 1867 ein Ruf an die Eidgenössische Technische Hochschule Zürich als Professor für darstellende Geometrie folgte. Fiedler wurde im Jahre 1907 emeritiert. Er war Mitglied der Königlich-Bayrischen Akademie der Wissenschaften und erhielt 1907 die Ehrendoktorwürde von der Technischen Hochschule Wien.

Fourier, Jean Baptiste Joseph (* 21. März 1768 † 16. Mai 1830) Mathematiker, Physiker
Fourier besuchte die École Royale Militaire in Auxerre, an der er ab 1790 selbst lehrte. Ab 1795 studierte er an der neugegründeten Pariser École Normale und wurde 1797 als Nachfolger von Lagrange Professor für Analysis und Mechanik an der École Polytechnique. Fourier war Mitglied und später Sekretär der Academie des Sciences Paris und Mitglied der Königlich-Preußischen Akademie der Wissenschaften zu Berlin.

Fuchs, Immanuel Lazarus (* 5. Mai 1833 † 26. April 1902) Mathematiker, von 1892 bis 1902 Herausgeber *Journal für die reine und angewandte Mathematik*
Fuchs studierte ab 1854 und wurde 1858 an der Friedrich-Wilhelms Universität Berlin promoviert. In den folgenden Jahren lehrte er unter anderem an der Vereinigten Artillerie- und Ingenieurschule und der Friedrich-Werderschen Gewerbeschule in Berlin. Nach seiner Habilitation 1865, einer einjährigen Tätigkeit als Privatdozent und ab 1866 einer außerordentlichen Professur an der Berliner Universität erfolgte 1869 der Ruf auf die ordentliche Professur für Mathematik an die Königliche Universität zu Greifswald. 1874 erhielt Fuchs einen Ruf nach Göttingen und ein Jahr später einen nach Heidelberg, bevor er 1884 nach Berlin zurückkehrte. Fuchs war Mitglied der Königlich-Preußischen Akademie der Wissenschaften zu Berlin und der Königlichen Gesellschaft der Wissenschaften zu Göttingen.

Galois, Évariste (* 25. Oktober 1811 † 31. Mai 1832) Mathematiker
Da Galois zweimal die Aufnahmeprüfungen an der École Polytechnique in Paris nicht bestand, besuchte er stattdessen ab 1829 die École Préparatoire, von der er jedoch 1831 aus politischen Gründen verwiesen wurde.

Gauß, Carl Friedrich (* 30. April 1777 † 23. Februar 1855) Mathematiker, Astronom, Geodät, Physiker
Gauß studierte von 1792 bis 1795 am Collegium Carolinum, der späteren Herzoglich-Technischen Hochschule in Braunschweig und bis 1798 an der Georg-Augusts-Universität in Göttingen. Er wurde 1798 in Helmstedt promoviert und war von 1798 bis 1807 weiter als Privatgelehrter in Braunschweig tätig. Gauß verließ

Braunschweig 1807 und ging nach Göttingen, wo er Professor für Astronomie und Direktor der Sternwarte an der Georg-Augusts-Universität wurde. Während seiner Zeit in Göttingen hatte er über lange Jahre maßgeblichen Anteil an der Gradmessung des Königreichs Hannover, die als Fortsetzung der Dänischen Gradmessung in der ersten Hälfte des 19. Jahrhunderts durchgeführt wurde. Gauß war Mitglied der meisten Akademien der Wissenschaften im In- und Ausland. Er ist Ehrenbürger der Städte Braunschweig und Göttingen.

Geiser, Carl Friedrich (* 26. Februar 1843 † 7. März 1934) Mathematiker
Geiser studierte ab 1859 an der Eidgenössischen Technischen Hochschule Zürich und später an der Universität Berlin. 1863 kehrte Geiser nach Zürich zurück, wo er habilitiert wurde. Er lehrte zuerst als Privatdozent, ab 1873 als ordentlicher Professor der höheren Mathematik an der Eidgenössischen Technischen Hochschule. Von 1881 bis 1887 und von 1891 bis 1895 leitete er die Hochschule und war 1897 Veranstalter und Präsident des ersten Mathematiker-Kongresses in Zürich. Geiser war von 1898 bis 1904 Präsident der Schweizerischen Naturforschenden Gesellschaft, Ehrendoktor der Universitäten Zürich und Bern und Ehrenmitglied der Schweizerischen Mathematischen Gesellschaft.

Genocchi, Angelo (* 5. März 1817 † 7. März 1889) Mathematiker, Jurist
Genocchi studierte an der Universität von Piacenza. Er arbeitete danach mehrere Jahre als Anwalt und Rechtsgelehrter an der Universität von Piacenza, bevor er aus politischen Gründen nach Turin ging. 1859 erhielt Genocchi in Turin den Lehrstuhl für Algebra und Geometrie und 1860 den Lehrstuhl für höhere Analysis, worauf 1862 zwei weitere Lehrstuhlwechsel folgten.

Gordan, Paul Albert (* 27. April 1837 † 21. Dezember 1912) Mathematiker
Gordan studierte in Breslau, Königsberg und Berlin, wo er 1862 promoviert wurde. Nach seiner 1863 erfolgten Habilitation in Gießen, erhielt Gordan dort 1865 eine außerordentliche Professur. 1874 wechselte Gordan als Professor für Mathematik an die Universität Erlangen, wo er bis zu seiner Emeritierung 1910 blieb. Gordan war Mitglied der Königlichen Gesellschaft der Wissenschaften zu Göttingen, der Königlich-Preußischen Akademie der Wissenschaften zu Berlin und der Bayrischen Akademie der Wissenschaften.

Hadamard, Jacques Salomon (* 8. Dezember 1865 † 17. Oktober 1963) Mathematiker
Hadamard studierte ab 1884 an der École Normale in Paris. Nach seinem Abschluß im Jahr 1888 lehrte unter anderem an der Pariser École Polytechnique. 1892 ging Hadamard nach Bordeaux, um erst als Dozent, dann ab 1896 als Professor für Astronomie und Mechanik zu lehren. 1897 erhielt er einen Ruf an die Sorbonne in Paris. Hadamard wechselte 1912 auf den Lehrstuhl für Analysis an die École Polytechnique und das Collége de France, zusätzlich hatte er ab 1920 auch noch den Lehrstuhl für Analysis an der École Centrale inne.

Hamilton, William Rowan (* 4. August 1805 † 2. September 1865) Mathematiker
Hamilton studierte in Dublin. Schon vor Abschluß seines Studiums erhielt er dort eine Professur für Astronomie. Hamilton wurde 1827 zum Royal Astronomer of Ireland ernannt und war Mitglied der Königlich-Preußischen Akademie der Wissenschaften zu Berlin.

Hankel, Hermann (* 14. Februar 1839 † 29. August 1873) Mathematiker
Hankel studierte ab 1857 in Leipzig, wo er später promoviert wurde, von 1860 bis 1861 in Göttingen, sowie ab 1861 in Berlin. Nach seiner Rückkehr aus Berlin wurde Hankel 1863 in Leipzig habilitiert. Er lehrte dort zuerst als Privatdozent und ab 1867 als außerordentlicher Professor. Noch 1867 wurde Hankel auf eine ordentliche Professur für Mathematik nach Erlangen und 1869 als Nachfolger Carl Neumanns nach Tübingen berufen.

Hattendorff, Karl Friedrich Wilhelm (* 31. August 1834 † 1. Juni 1882) Mathematiker
Hattendorff studierte von 1852 bis 1856 am Polytechnikum in Hannover und von 1860 bis 1862 in Göttingen. 1862 wurde Hattendorff in Göttingen promoviert, 1864 habilitiert und lehrte dort als Privatdozent. Nach einer kurzen Lehrtätigkeit an einer Realschule in Hannover wirkte er von 1870 bis 1882 als Professor an der Polytechnischen Schule Aachen. Hattendorff war Mitglied der Königlichen Gesellschaft der Wissenschaften zu Göttingen.

Hegel, Georg Wilhelm Friedrich (* 27. August 1770 † 14. November 1831) Philosoph
Hegel studierte von 1788 bis 1793 Theologie am Tübinger Stift. Nah seinem Magisterabschluss 1793 war er mehrere Jahre in Frankfurt Hauslehrer. 1802 ging Hegel nach Jena, um dort habilitiert zu werden. Er blieb bis 1807 in Jena. 1818 erhielt er eine Professur für Philosophie an der Friedrich-Wilhelms-Universität Berlin, deren Rektor er 1829/30 war.

Heine, Heinrich Eduard (* 18. März 1821 † 21. Oktober 1881) Mathematiker
Heine studierte ab 1838 zuerst in Berlin und später in Göttingen. 1842 wurde er promoviert und ging für weitere Studien nach Königsberg. Nachdem Heine 1844 habilitiert worden war und für kurze Zeit als Privatdozent gelehrt hatte, erhielt er 1848 die außerordentliche Professur für Mathematik an der Rheinischen Friedrich-Wilhelms-Universität Bonn. 1856 wurde Heine an die Vereinigte Friedrichs-Universität Halle-Wittenberg berufen, ebenfalls als Professor für Mathematik. Heine war Mitglied der Königlich-Preußischen Akademie der Wissenschaften zu Berlin.

Henle, Friedrich Gustav Jakob (* 19. Juli 1809 † 13. Mai 1885) Arzt, Anatom, Pathologe
Henle studierte ab 1827 in Bonn und Heidelberg, sowie ab 1832 in Berlin. Von 1837 bis 1840 lehrte Henle an der Friedrich-Wilhelms-Universität Berlin als Privatdozent für Anatomie und Physiologie. Nach seiner Habilitation in Berlin wur-

de Henle 1840 als Professor für Anatomie an die Universität Zürich berufen und wechselte 1844 in die gleiche Position an die Ruprecht-Karls-Universität in Heidelberg. 1852 erhielt Henle einen Ruf als Professor für Anatomie an die Georg-Augusts-Universität Göttingen, wo er bis zu seinem Tod blieb. Henle war Mitglied der Königlich-Preußischen Akademie der Wissenschaften zu Berlin und vieler weiterer Akademien.

Hermann, Ludimar (* 21. Oktober 1838 † 5. Juni 1914) Physiologe
Hermann studierte in Berlin und wurde dort 1859 promoviert. An seine 1865 erfolgte Habilitation schloß sich eine dreijährige Tätigkeit als Privatdozent für Physiologie an der Friedrich-Wilhelms-Universität Berlin an. 1868 wurde Hermann als Professor für Physiologie nach Zürich berufen, 1884 folgte ein Ruf nach Königsberg. Hermann war Mitglied vieler, vor allem ausländischer wissenschaftlicher Akademien.

Hermite, Charles (* 24. Dezember 1822 † 14. Januar 1901) Mathematiker
Hermite begann sein Studium an der Pariser École Polytechnique, verließ die Universität aber ohne Abschluß. Nachdem er seinen Abschluß 1847 nachgeholt hatte, lehrte Hermite an der École Polytechnique, wo er von 1869 bis 1876 Professor war. 1876 wechselte Hermite an die Sorbonne in Paris und lehrte dort bis zu seiner Pensionierung im Jahre 1897. Hermite war Mitglied der Königlichen Gesellschaft der Wissenschaften zu Göttingen.

Hesse, Ludwig Otto (* 22. April 1811 † 4. August 1874) Mathematiker
Hesse studierte ab 1832 an der Königlichen Albertus-Universität zu Königsberg Mathematik und schloß sein Studium 1837 mit dem Oberlehrerexamen ab. 1840 wurde Hesse, ebenfalls in Königsberg, promoviert. Er lehrte dort ab 1845 als außerordentlicher Professor, anfangs allerdings ohne ein Gehalt zu erhalten. 1855 wechselte Hesse an die Vereinigte Friedrichs-Universität Halle-Wittenberg, von wo er schon ein Jahr später nach Heidelberg berufen wurde. Hesse verließ Heidelberg jedoch 1868, da ihm eine Professur an der neuerrichteten Polytechnischen Schule in München angeboten worden war. Er war Mitglied der wissenschaftlichen Akademien in Berlin, Göttingen, London und München.

Hilbert, David (* 23. Januar 1862 † 14. Februar 1943) Mathematiker
Hilbert studierte in Königsberg und zwei Semester in Heidelberg. Nach seiner Promotion im Jahre 1884 und dem 1885 bestandenen Staatsexamen lehrte und arbeitete Hilbert ab 1886 als Privatdozent, ab 1892 als außerordentlicher und ab 1893 als ordentlicher Professor für Mathematik an der Königlichen Albertus-Universität zu Königsberg. 1895 erhielt Hilbert einen Ruf nach Göttingen, wo er bis zu seiner Emeritierung im Jahr 1930 blieb. Hilbert war Mitglied der Königlich-Preußischen Akademie der Wissenschaften zu Berlin und der Königlichen Gesellschaft der Wissenschaften zu Göttingen.

Holtzmann, Heinrich Julius (* 17. Mai 1832 † 4. August 1910) Theologe, Schwager von Heinrich Weber

Holtzmann studierte von 1850 bis 1854 in Heidelberg und Berlin. 1858 wurde er in Heidelberg promoviert, wo er ab 1861 als außerordentlicher und ab 1865 als ordentlicher Professor lehrte und arbeitete. 1874 wurde Holtzmann nach Straßburg berufen und blieb dort bis zu seiner Emeritierung im Jahr 1904. Holtzmann war verheiratet mit Karoline Holtzmann, geb. Weber, der Schwester Heinrich Webers.

Hurwitz, Adolf (* 26. März 1859 † 18. November 1919) Mathematiker

Hurwitz studierte ab 1877 an der Technischen Hochschule in München. 1880 wechselte er nach Leipzig, wo er 1881 promoviert wurde. Da eine Habilitation in Leipzig für den Realschulabsolventen Hurwitz nicht möglich war, ging er nach Göttingen, wo er kurze Zeit später habilitiert wurde. Noch vor seinem 25. Geburtstag erhielt Hurwitz eine Berufung nach Königsberg. 1892 wechselte er an die Eidgenössische Technische Hochschule nach Zürich, der er bis zu seinem Tode treu blieb. Hurwitz war Mitglied der Königlichen Gesellschaft der Wissenschaften zu Göttingen und der Accademia dei Lincei in Rom, sowie Ehrenmitglied der wissenschaftlichen Akademien in Hamburg, Charkow und London.

Jacobi, Carl Gustav Jacob (* 10. Dezember 1804 † 18. Februar 1851) Mathematiker

Jacobi wurde an der Berliner Friedrich-Wilhelms-Universität promoviert und 1825 habilitiert. Nach einer kurzen Tätigkeit als Privatdozent in Berlin wechselte Jacobi 1826 nach Königsberg, zuerst ebenfalls als Privatdozent, ab 1827 als außerordentlicher und ab 1829 als ordentlicher Professor für Mathematik. 1844 zog Jacobi krankheitsbedingt, unter Weiterzahlung seines Königsberger Gehaltes, nach Berlin, aber ohne an der Berliner Universität einen Posten inne zu haben. Aus politischen Gründen wurde diese Gehaltszahlungen ab März 1848 eingestellt und erst nach einer Berufung Jacobis an die Universität nach Wien im Jahre 1850 wieder aufgenommen. Jacobi blieb bis zu seinem Tod in Berlin. Er war der erste Präsident der Königlich-Preußischen Akademie der Wissenschaften zu Berlin und Mitglied der Königlichen Gesellschaft der Wissenschaften zu Göttingen.

Kant, Immanuel (* 22. April 1724 † 12. Februar 1804) Philosoph

Kant studierte ab 1740 in Königsberg. Nach einer kurzen Tätigkeit als Hauslehrer wurde er 1755 zum Magister promoviert. Er lehrte von 1756 bis 1770 als Privatdozent und danach als Professor für Logik und Metaphysik an der Königlichen Albertus-Universität Königsberg. Nachdem Kant 1786 und 1788 Rektor der Universität und mehrfach Dekan gewesen war, beendete er im Jahre 1795 seine aktive Lehrtätigkeit. Kant war Mitglied der Königlich-Preußischen Akademie der Wissenschaften zu Berlin und der Russischen Akademie der Wissenschaften Sankt Petersburg.

Kappeler, Johann Karl (* 23. März 1816 † 20. Oktober 1888) Jurist, Politiker

Kappeler studierte an den Universitäten in Zürich, Heidelberg und Berlin, arbeitete anschließend als niedergelassener Advocat und bekleidete verschiedene politische Ämter. Ab 1857 war Kappeler Leiter der Eidgenössischen Technischen Hochschule in Zürich.

Kenngott, Johann Gustav Adolf (* 6. Januar 1818 † 14. März 1897) Mineraloge
Kenngott studierte an der Schlesischen Friedrich-Wilhelms-Universität Breslau, wo er 1842 promoviert und 1844 habilitiert wurde. Ab 1852 arbeitete Kenngott am Hofmineralienkabinett in Wien und von 1856 bis 1893 als Professor für Mineralogie an der Eidgenössischen Technischen Hochschule in Zürich. Von 1857 bis 1893 lehrte Kenngott in gleicher Funktion parallel auch an der 1833 gegründeten Universität Zürich. In den Jahren 1875 bis 1881 war Kenngott Direktor der Eidgenössischen Polytechnischen Hochschule und 1866 bis 1868, 1876 bis 1878, sowie 1882 bis 1884 Dekan der Universität.

Kirchhoff, Gustav Robert (* 12. März 1824 † 17. Oktober 1887) Physiker
Kirchhoff studierte in Königsberg, war von 1848 bis 1850 Privatdozent und ab 1850 Professor für Physik an der Friedrich-Wilhelms-Universität in Berlin. 1854 wurde er als Professor für theoretische und Experimentalphysik nach Heidelberg berufen, wo er viele Jahre blieb. Erst 1875 kehrte er als Professor für theoretische Physik an die Universität nach Berlin zurück. 1883/84 war Kirchhoff Rektor der Berliner Universität, bevor er 1886 aus dem Universitätsdienst ausschied. Kirchhoff war Mitglied der Königlich-Preußischen Akademie der Wissenschaften zu Berlin und der Königlichen Gesellschaft der Wissenschaften zu Göttingen.

Klein, Christian Felix (* 25. April 1849 † 22. Juni 1925) Mathematiker, von 1876 bis 1924 Herausgeber *Mathematische Annalen*
Klein studierte ab 1865 in Bonn, wo er auch promoviert wurde. Nach einem kurzen Aufenthalt 1869 in Göttingen begab er sich noch im selben Jahr für weitere Studien nach Berlin. Er wurde zwei Jahre später in Göttingen habilitiert. 1872 wurde Klein als ordentlicher Professor für Mathematik nach Erlangen berufen, von wo aus er 1875 einen Ruf an die Technische Hochschule München erhielt. Klein blieb sieben Jahre in München und wechselte 1880 auf eine Professur für Geometrie nach Leipzig, bevor er 1886 nach Göttingen berufen wurde. In Göttingen lehrte und arbeitete Klein bis 1892 gemeinsam mit Hermann Amandus Schwarz. Im Jahre 1911 wurde Klein emeritiert. Klein war Mitglied der Königlichen Gesellschaft der Wissenschaften zu Göttingen und vieler weiterer wissenschaftlicher Akademien.

Königsberger, Leo (* 15. Oktober 1837 † 15. Dezember 1921) Mathematiker
Königsberger studierte ab 1857 an der Friedrich-Wilhelms-Universität Berlin, wo er 1860 auch promoviert wurde. Ab 1861 war Königsberger als Lehrer für Mathematik und Physik in Berlin beschäftigt, bevor er ab 1864 als außerordentlicher und ab 1866 als ordentlicher Professor für Mathematik an der Königlichen Universität in Greifswald lehrte. 1869 ging Königsberger nach Heidelberg, von wo er 1875 auf eine Professur für Mathematik an das Königlich Sächsische Polytechnikum in Dresden berufen wurde. Schon zwei Jahre später wechselte Königsberger

als Professor für höhere Mathematik an die Universität Wien. 1884 kehrte Königsberger als Professor für Mathematik zurück nach Heidelberg. Er blieb der Universität bis zu seiner Emeritierung im Jahre 1914 treu. Königsberger war Mitglied der Königlich-Preußischen Akademie der Wissenschaften zu Berlin, der Königlichen Gesellschaft der Wissenschaften zu Göttingen und Mitbegründer der Zeitschrift *Repertorium der literarischen Arbeiten aus dem Gebiete der reinen und angewandten Mathematik*, die nach zwei erschienenen Bänden wieder eingestellt wurde.

Kowalewskaja Wassiljewna, Sofja (* 3. Januar 1850$^{jul.}$ / 15. Januar 1850$^{greg.}$ † 29. Januar 1891$^{jul.}$ / 10. Februar 1891$^{greg.}$) Mathematikerin
Die in Moskau geborene Sofja Kowalewskaja studierte in Heidelberg und Berlin Mathematik. Sie erhielt in Berlin zwischen 1870 und 1874 Privatlektionen von Karl Weierstraß und wurde mit drei gleichzeitig eingereichten Arbeiten in absentia an der Universität Göttingen promoviert. Nach der Promotion zog sich Sofja Kowalewskaja für einige Jahre ins Privatleben zurück, nahm aber 1881 ihre wissenschaftlichen Forschungen wieder auf und arbeitete ab 1882 als Privatdozentin an der Stockholmer Universität. Ein Jahr später wurde sie dort zur Professorin für höhere Analysis ernannt.

Krause, Martin (* 29. Juni 1851 † 2. März 1920) Mathematiker
Krause studierte von 1870 bis 1874 in Königsberg, Heidelberg und Berlin. 1873 wurde er in Heidelberg promoviert und 1875 habilitiert. Danach lehrte Krause ab 1876 als Privatdozent in Breslau und ab 1878 als ordentlicher Professor in Rostock. 1888 erhielt Krause einen Ruf nach Dresden. Krause war Mitglied der Königlichen Sächsischen Akademie der Wissenschaften.

Kronecker, Leopold (* 7. Dezember 1823 † 29. Dezember 1891) Mathematiker, von 1881 bis 1891 Herausgeber *Journal für die reine und angewandte Mathematik*
Kronecker studierte ab 1841 in Berlin, Breslau und Bonn. Nach seiner Promotion 1845 lehrte Kronecker als Privatgelehrter in Berlin und wurde 1883 als außerordentlicher Professor an die Friedrich-Wilhelms-Universität Berlin berufen. Kronecker war Mitglied der Königlich-Preußischen Akademie der Wissenschaften zu Berlin und der Königlichen Gesellschaft der Wissenschaften zu Göttingen.

Kummer, Ernst Eduard (* 29. Januar 1810 † 14. Mai 1893) Mathematiker
Kummer studierte ab 1828 in Halle, wo er 1831 auch promoviert wurde. Danach arbeitete er als Gymnasiallehrer unter anderem in Liegnitz, polnisch Legnica, in Schlesien. 1842 erfolgte eine Berufung Kummers auf die Professur für Mathematik an die Schlesische Friedrich-Wilhelms-Universität Breslau. 1855 wechselte Kummer als Nachfolger Dirichlets als Professor an die Friedrich-Wilhelms-Universität Berlin, wo er 1868/69 Rektor war, an die Akademie der Wissenschaften zu Berlin und an die Allgemeinen Kriegsschule Berlin. Kummer blieb in Berlin bis er 1884 emeritiert wurde. Kummer war Mitglied der Königlich-Preußischen Akademie der

Wissenschaften zu Berlin und der Königlichen Gesellschaft der Wissenschaften zu Göttingen.

Lagrange, Joseph-Louis de (* 25. Januar 1736 † 10. April 1813) Mathematiker, Astronom
Lagrange erhielt schon 1755, im Alter von 19 Jahren, einen Lehrauftrag als Professor für Mathematik an der Königlichen Artillerieschule in Turin. 1866 wurde Lagrange nach Berlin berufen, wo er Eulers Nachfolge als Direktor der Königlich-Preußischen Akademie der Wissenschaften zu Berlin antrat. 1787 ging Lagrange nach Paris und wirkte dort unter anderem als Professor für Mathematik an der École Normale und der École Polytechnique sowie am Institut de France. Lagrange war Mitglied der Königlich-Preußischen Akademie der Wissenschaften zu Berlin, der Königlichen Gesellschaft der Wissenschaften zu Göttingen und der Académie des Sciences Paris.

Legendre, Adrien-Marie (* 18. September 1752 † 10. Januar 1833) Mathematiker
Legendre besuchte das Collége Mazarin in Paris und arbeitete von 1775 bis 1780 als Lehrer, sowie von 1799 bis 1815 als Prüfer an der École Militaire. Er war Mitglied der Académie Royale des Sciences, des Institut de France und der Royal Society of London.

Liouville, Joseph Adolphe (* 24. März 1809 † 8. September 1882) Mathematiker, Gründer und von 1836 bis 1874 Herausgeber *Journal de Mathématiques Pures et Appliquées*
Liouville lehrte ab 1833 als Professor für Mathematik an der École Polytechnique und ab 1839 als Professor für Mathematik an der Sorbonne in Paris. Er war Mitglied der Königlich-Preußischen Akademie der Wissenschaften zu Berlin und der Königlichen Gesellschaft der Wissenschaften zu Göttingen.

Lipschitz, Rudolf Otto Sigismund (* 14. Mai 1832 † 7. Oktober 1903) Mathematiker
Lipschitz studierte in Königsberg und Berlin, wo er 1853 promoviert wurde. Danach arbeitete er als Lehrer am Gymnasium in Elbing, polnisch Elbląg. 1857 wurde Lipschitz in Bonn habilitiert und 1862 als außerordentlicher Professor an die Schlesische Friedrich-Wilhelms-Universität in Breslau berufen. 1864 kehrte Lipschitz als Professor an die Rheinische Friedrich-Wilhelms-Universität nach Bonn zurück und war 1874/75 dort Rektor. Einen Ruf nach Göttingen im Jahre 1873 als Nachfolger des verstorbenen Alfred Clebsch lehnte Lipschitz ab. Lipschitz war Mitglied der wissenschaftlichen Gesellschaften in Göttingen, Berlin, Paris und Rom.

Lommel, Eugen von (* 19. März 1837 † 19. Juni 1899) Physiker
Lommel studierte ab 1854 in München und bestand dort 1858 seine erste Lehramtsprüfung. In der Folgezeit besetzte Lommel verschiedene Lehrerstellen, bevor er sich 1865 zu weiterführenden Studien an der Eigenössischen Technischen

Hochschule in Zürich einschrieb. 1868 erhielt Lommel die Berufung zum Professor für Physik an der Friedrich-Alexander-Universität in Erlangen, wo er auch einmal als Prorektor und mehrfach als Dekan der philosophischen Fakultät fungierte. 1886 wechselte Lommel an die Universität München, ebenfalls auf den Lehrstuhl für Physik. Lommel war Mitglied der Bayrischen Akademie der Wissenschaften.

Luther, Eduard (* 24. Februar 1816 † 17. Oktober 1887) Astronom
Luther studierte Mathematik und Physik in Kiel und ab 1841 in Königsberg. Er wurde 1846 promoviert und lehrte ab 1847 als Privatdozent. 1854 wurde Luther zum außordentlichen Professor und später zum Direktor der Sternwarte in Königsberg ernannt.

Mangoldt, Hans Carl Friedrich von (* 18. Mai 1854 † 27. Oktober 1925) Mathematiker
Mangoldt studierte von 1873 bis 1876 in Göttingen und 1876 in Berlin, wo er 1878 promoviert wurde. 1878 legte Mangoldt seine Lehramtsprüfung in Göttingen ab und arbeitete danach als Lehrer am Protestantischen Gymnasium in Straßburg. 1880 wurde Mangoldt an der Albert-Ludwigs-Universität in Freiburg und in Göttingen habilitiert. Vier Jahre später erhielt er einen Ruf als ordentlicher Professor an das Polytechnikum in Hannover. Schon 1886 wechselte Mangoldt nach Aachen und anschließend nach Danzig, wo er der erste Rektor der 1904 gegründeten Königlich Preußischen Technischen Hochschule war und den Lehrstuhl für reine Mathematik inne hatte. Mangoldt war Mitglied der Königlichen Gesellschaft der Wissenschaften zu Göttingen

Maurenbrecher, Wilhelm (* 21. Dezember 1838 † 6. November 1892) Historiker
Maurenbrecher studierte in Bonn, Berlin und München und lehrte ab 1862 als Privatdozent in Bonn. 1867 erhielt Maurenbrecher einen Ruf als Professor der Geschichte nach Dorpat. Zwei Jahre später ging Maurenbrecher nach Königsberg und 1877 nach Bonn, bevor er 1884 nach Leipzig berufen wurde.

Meyer, Oskar Emil (* 15. Oktober 1834 † 21. April 1909) Physiker
Oskar Emil Meyer studierte ab 1854 in Heidelberg, Zürich und ab 1856 in Königsberg, wo er 1860 promoviert wurde. 1862 wurde Oskar Emil Meyer in Göttingen habilitiert. Er ging anschließend nach Breslau. An der Schlesischen Friedrich-Wilhelms-Universität Breslau wurde Oskar Emil Meyer 1864 zum außerordentlichen und 1865 zum ordentlichen Professor ernannt. Ab 1867 war Oskar Emil Meyer außerdem Direktor des Physikalischen Kabinetts, was er bis zu seiner krankheitsbedingten Emeritierung im Jahre 1904 blieb.

Meyer, Friedrich Wilhelm Franz (* 2. September 1856 † 11. April 1934) Mathematiker
Franz Meyer studierte in Leipzig und München. Nach seiner Promotion im Jahre 1878 ging Franz Meyer für einige Semester nach Berlin und wurde 1880 in Tübingen habilitiert. Franz Meyer blieb in der Folgezeit in Tübingen und lehrte ab 1880 als Privatdozent, ab 1885 als Titular-Extraordinarius und ab 1887 als außerordent-

licher Professor an der Eberhard Karls Univerität. 1888 wurde er an die Bergakademie Clausthal und 1897 an die Universität nach Königsberg berufen, wo Franz Meyer 1924 emeritiert wurde. Franz Meyer war Geheimer Regierungsrat und Mitglied der Deutschen Akademie der Naturforscher Leopoldina und der Akademien der Wissenschaften in Bayern und Lüttich.

Minkowski, Hermann (* 22. Juni 1864 † 12. Januar 1909) Mathematiker
Minkowski studierte ab 1880 in Königsberg, wo er auch Vorlesungen bei Heinrich Weber besuchte. Nach einem Studienaufenthalt von drei Semestern in Berlin und der Verleihung des Grand Prix des Sciences Mathématiques der Pariser Académie des Sciences an den damals siebzehnjährigen Studenten, wurde Minkowski 1885 in Königsberg promoviert. 1887 erfolgte in Bonn die Habilitation. Minkowski lehrte ab 1892 als außerordentlicher Professor in Bonn. Schon zwei Jahre später, im Jahre 1894, wurde er nach Königsberg versetzt und lehrte dort als Professor für Mathematik. 1896 wechselte Minkowski ebenfalls auf eine Professur für Mathematik nach Zürich, 1902 auf eine neu geschaffene Professur nach Göttingen. Minkowski war Mitglied der Königlichen Gesellschaft der Wissenschaften zu Göttingen.

Minnigerode, Bernhard (* 1837 † 1896) Mathematiker, Mineraloge
Minnigerode studierte in Königsberg, Heidelberg und Göttingen, wo er 1861 promoviert und 1866 habilitiert wurde. Vor seiner Berufung zum außerordentlichen Professor im Jahre 1874 und seiner Ernennung zum ordentlichen Professor im Jahre 1885 in Greifswald lehrte Minnigerode von 1866 bis 1874 als Privatdozent in Göttingen. Minnigerode war Mitglied der Königlichen Gesellschaft der Wissenschaften zu Göttingen

Momber, Albert (* 26. Juli 1837 † ?) Mathematiker
Momber studierte von 1859 bis 1865 in Heidelberg und Königsberg Mathematik und Physik. Danach arbeitete er als Lehrer an verschiedenen Gymnasien in Königsberg und Danzig. 1907 wurde ihm von der Philosophischen Fakultät der Königsberger Universität die Ehrendoktorwürde verliehen.

Moser, Ludwig (* 22. August 1805 † 22. Februar 1880) Physiker
Moser studierte in Berlin, wo er auch promoviert wurde. Ab 1831 lehrte er als Privatdozent für Physik und Professor ehrenhalber in Königsberg. 1832 wurde Moser dort zum außerordentlichen und 1839 zum ordentlicher Professor für Physik ernannt. 1876 trat Moser von seiner Lehrverpflichtung zurück.

Mossotti, Ottaviano Fabrizio (* 18. April 1791 † 20. März 1863) Physiker
Mossotti studierte in Pavia und an der Sternwarte im Palazzo di Brera in Mailand. Aus politischen Gründen ging Mossotti anschließend für mehrere Jahre ins Ausland. Er besuchte unter anderem die Schweiz und England, aber auch Südamerika. Nach seiner Rückkehr lehrte er ab 1839 höhere Mathematik und mathemati-

sche Physik auf Korfu, bevor er 1841 zum Professor für mathematische Physik an der Universität von Pisa ernannt wurde.

Mühll, Karl von der (* 13. September 1841 † 9. Mai 1912) Mathematiker, Physiker
Ab 1859 studierte Von der Mühll an der Universität Basel, ab 1861 in Göttingen und ab 1863 in Königsberg. Von der Mühll wurde 1865 in Königsberg promoviert und 1868 in Leipzig habilitiert. Vier Jahre später wurde er in Leipzig zum außerordentlichen Professor ernannt. 1889 kehrte Von der Mühll nach Basel zurück, um den Lehrstuhl für mathematische Physik an der Baseler Universität zu übernehmen.

Neander, Johann August Wilhelm (* 16. Januar 1789 † 14. Juli 1850) Theologe, Kirchenhistoriker
Neander lehrte ab 1811 als Privatdozent und ab 1812 als Professor für Theologie an der Ruprecht-Karls-Universität Heidelberg. 1813 wurde er als Professor für Kirchengeschichte und Exegese an die Friedrich-Wilhelms-Universität in Berlin berufen. Neander war Mitglied der Königlich-Preußischen Akademie der Wissenschaften zu Berlin.

Neumann, Carl Gottfried (* 7. Mai 1832 † 27. März 1925) Mathematiker, Gründer und von 1869 bis 1876 Herausgeber *Mathematische Annalen*
Carl Neumann studierte in Königsberg, wo er 1856 promoviert wurde. Nach seiner Habilitation lehrte er ab 1858 als Privatdozent und ab 1863 als außerordentlicher Professor für Mathematik an der Vereinigten Friedrichs-Universität Halle-Wittenberg. Nach einem kurzen Aufenthalt als Ordinarius in Basel wurde Carl Neumann 1865 als Professor für Mathematik an die Eberhard Karls Universität nach Tübingen berufen. 1868 wechselte Carl Neumann auf eine Professur für Mathematik an die Universität Leipzig. Carl Neumann war Mitglied der Königlich-Preußischen Akademie der Wissenschaften zu Berlin und der Königlichen Gesellschaft der Wissenschaften zu Göttingen.

Neumann, Franz Ernst (* 11. September 1798 † 23. Mai 1895) Physiker
Franz Neumann studierte ab 1817 in Berlin und Jena Theologie. Zwei Jahre später wendete er sich aber der Mathematik zu und wurde schließlich 1826 in Berlin promoviert. Danach lehrte er als Privatdozent an der Königlichen Albertus-Universität in Königsberg, wo er 1828 zum außerordentlichen und 1829 zum ordentlichen Professor der Mineralogie ernannt wurde und bis 1876 tätig war. Im Jahre 1843 war Franz Neumann Rektor der Königsberger Universität. Er war Mitglied der wissenschaftlichen Akademien in Berlin, Göttingen, Wien und München.

Newton, Isaac (* 25. Dezember 1642$^{jul.}$ / 4. Januar 1643$^{greg.}$ † 20. März 1726$^{jul.}$ / 31. März 1726$^{greg.}$) Philosoph, Mathematiker, Physiker, Astronom
Newton besuchte ab 1661 das Trinity College in Cambridge, wo er 1665 seinen Bachelorabschluss erhielt. Er blieb als Fellow am Trinity College und erhielt 1669

dort den Lucasischen Lehrstuhl für Mathematik. Ab 1696 war Newton zusätzlich bei der Königlichen Münze beschäftigt, ab 1699 in leitender Position. Aufgrund der Belastung durch diese Tätigkeit, stellte Newton seine wissenschaftlichen Forschung fast ganz ein und trat 1701 als Professor zurück. Newton war Mitglied der Königlich-Preußischen Akademie der Wissenschaften zu Berlin, der Königlichen Gesellschaft der Wissenschaften zu Göttingen, der Royal Society in London und der Académie des Sciences in Paris.

Osenbrüggen, Eduard (* 24. Dezember 1809 † 9. Juli 1879) Kriminalwissenschaftler, Rechtswissenschaftler
Osenbrüggen studierte von 1830 bis 1835 in Kiel und Leipzig und wurde 1835 in Philologie habilitiert. Nach einer Lehrtätigkeit als Dozent in Kiel, promovierte Osenbrüggen 1841 auch in Jurisprudenz und lehrte ab 1842 als Dozent für Recht ebenfalls in Kiel. 1843 wurde Osenbrüggen als Professor an die Universität in Dorpat, estnisch Tartu, berufen, verlor seinen Lehrstuhl 1851 aber aus politischen Gründen. Er verließ Dorpat und ging nach Zürich an die Eidgenössische Technische Hochschule, wo er von 1852 bis 1854, von 1860 bis 1862 und von 1868 bis 1870 Rektor war.

Pape, Carl Johannes Wilhelm (* Januar 1836 † 7. Mai 1906) Physiker
Pape lehrte ab 1862 als Privatdozent in Göttingen, später war er Professor an der landwirtschaftlichen Akademie in Proskau. 1878 erhielt Pape die Berufung als Mosers Nachfolger auf den physikalischen Lehrstuhl an die Königliche Albertus-Universität Königsberg.

Poggendorff, Johann Christian (* 29. Dezember 1796 † 24. Januar 1877) Physiker, von 1824 bis 1876 Herausgeber *Annalen der Physik und Chemie*
Nach Beendigung einer Apothekerlehre begann Poggendorff 1820 in Berlin zu studieren. 1830 zum Königlichen Professor ernannt, erhielt Poggendorff 1834 eine außerordentliche Professur für Physik an der Friedrich-Wilhelms-Universität in Berlin. Poggendorff war Mitglied der Königlichen-Preußischen Akademie der Wissenschaften zu Berlin und vieler weiterer wissenschaftlicher Vereinigungen. 1844 erhielt Poggendorff die Ehrendoktorwürde der Königlichen Albertus-Universität Königsberg.

Poincaré, Jules Henri (* 29. April 1854 † 17. Juli 1912) Mathematiker, Physiker, Philosoph
Poincaré lehrte ab 1883 an der École Polytechnique in Paris. Später war er Professor der Mathematik und Astronomie an der Sorbonne. 1902 wechselte Poincaré an die École Normale Supérieure, 1904 als Professor für Astronomie an die École Polytechnique in Paris. 1909 wurde er zum Professor für mathematische Astronomie an der Sorbonne ernannt. Poincaré war Mitglied der Königlich-Preußischen Akademie der Wissenschaften zu Berlin und der Königlichen Gesellschaft der Wissenschaften zu Göttingen.

Poisson, Siméon Denis (* 21. Juni 1781 † 25. April 1840) Mathematiker, Physiker
Poisson studierte ab 1798 an der École Polytechnique in Paris. Nach Abschluß des Studiums im Jahre 1800 lehrte Poisson ab 1802 als Assistenz-Professor und ab 1806 als Professor für Analysis und Mechanik an der École Polytechnique. 1815 wurde Poisson zum Prüfer an der École Militaire sowie der École Polytechnique ernannt. Er war Mitglied der Académie des Sciences in Paris und der Königlichen Gesellschaft der Wissenschaften zu Göttingen.

Reye, Karl Theodor (* 20. Juni 1838 † 2. Juli 1919) Mathematiker, Physiker
Reye studierte zunächst Maschinenbau in Hannover und Zürich, bevor er sich, beeinflusst von Clausius, der mathematischen Physik zuwandte. Zum Abschluß seines Studiums an der Georg-Augusts-Universität Göttingen wurde er dort 1861 promoviert. Nach seiner Promotion lehrte Reye an der Polytechnischen Schule Hannover, bevor er 1863 als Privatdozent an die Eidgenössische Polytechnische Hochschule Zürich wechselte. 1867 wurde Reye dort zum Professor ernannt. Zwischen 1870 und 1872 hatte Reye den Lehrstuhl für Geometrie an der neugegründeten Königlich Rheinisch-Westfälischen Polytechnischen Schule zu Aachen inne. Zwei Jahre später folgte Reye einem Ruf an die ebenfalls neu gegründete Kaiser-Wilhelms Universität Straßburg. Er besetzte dort den zweiten Lehrstuhl für Geometrie und Mechanik, den er bis zu seiner Emeritierung im Jahr 1909 inne hatte. Im Studienjahr 1886/87 amtierte er darüber hinaus als Rektor der Universität. Reye war Mitglied der Königlichen Gesellschaft der Wissenschaften zu Göttingen.

Richelot, Friedrich Julius (* 6. November 1808 † 1. April 1875) Mathematiker
Richelot studierte von 1825 bis 1829 in Königsberg und wurde dort 1831 promoviert. Im selben Jahr begann er als Privatdozent in Königsberg zu lehren. Richelot wurde 1832 zum außerordentlichen und 1844 zum ordentlichen Professor ernannt. Er war Mitglied der Königlich-Preußischen Akademie der Wissenschaften zu Berlin.

Riecke, Eduard (* 1. Dezember 1845 † 11. Juni 1915) Physiker
Riecke studierte bis 1869 in Tübingen und arbeitete anschließend als Mathematiklehrer in Stuttgart. 1871 wurde Riecke in Göttingen promoviert. Noch im selben Jahr erhielt er die Venia Legendi. Zwei Jahre später wurde Riecke in Göttingen zum außerordentlichen, 1881 zum ordentlichen Professor für Physik ernannt. Riecke war Mitglied der Bayrischen Akademie der Wissenschaften.

Riemann, Georg Friedrich Bernhard (* 17. September 1826 † 20. Juli 1866) Mathematiker
Riemann begann 1846 ein Studium der Theologie in Göttingen, wechselte aber schon kurze Zeit später zur Mathematik. 1847 setzte Riemann sein Studium in Berlin fort, kehrte aber 1849 nach Göttingen zurück. Er wurde dort 1851 promoviert und 1854 habilitiert. 1857 wurde Riemann in Göttingen zum außerordentlichen Professor und 1859 zum ordentlichen Professor an der Georg-Augusts-Universität

ernannt. Riemann war Mitglied der wissenschaftlichen Akademien in Berlin und Göttingen. 1860 heiratete er Elise Riemann, geb. Koch (* 19. März 1835 † 3. Januar 1904). Der Ehe enstammt die Tochter Ida Schilling, geb. Riemann (* 22. Dezember 1863 † 22. Mai 1929).

Ritter, Heinrich August (* 21. November 1791 † 3. Februar 1869) Theologe, Philosoph
Heinrich Ritter studierte Theologie und Philosophie in Halle, Göttingen und Berlin, wo er 1817 promoviert und noch im selben Jahr habilitiert wurde. Bevor Heinrich Ritter 1825 zum Professor für Philosophie ernannt wurde, lehrte und arbeitete er bereits seit seiner Habilitation als Privatdozent und ab 1823 als außerordentlicher Professor in Berlin. 1833 wurde Heinrich Ritter als Professor für Philosophie nach Kiel und 1837 nach Göttingen berufen. Heinrich Ritter war Mitglied der Königlich-Preußischen Akademie der Wissenschaften zu Berlin und der Königlichen Gesellschaft der Wissenschaften zu Göttingen.

Ritter, Georg Dietrich August (* 11. Dezember 1826 † 26. Februar 1908) Astrophysiker
Georg Ritter begann 1846 Maschinenbau an der Polytechnischen Schule Hannover zu studieren. Nach einer Unterbrechung nahm Georg Ritter sein Studium 1850 in Göttingen wieder auf, wurde 1853 promoviert und legte die Lehramtsprüfung ab. Anschließend arbeitete er als Lehrer in Nienburg, Rom, Neapel und Hannover. Nachdem Georg Ritter schon ab 1868 als Professor an der Polytechnischen Schule in Hannover tätig gewesen war, erhielt er 1870 einen Ruf als Professor für Ingenieurmechanik nach Aachen. 1899 wurde Georg Ritter in Aachen emeritiert.

Roch, Gustav (* 9. Dezember 1839 † 21. Dezember 1866) Mathematiker
Roch studierte an der Universität Leipzig und ab 1859 an der Georg-Augusts-Universität in Göttingen. 1862 wurde Roch in Leipzig promoviert. Er ging 1863 als Privatdozent an die Vereinigte Friedrichs-Universität Halle-Wittenberg, wo er 1866 zum außerordentlichen Professor ernannt wurde.

Rosenhain, Simon Johann Georg (* 10. Juni 1816 † 14. Mai 1887) Mathematiker
Rosenhain studierte in Königsberg und wurde 1844 an der Schlesischen Friedrich-Wilhelms-Universität Breslau habilitiert. 1848 wechselte Rosenhain an die Universität Wien, wo er ein zweites Mal habilitiert wurde. Erst 1857 kehrte Rosenhain als außerordentlicher Professor, der er bis zu seiner Emeritierung 1885 blieb, nach Königsberg zurück. Rosenhain war Mitglied der Königlich-Preußischen Akademie der Wissenschaften zu Berlin und der Königlichen Gesellschaft der Wissenschaften zu Göttingen.

Ruffini, Paolo (* 22. September 1765 † 10. Mai 1822) Mathematiker, Mediziner, Philosoph
Ruffini studierte ab 1783 in Modena Mathematik und Medizin. Nach dem Abschluss der Studien im Jahre 1788, lehrte Ruffini als Professor für Analysis und ab 1791 als Professor für Mathematik in Modena. 1791 erhielt er die Zulassung als

praktischer Arzt. Aus politischen Gründen wurde Ruffini 1798 die Lehrerlaubnis entzogen und er wurde von allen öffentlichen Ämtern ausgeschlossen. Das änderte sich aber 1814, als Ruffini zum Rektor der Universität Modena ernannt wurde und außerdem die Lehrstühle für angewandte Mathematik und praktische Medizin erhielt, die er bis zu seinem Tod inne hatte. Den zwischenzeitlich ebenfalls von ihm eingenommenen Lehrstuhl der klinischen Medizin gab er aus gesundheitlichen Gründen schon 1819 ab.

Saint-Venant, Adhémar Jean Claude Barré de (* 23. August 1797 † 6. Januar 1886) Mathematiker, Physiker, Ingenieur
Saint-Venant studierte unter anderem an der École des Ponts et Chaussées in Paris und arbeitete nach seinem Studium als Ingenieur. Von 1839 bis 1842 kehrte er als stellvertretender Professor an die École des Ponts et Chaussées zurück. 1868 wurde ihm an der Académie des Sciences die Sektion Mechanik übertragen. Saint-Venant war Mitglied vieler namhafter wissenschaftlicher Vereinigungen im In- und Ausland.

Salmon, George (* 25. September 1819 † 22. Januar 1904) Mathematiker, Theologe
Salmon war ab 1841 Fellow am Trinity College der Universität in Dublin, bevor er 1866 zum Professor und 1888 zum Rektor ernannt wurde. Salmon war Mitglied der Königlich-Preußischen Akademie der Wissenschaften zu Berlin und der Königlichen Gesellschaft der Wissenschaften zu Göttingen.

Sartorius von Waltershausen, Wolfgang (* 17. Dezember 1809 † 16. März 1876) Geologe
Nach seinem Studium der Mineralogie und Geologie lehrte Sartorius von Waltershausen ab 1847 als außerordentlicher und ab 1848 als ordentlicher Professor der Geologie an der Göttinger Universität. 1859 wurde er dort zum Director der mineralogisch-paläontologischen Sammlungen ernannt. Sartorius von Waltershausen war Mitglied der Königlichen Gesellschaft der Wissenschaften zu Göttingen.

Scheibner, Wilhelm (* 8. Januar 1826 † 8. April 1908) Mathematiker
Scheibner studierte von 1844 bis 1848 in Bonn und Berlin. 1848 wurde er in Halle promoviert und 1853 an der Universität in Leipzig habilitiert. Von 1853 bis 1856 war Scheibner in Leipzig als Privatdozent, von 1856 bis 1858 als außerordentlicher und von 1868 bis 1898 als ordentlicher Professor für Mathematik tätig. Scheibner war Mitglied der Königlich-Sächsischen Gesellschaft der Wissenschaften zu Leipzig.

Schering, Ernst Christian Julius (* 13. Juli 1833 † 2. November 1897) Mathematiker, Astronom
Schering studierte von 1850 bis 1852 zuerst Bauwesen an der Polytechnischen Schule Hannover, bevor er für ein Studium der Mathematik nach Göttingen wechselte. Im Jahre 1857 wurde Schering promoviert und 1858 habilitiert. 1860 lehnte

Schering einen Ruf nach Gießen ab und erhielt stattdessen eine außerordentliche Professur für Mathematik und mathematische Physik in Göttingen. Zeitgleich zu seiner Berufung zum ordentlichen Professor im Jahre 1868 wurde Schering zum Direktor der Abteilung für theoretische Astronomie, Geodäsie und mathematische Physik der Göttinger Sternwarte ernannt. Daneben übernahm er die Direktion des Magnetischen Observatoriums. Schering war 1881/82 Dekan der philosophischen Fakultät. Von 1884 bis 1886 war er, nach dem Tod des bisherigen Direktors Ernst Friedrich Wilhelm Klinkerfues (* 29. März 1827 † 28. Januar 1884), auch kommissarischer Leiter der astronomischen Abteilung der Göttinger Sternwarte. Der Geheime Regierungsrat Schering war Mitglied der Königlich-Preußischen Akademie der Wissenschaften zu Berlin und der Königlichen Gesellschaft der Wissenschaften zu Göttingen.

Schilling, Ida, geb. Riemann (* 22. Dezember 1863 † 22. Mai 1929) Tochter von Bernhard und Elise Riemann
Ida Riemann heiratete im Jahre 1884 den Pädagogen, Mathematiker und Nautiker Carl David Schilling (* 13. September 1857 † 20. Juni 1932) und gebar ihm zwei Töchter, Hedwig Schilling (* 30. Juli 1889 † 29. Juli 1925) und Gertrud Schilling (* 15. Mai 1887 † 12. April 1980), sowie fünf Söhne, Bernd Schilling (* 12. März 1885 † 3. November 1914), Hans Schilling (* 11. März 1886 † 20. August 1893), Werner Schilling (?), Fritz Schilling (?) und Karl-Ernst Schilling (* 1897 † 1978).

Schleiermacher, Friedrich Daniel Ernst (* 21. November 1768 † 12. Februar 1834) Theologe, Philosoph, Altphilologe, Pädagoge, Kirchenpolitiker, Staatstheoretiker
Schleiermacher studierte von 1787 bis 1789 Theologie in Halle und beschäftigte sich nebenbei mit Philologie und Philosophie. Sein erstes theologisches Examen legte Schleiermacher 1790 in Berlin ab. Er arbeitete danach bis 1793 als (Haus-) Lehrer. 1794 folgte das zweite theologische Examen. Schleiermacher wurde zum Ordinarius ernannt und erfüllte dieses Amt bis 1796. Er wandte sich nunmehr der theologischen Arbeit zu und wirkte als Hilfsprediger in Landsberg/Warthe, von 1796 bis 1802 als Prediger in Berlin und ab 1802 als Hofprediger in Pommern. 1804 erhielt er eine Berufung zum außerordentlichen Professor für Theologie und als Universitätsprediger an die Vereinigte Friedrichs-Universität Halle-Wittenberg. 1807 verließ Schleiermacher Halle, gab Privatvorlesungen in Berlin und wirkte dort ab 1809 als Prediger. Ab 1810 beschäftigte sich Schleiermacher, nun am Kultusministerium in Berlin, vor allem mit dem Aufbau der neuen Friedrich-Wilhelms-Universität zu Berlin, an der er schon 1810 zum Professor für Theologie und Philosophie ernannt wurde. Er war der erste Dekan der theologischen Fakultät und 1813/14, 1817/18, 1819/20, sowie 1815/16 Rektor der neuen Hochschule. Schleiermacher war Mitglied der Königlich-Preußischen Akademie der Wissenschaften zu Berlin.

Schlömilch, Oskar Xavier (* 13. April 1823 † 7. Februar 1901) Mathematiker, von 1856 bis 1896 Herausgeber *Zeitschrift für Mathematik und Physik*
Schlömilch studierte in Jena, Berlin und Wien. Nach der Habilitation im Jahre 1844 lehrte Schlömilch einige Jahre als Privatdozent, ab 1845 als außerordentlicher Professor in Jena. 1849 wechselte er als Professor für Mechanik an die Königlich Sächsische Technische Schule in Dresden, wo Schlömilch viele Jahre blieb. 1874 wurde Schlömilch als Referent für das Realschulwesen an das Sächsische Unterrichtsministerium berufen und 1885 in den Ruhestand versetzt.

Schöll, Gustav Adolf (* 2. September 1805 † 26. Mai 1882) Altphilologe, Literaturhistoriker, Archäologe
Schöll studierte in Tübingen von 1823 bis 1826 Theologie, gab dieses Studium aber auf und widmete sich stattdessen dem Studium der Philosophie, Literatur und Mythologie. In Berlin, wo er 1835 zum Lektor der Mythologie und Kunstgeschichte an der Akademie der Künste ernannt wurde, erhielt Schöll 1828 seine Promotion und 1833 seine Habilitation. Im Herbst 1842 wurde Schöll als außerordentlicher Professor der Archäologie an die Vereinigte Friedrichs-Universität Halle-Wittenberg berufen. Doch schon ein halbes Jahr später übernahm Schöll das Direktorat der Großherzoglichen Kunstsammlungen und der Freien Zeichenschule in Weimar. Einige Jahre später übernahm er außerdem die Leitung der Großherzoglichen Bibliothek.

Schottky, Friedrich Hermann (* 24. Juli 1851 † 12. August 1935) Mathematiker
Schottky wurde 1875 in Berlin promoviert und 1878 in Breslau habilitiert. Von 1882 bis 1892 war er als Professor für höhere Mathematik an der Eidgenössischen Technischen Hochschule in Zürich tätig. 1892 wurde Schottky zum ordentlichen Professor an der Philipps-Universität in Marburg ernannt, wo er 1901 das Dekanat der philosophischen Fakultät inne hatte. Zehn Jahre später wurde Schottky nach Berlin versetzt und war dort bis zu seiner Emeritierung im Jahre 1921 als Professor für Mathematik tätig. Der geheime Regierungsrat Schottky war Mitglied der Königlich-Preußischen Akademie der Wissenschaften zu Berlin und der Königlichen Gesellschaft der Wissenschaften zu Göttingen.

Schröder, Ernst Friedrich Wilhelm Karl (* 25. November 1841 † 16. Juni 1902) Mathematiker, Logiker
Schröder studierte in Heidelberg und wurde dort 1862 promoviert. Bis 1864 ging er weiteren Studien in Königsberg nach, wo er anschließend die Prüfung für das Lehramt ablegte. Schröder wurde in Zürich habilitiert und lehrte bis 1868 als Vikar an der Kantonsschule Zürich. Danach war er Lehrer am Großherzoglichen Pädagogium zu Pforzheim und legte 1869 seine zweite Lehramtsprüfung ab. Nachdem er von 1870 bis 1874 als Lehrer am Pro- und Realgymnasium Baden-Baden gewirkt hatte, erhielt Schröder 1874 einen Ruf an die Polytechnische Schule zu Darmstadt als Professor für Mathematik. Schon zwei Jahre später wechselte Schröder an die

Baugewerkeschule nach Karlsruhe. Der zum Hofrat ernannte Schröder gehörte in der Folgezeit mehrmals dem Senat der Hochschule an und war 1890 Direktor des Polytechnikums.

Schur, Friedrich Heinrich (* 27. Januar 1856 † 18. März 1932) Mathematiker
Schur studierte ab 1875 in Breslau zunächst Astronomie, wechselte aber nach drei Semestern nach Berlin, um Mathematik zu studieren. 1879 wurde er an der dortigen Universität promoviert und legte 1880 in Breslau seine Prüfung für das höhere Lehramt ab. Nach seiner Habilitation im Jahre 1881 an der Universität in Leipzig lehrte Schur dort als Privatdozent, bis er 1884 eine Assistentenstelle bei Felix Klein erhielt. 1885 folgte die Ernennung zum außerordentlichen Professor in Leipzig. Im Jahre 1888 übernahm Schur die Professur für reine Mathematik an der Kaiserlichen Universität zu Dorpat in Russland (heute Estland). Vier Jahre später erreichte ihn ein Ruf nach Aachen als Professor für darstellende Geometrie an die Königlich Rheinisch-Westphälische Polytechnische Schule und 1897 ein Ruf als Professor für Geometrie an das Polytechnikum in Karlsruhe, wo Schur 1904 Rektor war. 1909 wechselte Schur nach Straßburg, das er nach Ende des ersten Weltkrieges 1919 aus politischen Gründen verlassen musste. Schur ging zurück nach Breslau und blieb dort, bis er 1924 emeritiert wurde. Schur war Mitglied der Belgischen Gesellschaft der Wissenschaften in Lüttich, der Königlichen Gesellschaft der Wissenschaften zu Göttingen und der Deutschen Akademie der Naturforscher Leopoldina, sowie 1910 Vorsitzender der Deutschen Mathematiker-Vereinigung.

Schwarz, Karl Hermann Amandus (* 25. Januar 1843 † 30. November 1921) Mathematiker
Schwarz begann im Jahre 1860 ein Studium der Chemie am Königlichen Technischen Institut, wechselte aber kurze Zeit später zur Königlich-Preußischen Universität Berlin, wo er 1864 zum Doktor der Philosophie und der Mathematik promoviert wurde. 1866 folgte der Abschluss der Ausbildung zum Mittelschullehrer. In den Jahren von 1864 bis 1867 unterrichtete Schwarz an verschiedenen Berliner Gymnasien, bevor er als Privatdozent und später als außerordentlicher Professor für Mathematik an die Vereinigte Friedrichs-Universität Halle-Wittenberg wechselte. Im Frühjahr 1869 erhielt Schwarz einen Ruf als ordentlicher Professor an die Eidgenössische Polytechnische Hochschule in Zürich, von wo aus er 1875 nach Göttingen und 1892 nach Berlin ging. Nach einer Dekanatszeit von 1898 bis 1899 wurde Schwarz 1917 in Berlin emeritiert. Schwarz war Mitglied der Königlichen Gesellschaft der Wissenschaften zu Göttingen, der Königlich-Preußischen Akademie der Wissenschaften zu Berlin, der Deutschen Akademie der Naturforscher Leopoldina und der Bayrischen Akademie der Wissenschaften. 1902 wurde Schwarz zum Geheimen Regierungsrat ernannt und erhielt die Ehrendoktorwürde der Königlichen Friedrichs-Universität Christiana, Oslo. 1914 wurde Schwarz von der Eigenössischen Technischen Hochschule Zürich ebenfalls mit der Ehrendoktorwürde ausgezeichnet.

Stern, Moritz Abraham (* 29. Juni 1807 † 30. Januar 1894) Mathematiker
Stern studierte ab Herbst 1826 in Heidelberg, wurde 1829 in Göttingen promoviert und noch im selben Jahr habilitiert. Anschließend lehrte Stern bis 1848 als Privatdozent, später als außerordentlicher und ab 1859 als ordentlicher Professor in Göttingen. Stern war der erste jüdische Professor an einer deutschen Universität. 1884 gab er seine Lehrtätigkeit auf. Stern war Mitglied der Königlichen Gesellschaft der Wissenschaften zu Göttingen und Ehrenmitglied der Naturforschenden Gesellschaft in Zürich.

Stokes, George Gabriel (* 13. August 1819 † 1. Februar 1903) Mathematiker, Physiker
Stokes studierte ab 1837 an der Universität in Cambridge und wurde dort 1849 zum Professor für Mathematik ernannt. Er war Mitglied der Königlich-Preußischen Akademie der Wissenschaften zu Berlin, der Königlichen Gesellschaft der Wissenschaften zu Göttingen und der Royal Society in London, deren Präsident er zwischen 1885 und 1890 war.

Stumpf, Karl Friedrich (* 21. April 1848 † 25. Dezember 1936) Philosoph, Psychologe, Musikwissenschaftler
Nach seinem Studium lehrte Stumpf ab 1870 als Privatdozent an der Georg-Augusts-Universität zu Göttingen. 1873 erhielt er die Professur für Phsychologie an der Julius-Maximilians-Universität in Würzburg. 1878 wechselte er auf den gleichen Posten an die Karls-Universität Prag, 1884 nach Halle und 1889 nach München. Ab 1894 lehrte und arbeitete Stumpf an der Friedrich-Wilhelms-Universität Berlin als Direktor des Psychologischen Instituts. Stumpf war Mitglied der Königlich-Preußischen Akademie der Wissenschaften zu Berlin.

Stumpf-Brentano, Karl Friedrich Kasper Heinrich (* 13. August 1829 † 12. Januar 1882) Historiker
Stumpf-Brentano studierte unter anderem in Wien und Berlin, bevor er 1857 zum Professor an der Rechtsakademie in Preßburg, slowakisch Bratislava, ernannt wurde. Ab 1861 lehrte er als Professor für Geschichte in Innsbruck. Stumpf-Brentano war Mitglied der Österreichischen Akademie der Wissenschaften Wien und der Königlichen Gesellschaft der Wissenschaften zu Göttingen.

Tannery, Jules (* 24. März 1849 † 11. Dezember 1910) Mathematiker
Tannery studierte von 1866 bis 1869 an der École Normale in Paris und lehrte an verschiedenen Gymnasien, bevor er 1872 an die École zurückkehrte. Dort wurde Tannery 1874 promoviert und lehrte dann an der Sorbonne. 1881 kehrte er wiederum an die École zurück, wurde jedoch 1903 als Professor für Analysis wieder an die Sorbonne berufen. Tannery war Mitglied der Académie des Sciences Paris.

Teubner, Benedictus Gotthelf (* 16. Juni 1784 † 21. Januar 1856) Gründer des Verlages B. G. Teubner, gegründet am 21.Februar 1811
Teubner begann 1798 eine Schriftsetzerlehre bei der Hofbuchdruckerei in Dres-

den. Ab 1803 arbeitete er bei einer Druckerei in Leipzig und übernahm 1811 die Weinedelsche Buchdruckerei in Leipzig. Aus dieser Druckerei ging in der Folgezeit der B. G. Teubner Verlag hervor.

Thieme, Georg August (* 1831 † 1910) Geologe, Mineraloge, Mathematiker
Thieme studierte am Institut des Korps der Bergingenieure in Sankt Petersburg und arbeitete anschließend als Bergbauingenieur. 1862 verbrachte Thieme anläßlich eines Forschungsaufenthaltes einige Zeit in Göttingen. Nach seiner Rückkehr nach Sankt Petersburg lehrte er weiterhin als Professor an seinem alten Institut.

Thomae, Carl Johannes (* 11. Dezember 1840 † 1. April 1921) Mathematiker
Thomae studierte von 1861 bis 1865 in Halle, Göttingen und Berlin. 1864 wurde er in Göttingen promoviert und 1866 habilitiert. 1872 ging Thomae als außerordentlicher Professor nach Halle, von wo er einen Ruf nach Freiburg und 1879 als Professor nach Jena erhielt. Thomae war Mitglied Deutschen Akademie der Naturforscher Leopoldina, der Königlichen Gesellschaft der Wissenschaften zu Göttingen und Königlich Sächsische Gesellschaft der Wissenschaften in Leipzig.

Thomé, Wilhelm Ludwig (* 13. März 1841 † 1. Oktober 1910) Mathematiker
Thomé begann 1859, nach kurzer Beschäftigung in einem Baubüro, sein Studium in Bonn. Er wechselte für einige Semester nach München und zuletzt nach Berlin, wo er 1865 promoviert und 1869 habilitiert wurde. Nach kurzer Tätigkeit als Privatdozent wurde Thomé schon 1870 zum außerordentlichen Professor der Mathematik in Berlin berufen. 1874 wechselte Thomé auf eine ordentliche Professur für Mathematik an die Königliche Universität zu Greifswald, an der er für mehr als 36 Jahre bis zu seinem Tod lehrte.

Tonelli, Alberto (* 25. Dezember 1849 † Januar 1921) Mathematiker
Tonelli studierte in Pisa. Nach einem Studienaufenthalt in Göttingen, erhielt er einen Ruf als Professor der Analysis an die Universität von Palermo. Ab 1879 hatte Tonelli den Lehrstuhl für algebraische Analysis an der Universität Rom inne, an der er auch lange Zeit Rektor war.

Tortolini, Barnaba (* 19. November 1808 † 24. August 1874) Priester, Mathematiker, von 1850 bis 1857 Herausgeber *Annali di Scienze Matematiche e Fisiche*
Tortolini studierte an der Universität von Rom und war ein geweihter Priester. Von 1837 bis 1869 lehrte er als Professor für Differential- und Integralrechnung an der Universität von Rom. Außerdem war er zeitweise Direktor der Druckerei der Propaganda Fide. Tortolini gründete mit den *Annali di Scienze e Fisiche* die erste mathematische Fachzeitschrift Italiens, die von 1850 bis 1857 existierte und war neben Betti, Brioschi und Genocchi Mitbegründer der *Annali di Matematica Pura ed Applicata*.

Ulrich, Georg Carl Justus (* 1798 † 1879), Mathematiker
Ulrich studierte ab 1814 in Göttingen. Nach seiner Promotion im Jahre 1817 lehrte

er erst als Privatdozent, dann von 1821 bis 1831 als außerordentlicher und von 1831 bis 1879 als ordentlicher Professor an der Georg-Augusts-Universität in Göttingen. Er war Mitglied der Königlichen Gesellschaft der Wissenschaften zu Göttingen.

Vieweg, Hans Heinrich Rudolf (* 11. Februar 1826 † 3. Februar 1890) Verlagsbuchhändler, von 1866 bis 1890 Inhaber des Verlages Friedrich Vieweg & Sohn
Vieweg absolvierte eine Buchhändlerausbildung in München, worauf ein zweijähriges Studium der Naturwissenschaften in Heidelberg folgte. 1858 wurde er Teilhaber der von seinem Großvater Johann Friedrich Vieweg (* 11. März 1761 † 25. Dezember 1835) gegründeten Verlagsbuchhandlung Friedrich Vieweg & Sohn in Braunschweig.

Villari, Pasquale (* 3. Oktober 1827 † 11. Dezember 1917) Historiker
Villari begann sein Studium in Neapel, wechselte dann aber politisch bedingt nach Florenz. 1859 wurde er zum Professor für Philosophie in Pisa ernannt. 1865 erhielt Villari die Professur für Geschichte an der Universität in Florenz, die er bis 1913 behielt. Später wurde er Mitglied des obersten Studienrates. 1891/92 wurde er zum Unterrichtsminister ernannt. Villari war Mitglied der Königlich-Preußischen Akademie der Wissenschaften in Berlin und der Königlichen Gesellschaft der Wissenschaften zu Göttingen.

Voigt, Woldemar (* 2. September 1850 † 13. Dezember 1919) Physiker
Voigt studierte in Leipzig und in Königsberg, wo er 1874 promoviert wurde und ab 1875 als außerordentlicher Professor tätig war. 1883 erhielt er eine Berufung auf den Lehrstuhl für theoretische Physik und als Direktor der mathematischen Abteilung des physikalischen Instituts an die Georg-Augusts-Universität Göttingen. Voigt war Mitglied der Königlich-Preußischen Akademie der Wissenschaften zu Berlin, der Königlichen Gesellschaft der Wissenschaften zu Göttingen und der Deutschen Akademie der Naturforscher Leopoldina.

Wagner, Hermann (* 23. Juni 1840 † 18. Juni 1929) Geograph, Kartograph
Wagner studierte in Göttingen und Erlangen. Er legte 1863 sein Oberlehrerexamen ab und wurde 1864 in Göttingen promoviert. Ab 1864 arbeitete Wagner als Gymnasiallehrer in Gotha, bis er 1876 den Lehrstuhl für Geographie an der Königlichen Albertus-Universität zu Königsberg erhielt. 1880 wechselte Wagner an die Georg-Augusts-Universität Göttingen und wurde dort 1920 emeritiert. Wagner war von 1880 bis 1929 Herausgeber der Zeitschrift *Geographisches Jahrbuch* und Mitglied der Königlichen Gesellschaft der Wissenschaften zu Göttingen.

Wallis, John (* 23. November $1616^{jul.}$ / 3. Dezember $1616^{greg.}$ † 28. Oktober $1703^{jul.}$ / 8. November $1703^{greg.}$) Mathematiker
Wallis studierte in Cambridge und erreichte 1637 den Bachelor- sowie 1640 den Masterabschluß. Er arbeitete danach einige Jahre als Priester und wurde 1649 Salvilian Professor für Geometrie an der Universität in Oxford.

Wantzel, Pierre-Laurent (* 5. Juni 1814 † 21. Mai 1848) Mathematiker, Ingenieur
Wantzel studierte von 1832 bis 1834 an der École Polytechnique und ab 1834 an der École des Ponts et Chaussées in Paris. Bevor er 1841 die Professur für angewandte Mechanik an der École des Ponts et Chaussées erhielt, lehrte Wantzel von 1838 bis 1841 Analysis an der École polytechnique in Paris.

Wappäus, Johann Eduard (* 17. Mai 1812 † 16. Dezember 1879) Geograph, Statistiker
Wappäus absolvierte zuerst ein landwirtschaftliches Studien an der Königlich-Preußischen Akademie des Landbaus zu Möglin, bevor er an den Universitäten in Göttingen, Bonn, Paris und Berlin studierte. An der Georg-Augusts-Universität Göttingen, an der er ab 1845 als außerordentlicher und ab 1854 als ordentlicher Professor für Geographie und Statistik tätig war, wurde er 1836 promoviert und 1838 habilitiert. Zwischen 1848 und 1863 sowie 1874 und 1879 arbeitete er als Rezensent der *Göttingischen Gelehrten Anzeigen* und war Mitglied der Königlichen Gesellschaft der Wissenschaften zu Göttingen.

Weber, Carl Emil Heinrich (* 10. April 1843 † 3. September 1898) Diplomat und Vizekonsul in St.Petersburg, Bruder von Heinrich Weber
Carl Weber begann in Heidelberg zu studieren und arbeitete nach dem Abbruch seines Studiums als Kaufmann im brüderlichen Unternehmen. Von 1889 bis 1898 war er Mitglied im preußischen Landtag und von 1895 bis 1898 im badischen. Von 1893 bis 1898 war er außerdem Mitglied des Reichstags für die Nationalliberale Partei.

Weber, Emilie Julia, genannt Mila (* Sommer 1882 † 15. Dezember 1911) Übersetzerin, Tochter von Heinrich und Emilie Weber
Emilie Julia Weber fertigte 1906 eine deutsche Übersetzung des 1904 erschienenen Werkes *La valeur de la science* von Henri Poincaré[1] und 1910 des 1908 erschienenen Werkes *Science et religion dans la philosophie contemporaine* von Émile Boutroux[2] an.

Weber, Friedrich Percy (* 20. Dezember 1844 † 19. Januar 1895) Philosoph, Bruder von Heinrich Weber
Percy Weber studierte von 1862 bis 1864 in Heidelberg und danach in Bonn. 1869 legte er in Karlsruhe sein Oberlehrerexamen ab und wurde 1866 in Heidelberg promoviert. Er arbeitete ab 1872 als Schriftsteller und als Redakteur der *Berlinischen Nachrichten von Staats- und Gelehrten Sachen*, auch *Spenersche Zeitung* genannt, ab 1883 war er Mitarbeiter der *Nationalliberalen Correspondenz Berlin*.

---

1 Siehe [Poincaré 1904] und [Poincaré 1906].
2 Siehe [Boutroux 1908] und [Boutroux 1910].

Weber, Georg (* 10. Februar 1808 † 10. August 1888) Historiker, Philologe, Vater von Heinrich Weber
Georg Weber, Inhaber eines Staatsstipendiums, studierte erst in Erlangen und später in Heidelberg. Nach seiner Promotion unternahm er 1833 eine Bildungsreise durch Italien und arbeitete anschließend drei Jahre als Rektor der Lateinschule in seiner Heimatstadt Bergzabern. Ab 1839 war er Hauptlehrer in Heidelberg und ab 1848 bis zu seiner Pensionierung 1872 Direktor der Höheren Schule, des heutigen Helmholtz Gymnasiums in Heidelberg. Georg Weber war verheiratet mit Ida Helene Maria Wilhelmine Weber, geb. Becher (* ca 1804 † ca 1888), Schriftstellerin. Der Ehe entstammen fünf Kinder, Karolin Holtzmann, geb. Weber (* 1840 † 1897), Martin Georg Heinrich Weber (* 5. März 1842 † 17. Mai 1913), Carl Emil Heinrich Weber (* 10. April 1843 † 3. September 1898), Friedrich Percy Weber (* 20. Dezember 1844 † 19. Januar 1895) und ein weiterer Sohn.

Weber, Heinrich (* 1. Januar 1839 † 5. Mai 1928) Physiker
Heinrich Weber studierte in Göttingen, wurde 1863 in Leipzig promoviert und 1866 in Göttingen habilitiert. Ab 1867 bis zu seiner Emeritierung 1906 war er Professor der Physik an der Herzoglichen Technischen Hochschule Carolo-Wilhelmina in Braunschweig.

Weber, Martin Georg Friedrich Heinrich (* 5. März 1842 † 17. Mai 1913) Mathematiker
Heinrich Weber studierte in Heidelberg, wo er auch promoviert wurde. Anschließend ging Weber für weitere Studien nach Königsberg, kehrte aber zur Habilitation nach Heidelberg zurück. Heinrich Weber lehrte und arbeitete von 1870 bis 1875 an der Eidgenössischen Polytechnischen Hochschule in Zürich, von 1875 bis 1883 in Königsberg, danach ein Jahr in Berlin, von 1884 bis 1892 in Marburg und ab 1895 in Straßburg. Heinrich Weber war Mitglied der Königlichen Gesellschaft der Wissenschaften zu Göttingen.
Heinrich Weber war verheiratet mit Emilie Julia Elisabeth Weber, geb. Dittenberger (* Herbst 1841 † 29. Juli 1901). Der Ehe entstammen mindestens fünf Kinder; Ida Weber (* vor 1875 † nach 1913), Rudolph Heinrich Weber (* 16. August 1874 † 3. August 1920), Richard Georg Wilhelm Weber (* 6. Juli 1877 † 22. Februar 1944), Anna Weber (* 2. Juni 1879 † ?) und Emilie Julia Weber, genannt Mila (* Sommer 1882 † 15. Dezember 1911).

Weber, Richard Georg Wilhelm (* 6. Juli 1877 † 22. Februar 1944) Mediziner, Sohn von Heinrich und Emilie Weber
Richard Weber studierte Medizin und arbeitete danach als Arzt in Weißenburg im Elsaß. Später war er Marinestabsarzt in Kiel und auf dem Kreuzer Arcona. Weber war verheiratet mit Anna Bertha Emilie geb. Nöldeke (* 22. Februar 1881 † 3. Februar 1945). Dieser Ehe entstammen vier Kinder, Elisabeth Sophie Ida Weber (* 10. Juni 1906 † 9. März 1988), Hans Heinrich Theodor Weber (* 28. Juni 1908

† 23. September 1977), Emilie Weber (* 30. Dezember 1911 † 10. September 1981) und Lotte Anna Helene Weber (* 6. September 1913 † ?).

Weber, Rudolph Heinrich (* 16. August 1874 † 3. August 1920) Mathematiker, Physiker, Sohn von Heinrich und Emilie Weber
Rudolph Weber studierte von 1895 bis 1899 in Straßburg, wo er 1899 auch promoviert wurde. Nach weiteren Studien in Göttingen und Straßburg absolvierte Rudolph Weber in Straßburg die Lehramtsprüfung und wurde 1902 in Heidelberg habilitiert. Von 1900 bis 1902 war Weber als Assistent und nach seiner Habilitation von 1902 bis 1907 als Privatdozent in Heidelberg tätig. 1907 wurde er zum außerordentlichen Professor für angewandte Mathematik und vertretungsweise als Physikprofessor an die Universität Rostock berufen. Kurz vor seinem Tod im Jahr 1919 erfolgte die Ernennung zum ordentlichen Professor. Rudolph Weber war verheiratet mit Helene Weber, geb. Bauer, Tochter des Marburger Mineralogen Bauer. Der Ehe entstammt mindestens eine 1908 geborenene Tochter.

Weber, Wilhelm Eduard (* 24. Oktober 1804 † 23. Juni 1891) Physiker, Hofrath
Wilhelm Weber studierte von 1822 bis 1826 an der Vereinigten Friedrichs-Universität Halle-Wittenberg, an der er 1826 promoviert, sowie 1827 habilitiert wurde. Bis 1828 lehrte Wilhelm Weber dort als Privatdozent, danach von 1828 bis 1831 als außerordentlicher Professor für Physik, bevor er 1831 als ordentlicher Professor für Physik an die Georg-Augusts-Universität in Göttingen wechselte. 1837 erfolgte seine Entlassung aus politischen Gründen. Zwischen 1843 und 1849 war Weber Professor für Physik an der Universität Leipzig, kehrte aber 1849 wieder nach Göttingen zurück, wo er 1873/74 pensioniert wurde. Weber war Mitglied vieler wissenschaftlicher Vereinigungen.

Weierstraß, Karl Theodor Wilhelm (* 31. Oktober 1815 † 19. Februar 1897) Mathematiker, von 1881 bis 1888 Herausgeber *Journal für die reine und angewandte Mathematik*
Weierstraß studierte von 1834 bis 1838 an der Rheinischen Friedrich-Wilhelms-Universität Bonn Rechts- und Cameralwissenschaften und von 1838 bis 1840 Mathematik in Münster, wo er 1841 auch sein Examen ablegte. Danach arbeitete Weierstraß für mehrere Jahre als Gymnasiallehrer, bevor er 1856 auf den Lehrstuhl für reine Mathematik an das Königliche Gewerbeinstitut Berlin wechselte. Zugleich lehrte er als außerordentlicher, ab 1864 als ordentlicher Professor für Mathematik an der Friedrich-Wilhelms-Universität Berlin, an der er 1873/74 Rektor war. Weierstraß war Mitglied der Königlich-Preußischen Akademie der Wissenschaften zu Berlin, der Königlichen Gesellschaft der Wissenschaften zu Göttingen und Ehrenmitglied der Russischen Akademie der Wissenschaften Sankt Petersburg, sowie Ehrendoktor der Königlichen Albertus-Universität Königsberg.

Weiss, Christian Samuel (* 26. Februar 1780 † 1. Oktober 1856) Mineraloge, Kristallograph
Weiss begann 1796 an der Universität Leipzig ein Studium der Medizin, wechselte aber kurze Zeit später nach Berlin um ein Studium der Naturwissenschaften aufzunehmen, welches er mit seiner Promotion 1801 abschloss. Er lehrte die folgenden Jahre an der Kurfürstlich-Sächsischen Bergakademie zu Freiberg und wurde 1803 an der Universität Leipzig habilitiert. Zwischen 1806 und 1808 unternahm er einige Reisen durch Europa, bevor er nach Leipzig zurückkehrte und eine Berufung zum Professor für Mineralogie annahm. 1810 wurde er als Professor für Mineralogie und Aufseher der mineralogischen Sammlung an die neugegründete Friedrich-Wilhelms-Universität Berlin berufen, an der er auch mehrmals als Dekan der Philosophischen Fakultät und 1818/19 sowie 1832/33 als Rektor wirkte. Weiss war Mitglied der Königlich-Preußischen Akademie der Wissenschaften zu Berlin und der Königlichen Gesellschaft der Wissenschaften zu Göttingen.

Wöhler, Friedrich (* 31. Juli 1800 † 23. September 1882) Chemiker
Wöhler studierte ab 1820 Medizin in Marburg und Heidelberg. Nach seiner Promotion im Jahre 1823 begab er sich für ein Jahr nach Stockholm, um Chemie zu studieren. Ab 1825 lehrte Wöhler Chemie am Königlichen Gewerbeinstitut in Berlin. Ab 1831 befand er sich in gleicher Position an der neu eröffneten Höheren Gewerbeschule Kassel. 1836 wurde Wöhler als Professor für Chemie und Pharmazie an die Georg-Augusts-Universität nach Göttingen berufen, wo er bis zu seinem Tode blieb. Wöhler war ab 1838 Mitherausgeber der *Annalen der Chemie und Pharmazie* und wurde für seine Forschungsarbeit vielfach als Ehrendoktor und Ehrenbürger ausgezeichnet. Er war Mitglied der Akademien der Wissenschaften zu Berlin und der Königlichen Gesellschaft der Wissenschaften zu Göttingen.

Wolf, Johann Rudolf (* 7. Juli 1816 † 6. Dezember 1893) Astronom, Mathematiker
Wolf studierte an den Universitäten in Wien und Berlin und arbeitete von 1839 bis 1845 als Realschullehrer für Mathematik und Physik in Bern. 1847 wurde er zum Direktor der Berner Sternwarte ernannt. 1855 erhielt Wolf einen Ruf als Professor für Astronomie an die neugegründete Eidgenössische Technische Hochschule in Zürich. Zugleich lehrte er auch an der Universität Zürich. Ab 1864 hatte er das Direktorat der unter seiner Leitung neu erbauten Eidgenössischen Sternwarte in Zürich inne.

Wundt, Wilhelm Maximilian (* 16. August 1832 † 31. August 1920) Physiologe, Psychologe, Philosoph
Wundt studierte ab 1851 in Tübingen, Karlsruhe und Heidelberg, wo er 1856 promoviert und 1857 habilitiert wurde. Er blieb bis 1863 als Privatdozent, Assistent und zuletzt als außerordentlicher Professor bei Helmholtz in Heidelberg. 1875 nahm er eine Berufung nach Leipzig, als Nachfolger Fechners, auf den Lehrstuhl für Philosophie an. In der Folge gründete Wundt 1879 an der Leipziger Universität

das weltweit erste Institut für experimentelle Psychologie. 1917 erfolgte Wundts Emeritierung. Wundt erhielt unter anderem 1876 die Ehrendoktorwürde von der Universität Leipzig, 1887 von der Georg-Augusts-Universität Göttingen und war 1889/90 Rektor der Universität Leipzig.

Zöllner, Johann Karl Friedrich (* 8. November 1834 † 25. April 1882) Physiker, Astronom
Zöllner studierte ab 1855 in Berlin und wurde 1859 in Basel promoviert. 1866 erhielt er einen Ruf als Professor für physikalische Astronomie nach Leipzig, wo er bis zu seinem Tod lehrte und arbeitete.

Literatur

A 1883 A.: Todesanzeige [James Challis]. Astronomische Nachrichten 104 (1883), Sp. 129, Nr. 2481.

Airy 1849 Airy, George Biddell: On a difficulty in the problem of sound. The London, Edinburgh and Dublin Philosophical Magazine and Journal of Science (3) 34 (1849), S. 401-405, Nr. 2481.

Amtlicher Bericht 1860 Amtlicher Bericht über die Ein und Dreissigste Versammlung Deutscher Naturforscher und Ärzte zu Göttingen im September 1854, erstattet von den Geschäftsführern derselben [Wilhelm] Baum und [Johann Benedikt] Listing. Göttingen: Vandenhœk und Ruprecht 1860.

Anonym 1875 Anonym: Barnaba Tortolini. Annali di Matematica Pura ed Applicata (2) 6 (1875), S. 63-64.

Anonym 1877 Anonym: Grand Prix Des Sciences Mathématiques. Théorie des solutions singulières des équations aux dérivées partielles du premier ordre, Comptes rendus hebdomadaires des scéances de l'Académie des sciences Paris 84 (1877), S. 804.

Anonym 1945 Anonym: Goran Dillner. Svenskt biografiskt lexikon. Bd. 11, Bonnier 1945, S. 261

Arndt 1935 Arndt, Bruno: Wilhelm Franz Meyer zum Gedächtnis. Jahresbericht der Deutschen Mathematiker-Vereinigung 45 (1935), S. 99-113.

Asen 1955 Asen, Johannes: Gesamtverzeichnis des Lehrkörpers der Universität Berlin. Leipzig: Harrassowitz 1955.

Bachmann 1872 Bachmann, Paul: Die Lehre von der Kreistheilung und ihre Beziehung zur Zahlentheorie: academische Vorlesungen. Teubner: Leipzig 1872. Nachdruck Wiesbaden: Sändig 1968. New York: Johnson 1968, Vaduz: Sändig 1988.

Barentin 1877 Barentin, Wilhelm: Johann Christian Poggendorff. Annalen der Physik und Chemie 236 (1877), S. V-XXIV.

Bauer 1882 Bauer, Gustav: Gedächtnisrede auf Otto Hesse gehalten in der öffentlichen Sitzung der K. B. Akademie der Wissenschaften zu München zur Feier ihres 123. Stiftungstages am 28. März 1882. München: Im Verlage der k. b. Akademie 1882.

Beez 1879 Beez, Richard: Ueber das Riemann'sche Krümmungsmass höherer Mannigfaltigkeiten. Zeitschrift für Mathematik und Physik 24 (1879), S. 1-17, 65-82.

Betti 1852 Betti, Enrico: Sulla risoluzione delle equazioni algebriche. Annali di Scienze Matematiche e Fisiche 3 (1852), S. 49-115.

Betti 1863 Betti, Enrico: Cenno Necrologico di Ottaviano Fabrizio Mossotti. Annali di Matematica Pura ed Applicata 5 (1863), S. 60.

Biermann 1964 Biermann, Kurt-Reinhard: Gotthold Eisenstein. Die wichtigsten Daten seines Lebens und Wirkens. Journal für die reine und angewandte Mathematik 214 (1964), S. 19-30.

Biermann 1971 Biermann, Kurt-Reinhard: Dedekind. In: Gillispie, Charles Coulston (Hrsg.): Dictionary of Scientific Biography Bd. 4, New York: Scribner 1971. S. 1-5

Boltzmann 1876 Boltzmann, Ludwig: Zur Geschichte des Problems der Fortpflanzung ebener Luftwellen von endlicher Schwingungsweite. Zeitschrift für Mathematik und Physik 21 (1876), S. 452.

Boltzmann 1900 Boltzmann, Ludwig: Eugen von Lommel. Jahresbericht der Deutschen Mathematiker-Vereinigung 8 (1900), S. 47-58.

Borcherding/Wiebel 2007 Borcherding, Marit; Wiebel, Marion: Das Michaelishaus in Göttingen: Geschichte, Gelehrte, Gegenwart. Göttingen: Wallstein 2007.

Boutroux 1908 Boutroux, Émile: Science et religion dans la philosophie contemporaine. Paris: Flammarion 1908.

Boutroux 1910 Boutroux, Émile: Wissenschaft und Religion in der Philosophie unserer Zeit. Ins Deutsche übertragen von Emilie Weber. Mit einem Einführungswort von Heinrich Holtzmann. Leipzig: Teubner 1910.

Brewster 1831 Brewster, David: The Life of Sir Isaac Newton. London: Murray 1831.

Brewster 1833 Brewster, David: Sir Isaak Newton's Leben: nebst einer Darstellung seiner Entdeckungen. Uebersetzt von B. M. Goldberg. Mit Anmerkungen von Heinrich Wilhelm Brandes. Leipzig: Göschen 1833.

Briot 1871 Briot, Charles: Lehrbuch der mechanischen Wärmetheorie. Auf Deutsch herausgegeben von Heinrich Weber (Phys.), Leipzig: Voss 1871.

Briot 1879 Briot, Charles: Théorie des fonctions Abéliennes. Paris: Gauthier-Villars 1879.

Buensow 1933 Bünsow, Heinrich: Geschichte und Verzeichnis der Mitglieder der Burschenschaft Brunsviga zu Göttingen 1848-1933. Festschrift zum 85. Stiftungsfeste. Göttingen: Dieterich 1933.

Cantor 1872 Cantor, Georg: Ueber die Ausdehnung eines Satzes aus der Theorie der trigonometrischen Reihen. Mathematische Annalen 5 (1872), S. 123-132. In: [Cantor 1932], S. 92-102.

Cantor 1878 Cantor, Georg: Ein Beitrag zur Mannigfaltigkeitlehre. Journal für die reine und angewandte Mathematik 84 (1878), S. 242-258. In: [Cantor 1932], S. 119-133.

Cantor 1932 Cantor, Georg: Gesammelte Abhandlungen mathematischen und philosophischen Inhalts: mit erläuternden Anmerkungen sowie mit Ergänzungen aus dem Briefwechsel Cantor-Dedekind. Hrsg. von Ernst Zermelo. Nebst einem Lebenslauf Cantors von Adolf Fraenkel. Berlin: Springer 1932. Reprint Hildesheim: Olms 1966, Reprint der Ausgabe von 1932 Berlin: Springer 1980, Nachdruck der Ausgabe von 1980 Berlin: Springer 2013.

Cantor/Dedekind 1937 Cantor, Georg; Dedekind, Richard: Briefwechsel Cantor-Dedekind. Hrsg. von Emmy Noether, Jean Cavaillès. Paris: Hermann 1937. Auszüge des Briefwechsels wurden schon in: [Cantor 1932], S. 443-451 abgedruckt.

Challis 1848a Challis, James: On the Velocity of Sound in Reply of the Remarks of the Astronomer Royal [Georg Airy]. The London, Edinburgh and Dublin Philosophical Magazine and Journal of Science 32 (1848), S. 494-499.

Challis 1848b Challis, James: Additional Analytical Considerations respecting the Velocity of Sound. The london, Edinburgh and Dublin Philosophical Magazine and Journal of Science 33 (1848), S. 98-101.

Challis 1848c Challis, James: On the Vibrations of an Elastic Fluid. The London, Edinburgh and Dublin Philosophical Magazine and Journal of Science 33 (1848), S. 360-365.

Challis 1848d Challis, James: Further Investigation of the Nature of Aërial Vibrations. The London, Edinburgh and Dublin Philosophical Magazine and Journal of Science 33 (1848), S. 462-466.

Challis 1849a Challis, James: Continuation of Researches in the Mathematical Theory of Aërial Vibrations. The London, Edinburgh and Dublin Philosophical Magazine and Journal of Science 34 (1849), S. 88-98.

Challis 1849b Challis, James: On the Theoretical Value of the Velocity of Sound. The London, Edinburgh and Dublin Philosophical Magazine and Journal of Science 34 (1849), S. 284-286.

Challis 1849c Challis, James: Determination of the Velocity of Sound on the Principles of Hydrodynamics. The London, Edinburgh and Dublin Philosophical Magazine and Journal of Science 34 (1849), S. 353-366.

Challis 1849d Challis, James: On Spherical Waves in an Elastic Fluid, in reply to Mr. Stokes. The London, Edinburgh and Dublin Philosophical Magazine and Journal of Science 34 (1849), S. 449-450.

Challis 1849e Challis, James: On some Points relating to the Theory of Fluid Motion. The London, Edinburgh and Dublin Philosophical Magazine and Journal of Science 34 (1849), S. 512-520.

Challis 1849f Challis, James: On the Views of the Astronomer Royal respecting the Modification of Sounds by Distance of Propagation. The London, Edinburgh and Dublin Philosophical Magazine and Journal of Science 35 (1849), S. 241-244.

Christoffel 1869 Christoffel, Elwin Bruno: Über die Transformation der homogenen Differentialausdrücke zweiten Grades. Journal für die reine und angewandte Mathematik 70 (1869), S. 46-71. In: [Christoffel 1910] Bd. 1, S. 352-377.

Christoffel 1910 Christoffel, Elwin Bruno: Gesammelte Mathematische Abhandlungen. Unter Mitwirkung von Adolf Krazer und Georg Faber herausgegeben von Ludwig Maurer. 2 Bde., Leipzig, Berlin: Teubner 1910.

Clausius 1868 Clausius, Rudolf: Ueber die von Gauss angeregte neue Auffassung der elektrodynamischen Erscheinungen. Annalen der Physik und Chemie 211 (1868), S. 606-621.

Clebsch 1865 Clebsch, Alfred: Ueber diejenigen ebenen Curven, deren Coordinaten rationale Functionen eines Parameters sind. Journal für die reine und angewandte Mathematik 64 (1865), S. 43-65.

Coen 2012 Coen, Salvatore (Hrsg.): Mathematicians in Bologna 1861-1960. Basel: Birkhäuser 2012

Costabel 1978 Costabel, Pierre: Poisson, Siméon-Denis. In: Gillispie, Charles Coulston (Hrsg.): Dictionary of Scientific Biography Bd. 15, Suppl. I, New York: Scribner 1978. S. 480-490.

Courant 1926 Courant, Richard: Felix Klein. Jahresbericht der Deutschen Mathematiker-Vereinigung 34 (1926), S. 197-213.

Décaillot 2011 Décaillot, Anne-Marie: Cantor und die Franzosen. Ins Deutsche übersetzt von Klaus Volkert. Berlin, Heidelberg: Springer 2011.

Dedekind 1872 Dedekind, Richard: Stetigkeit und irrationale Zahlen. Vieweg: Braunschweig 1872. 2. Auflage 1892. 3. Auflage 1905. 4. Auflage 1912. 5. Auflage 1927. 6. Auflage 1960. Die 7. Auflage ist in der 10. Auflage von [Dedekind 1888] enthalten. In: [Dedekind Werke 1930-1932] Bd. 3, S. 315-334.

Dedekind 1876a Dedekind, Richard: Bernhard Riemann's Lebenslauf. In: [Riemann Werke 1876], S. 507-526.

Dedekind 1876b Dedekind, Richard: Anzeige von: Bernhard Riemann's gesammelte mathematische Werke und wissenschaftlicher Nachlaß. Herausgegeben unter Mitwirkung von R. Dedekind von H. Weber. Göttingische gelehrte Anzeigen 1 (1876), S. 961.

Dedekind 1876-1877 Dedekind, Richard: Sur la théorie des nombres entiers algébriques. Bulletin des sciences mathématique et astronomique 11 (1876), S. 278-288; (2) 1 (1877), S. 14-24, 66-92, 144-164, 207-248. Sonderdruck Paris: Gauthier-Villars 1877. In: [Dedekind Werke 1930-1932] Bd. 3, S. 262-296.

Dedekind 1877a Dedekind, Richard: Über die Anzahl der Idealclassen in den verschiedenen Ordnungen eines endlichen Körpers. In: Festschrift zur Saecularfeier des Geburtstages von C. F. Gauß, dargebracht vom Herzoglichen Collegium Carolinum zu Braunschweig, Braunschweig: Vieweg 1877, S. 1-55. In: [Dedekind Werke 1930-1932] Bd. 1, S. 105-158.

Dedekind 1877b Dedekind, Richard: Schreiben an Herrn Borchardt über die Theorie der elliptischen Modul-Functionen. Journal für die reine und angewandte Mathematik 83 (1877), S. 265-292. In: [Dedekind Werke 1930-1932] Bd. 1, S. 174-201.

Dedekind 1878 Dedekind, Richard: Ueber den Zusammenhang zwischen der Theorie der Ideale und der Theorie der höheren Congruenzen. Abhandlungen der Königlichen Gesellschaft der Wissenschaften zu Göttingen 23 (1878), S. 3-37. In: [Dedekind Werke 1930-1932] Bd. 1, S. 202-231.

Dedekind/Weber 1882 Dedekind, Richard; Weber, Heinrich: Theorie der algebraischen Functionen einer Veränderlichen. Journal für die reine und angewandte Mathematik 92 (1882), S. 181-290. In: [Dedekind Werke 1930-1932] Bd. 1, S. 238-350.

Dedekind 1888 Dedekind, Richard: Was sind und was sollen die Zahlen. 1. Auflage, Braunschweig: Vieweg 1888. 2. Auflage 1893. 3. Auflage 1911. 4. Auflage 1918. 5. fast unveränderte Auflage 1923. 6. Auflage 1930. 7. Auflage 1939. 8. Auflage 1960. 9. Auflage 1961. 10. Auflage 1965. In: [Dedekind Werke 1930-1932] Bd. 3, S. 335-390.

Dedekind 1897 Dedekind, Richard: Ueber Gruppen, deren sämtliche Theiler Normaltheiler sind. Mathematische Annalen 48 (1897), S. 548-561. In: [Dedekind Werke 1930-1932] Bd. 2, S. 87-101.

Dedekind 1899 Dedekind, Richard: Ueber die Anzahl der Idealklassen in reinen kubischen Zahlkörpern. Journal für die reine und angewandte Mathematik 121 (1899), S. 40-123. In: [Dedekind Werke 1930-1932] Bd. 2, S. 148-235.

Dedekind 1912 Dedekind, Richard: Über den Zellerschen Beweis des quadratischen Reziprozitätssatzes. In: [Festschrift Weber 1912], S. 23-36.

Dedekind Werke 1930-1932 Dedekind, Richard: Gesammelte mathematische Werke. Hrsg. von Robert Fricke, Emmy Noether, Øystein Ore. 3 Bde., Braunschweig: Vieweg 1930, 1931, 1932. Reprint New York: Chelsea 1969.

Dedekind 1985 Dedekind, Richard: Vorlesungen über Differential- und Integralrechnung 1861/62. Eine Mitschrift von Heinrich Bechtold. Bearbeitet von Max-Albert Knus und Winfried Scharlau, Deutsche Mathematiker-Vereinigung, Braunschweig, Wiesbaden: Vieweg 1985.

Dieudonné 1985 Dieudonné, Jean: Geschichte der Mathematik 1700-1900 - Ein Abriß. Braunschweig: Wiesbaden 1985.

Dirichlet 1840 Dirichlet, Gustav Peter Lejeune: Auszug aus einer der Akademie der Wissenschaften zu Berlin am 5ten März 1840 vorgelesenen Abhandlung. Journal für die reine und angewandte Mathematik 21 (1840), S. 98-100. In: [Dirichlet 1888-1897] Bd. 2, S. 253-258.

Dirichlet 1856 Dirichlet, Gustav Peter Lejeune: Gedächtnisrede auf Carl Gustav Jacob Jacobi. Journal für die reine und angewandte Mathematik 52 (1856), S. 193-218. In: [Dirichlet 1888-1897] Bd. 2, S. 225-252.

Dirichlet 1863 Dirichlet, Gustav Peter Lejeune: Vorlesungen über Zahlentheorie. Hrsg. und mit Zusätzen versehen von Richard Dedekind, 1. Auflage, Braunschweig: Vieweg 1863. 2. umgearbeitete und vermehrte Auflage 1871. 3. umgearbeitete und vermehrte Auflage 1879. 4. umgearbeitete und vermehrte Auflage 1888.

Dirichlet 1888-1897 Dirichlet, Gustav Peter Lejeune: G. Lejeune Dirichlet's Werke: in zwei Bänden. Bd.1 hrsg. von Leopold Kronecker, Bd. 2 hrsg. von Leopold Kronecker und Lazarus Fuchs. Berlin: Reimer 1889-1897. Reprint New York: Chelsea 1969.

Drüll 1986 Drüll, Dagmar: Heidelberger Gelehrtenlexikon 1803 - 1932. Berlin: Springer 1986.

Dugac 1976 Dugac, Pierre: Richard Dedekind et les fondements des mathematiques. Paris: Vrin 1976.

Dunnington 1955 Dunnington, Guy Waldo: Carl Friedrich Gauß. Titan of Science. New York: Hafner 1955; Reprint with additional material by Jeremy Gray and Fritz-Egbert Dohse. The Mathematical Association of America 2004

Earnshaw 1861 Earnshaw, Samuel: On the mathematical theorie of sound. Philosophical Transactions of the Royal Society London 150 (1860) 1861, S. 133-148.

Eberhardt 1998 Eberhardt, Frank: Die faszinierende Welt der Kristalle. Der Mineraloge Christian Samuel Weiss (1780-1856). Berlinische Monatsschrift 3/1998, S. 61-66.

Edwards/Neumann/Purkert 1982 Edwards, Harold; Neumann, Olaf; Purkert, Walter: Dedekinds „Bunte Bemerkungen“ zu Kroneckers „Grundzüge“. Archive for History of Exact Sciences 27 (1982), S. 49-85.

Eggen 1970 Eggen, Olin J.: George Biddell Airy. In: Gillispie, Charles Coulston (Hrsg.): Dictionary of Scientific Biography Bd. 1, New York: Scribner 1970. S. 84-87.

Eisenstein 1847a Eisenstein, Gotthold: Mathematische Abhandlungen besonders aus dem Gebiete der höheren Arithmetik und der elliptischen Functionen. Mit einer Vorrede von Carl Friedrich Gauß, Berlin: Reimer 1847. Reprographischer Nachdruck, Hildesheim: Olms 1967.

Eisenstein 1847b Eisenstein, Gotthold: Beiträge zur Theorie der elliptischen Functionen. Journal für die reine und angewandte Mathematik 35 (1847), S. 137-274. In: [Eisenstein 1975] 2. Auflage Bd. 1, S. 299-357.

Eisenstein 1847c Eisenstein, Gotthold: Aufgaben und Lehrsätze. Journal für die reine und angewandte Mathematik 35 (1847), S. 275-276. In: [Eisenstein 1975] 2. Auflage Bd. 2, S. 503-504.

Eisenstein 1850 Eisenstein, Gotthold: Über die Irreductibilität und einige andere Eigenschaften der Gleichung, von welcher die Theilung der ganzen Lemniscate abhängt. Journal für die reine und angewandte Mathematik 39 (1850), S. 160-179. In: [Eisenstein 1975] 2. Auflage Bd. 2, S. 536-619.

Eisenstein 1975 Eisenstein, Gotthold: Mathematische Werke. New York: Chelsea 1975. 2. Auflage 1989.

Engel 1911 Engel, Friedrich: Wilhelm Thomé. Jahresbericht der Deutschen Mathematiker-Vereinigung 20 (1911), S. 261-279.

Engel 1945 Engel, Friedrich: Friedrich Schur. Jahresbericht der Deutschen Mathematiker-Vereinigung 45 (1945), S. 1-31.

Enneper 1864 Enneper, Alfred: Analytisch-geometrische Untersuchungen. Zeitschrift für Mathematik und Physik 9 (1864), S. 96-125, S. 377-401.

Enneper 1866 Enneper, Alfred: Ueber die cyclischen Flächen. Nachrichten von der Königlichen Gesellschaft der Wissenschaften und der Georg-Augusts-Universität zu Göttingen (1866), S. 243-250.

Eschler/Meischner 1979 Eschler, Erhard; Meischner, Wolfram: Wilhelm Wundt. Leipzig, Jena, Berlin: Urania 1979.

Euler 1783 Euler, Leonard: Observationes circa divisionem quadratorum per numeros primos. Opuscula varii argumenti 1 (1783), S. 64-84. Opera Omnia (1) 3, S. 477-512. (Eneström 552).

Faifofer 1877 Faifofer, Aureliano: Elementi di aritmetia. 3. Auflage, Venezia: Tipogr. Emiliana 1877.

Faifofer 1878 Faifofer, Aureliano: Elementi d'algebra e trigonometria uso dei lincei. 2. Auflage, Venezia: Tipogr. Emiliana 1878.

Fechner 1851 Fechner, Gustav: Zend-Avesta oder über die Dinge des Himmels und des Jenseits, vom Standpunkt der Naturbetrachtung. Leipzig: Voß 1851.

Festschrift Dedekind 1982 Festschrift der Braunschweigischen Wissenschaftlichen Gesellschaft und der Technischen Universität Carolo Wilhelmina zu Braunschweig zur 150. Wiederkehr des Geburtstages von Richard Dedekind. Abhandlungen der Braunschweigischen Wissenschaftlichen Gesellschaft 33 (1982).

Festschrift Weber 1912 Festschrift Heinrich Weber zu seinem siebzigsten Geburtstag am 5. März 1912: gewidmet von Freunden und Schülern. Leipzig: Teubner 1912. Reprint New York: Chelsea 1971.

Fox/Gillispie/Grattan-Guiness 1970 Fox, Robert; Gillispie, Charles Coulston; Grattan-Guiness, Ivor: Laplace, Pierre-Simon, Marquis de. In: Gillispie, Charles Coulston (Hrsg.): Dictionary of Scientific Biography Bd. 15, Suppl. I, New York: Scribner 1978. S. 273-403.

Fueter 1912 Fueter, R.: Zum Andenken an Karl VonderMühll (1841 - 1912). Mathematische Annalen 73 (1912), S. 3-4.

Fuchs 1876 Fuchs, Lazarus: Ueber die linearen Differentialgleichungen zweiter Ordnung, welche algebraische Integrale besitzen, und eine neue Anwendung der Invariantentheorie. Journal für die reine und angewandte Mathematik 81 (1876), S. 97-142. In: [Fuchs 1904-1909] Bd. 2, S. 11-61.

Fuchs 1877 Fuchs, Lazarus: Sur quelques propriétés des intégrales des équations différentielles, auxquelles satisfont les modules de périodicité des intégrales elliptiques des deux premières espèces. Extrait d'une letter adressée à M. Hermite. Journal für die reine und angewandte Mathematik 83 (1877), S. 13-37. In: [Fuchs 1904-1909] Bd. 2, S. 63-65.

Fuchs 1904-1909 Fuchs, Lazarus: Gesammelte mathematische Werke. 3 Bde. Hrsg. von Richard Fuchs und Ludwig Schlesinger. Bd. 1 Berlin: Mayer & Müller 1904, Bd. 2 1908, Bd. 3 1909.

Gauß 1801 Gauß, Carl Friedrich: Disquisitiones Arithmeticae. Leipzig 1801, In: [Gauß Werke 1863-1933] Bd. 1 (1863), S. 1-474

Gauß 1820 Gauß, Carl Friedrich: Determinatio attractionis, quam in punctum quodvis positionis datae exerceret planeta, si eius massa per totam orbitam ratione temporis, quo singulae partes discribuntur, uniformiter esset dispertita. Commentationes societatis regiae scientiarum Gottingensis recentiores 4 (1820), classis mathematicae, S. 21-48; In: [Gauß Werke 1863-1933] Bd. 3 (1866), S. 331-356.

Gauß 1841 Gauß, Carl Friedrich: Elementare Ableitung eines zuerst von Legendre aufgestellten Lehrsatzes der sphärischen Trigonometrie. Journal für die reine und angewandte Mathematik 22 (1841), S. 96; In: [Gauß Werke 1863-1933] Bd. 8 (1900), S. 451-452.

Gauß 1863a Gauß, Carl Friedrich: Theorematis Arithmetici Demonstratio Nova. In: [Gauß Werke] Bd. 2 (1863), S. 1-8.

Gauß 1863b Gauß, Carl Friedrich: Theorematis Fundamentalis in Doctrina de Residuis Quadraticis. In: [Gauß Werke 1863-1933] Bd. 2 (1863), S. 47-64.

Gauß 1866a Gauß, Carl Friedrich: Methodus nova integralium valores per approximationem inveniendi. In: [Gauß Werke 1863-1933] Bd. 3 (1866), S. 163-196.

Gauß 1866b Gauß, Carl Friedrich: Fortsetzung der Untersuchungen über das arithmetische geometrische Mittel. In: [Gauß Werke 1863-1933] Bd. 3 (1866), S. 375-403.

Gauß 1900 Gauß, Carl Friedrich: Notizen über cubische und biquadratische Reste. In: [Gauß Werke 1863-1933] Bd. 8 (1900), S. 5-14.

Gauß 1903 Gauß, Carl Friedrich: Allgemeine Grundlagen einer Theorie der Gestalt von Flüssigkeiten im Zustand des Gleichgewichts. Übersetzt von Rudolf Weber, hrsg. von Heinrich Weber. Ostwald's Klassiker der exakten Wissenschaften 135 (1903).

Gauß Werke 1863-1933 Gauß, Carl Friedrich: Werke. 1. Auflage, herausgegeben von Ernst Schering: Bd. 1 und Bd. 2, Göttingen 1863; Bd. 3, Göttingen 1866; Bd. 4, Göttingen 1873; Bd. 5, Göttingen 1867; Bd. 6, Göttingen 1874, Bd. 7, Gotha 1871.
2. Auflage, herausgegeben von Ernst Schering: Bd. 1-5, Göttingen 1870-1880; ferner unter der Ägide von Felix Klein: Bd. 6, 1907-1910 (anastatischer Wiederabdruck), Bd. 7, 1906. Bd. 8-12 Göttingen 1900-1933.
Nachdruck Olms, Bd. 1-12, 1. Reprint Hildesheim 1973 und 2. Reprint Hildesheim 1981, und zwar Bd. 1-6, Nachdruck der 1. Auflage und Bd. 7, Nachdruck der 2. Auflage, Bd. 8-12, Nachdruck der Ausgabe von 1900-1933.
Es sei ferner darauf hingewiesen, dass im Jahre 2011 ein Reprint der Werke von Gauß in Cambridge bei Cambridge University Press erschienen ist.

Gerke/Harborth 1981 Gerke, Karl; Harborth, Heiko: Zum Leben des Braunschweiger Mathematikers Richard Dedekind. Städtisches Museum Braunschweig 1981.

Geiser/Maurer 1901 Geiser, Carl; Maurer, Ludwig: Elwin Bruno Christoffel. Mathematische Annalen 54 (1901), S. 329-341.

Genocchi 1860 Genocchi, Angelo: Formole per determinare quanti siano i numeri primi fino ad un dato limite. Annali di Matematica Pura ed Applicata 3, (1860), S. 52-59.

Genocchi 1865 Genocchi, Angelo: Intorno ad alcune somme di cubi. Annali di Matematica Pura ed Applicata 7 (1865), S. 151-158.

Goldstein/Schappacher/Schwermer 2007 Goldstein, Catherine; Schappacher, Norbert; Schwermer, Joachim: The Shaping of Arithmetic after C. F. Gauss's Disquisitiones Arithmeticae. Berlin: Springer 2007.

Gordan 1877 Gordan, Paul: Ueber endliche Gruppen linearer Transformationen einer Veränderlichen. Mathematische Annalen 12 (1877), S. 23-46.

Gordon 1869 Gordon, Margaret: The Home Life of Sir David Brewster. 1. Auflage, Edinburgh: Douglas 1869; 2. Auflage 1870; 3. Auflage 1881.

Gottwald/Ilgauds/Schlote 1990 Gottwald, Siegfried; Ilgauds, Hans-Joachim; Schlote, Karl-Heinz (Hrsg.): Lexikon bedeutender Mathematiker. Leipzig: Bibliogr. Inst. 1990; Thun: Harri Deutsch 1990.

Guerraggio/Paolini 2008 Guerraggio, Angelo; Paolini, Giovanni: Vito Volterra. Rom: Muzzio 2008; Deutsche Übersetzung von Manfred Stern. Berlin, Heidelberg: Springer 2013.

Gundlach 1927 Gundlach, Franz: Catalogus Professorum Academiae Marburgensis. Die akademischen Lehrer der Phillips-Universität Marburg von 1527 bis 1910. (Veröffentlichung der Historischen Kommission für Hessen und Waldeck 15,1). Marburg: Elwert 1927.

Hager 1991 Hager, Willi: De Saint-Venant: ein Leben als Ingenieur - ein Leben als Wissenschaftler. Schweizer Ingenieur und Architekt (109), Heft 9 (1991), S. 193-197.

Hamberger 1798 Hamberger, Georg Christoph: Das Gelehrte Teutschland oder Lexikon der jetzt lebenden Teutschen Schriftsteller. Meyersche Buchhandlung Bd. 7, Lemgo: Meyer 1798.

Hamburger 1902 Hamburger, Meyer: Gedächtnisrede auf Immanuel Lazarus Fuchs. Archiv der Mathematik und Physik (3) 3 (1902), S. 177-186.

Hamel 1923 Hamel, Georg.: Zum Gedächtnis an Hermann Amandus Schwarz. Jahresbericht der Deutschen Mathematiker-Vereinigung 32 (1923), S. 6-13.

Hankel 1869 Hankel, Hermann: Die Cylinderfunctionen erster und zweiter Art. Mathematische Annalen 1 (1869), S. 467-501.

Harborth 2007 Harborth, Heiko et al.: Gedenkschrift für Richard Dedekind: ein Beitrag der Wirtschaft, vertreten durch die Industrie- und Handelskammer Braunschweig. Braunschweig: Appelhans 2007.

Hartkopf 1992 Hartkopf, Werner: Die Berliner Akademie der Wissenschaften. Berlin: Akademie Verlag 1992.

Hattendorff 1872a Hattendorff, Karl: Einleitung in die analytische Geometrie. Hannover: Schmorl & Seefeld 1872, 2. Auflage 1877.

Hattendorff 1872b Hattendorff, Karl: Einleitung in die Lehre von den Determinanten. Hannover: Schmorl & Seefeld 1872.

Hawkins 1974 Hawkins, Thomas: New Light on Frobenius' Creation of the Theory of Group Charakters. Archive for History of Exact Sciences 12 (1974), S. 217-243.

Heine 1872 Heine, Eduard: Die Elemente der Funktionenlehre. Journal für die reine und angewandte Mathematik 74 (1872), S. 182-188.

Helm 1901 Helm, Georg: Oskar Schlömilch. Zeitschrift für Mathematik und Physik 46 (1901), S. 1-7.

Henn 2003 Henn, Hans-Wolfgang: Elementare Geometrie und Algebra. Wiesbaden: Vieweg 2003.

Hensel 1927 Hensel, Kurt: Paul Bachmann und sein Lebenswerk. Jahresbericht der Deutschen Mathematiker-Vereinigung 36 (1927), S. 31-74.

Hermes 1879 Hermes, Johann Gustav: Zurückführung des Problems der Kreistheilung auf lineare Gleichungen (für Primzahlen von der Form $2m + 1$). Journal für die reine und angewandte Mathematik 87 (1879), S. 84-113.

Hermite 1858 Hermite, Charles: Sur quelques formules relatives à la transformation des fonctions elliptiques. Journal de Mathématiques Pures et Appliquées (2) 3 (1858), S. 26-36.

Hermite 1859 Hermite, Charles: Sur la théorie des équations modulaires et la résolution de l'équation du cinquième degré. Paris: Mallet-Bachelier 1859.

Hermite 1863 Hermite, Charles: Übersicht der Theorie der Elliptischen Funktionen. Aus [Lacroix 1861]. Aus dem Französischen übertragen und mit einem Anhang versehen von Leopold Natani, Berlin: Wiegandt & Hempel 1863.

Hermite 1877 Hermite, Charles: Extrait d'une lettre de M. Ch. Hermite adressée à M. L. Fuchs. Journal für die reine und angewandte Mathematik 82 (1877), S. 343-347.

Hilbert 1910 Hilbert, David: Hermann Minkowski. Mathematische Annalen 68 (1910), S. 445-471.

Hilbert 1921 Hilbert, David: Adolf Hurwitz. Mathematische Annalen 83 (1921), S. 161-172.

Hölder 1927 Hölder, Otto: Carl Neumann. Mathematische Annalen 96 (1927), S. 1-25.

Hölder 2014 Otto Hölder: Briefe an die Eltern 1878 bis 1887. Hrsg. von Stefan Hildebrandt und Birgit Staude-Hölder. Leipzig: Edition am Gutenbergplatz 2014.

Huber 1917 Huber, Daniel: Verhandlungen der Naturforschenden Gesellschaft in Basel. Festschrift zum hundertjährigen Jubiläum. Bd. 28, Basel: Georg & Cie. 1917.

Hurwitz 1894 Hurwitz, Adolf: Über die Theorie der Ideale. Nachrichten von der Königlichen Gesellschaft der Wissenschaften zu Göttingen (1894), S. 291-298.

Jacobi 1839 Jacobi, Carl Gustav Jacob: Note von der geodätischen Linie auf einem Ellipsoid und den verschiedenen Anwendungen einer merkwürdigen analytischen Substitution. Bericht über die zur Bekanntmachung geeigneten Verhandlungen der Königlich-Preußischen Akademie der Wissenschaften zu Berlin 1839, S. 62-66; Journal für die reine und angewandte Mathematik 19 (1839), S. 309-313. In: [Jacobi 1881-1891] Bd. 2, S. 57-63.

Jacobi 1837 Jacobi, Carl Gustav Jacob: Über die Kreistheilung und ihre Anwendung auf die Zahlentheorie. Bericht über die zur Bekanntmachung geeigneten Verhandlungen der Königlich-Preußischen Akademie der Wissenschaften zu Berlin 1837, S. 127-136; Journal für die reine und angewandte Mathematik 30 (1846), S. 166-182. In: [Jacobi 1881-1891] Bd. 6, S. 254-274.

Jacobi 1866 Jacobi, Carl Gustav Jacob: Vorlesungen über Dynamik von C. G. J. Jacobi nebst fünf hinterlassenen Abhandlungen derselben. Hrsg. von Alfred Clebsch, Berlin: Reimer 1866. In: [Jacobi 1881-1891] Supplement-Band, 2. revidierte Ausgabe 1884. Nachdruck New York: Chelsea 1969.

Jacobi 1881-1891 Jacobi, Carl Gustav Jacob: C. G. J. Jacobi's Gesammelte Werke. Hrsg. von Karl Borchardt; Karl Weierstrass; Eduard Lottner; Alfred Clebsch, 7 Bde., Berlin: Reimer 1881-1891. Nachdruck New York: Chelsea 1969.

Johnson/Chéret 1998 Johnson, James; Chéret, Roger: Classic Papers in Shock Compression Science. New York: Springer 1998.

Kalähne 1922 Kalähne, Alfred: Zum Gedächtnis an Rudolf H. Weber. Physikalische Zeitschrift 23 (1922), S. 81-83.

Kaufmann 1967 Kaufmann, Walter (Hrsg.): 100 Jahre Ernst-Moritz-Arndt-Gymnasium vormals Real-Gymnasium: Geschichtliche Ausschnitte, Bilder, Dokumente. Osnabrück: Wenner 1967.

Klein 1876 Klein, Felix: Ueber [algebraisch integrierbare] lineare Differentialgleichungen, Erster Aufsatz. Sitzungsberichte der physikalisch-medicinischen Societät zu Erlangen (1876), S. 182-186; Mathematische Annalen 11 (1876), S. 115-118. In: [Klein 1921-1923] Bd.2, S. 302-306.

Klein 1877 Klein, Felix: Ueber [algebraisch integrierbare] lineare Differentialgleichungen, Zweiter Aufsatz. Mathematische Annalen 12 (1877), S. 167-179. In: [Klein 1921-1923] Bd. 2, S. 307-320.

Klein 1897 Klein, Felix: Riemann und seine Bedeutung für die Entwicklung der modernen Mathematik. Jahresbericht der Deutschen Mathematiker-Vereinigung 4 (1897), S. 71-87. In: [Klein 1921-1923] Bd. 3, S. 482-498.

Klein 1899 Klein, Felix: Ernst Schering. Jahresbericht der Deutschen Mathematiker-Vereinigung 6 (1899), S. 25-27.

Klein 1921-1923 Klein, Felix: Gesammelte mathematische Abhandlungen. Bd. 1 Hrsg. von Robert Fricke und Alexander Ostrowski. Bd. 2 hrsg. von Robert Fricke und Hermann Vermeil. Bd. 3 hrsg. von Robert Fricke, Hermann Vermeil und Erich Bessel-Hagen. Berlin: Springer 1921-1923. Reprint Berlin: Springer 1973.

Knopp 1927 Knopp, Konrad: Hans von Mangoldt. Jahresbericht der Deutschen Mathematiker-Vereinigung 36 (1927), S. 332-349.

Königsberger 1874 Königsberger, Leo: Vorlesungen über die Theorie der elliptischen Functionen nebst einer Einleitung in die allgemeine Functionenlehre. 2 Bde., Leipzig: Teubner 1874.

Königsberger 1878 Königsberger, Leo: Vorlesungen über die Theorie der hyperelliptischen Integrale. Leipzig: Teubner 1878.

Königsberger 1879 Königsberger, Leo: Ueber die Erweiterung des Jacobischen Transformationsprincips. Journal für die reine und angewandte Mathematik 87 (1879), S. 173-189.

Königsberger 1919 Königsberger, Leo: Mein Leben. Heidelberg: Winters Universitätsbuchhandlung 1919.

Kollros 1934 Kollros, Louis: Prof. Dr. Carl Friedrich Geiser. Schweizerische Bauzeitung 103/104 (1934), S. 157-158.

Kortum 1906 Kortum, Hermann: Rudolf Lipschitz. Jahresbericht der Deutschen Mathematiker-Vereinigung 15 (1906), S. 56-60.

Kowalevsky 1874 Kowalevsky (Kowalewskaja), Sofia: Zur Theorie der partiellen Differentialgleichungen. Inauguraldissertation zur Erlangung der Doctorwürde bei der Philosophischen Facultät zu Göttingen, Berlin: Reimer 1874.

Kowalevsky 1884 Kowalevski (Kowalevskaja), Sophie: Über die Reduction einer bestimmten Klasse Abel'scher Integrale 3ten Ranges auf elliptische Integrale. Acta Mathematica 4 (1884), S. 393-414.

Krahnke 2001 Krahnke, Holger: Die Mitglieder der Akademie der Wissenschaften zu Göttingen 1751-2001. Im Auftrag der Akademie zusammengestellt von Holger Krahnke. Göttingen: Vandenhoeck & Ruprecht 2001.

Kreiser 2013 Kreiser, Ludwig: Gottlob Frege: Leben-Werk-Zeit. Hamburg: Meiner 2013.

Kronecker 1863 Kronecker, Leopold: Über die Auflösung der Pellschen Gleichung mittels elliptischer Functionen. Monatsbericht der Königlich-Preußischen Akademie der Wissenschaften zu Berlin (1863), S. 44-50. In: [Kronecker 1889-1930] Bd. 4, S. 219-226.

Kronecker 1871 Kronecker, Leopold: Auseinandersetzung einiger Eigenschaften der Klassenzahl idealer complexer Zahlen. Monatsbericht der Königlich-Preußischen Akademie der Wissenschaften zu Berlin (1870) 1871, S. 881-889. In: [Kronecker 1889-1930] Bd. 1, S. 271-282.

Kronecker 1882 Kronecker, Leopold: Grundzüge einer arithmetischen Theorie der algebraischen Größen. Festschrift zu Herrn Ernst Eduard Kummers fünfzigjährigem Doctor-Jubiläum, Berlin: Reimer 1882.

Kronecker 1895 Kronecker, Leopold: Auszug aus einem Briefe von L. Kronecker an R. Dedekind. Vorgelegt von Herrn Frobenius. Sitzungsberichte der Königlich-Preußischen Akademie der Wissenschaften Berlin (1895), S. 115-117. In: [Kronecker 1889-1930] Bd. 5, S. 453-458.

Kronecker 1889-1930 Kronecker, Leopold: Leopold Kronecker's Werke. Herausgegeben auf Veranlassung der Königlich-Preußischen Akademie der Wissenschaften. Hrsg. von Kurt Hensel. Leipzig: Teubner 1889-1930. Reprint New York: Chelsea 1968.

Kummer 1860 Kummer, Ernst: Gedächtnißrede auf Gustav Peter Lejeune-Dirichlet. Abhandlungen der Königlichen-Preußischen Akademie der Wissenschaften zu Berlin (1860), S. 1-36.

Lacroix 1861 Lacroix, Sylvestre François: Traité élémentaire de calcul différentiel et de calcul intégral. Revue et augmentée de notes par MM. Hermite et J.-A. Serret. 6. Ed., Paris: Mallet-Bac̆helier 1861.

Lagrange 1770 Lagrange, Joseph-Louis: Nouvelle méthode pour résoudre les équations littérales par le moyen des séries. Mémoires de l'Académie Royale des Sciences et Belles Lettres de Berlin 24 (1770), S. 251-326; In: [Lagrange 1867-1892] Bd. 3, S. 5-73.

Lagrange 1867-1892 Lagrange, Joseph-Louis: Œuvres de Lagrange. Hrsg. von Joseph Alfred Serret. 14 Bde., Paris: Gauthier-Villars 1867-1892. Nachdruck Hildesheim: Olms 1973.

Lampe 1894 Lampe, Emil: Nachruf für Ernst Eduard Kummer. Jahresbericht der Deutschen Mathematiker-Vereinigung 3 (1894), S. 13-18.

Lampe 1897 Lampe, Emil: Karl Weierstraß. Gedächtnisrede gehalten in der Sitzung der physikalischen Geslischaft zu Berlin. Verhandlungen der physikalischen Gesellschaft zu Berlin 16 (1897), S. 50-71; Jahresbericht der Deutschen Mathematiker-Vereinigung 6 (1897), S. 27-44; Leipzig: Barth 1897.

Landau 1917 Landau, Edmund: Richard Dedekind. Nachrichten von der Königlichen Gesellschaft der Wissenschaften zu Göttingen. Geschäftliche Mitteilungen. (1917), S. 50-70.

Legendre 1826 Legendre, Adrien-Marie: Traité des fonctions elliptiques et des intégrales Eulériennes. Paris: Huzard-Courciér 1826.

Lewis 2012 Lewis, David: Early Russian Organic Chemists and Their Legacy. Heidelberg: Springer 2012.

Liebmann 1921 Liebmann, Heinrich: Johannes Thomae. Jahresbericht der Deutschen Mathematiker-Vereinigung 30 (1921), S. 133-145.

Liebmann 1927 Liebmann, Heinrich: Zur Erinnerung an Carl Neumann. Jahresbericht der Deutschen Mathematiker-Vereinigung 36 (1927), S. 174-178.

Lipschitz 1869a Lipschitz, Rudolph: Untersuchungen in Betreff der ganzen homogenen Functionen von n Differentialen. Journal für die reine und angewandte Mathematik 70 (1869), S. 71-102. Monatsberichte der Königlich-Preußischen Akademie der Wissenschaften zu Berlin (1869), S. 49-53.

Lipschitz 1869b Lipschitz, Rudolph: Entwicklung einiger Eigenschaften der quadratischen Formen. Journal für die reine und angewandte Mathematik 71 (1869), S. 274-295.

Lipschitz 1870 Lipschitz, Rudolph: Fortgesetzte Untersuchungen in Betreff der ganzen homogenen Functionen von n Differentialen. Journal der reinen und angewandten Mathematik 72 (1870), S. 1-56.

Lipschitz 1986 Lipschitz, Rudolf: Briefwechsel mit Cantor, Dedekind, Helmholtz, Kronecker, Weierstrass und anderen. Bearbeitet von Winfried Scharlau. Deutsche Mathematiker-Vereinigung, Braunschweig: Vieweg [u. a.] 1986.

Lockemann 1942 Lockemann, Georg: Wöhler, Friedrich, Chemiker. In: Lebensbilder aus Kurhessen und Waldeck 1830-1930. 3 (1942), S. 410-420.

Lommel 1868 Lommel, Eugen von: Studien über die Bessel'schen Functionen. Leipzig 1868.

Lorey 1916 Lorey, Wilhelm: Das Studium der Mathematik an den deutschen Universitäten seit Anfang des 19. Jahrhunderts. Abhandlungen über den mathematischen Unterricht in Deutschland. Bd. 3, Heft 9, Leipzig und Berlin: Teubner 1916.

Lüroth 1913 Lüroth, Jacob: Ernst Schröder. Jahresbericht der Mathematiker-Vereinigung 12 (1913), S. 249-265.

Luperini/Rossi 2010 Luperini, Claudio; Rossi, Paolo: La Fisica pisana dal 1861 al 1882. Annali di Storia delle Università Italiane 14 (2010), S. 141.

Maurer 1998 Maurer, Bertram: Karl Culmann und die graphische Statik. Anhang mit umfangreichen Culmann-Texten. Diepholz: Verlag für Geschichte der Naturwiss. und Technik 1998.

Mazliak/Tazzioli 2009 Mazliak, Laurent; Tazzioli, Rossana: Mathematicians at war: Volterra and His French Colleagues in World War One. Dordrecht: Springer 2009.

Merkel 1891 Merkel, Friedrich: Jacob Henle: ein deutsches Gelehrtenleben; nach Aufzeichnungen und Erinnerungen. Braunschweig: Vieweg 1891.

Merkel 1909 Merkel, Friedrich: Jakob Henle Gedächtnisrede gehalten im anatomischen Institut zu Göttingen am 19. Juli 1909, dem 100. Geburtstag des Gelehrten. Braunschweig: Vieweg 1909.

Meyer 1871 Meyer, Gustav Ferdinand: Vorlesungen über die Theorie der bestimmten Integrale zwischen reellen Grenzen: mit vorzüglicher Berücksichtigung der von P. Gustav Lejeune-Dirichlet im Sommer 1858 gehaltenen Vorträge über bestimmte Integrale. Leipzig: Teubner 1871.

Montevecchi 1995 Montevecchi, Luisa (Hrsg.): L'inchiesta Scialoja sulla istruzione secondaria maschile e femminile (1872-1875). Roma: Ministero Per i Beni Culturali e Ambientali, Ufficio Centrale per i Beni Archivistici 1995.

Moretti 2012 Moretti, Mauro: Pasquale Villari. Il Contributo italiano alla storia del Pensiero-Filosofia 2012.

Nernst 1922 Nernst, Walter: Rudolf Clausius, geb. 2. Januar 1822, gest. 24. August 1888, 1869-1888 Professor der Physik an der Universität Bonn. Rede, gehalten am 24. Juni 1922. Bonn: Röhrscheid 1922.

Neumann 1872 Neumann, Carl: Zum Andenken an Rudolf Friedrich Alfred Clebsch. Nachrichten von der Königlichen Gesellschaft der Wissenschaften und der Georg-Augusts Universität zu Göttingen (1872), S. 550-560.

Ore 1970a Ore, Øystein: Abel, Niels Henrik. In: Gillispie, Charles Coulston (Hrsg.): Dictionary of Scientific Biography Bd. 1, New York: Scribner 1970. S. 12-17.

Ore 1970b Ore, Øystein: Bachmann, Paul Gustav Heinrich. In: Gillispie, Charles Coulston (Hrsg.): Dictionary of Scientific Biography Bd. 1, New York: Scribner 1970. S. 370.

Piper 2009 Piper, Ernst: Savonarola: Prophet der Diktatur Gottes. München: Allitera Verlag 2009.

Poggendorff 1904 Poggendorff, Johann C.: Biographisch-literarisches Handwörterbuch zur Geschichte der exacten Wissenschaften: enthalten Nachweisungen über Lebensverhältnisse und Leistungen von Mathematikern, Astronomen, Physiker, Mineralogen, Geologen aller Völker und Zeiten. hrsg. von Arthur Joachim Oettingen. Bd. 4, Leipzig: Barth 1904.

Poincare 1904 Poincaré, Henri: La valeur de la science. Paris: Flammarion 1904.

Poincare 1906 Poincaré, Henri: Der Wert der Wissenschaft. Ins Deutsche übertragen von Emilie Weber. Mit Anmerkungen und Zusätzen von Heinrich Weber. Leipzig: Teubner 1906.

Poisson 1808 Poisson, Siméon: Mémoire sur la theórie du son. Journal de l'école polytechnique 7 (1808), S. 319-392.

Poisson 1833 Poisson, Siméon Denis: Discours prononće aux funérailles de M. Legendre. Journal für die reine und angewandte Mathematik 10 (1833), S. 360-363.

Raumer 1836 Raumer, Friedrich von: Königinnen Elisabeth und Maria Stuart: Nach den Quellen im britischen Museum und Reichsarchive. Bd. 1, Leipzig: Brockhaus 1836.

Rauschning 1995 Rauschning, Dietrich (Hrsg.): Die Albertus-Universität zu Königsberg und ihre Professoren: aus Anlaß der Gründung der Albertus-Universität vor 450 Jahren. Berlin: Duncker & Humblot 1995.

Reichsgesetzblatt 1871 Deutsches Reichsgesetzblatt 48 (1871), S. 409-410.

Ribbeck 1879-1881 Ribbeck, Otto: Friedrich Wilhelm Ritschl: ein Beitrag zur Geschichte der Philologie. Leipzig: Teubner 1879-1881.

Richelot 1832 Richelot, Friedrich Julius: De resolutione algebraica aequationis $x^{257} = 1$, sive de divisione circuli per bisectionem anguli septies repetitam in partes 257 inter se aequales commentatio coronata. Journal für die reine und angewandte Mathematik 9 (1832), S. 1-26, S. 146-161, S. 209-230, S. 337-358, sowie Sonderdruck Berlin 1833.

Riemann 1851: I Riemann, Bernhard: Grundlagen für eine allgemeine Theorie der Functionen einer veränderlichen complexen Größe. Inauguraldissertation, Göttingen: Huth 1851; In: [Riemann Werke 1876], S. 3-45 (Nr. I).

Riemann 1855: III Riemann, Bernhard: Zur Theorie der Nobili'schen Farbenringe. Annalen der Physik und Chemie 171 (1855), S. 130-139; In: [Riemann Werke 1876], S. 54-61 (Nr. III).

Riemann 1857a: IV Riemann, Bernhard: Beiträge zur Theorie der durch die Gauß'sche Reihe $F(\alpha, \beta, y, x)$ darstellbaren Funktionen. Abhandlungen der Königlichen Gesellschaft der Wissenschaften zu Göttingen 7 (1856-1857) 1857, mathematische Classe, S. 3-19; In: [Riemann Werke 1876], S. 62-78 (Nr. IV).

Riemann 1857b: V Riemann, Bernhard: Selbstanzeige zur Abhandlung Beiträge zur Theorie der durch die Gauß'sche Reihe $F(\alpha, \beta, y, x)$ darstellbaren Funktionen. Nachrichten von der Königlichen Gesellschaft der Wissenschaften zu Göttingen (1857); In: [Riemann Werke 1876], S. 79 (Nr. V).

Riemann 1857c: VI Riemann, Bernhard: Theorie der Abel'schen Functionen. Journal für die reine und angewandte Mathematik 54 (1857), S. 115-155; In: [Riemann Werke 1876], S. 80-135 (Nr. VI).

Riemann 1859a: VII Riemann, Bernhard: Ueber die Anzahl der Primzahlen unter einer gegebenen Größe. Bericht über die Bekanntmachung geeigneter Verhandlungen der Königlich-Preußischen Akademie der Wissenschaften zu Berlin (1859), S. 671-680; In: [Riemann Werke 1876], S. 136-144 (Nr. VII).

Riemann 1859b: IX Riemann, Bernhard: Selbstanzeige zur Abhandlung Ueber die Fortpflanzung ebener Luftwellen von endlicher Schwingungsweite. Nachrichten von der Georg-Augusts-Universität und der Königlichen Gesellschaft der Wissenschaften zu Göttingen 19 (1859), S. 192-196; In: [Riemann Werke 1876] S. 165-167 (Nr. IX).

Riemann 1860a: VIII Riemann, Bernhard: Ueber die Fortpflanzung ebener Luftwellen von endlicher Schwingungsweite. Abhandlungen der Königlichen Gesellschaft der Wissenschaften zu Göttingen 8 (1858-1859) 1860, S. 43-65. In: [Riemann Werke 1876], S. 145-164 (Nr. VIII).

Riemann 1860b: II Riemann, Bernhard: Ueber die Gesetze der Vertheilung von Spannungselectricität in ponderablen Körpern, wenn diese nicht als vollkommene Leiter oder Nichtleiter, sondern als dem Enthalten von Spannungselectricität mit endlicher Kraft widerstrebend betrachtet werden. Amtlicher Bericht über die 31. Versammlung deutscher Naturforscher und Aerzte zu Göttingen im September 1854, Göttingen: Vandenhoek und Ruprecht 1860; In: [Riemann Werke 1876], S. 48-53 (Nr. II).

Riemann 1861: X Riemann, Bernhard: Ein Beitrag zu den Untersuchungen über die Bewegung eines flüssigen gleichartigen Ellipsoides. Abhandlungen der Königlichen Gesellschaft der Wissenschaften zu Göttingen 9 (1860) 1861, S. 3-36. In: [Riemann Werke 1876], S. 168-197 (Nr. X).

Riemann 1867a: XIV Riemann, Bernhard: Ein Beitrag zur Elektrodynamik. Aus dem Nachlaß des Verfassers mitgetheilt durch R. Dedekind. Annalen der Physik und Chemie 207 (1867), S. 237-242; In: [Riemann Werke 1876], S. 270-275 (Nr. XIV).

Riemann 1867b: XVIII Riemann, Bernhard: Mechanik des Ohres. Zeitschrift für rationelle Medizin (3) 29 (1867), S. 129-143; In: [Riemann Werke 1876], S. 316-350 (Nr. XVIII).

Riemann 1868a Riemann, Bernhard: Ueber die Fläche vom kleinsten Inhalt bei gegebener Begrenzung. Hrsg. von Karl Hattendorff, Abhandlungen der Königlichen Gesellschaft der Wissenschaften zu Göttingen 13 (1866/67) 1868, S. 3-52.

Riemann 1868b: XII Riemann, Bernhard: Ueber die Darstellbarkeit einer Function durch eine trigonometrische Reihe. Aus dem Nachlaß des Verfassers mitgetheilt durch R. Dedekind, Abhandlungen der Königlichen Gesellschaft der Wissenschaften zu Göttingen 13 (1866-1867) 1868, S. 87-131; In: [Riemann Werke 1876], S. 213-251 (Nr. XII).

Riemann 1868c: XIII Riemann, Bernhard: Über die Hypothesen welche der Geometrie zu Grunde liegen. (Aus dem Nachlass des Verfassers mitgetheilt durch R. Dedekind. Diese Abhandlung ist am 10. Juni 1854 von dem Verfasser bei dem zum Zweck seiner Habilitation veranstalteten Colloquium mit der philosophischen Facultät zu Göttingen vorgelesen worden.) Abhandlungen der Königlichen Gesellschaft der Wissenschaften zu Göttingen 13 (1866-1867) 1868, S. 133-152; In: [Riemann Werke 1876], S. 254-269 (Nr. XIII).

Riemann 1869 Riemann, Bernhard: Partielle Differentialgleichungen und ihre Anwendung auf physikalische Fragen. Für den Druck bearbeitet und herausgegeben von Karl Hattendorff, Braunschweig: Vieweg 1869. 2. Auflage 1876. 3. Auflage 1882. In 4. Auflage neu bearbeitet von Heinrich Weber. Braunschweig: Vieweg 1900-1901. 5. Auflage 1910. 6. unveränderte Auflage 1919.

Riemann 1872 Riemann, Bernhard: Schwere, Electrizität und Magnetismus. Nach Vorlesungen bearbeitet von Karl Hattendorff, Hannover: Rümpler 1872. 2. Auflage 1880.

Riemann Werke 1876 Riemann, Bernhard: Gesammelte mathematische Werke und der wissenschaftliche Nachlass. Hrsg. unter Mitwirkung von Richard Dedekind und Heinrich Weber. Leipzig: Teubner 1876. 2. Auflage, bearbeitet von Heinrich Weber. Leipzig: Teubner 1892. Nachdruck, zusammen mit Nachträgen, Hrsg. von Max Noether und Wilhelm Wirtinger. New York: Dover Publications 1953. Neu hrsg. von Raghavan Narasimhan. Berlin: Springer 1990.

Riemann 1898 Riemann, Bernhard: Œuvres Mathématiques de Riemann. traduit par L. Laugel avec une préface de M. Hermite et un discours de Félix Klein. Paris: Gauthier-Villars 1898.

Roch 1865 Roch, Gustav: Ueber die Anzahl der willkürlichen Constanten in algebraischen Functionen. Journal für die reine und angewandte Mathematik 65 (1865), S. 372-376.

Roquette 1992 Roquette, Peter: Heinrich Weber, David Hilbert and Königsberg. 1992. Online-Ressource: http://www.rzuser.uni-heidelberg.de/~ci3/Weber.pdf (abgerufen am 09.09.2014)

Roquette 2000 Roquette, Peter: August Leopold Crelle 1780 - 1855. 2000. Online-Ressource: http://www.rzuser.uni-heidelberg.de/~ci3/crelle.pdf (abgerufen am 09.09.2014)

Rüegg 2004 Rüegg, Walter: A History of the University in Europe. Bd. 3, Cambridge: Cambridge University Press 2004.

Rudio 1897 Rudio, Ferdinand: Erinnerungen an Moritz Abraham Stern. Jahresbericht der Deutschen Mathematiker-Vereinigung 4 (1897), S. 34-36.

S. 1882 S.: Dr. Karl Hattendorff. Centralblatt der Bauverwaltung (2) 23 (1882), S. 206.

Saint-Venant/Wantzel 1839 Saint-Venant, Barré de, Adhémar; Wantzel, Pierre-Laurent: Mémoires et expériences sur l'écoulement de l'air déterminé par des différences de pression considérables. Journal de l'école polytechnique 16 (1839), S. 85-122; In: Comptes rendus des séances de l'Académie des sciences 8 (1839), S. 294-298.

Saint-Venant/Wantzel 1843 Saint-Venant, Barré de, Adhémar; Wantzel, Pierre-Laurent: Nouvelles expériences sur l'écoulement de l'air déterminé par des différences de pression considérables. Comptes rendus des séances de l'Académie des sciences 17 (1843), S. 1140-1142.

Saint-Venant 1848 Saint-Venant, Adhémar, Barré de: Biographie. Nouvelles annales de mathématiques (1) 7 (1848), S. 321-331.

Salmon 1852 Salmon, Georg: A Treatise on the Higher plane Curves. Intended as a Sequel to a Treatise on Conic Sections. Dublin: Hodges and Smith 1852.

Salmon 1873 Salmon, Georg: Analytische Geometrie der höheren ebenen Curven. Ins Deutsche übertragen von Wilhelm Fiedler, Teubner: Leipzig 1873.

Scharlau 1981 Scharlau, Winfried: Richard Dedekind 1831 - 1981. Braunschweig, Wiesbaden: Vieweg 1981.

Scharlau 1982a Scharlau, Winfried: Richard Dedekinds algebraische Arbeiten aus seiner Göttinger Privatdozenten-Zeit 1854-1858. In: [Festschrift Dedekind 1982], S. 69-70.

Scharlau 1982b Scharlau, Winfried: Unveröffentlichte algebraische Arbeiten Richard Dedekinds aus seiner Göttinger Zeit 1855 bis 1858. Archive for History of Exact Sciences 27 (1982), S. 335-367.

Scheibner 1860 Scheibner, Wilhelm: Ueber die Anzahl der Primzahlen unter einer beliebigen Grenze. Zeitschrift für Mathematik und Physik 5 (1860), S. 233-252.

Schering 1867 Schering, Ernst: Bernhard Riemann zum Gedächtnis. Nachrichten von der Königlichen Gesellschaft der Wissenschaften und der Georg-Augusts-Universität zu Göttingen (1867), S. 305-314.

Schering 1869 Schering, Ernst: Die Fundamental-Classen der zusammensetzbaren arithmetischen Formen. Abhandlungen der Königlichen Gesellschaft der Wissenschaften zu Göttingen 14 (1868-1869) 1869, S. 3-16. In: [Schering 1902-1909] Bd. 1, S. 135-148.

Schering 1870 Schering, Ernst: Notice biographique sur Bernard Riemann. Traduit de l'Allemand par Paul Mansion. Bullettino di bibliografia e di storia delle scienze matematiche e fisiche 3, 1870, S. 409-417.

Schering 1877 Schering, Ernst: Zur Feier der hundertsten Wiederkehr von Gauss' Geburtstag. Nachrichten von der Königlichen Gesellschaft der Wissenschaften und der Georg-Augusts-Universität (1877), S. 229-237.

Schering 1902-1909 Schering, Ernst: Gesammelte mathematische Werke. Hrsg. von Robert Haussner und Karl Schering. 2 Bde., Berlin: Mayer & Müller 1902-1909.

Schlegel 1987 Schlegel, Wolfgang: Georg Weber. Pfälzer Lebensbilder Bd. 4 (1987), S. 179-204.

Schoeneberg 1970 Schöneberg, Bruno: Artin, Emil. In: Gillispie, Charles Coulston (Hrsg.): Dictionary of Scientific Biography Bd. 1, New York: Scribner 1970. S. 306-308.

Schondorff 1868 Schondorff, Arthur: Ueber die Minimalfläche die von einem doppelt-gleichschenkligen räumlichen Viereck begrenzt wird. Eine von der philosophischen Facultät der Georgia Augusta am 4. Juni 1867 gekrönte Preisschrift. Göttingen: Kaestner 1868.

Schottky 1875 Schottky, Friedrich: Ueber die conforme Abbildung mehrfach zusammenhängender ebener Flächen. Inauguraldissertation, Berlin: Schade 1875.

Schroeder 1873 Schröder, Ernst: Lehrbuch der Arithmetik und Algebra für Lehrer und Studierende. Bd. 1: Die sieben algebraischen Operationen. Leipzig: Teubner 1873.

Schwarz 1871 Schwarz, Hermann Amandus: Bestimmung einer speciellen Minimalfläche. Eine von der Königlich-Preußischen Akademie der Wissenschaften zu Berlin am 4. Juli 1867 gekrönte Preisschrift. Berlin: Voigt u. a. 1871. In: [Schwarz 1890] Bd.1, S. 6-125.

Schwarz 1873a Schwarz, Hermann Amandus: Fortgesetzte Untersuchungen über specielle Minimalflächen. Monatsbericht der Königlich-Preußischen Akademie der Wissenschaften zu Berlin (1872) 1873, S. 1-27. In: [Schwarz 1890] Bd. 1, S. 126-148.

Schwarz 1873b Schwarz, Hermann Amandus: Ueber einige Fälle, in welchen die Gaussische hypergeometrische Reihe eine algebraische Function ihres vierten Elementes darstellt. Journal für die reine und angewandte Mathematik 75 (1873), S. 292-335. In: [Schwarz 1890] Bd. 2, S. 211-259.

Schwarz 1890 Schwarz, Hermann Amandus: Gesammelte mathematische Abhandlungen. 2 Bde. Berlin: Springer 1890. 2. überarbeitete Auflage, New York: Chelsea 1972.

Schwenk 1998 Schwenk, Ernst: Sternstunden der frühen Chemie: von Johann Rudolph Glauber bis Justus von Liebig. München: Beck 1998. 2. überarbeitete Auflage 2000.

Scriba 1970 Scriba, Christoph: The Autobiography of John Wallis. Notes & Records of the Royal Society 25 (1970), S. 17-46.

Scorrano 2008 Scorrano, Gianfranco: La Chimica Italiana. Padua: 2008. Online-Ressource: http://www.chimica.unipd.it/gianfranco.scorrano/pubblica/la_chimica_italiana.pdf (abgerufen am 09.09.2014)

Sonar 2007a Sonar, Thomas: Richard Dedekind und seine Beziehungen in der Gelehrtenrepublik. In: [Harborth 2007], S. 13-24.

Sonar 2007b Sonar, Thomas: Die Bändigung des Unendlichen - Richard Dedekind und die Geburt der Mengenlehre. In: [Harborth 2007], S. 85-97.

Sonar 2012 Sonar, Thomas: Brunswick's Second Mathematical Star: Richard Dedekind (1831-1919). Mathematical Intelligencer 34 Number 2 (2012), S. 63-67.

Stokes 1848 Stokes, George: On a difficulty in the Theory of Sound. The London, Edinburgh and Dublin Philosophical Magazine and Journal of Science 33 (1848), S. 349-356.

Stokes 1849a Stokes, George: On the Theory of Sound in reply to Professor Challis. The London, Edinburgh and Dublin Philosophical Magazine and Journal of Science 34 (1849), S. 203-204.

Stokes 1849b Stokes, George: On the Theory of Sound in reply to Professor Challis. The London, Edinburgh and Dublin Philosophical Magazine and Journal of Science 34 (1849), S. 348-350.

Stokes 1849c Stokes, George: On the Theory of Sound. On the Theory of Sound in reply to Profressor Challis. The London, Edinburgh and Dublin Philosophical Magazine and Journal of Science 34 (1849), S. 501-502.

Stramberg 1854 Stramberg, Christian von: Denkwürdiger und nützlicher rheinischer Antiquarius, welcher die wichtigsten und angenehmsten geographischen, historischen und politischen Merkwürdigkeiten des ganzen Rheinstroms von seinem Ausfluß in das Meer bis zu seinem Ursprunge darstellt, von einem Nachforscher in historischen Dingen. Abth. 1 Bd. 3, Coblenz: Hergt 1854.

Strobl 1985 Strobl, Walter: Aus den wissenschaftlichen Anfängen Hermann Minkowskis. Historia Mathematica 12 (1985), S. 142-156.

Struik 1970 Struik, Dirk Jan: Beltrami Eugenio. In: Gillispie, Charles Coulston (Hrsg.): Dictionary of Scientific Biography Bd. 1, New York: Scribner 1970. S. 599-600.

Study 1905 Study, Eduard: Sir William Rowan Hamilton. Jahresbericht der Deutschen Mathematiker-Vereinigung 14 (1905), S. 421-424.

Thiele 2009 Thiele, Rüdiger: Van der Waerden in Leipzig. Leipzig: Edition am Gutenbergplatz 2009.

Thomae 1866 Thomae, Johannes: Bestimmung von $d \lg \vartheta(0, 0, \ldots 0)$ durch die Classenmoduln. Journal für die reine und angewandte Mathematik 66 (1866), S. 92-96.

Thomae 1870 Thomae, Johannes: Betrag zur Bestimmung von $\vartheta(0, 0, \ldots 0)$ durch die Klassenmoduln algebraischer Functionen. Journal für die reine und angewandte Mathematik 71 (1870), S. 201-222.

Thomae 1873 Thomae, Johannes: Beitrag zur Theorie der Abelschen Functionen. Journal für die reine und angewandte Mathematik 75 (1873), S. 224-254.

Timerding 1922 Timerding, Heinrich Emil: Theodor Reye. Jahresbericht der Deutschen Mathematiker-Vereinigung 31 (1922), S. 185-203.

Tobies 1997 Tobies, Renate (Hrsg.): „Aller Männerkultur zum Trotz“: Frauen in Mathematik und Naturwissenschaften. Mit einem Geleitwort von Knut Radbruch. Frankfurt (Main): Campus 1997.

Tricomi 1962 Tricomi, Francesco Giacomo: Matematici italiani del primo secolo dello stato unitario. Memorie dell'Accademia delle Scienze di Torino (series 4) 1 (1962), S. 1-120.

Universität Berlin 1966 Die Rektoren der Humboldt-Universität zu Berlin. Hrsg. von der Universitäts-Bibliothek der Humboldt-Universität. Halle (Saale): Niemeyer 1966.

Voigt 1996 Voigt, Hans-Heinrich: Gauß' Lebensdaten. Mitteilungen der Gauß-Gesellschaft Göttingen 33 (1996), S. 61.

Voss 1913 Voss, Aurel: Wilhelm Fiedler. Jahresbericht der Deutschen Mathematiker-Vereinigung 22 (1913), S. 97-113.

Voss 1914 Voss, Aurel: Heinrich Weber. Jahresbericht der deutschen Mathematiker-Vereinigung 23 (1914), S. 431-444.

Wagener 1996 Wagener, Silke: Pedelle, Mägde und Lakaien: das Dienstpersonal an der Georg-Augusts-Universität Göttingen 1737 - 1866. Göttingen: Vandenhoeck & Ruprecht 1996.

Waldrich 1993 Waldrich, Hans-Peter: Grenzgänger der Wissenschaft: Hans Driesch, Gustav Theodor Fechner, Stanislav Grof, Werner Heisenberg, Carl Gustav Jung, Elisabeth Kübler-Ross, Rupert Sheldrake, Ludwig Wittgenstein, Carl Friedrich Zöllner. München: Kösel 1993.

Wangerin 1896 Wangerin, Albert: F. E. Neumann. Mitteilungen der Deutschen Akademie der Naturforscher Leopoldina (1) 32 (1896), S. 51-54, S. 63-66.

Wangerin 1897 Wangerin, Albert: F. E. Neumann. Jahresbericht der Deutschen Mathematiker-Vereinigung 4 (1897), S. 54-69.

Weber Georg 1847-1880 Weber, Georg: Lehrbuch der Weltgeschichte mit besonderer Rücksicht auf Cultur, Literatur und Religionswesen, und einem Abriß der deutschen Literaturgeschichte als Anhang für höhere Schulanstalten und zur Selbstbelehrung. Leipzig: Engelmann 1847-1880. Bis zum Jahr 1925 erschienen insgesamt 23 Auflagen, ab 1902 unter dem Titel: Lehr- und Handbuch der Weltgeschichte.

Weber Georg 1857-1881 Weber, Georg: Allgemeine Weltgeschichte, mit besonderer Berücksichtigung des Geistes- und Culturlebens der Völker und mit Benutzung der neueren geschichtlichen Forschungen für die gebildeten Stände. Leipzig: Engelmann 1857-1881. 2. Auflage 1882-1889. 3. Auflage 1919-1922.

Weber 1876 Weber, Heinrich: Theorie der Abelschen Functionen vom Geschlecht 3. Berlin: Reimer 1876.

Weber 1877a Weber, Heinrich: Anzeige von Bernhard Riemann's gesammelte mathematische Werke und wissenschaftlicher Nachlass. Repertorium der literarischen Arbeiten aus dem Gebiete der reinen und angewandten Mathematik 1 (1877), S. 145-154.

Weber 1877b Weber, Heinrich: Zur Geschichte des Problems der Fortpflanzung ebener Luftwellen von endlicher Schwingungsweite. Zeitschrift für Mathematik und Physik 22 (1877), Historisch-literarische Abteilung, S. 71.

Weber 1878a Weber, Heinrich: Ueber die Kummersche Fläche vierter Ordnung mit sechzehn Knotenpunkten und ihre Beziehung zu den Thetafunctionen mit zwei Veränderlichen. Journal für die reine und angewandte Mathematik 84 (1878), S. 332-354.

Weber 1878b Weber, Heinrich: Anwendung der Thetafunctionen zweier Veränderlicher auf die Theorie der Bewegung eines festen Körpers in einer Flüssigkeit. Mathematische Annalen 14 (1878), S. 173-206.

Weber 1878/1879 Weber, Heinrich: Ueber die Transformationstheorie der Theta-Functionen, ins Besondere derer von drei Veränderlichen. Annali di matematica Pura ed Applicata (2) 9 (1878/1879), S. 126-166.

Weber 1879a Weber, Heinrich: Vorlesungen über die Theorie der hyperelliptischen Integrale, von Dr. Leo Königsberger. Leipzig 1878. Zeitschrift für Mathematik und Physik 24 (1879), Historisch-literarische Abteilung, S. 92-100.

Weber 1879b Weber, Heinrich: Bemerkungen zu der Schrift „Ueber die Abelschen Functionen vom Geschlecht 3". Journal für die reine und angewandte Mathematik 88 (1879), S. 82-84.

Weber 1882 Weber, Heinrich: Beweis des Satzes, dass jede eigentlich primitive quadratische Form unendlich viele Primzahlen darzustellen fähig ist. Mathematische Annalen 20 (1882), S. 301-329.

Weber 1885 Weber, Heinrich: Zur Theorie der elliptischen Functionen. Acta Mathematica 6 (1885), S. 329-416.

Weber 1886 Weber, Heinrich: Theorie der abelschen Zahlkörper. Acta Mathematica 8 (1886), S. 193-263.

Weber 1886/1887 Weber, Heinrich: Theorie der abelschen Zahlkörper. Acta Mathematica 9 (1886/1887), S. 105-130.

Weber 1887/1888 Weber, Heinrich: Zur Theorie der elliptischen Functionen. Acta Mathematica 11 (1887/1888), S. 333-390.

Weber 1889 Weber, Heinrich: Zur complexen Multiplication elliptischer Functionen. Mathematische Annalen 33 (1889), S. 390-410.

Weber 1893 Weber, Heinrich: Leopold Kronecker. Jahresbericht der Deutschen Mathematiker-Vereinigung 2 (1893), S. 5-32.

Weber 1895-1896 Weber, Heinrich: Lehrbuch der Algebra. 1. Auflage, 2 Bde., Braunschweig: Vieweg 1895-1896. 2. erw. und verb. Auflage, 3 Bde., 1898-1908. 3. Ed. 1961. 3. ed., reprint, with corr. of the 2. ed. New York: Chelsea 1962.

Weber 1903-1907 Weber, Heinrich; Wellstein, Joseph; Jacobsthal, Walther (Bd.2); Weber, Rudolf (Bd.3): Encyklopädie der Elementar-Mathematik. Bd. 1, Leipzig: Teubner 1903; Bd. 2, Leipzig: Teubner 1905; Bd. 3, Leipzig: Teubner 1907. 2. Auflage, Bd. 1, 1906; Bd. 2, 1907; Bd. 3 Teil 1, 1910; Bd. 3 Teil 2, 1912. 3. Auflage, Bd. 1, 1909; Bd. 2, 1915; Bd. 3, 1923-1924. 4. Auflage, Bd. 1, 1922.

Weber 1906 Weber, Heinrich: Elementare Mengenlehre. Jahresbericht der Deutschen Mathematiker-Vereinigung 15 (1906), S. 173-184.

Weber 1912 Weber, Heinrich: Lehrbuch der Algebra. Kleine Ausgabe in einem Bande. Braunschweig: Vieweg 1912. 2. unveränderter Abdruck, 1921. 3. unveränderter Abdruck, 1928.

Weber (Phys.) 1863 Weber, Heinrich (Phys.): Bestimmung des galvanischen Widerstandes der Metalldräthe aus ihrer Erwärmung durch den galvanischen Strom nach absolutem Maße. Inauguraldissertation, Leipzig: Barth 1863.

Weber (Phys.) 1869 Weber, Heinrich (Phys.): Vorschriften zur Construction von Galvanoskopen, welche das Maximum der Empfindlichkeit besitzen. Annalen der Physik und Chemie 213 (1869), S. 121-136.

Weber (Phys.) 1872 Weber, Heinrich (Phys.): Ueber das Wärmeleitungsvermögen von Eisen und Neusilber. Annalen der Physik und Chemie 146 (1872), S. 257-283.

Weber (Phys.) 1875 Weber, Heinrich (Phys.): Zur Theorie der Galvanometer. Annalen der Physik und Chemie 230 (1875), S. 239-259.

Weber (Phys.) 1876 Weber, Heinrich (Phys.): Zur Theorie der Galvanometer, Fortsetzung und Schluss. Annalen der Physik und Chemie 233 (1876), S. 555-578.

Weber W. 1876 Weber, Wilhelm: Abhandlungen zur atomistischen Theorie der Elektrodynamik. Leipzig: Engelmann 1876.

Weierstraß 1862 Weierstraß, Karl: Ueber die geodätischen Linien auf dem dreiachsigen Ellipsoid. Monatsberichte der Königlich-Preußischen Akademie der Wissenschaften zu Berlin (1861) 1862, S. 986-997. In: [Weierstraß 1894-1927] Bd. 1 Abhandlung 1, S. 257-266.

Weierstraß 1867a Weierstraß, Karl: Ueber die Flächen, deren mittlere Krümmung überall gleich Null ist. Monatsberichte der Königlich-Preußischen Akademie der Wissenschaften zu Berlin (1866) 1867, S. 612-625, S. 855-856. In: [Weierstraß 1894-1927] 3. Bd. Abhandlungen 3, S. 39-52.

Weierstraß 1894-1927 Weierstraß, Karl: Mathematische Werke. Berlin: Mayer & Müller 1894-1927. Reprographischer Nachdruck. Hildesheim [u.a.]: Olms [u. a.] 1903-1927. Reprographischer Nachdruck der Ausgabe von 1894-1927. Hildesheim [u. a.]: Olms [u. a.] 1967.

Weisfert 1897 Weisfert, Julius: Biographisch-literarisches Lexikon für die Haupt- und Residenzstadt Königsberg und Ostpreussen. Königsberg i. Pr.: Bon 1897. Nachdruck Hildesheim: Olms 1975.

Windelband 1901 Windelband, Wilhelm: Zum Gedächtniss Elwin Bruno Christoffel's. Mathematische Annalen 54 (1901), S. 341-344.

Wittmann 2009 Wittmann, Axel: Ernst Christian Schering (1833 - 1897) Ein Göttinger Sternwartendirektor aus Bleckede. Gauß-Gesellschaft Göttingen. Mitteilungen 46 (2009), S. 86.

Wittstein 1877 Wittstein, Theodor: Gedächtnissrede auf Carl Friedrich Gauss zur Feier des 30. April 1877. Hannover: Hahn'sche Buchhandlung 1877.

Wolfer 1893 Wolfer, Alfred: Todes-Anzeige [Rudolf Wolf]. Astronomische Nachrichten 134 (1893), Sp. 183, Nr. 3203.

Zahn 1874 Zahn, Wilhelm von: Einige Worte zum Andenken an Hermann Hankel. Mathematische Annalen 7 (1874), S. 583-590.

Ziesche 2002 Ziesche, Eva: Verzeichnis der Nachlässe und Sammlungen der Handschriftenabteilung der Staatsbibliothek zu Berlin Preußischer Kulturbesitz. Wiesbaden: Harrassowitz 2002.

Zöllner 1876 Zöllner, Friedrich: Principien einer elektrodynamischen Theorie der Materie. Leipzig: Engelmann 1876

BIORAB BIORAB Kaiserreich Online. Unter: http://www.zhsf.gesis.org/ParlamentarierPortal/biorabkr_db/biorabkr_db.php (abgerufen am 09.09.2014)

Ergänzende Literatur:

Beckurts 1901 Beckurts, Heinrich (Hrsg.): Abhandlungen aus den Gebieten der Mathematik, Physik, Chemie und beschreibenden Naturwissenschaften: Festschrift zur Feier des siebzigsten Geburtstages von Richard Dedekind. Braunschweig: Vieweg 1901.

Blaszczyk 2007 Blaszczyk, Piotr: Analiza filozoficzna rozprawy Richarda Dedekinda Stetigkeit und irrationale Zahlen. Kraków: Wydawn. Naukowe Akad. Pedagogicznej 2007.

Cooke 2005 Cooke, Roger: Richard Dedekind, Stetigkeit und irrationale Zahlen (1872). In: Landmark Writings in Western Mathematics 1640-1940. Ed. by Ivor Grattan-Guinness. Amsterdam u. a.: Elsevier 2005, S. 553-563.

Corry 1996 Corry, Leo: Modern algebra and the rise of mathematical structures. Basel: Birkhäuser 1996 (second revised edition; 2003).

Corry 2005 Corry, Leo: Heinrich Weber, Lehrbuch der Algebra (1895-1896). In: Landmark Writings in Western Mathematics 1640-1940. Ed. by Ivor Grattan-Guinness. Amsterdam u. a.: Elsevier 2005, S. 690-699.

Dauben 1979 Dauben, Joseph: Georg Cantor, his mathematics and philosophy of the infinite. Princeton: Princeton University Press 1979. Cambridge, Mass.: Harvard University Press 1979, Reprint 1990.

Dedekind Ilse 1994 Dedekind, Ilse: Aus Körben und Schachteln. Braunschweiger Briefe als Beiträge zur Kulturgeschichte 1776-1868. Braunschweig: Quadrato 1994.

Dedekind Ilse 2000 Dedekind, Ilse: Unter Glas und Rahmen: Briefe und Aufzeichnungen 1850-1950; ein Jahrhundert aus der Sicht einer Braunschweiger Familie. Braunschweig: Appelhans 2000.

Dedekind/Weber 2012 Dedekind, Richard; Weber, Heinrich: Theory of algebraic functions of one variable. Translated and introduced by John Stillwell, Providence: American Mathematical Society 2012.

Ferreirós 1993 Ferreirós José: On the relations between Georg Cantor and Richard Dedekind. Historia mathematica 20, 1993, S. 343-363.

Ferreirós 2005 Ferreirós, José: Richard Dedekind (1888) and Giuseppe Peano (1889), booklets on the foundations of arithmetic. In: Landmark Writings in Western Mathematics 1640-1940. Ed. by Ivor Grattan-Guinness. Amsterdam u. a.: Elsevier 2005, S. 613-626.

Frei/Stammbach 1994 Frei, Günther; Stammbach, Urs : Die Mathematiker an den Züricher Hochschulen. Basel, Boston, Berlin: Birkhäuser 1994.

Gillies 1982 Gillies, Donald A.: Frege, Dedekind and Peano on the Foundations of arithemtic. Assen: van Gorcum 1982.

Goldstein 2005 Goldstein, Catherine: Johann Peter Gustav Leujeune-Dirichlet, Vorlesungen über Zahlentheorie, first edition (1863). In: Landmark Writings in Western Mathematics 1640-1940. Ed. by Ivor Grattan-Guinness. Amsterdam u. a.: Elsevier 2005, S. 480-490.

Grattan-Guinness 1998 Grattan-Guinness, Ivor: The Norton History of the Mathematical Sciences: The Rainbow of Mathematics. New York: Norton 1998.

Grattan-Guinness 2000 Grattan-Guinness, Ivor: The Search for Mathematical Roots 1870-1940: logics, set theories and the foundations of mathematics from Cantor through Russell to Gödel. Princeton: Princeton University Press 2000.

Haubrich 1992 Haubrich, Ralf: Zur Entstehung der algebraischen Zahlentheorie Richard Dedekinds. Dissertation, Universität Göttingen 1992.

Klein 1926-1927 Klein, Felix: Vorlesungen über die Entwicklung der Mathematik im 19. Jahrhundert. Berlin: Springer 1926-1927. Reprint Berlin [u.a.]: Springer 1979.

Kolmogorov/Juškevič 2001 Kolmogorov, Andrej N.; Juškevič, Adolf P.: Mathematical logic, algebra, number theory, probability theory. 2. Aufl., Basel u. a.: Birkhäuser 2001.

Laugwitz 1996 Laugwitz, Detlef: Bernhard Riemann 1826-1866. Wendepunkte in der Auffassung der Mathematik. Basel, Boston, Berlin: Birkhäuser 1996 (= Vita mathematica; Bd. 10).

Laugwitz 1999 Laugwitz, Detlef: Bernhard Riemann: 1826-1866; turning points in the conception of mathematics. Translated by Abe Shenitzer. Boston: Birkhäuser 1999. (Weitere Auflage 2008).

Neumann Olaf 1997 Neumann, Olaf: Die Entwicklung der Galois-Theorie zwischen Arithmetik und Topologie. Archive for History of Exact Science 50 (1997), S. 291-329.

Schappacher/Volkert 1997 Schappacher, Norbert; Volkert, Klaus: Heinrich Weber; un mathématicien à Strasbourg, 1895-1913. L'Ouvert (Journal de l'A. P. M. E. P. et de l'I. R. E. M. de Strasbourg 89, 1997, S. 1-18.

Scharlau 1986 Scharlau, Winfried: Zur Entstehung der algebraischen Zahlentheorie – ein Bericht eines Augenzeugen. Archive for History of Exact Sciences 36 (1986), S. 63-74.

Stuloff 1957 Stuloff, Nikolaus: Richard Dedekind. In: Neue Deutsche Biographie 3, 1957, S. 552-553.

Ullrich 2003 Ullrich, Peter: Georg Friedrich Bernhard Riemann. In: Neue Deutsche Biographie 21, 2003, S. 591-592.

Personenindex